U0643061

DIANLI ANQUAN
JIANDU GUANLI
GONGZUO SHOUCE

电力安全监督管理
工作手册（2023年版） 上篇

国家能源局电力安全监管司
中国能源传媒集团有限公司 编

中国电力出版社
CHINA ELECTRIC POWER PRESS

图书在版编目（CIP）数据

电力安全监督管理工作手册：2023 年版 . 上篇／国家能源局电力安全监管司，中国能源传媒集团有限公司编 . —北京：中国电力出版社，2023.10
ISBN 978-7-5198-8197-9

Ⅰ.①电⋯　Ⅱ.①国⋯②中⋯　Ⅲ.①电力工业 – 安全生产 – 监督管理 – 手册　Ⅳ.①TM08-62

中国国家版本馆 CIP 数据核字（2023）第 190548 号

出版发行：中国电力出版社
地　　址：北京市东城区北京站西街 19 号（邮政编码 100005）
网　　址：http://www.cepp.sgcc.com.cn
责任编辑：钟　瑾（010-63412867）
责任校对：黄　蓓　郝军燕　马　宁　王海南　于　维
装帧设计：赵丽媛
责任印制：钱兴根

印　　刷：三河市百盛印装有限公司
版　　次：2023 年 10 月第一版
印　　次：2023 年 10 月北京第一次印刷
开　　本：787 毫米 ×1092 毫米　16 开本
印　　张：46
字　　数：855 千字
定　　价：198.00 元（全 2 册）

编 制 说 明

　　加强全国电力安全监督管理，是关系国民经济发展和社会稳定的大事，是全面落实党的二十大重要决策部署，保障国家安全的重要内容。

　　党的二十大将能源安全作为国家安全体系和能力现代化的重要组成部分，提出要强化重大基础设施、资源、核能等安全保障体系建设，确保能源资源、重要产业链供应链等安全。维护电力安全生产持续稳定，统筹好能源发展与安全的关系，积极推进能源安全保障体系建设，推动新时代能源高质量发展营造安全可靠的电力供应环境。为此，我们编制了《电力安全监督管理工作手册（2023 年版）》，梳理汇总了现行有效的有关法律及配套政策法规，内容包含法律、行政决定，法规、国务院文件，部门规章，国家能源局规范性文件，国家能源局政策性文件五部分，是电力安全生产监督管理部门、地方政府电力主管部门、电力企业等从业人员开展工作的案头书，便于在具体工作中学习、查阅有关政策，为实际工作提供政策依据。

　　随着新时代能源工作的不断推进，电力安全生产监督管理方面的法律、法规和文件将不断更新、完善。希望广大读者在参考、引用本书的法律、法规和文件的同时，关注新发布、修订等信息，及时更新并使用最新法律、法规和文件。

目　　录

上　篇

第一部分　法律、行政决定

第二部分　法规、国务院文件

第三部分　部门规章

下　篇

第四部分　国家能源局规范性文件

（一）综合

第五部分　国家能源局政策性文件

第一部分

法律、行政决定

中华人民共和国安全生产法（2021年修正）

中华人民共和国主席令第 88 号

（2002 年 6 月 29 日第九届全国人民代表大会常务委员会第二十八次会议通过；根据 2009 年 8 月 27 日第十一届全国人民代表大会常务委员会第十次会议《关于修改部分法律的决定》第一次修正；根据 2014 年 8 月 31 日第十二届全国人民代表大会常务委员会第十次会议《关于修改〈中华人民共和国安全生产法〉的决定》第二次修正；根据 2021 年 6 月 10 日第十三届全国人民代表大会常务委员会第二十九次会议《关于修改〈中华人民共和国安全生产法〉的决定》第三次修正）

第一章　总　　则

第一条　为了加强安全生产工作，防止和减少生产安全事故，保障人民群众生命和财产安全，促进经济社会持续健康发展，制定本法。

第二条　在中华人民共和国领域内从事生产经营活动的单位（以下统称生产经营单位）的安全生产，适用本法；有关法律、行政法规对消防安全和道路交通安全、铁路交通安全、水上交通安全、民用航空安全以及核与辐射安全、特种设备安全另有规定的，适用其规定。

第三条　安全生产工作坚持中国共产党的领导。

安全生产工作应当以人为本，坚持人民至上、生命至上，把保护人民生命安全摆在首位，树牢安全发展理念，坚持安全第一、预防为主、综合治理的方针，从源头上防范化解重大安全风险。

安全生产工作实行管行业必须管安全、管业务必须管安全、管生产经营必须管安全，强化和落实生产经营单位主体责任与政府监管责任，建立生产经营单位负责、职工参与、政府监管、行业自律和社会监督的机制。

第四条　生产经营单位必须遵守本法和其他有关安全生产的法律、法规，加强安全生产管理，建立健全全员安全生产责任制和安全生产规章制度，加大对安全生产资金、物资、技术、人员的投入保障力度，改善安全生产条件，加强安全生产标准化、信息化建设，构建安全风险分级管控和隐患排查治理双重预防机制，健全风险防范化解机制，提高安全生产水平，确保安全生产。

平台经济等新兴行业、领域的生产经营单位应当根据本行业、领域的特点，建立健全

并落实全员安全生产责任制，加强从业人员安全生产教育和培训，履行本法和其他法律、法规规定的有关安全生产义务。

第五条　生产经营单位的主要负责人是本单位安全生产第一责任人，对本单位的安全生产工作全面负责。其他负责人对职责范围内的安全生产工作负责。

第六条　生产经营单位的从业人员有依法获得安全生产保障的权利，并应当依法履行安全生产方面的义务。

第七条　工会依法对安全生产工作进行监督。

生产经营单位的工会依法组织职工参加本单位安全生产工作的民主管理和民主监督，维护职工在安全生产方面的合法权益。生产经营单位制定或者修改有关安全生产的规章制度，应当听取工会的意见。

第八条　国务院和县级以上地方各级人民政府应当根据国民经济和社会发展规划制定安全生产规划，并组织实施。安全生产规划应当与国土空间规划等相关规划相衔接。

各级人民政府应当加强安全生产基础设施建设和安全生产监管能力建设，所需经费列入本级预算。

县级以上地方各级人民政府应当组织有关部门建立完善安全风险评估与论证机制，按照安全风险管控要求，进行产业规划和空间布局，并对位置相邻、行业相近、业态相似的生产经营单位实施重大安全风险联防联控。

第九条　国务院和县级以上地方各级人民政府应当加强对安全生产工作的领导，建立健全安全生产工作协调机制，支持、督促各有关部门依法履行安全生产监督管理职责，及时协调、解决安全生产监督管理中存在的重大问题。

乡镇人民政府和街道办事处，以及开发区、工业园区、港区、风景区等应当明确负责安全生产监督管理的有关工作机构及其职责，加强安全生产监管力量建设，按照职责对本行政区域或者管理区域内生产经营单位安全生产状况进行监督检查，协助人民政府有关部门或者按照授权依法履行安全生产监督管理职责。

第十条　国务院应急管理部门依照本法，对全国安全生产工作实施综合监督管理；县级以上地方各级人民政府应急管理部门依照本法，对本行政区域内安全生产工作实施综合监督管理。

国务院交通运输、住房和城乡建设、水利、民航等有关部门依照本法和其他有关法律、行政法规的规定，在各自的职责范围内对有关行业、领域的安全生产工作实施监督管理；县级以上地方各级人民政府有关部门依照本法和其他有关法律、法规的规定，在各自的职

责范围内对有关行业、领域的安全生产工作实施监督管理。对新兴行业、领域的安全生产监督管理职责不明确的，由县级以上地方各级人民政府按照业务相近的原则确定监督管理部门。

应急管理部门和对有关行业、领域的安全生产工作实施监督管理的部门，统称负有安全生产监督管理职责的部门。负有安全生产监督管理职责的部门应当相互配合、齐抓共管、信息共享、资源共用，依法加强安全生产监督管理工作。

第十一条 国务院有关部门应当按照保障安全生产的要求，依法及时制定有关的国家标准或者行业标准，并根据科技进步和经济发展适时修订。

生产经营单位必须执行依法制定的保障安全生产的国家标准或者行业标准。

第十二条 国务院有关部门按照职责分工负责安全生产强制性国家标准的项目提出、组织起草、征求意见、技术审查。国务院应急管理部门统筹提出安全生产强制性国家标准的立项计划。国务院标准化行政主管部门负责安全生产强制性国家标准的立项、编号、对外通报和授权批准发布工作。国务院标准化行政主管部门、有关部门依据法定职责对安全生产强制性国家标准的实施进行监督检查。

第十三条 各级人民政府及其有关部门应当采取多种形式，加强对有关安全生产的法律、法规和安全生产知识的宣传，增强全社会的安全生产意识。

第十四条 有关协会组织依照法律、行政法规和章程，为生产经营单位提供安全生产方面的信息、培训等服务，发挥自律作用，促进生产经营单位加强安全生产管理。

第十五条 依法设立的为安全生产提供技术、管理服务的机构，依照法律、行政法规和执业准则，接受生产经营单位的委托为其安全生产工作提供技术、管理服务。

生产经营单位委托前款规定的机构提供安全生产技术、管理服务的，保证安全生产的责任仍由本单位负责。

第十六条 国家实行生产安全事故责任追究制度，依照本法和有关法律、法规的规定，追究生产安全事故责任单位和责任人员的法律责任。

第十七条 县级以上各级人民政府应当组织负有安全生产监督管理职责的部门依法编制安全生产权力和责任清单，公开并接受社会监督。

第十八条 国家鼓励和支持安全生产科学技术研究和安全生产先进技术的推广应用，提高安全生产水平。

第十九条 国家对在改善安全生产条件、防止生产安全事故、参加抢险救护等方面取得显著成绩的单位和个人，给予奖励。

第二章　生产经营单位的安全生产保障

第二十条　生产经营单位应当具备本法和有关法律、行政法规和国家标准或者行业标准规定的安全生产条件；不具备安全生产条件的，不得从事生产经营活动。

第二十一条　生产经营单位的主要负责人对本单位安全生产工作负有下列职责：

（一）建立健全并落实本单位全员安全生产责任制，加强安全生产标准化建设；

（二）组织制定并实施本单位安全生产规章制度和操作规程；

（三）组织制定并实施本单位安全生产教育和培训计划；

（四）保证本单位安全生产投入的有效实施；

（五）组织建立并落实安全风险分级管控和隐患排查治理双重预防工作机制，督促、检查本单位的安全生产工作，及时消除生产安全事故隐患；

（六）组织制定并实施本单位的生产安全事故应急救援预案；

（七）及时、如实报告生产安全事故。

第二十二条　生产经营单位的全员安全生产责任制应当明确各岗位的责任人员、责任范围和考核标准等内容。

生产经营单位应当建立相应的机制，加强对全员安全生产责任制落实情况的监督考核，保证全员安全生产责任制的落实。

第二十三条　生产经营单位应当具备的安全生产条件所必需的资金投入，由生产经营单位的决策机构、主要负责人或者个人经营的投资人予以保证，并对由于安全生产所必需的资金投入不足导致的后果承担责任。

有关生产经营单位应当按照规定提取和使用安全生产费用，专门用于改善安全生产条件。安全生产费用在成本中据实列支。安全生产费用提取、使用和监督管理的具体办法由国务院财政部门会同国务院应急管理部门征求国务院有关部门意见后制定。

第二十四条　矿山、金属冶炼、建筑施工、运输单位和危险物品的生产、经营、储存、装卸单位，应当设置安全生产管理机构或者配备专职安全生产管理人员。

前款规定以外的其他生产经营单位，从业人员超过一百人的，应当设置安全生产管理机构或者配备专职安全生产管理人员；从业人员在一百人以下的，应当配备专职或者兼职的安全生产管理人员。

第二十五条　生产经营单位的安全生产管理机构以及安全生产管理人员履行下列职责：

（一）组织或者参与拟订本单位安全生产规章制度、操作规程和生产安全事故应急救援预案；

（二）组织或者参与本单位安全生产教育和培训，如实记录安全生产教育和培训情况；

（三）组织开展危险源辨识和评估，督促落实本单位重大危险源的安全管理措施；

（四）组织或者参与本单位应急救援演练；

（五）检查本单位的安全生产状况，及时排查生产安全事故隐患，提出改进安全生产管理的建议；

（六）制止和纠正违章指挥、强令冒险作业、违反操作规程的行为；

（七）督促落实本单位安全生产整改措施。

生产经营单位可以设置专职安全生产分管负责人，协助本单位主要负责人履行安全生产管理职责。

第二十六条　生产经营单位的安全生产管理机构以及安全生产管理人员应当恪尽职守，依法履行职责。

生产经营单位作出涉及安全生产的经营决策，应当听取安全生产管理机构以及安全生产管理人员的意见。

生产经营单位不得因安全生产管理人员依法履行职责而降低其工资、福利等待遇或者解除与其订立的劳动合同。

危险物品的生产、储存单位以及矿山、金属冶炼单位的安全生产管理人员的任免，应当告知主管的负有安全生产监督管理职责的部门。

第二十七条　生产经营单位的主要负责人和安全生产管理人员必须具备与本单位所从事的生产经营活动相应的安全生产知识和管理能力。

危险物品的生产、经营、储存、装卸单位以及矿山、金属冶炼、建筑施工、运输单位的主要负责人和安全生产管理人员，应当由主管的负有安全生产监督管理职责的部门对其安全生产知识和管理能力考核合格。考核不得收费。

危险物品的生产、储存、装卸单位以及矿山、金属冶炼单位应当有注册安全工程师从事安全生产管理工作。鼓励其他生产经营单位聘用注册安全工程师从事安全生产管理工作。注册安全工程师按专业分类管理，具体办法由国务院人力资源和社会保障部门、国务院应急管理部门会同国务院有关部门制定。

第二十八条　生产经营单位应当对从业人员进行安全生产教育和培训，保证从业人员具备必要的安全生产知识，熟悉有关的安全生产规章制度和安全操作规程，掌握本岗位的

安全操作技能，了解事故应急处理措施，知悉自身在安全生产方面的权利和义务。未经安全生产教育和培训合格的从业人员，不得上岗作业。

生产经营单位使用被派遣劳动者的，应当将被派遣劳动者纳入本单位从业人员统一管理，对被派遣劳动者进行岗位安全操作规程和安全操作技能的教育和培训。劳务派遣单位应当对被派遣劳动者进行必要的安全生产教育和培训。

生产经营单位接收中等职业学校、高等学校学生实习的，应当对实习学生进行相应的安全生产教育和培训，提供必要的劳动防护用品。学校应当协助生产经营单位对实习学生进行安全生产教育和培训。

生产经营单位应当建立安全生产教育和培训档案，如实记录安全生产教育和培训的时间、内容、参加人员以及考核结果等情况。

第二十九条 生产经营单位采用新工艺、新技术、新材料或者使用新设备，必须了解、掌握其安全技术特性，采取有效的安全防护措施，并对从业人员进行专门的安全生产教育和培训。

第三十条 生产经营单位的特种作业人员必须按照国家有关规定经专门的安全作业培训，取得相应资格，方可上岗作业。

特种作业人员的范围由国务院应急管理部门会同国务院有关部门确定。

第三十一条 生产经营单位新建、改建、扩建工程项目（以下统称建设项目）的安全设施，必须与主体工程同时设计、同时施工、同时投入生产和使用。安全设施投资应当纳入建设项目概算。

第三十二条 矿山、金属冶炼建设项目和用于生产、储存、装卸危险物品的建设项目，应当按照国家有关规定进行安全评价。

第三十三条 建设项目安全设施的设计人、设计单位应当对安全设施设计负责。

矿山、金属冶炼建设项目和用于生产、储存、装卸危险物品的建设项目的安全设施设计应当按照国家有关规定报经有关部门审查，审查部门及其负责审查的人员对审查结果负责。

第三十四条 矿山、金属冶炼建设项目和用于生产、储存、装卸危险物品的建设项目的施工单位必须按照批准的安全设施设计施工，并对安全设施的工程质量负责。

矿山、金属冶炼建设项目和用于生产、储存、装卸危险物品的建设项目竣工投入生产或者使用前，应当由建设单位负责组织对安全设施进行验收；验收合格后，方可投入生产和使用。负有安全生产监督管理职责的部门应当加强对建设单位验收活动和验收结果的监

督核查。

第三十五条 生产经营单位应当在有较大危险因素的生产经营场所和有关设施、设备上，设置明显的安全警示标志。

第三十六条 安全设备的设计、制造、安装、使用、检测、维修、改造和报废，应当符合国家标准或者行业标准。

生产经营单位必须对安全设备进行经常性维护、保养，并定期检测，保证正常运转。维护、保养、检测应当作好记录，并由有关人员签字。

生产经营单位不得关闭、破坏直接关系生产安全的监控、报警、防护、救生设备、设施，或者篡改、隐瞒、销毁其相关数据、信息。

餐饮等行业的生产经营单位使用燃气的，应当安装可燃气体报警装置，并保障其正常使用。

第三十七条 生产经营单位使用的危险物品的容器、运输工具，以及涉及人身安全、危险性较大的海洋石油开采特种设备和矿山井下特种设备，必须按照国家有关规定，由专业生产单位生产，并经具有专业资质的检测、检验机构检测、检验合格，取得安全使用证或者安全标志，方可投入使用。检测、检验机构对检测、检验结果负责。

第三十八条 国家对严重危及生产安全的工艺、设备实行淘汰制度，具体目录由国务院应急管理部门会同国务院有关部门制定并公布。法律、行政法规对目录的制定另有规定的，适用其规定。

省、自治区、直辖市人民政府可以根据本地区实际情况制定并公布具体目录，对前款规定以外的危及生产安全的工艺、设备予以淘汰。

生产经营单位不得使用应当淘汰的危及生产安全的工艺、设备。

第三十九条 生产、经营、运输、储存、使用危险物品或者处置废弃危险物品的，由有关主管部门依照有关法律、法规的规定和国家标准或者行业标准审批并实施监督管理。

生产经营单位生产、经营、运输、储存、使用危险物品或者处置废弃危险物品，必须执行有关法律、法规和国家标准或者行业标准，建立专门的安全管理制度，采取可靠的安全措施，接受有关主管部门依法实施的监督管理。

第四十条 生产经营单位对重大危险源应当登记建档，进行定期检测、评估、监控，并制定应急预案，告知从业人员和相关人员在紧急情况下应当采取的应急措施。

生产经营单位应当按照国家有关规定将本单位重大危险源及有关安全措施、应急措施报有关地方人民政府应急管理部门和有关部门备案。有关地方人民政府应急管理部门和有

关部门应当通过相关信息系统实现信息共享。

第四十一条　生产经营单位应当建立安全风险分级管控制度，按照安全风险分级采取相应的管控措施。

生产经营单位应当建立健全并落实生产安全事故隐患排查治理制度，采取技术、管理措施，及时发现并消除事故隐患。事故隐患排查治理情况应当如实记录，并通过职工大会或者职工代表大会、信息公示栏等方式向从业人员通报。其中，重大事故隐患排查治理情况应当及时向负有安全生产监督管理职责的部门和职工大会或者职工代表大会报告。

县级以上地方各级人民政府负有安全生产监督管理职责的部门应当将重大事故隐患纳入相关信息系统，建立健全重大事故隐患治理督办制度，督促生产经营单位消除重大事故隐患。

第四十二条　生产、经营、储存、使用危险物品的车间、商店、仓库不得与员工宿舍在同一座建筑物内，并应当与员工宿舍保持安全距离。

生产经营场所和员工宿舍应当设有符合紧急疏散要求、标志明显、保持畅通的出口、疏散通道。禁止占用、锁闭、封堵生产经营场所或者员工宿舍的出口、疏散通道。

第四十三条　生产经营单位进行爆破、吊装、动火、临时用电以及国务院应急管理部门会同国务院有关部门规定的其他危险作业，应当安排专门人员进行现场安全管理，确保操作规程的遵守和安全措施的落实。

第四十四条　生产经营单位应当教育和督促从业人员严格执行本单位的安全生产规章制度和安全操作规程；并向从业人员如实告知作业场所和工作岗位存在的危险因素、防范措施以及事故应急措施。

生产经营单位应当关注从业人员的身体、心理状况和行为习惯，加强对从业人员的心理疏导、精神慰藉，严格落实岗位安全生产责任，防范从业人员行为异常导致事故发生。

第四十五条　生产经营单位必须为从业人员提供符合国家标准或者行业标准的劳动防护用品，并监督、教育从业人员按照使用规则佩戴、使用。

第四十六条　生产经营单位的安全生产管理人员应当根据本单位的生产经营特点，对安全生产状况进行经常性检查；对检查中发现的安全问题，应当立即处理；不能处理的，应当及时报告本单位有关负责人，有关负责人应当及时处理。检查及处理情况应当如实记录在案。

生产经营单位的安全生产管理人员在检查中发现重大事故隐患，依照前款规定向本单位有关负责人报告，有关负责人不及时处理的，安全生产管理人员可以向主管的负有安全

生产监督管理职责的部门报告，接到报告的部门应当依法及时处理。

第四十七条 生产经营单位应当安排用于配备劳动防护用品、进行安全生产培训的经费。

第四十八条 两个以上生产经营单位在同一作业区域内进行生产经营活动，可能危及对方生产安全的，应当签订安全生产管理协议，明确各自的安全生产管理职责和应当采取的安全措施，并指定专职安全生产管理人员进行安全检查与协调。

第四十九条 生产经营单位不得将生产经营项目、场所、设备发包或者出租给不具备安全生产条件或者相应资质的单位或者个人。

生产经营项目、场所发包或者出租给其他单位的，生产经营单位应当与承包单位、承租单位签订专门的安全生产管理协议，或者在承包合同、租赁合同中约定各自的安全生产管理职责；生产经营单位对承包单位、承租单位的安全生产工作统一协调、管理，定期进行安全检查，发现安全问题的，应当及时督促整改。

矿山、金属冶炼建设项目和用于生产、储存、装卸危险物品的建设项目的施工单位应当加强对施工项目的安全管理，不得倒卖、出租、出借、挂靠或者以其他形式非法转让施工资质，不得将其承包的全部建设工程转包给第三人或者将其承包的全部建设工程支解以后以分包的名义分别转包给第三人，不得将工程分包给不具备相应资质条件的单位。

第五十条 生产经营单位发生生产安全事故时，单位的主要负责人应当立即组织抢救，并不得在事故调查处理期间擅离职守。

第五十一条 生产经营单位必须依法参加工伤保险，为从业人员缴纳保险费。

国家鼓励生产经营单位投保安全生产责任保险；属于国家规定的高危行业、领域的生产经营单位，应当投保安全生产责任保险。具体范围和实施办法由国务院应急管理部门会同国务院财政部门、国务院保险监督管理机构和相关行业主管部门制定。

第三章 从业人员的安全生产权利义务

第五十二条 生产经营单位与从业人员订立的劳动合同，应当载明有关保障从业人员劳动安全、防止职业危害的事项，以及依法为从业人员办理工伤保险的事项。

生产经营单位不得以任何形式与从业人员订立协议，免除或者减轻其对从业人员因生产安全事故伤亡依法应承担的责任。

第五十三条 生产经营单位的从业人员有权了解其作业场所和工作岗位存在的危险因素、防范措施及事故应急措施，有权对本单位的安全生产工作提出建议。

11

第五十四条　从业人员有权对本单位安全生产工作中存在的问题提出批评、检举、控告；有权拒绝违章指挥和强令冒险作业。

生产经营单位不得因从业人员对本单位安全生产工作提出批评、检举、控告或者拒绝违章指挥、强令冒险作业而降低其工资、福利等待遇或者解除与其订立的劳动合同。

第五十五条　从业人员发现直接危及人身安全的紧急情况时，有权停止作业或者在采取可能的应急措施后撤离作业场所。

生产经营单位不得因从业人员在前款紧急情况下停止作业或者采取紧急撤离措施而降低其工资、福利等待遇或者解除与其订立的劳动合同。

第五十六条　生产经营单位发生生产安全事故后，应当及时采取措施救治有关人员。

因生产安全事故受到损害的从业人员，除依法享有工伤保险外，依照有关民事法律尚有获得赔偿的权利的，有权提出赔偿要求。

第五十七条　从业人员在作业过程中，应当严格落实岗位安全责任，遵守本单位的安全生产规章制度和操作规程，服从管理，正确佩戴和使用劳动防护用品。

第五十八条　从业人员应当接受安全生产教育和培训，掌握本职工作所需的安全生产知识，提高安全生产技能，增强事故预防和应急处理能力。

第五十九条　从业人员发现事故隐患或者其他不安全因素，应当立即向现场安全生产管理人员或者本单位负责人报告；接到报告的人员应当及时予以处理。

第六十条　工会有权对建设项目的安全设施与主体工程同时设计、同时施工、同时投入生产和使用进行监督，提出意见。

工会对生产经营单位违反安全生产法律、法规，侵犯从业人员合法权益的行为，有权要求纠正；发现生产经营单位违章指挥、强令冒险作业或者发现事故隐患时，有权提出解决的建议，生产经营单位应当及时研究答复；发现危及从业人员生命安全的情况时，有权向生产经营单位建议组织从业人员撤离危险场所，生产经营单位必须立即作出处理。

工会有权依法参加事故调查，向有关部门提出处理意见，并要求追究有关人员的责任。

第六十一条　生产经营单位使用被派遣劳动者的，被派遣劳动者享有本法规定的从业人员的权利，并应当履行本法规定的从业人员的义务。

第四章　安全生产的监督管理

第六十二条　县级以上地方各级人民政府应当根据本行政区域内的安全生产状况，组织有关部门按照职责分工，对本行政区域内容易发生重大生产安全事故的生产经营单位进

行严格检查。

应急管理部门应当按照分类分级监督管理的要求，制定安全生产年度监督检查计划，并按照年度监督检查计划进行监督检查，发现事故隐患，应当及时处理。

第六十三条　负有安全生产监督管理职责的部门依照有关法律、法规的规定，对涉及安全生产的事项需要审查批准（包括批准、核准、许可、注册、认证、颁发证照等，下同）或者验收的，必须严格依照有关法律、法规和国家标准或者行业标准规定的安全生产条件和程序进行审查；不符合有关法律、法规和国家标准或者行业标准规定的安全生产条件的，不得批准或者验收通过。对未依法取得批准或者验收合格的单位擅自从事有关活动的，负责行政审批的部门发现或者接到举报后应当立即予以取缔，并依法予以处理。对已经依法取得批准的单位，负责行政审批的部门发现其不再具备安全生产条件的，应当撤销原批准。

第六十四条　负有安全生产监督管理职责的部门对涉及安全生产的事项进行审查、验收，不得收取费用；不得要求接受审查、验收的单位购买其指定品牌或者指定生产、销售单位的安全设备、器材或者其他产品。

第六十五条　应急管理部门和其他负有安全生产监督管理职责的部门依法开展安全生产行政执法工作，对生产经营单位执行有关安全生产的法律、法规和国家标准或者行业标准的情况进行监督检查，行使以下职权：

（一）进入生产经营单位进行检查，调阅有关资料，向有关单位和人员了解情况；

（二）对检查中发现的安全生产违法行为，当场予以纠正或者要求限期改正；对依法应当给予行政处罚的行为，依照本法和其他有关法律、行政法规的规定作出行政处罚决定；

（三）对检查中发现的事故隐患，应当责令立即排除；重大事故隐患排除前或者排除过程中无法保证安全的，应当责令从危险区域内撤出作业人员，责令暂时停产停业或者停止使用相关设施、设备；重大事故隐患排除后，经审查同意，方可恢复生产经营和使用；

（四）对有根据认为不符合保障安全生产的国家标准或者行业标准的设施、设备、器材以及违法生产、储存、使用、经营、运输的危险物品予以查封或者扣押，对违法生产、储存、使用、经营危险物品的作业场所予以查封，并依法作出处理决定。

监督检查不得影响被检查单位的正常生产经营活动。

第六十六条　生产经营单位对负有安全生产监督管理职责的部门的监督检查人员（以下统称安全生产监督检查人员）依法履行监督检查职责，应当予以配合，不得拒绝、阻挠。

第六十七条　安全生产监督检查人员应当忠于职守，坚持原则，秉公执法。

安全生产监督检查人员执行监督检查任务时，必须出示有效的行政执法证件；对涉及

被检查单位的技术秘密和业务秘密，应当为其保密。

第六十八条 安全生产监督检查人员应当将检查的时间、地点、内容、发现的问题及其处理情况，作出书面记录，并由检查人员和被检查单位的负责人签字；被检查单位的负责人拒绝签字的，检查人员应当将情况记录在案，并向负有安全生产监督管理职责的部门报告。

第六十九条 负有安全生产监督管理职责的部门在监督检查中，应当互相配合，实行联合检查；确需分别进行检查的，应当互通情况，发现存在的安全问题应当由其他有关部门进行处理的，应当及时移送其他有关部门并形成记录备查，接受移送的部门应当及时进行处理。

第七十条 负有安全生产监督管理职责的部门依法对存在重大事故隐患的生产经营单位作出停产停业、停止施工、停止使用相关设施或者设备的决定，生产经营单位应当依法执行，及时消除事故隐患。生产经营单位拒不执行，有发生生产安全事故的现实危险的，在保证安全的前提下，经本部门主要负责人批准，负有安全生产监督管理职责的部门可以采取通知有关单位停止供电、停止供应民用爆炸物品等措施，强制生产经营单位履行决定。通知应当采用书面形式，有关单位应当予以配合。

负有安全生产监督管理职责的部门依照前款规定采取停止供电措施，除有危及生产安全的紧急情形外，应当提前二十四小时通知生产经营单位。生产经营单位依法履行行政决定、采取相应措施消除事故隐患的，负有安全生产监督管理职责的部门应当及时解除前款规定的措施。

第七十一条 监察机关依照监察法的规定，对负有安全生产监督管理职责的部门及其工作人员履行安全生产监督管理职责实施监察。

第七十二条 承担安全评价、认证、检测、检验职责的机构应当具备国家规定的资质条件，并对其作出的安全评价、认证、检测、检验结果的合法性、真实性负责。资质条件由国务院应急管理部门会同国务院有关部门制定。

承担安全评价、认证、检测、检验职责的机构应当建立并实施服务公开和报告公开制度，不得租借资质、挂靠、出具虚假报告。

第七十三条 负有安全生产监督管理职责的部门应当建立举报制度，公开举报电话、信箱或者电子邮件地址等网络举报平台，受理有关安全生产的举报；受理的举报事项经调查核实后，应当形成书面材料；需要落实整改措施的，报经有关负责人签字并督促落实。对不属于本部门职责，需要由其他有关部门进行调查处理的，转交其他有关部门处理。

涉及人员死亡的举报事项，应当由县级以上人民政府组织核查处理。

第七十四条 任何单位或者个人对事故隐患或者安全生产违法行为，均有权向负有安全生产监督管理职责的部门报告或者举报。

因安全生产违法行为造成重大事故隐患或者导致重大事故，致使国家利益或者社会公共利益受到侵害的，人民检察院可以根据民事诉讼法、行政诉讼法的相关规定提起公益诉讼。

第七十五条 居民委员会、村民委员会发现其所在区域内的生产经营单位存在事故隐患或者安全生产违法行为时，应当向当地人民政府或者有关部门报告。

第七十六条 县级以上各级人民政府及其有关部门对报告重大事故隐患或者举报安全生产违法行为的有功人员，给予奖励。具体奖励办法由国务院应急管理部门会同国务院财政部门制定。

第七十七条 新闻、出版、广播、电影、电视等单位有进行安全生产公益宣传教育的义务，有对违反安全生产法律、法规的行为进行舆论监督的权利。

第七十八条 负有安全生产监督管理职责的部门应当建立安全生产违法行为信息库，如实记录生产经营单位及其有关从业人员的安全生产违法行为信息；对违法行为情节严重的生产经营单位及其有关从业人员，应当及时向社会公告，并通报行业主管部门、投资主管部门、自然资源主管部门、生态环境主管部门、证券监督管理机构以及有关金融机构。有关部门和机构应当对存在失信行为的生产经营单位及其有关从业人员采取加大执法检查频次、暂停项目审批、上调有关保险费率、行业或者职业禁入等联合惩戒措施，并向社会公示。

负有安全生产监督管理职责的部门应当加强对生产经营单位行政处罚信息的及时归集、共享、应用和公开，对生产经营单位作出处罚决定后七个工作日内在监督管理部门公示系统予以公开曝光，强化对违法失信生产经营单位及其有关从业人员的社会监督，提高全社会安全生产诚信水平。

第五章 生产安全事故的应急救援与调查处理

第七十九条 国家加强生产安全事故应急能力建设，在重点行业、领域建立应急救援基地和应急救援队伍，并由国家安全生产应急救援机构统一协调指挥；鼓励生产经营单位和其他社会力量建立应急救援队伍，配备相应的应急救援装备和物资，提高应急救援的专业化水平。

国务院应急管理部门牵头建立全国统一的生产安全事故应急救援信息系统，国务院交通运输、住房和城乡建设、水利、民航等有关部门和县级以上地方人民政府建立健全相关行业、领域、地区的生产安全事故应急救援信息系统，实现互联互通、信息共享，通过推行网上安全信息采集、安全监管和监测预警，提升监管的精准化、智能化水平。

第八十条 县级以上地方各级人民政府应当组织有关部门制定本行政区域内生产安全事故应急救援预案，建立应急救援体系。

乡镇人民政府和街道办事处，以及开发区、工业园区、港区、风景区等应当制定相应的生产安全事故应急救援预案，协助人民政府有关部门或者按照授权依法履行生产安全事故应急救援工作职责。

第八十一条 生产经营单位应当制定本单位生产安全事故应急救援预案，与所在地县级以上地方人民政府组织制定的生产安全事故应急救援预案相衔接，并定期组织演练。

第八十二条 危险物品的生产、经营、储存单位以及矿山、金属冶炼、城市轨道交通运营、建筑施工单位应当建立应急救援组织；生产经营规模较小的，可以不建立应急救援组织，但应当指定兼职的应急救援人员。

危险物品的生产、经营、储存、运输单位以及矿山、金属冶炼、城市轨道交通运营、建筑施工单位应当配备必要的应急救援器材、设备和物资，并进行经常性维护、保养，保证正常运转。

第八十三条 生产经营单位发生生产安全事故后，事故现场有关人员应当立即报告本单位负责人。

单位负责人接到事故报告后，应当迅速采取有效措施，组织抢救，防止事故扩大，减少人员伤亡和财产损失，并按照国家有关规定立即如实报告当地负有安全生产监督管理职责的部门，不得隐瞒不报、谎报或者迟报，不得故意破坏事故现场、毁灭有关证据。

第八十四条 负有安全生产监督管理职责的部门接到事故报告后，应当立即按照国家有关规定上报事故情况。负有安全生产监督管理职责的部门和有关地方人民政府对事故情况不得隐瞒不报、谎报或者迟报。

第八十五条 有关地方人民政府和负有安全生产监督管理职责的部门的负责人接到生产安全事故报告后，应当按照生产安全事故应急救援预案的要求立即赶到事故现场，组织事故抢救。

参与事故抢救的部门和单位应当服从统一指挥，加强协同联动，采取有效的应急救援措施，并根据事故救援的需要采取警戒、疏散等措施，防止事故扩大和次生灾害的发生，

减少人员伤亡和财产损失。

事故抢救过程中应当采取必要措施，避免或者减少对环境造成的危害。

任何单位和个人都应当支持、配合事故抢救，并提供一切便利条件。

第八十六条　事故调查处理应当按照科学严谨、依法依规、实事求是、注重实效的原则，及时、准确地查清事故原因，查明事故性质和责任，评估应急处置工作，总结事故教训，提出整改措施，并对事故责任单位和人员提出处理建议。事故调查报告应当依法及时向社会公布。事故调查和处理的具体办法由国务院制定。

事故发生单位应当及时全面落实整改措施，负有安全生产监督管理职责的部门应当加强监督检查。

负责事故调查处理的国务院有关部门和地方人民政府应当在批复事故调查报告后一年内，组织有关部门对事故整改和防范措施落实情况进行评估，并及时向社会公开评估结果；对不履行职责导致事故整改和防范措施没有落实的有关单位和人员，应当按照有关规定追究责任。

第八十七条　生产经营单位发生生产安全事故，经调查确定为责任事故的，除了应当查明事故单位的责任并依法予以追究外，还应当查明对安全生产的有关事项负有审查批准和监督职责的行政部门的责任，对有失职、渎职行为的，依照本法第九十条的规定追究法律责任。

第八十八条　任何单位和个人不得阻挠和干涉对事故的依法调查处理。

第八十九条　县级以上地方各级人民政府应急管理部门应当定期统计分析本行政区域内发生生产安全事故的情况，并定期向社会公布。

第六章　法律责任

第九十条　负有安全生产监督管理职责的部门的工作人员，有下列行为之一的，给予降级或者撤职的处分；构成犯罪的，依照刑法有关规定追究刑事责任：

（一）对不符合法定安全生产条件的涉及安全生产的事项予以批准或者验收通过的；

（二）发现未依法取得批准、验收的单位擅自从事有关活动或者接到举报后不予取缔或者不依法予以处理的；

（三）对已经依法取得批准的单位不履行监督管理职责，发现其不再具备安全生产条件而不撤销原批准或者发现安全生产违法行为不予查处的；

（四）在监督检查中发现重大事故隐患，不依法及时处理的。

负有安全生产监督管理职责的部门的工作人员有前款规定以外的滥用职权、玩忽职守、徇私舞弊行为的，依法给予处分；构成犯罪的，依照刑法有关规定追究刑事责任。

第九十一条 负有安全生产监督管理职责的部门，要求被审查、验收的单位购买其指定的安全设备、器材或者其他产品的，在对安全生产事项的审查、验收中收取费用的，由其上级机关或者监察机关责令改正，责令退还收取的费用；情节严重的，对直接负责的主管人员和其他直接责任人员依法给予处分。

第九十二条 承担安全评价、认证、检测、检验职责的机构出具失实报告的，责令停业整顿，并处三万元以上十万元以下的罚款；给他人造成损害的，依法承担赔偿责任。

承担安全评价、认证、检测、检验职责的机构租借资质、挂靠、出具虚假报告的，没收违法所得；违法所得在十万元以上的，并处违法所得二倍以上五倍以下的罚款，没有违法所得或者违法所得不足十万元的，单处或者并处十万元以上二十万元以下的罚款；对其直接负责的主管人员和其他直接责任人员处五万元以上十万元以下的罚款；给他人造成损害的，与生产经营单位承担连带赔偿责任；构成犯罪的，依照刑法有关规定追究刑事责任。

对有前款违法行为的机构及其直接责任人员，吊销其相应资质和资格，五年内不得从事安全评价、认证、检测、检验等工作；情节严重的，实行终身行业和职业禁入。

第九十三条 生产经营单位的决策机构、主要负责人或者个人经营的投资人不依照本法规定保证安全生产所必需的资金投入，致使生产经营单位不具备安全生产条件的，责令限期改正，提供必需的资金；逾期未改正的，责令生产经营单位停产停业整顿。

有前款违法行为，导致发生生产安全事故的，对生产经营单位的主要负责人给予撤职处分，对个人经营的投资人处二万元以上二十万元以下的罚款；构成犯罪的，依照刑法有关规定追究刑事责任。

第九十四条 生产经营单位的主要负责人未履行本法规定的安全生产管理职责的，责令限期改正，处二万元以上五万元以下的罚款；逾期未改正的，处五万元以上十万元以下的罚款，责令生产经营单位停产停业整顿。

生产经营单位的主要负责人有前款违法行为，导致发生生产安全事故的，给予撤职处分；构成犯罪的，依照刑法有关规定追究刑事责任。

生产经营单位的主要负责人依照前款规定受刑事处罚或者撤职处分的，自刑罚执行完毕或者受处分之日起，五年内不得担任任何生产经营单位的主要负责人；对重大、特别重大生产安全事故负有责任的，终身不得担任本行业生产经营单位的主要负责人。

第九十五条 生产经营单位的主要负责人未履行本法规定的安全生产管理职责，导致

发生生产安全事故的，由应急管理部门依照下列规定处以罚款：

（一）发生一般事故的，处上一年年收入百分之四十的罚款；

（二）发生较大事故的，处上一年年收入百分之六十的罚款；

（三）发生重大事故的，处上一年年收入百分之八十的罚款；

（四）发生特别重大事故的，处上一年年收入百分之一百的罚款。

第九十六条　生产经营单位的其他负责人和安全生产管理人员未履行本法规定的安全生产管理职责的，责令限期改正，处一万元以上三万元以下的罚款；导致发生生产安全事故的，暂停或者吊销其与安全生产有关的资格，并处上一年年收入百分之二十以上百分之五十以下的罚款；构成犯罪的，依照刑法有关规定追究刑事责任。

第九十七条　生产经营单位有下列行为之一的，责令限期改正，处十万元以下的罚款；逾期未改正的，责令停产停业整顿，并处十万元以上二十万元以下的罚款，对其直接负责的主管人员和其他直接责任人员处二万元以上五万元以下的罚款：

（一）未按照规定设置安全生产管理机构或者配备安全生产管理人员、注册安全工程师的；

（二）危险物品的生产、经营、储存、装卸单位以及矿山、金属冶炼、建筑施工、运输单位的主要负责人和安全生产管理人员未按照规定经考核合格的；

（三）未按照规定对从业人员、被派遣劳动者、实习学生进行安全生产教育和培训，或者未按照规定如实告知有关的安全生产事项的；

（四）未如实记录安全生产教育和培训情况的；

（五）未将事故隐患排查治理情况如实记录或者未向从业人员通报的；

（六）未按照规定制定生产安全事故应急救援预案或者未定期组织演练的；

（七）特种作业人员未按照规定经专门的安全作业培训并取得相应资格，上岗作业的。

第九十八条　生产经营单位有下列行为之一的，责令停止建设或者停产停业整顿，限期改正，并处十万元以上五十万元以下的罚款，对其直接负责的主管人员和其他直接责任人员处二万元以上五万元以下的罚款；逾期未改正的，处五十万元以上一百万元以下的罚款，对其直接负责的主管人员和其他直接责任人员处五万元以上十万元以下的罚款；构成犯罪的，依照刑法有关规定追究刑事责任：

（一）未按照规定对矿山、金属冶炼建设项目或者用于生产、储存、装卸危险物品的建设项目进行安全评价的；

（二）矿山、金属冶炼建设项目或者用于生产、储存、装卸危险物品的建设项目没有安全设施设计或者安全设施设计未按照规定报经有关部门审查同意的；

（三）矿山、金属冶炼建设项目或者用于生产、储存、装卸危险物品的建设项目的施工单位未按照批准的安全设施设计施工的；

（四）矿山、金属冶炼建设项目或者用于生产、储存、装卸危险物品的建设项目竣工投入生产或者使用前，安全设施未经验收合格的。

第九十九条　生产经营单位有下列行为之一的，责令限期改正，处五万元以下的罚款；逾期未改正的，处五万元以上二十万元以下的罚款，对其直接负责的主管人员和其他直接责任人员处一万元以上二万元以下的罚款；情节严重的，责令停产停业整顿；构成犯罪的，依照刑法有关规定追究刑事责任：

（一）未在有较大危险因素的生产经营场所和有关设施、设备上设置明显的安全警示标志的；

（二）安全设备的安装、使用、检测、改造和报废不符合国家标准或者行业标准的；

（三）未对安全设备进行经常性维护、保养和定期检测的；

（四）关闭、破坏直接关系生产安全的监控、报警、防护、救生设备、设施，或者篡改、隐瞒、销毁其相关数据、信息的；

（五）未为从业人员提供符合国家标准或者行业标准的劳动防护用品的；

（六）危险物品的容器、运输工具，以及涉及人身安全、危险性较大的海洋石油开采特种设备和矿山井下特种设备未经具有专业资质的机构检测、检验合格，取得安全使用证或者安全标志，投入使用的；

（七）使用应当淘汰的危及生产安全的工艺、设备的；

（八）餐饮等行业的生产经营单位使用燃气未安装可燃气体报警装置的。

第一百条　未经依法批准，擅自生产、经营、运输、储存、使用危险物品或者处置废弃危险物品的，依照有关危险物品安全管理的法律、行政法规的规定予以处罚；构成犯罪的，依照刑法有关规定追究刑事责任。

第一百零一条　生产经营单位有下列行为之一的，责令限期改正，处十万元以下的罚款；逾期未改正的，责令停产停业整顿，并处十万元以上二十万元以下的罚款，对其直接负责的主管人员和其他直接责任人员处二万元以上五万元以下的罚款；构成犯罪的，依照刑法有关规定追究刑事责任：

（一）生产、经营、运输、储存、使用危险物品或者处置废弃危险物品，未建立专门安全管理制度、未采取可靠的安全措施的；

（二）对重大危险源未登记建档，未进行定期检测、评估、监控，未制定应急预案，或者未告知应急措施的；

（三）进行爆破、吊装、动火、临时用电以及国务院应急管理部门会同国务院有关部门规定的其他危险作业，未安排专门人员进行现场安全管理的；

（四）未建立安全风险分级管控制度或者未按照安全风险分级采取相应管控措施的；

（五）未建立事故隐患排查治理制度，或者重大事故隐患排查治理情况未按照规定报告的。

第一百零二条　生产经营单位未采取措施消除事故隐患的，责令立即消除或者限期消除，处五万元以下的罚款；生产经营单位拒不执行的，责令停产停业整顿，对其直接负责的主管人员和其他直接责任人员处五万元以上十万元以下的罚款；构成犯罪的，依照刑法有关规定追究刑事责任。

第一百零三条　生产经营单位将生产经营项目、场所、设备发包或者出租给不具备安全生产条件或者相应资质的单位或者个人的，责令限期改正，没收违法所得；违法所得十万元以上的，并处违法所得二倍以上五倍以下的罚款；没有违法所得或者违法所得不足十万元的，单处或者并处十万元以上二十万元以下的罚款；对其直接负责的主管人员和其他直接责任人员处一万元以上二万元以下的罚款；导致发生生产安全事故给他人造成损害的，与承包方、承租方承担连带赔偿责任。

生产经营单位未与承包单位、承租单位签订专门的安全生产管理协议或者未在承包合同、租赁合同中明确各自的安全生产管理职责，或者未对承包单位、承租单位的安全生产统一协调、管理的，责令限期改正，处五万元以下的罚款，对其直接负责的主管人员和其他直接责任人员处一万元以下的罚款；逾期未改正的，责令停产停业整顿。

矿山、金属冶炼建设项目和用于生产、储存、装卸危险物品的建设项目的施工单位未按照规定对施工项目进行安全管理的，责令限期改正，处十万元以下的罚款，对其直接负责的主管人员和其他直接责任人员处二万元以下的罚款；逾期未改正的，责令停产停业整顿。以上施工单位倒卖、出租、出借、挂靠或者以其他形式非法转让施工资质的，责令停产停业整顿，吊销资质证书，没收违法所得；违法所得十万元以上的，并处违法所得二倍以上五倍以下的罚款，没有违法所得或者违法所得不足十万元的，单处或者并处十万元以上二十万元以下的罚款；对其直接负责的主管人员和其他直接责任人员处五万元以上十万元以下的罚款；构成犯罪的，依照刑法有关规定追究刑事责任。

第一百零四条　两个以上生产经营单位在同一作业区域内进行可能危及对方安全生产

的生产经营活动，未签订安全生产管理协议或者未指定专职安全生产管理人员进行安全检查与协调的，责令限期改正，处五万元以下的罚款，对其直接负责的主管人员和其他直接责任人员处一万元以下的罚款；逾期未改正的，责令停产停业。

第一百零五条 生产经营单位有下列行为之一的，责令限期改正，处五万元以下的罚款，对其直接负责的主管人员和其他直接责任人员处一万元以下的罚款；逾期未改正的，责令停产停业整顿；构成犯罪的，依照刑法有关规定追究刑事责任：

（一）生产、经营、储存、使用危险物品的车间、商店、仓库与员工宿舍在同一座建筑内，或者与员工宿舍的距离不符合安全要求的；

（二）生产经营场所和员工宿舍未设有符合紧急疏散需要、标志明显、保持畅通的出口、疏散通道，或者占用、锁闭、封堵生产经营场所或者员工宿舍出口、疏散通道的。

第一百零六条 生产经营单位与从业人员订立协议，免除或者减轻其对从业人员因生产安全事故伤亡依法应承担的责任的，该协议无效；对生产经营单位的主要负责人、个人经营的投资人处二万元以上十万元以下的罚款。

第一百零七条 生产经营单位的从业人员不落实岗位安全责任，不服从管理，违反安全生产规章制度或者操作规程的，由生产经营单位给予批评教育，依照有关规章制度给予处分；构成犯罪的，依照刑法有关规定追究刑事责任。

第一百零八条 违反本法规定，生产经营单位拒绝、阻碍负有安全生产监督管理职责的部门依法实施监督检查的，责令改正；拒不改正的，处二万元以上二十万元以下的罚款；对其直接负责的主管人员和其他直接责任人员处一万元以上二万元以下的罚款；构成犯罪的，依照刑法有关规定追究刑事责任。

第一百零九条 高危行业、领域的生产经营单位未按照国家规定投保安全生产责任保险的，责令限期改正，处五万元以上十万元以下的罚款；逾期未改正的，处十万元以上二十万元以下的罚款。

第一百一十条 生产经营单位的主要负责人在本单位发生生产安全事故时，不立即组织抢救或者在事故调查处理期间擅离职守或者逃匿的，给予降级、撤职的处分，并由应急管理部门处上一年年收入百分之六十至百分之一百的罚款；对逃匿的处十五日以下拘留；构成犯罪的，依照刑法有关规定追究刑事责任。

生产经营单位的主要负责人对生产安全事故隐瞒不报、谎报或者迟报的，依照前款规定处罚。

第一百一十一条 有关地方人民政府、负有安全生产监督管理职责的部门，对生产安

全事故隐瞒不报、谎报或者迟报的，对直接负责的主管人员和其他直接责任人员依法给予处分；构成犯罪的，依照刑法有关规定追究刑事责任。

第一百一十二条　生产经营单位违反本法规定，被责令改正且受到罚款处罚，拒不改正的，负有安全生产监督管理职责的部门可以自作出责令改正之日的次日起，按照原处罚数额按日连续处罚。

第一百一十三条　生产经营单位存在下列情形之一的，负有安全生产监督管理职责的部门应当提请地方人民政府予以关闭，有关部门应当依法吊销其有关证照。生产经营单位主要负责人五年内不得担任任何生产经营单位的主要负责人；情节严重的，终身不得担任本行业生产经营单位的主要负责人：

（一）存在重大事故隐患，一百八十日内三次或者一年内四次受到本法规定的行政处罚的；

（二）经停产停业整顿，仍不具备法律、行政法规和国家标准或者行业标准规定的安全生产条件的；

（三）不具备法律、行政法规和国家标准或者行业标准规定的安全生产条件，导致发生重大、特别重大生产安全事故的；

（四）拒不执行负有安全生产监督管理职责的部门作出的停产停业整顿决定的。

第一百一十四条　发生生产安全事故，对负有责任的生产经营单位除要求其依法承担相应的赔偿等责任外，由应急管理部门依照下列规定处以罚款：

（一）发生一般事故的，处三十万元以上一百万元以下的罚款；

（二）发生较大事故的，处一百万元以上二百万元以下的罚款；

（三）发生重大事故的，处二百万元以上一千万元以下的罚款；

（四）发生特别重大事故的，处一千万元以上二千万元以下的罚款。

发生生产安全事故，情节特别严重、影响特别恶劣的，应急管理部门可以按照前款罚款数额的二倍以上五倍以下对负有责任的生产经营单位处以罚款。

第一百一十五条　本法规定的行政处罚，由应急管理部门和其他负有安全生产监督管理职责的部门按照职责分工决定；其中，根据本法第九十五条、第一百一十条、第一百一十四条的规定应当给予民航、铁路、电力行业的生产经营单位及其主要负责人行政处罚的，也可以由主管的负有安全生产监督管理职责的部门进行处罚。予以关闭的行政处罚，由负有安全生产监督管理职责的部门报请县级以上人民政府按照国务院规定的权限决定；给予拘留的行政处罚，由公安机关依照治安管理处罚的规定决定。

第一百一十六条 生产经营单位发生生产安全事故造成人员伤亡、他人财产损失的，应当依法承担赔偿责任；拒不承担或者其负责人逃匿的，由人民法院依法强制执行。

生产安全事故的责任人未依法承担赔偿责任，经人民法院依法采取执行措施后，仍不能对受害人给予足额赔偿的，应当继续履行赔偿义务；受害人发现责任人有其他财产的，可以随时请求人民法院执行。

第七章 附 则

第一百一十七条 本法下列用语的含义：

危险物品，是指易燃易爆物品、危险化学品、放射性物品等能够危及人身安全和财产安全的物品。

重大危险源，是指长期地或者临时地生产、搬运、使用或者储存危险物品，且危险物品的数量等于或者超过临界量的单元（包括场所和设施）。

第一百一十八条 本法规定的生产安全一般事故、较大事故、重大事故、特别重大事故的划分标准由国务院规定。

国务院应急管理部门和其他负有安全生产监督管理职责的部门应当根据各自的职责分工，制定相关行业、领域重大危险源的辨识标准和重大事故隐患的判定标准。

第一百一十九条 本法自 2002 年 11 月 1 日起施行。

中华人民共和国电力法（2018 年修正）

中华人民共和国主席令第 23 号

（1995 年 12 月 28 日第八届全国人民代表大会常务委员会第十七次会议通过；根据 2009 年 8 月 27 日第十一届全国人民代表大会常务委员会第十次会议《关于修改部分法律的决定》第一次修正；根据 2015 年 4 月 24 日第十二届全国人民代表大会常务委员会第十四次会议《关于修改〈中华人民共和国电力法〉等六部法律的决定》第二次修正；根据 2018 年 12 月 29 日第十三届全国人民代表大会常务委员会第七次会议《关于修改〈中华人民共和国电力法〉等四部法律的决定》第三次修正）

第一章　总　　　则

第一条　为了保障和促进电力事业的发展，维护电力投资者、经营者和使用者的合法权益，保障电力安全运行，制定本法。

第二条　本法适用于中华人民共和国境内的电力建设、生产、供应和使用活动。

第三条　电力事业应当适应国民经济和社会发展的需要，适当超前发展。国家鼓励、引导国内外的经济组织和个人依法投资开发电源，兴办电力生产企业。

电力事业投资，实行谁投资、谁收益的原则。

第四条　电力设施受国家保护。

禁止任何单位和个人危害电力设施安全或者非法侵占、使用电能。

第五条　电力建设、生产、供应和使用应当依法保护环境，采用新技术，减少有害物质排放，防治污染和其他公害。

国家鼓励和支持利用可再生能源和清洁能源发电。

第六条　国务院电力管理部门负责全国电力事业的监督管理。国务院有关部门在各自的职责范围内负责电力事业的监督管理。

县级以上地方人民政府经济综合主管部门是本行政区域内的电力管理部门，负责电力事业的监督管理。县级以上地方人民政府有关部门在各自的职责范围内负责电力事业的监督管理。

第七条　电力建设企业、电力生产企业、电网经营企业依法实行自主经营、自负盈亏，并接受电力管理部门的监督。

第八条　国家帮助和扶持少数民族地区、边远地区和贫困地区发展电力事业。

第九条　国家鼓励在电力建设、生产、供应和使用过程中，采用先进的科学技术和管理方法，对在研究、开发、采用先进的科学技术和管理方法等方面作出显著成绩的单位和个人给予奖励。

第二章　电力建设

第十条　电力发展规划应当根据国民经济和社会发展的需要制定，并纳入国民经济和社会发展计划。

电力发展规划，应当体现合理利用能源、电源与电网配套发展、提高经济效益和有利于环境保护的原则。

第十一条　城市电网的建设与改造规划，应当纳入城市总体规划。城市人民政府应当按照规划，安排变电设施用地、输电线路走廊和电缆通道。

任何单位和个人不得非法占用变电设施用地、输电线路走廊和电缆通道。

第十二条　国家通过制定有关政策，支持、促进电力建设。

地方人民政府应当根据电力发展规划，因地制宜，采取多种措施开发电源，发展电力建设。

第十三条　电力投资者对其投资形成的电力，享有法定权益。并网运行的，电力投资者有优先使用权；未并网的自备电厂，电力投资者自行支配使用。

第十四条　电力建设项目应当符合电力发展规划，符合国家电力产业政策。

电力建设项目不得使用国家明令淘汰的电力设备和技术。

第十五条　输变电工程、调度通信自动化工程等电网配套工程和环境保护工程，应当与发电工程项目同时设计、同时建设、同时验收、同时投入使用。

第十六条　电力建设项目使用土地，应当依照有关法律、行政法规的规定办理；依法征收土地的，应当依法支付土地补偿费和安置补偿费，做好迁移居民的安置工作。

电力建设应当贯彻切实保护耕地、节约利用土地的原则。

地方人民政府对电力事业依法使用土地和迁移居民，应当予以支持和协助。

第十七条　地方人民政府应当支持电力企业为发电工程建设勘探水源和依法取水、用水。电力企业应当节约用水。

第三章　电力生产与电网管理

第十八条　电力生产与电网运行应当遵循安全、优质、经济的原则。

电网运行应当连续、稳定，保证供电可靠性。

第十九条　电力企业应当加强安全生产管理，坚持安全第一、预防为主的方针，建立、健全安全生产责任制度。

电力企业应当对电力设施定期进行检修和维护，保证其正常运行。

第二十条　发电燃料供应企业、运输企业和电力生产企业应当依照国务院有关规定或者合同约定供应、运输和接卸燃料。

第二十一条　电网运行实行统一调度、分级管理。任何单位和个人不得非法干预电网调度。

第二十二条　国家提倡电力生产企业与电网、电网与电网并网运行。具有独立法人资格的电力生产企业要求将生产的电力并网运行的，电网经营企业应当接受。

并网运行必须符合国家标准或者电力行业标准。

并网双方应当按照统一调度、分级管理和平等互利、协商一致的原则，签订并网协议，确定双方的权利和义务；并网双方达不成协议的，由省级以上电力管理部门协调决定。

第二十三条　电网调度管理办法，由国务院依照本法的规定制定。

第四章　电力供应与使用

第二十四条　国家对电力供应和使用，实行安全用电、节约用电、计划用电的管理原则。

电力供应与使用办法由国务院依照本法的规定制定。

第二十五条　供电企业在批准的供电营业区内向用户供电。

供电营业区的划分，应当考虑电网的结构和供电合理性等因素。一个供电营业区内只设立一个供电营业机构。

供电营业区的设立、变更，由供电企业提出申请，电力管理部门依据职责和管理权限，会同同级有关部门审查批准后，发给《电力业务许可证》。供电营业区设立、变更的具体办法，由国务院电力管理部门制定。

第二十六条　供电营业区内的供电营业机构，对本营业区内的用户有按照国家规定供电的义务；不得违反国家规定对其营业区内申请用电的单位和个人拒绝供电。

申请新装用电、临时用电、增加用电容量、变更用电和终止用电，应当依照规定的程序办理手续。

供电企业应当在其营业场所公告用电的程序、制度和收费标准，并提供用户须知资料。

第二十七条 电力供应与使用双方应当根据平等自愿、协商一致的原则，按照国务院制定的电力供应与使用办法签订供用电合同，确定双方的权利和义务。

第二十八条 供电企业应当保证供给用户的供电质量符合国家标准。对公用供电设施引起的供电质量问题，应当及时处理。

用户对供电质量有特殊要求的，供电企业应当根据其必要性和电网的可能，提供相应的电力。

第二十九条 供电企业在发电、供电系统正常的情况下，应当连续向用户供电，不得中断。因供电设施检修、依法限电或者用户违法用电等原因，需要中断供电时，供电企业应当按照国家有关规定事先通知用户。

用户对供电企业中断供电有异议的，可以向电力管理部门投诉；受理投诉的电力管理部门应当依法处理。

第三十条 因抢险救灾需要紧急供电时，供电企业必须尽速安排供电，所需供电工程费用和应付电费依照国家有关规定执行。

第三十一条 用户应当安装用电计量装置。用户使用的电力电量，以计量检定机构依法认可的用电计量装置的记录为准。

用户受电装置的设计、施工安装和运行管理，应当符合国家标准或者电力行业标准。

第三十二条 用户用电不得危害供电、用电安全和扰乱供电、用电秩序。

对危害供电、用电安全和扰乱供电、用电秩序的，供电企业有权制止。

第三十三条 供电企业应当按照国家核准的电价和用电计量装置的记录，向用户计收电费。

供电企业查电人员和抄表收费人员进入用户，进行用电安全检查或者抄表收费时，应当出示有关证件。

用户应当按照国家核准的电价和用电计量装置的记录，按时交纳电费；对供电企业查电人员和抄表收费人员依法履行职责，应当提供方便。

第三十四条 供电企业和用户应当遵守国家有关规定，采取有效措施，做好安全用电、节约用电和计划用电工作。

第五章　电价与电费

第三十五条 本法所称电价，是指电力生产企业的上网电价、电网间的互供电价、电网销售电价。

电价实行统一政策，统一定价原则，分级管理。

第三十六条　制定电价，应当合理补偿成本，合理确定收益，依法计入税金，坚持公平负担，促进电力建设。

第三十七条　上网电价实行同网同质同价。具体办法和实施步骤由国务院规定。

电力生产企业有特殊情况需另行制定上网电价的，具体办法由国务院规定。

第三十八条　跨省、自治区、直辖市电网和省级电网内的上网电价，由电力生产企业和电网经营企业协商提出方案，报国务院物价行政主管部门核准。

独立电网内的上网电价，由电力生产企业和电网经营企业协商提出方案，报有管理权的物价行政主管部门核准。

地方投资的电力生产企业所生产的电力，属于在省内各地区形成独立电网的或者自发自用的，其电价可以由省、自治区、直辖市人民政府管理。

第三十九条　跨省、自治区、直辖市电网和独立电网之间、省级电网和独立电网之间的互供电价，由双方协商提出方案，报国务院物价行政主管部门或者其授权的部门核准。

独立电网与独立电网之间的互供电价，由双方协商提出方案，报有管理权的物价行政主管部门核准。

第四十条　跨省、自治区、直辖市电网和省级电网的销售电价，由电网经营企业提出方案，报国务院物价行政主管部门或者其授权的部门核准。

独立电网的销售电价，由电网经营企业提出方案，报有管理权的物价行政主管部门核准。

第四十一条　国家实行分类电价和分时电价。分类标准和分时办法由国务院确定。

对同一电网内的同一电压等级、同一用电类别的用户，执行相同的电价标准。

第四十二条　用户用电增容收费标准，由国务院物价行政主管部门会同国务院电力管理部门制定。

第四十三条　任何单位不得超越电价管理权限制定电价。供电企业不得擅自变更电价。

第四十四条　禁止任何单位和个人在电费中加收其他费用；但是，法律、行政法规另有规定的，按照规定执行。

地方集资办电在电费中加收费用的，由省、自治区、直辖市人民政府依照国务院有关规定制定办法。

禁止供电企业在收取电费时，代收其他费用。

第四十五条　电价的管理办法，由国务院依照本法的规定制定。

第六章　农村电力建设和农业用电

第四十六条　省、自治区、直辖市人民政府应当制定农村电气化发展规划，并将其纳入当地电力发展规划及国民经济和社会发展计划。

第四十七条　国家对农村电气化实行优惠政策，对少数民族地区、边远地区和贫困地区的农村电力建设给予重点扶持。

第四十八条　国家提倡农村开发水能资源，建设中、小型水电站，促进农村电气化。

国家鼓励和支持农村利用太阳能、风能、地热能、生物质能和其他能源进行农村电源建设，增加农村电力供应。

第四十九条　县级以上地方人民政府及其经济综合主管部门在安排用电指标时，应当保证农业和农村用电的适当比例，优先保证农村排涝、抗旱和农业季节性生产用电。

电力企业应当执行前款的用电安排，不得减少农业和农村用电指标。

第五十条　农业用电价格按照保本、微利的原则确定。

农民生活用电与当地城镇居民生活用电应当逐步实行相同的电价。

第五十一条　农业和农村用电管理办法，由国务院依照本法的规定制定。

第七章　电力设施保护

第五十二条　任何单位和个人不得危害发电设施、变电设施和电力线路设施及其有关辅助设施。

在电力设施周围进行爆破及其他可能危及电力设施安全的作业的，应当按照国务院有关电力设施保护的规定，经批准并采取确保电力设施安全的措施后，方可进行作业。

第五十三条　电力管理部门应当按照国务院有关电力设施保护的规定，对电力设施保护区设立标志。

任何单位和个人不得在依法划定的电力设施保护区内修建可能危及电力设施安全的建筑物、构筑物，不得种植可能危及电力设施安全的植物，不得堆放可能危及电力设施安全的物品。

在依法划定电力设施保护区前已经种植的植物妨碍电力设施安全的，应当修剪或者砍伐。

第五十四条　任何单位和个人需要在依法划定的电力设施保护区内进行可能危及电力设施安全的作业时，应当经电力管理部门批准并采取安全措施后，方可进行作业。

第五十五条　电力设施与公用工程、绿化工程和其他工程在新建、改建或者扩建中相互妨碍时，有关单位应当按照国家有关规定协商，达成协议后方可施工。

第八章　监督检查

第五十六条　电力管理部门依法对电力企业和用户执行电力法律、行政法规的情况进行监督检查。

第五十七条　电力管理部门根据工作需要，可以配备电力监督检查人员。

电力监督检查人员应当公正廉洁，秉公执法，熟悉电力法律、法规，掌握有关电力专业技术。

第五十八条　电力监督检查人员进行监督检查时，有权向电力企业或者用户了解有关执行电力法律、行政法规的情况，查阅有关资料，并有权进入现场进行检查。

电力企业和用户对执行监督检查任务的电力监督检查人员应当提供方便。

电力监督检查人员进行监督检查时，应当出示证件。

第九章　法律责任

第五十九条　电力企业或者用户违反供用电合同，给对方造成损失的，应当依法承担赔偿责任。

电力企业违反本法第二十八条、第二十九条第一款的规定，未保证供电质量或者未事先通知用户中断供电，给用户造成损失的，应当依法承担赔偿责任。

第六十条　因电力运行事故给用户或者第三人造成损害的，电力企业应当依法承担赔偿责任。

电力运行事故由下列原因之一造成的，电力企业不承担赔偿责任：

（一）不可抗力；

（二）用户自身的过错。

因用户或者第三人的过错给电力企业或者其他用户造成损害的，该用户或者第三人应当依法承担赔偿责任。

第六十一条　违反本法第十一条第二款的规定，非法占用变电设施用地、输电线路走廊或者电缆通道的，由县级以上地方人民政府责令限期改正；逾期不改正的，强制清除障碍。

第六十二条　违反本法第十四条规定，电力建设项目不符合电力发展规划、产业政策的，由电力管理部门责令停止建设。

违反本法第十四条规定，电力建设项目使用国家明令淘汰的电力设备和技术的，由电力管理部门责令停止使用，没收国家明令淘汰的电力设备，并处五万元以下的罚款。

第六十三条 违反本法第二十五条规定，未经许可，从事供电或者变更供电营业区的，由电力管理部门责令改正，没收违法所得，可以并处违法所得五倍以下的罚款。

第六十四条 违反本法第二十六条、第二十九条规定，拒绝供电或者中断供电的，由电力管理部门责令改正，给予警告；情节严重的，对有关主管人员和直接责任人员给予行政处分。

第六十五条 违反本法第三十二条规定，危害供电、用电安全或者扰乱供电、用电秩序的，由电力管理部门责令改正，给予警告；情节严重或者拒绝改正的，可以中止供电，可以并处五万元以下的罚款。

第六十六条 违反本法第三十三条、第四十三条、第四十四条规定，未按照国家核准的电价和用电计量装置的记录向用户计收电费、超越权限制定电价或者在电费中加收其他费用的，由物价行政主管部门给予警告，责令返还违法收取的费用，可以并处违法收取费用五倍以下的罚款；情节严重的，对有关主管人员和直接责任人员给予行政处分。

第六十七条 违反本法第四十九条第二款规定，减少农业和农村用电指标的，由电力管理部门责令改正；情节严重的，对有关主管人员和直接责任人员给予行政处分；造成损失的，责令赔偿损失。

第六十八条 违反本法第五十二条第二款和第五十四条规定，未经批准或者未采取安全措施在电力设施周围或者在依法划定的电力设施保护区内进行作业，危及电力设施安全的，由电力管理部门责令停止作业、恢复原状并赔偿损失。

第六十九条 违反本法第五十三条规定，在依法划定的电力设施保护区内修建建筑物、构筑物或者种植植物、堆放物品，危及电力设施安全的，由当地人民政府责令强制拆除、砍伐或者清除。

第七十条 有下列行为之一，应当给予治安管理处罚的，由公安机关依照治安管理处罚法的有关规定予以处罚；构成犯罪的，依法追究刑事责任：

（一）阻碍电力建设或者电力设施抢修，致使电力建设或者电力设施抢修不能正常进行的；

（二）扰乱电力生产企业、变电所、电力调度机构和供电企业的秩序，致使生产、工作和营业不能正常进行的；

（三）殴打、公然侮辱履行职务的查电人员或者抄表收费人员的；

（四）拒绝、阻碍电力监督检查人员依法执行职务的。

第七十一条　盗窃电能的，由电力管理部门责令停止违法行为，追缴电费并处应交电费五倍以下的罚款；构成犯罪的，依照刑法有关规定追究刑事责任。

第七十二条　盗窃电力设施或者以其他方法破坏电力设施，危害公共安全的，依照刑法有关规定追究刑事责任。

第七十三条　电力管理部门的工作人员滥用职权、玩忽职守、徇私舞弊，构成犯罪的，依法追究刑事责任；尚不构成犯罪的，依法给予行政处分。

第七十四条　电力企业职工违反规章制度、违章调度或者不服从调度指令，造成重大事故的，依照刑法有关规定追究刑事责任。

电力企业职工故意延误电力设施抢修或者抢险救灾供电，造成严重后果的，依照刑法有关规定追究刑事责任。

电力企业的管理人员和查电人员、抄表收费人员勒索用户、以电谋私，构成犯罪的，依法追究刑事责任；尚不构成犯罪的，依法给予行政处分。

第十章　附　　则

第七十五条　本法自 1996 年 4 月 1 日起施行。

中华人民共和国突发事件应对法

中华人民共和国主席令第 69 号

（2007 年 8 月 30 日第十届全国人民代表大会常务委员会第二十九次会议通过）

第一章 总 则

第一条 为了预防和减少突发事件的发生，控制、减轻和消除突发事件引起的严重社会危害，规范突发事件应对活动，保护人民生命财产安全，维护国家安全、公共安全、环境安全和社会秩序，制定本法。

第二条 突发事件的预防与应急准备、监测与预警、应急处置与救援、事后恢复与重建等应对活动，适用本法。

第三条 本法所称突发事件，是指突然发生，造成或者可能造成严重社会危害，需要采取应急处置措施予以应对的自然灾害、事故灾难、公共卫生事件和社会安全事件。

按照社会危害程度、影响范围等因素，自然灾害、事故灾难、公共卫生事件分为特别重大、重大、较大和一般四级。法律、行政法规或者国务院另有规定的，从其规定。

突发事件的分级标准由国务院或者国务院确定的部门制定。

第四条 国家建立统一领导、综合协调、分类管理、分级负责、属地管理为主的应急管理体制。

第五条 突发事件应对工作实行预防为主、预防与应急相结合的原则。国家建立重大突发事件风险评估体系，对可能发生的突发事件进行综合性评估，减少重大突发事件的发生，最大限度地减轻重大突发事件的影响。

第六条 国家建立有效的社会动员机制，增强全民的公共安全和防范风险的意识，提高全社会的避险救助能力。

第七条 县级人民政府对本行政区域内突发事件的应对工作负责；涉及两个以上行政区域的，由有关行政区域共同的上一级人民政府负责，或者由各有关行政区域的上一级人民政府共同负责。

突发事件发生后，发生地县级人民政府应当立即采取措施控制事态发展，组织开展应急救援和处置工作，并立即向上一级人民政府报告，必要时可以越级上报。

突发事件发生地县级人民政府不能消除或者不能有效控制突发事件引起的严重社会危

害的，应当及时向上级人民政府报告。上级人民政府应当及时采取措施，统一领导应急处置工作。

法律、行政法规规定由国务院有关部门对突发事件的应对工作负责的，从其规定；地方人民政府应当积极配合并提供必要的支持。

第八条　国务院在总理领导下研究、决定和部署特别重大突发事件的应对工作；根据实际需要，设立国家突发事件应急指挥机构，负责突发事件应对工作；必要时，国务院可以派出工作组指导有关工作。

县级以上地方各级人民政府设立由本级人民政府主要负责人、相关部门负责人、驻当地中国人民解放军和中国人民武装警察部队有关负责人组成的突发事件应急指挥机构，统一领导、协调本级人民政府各有关部门和下级人民政府开展突发事件应对工作；根据实际需要，设立相关类别突发事件应急指挥机构，组织、协调、指挥突发事件应对工作。

上级人民政府主管部门应当在各自职责范围内，指导、协助下级人民政府及其相应部门做好有关突发事件的应对工作。

第九条　国务院和县级以上地方各级人民政府是突发事件应对工作的行政领导机关，其办事机构及具体职责由国务院规定。

第十条　有关人民政府及其部门作出的应对突发事件的决定、命令，应当及时公布。

第十一条　有关人民政府及其部门采取的应对突发事件的措施，应当与突发事件可能造成的社会危害的性质、程度和范围相适应；有多种措施可供选择的，应当选择有利于最大程度地保护公民、法人和其他组织权益的措施。

公民、法人和其他组织有义务参与突发事件应对工作。

第十二条　有关人民政府及其部门为应对突发事件，可以征用单位和个人的财产。被征用的财产在使用完毕或者突发事件应急处置工作结束后，应当及时返还。财产被征用或者征用后毁损、灭失的，应当给予补偿。

第十三条　因采取突发事件应对措施，诉讼、行政复议、仲裁活动不能正常进行的，适用有关时效中止和程序中止的规定，但法律另有规定的除外。

第十四条　中国人民解放军、中国人民武装警察部队和民兵组织依照本法和其他有关法律、行政法规、军事法规的规定以及国务院、中央军事委员会的命令，参加突发事件的应急救援和处置工作。

第十五条　中华人民共和国政府在突发事件的预防、监测与预警、应急处置与救援、事后恢复与重建等方面，同外国政府和有关国际组织开展合作与交流。

第十六条 县级以上人民政府作出应对突发事件的决定、命令，应当报本级人民代表大会常务委员会备案；突发事件应急处置工作结束后，应当向本级人民代表大会常务委员会作出专项工作报告。

第二章 预防与应急准备

第十七条 国家建立健全突发事件应急预案体系。

国务院制定国家突发事件总体应急预案，组织制定国家突发事件专项应急预案；国务院有关部门根据各自的职责和国务院相关应急预案，制定国家突发事件部门应急预案。

地方各级人民政府和县级以上地方各级人民政府有关部门根据有关法律、法规、规章、上级人民政府及其有关部门的应急预案以及本地区的实际情况，制定相应的突发事件应急预案。

应急预案制定机关应当根据实际需要和情势变化，适时修订应急预案。应急预案的制定、修订程序由国务院规定。

第十八条 应急预案应当根据本法和其他有关法律、法规的规定，针对突发事件的性质、特点和可能造成的社会危害，具体规定突发事件应急管理工作的组织指挥体系与职责和突发事件的预防与预警机制、处置程序、应急保障措施以及事后恢复与重建措施等内容。

第十九条 城乡规划应当符合预防、处置突发事件的需要，统筹安排应对突发事件所必需的设备和基础设施建设，合理确定应急避难场所。

第二十条 县级人民政府应当对本行政区域内容易引发自然灾害、事故灾难和公共卫生事件的危险源、危险区域进行调查、登记、风险评估，定期进行检查、监控，并责令有关单位采取安全防范措施。

省级和设区的市级人民政府应当对本行政区域内容易引发特别重大、重大突发事件的危险源、危险区域进行调查、登记、风险评估，组织进行检查、监控，并责令有关单位采取安全防范措施。

县级以上地方各级人民政府按照本法规定登记的危险源、危险区域，应当按照国家规定及时向社会公布。

第二十一条 县级人民政府及其有关部门、乡级人民政府、街道办事处、居民委员会、村民委员会应当及时调解处理可能引发社会安全事件的矛盾纠纷。

第二十二条 所有单位应当建立健全安全管理制度，定期检查本单位各项安全防范措施的落实情况，及时消除事故隐患；掌握并及时处理本单位存在的可能引发社会安全事件

的问题，防止矛盾激化和事态扩大；对本单位可能发生的突发事件和采取安全防范措施的情况，应当按照规定及时向所在地人民政府或者人民政府有关部门报告。

第二十三条 矿山、建筑施工单位和易燃易爆物品、危险化学品、放射性物品等危险物品的生产、经营、储运、使用单位，应当制定具体应急预案，并对生产经营场所、有危险物品的建筑物、构筑物及周边环境开展隐患排查，及时采取措施消除隐患，防止发生突发事件。

第二十四条 公共交通工具、公共场所和其他人员密集场所的经营单位或者管理单位应当制定具体应急预案，为交通工具和有关场所配备报警装置和必要的应急救援设备、设施，注明其使用方法，并显著标明安全撤离的通道、路线，保证安全通道、出口的畅通。

有关单位应当定期检测、维护其报警装置和应急救援设备、设施，使其处于良好状态，确保正常使用。

第二十五条 县级以上人民政府应当建立健全突发事件应急管理培训制度，对人民政府及其有关部门负有处置突发事件职责的工作人员定期进行培训。

第二十六条 县级以上人民政府应当整合应急资源，建立或者确定综合性应急救援队伍。人民政府有关部门可以根据实际需要设立专业应急救援队伍。

县级以上人民政府及其有关部门可以建立由成年志愿者组成的应急救援队伍。单位应当建立由本单位职工组成的专职或者兼职应急救援队伍。

县级以上人民政府应当加强专业应急救援队伍与非专业应急救援队伍的合作，联合培训、联合演练，提高合成应急、协同应急的能力。

第二十七条 国务院有关部门、县级以上地方各级人民政府及其有关部门、有关单位应当为专业应急救援人员购买人身意外伤害保险，配备必要的防护装备和器材，减少应急救援人员的人身风险。

第二十八条 中国人民解放军、中国人民武装警察部队和民兵组织应当有计划地组织开展应急救援的专门训练。

第二十九条 县级人民政府及其有关部门、乡级人民政府、街道办事处应当组织开展应急知识的宣传普及活动和必要的应急演练。

居民委员会、村民委员会、企业事业单位应当根据所在地人民政府的要求，结合各自的实际情况，开展有关突发事件应急知识的宣传普及活动和必要的应急演练。

新闻媒体应当无偿开展突发事件预防与应急、自救与互救知识的公益宣传。

第三十条 各级各类学校应当把应急知识教育纳入教学内容，对学生进行应急知识教

育，培养学生的安全意识和自救与互救能力。

教育主管部门应当对学校开展应急知识教育进行指导和监督。

第三十一条 国务院和县级以上地方各级人民政府应当采取财政措施，保障突发事件应对工作所需经费。

第三十二条 国家建立健全应急物资储备保障制度，完善重要应急物资的监管、生产、储备、调拨和紧急配送体系。

设区的市级以上人民政府和突发事件易发、多发地区的县级人民政府应当建立应急救援物资、生活必需品和应急处置装备的储备制度。

县级以上地方各级人民政府应当根据本地区的实际情况，与有关企业签订协议，保障应急救援物资、生活必需品和应急处置装备的生产、供给。

第三十三条 国家建立健全应急通信保障体系，完善公用通信网，建立有线与无线相结合、基础电信网络与机动通信系统相配套的应急通信系统，确保突发事件应对工作的通信畅通。

第三十四条 国家鼓励公民、法人和其他组织为人民政府应对突发事件工作提供物资、资金、技术支持和捐赠。

第三十五条 国家发展保险事业，建立国家财政支持的巨灾风险保险体系，并鼓励单位和公民参加保险。

第三十六条 国家鼓励、扶持具备相应条件的教学科研机构培养应急管理专门人才，鼓励、扶持教学科研机构和有关企业研究开发用于突发事件预防、监测、预警、应急处置与救援的新技术、新设备和新工具。

第三章 监测与预警

第三十七条 国务院建立全国统一的突发事件信息系统。

县级以上地方各级人民政府应当建立或者确定本地区统一的突发事件信息系统，汇集、储存、分析、传输有关突发事件的信息，并与上级人民政府及其有关部门、下级人民政府及其有关部门、专业机构和监测网点的突发事件信息系统实现互联互通，加强跨部门、跨地区的信息交流与情报合作。

第三十八条 县级以上人民政府及其有关部门、专业机构应当通过多种途径收集突发事件信息。

县级人民政府应当在居民委员会、村民委员会和有关单位建立专职或者兼职信息报告

员制度。

获悉突发事件信息的公民、法人或者其他组织，应当立即向所在地人民政府、有关主管部门或者指定的专业机构报告。

第三十九条　地方各级人民政府应当按照国家有关规定向上级人民政府报送突发事件信息。县级以上人民政府有关主管部门应当向本级人民政府相关部门通报突发事件信息。专业机构、监测网点和信息报告员应当及时向所在地人民政府及其有关主管部门报告突发事件信息。

有关单位和人员报送、报告突发事件信息，应当做到及时、客观、真实，不得迟报、谎报、瞒报、漏报。

第四十条　县级以上地方各级人民政府应当及时汇总分析突发事件隐患和预警信息，必要时组织相关部门、专业技术人员、专家学者进行会商，对发生突发事件的可能性及其可能造成的影响进行评估；认为可能发生重大或者特别重大突发事件的，应当立即向上级人民政府报告，并向上级人民政府有关部门、当地驻军和可能受到危害的毗邻或者相关地区的人民政府通报。

第四十一条　国家建立健全突发事件监测制度。

县级以上人民政府及其有关部门应当根据自然灾害、事故灾难和公共卫生事件的种类和特点，建立健全基础信息数据库，完善监测网络，划分监测区域，确定监测点，明确监测项目，提供必要的设备、设施，配备专职或者兼职人员，对可能发生的突发事件进行监测。

第四十二条　国家建立健全突发事件预警制度。

可以预警的自然灾害、事故灾难和公共卫生事件的预警级别，按照突发事件发生的紧急程度、发展势态和可能造成的危害程度分为一级、二级、三级和四级，分别用红色、橙色、黄色和蓝色标示，一级为最高级别。

预警级别的划分标准由国务院或者国务院确定的部门制定。

第四十三条　可以预警的自然灾害、事故灾难或者公共卫生事件即将发生或者发生的可能性增大时，县级以上地方各级人民政府应当根据有关法律、行政法规和国务院规定的权限和程序，发布相应级别的警报，决定并宣布有关地区进入预警期，同时向上一级人民政府报告，必要时可以越级上报，并向当地驻军和可能受到危害的毗邻或者相关地区的人民政府通报。

第四十四条　发布三级、四级警报，宣布进入预警期后，县级以上地方各级人民政府应当根据即将发生的突发事件的特点和可能造成的危害，采取下列措施：

（一）启动应急预案；

（二）责令有关部门、专业机构、监测网点和负有特定职责的人员及时收集、报告有关信息，向社会公布反映突发事件信息的渠道，加强对突发事件发生、发展情况的监测、预报和预警工作；

（三）组织有关部门和机构、专业技术人员、有关专家学者，随时对突发事件信息进行分析评估，预测发生突发事件可能性的大小、影响范围和强度以及可能发生的突发事件的级别；

（四）定时向社会发布与公众有关的突发事件预测信息和分析评估结果，并对相关信息的报道工作进行管理；

（五）及时按照有关规定向社会发布可能受到突发事件危害的警告，宣传避免、减轻危害的常识，公布咨询电话。

第四十五条　发布一级、二级警报，宣布进入预警期后，县级以上地方各级人民政府除采取本法第四十四条规定的措施外，还应当针对即将发生的突发事件的特点和可能造成的危害，采取下列一项或者多项措施：

（一）责令应急救援队伍、负有特定职责的人员进入待命状态，并动员后备人员做好参加应急救援和处置工作的准备；

（二）调集应急救援所需物资、设备、工具，准备应急设施和避难场所，并确保其处于良好状态、随时可以投入正常使用；

（三）加强对重点单位、重要部位和重要基础设施的安全保卫，维护社会治安秩序；

（四）采取必要措施，确保交通、通信、供水、排水、供电、供气、供热等公共设施的安全和正常运行；

（五）及时向社会发布有关采取特定措施避免或者减轻危害的建议、劝告；

（六）转移、疏散或者撤离易受突发事件危害的人员并予以妥善安置，转移重要财产；

（七）关闭或者限制使用易受突发事件危害的场所，控制或者限制容易导致危害扩大的公共场所的活动；

（八）法律、法规、规章规定的其他必要的防范性、保护性措施。

第四十六条　对即将发生或者已经发生的社会安全事件，县级以上地方各级人民政府及其有关主管部门应当按照规定向上一级人民政府及其有关主管部门报告，必要时可以越级上报。

第四十七条　发布突发事件警报的人民政府应当根据事态的发展，按照有关规定适时

调整预警级别并重新发布。

有事实证明不可能发生突发事件或者危险已经解除的，发布警报的人民政府应当立即宣布解除警报，终止预警期，并解除已经采取的有关措施。

第四章　应急处置与救援

第四十八条　突发事件发生后，履行统一领导职责或者组织处置突发事件的人民政府应当针对其性质、特点和危害程度，立即组织有关部门，调动应急救援队伍和社会力量，依照本章的规定和有关法律、法规、规章的规定采取应急处置措施。

第四十九条　自然灾害、事故灾难或者公共卫生事件发生后，履行统一领导职责的人民政府可以采取下列一项或者多项应急处置措施：

（一）组织营救和救治受害人员，疏散、撤离并妥善安置受到威胁的人员以及采取其他救助措施；

（二）迅速控制危险源，标明危险区域，封锁危险场所，划定警戒区，实行交通管制以及其他控制措施；

（三）立即抢修被损坏的交通、通信、供水、排水、供电、供气、供热等公共设施，向受到危害的人员提供避难场所和生活必需品，实施医疗救护和卫生防疫以及其他保障措施；

（四）禁止或者限制使用有关设备、设施，关闭或者限制使用有关场所，中止人员密集的活动或者可能导致危害扩大的生产经营活动以及采取其他保护措施；

（五）启用本级人民政府设置的财政预备费和储备的应急救援物资，必要时调用其他急需物资、设备、设施、工具；

（六）组织公民参加应急救援和处置工作，要求具有特定专长的人员提供服务；

（七）保障食品、饮用水、燃料等基本生活必需品的供应；

（八）依法从严惩处囤积居奇、哄抬物价、制假售假等扰乱市场秩序的行为，稳定市场价格，维护市场秩序；

（九）依法从严惩处哄抢财物、干扰破坏应急处置工作等扰乱社会秩序的行为，维护社会治安；

（十）采取防止发生次生、衍生事件的必要措施。

第五十条　社会安全事件发生后，组织处置工作的人民政府应当立即组织有关部门并由公安机关针对事件的性质和特点，依照有关法律、行政法规和国家其他有关规定，采取下列一项或者多项应急处置措施：

（一）强制隔离使用器械相互对抗或者以暴力行为参与冲突的当事人，妥善解决现场纠纷和争端，控制事态发展；

（二）对特定区域内的建筑物、交通工具、设备、设施以及燃料、燃气、电力、水的供应进行控制；

（三）封锁有关场所、道路，查验现场人员的身份证件，限制有关公共场所内的活动；

（四）加强对易受冲击的核心机关和单位的警卫，在国家机关、军事机关、国家通讯社、广播电台、电视台、外国驻华使领馆等单位附近设置临时警戒线；

（五）法律、行政法规和国务院规定的其他必要措施。

严重危害社会治安秩序的事件发生时，公安机关应当立即依法出动警力，根据现场情况依法采取相应的强制性措施，尽快使社会秩序恢复正常。

第五十一条 发生突发事件，严重影响国民经济正常运行时，国务院或者国务院授权的有关主管部门可以采取保障、控制等必要的应急措施，保障人民群众的基本生活需要，最大限度地减轻突发事件的影响。

第五十二条 履行统一领导职责或者组织处置突发事件的人民政府，必要时可以向单位和个人征用应急救援所需设备、设施、场地、交通工具和其他物资，请求其他地方人民政府提供人力、物力、财力或者技术支援，要求生产、供应生活必需品和应急救援物资的企业组织生产、保证供给，要求提供医疗、交通等公共服务的组织提供相应的服务。

履行统一领导职责或者组织处置突发事件的人民政府，应当组织协调运输经营单位，优先运送处置突发事件所需物资、设备、工具、应急救援人员和受到突发事件危害的人员。

第五十三条 履行统一领导职责或者组织处置突发事件的人民政府，应当按照有关规定统一、准确、及时发布有关突发事件事态发展和应急处置工作的信息。

第五十四条 任何单位和个人不得编造、传播有关突发事件事态发展或者应急处置工作的虚假信息。

第五十五条 突发事件发生地的居民委员会、村民委员会和其他组织应当按照当地人民政府的决定、命令，进行宣传动员，组织群众开展自救和互救，协助维护社会秩序。

第五十六条 受到自然灾害危害或者发生事故灾难、公共卫生事件的单位，应当立即组织本单位应急救援队伍和工作人员营救受害人员，疏散、撤离、安置受到威胁的人员，控制危险源，标明危险区域，封锁危险场所，并采取其他防止危害扩大的必要措施，同时向所在地县级人民政府报告；对因本单位的问题引发的或者主体是本单位人员的社会安全

事件，有关单位应当按照规定上报情况，并迅速派出负责人赶赴现场开展劝解、疏导工作。

突发事件发生地的其他单位应当服从人民政府发布的决定、命令，配合人民政府采取的应急处置措施，做好本单位的应急救援工作，并积极组织人员参加所在地的应急救援和处置工作。

第五十七条　突发事件发生地的公民应当服从人民政府、居民委员会、村民委员会或者所属单位的指挥和安排，配合人民政府采取的应急处置措施，积极参加应急救援工作，协助维护社会秩序。

第五章　事后恢复与重建

第五十八条　突发事件的威胁和危害得到控制或者消除后，履行统一领导职责或者组织处置突发事件的人民政府应当停止执行依照本法规定采取的应急处置措施，同时采取或者继续实施必要措施，防止发生自然灾害、事故灾难、公共卫生事件的次生、衍生事件或者重新引发社会安全事件。

第五十九条　突发事件应急处置工作结束后，履行统一领导职责的人民政府应当立即组织对突发事件造成的损失进行评估，组织受影响地区尽快恢复生产、生活、工作和社会秩序，制定恢复重建计划，并向上一级人民政府报告。

受突发事件影响地区的人民政府应当及时组织和协调公安、交通、铁路、民航、邮电、建设等有关部门恢复社会治安秩序，尽快修复被损坏的交通、通信、供水、排水、供电、供气、供热等公共设施。

第六十条　受突发事件影响地区的人民政府开展恢复重建工作需要上一级人民政府支持的，可以向上一级人民政府提出请求。上一级人民政府应当根据受影响地区遭受的损失和实际情况，提供资金、物资支持和技术指导，组织其他地区提供资金、物资和人力支援。

第六十一条　国务院根据受突发事件影响地区遭受损失的情况，制定扶持该地区有关行业发展的优惠政策。

受突发事件影响地区的人民政府应当根据本地区遭受损失的情况，制定救助、补偿、抚慰、抚恤、安置等善后工作计划并组织实施，妥善解决因处置突发事件引发的矛盾和纠纷。

公民参加应急救援工作或者协助维护社会秩序期间，其在本单位的工资待遇和福利不变；表现突出、成绩显著的，由县级以上人民政府给予表彰或者奖励。

县级以上人民政府对在应急救援工作中伤亡的人员依法给予抚恤。

第六十二条　履行统一领导职责的人民政府应当及时查明突发事件的发生经过和原

因，总结突发事件应急处置工作的经验教训，制定改进措施，并向上一级人民政府提出报告。

第六章　法律责任

第六十三条　地方各级人民政府和县级以上各级人民政府有关部门违反本法规定，不履行法定职责的，由其上级行政机关或者监察机关责令改正；有下列情形之一的，根据情节对直接负责的主管人员和其他直接责任人员依法给予处分：

（一）未按规定采取预防措施，导致发生突发事件，或者未采取必要的防范措施，导致发生次生、衍生事件的；

（二）迟报、谎报、瞒报、漏报有关突发事件的信息，或者通报、报送、公布虚假信息，造成后果的；

（三）未按规定及时发布突发事件警报、采取预警期的措施，导致损害发生的；

（四）未按规定及时采取措施处置突发事件或者处置不当，造成后果的；

（五）不服从上级人民政府对突发事件应急处置工作的统一领导、指挥和协调的；

（六）未及时组织开展生产自救、恢复重建等善后工作的；

（七）截留、挪用、私分或者变相私分应急救援资金、物资的；

（八）不及时归还征用的单位和个人的财产，或者对被征用财产的单位和个人不按规定给予补偿的。

第六十四条　有关单位有下列情形之一的，由所在地履行统一领导职责的人民政府责令停产停业，暂扣或者吊销许可证或者营业执照，并处五万元以上二十万元以下的罚款；构成违反治安管理行为的，由公安机关依法给予处罚：

（一）未按规定采取预防措施，导致发生严重突发事件的；

（二）未及时消除已发现的可能引发突发事件的隐患，导致发生严重突发事件的；

（三）未做好应急设备、设施日常维护、检测工作，导致发生严重突发事件或者突发事件危害扩大的；

（四）突发事件发生后，不及时组织开展应急救援工作，造成严重后果的。

前款规定的行为，其他法律、行政法规规定由人民政府有关部门依法决定处罚的，从其规定。

第六十五条　违反本法规定，编造并传播有关突发事件事态发展或者应急处置工作的虚假信息，或者明知是有关突发事件事态发展或者应急处置工作的虚假信息而进行传播的，责令改正，给予警告；造成严重后果的，依法暂停其业务活动或者吊销其执业许可证；负

有直接责任的人员是国家工作人员的，还应当对其依法给予处分；构成违反治安管理行为的，由公安机关依法给予处罚。

第六十六条　单位或者个人违反本法规定，不服从所在地人民政府及其有关部门发布的决定、命令或者不配合其依法采取的措施，构成违反治安管理行为的，由公安机关依法给予处罚。

第六十七条　单位或者个人违反本法规定，导致突发事件发生或者危害扩大，给他人人身、财产造成损害的，应当依法承担民事责任。

第六十八条　违反本法规定，构成犯罪的，依法追究刑事责任。

第七章　附　　则

第六十九条　发生特别重大突发事件，对人民生命财产安全、国家安全、公共安全、环境安全或者社会秩序构成重大威胁，采取本法和其他有关法律、法规、规章规定的应急处置措施不能消除或者有效控制、减轻其严重社会危害，需要进入紧急状态的，由全国人民代表大会常务委员会或者国务院依照宪法和其他有关法律规定的权限和程序决定。

紧急状态期间采取的非常措施，依照有关法律规定执行或者由全国人民代表大会常务委员会另行规定。

第七十条　本法自 2007 年 11 月 1 日起施行。

中华人民共和国水法（2016 年修正）

中华人民共和国主席令第 48 号

（1988 年 1 月 21 日第六届全国人民代表大会常务委员会第二十四次会议通过；2002 年 8 月 29 日第九届全国人民代表大会常务委员会第二十九次会议修订；根据 2009 年 8 月 27 日第十一届全国人民代表大会常务委员会第十次会议《关于修改部分法律的决定》第一次修正；根据 2016 年 7 月 2 日第十二届全国人民代表大会常务委员会第二十一次会议《关于修改〈中华人民共和国节约能源法〉等六部法律的决定》第二次修正）

第一章 总 则

第一条 为了合理开发、利用、节约和保护水资源，防治水害，实现水资源的可持续利用，适应国民经济和社会发展的需要，制定本法。

第二条 在中华人民共和国领域内开发、利用、节约、保护、管理水资源，防治水害，适用本法。

本法所称水资源，包括地表水和地下水。

第三条 水资源属于国家所有。水资源的所有权由国务院代表国家行使。农村集体经济组织的水塘和由农村集体经济组织修建管理的水库中的水，归各该农村集体经济组织使用。

第四条 开发、利用、节约、保护水资源和防治水害，应当全面规划、统筹兼顾、标本兼治、综合利用、讲求效益，发挥水资源的多种功能，协调好生活、生产经营和生态环境用水。

第五条 县级以上人民政府应当加强水利基础设施建设，并将其纳入本级国民经济和社会发展计划。

第六条 国家鼓励单位和个人依法开发、利用水资源，并保护其合法权益。开发、利用水资源的单位和个人有依法保护水资源的义务。

第七条 国家对水资源依法实行取水许可制度和有偿使用制度。但是，农村集体经济组织及其成员使用本集体经济组织的水塘、水库中的水的除外。国务院水行政主管部门负责全国取水许可制度和水资源有偿使用制度的组织实施。

第八条 国家厉行节约用水，大力推行节约用水措施，推广节约用水新技术、新工艺，

发展节水型工业、农业和服务业，建立节水型社会。

各级人民政府应当采取措施，加强对节约用水的管理，建立节约用水技术开发推广体系，培育和发展节约用水产业。

单位和个人有节约用水的义务。

第九条　国家保护水资源，采取有效措施，保护植被，植树种草，涵养水源，防治水土流失和水体污染，改善生态环境。

第十条　国家鼓励和支持开发、利用、节约、保护、管理水资源和防治水害的先进科学技术的研究、推广和应用。

第十一条　在开发、利用、节约、保护、管理水资源和防治水害等方面成绩显著的单位和个人，由人民政府给予奖励。

第十二条　国家对水资源实行流域管理与行政区域管理相结合的管理体制。

国务院水行政主管部门负责全国水资源的统一管理和监督工作。

国务院水行政主管部门在国家确定的重要江河、湖泊设立的流域管理机构（以下简称流域管理机构），在所管辖的范围内行使法律、行政法规规定的和国务院水行政主管部门授予的水资源管理和监督职责。

县级以上地方人民政府水行政主管部门按照规定的权限，负责本行政区域内水资源的统一管理和监督工作。

第十三条　国务院有关部门按照职责分工，负责水资源开发、利用、节约和保护的有关工作。

县级以上地方人民政府有关部门按照职责分工，负责本行政区域内水资源开发、利用、节约和保护的有关工作。

第二章　水资源规划

第十四条　国家制定全国水资源战略规划。

开发、利用、节约、保护水资源和防治水害，应当按照流域、区域统一制定规划。规划分为流域规划和区域规划。流域规划包括流域综合规划和流域专业规划；区域规划包括区域综合规划和区域专业规划。

前款所称综合规划，是指根据经济社会发展需要和水资源开发利用现状编制的开发、利用、节约、保护水资源和防治水害的总体部署。前款所称专业规划，是指防洪、治涝、灌溉、航运、供水、水力发电、竹木流放、渔业、水资源保护、水土保持、防沙治沙、节约用水

等规划。

第十五条 流域范围内的区域规划应当服从流域规划，专业规划应当服从综合规划。

流域综合规划和区域综合规划以及与土地利用关系密切的专业规划，应当与国民经济和社会发展规划以及土地利用总体规划、城市总体规划和环境保护规划相协调，兼顾各地区、各行业的需要。

第十六条 制定规划，必须进行水资源综合科学考察和调查评价。水资源综合科学考察和调查评价，由县级以上人民政府水行政主管部门会同同级有关部门组织进行。

县级以上人民政府应当加强水文、水资源信息系统建设。县级以上人民政府水行政主管部门和流域管理机构应当加强对水资源的动态监测。

基本水文资料应当按照国家有关规定予以公开。

第十七条 国家确定的重要江河、湖泊的流域综合规划，由国务院水行政主管部门会同国务院有关部门和有关省、自治区、直辖市人民政府编制，报国务院批准。跨省、自治区、直辖市的其他江河、湖泊的流域综合规划和区域综合规划，由有关流域管理机构会同江河、湖泊所在地的省、自治区、直辖市人民政府水行政主管部门和有关部门编制，分别经有关省、自治区、直辖市人民政府审查提出意见后，报国务院水行政主管部门审核；国务院水行政主管部门征求国务院有关部门意见后，报国务院或者其授权的部门批准。

前款规定以外的其他江河、湖泊的流域综合规划和区域综合规划，由县级以上地方人民政府水行政主管部门会同同级有关部门和有关地方人民政府编制，报本级人民政府或者其授权的部门批准，并报上一级水行政主管部门备案。

专业规划由县级以上人民政府有关部门编制，征求同级其他有关部门意见后，报本级人民政府批准。其中，防洪规划、水土保持规划的编制、批准，依照防洪法、水土保持法的有关规定执行。

第十八条 规划一经批准，必须严格执行。

经批准的规划需要修改时，必须按照规划编制程序经原批准机关批准。

第十九条 建设水工程，必须符合流域综合规划。在国家确定的重要江河、湖泊和跨省、自治区、直辖市的江河、湖泊上建设水工程，未取得有关流域管理机构签署的符合流域综合规划要求的规划同意书的，建设单位不得开工建设；在其他江河、湖泊上建设水工程，未取得县级以上地方人民政府水行政主管部门按照管理权限签署的符合流域综合规划要求的规划同意书的，建设单位不得开工建设。水工程建设涉及防洪的，依照防洪法的有关规定执行；涉及其他地区和行业的，建设单位应当事先征求有关地区和部门的意见。

第三章　水资源开发利用

第二十条　开发、利用水资源，应当坚持兴利与除害相结合，兼顾上下游、左右岸和有关地区之间的利益，充分发挥水资源的综合效益，并服从防洪的总体安排。

第二十一条　开发、利用水资源，应当首先满足城乡居民生活用水，并兼顾农业、工业、生态环境用水以及航运等需要。

在干旱和半干旱地区开发、利用水资源，应当充分考虑生态环境用水需要。

第二十二条　跨流域调水，应当进行全面规划和科学论证，统筹兼顾调出和调入流域的用水需要，防止对生态环境造成破坏。

第二十三条　地方各级人民政府应当结合本地区水资源的实际情况，按照地表水与地下水统一调度开发、开源与节流相结合、节流优先和污水处理再利用的原则，合理组织开发、综合利用水资源。

国民经济和社会发展规划以及城市总体规划的编制、重大建设项目的布局，应当与当地水资源条件和防洪要求相适应，并进行科学论证；在水资源不足的地区，应当对城市规模和建设耗水量大的工业、农业和服务业项目加以限制。

第二十四条　在水资源短缺的地区，国家鼓励对雨水和微咸水的收集、开发、利用和对海水的利用、淡化。

第二十五条　地方各级人民政府应当加强对灌溉、排涝、水土保持工作的领导，促进农业生产发展；在容易发生盐碱化和渍害的地区，应当采取措施，控制和降低地下水的水位。

农村集体经济组织或者其成员依法在本集体经济组织所有的集体土地或者承包土地上投资兴建水工程设施的，按照谁投资建设谁管理和谁受益的原则，对水工程设施及其蓄水进行管理和合理使用。

农村集体经济组织修建水库应当经县级以上地方人民政府水行政主管部门批准。

第二十六条　国家鼓励开发、利用水能资源。在水能丰富的河流，应当有计划地进行多目标梯级开发。

建设水力发电站，应当保护生态环境，兼顾防洪、供水、灌溉、航运、竹木流放和渔业等方面的需要。

第二十七条　国家鼓励开发、利用水运资源。在水生生物洄游通道、通航或者竹木流放的河流上修建永久性拦河闸坝，建设单位应当同时修建过鱼、过船、过木设施，或者经国务院授权的部门批准采取其他补救措施，并妥善安排施工和蓄水期间的水生生物保护、

航运和竹木流放，所需费用由建设单位承担。

在不通航的河流或者人工水道上修建闸坝后可以通航的，闸坝建设单位应当同时修建过船设施或者预留过船设施位置。

第二十八条　任何单位和个人引水、截（蓄）水、排水，不得损害公共利益和他人的合法权益。

第二十九条　国家对水工程建设移民实行开发性移民的方针，按照前期补偿、补助与后期扶持相结合的原则，妥善安排移民的生产和生活，保护移民的合法权益。

移民安置应当与工程建设同步进行。建设单位应当根据安置地区的环境容量和可持续发展的原则，因地制宜，编制移民安置规划，经依法批准后，由有关地方人民政府组织实施。所需移民经费列入工程建设投资计划。

第四章　水资源、水域和水工程的保护

第三十条　县级以上人民政府水行政主管部门、流域管理机构以及其他有关部门在制定水资源开发、利用规划和调度水资源时，应当注意维持江河的合理流量和湖泊、水库以及地下水的合理水位，维护水体的自然净化能力。

第三十一条　从事水资源开发、利用、节约、保护和防治水害等水事活动，应当遵守经批准的规划；因违反规划造成江河和湖泊水域使用功能降低、地下水超采、地面沉降、水体污染的，应当承担治理责任。

开采矿藏或者建设地下工程，因疏干排水导致地下水水位下降、水源枯竭或者地面塌陷，采矿单位或者建设单位应当采取补救措施；对他人生活和生产造成损失的，依法给予补偿。

第三十二条　国务院水行政主管部门会同国务院环境保护行政主管部门、有关部门和有关省、自治区、直辖市人民政府，按照流域综合规划、水资源保护规划和经济社会发展要求，拟定国家确定的重要江河、湖泊的水功能区划，报国务院批准。跨省、自治区、直辖市的其他江河、湖泊的水功能区划，由有关流域管理机构会同江河、湖泊所在地的省、自治区、直辖市人民政府水行政主管部门、环境保护行政主管部门和其他有关部门拟定，分别经有关省、自治区、直辖市人民政府审查提出意见后，由国务院水行政主管部门会同国务院环境保护行政主管部门审核，报国务院或者其授权的部门批准。

前款规定以外的其他江河、湖泊的水功能区划，由县级以上地方人民政府水行政主管部门会同同级人民政府环境保护行政主管部门和有关部门拟定，报同级人民政府或者其授

权的部门批准，并报上一级水行政主管部门和环境保护行政主管部门备案。

县级以上人民政府水行政主管部门或者流域管理机构应当按照水功能区对水质的要求和水体的自然净化能力，核定该水域的纳污能力，向环境保护行政主管部门提出该水域的限制排污总量意见。

县级以上地方人民政府水行政主管部门和流域管理机构应当对水功能区的水质状况进行监测，发现重点污染物排放总量超过控制指标的，或者水功能区的水质未达到水域使用功能对水质的要求的，应当及时报告有关人民政府采取治理措施，并向环境保护行政主管部门通报。

第三十三条　国家建立饮用水水源保护区制度。省、自治区、直辖市人民政府应当划定饮用水水源保护区，并采取措施，防止水源枯竭和水体污染，保证城乡居民饮用水安全。

第三十四条　禁止在饮用水水源保护区内设置排污口。

在江河、湖泊新建、改建或者扩大排污口，应当经过有管辖权的水行政主管部门或者流域管理机构同意，由环境保护行政主管部门负责对该建设项目的环境影响报告书进行审批。

第三十五条　从事工程建设，占用农业灌溉水源、灌排工程设施，或者对原有灌溉用水、供水水源有不利影响的，建设单位应当采取相应的补救措施；造成损失的，依法给予补偿。

第三十六条　在地下水超采地区，县级以上地方人民政府应当采取措施，严格控制开采地下水。在地下水严重超采地区，经省、自治区、直辖市人民政府批准，可以划定地下水禁止开采或者限制开采区。在沿海地区开采地下水，应当经过科学论证，并采取措施，防止地面沉降和海水入侵。

第三十七条　禁止在江河、湖泊、水库、运河、渠道内弃置、堆放阻碍行洪的物体和种植阻碍行洪的林木及高秆作物。

禁止在河道管理范围内建设妨碍行洪的建筑物、构筑物以及从事影响河势稳定、危害河岸堤防安全和其他妨碍河道行洪的活动。

第三十八条　在河道管理范围内建设桥梁、码头和其他拦河、跨河、临河建筑物、构筑物，铺设跨河管道、电缆，应当符合国家规定的防洪标准和其他有关的技术要求，工程建设方案应当依照防洪法的有关规定报经有关水行政主管部门审查同意。

因建设前款工程设施，需要扩建、改建、拆除或者损坏原有水工程设施的，建设单位应当负担扩建、改建的费用和损失补偿。但是，原有工程设施属于违法工程的除外。

第三十九条　国家实行河道采砂许可制度。河道采砂许可制度实施办法，由国务院

规定。

在河道管理范围内采砂，影响河势稳定或者危及堤防安全的，有关县级以上人民政府水行政主管部门应当划定禁采区和规定禁采期，并予以公告。

第四十条 禁止围湖造地。已经围垦的，应当按照国家规定的防洪标准有计划地退地还湖。

禁止围垦河道。确需围垦的，应当经过科学论证，经省、自治区、直辖市人民政府水行政主管部门或者国务院水行政主管部门同意后，报本级人民政府批准。

第四十一条 单位和个人有保护水工程的义务，不得侵占、毁坏堤防、护岸、防汛、水文监测、水文地质监测等工程设施。

第四十二条 县级以上地方人民政府应当采取措施，保障本行政区域内水工程，特别是水坝和堤防的安全，限期消除险情。水行政主管部门应当加强对水工程安全的监督管理。

第四十三条 国家对水工程实施保护。国家所有的水工程应当按照国务院的规定划定工程管理和保护范围。

国务院水行政主管部门或者流域管理机构管理的水工程，由主管部门或者流域管理机构商有关省、自治区、直辖市人民政府划定工程管理和保护范围。

前款规定以外的其他水工程，应当按照省、自治区、直辖市人民政府的规定，划定工程保护范围和保护职责。

在水工程保护范围内，禁止从事影响水工程运行和危害水工程安全的爆破、打井、采石、取土等活动。

第五章 水资源配置和节约使用

第四十四条 国务院发展计划主管部门和国务院水行政主管部门负责全国水资源的宏观调配。全国的和跨省、自治区、直辖市的水中长期供求规划，由国务院水行政主管部门会同有关部门制订，经国务院发展计划主管部门审查批准后执行。地方的水中长期供求规划，由县级以上地方人民政府水行政主管部门会同同级有关部门依据上一级水中长期供求规划和本地区的实际情况制订，经本级人民政府发展计划主管部门审查批准后执行。

水中长期供求规划应当依据水的供求现状、国民经济和社会发展规划、流域规划、区域规划，按照水资源供需协调、综合平衡、保护生态、厉行节约、合理开源的原则制定。

第四十五条 调蓄径流和分配水量，应当依据流域规划和水中长期供求规划，以流域为单元制定水量分配方案。

跨省、自治区、直辖市的水量分配方案和旱情紧急情况下的水量调度预案，由流域管理机构商有关省、自治区、直辖市人民政府制订，报国务院或者其授权的部门批准后执行。其他跨行政区域的水量分配方案和旱情紧急情况下的水量调度预案，由共同的上一级人民政府水行政主管部门商有关地方人民政府制订，报本级人民政府批准后执行。

水量分配方案和旱情紧急情况下的水量调度预案经批准后，有关地方人民政府必须执行。

在不同行政区域之间的边界河流上建设水资源开发、利用项目，应当符合该流域经批准的水量分配方案，由有关县级以上地方人民政府报共同的上一级人民政府水行政主管部门或者有关流域管理机构批准。

第四十六条　县级以上地方人民政府水行政主管部门或者流域管理机构应当根据批准的水量分配方案和年度预测来水量，制定年度水量分配方案和调度计划，实施水量统一调度；有关地方人民政府必须服从。

国家确定的重要江河、湖泊的年度水量分配方案，应当纳入国家的国民经济和社会发展年度计划。

第四十七条　国家对用水实行总量控制和定额管理相结合的制度。

省、自治区、直辖市人民政府有关行业主管部门应当制订本行政区域内行业用水定额，报同级水行政主管部门和质量监督检验行政主管部门审核同意后，由省、自治区、直辖市人民政府公布，并报国务院水行政主管部门和国务院质量监督检验行政主管部门备案。

县级以上地方人民政府发展计划主管部门会同同级水行政主管部门，根据用水定额、经济技术条件以及水量分配方案确定的可供本行政区域使用的水量，制定年度用水计划，对本行政区域内的年度用水实行总量控制。

第四十八条　直接从江河、湖泊或者地下取用水资源的单位和个人，应当按照国家取水许可制度和水资源有偿使用制度的规定，向水行政主管部门或者流域管理机构申请领取取水许可证，并缴纳水资源费，取得取水权。但是，家庭生活和零星散养、圈养畜禽饮用等少量取水的除外。

实施取水许可制度和征收管理水资源费的具体办法，由国务院规定。

第四十九条　用水应当计量，并按照批准的用水计划用水。

用水实行计量收费和超定额累进加价制度。

第五十条　各级人民政府应当推行节水灌溉方式和节水技术，对农业蓄水、输水工程

采取必要的防渗漏措施，提高农业用水效率。

第五十一条　工业用水应当采用先进技术、工艺和设备，增加循环用水次数，提高水的重复利用率。

国家逐步淘汰落后的、耗水量高的工艺、设备和产品，具体名录由国务院经济综合主管部门会同国务院水行政主管部门和有关部门制定并公布。生产者、销售者或者生产经营中的使用者应当在规定的时间内停止生产、销售或者使用列入名录的工艺、设备和产品。

第五十二条　城市人民政府应当因地制宜采取有效措施，推广节水型生活用水器具，降低城市供水管网漏失率，提高生活用水效率；加强城市污水集中处理，鼓励使用再生水，提高污水再生利用率。

第五十三条　新建、扩建、改建建设项目，应当制订节水措施方案，配套建设节水设施。节水设施应当与主体工程同时设计、同时施工、同时投产。

供水企业和自建供水设施的单位应当加强供水设施的维护管理，减少水的漏失。

第五十四条　各级人民政府应当积极采取措施，改善城乡居民的饮用水条件。

第五十五条　使用水工程供应的水，应当按照国家规定向供水单位缴纳水费。供水价格应当按照补偿成本、合理收益、优质优价、公平负担的原则确定。具体办法由省级以上人民政府价格主管部门会同同级水行政主管部门或者其他供水行政主管部门依据职权制定。

第六章　水事纠纷处理与执法监督检查

第五十六条　不同行政区域之间发生水事纠纷的，应当协商处理；协商不成的，由上一级人民政府裁决，有关各方必须遵照执行。在水事纠纷解决前，未经各方达成协议或者共同的上一级人民政府批准，在行政区域交界线两侧一定范围内，任何一方不得修建排水、阻水、取水和截（蓄）水工程，不得单方面改变水的现状。

第五十七条　单位之间、个人之间、单位与个人之间发生的水事纠纷，应当协商解决；当事人不愿协商或者协商不成的，可以申请县级以上地方人民政府或者其授权的部门调解，也可以直接向人民法院提起民事诉讼。县级以上地方人民政府或者其授权的部门调解不成的，当事人可以向人民法院提起民事诉讼。

在水事纠纷解决前，当事人不得单方面改变现状。

第五十八条　县级以上人民政府或者其授权的部门在处理水事纠纷时，有权采取临时

处置措施，有关各方或者当事人必须服从。

第五十九条 县级以上人民政府水行政主管部门和流域管理机构应当对违反本法的行为加强监督检查并依法进行查处。

水政监督检查人员应当忠于职守，秉公执法。

第六十条 县级以上人民政府水行政主管部门、流域管理机构及其水政监督检查人员履行本法规定的监督检查职责时，有权采取下列措施：

（一）要求被检查单位提供有关文件、证照、资料；

（二）要求被检查单位就执行本法的有关问题作出说明；

（三）进入被检查单位的生产场所进行调查；

（四）责令被检查单位停止违反本法的行为，履行法定义务。

第六十一条 有关单位或者个人对水政监督检查人员的监督检查工作应当给予配合，不得拒绝或者阻碍水政监督检查人员依法执行职务。

第六十二条 水政监督检查人员在履行监督检查职责时，应当向被检查单位或者个人出示执法证件。

第六十三条 县级以上人民政府或者上级水行政主管部门发现本级或者下级水行政主管部门在监督检查工作中有违法或者失职行为的，应当责令其限期改正。

第七章　法律责任

第六十四条 水行政主管部门或者其他有关部门以及水工程管理单位及其工作人员，利用职务上的便利收取他人财物、其他好处或者玩忽职守，对不符合法定条件的单位或者个人核发许可证、签署审查同意意见，不按照水量分配方案分配水量，不按照国家有关规定收取水资源费，不履行监督职责，或者发现违法行为不予查处，造成严重后果，构成犯罪的，对负有责任的主管人员和其他直接责任人员依照刑法的有关规定追究刑事责任；尚不够刑事处罚的，依法给予行政处分。

第六十五条 在河道管理范围内建设妨碍行洪的建筑物、构筑物，或者从事影响河势稳定、危害河岸堤防安全和其他妨碍河道行洪的活动的，由县级以上人民政府水行政主管部门或者流域管理机构依据职权，责令停止违法行为，限期拆除违法建筑物、构筑物，恢复原状；逾期不拆除、不恢复原状的，强行拆除，所需费用由违法单位或者个人负担，并处一万元以上十万元以下的罚款。

未经水行政主管部门或者流域管理机构同意，擅自修建水工程，或者建设桥梁、码头

和其他拦河、跨河、临河建筑物、构筑物，铺设跨河管道、电缆，且防洪法未作规定的，由县级以上人民政府水行政主管部门或者流域管理机构依据职权，责令停止违法行为，限期补办有关手续；逾期不补办或者补办未被批准的，责令限期拆除违法建筑物、构筑物；逾期不拆除的，强行拆除，所需费用由违法单位或者个人负担，并处一万元以上十万元以下的罚款。

虽经水行政主管部门或者流域管理机构同意，但未按照要求修建前款所列工程设施的，由县级以上人民政府水行政主管部门或者流域管理机构依据职权，责令限期改正，按照情节轻重，处一万元以上十万元以下的罚款。

第六十六条 有下列行为之一，且防洪法未作规定的，由县级以上人民政府水行政主管部门或者流域管理机构依据职权，责令停止违法行为，限期清除障碍或者采取其他补救措施，处一万元以上五万元以下的罚款：

（一）在江河、湖泊、水库、运河、渠道内弃置、堆放阻碍行洪的物体和种植阻碍行洪的林木及高秆作物的；

（二）围湖造地或者未经批准围垦河道的。

第六十七条 在饮用水水源保护区内设置排污口的，由县级以上地方人民政府责令限期拆除、恢复原状；逾期不拆除、不恢复原状的，强行拆除、恢复原状，并处五万元以上十万元以下的罚款。

未经水行政主管部门或者流域管理机构审查同意，擅自在江河、湖泊新建、改建或者扩大排污口的，由县级以上人民政府水行政主管部门或者流域管理机构依据职权，责令停止违法行为，限期恢复原状，处五万元以上十万元以下的罚款。

第六十八条 生产、销售或者在生产经营中使用国家明令淘汰的落后的、耗水量高的工艺、设备和产品的，由县级以上地方人民政府经济综合主管部门责令停止生产、销售或者使用，处二万元以上十万元以下的罚款。

第六十九条 有下列行为之一的，由县级以上人民政府水行政主管部门或者流域管理机构依据职权，责令停止违法行为，限期采取补救措施，处二万元以上十万元以下的罚款；情节严重的，吊销其取水许可证：

（一）未经批准擅自取水的；

（二）未依照批准的取水许可规定条件取水的。

第七十条 拒不缴纳、拖延缴纳或者拖欠水资源费的，由县级以上人民政府水行政主管部门或者流域管理机构依据职权，责令限期缴纳；逾期不缴纳的，从滞纳之日起按日加

收滞纳部分千分之二的滞纳金，并处应缴或者补缴水资源费一倍以上五倍以下的罚款。

第七十一条　建设项目的节水设施没有建成或者没有达到国家规定的要求，擅自投入使用的，由县级以上人民政府有关部门或者流域管理机构依据职权，责令停止使用，限期改正，处五万元以上十万元以下的罚款。

第七十二条　有下列行为之一，构成犯罪的，依照刑法的有关规定追究刑事责任；尚不够刑事处罚，且防洪法未作规定的，由县级以上地方人民政府水行政主管部门或者流域管理机构依据职权，责令停止违法行为，采取补救措施，处一万元以上五万元以下的罚款；违反治安管理处罚法的，由公安机关依法给予治安管理处罚；给他人造成损失的，依法承担赔偿责任：

（一）侵占、毁坏水工程及堤防、护岸等有关设施，毁坏防汛、水文监测、水文地质监测设施的；

（二）在水工程保护范围内，从事影响水工程运行和危害水工程安全的爆破、打井、采石、取土等活动的。

第七十三条　侵占、盗窃或者抢夺防汛物资，防洪排涝、农田水利、水文监测和测量以及其他水工程设备和器材，贪污或者挪用国家救灾、抢险、防汛、移民安置和补偿及其他水利建设款物，构成犯罪的，依照刑法的有关规定追究刑事责任。

第七十四条　在水事纠纷发生及其处理过程中煽动闹事、结伙斗殴、抢夺或者损坏公私财物、非法限制他人人身自由，构成犯罪的，依照刑法的有关规定追究刑事责任；尚不够刑事处罚的，由公安机关依法给予治安管理处罚。

第七十五条　不同行政区域之间发生水事纠纷，有下列行为之一的，对负有责任的主管人员和其他直接责任人员依法给予行政处分：

（一）拒不执行水量分配方案和水量调度预案的；

（二）拒不服从水量统一调度的；

（三）拒不执行上一级人民政府的裁决的；

（四）在水事纠纷解决前，未经各方达成协议或者上一级人民政府批准，单方面违反本法规定改变水的现状的。

第七十六条　引水、截（蓄）水、排水，损害公共利益或者他人合法权益的，依法承担民事责任。

第七十七条　对违反本法第三十九条有关河道采砂许可制度规定的行政处罚，由国务院规定。

第八章　附　　则

第七十八条　中华人民共和国缔结或者参加的与国际或者国境边界河流、湖泊有关的国际条约、协定与中华人民共和国法律有不同规定的，适用国际条约、协定的规定。但是，中华人民共和国声明保留的条款除外。

第七十九条　本法所称水工程，是指在江河、湖泊和地下水源上开发、利用、控制、调配和保护水资源的各类工程。

第八十条　海水的开发、利用、保护和管理，依照有关法律的规定执行。

第八十一条　从事防洪活动，依照防洪法的规定执行。

水污染防治，依照水污染防治法的规定执行。

第八十二条　本法自 2002 年 10 月 1 日起施行。

中华人民共和国建筑法（2019 年修正）

中华人民共和国主席令第 29 号

（1997 年 11 月 1 日第八届全国人民代表大会常务委员会第二十八次会议通过；根据 2011 年 4 月 22 日第十一届全国人民代表大会常务委员会第二十次会议《关于修改〈中华人民共和国建筑法〉的决定》第一次修正；根据 2019 年 4 月 23 日第十三届全国人民代表大会常务委员会第十次会议《关于修改〈中华人民共和国建筑法〉等八部法律的决定》第二次修正）

第一章 总 则

第一条 为了加强对建筑活动的监督管理，维护建筑市场秩序，保证建筑工程的质量和安全，促进建筑业健康发展，制定本法。

第二条 在中华人民共和国境内从事建筑活动，实施对建筑活动的监督管理，应当遵守本法。

本法所称建筑活动，是指各类房屋建筑及其附属设施的建造和与其配套的线路、管道、设备的安装活动。

第三条 建筑活动应当确保建筑工程质量和安全，符合国家的建筑工程安全标准。

第四条 国家扶持建筑业的发展，支持建筑科学技术研究，提高房屋建筑设计水平，鼓励节约能源和保护环境，提倡采用先进技术、先进设备、先进工艺、新型建筑材料和现代管理方式。

第五条 从事建筑活动应当遵守法律、法规，不得损害社会公共利益和他人的合法权益。

任何单位和个人都不得妨碍和阻挠依法进行的建筑活动。

第六条 国务院建设行政主管部门对全国的建筑活动实施统一监督管理。

第二章 建筑许可

第一节 建筑工程施工许可

第七条 建筑工程开工前，建设单位应当按照国家有关规定向工程所在地县级以上人民政府建设行政主管部门申请领取施工许可证；但是，国务院建设行政主管部门确定的限

额以下的小型工程除外。

按照国务院规定的权限和程序批准开工报告的建筑工程，不再领取施工许可证。

第八条 申请领取施工许可证，应当具备下列条件：

（一）已经办理该建筑工程用地批准手续；

（二）依法应当办理建设工程规划许可证的，已经取得建设工程规划许可证；

（三）需要拆迁的，其拆迁进度符合施工要求；

（四）已经确定建筑施工企业；

（五）有满足施工需要的资金安排、施工图纸及技术资料；

（六）有保证工程质量和安全的具体措施。

建设行政主管部门应当自收到申请之日起七日内，对符合条件的申请颁发施工许可证。

第九条 建设单位应当自领取施工许可证之日起三个月内开工。因故不能按期开工的，应当向发证机关申请延期；延期以两次为限，每次不超过三个月。既不开工又不申请延期或者超过延期时限的，施工许可证自行废止。

第十条 在建的建筑工程因故中止施工的，建设单位应当自中止施工之日起一个月内，向发证机关报告，并按照规定做好建筑工程的维护管理工作。

建筑工程恢复施工时，应当向发证机关报告；中止施工满一年的工程恢复施工前，建设单位应当报发证机关核验施工许可证。

第十一条 按照国务院有关规定批准开工报告的建筑工程，因故不能按期开工或者中止施工的，应当及时向批准机关报告情况。因故不能按期开工超过六个月的，应当重新办理开工报告的批准手续。

第二节 从业资格

第十二条 从事建筑活动的建筑施工企业、勘察单位、设计单位和工程监理单位，应当具备下列条件：

（一）有符合国家规定的注册资本；

（二）有与其从事的建筑活动相适应的具有法定执业资格的专业技术人员；

（三）有从事相关建筑活动所应有的技术装备；

（四）法律、行政法规规定的其他条件。

第十三条 从事建筑活动的建筑施工企业、勘察单位、设计单位和工程监理单位，按

照其拥有的注册资本、专业技术人员、技术装备和已完成的建筑工程业绩等资质条件，划分为不同的资质等级，经资质审查合格，取得相应等级的资质证书后，方可在其资质等级许可的范围内从事建筑活动。

第十四条　从事建筑活动的专业技术人员，应当依法取得相应的执业资格证书，并在执业资格证书许可的范围内从事建筑活动。

第三章　建筑工程发包与承包
第一节　一般规定

第十五条　建筑工程的发包单位与承包单位应当依法订立书面合同，明确双方的权利和义务。

发包单位和承包单位应当全面履行合同约定的义务。不按照合同约定履行义务的，依法承担违约责任。

第十六条　建筑工程发包与承包的招标投标活动，应当遵循公开、公正、平等竞争的原则，择优选择承包单位。

建筑工程的招标投标，本法没有规定的，适用有关招标投标法律的规定。

第十七条　发包单位及其工作人员在建筑工程发包中不得收受贿赂、回扣或者索取其他好处。

承包单位及其工作人员不得利用向发包单位及其工作人员行贿、提供回扣或者给予其他好处等不正当手段承揽工程。

第十八条　建筑工程造价应当按照国家有关规定，由发包单位与承包单位在合同中约定。公开招标发包的，其造价的约定，须遵守招标投标法律的规定。

发包单位应当按照合同的约定，及时拨付工程款项。

第二节　发　　包

第十九条　建筑工程依法实行招标发包，对不适于招标发包的可以直接发包。

第二十条　建筑工程实行公开招标的，发包单位应当依照法定程序和方式，发布招标公告，提供载有招标工程的主要技术要求、主要的合同条款、评标的标准和方法以及开标、评标、定标的程序等内容的招标文件。

开标应当在招标文件规定的时间、地点公开进行。开标后应当按照招标文件规定的评标标准和程序对标书进行评价、比较，在具备相应资质条件的投标者中，择优选定中标者。

第二十一条　建筑工程招标的开标、评标、定标由建设单位依法组织实施，并接受有关行政主管部门的监督。

第二十二条　建筑工程实行招标发包的，发包单位应当将建筑工程发包给依法中标的承包单位。建筑工程实行直接发包的，发包单位应当将建筑工程发包给具有相应资质条件的承包单位。

第二十三条　政府及其所属部门不得滥用行政权力，限定发包单位将招标发包的建筑工程发包给指定的承包单位。

第二十四条　提倡对建筑工程实行总承包，禁止将建筑工程肢解发包。

建筑工程的发包单位可以将建筑工程的勘察、设计、施工、设备采购一并发包给一个工程总承包单位，也可以将建筑工程勘察、设计、施工、设备采购的一项或者多项发包给一个工程总承包单位；但是，不得将应当由一个承包单位完成的建筑工程肢解成若干部分发包给几个承包单位。

第二十五条　按照合同约定，建筑材料、建筑构配件和设备由工程承包单位采购的，发包单位不得指定承包单位购入用于工程的建筑材料、建筑构配件和设备或者指定生产厂、供应商。

第三节　承　　包

第二十六条　承包建筑工程的单位应当持有依法取得的资质证书，并在其资质等级许可的业务范围内承揽工程。

禁止建筑施工企业超越本企业资质等级许可的业务范围或者以任何形式用其他建筑施工企业的名义承揽工程。禁止建筑施工企业以任何形式允许其他单位或者个人使用本企业的资质证书、营业执照，以本企业的名义承揽工程。

第二十七条　大型建筑工程或者结构复杂的建筑工程，可以由两个以上的承包单位联合共同承包。共同承包的各方对承包合同的履行承担连带责任。

两个以上不同资质等级的单位实行联合共同承包的，应当按照资质等级低的单位的业务许可范围承揽工程。

第二十八条　禁止承包单位将其承包的全部建筑工程转包给他人，禁止承包单位将其承包的全部建筑工程肢解以后以分包的名义分别转包给他人。

第二十九条　建筑工程总承包单位可以将承包工程中的部分工程发包给具有相应资质条件的分包单位；但是，除总承包合同中约定的分包外，必须经建设单位认可。施工总承

包的，建筑工程主体结构的施工必须由总承包单位自行完成。

建筑工程总承包单位按照总承包合同的约定对建设单位负责；分包单位按照分包合同的约定对总承包单位负责。总承包单位和分包单位就分包工程对建设单位承担连带责任。

禁止总承包单位将工程分包给不具备相应资质条件的单位。禁止分包单位将其承包的工程再分包。

第四章 建筑工程监理

第三十条 国家推行建筑工程监理制度。

国务院可以规定实行强制监理的建筑工程的范围。

第三十一条 实行监理的建筑工程，由建设单位委托具有相应资质条件的工程监理单位监理。建设单位与其委托的工程监理单位应当订立书面委托监理合同。

第三十二条 建筑工程监理应当依照法律、行政法规及有关的技术标准、设计文件和建筑工程承包合同，对承包单位在施工质量、建设工期和建设资金使用等方面，代表建设单位实施监督。

工程监理人员认为工程施工不符合工程设计要求、施工技术标准和合同约定的，有权要求建筑施工企业改正。

工程监理人员发现工程设计不符合建筑工程质量标准或者合同约定的质量要求的，应当报告建设单位要求设计单位改正。

第三十三条 实施建筑工程监理前，建设单位应当将委托的工程监理单位、监理的内容及监理权限，书面通知被监理的建筑施工企业。

第三十四条 工程监理单位应当在其资质等级许可的监理范围内，承担工程监理业务。

工程监理单位应当根据建设单位的委托，客观、公正地执行监理任务。

工程监理单位与被监理工程的承包单位以及建筑材料、建筑构配件和设备供应单位不得有隶属关系或者其他利害关系。

工程监理单位不得转让工程监理业务。

第三十五条 工程监理单位不按照委托监理合同的约定履行监理义务，对应当监督检查的项目不检查或者不按照规定检查，给建设单位造成损失的，应当承担相应的赔偿责任。

工程监理单位与承包单位串通，为承包单位谋取非法利益，给建设单位造成损失的，应当与承包单位承担连带赔偿责任。

第五章　建筑安全生产管理

第三十六条　建筑工程安全生产管理必须坚持安全第一、预防为主的方针，建立健全安全生产的责任制度和群防群治制度。

第三十七条　建筑工程设计应当符合按照国家规定制定的建筑安全规程和技术规范，保证工程的安全性能。

第三十八条　建筑施工企业在编制施工组织设计时，应当根据建筑工程的特点制定相应的安全技术措施；对专业性较强的工程项目，应当编制专项安全施工组织设计，并采取安全技术措施。

第三十九条　建筑施工企业应当在施工现场采取维护安全、防范危险、预防火灾等措施；有条件的，应当对施工现场实行封闭管理。

施工现场对毗邻的建筑物、构筑物和特殊作业环境可能造成损害的，建筑施工企业应当采取安全防护措施。

第四十条　建设单位应当向建筑施工企业提供与施工现场相关的地下管线资料，建筑施工企业应当采取措施加以保护。

第四十一条　建筑施工企业应当遵守有关环境保护和安全生产的法律、法规的规定，采取控制和处理施工现场的各种粉尘、废气、废水、固体废物以及噪声、振动对环境的污染和危害的措施。

第四十二条　有下列情形之一的，建设单位应当按照国家有关规定办理申请批准手续：

（一）需要临时占用规划批准范围以外场地的；

（二）可能损坏道路、管线、电力、邮电通信等公共设施的；

（三）需要临时停水、停电、中断道路交通的；

（四）需要进行爆破作业的；

（五）法律、法规规定需要办理报批手续的其他情形。

第四十三条　建设行政主管部门负责建筑安全生产的管理，并依法接受劳动行政主管部门对建筑安全生产的指导和监督。

第四十四条　建筑施工企业必须依法加强对建筑安全生产的管理，执行安全生产责任制度，采取有效措施，防止伤亡和其他安全生产事故的发生。

建筑施工企业的法定代表人对本企业的安全生产负责。

第四十五条　施工现场安全由建筑施工企业负责。实行施工总承包的，由总承包单位

负责。分包单位向总承包单位负责，服从总承包单位对施工现场的安全生产管理。

第四十六条　建筑施工企业应当建立健全劳动安全生产教育培训制度，加强对职工安全生产的教育培训；未经安全生产教育培训的人员，不得上岗作业。

第四十七条　建筑施工企业和作业人员在施工过程中，应当遵守有关安全生产的法律、法规和建筑行业安全规章、规程，不得违章指挥或者违章作业。作业人员有权对影响人身健康的作业程序和作业条件提出改进意见，有权获得安全生产所需的防护用品。作业人员对危及生命安全和人身健康的行为有权提出批评、检举和控告。

第四十八条　建筑施工企业应当依法为职工参加工伤保险缴纳工伤保险费。鼓励企业为从事危险作业的职工办理意外伤害保险，支付保险费。

第四十九条　涉及建筑主体和承重结构变动的装修工程，建设单位应当在施工前委托原设计单位或者具有相应资质条件的设计单位提出设计方案；没有设计方案的，不得施工。

第五十条　房屋拆除应当由具备保证安全条件的建筑施工单位承担，由建筑施工单位负责人对安全负责。

第五十一条　施工中发生事故时，建筑施工企业应当采取紧急措施减少人员伤亡和事故损失，并按照国家有关规定及时向有关部门报告。

第六章　建筑工程质量管理

第五十二条　建筑工程勘察、设计、施工的质量必须符合国家有关建筑工程安全标准的要求，具体管理办法由国务院规定。

有关建筑工程安全的国家标准不能适应确保建筑安全的要求时，应当及时修订。

第五十三条　国家对从事建筑活动的单位推行质量体系认证制度。从事建筑活动的单位根据自愿原则可以向国务院产品质量监督管理部门或者国务院产品质量监督管理部门授权的部门认可的认证机构申请质量体系认证。经认证合格的，由认证机构颁发质量体系认证证书。

第五十四条　建设单位不得以任何理由，要求建筑设计单位或者建筑施工企业在工程设计或者施工作业中，违反法律、行政法规和建筑工程质量、安全标准，降低工程质量。

建筑设计单位和建筑施工企业对建设单位违反前款规定提出的降低工程质量的要求，应当予以拒绝。

第五十五条　建筑工程实行总承包的，工程质量由工程总承包单位负责，总承包单位将建筑工程分包给其他单位的，应当对分包工程的质量与分包单位承担连带责任。分包单

位应当接受总承包单位的质量管理。

第五十六条 建筑工程的勘察、设计单位必须对其勘察、设计的质量负责。勘察、设计文件应当符合有关法律、行政法规的规定和建筑工程质量、安全标准、建筑工程勘察、设计技术规范以及合同的约定。设计文件选用的建筑材料、建筑构配件和设备，应当注明其规格、型号、性能等技术指标，其质量要求必须符合国家规定的标准。

第五十七条 建筑设计单位对设计文件选用的建筑材料、建筑构配件和设备，不得指定生产厂、供应商。

第五十八条 建筑施工企业对工程的施工质量负责。

建筑施工企业必须按照工程设计图纸和施工技术标准施工，不得偷工减料。工程设计的修改由原设计单位负责，建筑施工企业不得擅自修改工程设计。

第五十九条 建筑施工企业必须按照工程设计要求、施工技术标准和合同的约定，对建筑材料、建筑构配件和设备进行检验，不合格的不得使用。

第六十条 建筑物在合理使用寿命内，必须确保地基基础工程和主体结构的质量。

建筑工程竣工时，屋顶、墙面不得留有渗漏、开裂等质量缺陷；对已发现的质量缺陷，建筑施工企业应当修复。

第六十一条 交付竣工验收的建筑工程，必须符合规定的建筑工程质量标准，有完整的工程技术经济资料和经签署的工程保修书，并具备国家规定的其他竣工条件。

建筑工程竣工经验收合格后，方可交付使用；未经验收或者验收不合格的，不得交付使用。

第六十二条 建筑工程实行质量保修制度。

建筑工程的保修范围应当包括地基基础工程、主体结构工程、屋面防水工程和其他土建工程，以及电气管线、上下水管线的安装工程，供热、供冷系统工程等项目；保修的期限应当按照保证建筑物合理寿命年限内正常使用，维护使用者合法权益的原则确定。具体的保修范围和最低保修期限由国务院规定。

第六十三条 任何单位和个人对建筑工程的质量事故、质量缺陷都有权向建设行政主管部门或者其他有关部门进行检举、控告、投诉。

第七章　法律责任

第六十四条 违反本法规定，未取得施工许可证或者开工报告未经批准擅自施工的，责令改正，对不符合开工条件的责令停止施工，可以处以罚款。

　　第六十五条　发包单位将工程发包给不具有相应资质条件的承包单位的，或者违反本法规定将建筑工程肢解发包的，责令改正，处以罚款。

　　超越本单位资质等级承揽工程的，责令停止违法行为，处以罚款，可以责令停业整顿，降低资质等级；情节严重的，吊销资质证书；有违法所得的，予以没收。

　　未取得资质证书承揽工程的，予以取缔，并处罚款；有违法所得的，予以没收。

　　以欺骗手段取得资质证书的，吊销资质证书，处以罚款；构成犯罪的，依法追究刑事责任。

　　第六十六条　建筑施工企业转让、出借资质证书或者以其他方式允许他人以本企业的名义承揽工程的，责令改正，没收违法所得，并处罚款，可以责令停业整顿，降低资质等级；情节严重的，吊销资质证书。对因该项承揽工程不符合规定的质量标准造成的损失，建筑施工企业与使用本企业名义的单位或者个人承担连带赔偿责任。

　　第六十七条　承包单位将承包的工程转包的，或者违反本法规定进行分包的，责令改正，没收违法所得，并处罚款，可以责令停业整顿，降低资质等级；情节严重的，吊销资质证书。

　　承包单位有前款规定的违法行为的，对因转包工程或者违法分包的工程不符合规定的质量标准造成的损失，与接受转包或者分包的单位承担连带赔偿责任。

　　第六十八条　在工程发包与承包中索贿、受贿、行贿，构成犯罪的，依法追究刑事责任；不构成犯罪的，分别处以罚款，没收贿赂的财物，对直接负责的主管人员和其他直接责任人员给予处分。

　　对在工程承包中行贿的承包单位，除依照前款规定处罚外，可以责令停业整顿，降低资质等级或者吊销资质证书。

　　第六十九条　工程监理单位与建设单位或者建筑施工企业串通，弄虚作假、降低工程质量的，责令改正，处以罚款，降低资质等级或者吊销资质证书；有违法所得的，予以没收；造成损失的，承担连带赔偿责任；构成犯罪的，依法追究刑事责任。

　　工程监理单位转让监理业务的，责令改正，没收违法所得，可以责令停业整顿，降低资质等级；情节严重的，吊销资质证书。

　　第七十条　违反本法规定，涉及建筑主体或者承重结构变动的装修工程擅自施工的，责令改正，处以罚款；造成损失的，承担赔偿责任；构成犯罪的，依法追究刑事责任。

　　第七十一条　建筑施工企业违反本法规定，对建筑安全事故隐患不采取措施予以消除的，责令改正，可以处以罚款；情节严重的，责令停业整顿，降低资质等级或者吊销资质

证书；构成犯罪的，依法追究刑事责任。

建筑施工企业的管理人员违章指挥、强令职工冒险作业，因而发生重大伤亡事故或者造成其他严重后果的，依法追究刑事责任。

第七十二条 建设单位违反本法规定，要求建筑设计单位或者建筑施工企业违反建筑工程质量、安全标准，降低工程质量的，责令改正，可以处以罚款；构成犯罪的，依法追究刑事责任。

第七十三条 建筑设计单位不按照建筑工程质量、安全标准进行设计的，责令改正，处以罚款；造成工程质量事故的，责令停业整顿，降低资质等级或者吊销资质证书，没收违法所得，并处罚款；造成损失的，承担赔偿责任；构成犯罪的，依法追究刑事责任。

第七十四条 建筑施工企业在施工中偷工减料的，使用不合格的建筑材料、建筑构配件和设备的，或者有其他不按照工程设计图纸或者施工技术标准施工的行为的，责令改正，处以罚款；情节严重的，责令停业整顿，降低资质等级或者吊销资质证书；造成建筑工程质量不符合规定的质量标准的，负责返工、修理，并赔偿因此造成的损失；构成犯罪的，依法追究刑事责任。

第七十五条 建筑施工企业违反本法规定，不履行保修义务或者拖延履行保修义务的，责令改正，可以处以罚款，并对在保修期内因屋顶、墙面渗漏、开裂等质量缺陷造成的损失，承担赔偿责任。

第七十六条 本法规定的责令停业整顿、降低资质等级和吊销资质证书的行政处罚，由颁发资质证书的机关决定；其他行政处罚，由建设行政主管部门或者有关部门依照法律和国务院规定的职权范围决定。

依照本法规定被吊销资质证书的，由工商行政管理部门吊销其营业执照。

第七十七条 违反本法规定，对不具备相应资质等级条件的单位颁发该等级资质证书的，由其上级机关责令收回所发的资质证书，对直接负责的主管人员和其他直接责任人员给予行政处分；构成犯罪的，依法追究刑事责任。

第七十八条 政府及其所属部门的工作人员违反本法规定，限定发包单位将招标发包的工程发包给指定的承包单位的，由上级机关责令改正；构成犯罪的，依法追究刑事责任。

第七十九条 负责颁发建筑工程施工许可证的部门及其工作人员对不符合施工条件的建筑工程颁发施工许可证的，负责工程质量监督检查或者竣工验收的部门及其工作人员对不合格的建筑工程出具质量合格文件或者按合格工程验收的，由上级机关责令改正，对责任人员给予行政处分；构成犯罪的，依法追究刑事责任；造成损失的，由该部门承担相应

的赔偿责任。

第八十条　在建筑物的合理使用寿命内，因建筑工程质量不合格受到损害的，有权向责任者要求赔偿。

第八章　附　　则

第八十一条　本法关于施工许可、建筑施工企业资质审查和建筑工程发包、承包、禁止转包，以及建筑工程监理、建筑工程安全和质量管理的规定，适用于其他专业建筑工程的建筑活动，具体办法由国务院规定。

第八十二条　建设行政主管部门和其他有关部门在对建筑活动实施监督管理中，除按照国务院有关规定收取费用外，不得收取其他费用。

第八十三条　省、自治区、直辖市人民政府确定的小型房屋建筑工程的建筑活动，参照本法执行。

依法核定作为文物保护的纪念建筑物和古建筑等的修缮，依照文物保护的有关法律规定执行。

抢险救灾及其他临时性房屋建筑和农民自建低层住宅的建筑活动，不适用本法。

第八十四条　军用房屋建筑工程建筑活动的具体管理办法，由国务院、中央军事委员会依据本法制定。

第八十五条　本法自1998年3月1日起施行。

中华人民共和国反恐怖主义法（2018 年修正）

中华人民共和国主席令第 6 号

（2015 年 12 月 27 日第十二届全国人民代表大会常务委员会第十八次会议通过；根据 2018 年 4 月 27 日第十三届全国人民代表大会常务委员会第二次会议《关于修改〈中华人民共和国国境卫生检疫法〉等六部法律的决定》修正）

第一章 总　则

第一条　为了防范和惩治恐怖活动，加强反恐怖主义工作，维护国家安全、公共安全和人民生命财产安全，根据宪法，制定本法。

第二条　国家反对一切形式的恐怖主义，依法取缔恐怖活动组织，对任何组织、策划、准备实施、实施恐怖活动，宣扬恐怖主义，煽动实施恐怖活动，组织、领导、参加恐怖活动组织，为恐怖活动提供帮助的，依法追究法律责任。

国家不向任何恐怖活动组织和人员作出妥协，不向任何恐怖活动人员提供庇护或者给予难民地位。

第三条　本法所称恐怖主义，是指通过暴力、破坏、恐吓等手段，制造社会恐慌、危害公共安全、侵犯人身财产，或者胁迫国家机关、国际组织，以实现其政治、意识形态等目的的主张和行为。

本法所称恐怖活动，是指恐怖主义性质的下列行为：

（一）组织、策划、准备实施、实施造成或者意图造成人员伤亡、重大财产损失、公共设施损坏、社会秩序混乱等严重社会危害的活动的；

（二）宣扬恐怖主义，煽动实施恐怖活动，或者非法持有宣扬恐怖主义的物品，强制他人在公共场所穿戴宣扬恐怖主义的服饰、标志的；

（三）组织、领导、参加恐怖活动组织的；

（四）为恐怖活动组织、恐怖活动人员、实施恐怖活动或者恐怖活动培训提供信息、资金、物资、劳务、技术、场所等支持、协助、便利的；

（五）其他恐怖活动。

本法所称恐怖活动组织，是指三人以上为实施恐怖活动而组成的犯罪组织。

本法所称恐怖活动人员，是指实施恐怖活动的人和恐怖活动组织的成员。

本法所称恐怖事件，是指正在发生或者已经发生的造成或者可能造成重大社会危害的恐怖活动。

第四条　国家将反恐怖主义纳入国家安全战略，综合施策，标本兼治，加强反恐怖主义的能力建设，运用政治、经济、法律、文化、教育、外交、军事等手段，开展反恐怖主义工作。

国家反对一切形式的以歪曲宗教教义或者其他方法煽动仇恨、煽动歧视、鼓吹暴力等极端主义，消除恐怖主义的思想基础。

第五条　反恐怖主义工作坚持专门工作与群众路线相结合，防范为主、惩防结合和先发制敌、保持主动的原则。

第六条　反恐怖主义工作应当依法进行，尊重和保障人权，维护公民和组织的合法权益。

在反恐怖主义工作中，应当尊重公民的宗教信仰自由和民族风俗习惯，禁止任何基于地域、民族、宗教等理由的歧视性做法。

第七条　国家设立反恐怖主义工作领导机构，统一领导和指挥全国反恐怖主义工作。

设区的市级以上地方人民政府设立反恐怖主义工作领导机构，县级人民政府根据需要设立反恐怖主义工作领导机构，在上级反恐怖主义工作领导机构的领导和指挥下，负责本地区反恐怖主义工作。

第八条　公安机关、国家安全机关和人民检察院、人民法院、司法行政机关以及其他有关国家机关，应当根据分工，实行工作责任制，依法做好反恐怖主义工作。

中国人民解放军、中国人民武装警察部队和民兵组织依照本法和其他有关法律、行政法规、军事法规以及国务院、中央军事委员会的命令，并根据反恐怖主义工作领导机构的部署，防范和处置恐怖活动。

有关部门应当建立联动配合机制，依靠、动员村民委员会、居民委员会、企业事业单位、社会组织，共同开展反恐怖主义工作。

第九条　任何单位和个人都有协助、配合有关部门开展反恐怖主义工作的义务，发现恐怖活动嫌疑或者恐怖活动嫌疑人员的，应当及时向公安机关或者有关部门报告。

第十条　对举报恐怖活动或者协助防范、制止恐怖活动有突出贡献的单位和个人，以及在反恐怖主义工作中作出其他突出贡献的单位和个人，按照国家有关规定给予表彰、奖励。

第十一条　对在中华人民共和国领域外对中华人民共和国国家、公民或者机构实施的恐怖活动犯罪，或者实施的中华人民共和国缔结、参加的国际条约所规定的恐怖活动犯罪，中华人民共和国行使刑事管辖权，依法追究刑事责任。

第二章　恐怖活动组织和人员的认定

第十二条　国家反恐怖主义工作领导机构根据本法第三条的规定，认定恐怖活动组织和人员，由国家反恐怖主义工作领导机构的办事机构予以公告。

第十三条　国务院公安部门、国家安全部门、外交部门和省级反恐怖主义工作领导机构对于需要认定恐怖活动组织和人员的，应当向国家反恐怖主义工作领导机构提出申请。

第十四条　金融机构和特定非金融机构对国家反恐怖主义工作领导机构的办事机构公告的恐怖活动组织和人员的资金或者其他资产，应当立即予以冻结，并按照规定及时向国务院公安部门、国家安全部门和反洗钱行政主管部门报告。

第十五条　被认定的恐怖活动组织和人员对认定不服的，可以通过国家反恐怖主义工作领导机构的办事机构申请复核。国家反恐怖主义工作领导机构应当及时进行复核，作出维持或者撤销认定的决定。复核决定为最终决定。

国家反恐怖主义工作领导机构作出撤销认定的决定的，由国家反恐怖主义工作领导机构的办事机构予以公告；资金、资产已被冻结的，应当解除冻结。

第十六条　根据刑事诉讼法的规定，有管辖权的中级以上人民法院在审判刑事案件的过程中，可以依法认定恐怖活动组织和人员。对于在判决生效后需要由国家反恐怖主义工作领导机构的办事机构予以公告的，适用本章的有关规定。

第三章　安全防范

第十七条　各级人民政府和有关部门应当组织开展反恐怖主义宣传教育，提高公民的反恐怖主义意识。

教育、人力资源行政主管部门和学校、有关职业培训机构应当将恐怖活动预防、应急知识纳入教育、教学、培训的内容。

新闻、广播、电视、文化、宗教、互联网等有关单位，应当有针对性地面向社会进行反恐怖主义宣传教育。

村民委员会、居民委员会应当协助人民政府以及有关部门，加强反恐怖主义宣传教育。

第十八条　电信业务经营者、互联网服务提供者应当为公安机关、国家安全机关依法进行防范、调查恐怖活动提供技术接口和解密等技术支持和协助。

第十九条　电信业务经营者、互联网服务提供者应当依照法律、行政法规规定，落实网络安全、信息内容监督制度和安全技术防范措施，防止含有恐怖主义、极端主义内容的信息传播；发现含有恐怖主义、极端主义内容的信息的，应当立即停止传输，保存相关记录，删除相关信息，并向公安机关或者有关部门报告。

网信、电信、公安、国家安全等主管部门对含有恐怖主义、极端主义内容的信息，应当按照职责分工，及时责令有关单位停止传输、删除相关信息，或者关闭相关网站、关停相关服务。有关单位应当立即执行，并保存相关记录，协助进行调查。对互联网上跨境传输的含有恐怖主义、极端主义内容的信息，电信主管部门应当采取技术措施，阻断传播。

第二十条　铁路、公路、水上、航空的货运和邮政、快递等物流运营单位应当实行安全查验制度，对客户身份进行查验，依照规定对运输、寄递物品进行安全检查或者开封验视。对禁止运输、寄递，存在重大安全隐患，或者客户拒绝安全查验的物品，不得运输、寄递。

前款规定的物流运营单位，应当实行运输、寄递客户身份、物品信息登记制度。

第二十一条　电信、互联网、金融、住宿、长途客运、机动车租赁等业务经营者、服务提供者，应当对客户身份进行查验。对身份不明或者拒绝身份查验的，不得提供服务。

第二十二条　生产和进口单位应当依照规定对枪支等武器、弹药、管制器具、危险化学品、民用爆炸物品、核与放射物品作出电子追踪标识，对民用爆炸物品添加安检示踪标识物。

运输单位应当依照规定对运营中的危险化学品、民用爆炸物品、核与放射物品的运输工具通过定位系统实行监控。

有关单位应当依照规定对传染病病原体等物质实行严格的监督管理，严密防范传染病病原体等物质扩散或者流入非法渠道。

对管制器具、危险化学品、民用爆炸物品，国务院有关主管部门或者省级人民政府根据需要，在特定区域、特定时间，可以决定对生产、进出口、运输、销售、使用、报废实施管制，可以禁止使用现金、实物进行交易或者对交易活动作出其他限制。

第二十三条　发生枪支等武器、弹药、危险化学品、民用爆炸物品、核与放射物品、传染病病原体等物质被盗、被抢、丢失或者其他流失的情形，案发单位应当立即采取必要的控制措施，并立即向公安机关报告，同时依照规定向有关主管部门报告。公安机关接到报告后，应当及时开展调查。有关主管部门应当配合公安机关开展工作。

任何单位和个人不得非法制作、生产、储存、运输、进出口、销售、提供、购买、使用、持有、报废、销毁前款规定的物品。公安机关发现的，应当予以扣押；其他主管部门发现的，

应当予以扣押，并立即通报公安机关；其他单位、个人发现的，应当立即向公安机关报告。

第二十四条 国务院反洗钱行政主管部门、国务院有关部门、机构依法对金融机构和特定非金融机构履行反恐怖主义融资义务的情况进行监督管理。

国务院反洗钱行政主管部门发现涉嫌恐怖主义融资的，可以依法进行调查，采取临时冻结措施。

第二十五条 审计、财政、税务等部门在依照法律、行政法规的规定对有关单位实施监督检查的过程中，发现资金流入流出涉嫌恐怖主义融资的，应当及时通报公安机关。

第二十六条 海关在对进出境人员携带现金和无记名有价证券实施监管的过程中，发现涉嫌恐怖主义融资的，应当立即通报国务院反洗钱行政主管部门和有管辖权的公安机关。

第二十七条 地方各级人民政府制定、组织实施城乡规划，应当符合反恐怖主义工作的需要。

地方各级人民政府应当根据需要，组织、督促有关建设单位在主要道路、交通枢纽、城市公共区域的重点部位，配备、安装公共安全视频图像信息系统等防范恐怖袭击的技防、物防设备、设施。

第二十八条 公安机关和有关部门对宣扬极端主义，利用极端主义危害公共安全、扰乱公共秩序、侵犯人身财产、妨害社会管理的，应当及时予以制止，依法追究法律责任。

公安机关发现极端主义活动的，应当责令立即停止，将有关人员强行带离现场并登记身份信息，对有关物品、资料予以收缴，对非法活动场所予以查封。

任何单位和个人发现宣扬极端主义的物品、资料、信息的，应当立即向公安机关报告。

第二十九条 对被教唆、胁迫、引诱参与恐怖活动、极端主义活动，或者参与恐怖活动、极端主义活动情节轻微，尚不构成犯罪的人员，公安机关应当组织有关部门、村民委员会、居民委员会、所在单位、就读学校、家庭和监护人对其进行帮教。

监狱、看守所、社区矫正机构应当加强对服刑的恐怖活动罪犯和极端主义罪犯的管理、教育、矫正等工作。监狱、看守所对恐怖活动罪犯和极端主义罪犯，根据教育改造和维护监管秩序的需要，可以与普通刑事罪犯混合关押，也可以个别关押。

第三十条 对恐怖活动罪犯和极端主义罪犯被判处徒刑以上刑罚的，监狱、看守所应当在刑满释放前根据其犯罪性质、情节和社会危害程度，服刑期间的表现，释放后对所居住社区的影响等进行社会危险性评估。进行社会危险性评估，应当听取有关基层组织和原办案机关的意见。经评估具有社会危险性的，监狱、看守所应当向罪犯服刑地的中级人民法院提出安置教育建议，并将建议书副本抄送同级人民检察院。

罪犯服刑地的中级人民法院对于确有社会危险性的，应当在罪犯刑满释放前作出责令其在刑满释放后接受安置教育的决定。决定书副本应当抄送同级人民检察院。被决定安置教育的人员对决定不服的，可以向上一级人民法院申请复议。

安置教育由省级人民政府组织实施。安置教育机构应当每年对被安置教育人员进行评估，对于确有悔改表现，不致再危害社会的，应当及时提出解除安置教育的意见，报决定安置教育的中级人民法院作出决定。被安置教育人员有权申请解除安置教育。

人民检察院对安置教育的决定和执行实行监督。

第三十一条　公安机关应当会同有关部门，将遭受恐怖袭击的可能性较大以及遭受恐怖袭击可能造成重大的人身伤亡、财产损失或者社会影响的单位、场所、活动、设施等确定为防范恐怖袭击的重点目标，报本级反恐怖主义工作领导机构备案。

第三十二条　重点目标的管理单位应当履行下列职责：

（一）制定防范和应对处置恐怖活动的预案、措施，定期进行培训和演练；

（二）建立反恐怖主义工作专项经费保障制度，配备、更新防范和处置设备、设施；

（三）指定相关机构或者落实责任人员，明确岗位职责；

（四）实行风险评估，实时监测安全威胁，完善内部安全管理；

（五）定期向公安机关和有关部门报告防范措施落实情况。

重点目标的管理单位应当根据城乡规划、相关标准和实际需要，对重点目标同步设计、同步建设、同步运行符合本法第二十七条规定的技防、物防设备、设施。

重点目标的管理单位应当建立公共安全视频图像信息系统值班监看、信息保存使用、运行维护等管理制度，保障相关系统正常运行。采集的视频图像信息保存期限不得少于九十日。

对重点目标以外的涉及公共安全的其他单位、场所、活动、设施，其主管部门和管理单位应当依照法律、行政法规规定，建立健全安全管理制度，落实安全责任。

第三十三条　重点目标的管理单位应当对重要岗位人员进行安全背景审查。对有不适合情形的人员，应当调整工作岗位，并将有关情况通报公安机关。

第三十四条　大型活动承办单位以及重点目标的管理单位应当依照规定，对进入大型活动场所、机场、火车站、码头、城市轨道交通站、公路长途客运站、口岸等重点目标的人员、物品和交通工具进行安全检查。发现违禁品和管制物品，应当予以扣留并立即向公安机关报告；发现涉嫌违法犯罪人员，应当立即向公安机关报告。

第三十五条　对航空器、列车、船舶、城市轨道车辆、公共电汽车等公共交通运输工

具，营运单位应当依照规定配备安保人员和相应设备、设施，加强安全检查和保卫工作。

第三十六条　公安机关和有关部门应当掌握重点目标的基础信息和重要动态，指导、监督重点目标的管理单位履行防范恐怖袭击的各项职责。

公安机关、中国人民武装警察部队应当依照有关规定对重点目标进行警戒、巡逻、检查。

第三十七条　飞行管制、民用航空、公安等主管部门应当按照职责分工，加强空域、航空器和飞行活动管理，严密防范针对航空器或者利用飞行活动实施的恐怖活动。

第三十八条　各级人民政府和军事机关应当在重点国（边）境地段和口岸设置拦阻隔离网、视频图像采集和防越境报警设施。

公安机关和中国人民解放军应当严密组织国（边）境巡逻，依照规定对抵离国（边）境前沿、进出国（边）境管理区和国（边）境通道、口岸的人员、交通运输工具、物品，以及沿海沿边地区的船舶进行查验。

第三十九条　出入境证件签发机关、出入境边防检查机关对恐怖活动人员和恐怖活动嫌疑人员，有权决定不准其出境入境、不予签发出境入境证件或者宣布其出境入境证件作废。

第四十条　海关、出入境边防检查机关发现恐怖活动嫌疑人员或者涉嫌恐怖活动物品的，应当依法扣留，并立即移送公安机关或者国家安全机关。

第四十一条　国务院外交、公安、国家安全、发展改革、工业和信息化、商务、旅游等主管部门应当建立境外投资合作、旅游等安全风险评估制度，对中国在境外的公民以及驻外机构、设施、财产加强安全保护，防范和应对恐怖袭击。

第四十二条　驻外机构应当建立健全安全防范制度和应对处置预案，加强对有关人员、设施、财产的安全保护。

第四章　情报信息

第四十三条　国家反恐怖主义工作领导机构建立国家反恐怖主义情报中心，实行跨部门、跨地区情报信息工作机制，统筹反恐怖主义情报信息工作。

有关部门应当加强反恐怖主义情报信息搜集工作，对搜集的有关线索、人员、行动类情报信息，应当依照规定及时统一归口报送国家反恐怖主义情报中心。

地方反恐怖主义工作领导机构应当建立跨部门情报信息工作机制，组织开展反恐怖主义情报信息工作，对重要的情报信息，应当及时向上级反恐怖主义工作领导机构报告，对涉及其他地方的紧急情报信息，应当及时通报相关地方。

第四十四条　公安机关、国家安全机关和有关部门应当依靠群众，加强基层基础工作，建立基层情报信息工作力量，提高反恐怖主义情报信息工作能力。

第四十五条　公安机关、国家安全机关、军事机关在其职责范围内，因反恐怖主义情报信息工作的需要，根据国家有关规定，经过严格的批准手续，可以采取技术侦察措施。

依照前款规定获取的材料，只能用于反恐怖主义应对处置和对恐怖活动犯罪、极端主义犯罪的侦查、起诉和审判，不得用于其他用途。

第四十六条　有关部门对于在本法第三章规定的安全防范工作中获取的信息，应当根据国家反恐怖主义情报中心的要求，及时提供。

第四十七条　国家反恐怖主义情报中心、地方反恐怖主义工作领导机构以及公安机关等有关部门应当对有关情报信息进行筛查、研判、核查、监控，认为有发生恐怖事件危险，需要采取相应的安全防范、应对处置措施的，应当及时通报有关部门和单位，并可以根据情况发出预警。有关部门和单位应当根据通报做好安全防范、应对处置工作。

第四十八条　反恐怖主义工作领导机构、有关部门和单位、个人应当对履行反恐怖主义工作职责、义务过程中知悉的国家秘密、商业秘密和个人隐私予以保密。

违反规定泄露国家秘密、商业秘密和个人隐私的，依法追究法律责任。

第五章　调　　查

第四十九条　公安机关接到恐怖活动嫌疑的报告或者发现恐怖活动嫌疑，需要调查核实的，应当迅速进行调查。

第五十条　公安机关调查恐怖活动嫌疑，可以依照有关法律规定对嫌疑人员进行盘问、检查、传唤，可以提取或者采集肖像、指纹、虹膜图像等人体生物识别信息和血液、尿液、脱落细胞等生物样本，并留存其签名。

公安机关调查恐怖活动嫌疑，可以通知了解有关情况的人员到公安机关或者其他地点接受询问。

第五十一条　公安机关调查恐怖活动嫌疑，有权向有关单位和个人收集、调取相关信息和材料。有关单位和个人应当如实提供。

第五十二条　公安机关调查恐怖活动嫌疑，经县级以上公安机关负责人批准，可以查询嫌疑人员的存款、汇款、债券、股票、基金份额等财产，可以采取查封、扣押、冻结措施。查封、扣押、冻结的期限不得超过二个月，情况复杂的，可以经上一级公安机关负责人批准延长一个月。

第五十三条　公安机关调查恐怖活动嫌疑，经县级以上公安机关负责人批准，可以根据其危险程度，责令恐怖活动嫌疑人员遵守下列一项或者多项约束措施：

（一）未经公安机关批准不得离开所居住的市、县或者指定的处所；

（二）不得参加大型群众性活动或者从事特定的活动；

（三）未经公安机关批准不得乘坐公共交通工具或者进入特定的场所；

（四）不得与特定的人员会见或者通信；

（五）定期向公安机关报告活动情况；

（六）将护照等出入境证件、身份证件、驾驶证件交公安机关保存。

公安机关可以采取电子监控、不定期检查等方式对其遵守约束措施的情况进行监督。

采取前两款规定的约束措施的期限不得超过三个月。对不需要继续采取约束措施的，应当及时解除。

第五十四条　公安机关经调查，发现犯罪事实或者犯罪嫌疑人的，应当依照刑事诉讼法的规定立案侦查。本章规定的有关期限届满，公安机关未立案侦查的，应当解除有关措施。

第六章　应对处置

第五十五条　国家建立健全恐怖事件应对处置预案体系。

国家反恐怖主义工作领导机构应当针对恐怖事件的规律、特点和可能造成的社会危害，分级、分类制定国家应对处置预案，具体规定恐怖事件应对处置的组织指挥体系和恐怖事件安全防范、应对处置程序以及事后社会秩序恢复等内容。

有关部门、地方反恐怖主义工作领导机构应当制定相应的应对处置预案。

第五十六条　应对处置恐怖事件，各级反恐怖主义工作领导机构应当成立由有关部门参加的指挥机构，实行指挥长负责制。反恐怖主义工作领导机构负责人可以担任指挥长，也可以确定公安机关负责人或者反恐怖主义工作领导机构的其他成员单位负责人担任指挥长。

跨省、自治区、直辖市发生的恐怖事件或者特别重大恐怖事件的应对处置，由国家反恐怖主义工作领导机构负责指挥；在省、自治区、直辖市范围内发生的涉及多个行政区域的恐怖事件或者重大恐怖事件的应对处置，由省级反恐怖主义工作领导机构负责指挥。

第五十七条　恐怖事件发生后，发生地反恐怖主义工作领导机构应当立即启动恐怖事件应对处置预案，确定指挥长。有关部门和中国人民解放军、中国人民武装警察部队、民兵组织，按照反恐怖主义工作领导机构和指挥长的统一领导、指挥，协同开展打击、控制、

救援、救护等现场应对处置工作。

上级反恐怖主义工作领导机构可以对应对处置工作进行指导，必要时调动有关反恐怖主义力量进行支援。

需要进入紧急状态的，由全国人民代表大会常务委员会或者国务院依照宪法和其他有关法律规定的权限和程序决定。

第五十八条　发现恐怖事件或者疑似恐怖事件后，公安机关应当立即进行处置，并向反恐怖主义工作领导机构报告；中国人民解放军、中国人民武装警察部队发现正在实施恐怖活动的，应当立即予以控制并将案件及时移交公安机关。

反恐怖主义工作领导机构尚未确定指挥长的，由在场处置的公安机关职级最高的人员担任现场指挥员。公安机关未能到达现场的，由在场处置的中国人民解放军或者中国人民武装警察部队职级最高的人员担任现场指挥员。现场应对处置人员无论是否属于同一单位、系统，均应当服从现场指挥员的指挥。

指挥长确定后，现场指挥员应当向其请示、报告工作或者有关情况。

第五十九条　中华人民共和国在境外的机构、人员、重要设施遭受或者可能遭受恐怖袭击的，国务院外交、公安、国家安全、商务、金融、国有资产监督管理、旅游、交通运输等主管部门应当及时启动应对处置预案。国务院外交部门应当协调有关国家采取相应措施。

中华人民共和国在境外的机构、人员、重要设施遭受严重恐怖袭击后，经与有关国家协商同意，国家反恐怖主义工作领导机构可以组织外交、公安、国家安全等部门派出工作人员赴境外开展应对处置工作。

第六十条　应对处置恐怖事件，应当优先保护直接受到恐怖活动危害、威胁人员的人身安全。

第六十一条　恐怖事件发生后，负责应对处置的反恐怖主义工作领导机构可以决定由有关部门和单位采取下列一项或者多项应对处置措施：

（一）组织营救和救治受害人员，疏散、撤离并妥善安置受到威胁的人员以及采取其他救助措施；

（二）封锁现场和周边道路，查验现场人员的身份证件，在有关场所附近设置临时警戒线；

（三）在特定区域内实施空域、海（水）域管制，对特定区域内的交通运输工具进行检查；

（四）在特定区域内实施互联网、无线电、通信管制；

（五）在特定区域内或者针对特定人员实施出境入境管制；

（六）禁止或者限制使用有关设备、设施，关闭或者限制使用有关场所，中止人员密集的活动或者可能导致危害扩大的生产经营活动；

（七）抢修被损坏的交通、电信、互联网、广播电视、供水、排水、供电、供气、供热等公共设施；

（八）组织志愿人员参加反恐怖主义救援工作，要求具有特定专长的人员提供服务；

（九）其他必要的应对处置措施。

采取前款第三项至第五项规定的应对处置措施，由省级以上反恐怖主义工作领导机构决定或者批准；采取前款第六项规定的应对处置措施，由设区的市级以上反恐怖主义工作领导机构决定。应对处置措施应当明确适用的时间和空间范围，并向社会公布。

第六十二条　人民警察、人民武装警察以及其他依法配备、携带武器的应对处置人员，对在现场持枪支、刀具等凶器或者使用其他危险方法，正在或者准备实施暴力行为的人员，经警告无效的，可以使用武器；紧急情况下或者警告后可能导致更为严重危害后果的，可以直接使用武器。

第六十三条　恐怖事件发生、发展和应对处置信息，由恐怖事件发生地的省级反恐怖主义工作领导机构统一发布；跨省、自治区、直辖市发生的恐怖事件，由指定的省级反恐怖主义工作领导机构统一发布。

任何单位和个人不得编造、传播虚假恐怖事件信息；不得报道、传播可能引起模仿的恐怖活动的实施细节；不得发布恐怖事件中残忍、不人道的场景；在恐怖事件的应对处置过程中，除新闻媒体经负责发布信息的反恐怖主义工作领导机构批准外，不得报道、传播现场应对处置的工作人员、人质身份信息和应对处置行动情况。

第六十四条　恐怖事件应对处置结束后，各级人民政府应当组织有关部门帮助受影响的单位和个人尽快恢复生活、生产，稳定受影响地区的社会秩序和公众情绪。

第六十五条　当地人民政府应当及时给予恐怖事件受害人员及其近亲属适当的救助，并向失去基本生活条件的受害人员及其近亲属及时提供基本生活保障。卫生、医疗保障等主管部门应当为恐怖事件受害人员及其近亲属提供心理、医疗等方面的援助。

第六十六条　公安机关应当及时对恐怖事件立案侦查，查明事件发生的原因、经过和结果，依法追究恐怖活动组织、人员的刑事责任。

第六十七条　反恐怖主义工作领导机构应当对恐怖事件的发生和应对处置工作进行全面分析、总结评估，提出防范和应对处置改进措施，向上一级反恐怖主义工作领导机构报告。

第七章　国际合作

第六十八条　中华人民共和国根据缔结或者参加的国际条约，或者按照平等互惠原则，与其他国家、地区、国际组织开展反恐怖主义合作。

第六十九条　国务院有关部门根据国务院授权，代表中国政府与外国政府和有关国际组织开展反恐怖主义政策对话、情报信息交流、执法合作和国际资金监管合作。

在不违背我国法律的前提下，边境地区的县级以上地方人民政府及其主管部门，经国务院或者中央有关部门批准，可以与相邻国家或者地区开展反恐怖主义情报信息交流、执法合作和国际资金监管合作。

第七十条　涉及恐怖活动犯罪的刑事司法协助、引渡和被判刑人移管，依照有关法律规定执行。

第七十一条　经与有关国家达成协议，并报国务院批准，国务院公安部门、国家安全部门可以派员出境执行反恐怖主义任务。

中国人民解放军、中国人民武装警察部队派员出境执行反恐怖主义任务，由中央军事委员会批准。

第七十二条　通过反恐怖主义国际合作取得的材料可以在行政处罚、刑事诉讼中作为证据使用，但我方承诺不作为证据使用的除外。

第八章　保障措施

第七十三条　国务院和县级以上地方各级人民政府应当按照事权划分，将反恐怖主义工作经费分别列入同级财政预算。

国家对反恐怖主义重点地区给予必要的经费支持，对应对处置大规模恐怖事件给予经费保障。

第七十四条　公安机关、国家安全机关和有关部门，以及中国人民解放军、中国人民武装警察部队，应当依照法律规定的职责，建立反恐怖主义专业力量，加强专业训练，配备必要的反恐怖主义专业设备、设施。

县级、乡级人民政府根据需要，指导有关单位、村民委员会、居民委员会建立反恐怖主义工作力量、志愿者队伍，协助、配合有关部门开展反恐怖主义工作。

第七十五条　对因履行反恐怖主义工作职责或者协助、配合有关部门开展反恐怖主义工作导致伤残或者死亡的人员，按照国家有关规定给予相应的待遇。

第七十六条　因报告和制止恐怖活动，在恐怖活动犯罪案件中作证，或者从事反恐怖主义工作，本人或者其近亲属的人身安全面临危险的，经本人或者其近亲属提出申请，公安机关、有关部门应当采取下列一项或者多项保护措施：

（一）不公开真实姓名、住址和工作单位等个人信息；

（二）禁止特定的人接触被保护人员；

（三）对人身和住宅采取专门性保护措施；

（四）变更被保护人员的姓名，重新安排住所和工作单位；

（五）其他必要的保护措施。

公安机关、有关部门应当依照前款规定，采取不公开被保护单位的真实名称、地址，禁止特定的人接近被保护单位，对被保护单位办公、经营场所采取专门性保护措施，以及其他必要的保护措施。

第七十七条　国家鼓励、支持反恐怖主义科学研究和技术创新，开发和推广使用先进的反恐怖主义技术、设备。

第七十八条　公安机关、国家安全机关、中国人民解放军、中国人民武装警察部队因履行反恐怖主义职责的紧急需要，根据国家有关规定，可以征用单位和个人的财产。任务完成后应当及时归还或者恢复原状，并依照规定支付相应费用；造成损失的，应当补偿。

因开展反恐怖主义工作对有关单位和个人的合法权益造成损害的，应当依法给予赔偿、补偿。有关单位和个人有权依法请求赔偿、补偿。

第九章　法律责任

第七十九条　组织、策划、准备实施、实施恐怖活动，宣扬恐怖主义，煽动实施恐怖活动，非法持有宣扬恐怖主义的物品，强制他人在公共场所穿戴宣扬恐怖主义的服饰、标志、组织、领导、参加恐怖活动组织，为恐怖活动组织、恐怖活动人员、实施恐怖活动或者恐怖活动培训提供帮助的，依法追究刑事责任。

第八十条　参与下列活动之一，情节轻微，尚不构成犯罪的，由公安机关处十日以上十五日以下拘留，可以并处一万元以下罚款：

（一）宣扬恐怖主义、极端主义或者煽动实施恐怖活动、极端主义活动的；

（二）制作、传播、非法持有宣扬恐怖主义、极端主义的物品的；

（三）强制他人在公共场所穿戴宣扬恐怖主义、极端主义的服饰、标志的；

（四）为宣扬恐怖主义、极端主义或者实施恐怖主义、极端主义活动提供信息、资金、

物资、劳务、技术、场所等支持、协助、便利的。

第八十一条 利用极端主义，实施下列行为之一，情节轻微，尚不构成犯罪的，由公安机关处五日以上十五日以下拘留，可以并处一万元以下罚款：

（一）强迫他人参加宗教活动，或者强迫他人向宗教活动场所、宗教教职人员提供财物或者劳务的；

（二）以恐吓、骚扰等方式驱赶其他民族或者有其他信仰的人员离开居住地的；

（三）以恐吓、骚扰等方式干涉他人与其他民族或者有其他信仰的人员交往、共同生活的；

（四）以恐吓、骚扰等方式干涉他人生活习俗、方式和生产经营的；

（五）阻碍国家机关工作人员依法执行职务的；

（六）歪曲、诋毁国家政策、法律、行政法规，煽动、教唆抵制人民政府依法管理的；

（七）煽动、胁迫群众损毁或者故意损毁居民身份证、户口簿等国家法定证件以及人民币的；

（八）煽动、胁迫他人以宗教仪式取代结婚、离婚登记的；

（九）煽动、胁迫未成年人不接受义务教育的；

（十）其他利用极端主义破坏国家法律制度实施的。

第八十二条 明知他人有恐怖活动犯罪、极端主义犯罪行为，窝藏、包庇，情节轻微，尚不构成犯罪的，或者在司法机关向其调查有关情况、收集有关证据时，拒绝提供的，由公安机关处十日以上十五日以下拘留，可以并处一万元以下罚款。

第八十三条 金融机构和特定非金融机构对国家反恐怖主义工作领导机构的办事机构公告的恐怖活动组织及恐怖活动人员的资金或者其他资产，未立即予以冻结的，由公安机关处二十万元以上五十万元以下罚款，并对直接负责的董事、高级管理人员和其他直接责任人员处十万元以下罚款；情节严重的，处五十万元以上罚款，并对直接负责的董事、高级管理人员和其他直接责任人员，处十万元以上五十万元以下罚款，可以并处五日以上十五日以下拘留。

第八十四条 电信业务经营者、互联网服务提供者有下列情形之一的，由主管部门处二十万元以上五十万元以下罚款，并对其直接负责的主管人员和其他直接责任人员处十万元以下罚款；情节严重的，处五十万元以上罚款，并对其直接负责的主管人员和其他直接责任人员，处十万元以上五十万元以下罚款，可以由公安机关对其直接负责的主管人员和其他直接责任人员，处五日以上十五日以下拘留：

（一）未依照规定为公安机关、国家安全机关依法进行防范、调查恐怖活动提供技术接口和解密等技术支持和协助的；

（二）未按照主管部门的要求，停止传输、删除含有恐怖主义、极端主义内容的信息，保存相关记录，关闭相关网站或者关停相关服务的；

（三）未落实网络安全、信息内容监督制度和安全技术防范措施，造成含有恐怖主义、极端主义内容的信息传播，情节严重的。

第八十五条 铁路、公路、水上、航空的货运和邮政、快递等物流运营单位有下列情形之一的，由主管部门处十万元以上五十万元以下罚款，并对其直接负责的主管人员和其他直接责任人员处十万元以下罚款：

（一）未实行安全查验制度，对客户身份进行查验，或者未依照规定对运输、寄递物品进行安全检查或者开封验视的；

（二）对禁止运输、寄递，存在重大安全隐患，或者客户拒绝安全查验的物品予以运输、寄递的；

（三）未实行运输、寄递客户身份、物品信息登记制度的。

第八十六条 电信、互联网、金融业务经营者、服务提供者未按规定对客户身份进行查验，或者对身份不明、拒绝身份查验的客户提供服务的，主管部门应当责令改正；拒不改正的，处二十万元以上五十万元以下罚款，并对其直接负责的主管人员和其他直接责任人员处十万元以下罚款；情节严重的，处五十万元以上罚款，并对其直接负责的主管人员和其他直接责任人员，处十万元以上五十万元以下罚款。

住宿、长途客运、机动车租赁等业务经营者、服务提供者有前款规定情形的，由主管部门处十万元以上五十万元以下罚款，并对其直接负责的主管人员和其他直接责任人员处十万元以下罚款。

第八十七条 违反本法规定，有下列情形之一的，由主管部门给予警告，并责令改正；拒不改正的，处十万元以下罚款，并对其直接负责的主管人员和其他直接责任人员处一万元以下罚款：

（一）未依照规定对枪支等武器、弹药、管制器具、危险化学品、民用爆炸物品、核与放射物品作出电子追踪标识，对民用爆炸物品添加安检示踪标识物的；

（二）未依照规定对运营中的危险化学品、民用爆炸物品、核与放射物品的运输工具通过定位系统实行监控的；

（三）未依照规定对传染病病原体等物质实行严格的监督管理，情节严重的；

（四）违反国务院有关主管部门或者省级人民政府对管制器具、危险化学品、民用爆炸物品决定的管制或者限制交易措施的。

第八十八条 防范恐怖袭击重点目标的管理、营运单位违反本法规定，有下列情形之一的，由公安机关给予警告，并责令改正；拒不改正的，处十万元以下罚款，并对其直接负责的主管人员和其他直接责任人员处一万元以下罚款：

（一）未制定防范和应对处置恐怖活动的预案、措施的；

（二）未建立反恐怖主义工作专项经费保障制度，或者未配备防范和处置设备、设施的；

（三）未落实工作机构或者责任人员的；

（四）未对重要岗位人员进行安全背景审查，或者未将有不适合情形的人员调整工作岗位的；

（五）对公共交通运输工具未依照规定配备安保人员和相应设备、设施的；

（六）未建立公共安全视频图像信息系统值班监看、信息保存使用、运行维护等管理制度的。

大型活动承办单位以及重点目标的管理单位未依照规定对进入大型活动场所、机场、火车站、码头、城市轨道交通站、公路长途客运站、口岸等重点目标的人员、物品和交通工具进行安全检查的，公安机关应当责令改正；拒不改正的，处十万元以下罚款，并对其直接负责的主管人员和其他直接责任人员处一万元以下罚款。

第八十九条 恐怖活动嫌疑人员违反公安机关责令其遵守的约束措施的，由公安机关给予警告，并责令改正；拒不改正的，处五日以上十五日以下拘留。

第九十条 新闻媒体等单位编造、传播虚假恐怖事件信息，报道、传播可能引起模仿的恐怖活动的实施细节，发布恐怖事件中残忍、不人道的场景，或者未经批准，报道、传播现场应对处置的工作人员、人质身份信息和应对处置行动情况的，由公安机关处二十万元以下罚款，并对其直接负责的主管人员和其他直接责任人员，处五日以上十五日以下拘留，可以并处五万元以下罚款。

个人有前款规定行为的，由公安机关处五日以上十五日以下拘留，可以并处一万元以下罚款。

第九十一条 拒不配合有关部门开展反恐怖主义安全防范、情报信息、调查、应对处置工作的，由主管部门处二千元以下罚款；造成严重后果的，处五日以上十五日以下拘留，可以并处一万元以下罚款。

单位有前款规定行为的，由主管部门处五万元以下罚款；造成严重后果的，处十万元以下罚款；并对其直接负责的主管人员和其他直接责任人员依照前款规定处罚。

第九十二条　阻碍有关部门开展反恐怖主义工作的，由公安机关处五日以上十五日以下拘留，可以并处五万元以下罚款。

单位有前款规定行为的，由公安机关处二十万元以下罚款，并对其直接负责的主管人员和其他直接责任人员依照前款规定处罚。

阻碍人民警察、人民解放军、人民武装警察依法执行职务的，从重处罚。

第九十三条　单位违反本法规定，情节严重的，由主管部门责令停止从事相关业务、提供相关服务或者责令停产停业；造成严重后果的，吊销有关证照或者撤销登记。

第九十四条　反恐怖主义工作领导机构、有关部门的工作人员在反恐怖主义工作中滥用职权、玩忽职守、徇私舞弊，或者有违反规定泄露国家秘密、商业秘密和个人隐私等行为，构成犯罪的，依法追究刑事责任；尚不构成犯罪的，依法给予处分。

反恐怖主义工作领导机构、有关部门及其工作人员在反恐怖主义工作中滥用职权、玩忽职守、徇私舞弊或者有其他违法违纪行为的，任何单位和个人有权向有关部门检举、控告。有关部门接到检举、控告后，应当及时处理并回复检举、控告人。

第九十五条　对依照本法规定查封、扣押、冻结、扣留、收缴的物品、资金等，经审查发现与恐怖主义无关的，应当及时解除有关措施，予以退还。

第九十六条　有关单位和个人对依照本法作出的行政处罚和行政强制措施决定不服的，可以依法申请行政复议或者提起行政诉讼。

第十章　附　　则

第九十七条　本法自 2016 年 1 月 1 日起施行。2011 年 10 月 29 日第十一届全国人民代表大会常务委员会第二十三次会议通过的《全国人民代表大会常务委员会关于加强反恐怖工作有关问题的决定》同时废止。

中华人民共和国国家安全法

中华人民共和国主席令第 29 号

（2015 年 7 月 1 日第十二届全国人民代表大会常务委员会第十五次会议通过）

第一章　总　　则

第一条　为了维护国家安全，保卫人民民主专政的政权和中国特色社会主义制度，保护人民的根本利益，保障改革开放和社会主义现代化建设的顺利进行，实现中华民族伟大复兴，根据宪法，制定本法。

第二条　国家安全是指国家政权、主权、统一和领土完整、人民福祉、经济社会可持续发展和国家其他重大利益相对处于没有危险和不受内外威胁的状态，以及保障持续安全状态的能力。

第三条　国家安全工作应当坚持总体国家安全观，以人民安全为宗旨，以政治安全为根本，以经济安全为基础，以军事、文化、社会安全为保障，以促进国际安全为依托，维护各领域国家安全，构建国家安全体系，走中国特色国家安全道路。

第四条　坚持中国共产党对国家安全工作的领导，建立集中统一、高效权威的国家安全领导体制。

第五条　中央国家安全领导机构负责国家安全工作的决策和议事协调，研究制定、指导实施国家安全战略和有关重大方针政策，统筹协调国家安全重大事项和重要工作，推动国家安全法治建设。

第六条　国家制定并不断完善国家安全战略，全面评估国际、国内安全形势，明确国家安全战略的指导方针、中长期目标、重点领域的国家安全政策、工作任务和措施。

第七条　维护国家安全，应当遵守宪法和法律，坚持社会主义法治原则，尊重和保障人权，依法保护公民的权利和自由。

第八条　维护国家安全，应当与经济社会发展相协调。

国家安全工作应当统筹内部安全和外部安全、国土安全和国民安全、传统安全和非传统安全、自身安全和共同安全。

第九条　维护国家安全，应当坚持预防为主、标本兼治，专门工作与群众路线相结合，充分发挥专门机关和其他有关机关维护国家安全的职能作用，广泛动员公民和组织，防范、制止和依法惩治危害国家安全的行为。

第十条　维护国家安全，应当坚持互信、互利、平等、协作，积极同外国政府和国际组织开展安全交流合作，履行国际安全义务，促进共同安全，维护世界和平。

第十一条　中华人民共和国公民、一切国家机关和武装力量、各政党和各人民团体、企业事业组织和其他社会组织，都有维护国家安全的责任和义务。

中国的主权和领土完整不容侵犯和分割。维护国家主权、统一和领土完整是包括港澳同胞和台湾同胞在内的全中国人民的共同义务。

第十二条　国家对在维护国家安全工作中作出突出贡献的个人和组织给予表彰和奖励。

第十三条　国家机关工作人员在国家安全工作和涉及国家安全活动中，滥用职权、玩忽职守、徇私舞弊的，依法追究法律责任。

任何个人和组织违反本法和有关法律，不履行维护国家安全义务或者从事危害国家安全活动的，依法追究法律责任。

第十四条　每年4月15日为全民国家安全教育日。

第二章　维护国家安全的任务

第十五条　国家坚持中国共产党的领导，维护中国特色社会主义制度，发展社会主义民主政治，健全社会主义法治，强化权力运行制约和监督机制，保障人民当家作主的各项权利。

国家防范、制止和依法惩治任何叛国、分裂国家、煽动叛乱、颠覆或者煽动颠覆人民民主专政政权的行为；防范、制止和依法惩治窃取、泄露国家秘密等危害国家安全的行为；防范、制止和依法惩治境外势力的渗透、破坏、颠覆、分裂活动。

第十六条　国家维护和发展最广大人民的根本利益，保卫人民安全，创造良好生存发展条件和安定工作生活环境，保障公民的生命财产安全和其他合法权益。

第十七条　国家加强边防、海防和空防建设，采取一切必要的防卫和管控措施，保卫领陆、内水、领海和领空安全，维护国家领土主权和海洋权益。

第十八条　国家加强武装力量革命化、现代化、正规化建设，建设与保卫国家安全和发展利益需要相适应的武装力量；实施积极防御军事战略方针，防备和抵御侵略，制止武装颠覆和分裂；开展国际军事安全合作，实施联合国维和、国际救援、海上护航和维护国家海外利益的军事行动，维护国家主权、安全、领土完整、发展利益和世界和平。

第十九条　国家维护国家基本经济制度和社会主义市场经济秩序，健全预防和化解经济安全风险的制度机制，保障关系国民经济命脉的重要行业和关键领域、重点产业、重大基础设施和重大建设项目以及其他重大经济利益安全。

第二十条　国家健全金融宏观审慎管理和金融风险防范、处置机制，加强金融基础设施和基础能力建设，防范和化解系统性、区域性金融风险，防范和抵御外部金融风险的冲击。

第二十一条　国家合理利用和保护资源能源，有效管控战略资源能源的开发，加强战略资源能源储备，完善资源能源运输战略通道建设和安全保护措施，加强国际资源能源合作，全面提升应急保障能力，保障经济社会发展所需的资源能源持续、可靠和有效供给。

第二十二条　国家健全粮食安全保障体系，保护和提高粮食综合生产能力，完善粮食储备制度、流通体系和市场调控机制，健全粮食安全预警制度，保障粮食供给和质量安全。

第二十三条　国家坚持社会主义先进文化前进方向，继承和弘扬中华民族优秀传统文化，培育和践行社会主义核心价值观，防范和抵制不良文化的影响，掌握意识形态领域主导权，增强文化整体实力和竞争力。

第二十四条　国家加强自主创新能力建设，加快发展自主可控的战略高新技术和重要领域核心关键技术，加强知识产权的运用、保护和科技保密能力建设，保障重大技术和工程的安全。

第二十五条　国家建设网络与信息安全保障体系，提升网络与信息安全保护能力，加强网络和信息技术的创新研究和开发应用，实现网络和信息核心技术、关键基础设施和重要领域信息系统及数据的安全可控；加强网络管理，防范、制止和依法惩治网络攻击、网络入侵、网络窃密、散布违法有害信息等网络违法犯罪行为，维护国家网络空间主权、安全和发展利益。

第二十六条　国家坚持和完善民族区域自治制度，巩固和发展平等团结互助和谐的社会主义民族关系。坚持各民族一律平等，加强民族交往、交流、交融，防范、制止和依法惩治民族分裂活动，维护国家统一、民族团结和社会和谐，实现各民族共同团结奋斗、共同繁荣发展。

第二十七条　国家依法保护公民宗教信仰自由和正常宗教活动，坚持宗教独立自主自办的原则，防范、制止和依法惩治利用宗教名义进行危害国家安全的违法犯罪活动，反对境外势力干涉境内宗教事务，维护正常宗教活动秩序。

国家依法取缔邪教组织，防范、制止和依法惩治邪教违法犯罪活动。

第二十八条　国家反对一切形式的恐怖主义和极端主义，加强防范和处置恐怖主义的能力建设，依法开展情报、调查、防范、处置以及资金监管等工作，依法取缔恐怖活动组织和严厉惩治暴力恐怖活动。

第二十九条 国家健全有效预防和化解社会矛盾的体制机制，健全公共安全体系，积极预防、减少和化解社会矛盾，妥善处置公共卫生、社会安全等影响国家安全和社会稳定的突发事件，促进社会和谐，维护公共安全和社会安定。

第三十条 国家完善生态环境保护制度体系，加大生态建设和环境保护力度，划定生态保护红线，强化生态风险的预警和防控，妥善处置突发环境事件，保障人民赖以生存发展的大气、水、土壤等自然环境和条件不受威胁和破坏，促进人与自然和谐发展。

第三十一条 国家坚持和平利用核能和核技术，加强国际合作，防止核扩散，完善防扩散机制，加强对核设施、核材料、核活动和核废料处置的安全管理、监管和保护，加强核事故应急体系和应急能力建设，防止、控制和消除核事故对公民生命健康和生态环境的危害，不断增强有效应对和防范核威胁、核攻击的能力。

第三十二条 国家坚持和平探索和利用外层空间、国际海底区域和极地，增强安全进出、科学考察、开发利用的能力，加强国际合作，维护我国在外层空间、国际海底区域和极地的活动、资产和其他利益的安全。

第三十三条 国家依法采取必要措施，保护海外中国公民、组织和机构的安全和正当权益，保护国家的海外利益不受威胁和侵害。

第三十四条 国家根据经济社会发展和国家发展利益的需要，不断完善维护国家安全的任务。

第三章　维护国家安全的职责

第三十五条 全国人民代表大会依照宪法规定，决定战争和和平的问题，行使宪法规定的涉及国家安全的其他职权。

全国人民代表大会常务委员会依照宪法规定，决定战争状态的宣布，决定全国总动员或者局部动员，决定全国或者个别省、自治区、直辖市进入紧急状态，行使宪法规定的和全国人民代表大会授予的涉及国家安全的其他职权。

第三十六条 中华人民共和国主席根据全国人民代表大会的决定和全国人民代表大会常务委员会的决定，宣布进入紧急状态，宣布战争状态，发布动员令，行使宪法规定的涉及国家安全的其他职权。

第三十七条 国务院根据宪法和法律，制定涉及国家安全的行政法规，规定有关行政

措施，发布有关决定和命令；实施国家安全法律法规和政策；依照法律规定决定省、自治区、直辖市的范围内部分地区进入紧急状态；行使宪法法律规定的和全国人民代表大会及其常务委员会授予的涉及国家安全的其他职权。

第三十八条　中央军事委员会领导全国武装力量，决定军事战略和武装力量的作战方针，统一指挥维护国家安全的军事行动，制定涉及国家安全的军事法规，发布有关决定和命令。

第三十九条　中央国家机关各部门按照职责分工，贯彻执行国家安全方针政策和法律法规，管理指导本系统、本领域国家安全工作。

第四十条　地方各级人民代表大会和县级以上地方各级人民代表大会常务委员会在本行政区域内，保证国家安全法律法规的遵守和执行。

地方各级人民政府依照法律法规规定管理本行政区域内的国家安全工作。

香港特别行政区、澳门特别行政区应当履行维护国家安全的责任。

第四十一条　人民法院依照法律规定行使审判权，人民检察院依照法律规定行使检察权，惩治危害国家安全的犯罪。

第四十二条　国家安全机关、公安机关依法搜集涉及国家安全的情报信息，在国家安全工作中依法行使侦查、拘留、预审和执行逮捕以及法律规定的其他职权。

有关军事机关在国家安全工作中依法行使相关职权。

第四十三条　国家机关及其工作人员在履行职责时，应当贯彻维护国家安全的原则。

国家机关及其工作人员在国家安全工作和涉及国家安全活动中，应当严格依法履行职责，不得超越职权、滥用职权，不得侵犯个人和组织的合法权益。

第四章　国家安全制度

第一节　一般规定

第四十四条　中央国家安全领导机构实行统分结合、协调高效的国家安全制度与工作机制。

第四十五条　国家建立国家安全重点领域工作协调机制，统筹协调中央有关职能部门推进相关工作。

第四十六条　国家建立国家安全工作督促检查和责任追究机制，确保国家安全战略和重大部署贯彻落实。

第四十七条　各部门、各地区应当采取有效措施，贯彻实施国家安全战略。

第四十八条　国家根据维护国家安全工作需要，建立跨部门会商工作机制，就维护国家安全工作的重大事项进行会商研判，提出意见和建议。

第四十九条　国家建立中央与地方之间、部门之间、军地之间以及地区之间关于国家安全的协同联动机制。

第五十条　国家建立国家安全决策咨询机制，组织专家和有关方面开展对国家安全形势的分析研判，推进国家安全的科学决策。

第二节　情报信息

第五十一条　国家健全统一归口、反应灵敏、准确高效、运转顺畅的情报信息收集、研判和使用制度，建立情报信息工作协调机制，实现情报信息的及时收集、准确研判、有效使用和共享。

第五十二条　国家安全机关、公安机关、有关军事机关根据职责分工，依法搜集涉及国家安全的情报信息。

国家机关各部门在履行职责过程中，对于获取的涉及国家安全的有关信息应当及时上报。

第五十三条　开展情报信息工作，应当充分运用现代科学技术手段，加强对情报信息的鉴别、筛选、综合和研判分析。

第五十四条　情报信息的报送应当及时、准确、客观，不得迟报、漏报、瞒报和谎报。

第三节　风险预防、评估和预警

第五十五条　国家制定完善应对各领域国家安全风险预案。

第五十六条　国家建立国家安全风险评估机制，定期开展各领域国家安全风险调查评估。

有关部门应当定期向中央国家安全领导机构提交国家安全风险评估报告。

第五十七条　国家健全国家安全风险监测预警制度，根据国家安全风险程度，及时发布相应风险预警。

第五十八条　对可能即将发生或者已经发生的危害国家安全的事件，县级以上地方人民政府及其有关主管部门应当立即按照规定向上一级人民政府及其有关主管部门报告，必要时可以越级上报。

第四节 审查监管

第五十九条 国家建立国家安全审查和监管的制度和机制，对影响或者可能影响国家安全的外商投资、特定物项和关键技术、网络信息技术产品和服务、涉及国家安全事项的建设项目，以及其他重大事项和活动，进行国家安全审查，有效预防和化解国家安全风险。

第六十条 中央国家机关各部门依照法律、行政法规行使国家安全审查职责，依法作出国家安全审查决定或者提出安全审查意见并监督执行。

第六十一条 省、自治区、直辖市依法负责本行政区域内有关国家安全审查和监管工作。

第五节 危机管控

第六十二条 国家建立统一领导、协同联动、有序高效的国家安全危机管控制度。

第六十三条 发生危及国家安全的重大事件，中央有关部门和有关地方根据中央国家安全领导机构的统一部署，依法启动应急预案，采取管控处置措施。

第六十四条 发生危及国家安全的特别重大事件，需要进入紧急状态、战争状态或者进行全国总动员、局部动员的，由全国人民代表大会、全国人民代表大会常务委员会或者国务院依照宪法和有关法律规定的权限和程序决定。

第六十五条 国家决定进入紧急状态、战争状态或者实施国防动员后，履行国家安全危机管控职责的有关机关依照法律规定或者全国人民代表大会常务委员会规定，有权采取限制公民和组织权利、增加公民和组织义务的特别措施。

第六十六条 履行国家安全危机管控职责的有关机关依法采取处置国家安全危机的管控措施，应当与国家安全危机可能造成的危害的性质、程度和范围相适应；有多种措施可供选择的，应当选择有利于最大程度保护公民、组织权益的措施。

第六十七条 国家健全国家安全危机的信息报告和发布机制。

国家安全危机事件发生后，履行国家安全危机管控职责的有关机关，应当按照规定准确、及时报告，并依法将有关国家安全危机事件发生、发展、管控处置及善后情况统一向社会发布。

第六十八条 国家安全威胁和危害得到控制或者消除后，应当及时解除管控处置措施，做好善后工作。

第五章　国家安全保障

第六十九条　国家健全国家安全保障体系，增强维护国家安全的能力。

第七十条　国家健全国家安全法律制度体系，推动国家安全法治建设。

第七十一条　国家加大对国家安全各项建设的投入，保障国家安全工作所需经费和装备。

第七十二条　承担国家安全战略物资储备任务的单位，应当按照国家有关规定和标准对国家安全物资进行收储、保管和维护，定期调整更换，保证储备物资的使用效能和安全。

第七十三条　鼓励国家安全领域科技创新，发挥科技在维护国家安全中的作用。

第七十四条　国家采取必要措施，招录、培养和管理国家安全工作专门人才和特殊人才。

根据维护国家安全工作的需要，国家依法保护有关机关专门从事国家安全工作人员的身份和合法权益，加大人身保护和安置保障力度。

第七十五条　国家安全机关、公安机关、有关军事机关开展国家安全专门工作，可以依法采取必要手段和方式，有关部门和地方应当在职责范围内提供支持和配合。

第七十六条　国家加强国家安全新闻宣传和舆论引导，通过多种形式开展国家安全宣传教育活动，将国家安全教育纳入国民教育体系和公务员教育培训体系，增强全民国家安全意识。

第六章　公民、组织的义务和权利

第七十七条　公民和组织应当履行下列维护国家安全的义务：

（一）遵守宪法、法律法规关于国家安全的有关规定；

（二）及时报告危害国家安全活动的线索；

（三）如实提供所知悉的涉及危害国家安全活动的证据；

（四）为国家安全工作提供便利条件或者其他协助；

（五）向国家安全机关、公安机关和有关军事机关提供必要的支持和协助；

（六）保守所知悉的国家秘密；

（七）法律、行政法规规定的其他义务。

任何个人和组织不得有危害国家安全的行为，不得向危害国家安全的个人或者组织提供任何资助或者协助。

第七十八条　机关、人民团体、企业事业组织和其他社会组织应当对本单位的人员进行维护国家安全的教育，动员、组织本单位的人员防范、制止危害国家安全的行为。

第七十九条　企业事业组织根据国家安全工作的要求，应当配合有关部门采取相关安全措施。

第八十条　公民和组织支持、协助国家安全工作的行为受法律保护。

因支持、协助国家安全工作，本人或者其近亲属的人身安全面临危险的，可以向公安机关、国家安全机关请求予以保护。公安机关、国家安全机关应当会同有关部门依法采取保护措施。

第八十一条　公民和组织因支持、协助国家安全工作导致财产损失的，按照国家有关规定给予补偿；造成人身伤害或者死亡的，按照国家有关规定给予抚恤优待。

第八十二条　公民和组织对国家安全工作有向国家机关提出批评建议的权利，对国家机关及其工作人员在国家安全工作中的违法失职行为有提出申诉、控告和检举的权利。

第八十三条　在国家安全工作中，需要采取限制公民权利和自由的特别措施时，应当依法进行，并以维护国家安全的实际需要为限度。

第七章　附　　则

第八十四条　本法自公布之日起施行。

中华人民共和国网络安全法

中华人民共和国主席令第 53 号

（2016 年 11 月 7 日第十二届全国人民代表大会常务委员会第二十四次会议通过）

第一章 总 则

第一条 为了保障网络安全，维护网络空间主权和国家安全、社会公共利益，保护公民、法人和其他组织的合法权益，促进经济社会信息化健康发展，制定本法。

第二条 在中华人民共和国境内建设、运营、维护和使用网络，以及网络安全的监督管理，适用本法。

第三条 国家坚持网络安全与信息化发展并重，遵循积极利用、科学发展、依法管理、确保安全的方针，推进网络基础设施建设和互联互通，鼓励网络技术创新和应用，支持培养网络安全人才，建立健全网络安全保障体系，提高网络安全保护能力。

第四条 国家制定并不断完善网络安全战略，明确保障网络安全的基本要求和主要目标，提出重点领域的网络安全政策、工作任务和措施。

第五条 国家采取措施，监测、防御、处置来源于中华人民共和国境内外的网络安全风险和威胁，保护关键信息基础设施免受攻击、侵入、干扰和破坏，依法惩治网络违法犯罪活动，维护网络空间安全和秩序。

第六条 国家倡导诚实守信、健康文明的网络行为，推动传播社会主义核心价值观，采取措施提高全社会的网络安全意识和水平，形成全社会共同参与促进网络安全的良好环境。

第七条 国家积极开展网络空间治理、网络技术研发和标准制定、打击网络违法犯罪等方面的国际交流与合作，推动构建和平、安全、开放、合作的网络空间，建立多边、民主、透明的网络治理体系。

第八条 国家网信部门负责统筹协调网络安全工作和相关监督管理工作。国务院电信主管部门、公安部门和其他有关机关依照本法和有关法律、行政法规的规定，在各自职责范围内负责网络安全保护和监督管理工作。

县级以上地方人民政府有关部门的网络安全保护和监督管理职责，按照国家有关规定确定。

第九条 网络运营者开展经营和服务活动，必须遵守法律、行政法规，尊重社会公德，

遵守商业道德,诚实信用,履行网络安全保护义务,接受政府和社会的监督,承担社会责任。

第十条　建设、运营网络或者通过网络提供服务,应当依照法律、行政法规的规定和国家标准的强制性要求,采取技术措施和其他必要措施,保障网络安全、稳定运行,有效应对网络安全事件,防范网络违法犯罪活动,维护网络数据的完整性、保密性和可用性。

第十一条　网络相关行业组织按照章程,加强行业自律,制定网络安全行为规范,指导会员加强网络安全保护,提高网络安全保护水平,促进行业健康发展。

第十二条　国家保护公民、法人和其他组织依法使用网络的权利,促进网络接入普及,提升网络服务水平,为社会提供安全、便利的网络服务,保障网络信息依法有序自由流动。

任何个人和组织使用网络应当遵守宪法法律,遵守公共秩序,尊重社会公德,不得危害网络安全,不得利用网络从事危害国家安全、荣誉和利益,煽动颠覆国家政权、推翻社会主义制度,煽动分裂国家、破坏国家统一,宣扬恐怖主义、极端主义,宣扬民族仇恨、民族歧视,传播暴力、淫秽色情信息,编造、传播虚假信息扰乱经济秩序和社会秩序,以及侵害他人名誉、隐私、知识产权和其他合法权益等活动。

第十三条　国家支持研究开发有利于未成年人健康成长的网络产品和服务,依法惩治利用网络从事危害未成年人身心健康的活动,为未成年人提供安全、健康的网络环境。

第十四条　任何个人和组织有权对危害网络安全的行为向网信、电信、公安等部门举报。收到举报的部门应当及时依法作出处理;不属于本部门职责的,应当及时移送有权处理的部门。

有关部门应当对举报人的相关信息予以保密,保护举报人的合法权益。

第二章　网络安全支持与促进

第十五条　国家建立和完善网络安全标准体系。国务院标准化行政主管部门和国务院其他有关部门根据各自的职责,组织制定并适时修订有关网络安全管理以及网络产品、服务和运行安全的国家标准、行业标准。

国家支持企业、研究机构、高等学校、网络相关行业组织参与网络安全国家标准、行业标准的制定。

第十六条　国务院和省、自治区、直辖市人民政府应当统筹规划,加大投入,扶持重点网络安全技术产业和项目,支持网络安全技术的研究开发和应用,推广安全可信的网络产品和服务,保护网络技术知识产权,支持企业、研究机构和高等学校等参与国家网络安全技术创新项目。

第十七条 国家推进网络安全社会化服务体系建设，鼓励有关企业、机构开展网络安全认证、检测和风险评估等安全服务。

第十八条 国家鼓励开发网络数据安全保护和利用技术，促进公共数据资源开放，推动技术创新和经济社会发展。

国家支持创新网络安全管理方式，运用网络新技术，提升网络安全保护水平。

第十九条 各级人民政府及其有关部门应当组织开展经常性的网络安全宣传教育，并指导、督促有关单位做好网络安全宣传教育工作。

大众传播媒介应当有针对性地面向社会进行网络安全宣传教育。

第二十条 国家支持企业和高等学校、职业学校等教育培训机构开展网络安全相关教育与培训，采取多种方式培养网络安全人才，促进网络安全人才交流。

第三章　网络运行安全
第一节　一般规定

第二十一条 国家实行网络安全等级保护制度。网络运营者应当按照网络安全等级保护制度的要求，履行下列安全保护义务，保障网络免受干扰、破坏或者未经授权的访问，防止网络数据泄露或者被窃取、篡改：

（一）制定内部安全管理制度和操作规程，确定网络安全负责人，落实网络安全保护责任；

（二）采取防范计算机病毒和网络攻击、网络侵入等危害网络安全行为的技术措施；

（三）采取监测、记录网络运行状态、网络安全事件的技术措施，并按照规定留存相关的网络日志不少于六个月；

（四）采取数据分类、重要数据备份和加密等措施；

（五）法律、行政法规规定的其他义务。

第二十二条 网络产品、服务应当符合相关国家标准的强制性要求。网络产品、服务的提供者不得设置恶意程序；发现其网络产品、服务存在安全缺陷、漏洞等风险时，应当立即采取补救措施，按照规定及时告知用户并向有关主管部门报告。

网络产品、服务的提供者应当为其产品、服务持续提供安全维护；在规定或者当事人约定的期限内，不得终止提供安全维护。

网络产品、服务具有收集用户信息功能的，其提供者应当向用户明示并取得同意；涉及用户个人信息的，还应当遵守本法和有关法律、行政法规关于个人信息保护的规定。

第二十三条　网络关键设备和网络安全专用产品应当按照相关国家标准的强制性要求，由具备资格的机构安全认证合格或者安全检测符合要求后，方可销售或者提供。国家网信部门会同国务院有关部门制定、公布网络关键设备和网络安全专用产品目录，并推动安全认证和安全检测结果互认，避免重复认证、检测。

第二十四条　网络运营者为用户办理网络接入、域名注册服务，办理固定电话、移动电话等入网手续，或者为用户提供信息发布、即时通信等服务，在与用户签订协议或者确认提供服务时，应当要求用户提供真实身份信息。用户不提供真实身份信息的，网络运营者不得为其提供相关服务。

国家实施网络可信身份战略，支持研究开发安全、方便的电子身份认证技术，推动不同电子身份认证之间的互认。

第二十五条　网络运营者应当制定网络安全事件应急预案，及时处置系统漏洞、计算机病毒、网络攻击、网络侵入等安全风险；在发生危害网络安全的事件时，立即启动应急预案，采取相应的补救措施，并按照规定向有关主管部门报告。

第二十六条　开展网络安全认证、检测、风险评估等活动，向社会发布系统漏洞、计算机病毒、网络攻击、网络侵入等网络安全信息，应当遵守国家有关规定。

第二十七条　任何个人和组织不得从事非法侵入他人网络、干扰他人网络正常功能、窃取网络数据等危害网络安全的活动；不得提供专门用于从事侵入网络、干扰网络正常功能及防护措施、窃取网络数据等危害网络安全活动的程序、工具；明知他人从事危害网络安全的活动的，不得为其提供技术支持、广告推广、支付结算等帮助。

第二十八条　网络运营者应当为公安机关、国家安全机关依法维护国家安全和侦查犯罪的活动提供技术支持和协助。

第二十九条　国家支持网络运营者之间在网络安全信息收集、分析、通报和应急处置等方面进行合作，提高网络运营者的安全保障能力。

有关行业组织建立健全本行业的网络安全保护规范和协作机制，加强对网络安全风险的分析评估，定期向会员进行风险警示，支持、协助会员应对网络安全风险。

第三十条　网信部门和有关部门在履行网络安全保护职责中获取的信息，只能用于维护网络安全的需要，不得用于其他用途。

第二节　关键信息基础设施的运行安全

第三十一条　国家对公共通信和信息服务、能源、交通、水利、金融、公共服务、电

子政务等重要行业和领域，以及其他一旦遭到破坏、丧失功能或者数据泄露，可能严重危害国家安全、国计民生、公共利益的关键信息基础设施，在网络安全等级保护制度的基础上，实行重点保护。关键信息基础设施的具体范围和安全保护办法由国务院制定。

国家鼓励关键信息基础设施以外的网络运营者自愿参与关键信息基础设施保护体系。

第三十二条　按照国务院规定的职责分工，负责关键信息基础设施安全保护工作的部门分别编制并组织实施本行业、本领域的关键信息基础设施安全规划，指导和监督关键信息基础设施运行安全保护工作。

第三十三条　建设关键信息基础设施应当确保其具有支持业务稳定、持续运行的性能，并保证安全技术措施同步规划、同步建设、同步使用。

第三十四条　除本法第二十一条的规定外，关键信息基础设施的运营者还应当履行下列安全保护义务：

（一）设置专门安全管理机构和安全管理负责人，并对该负责人和关键岗位的人员进行安全背景审查；

（二）定期对从业人员进行网络安全教育、技术培训和技能考核；

（三）对重要系统和数据库进行容灾备份；

（四）制定网络安全事件应急预案，并定期进行演练；

（五）法律、行政法规规定的其他义务。

第三十五条　关键信息基础设施的运营者采购网络产品和服务，可能影响国家安全的，应当通过国家网信部门会同国务院有关部门组织的国家安全审查。

第三十六条　关键信息基础设施的运营者采购网络产品和服务，应当按照规定与提供者签订安全保密协议，明确安全和保密义务与责任。

第三十七条　关键信息基础设施的运营者在中华人民共和国境内运营中收集和产生的个人信息和重要数据应当在境内存储。因业务需要，确需向境外提供的，应当按照国家网信部门会同国务院有关部门制定的办法进行安全评估；法律、行政法规另有规定的，依照其规定。

第三十八条　关键信息基础设施的运营者应当自行或者委托网络安全服务机构对其网络的安全性和可能存在的风险每年至少进行一次检测评估，并将检测评估情况和改进措施报送相关负责关键信息基础设施安全保护工作的部门。

第三十九条　国家网信部门应当统筹协调有关部门对关键信息基础设施的安全保护采取下列措施：

（一）对关键信息基础设施的安全风险进行抽查检测，提出改进措施，必要时可以委托网络安全服务机构对网络存在的安全风险进行检测评估；

（二）定期组织关键信息基础设施的运营者进行网络安全应急演练，提高应对网络安全事件的水平和协同配合能力；

（三）促进有关部门、关键信息基础设施的运营者以及有关研究机构、网络安全服务机构等之间的网络安全信息共享；

（四）对网络安全事件的应急处置与网络功能的恢复等，提供技术支持和协助。

第四章　网络信息安全

第四十条　网络运营者应当对其收集的用户信息严格保密，并建立健全用户信息保护制度。

第四十一条　网络运营者收集、使用个人信息，应当遵循合法、正当、必要的原则，公开收集、使用规则，明示收集、使用信息的目的、方式和范围，并经被收集者同意。

网络运营者不得收集与其提供的服务无关的个人信息，不得违反法律、行政法规的规定和双方的约定收集、使用个人信息，并应当依照法律、行政法规的规定和与用户的约定，处理其保存的个人信息。

第四十二条　网络运营者不得泄露、篡改、毁损其收集的个人信息；未经被收集者同意，不得向他人提供个人信息。但是，经过处理无法识别特定个人且不能复原的除外。

网络运营者应当采取技术措施和其他必要措施，确保其收集的个人信息安全，防止信息泄露、毁损、丢失。在发生或者可能发生个人信息泄露、毁损、丢失的情况时，应当立即采取补救措施，按照规定及时告知用户并向有关主管部门报告。

第四十三条　个人发现网络运营者违反法律、行政法规的规定或者双方的约定收集、使用其个人信息的，有权要求网络运营者删除其个人信息；发现网络运营者收集、存储的其个人信息有错误的，有权要求网络运营者予以更正。网络运营者应当采取措施予以删除或者更正。

第四十四条　任何个人和组织不得窃取或者以其他非法方式获取个人信息，不得非法出售或者非法向他人提供个人信息。

第四十五条　依法负有网络安全监督管理职责的部门及其工作人员，必须对在履行职责中知悉的个人信息、隐私和商业秘密严格保密，不得泄露、出售或者非法向他人提供。

第四十六条　任何个人和组织应当对其使用网络的行为负责，不得设立用于实施诈骗，

传授犯罪方法，制作或者销售违禁物品、管制物品等违法犯罪活动的网站、通信群组，不得利用网络发布涉及实施诈骗，制作或者销售违禁物品、管制物品以及其他违法犯罪活动的信息。

第四十七条 网络运营者应当加强对其用户发布的信息的管理，发现法律、行政法规禁止发布或者传输的信息的，应当立即停止传输该信息，采取消除等处置措施，防止信息扩散，保存有关记录，并向有关主管部门报告。

第四十八条 任何个人和组织发送的电子信息、提供的应用软件，不得设置恶意程序，不得含有法律、行政法规禁止发布或者传输的信息。

电子信息发送服务提供者和应用软件下载服务提供者，应当履行安全管理义务，知道其用户有前款规定行为的，应当停止提供服务，采取消除等处置措施，保存有关记录，并向有关主管部门报告。

第四十九条 网络运营者应当建立网络信息安全投诉、举报制度，公布投诉、举报方式等信息，及时受理并处理有关网络信息安全的投诉和举报。

网络运营者对网信部门和有关部门依法实施的监督检查，应当予以配合。

第五十条 国家网信部门和有关部门依法履行网络信息安全监督管理职责，发现法律、行政法规禁止发布或者传输的信息的，应当要求网络运营者停止传输，采取消除等处置措施，保存有关记录；对来源于中华人民共和国境外的上述信息，应当通知有关机构采取技术措施和其他必要措施阻断传播。

第五章　监测预警与应急处置

第五十一条 国家建立网络安全监测预警和信息通报制度。国家网信部门应当统筹协调有关部门加强网络安全信息收集、分析和通报工作，按照规定统一发布网络安全监测预警信息。

第五十二条 负责关键信息基础设施安全保护工作的部门，应当建立健全本行业、本领域的网络安全监测预警和信息通报制度，并按照规定报送网络安全监测预警信息。

第五十三条 国家网信部门协调有关部门建立健全网络安全风险评估和应急工作机制，制定网络安全事件应急预案，并定期组织演练。

负责关键信息基础设施安全保护工作的部门应当制定本行业、本领域的网络安全事件应急预案，并定期组织演练。

网络安全事件应急预案应当按照事件发生后的危害程度、影响范围等因素对网络安全

事件进行分级，并规定相应的应急处置措施。

第五十四条 网络安全事件发生的风险增大时，省级以上人民政府有关部门应当按照规定的权限和程序，并根据网络安全风险的特点和可能造成的危害，采取下列措施：

（一）要求有关部门、机构和人员及时收集、报告有关信息，加强对网络安全风险的监测；

（二）组织有关部门、机构和专业人员，对网络安全风险信息进行分析评估，预测事件发生的可能性、影响范围和危害程度；

（三）向社会发布网络安全风险预警，发布避免、减轻危害的措施。

第五十五条 发生网络安全事件，应当立即启动网络安全事件应急预案，对网络安全事件进行调查和评估，要求网络运营者采取技术措施和其他必要措施，消除安全隐患，防止危害扩大，并及时向社会发布与公众有关的警示信息。

第五十六条 省级以上人民政府有关部门在履行网络安全监督管理职责中，发现网络存在较大安全风险或者发生安全事件的，可以按照规定的权限和程序对该网络的运营者的法定代表人或者主要负责人进行约谈。网络运营者应当按照要求采取措施，进行整改，消除隐患。

第五十七条 因网络安全事件，发生突发事件或者生产安全事故的，应当依照《中华人民共和国突发事件应对法》《中华人民共和国安全生产法》等有关法律、行政法规的规定处置。

第五十八条 因维护国家安全和社会公共秩序，处置重大突发社会安全事件的需要，经国务院决定或者批准，可以在特定区域对网络通信采取限制等临时措施。

第六章 法律责任

第五十九条 网络运营者不履行本法第二十一条、第二十五条规定的网络安全保护义务的，由有关主管部门责令改正，给予警告；拒不改正或者导致危害网络安全等后果的，处一万元以上十万元以下罚款，对直接负责的主管人员处五千元以上五万元以下罚款。

关键信息基础设施的运营者不履行本法第三十三条、第三十四条、第三十六条、第三十八条规定的网络安全保护义务的，由有关主管部门责令改正，给予警告；拒不改正或者导致危害网络安全等后果的，处十万元以上一百万元以下罚款，对直接负责的主管人员处一万元以上十万元以下罚款。

第六十条 违反本法第二十二条第一款、第二款和第四十八条第一款规定，有下列行为之一的，由有关主管部门责令改正，给予警告；拒不改正或者导致危害网络安全等后果的，

处五万元以上五十万元以下罚款，对直接负责的主管人员处一万元以上十万元以下罚款：

（一）设置恶意程序的；

（二）对其产品、服务存在的安全缺陷、漏洞等风险未立即采取补救措施，或者未按照规定及时告知用户并向有关主管部门报告的；

（三）擅自终止为其产品、服务提供安全维护的。

第六十一条　网络运营者违反本法第二十四条第一款规定，未要求用户提供真实身份信息，或者对不提供真实身份信息的用户提供相关服务的，由有关主管部门责令改正；拒不改正或者情节严重的，处五万元以上五十万元以下罚款，并可以由有关主管部门责令暂停相关业务、停业整顿、关闭网站、吊销相关业务许可证或者吊销营业执照，对直接负责的主管人员和其他直接责任人员处一万元以上十万元以下罚款。

第六十二条　违反本法第二十六条规定，开展网络安全认证、检测、风险评估等活动，或者向社会发布系统漏洞、计算机病毒、网络攻击、网络侵入等网络安全信息的，由有关主管部门责令改正，给予警告；拒不改正或者情节严重的，处一万元以上十万元以下罚款，并可以由有关主管部门责令暂停相关业务、停业整顿、关闭网站、吊销相关业务许可证或者吊销营业执照，对直接负责的主管人员和其他直接责任人员处五千元以上五万元以下罚款。

第六十三条　违反本法第二十七条规定，从事危害网络安全的活动，或者提供专门用于从事危害网络安全活动的程序、工具，或者为他人从事危害网络安全的活动提供技术支持、广告推广、支付结算等帮助，尚不构成犯罪的，由公安机关没收违法所得，处五日以下拘留，可以并处五万元以上五十万元以下罚款；情节较重的，处五日以上十五日以下拘留，可以并处十万元以上一百万元以下罚款。

单位有前款行为的，由公安机关没收违法所得，处十万元以上一百万元以下罚款，并对直接负责的主管人员和其他直接责任人员依照前款规定处罚。

违反本法第二十七条规定，受到治安管理处罚的人员，五年内不得从事网络安全管理和网络运营关键岗位的工作；受到刑事处罚的人员，终身不得从事网络安全管理和网络运营关键岗位的工作。

第六十四条　网络运营者、网络产品或者服务的提供者违反本法第二十二条第三款、第四十一条至第四十三条规定，侵害个人信息依法得到保护的权利的，由有关主管部门责令改正，可以根据情节单处或者并处警告、没收违法所得、处违法所得一倍以上十倍以下罚款，没有违法所得的，处一百万元以下罚款，对直接负责的主管人员和其他直接责任人

员处一万元以上十万元以下罚款；情节严重的，并可以责令暂停相关业务、停业整顿、关闭网站、吊销相关业务许可证或者吊销营业执照。

违反本法第四十四条规定，窃取或者以其他非法方式获取、非法出售或者非法向他人提供个人信息，尚不构成犯罪的，由公安机关没收违法所得，并处违法所得一倍以上十倍以下罚款，没有违法所得的，处一百万元以下罚款。

第六十五条 关键信息基础设施的运营者违反本法第三十五条规定，使用未经安全审查或者安全审查未通过的网络产品或者服务的，由有关主管部门责令停止使用，处采购金额一倍以上十倍以下罚款；对直接负责的主管人员和其他直接责任人员处一万元以上十万元以下罚款。

第六十六条 关键信息基础设施的运营者违反本法第三十七条规定，在境外存储网络数据，或者向境外提供网络数据的，由有关主管部门责令改正，给予警告，没收违法所得，处五万元以上五十万元以下罚款，并可以责令暂停相关业务、停业整顿、关闭网站、吊销相关业务许可证或者吊销营业执照；对直接负责的主管人员和其他直接责任人员处一万元以上十万元以下罚款。

第六十七条 违反本法第四十六条规定，设立用于实施违法犯罪活动的网站、通信群组，或者利用网络发布涉及实施违法犯罪活动的信息，尚不构成犯罪的，由公安机关处五日以下拘留，可以并处一万元以上十万元以下罚款；情节较重的，处五日以上十五日以下拘留，可以并处五万元以上五十万元以下罚款。关闭用于实施违法犯罪活动的网站、通信群组。

单位有前款行为的，由公安机关处十万元以上五十万元以下罚款，并对直接负责的主管人员和其他直接责任人员依照前款规定处罚。

第六十八条 网络运营者违反本法第四十七条规定，对法律、行政法规禁止发布或者传输的信息未停止传输、采取消除等处置措施、保存有关记录的，由有关主管部门责令改正，给予警告，没收违法所得；拒不改正或者情节严重的，处十万元以上五十万元以下罚款，并可以责令暂停相关业务、停业整顿、关闭网站、吊销相关业务许可证或者吊销营业执照，对直接负责的主管人员和其他直接责任人员处一万元以上十万元以下罚款。

电子信息发送服务提供者、应用软件下载服务提供者，不履行本法第四十八条第二款规定的安全管理义务的，依照前款规定处罚。

第六十九条 网络运营者违反本法规定，有下列行为之一的，由有关主管部门责令改正；拒不改正或者情节严重的，处五万元以上五十万元以下罚款，对直接负责的主管人员

和其他直接责任人员，处一万元以上十万元以下罚款：

（一）不按照有关部门的要求对法律、行政法规禁止发布或者传输的信息，采取停止传输、消除等处置措施的；

（二）拒绝、阻碍有关部门依法实施的监督检查的；

（三）拒不向公安机关、国家安全机关提供技术支持和协助的。

第七十条 发布或者传输本法第十二条第二款和其他法律、行政法规禁止发布或者传输的信息的，依照有关法律、行政法规的规定处罚。

第七十一条 有本法规定的违法行为的，依照有关法律、行政法规的规定记入信用档案，并予以公示。

第七十二条 国家机关政务网络的运营者不履行本法规定的网络安全保护义务的，由其上级机关或者有关机关责令改正；对直接负责的主管人员和其他直接责任人员依法给予处分。

第七十三条 网信部门和有关部门违反本法第三十条规定，将在履行网络安全保护职责中获取的信息用于其他用途的，对直接负责的主管人员和其他直接责任人员依法给予处分。

网信部门和有关部门的工作人员玩忽职守、滥用职权、徇私舞弊，尚不构成犯罪的，依法给予处分。

第七十四条 违反本法规定，给他人造成损害的，依法承担民事责任。

违反本法规定，构成违反治安管理行为的，依法给予治安管理处罚；构成犯罪的，依法追究刑事责任。

第七十五条 境外的机构、组织、个人从事攻击、侵入、干扰、破坏等危害中华人民共和国的关键信息基础设施的活动，造成严重后果的，依法追究法律责任；国务院公安部门和有关部门并可以决定对该机构、组织、个人采取冻结财产或者其他必要的制裁措施。

第七章 附 则

第七十六条 本法下列用语的含义：

（一）网络，是指由计算机或者其他信息终端及相关设备组成的按照一定的规则和程序对信息进行收集、存储、传输、交换、处理的系统。

（二）网络安全，是指通过采取必要措施，防范对网络的攻击、侵入、干扰、破坏和非法使用以及意外事故，使网络处于稳定可靠运行的状态，以及保障网络数据的完整性、

保密性、可用性的能力。

（三）网络运营者，是指网络的所有者、管理者和网络服务提供者。

（四）网络数据，是指通过网络收集、存储、传输、处理和产生的各种电子数据。

（五）个人信息，是指以电子或者其他方式记录的能够单独或者与其他信息结合识别自然人个人身份的各种信息，包括但不限于自然人的姓名、出生日期、身份证件号码、个人生物识别信息、住址、电话号码等。

第七十七条 存储、处理涉及国家秘密信息的网络的运行安全保护，除应当遵守本法外，还应当遵守保密法律、行政法规的规定。

第七十八条 军事网络的安全保护，由中央军事委员会另行规定。

第七十九条 本法自 2017 年 6 月 1 日起施行。

全国人民代表大会常务委员会关于维护互联网安全的决定（2011年修订）

（2000年12月28日第九届全国人民代表大会常务委员会第十九次会议通过；根据2011年1月8日《国务院关于废止和修改部分行政法规的决定》修订）

我国的互联网，在国家大力倡导和积极推动下，在经济建设和各项事业中得到日益广泛的应用，使人们的生产、工作、学习和生活方式已经开始并将继续发生深刻的变化，对于加快我国国民经济、科学技术的发展和社会服务信息化进程具有重要作用。同时，如何保障互联网的运行安全和信息安全问题已经引起全社会的普遍关注。为了兴利除弊，促进我国互联网的健康发展，维护国家安全和社会公共利益，保护个人、法人和其他组织的合法权益，特作如下决定：

一、为了保障互联网的运行安全，对有下列行为之一，构成犯罪的，依照刑法有关规定追究刑事责任：

（一）侵入国家事务、国防建设、尖端科学技术领域的计算机信息系统；

（二）故意制作、传播计算机病毒等破坏性程序，攻击计算机系统及通信网络，致使计算机系统及通信网络遭受损害；

（三）违反国家规定，擅自中断计算机网络或者通信服务，造成计算机网络或者通信系统不能正常运行。

二、为了维护国家安全和社会稳定，对有下列行为之一，构成犯罪的，依照刑法有关规定追究刑事责任：

（一）利用互联网造谣、诽谤或者发表、传播其他有害信息，煽动颠覆国家政权、推翻社会主义制度，或者煽动分裂国家、破坏国家统一；

（二）通过互联网窃取、泄露国家秘密、情报或者军事秘密；

（三）利用互联网煽动民族仇恨、民族歧视，破坏民族团结；

（四）利用互联网组织邪教组织、联络邪教组织成员，破坏国家法律、行政法规实施。

三、为了维护社会主义市场经济秩序和社会管理秩序，对有下列行为之一，构成犯罪的，依照刑法有关规定追究刑事责任：

（一）利用互联网销售伪劣产品或者对商品、服务作虚假宣传；

（二）利用互联网损害他人商业信誉和商品声誉；

（三）利用互联网侵犯他人知识产权；

（四）利用互联网编造并传播影响证券、期货交易或者其他扰乱金融秩序的虚假信息；

（五）在互联网上建立淫秽网站、网页，提供淫秽站点链接服务，或者传播淫秽书刊、影片、音像、图片。

四、为了保护个人、法人和其他组织的人身、财产等合法权利，对有下列行为之一，构成犯罪的，依照刑法有关规定追究刑事责任：

（一）利用互联网侮辱他人或者捏造事实诽谤他人；

（二）非法截获、篡改、删除他人电子邮件或者其他数据资料，侵犯公民通信自由和通信秘密；

（三）利用互联网进行盗窃、诈骗、敲诈勒索。

五、利用互联网实施本决定第一条、第二条、第三条、第四条所列行为以外的其他行为，构成犯罪的，依照刑法有关规定追究刑事责任。

六、利用互联网实施违法行为，违反社会治安管理，尚不构成犯罪的，由公安机关依照《治安管理处罚法》予以处罚；违反其他法律、行政法规，尚不构成犯罪的，由有关行政管理部门依法给予行政处罚；对直接负责的主管人员和其他直接责任人员，依法给予行政处分或者纪律处分。

利用互联网侵犯他人合法权益，构成民事侵权的，依法承担民事责任。

七、各级人民政府及有关部门要采取积极措施，在促进互联网的应用和网络技术的普及过程中，重视和支持对网络安全技术的研究和开发，增强网络的安全防护能力。有关主管部门要加强对互联网的运行安全和信息安全的宣传教育，依法实施有效的监督管理，防范和制止利用互联网进行的各种违法活动，为互联网的健康发展创造良好的社会环境。从事互联网业务的单位要依法开展活动，发现互联网上出现违法犯罪行为和有害信息时，要采取措施，停止传输有害信息，并及时向有关机关报告。任何单位和个人在利用互联网时，都要遵纪守法，抵制各种违法犯罪行为和有害信息。人民法院、人民检察院、公安机关、国家安全机关要各司其职，密切配合，依法严厉打击利用互联网实施的各种犯罪活动。要动员全社会的力量，依靠全社会的共同努力，保障互联网的运行安全与信息安全，促进社会主义精神文明和物质文明建设。

中华人民共和国个人信息保护法

中华人民共和国主席令第 91 号

（2021 年 8 月 20 日第十三届全国人民代表大会常务委员会第三十次会议通过）

第一章 总 则

第一条 为了保护个人信息权益，规范个人信息处理活动，促进个人信息合理利用，根据宪法，制定本法。

第二条 自然人的个人信息受法律保护，任何组织、个人不得侵害自然人的个人信息权益。

第三条 在中华人民共和国境内处理自然人个人信息的活动，适用本法。

在中华人民共和国境外处理中华人民共和国境内自然人个人信息的活动，有下列情形之一的，也适用本法：

（一）以向境内自然人提供产品或者服务为目的；

（二）分析、评估境内自然人的行为；

（三）法律、行政法规规定的其他情形。

第四条 个人信息是以电子或者其他方式记录的与已识别或者可识别的自然人有关的各种信息，不包括匿名化处理后的信息。

个人信息的处理包括个人信息的收集、存储、使用、加工、传输、提供、公开、删除等。

第五条 处理个人信息应当遵循合法、正当、必要和诚信原则，不得通过误导、欺诈、胁迫等方式处理个人信息。

第六条 处理个人信息应当具有明确、合理的目的，并应当与处理目的直接相关，采取对个人权益影响最小的方式。

收集个人信息，应当限于实现处理目的的最小范围，不得过度收集个人信息。

第七条 处理个人信息应当遵循公开、透明原则，公开个人信息处理规则，明示处理的目的、方式和范围。

第八条 处理个人信息应当保证个人信息的质量，避免因个人信息不准确、不完整对个人权益造成不利影响。

第九条 个人信息处理者应当对其个人信息处理活动负责，并采取必要措施保障所处

理的个人信息的安全。

第十条　任何组织、个人不得非法收集、使用、加工、传输他人个人信息，不得非法买卖、提供或者公开他人个人信息；不得从事危害国家安全、公共利益的个人信息处理活动。

第十一条　国家建立健全个人信息保护制度，预防和惩治侵害个人信息权益的行为，加强个人信息保护宣传教育，推动形成政府、企业、相关社会组织、公众共同参与个人信息保护的良好环境。

第十二条　国家积极参与个人信息保护国际规则的制定，促进个人信息保护方面的国际交流与合作，推动与其他国家、地区、国际组织之间的个人信息保护规则、标准等互认。

第二章　个人信息处理规则

第一节　一般规定

第十三条　符合下列情形之一的，个人信息处理者方可处理个人信息：

（一）取得个人的同意；

（二）为订立、履行个人作为一方当事人的合同所必需，或者按照依法制定的劳动规章制度和依法签订的集体合同实施人力资源管理所必需；

（三）为履行法定职责或者法定义务所必需；

（四）为应对突发公共卫生事件，或者紧急情况下为保护自然人的生命健康和财产安全所必需；

（五）为公共利益实施新闻报道、舆论监督等行为，在合理的范围内处理个人信息；

（六）依照本法规定在合理的范围内处理个人自行公开或者其他已经合法公开的个人信息；

（七）法律、行政法规规定的其他情形。

依照本法其他有关规定，处理个人信息应当取得个人同意，但是有前款第二项至第七项规定情形的，不需取得个人同意。

第十四条　基于个人同意处理个人信息的，该同意应当由个人在充分知情的前提下自愿、明确作出。法律、行政法规规定处理个人信息应当取得个人单独同意或者书面同意的，从其规定。

个人信息的处理目的、处理方式和处理的个人信息种类发生变更的，应当重新取得个人同意。

第十五条　基于个人同意处理个人信息的，个人有权撤回其同意。个人信息处理者应当提供便捷的撤回同意的方式。

个人撤回同意，不影响撤回前基于个人同意已进行的个人信息处理活动的效力。

第十六条　个人信息处理者不得以个人不同意处理其个人信息或者撤回同意为由，拒绝提供产品或者服务；处理个人信息属于提供产品或者服务所必需的除外。

第十七条　个人信息处理者在处理个人信息前，应当以显著方式、清晰易懂的语言真实、准确、完整地向个人告知下列事项：

（一）个人信息处理者的名称或者姓名和联系方式；

（二）个人信息的处理目的、处理方式，处理的个人信息种类、保存期限；

（三）个人行使本法规定权利的方式和程序；

（四）法律、行政法规规定应当告知的其他事项。

前款规定事项发生变更的，应当将变更部分告知个人。

个人信息处理者通过制定个人信息处理规则的方式告知第一款规定事项的，处理规则应当公开，并且便于查阅和保存。

第十八条　个人信息处理者处理个人信息，有法律、行政法规规定应当保密或者不需要告知的情形的，可以不向个人告知前条第一款规定的事项。

紧急情况下为保护自然人的生命健康和财产安全无法及时向个人告知的，个人信息处理者应当在紧急情况消除后及时告知。

第十九条　除法律、行政法规另有规定外，个人信息的保存期限应当为实现处理目的所必要的最短时间。

第二十条　两个以上的个人信息处理者共同决定个人信息的处理目的和处理方式的，应当约定各自的权利和义务。但是，该约定不影响个人向其中任何一个个人信息处理者要求行使本法规定的权利。

个人信息处理者共同处理个人信息，侵害个人信息权益造成损害的，应当依法承担连带责任。

第二十一条　个人信息处理者委托处理个人信息的，应当与受托人约定委托处理的目的、期限、处理方式、个人信息的种类、保护措施以及双方的权利和义务等，并对受托人的个人信息处理活动进行监督。

受托人应当按照约定处理个人信息，不得超出约定的处理目的、处理方式等处理个人信息；委托合同不生效、无效、被撤销或者终止的，受托人应当将个人信息返还个人信息

处理者或者予以删除，不得保留。

未经个人信息处理者同意，受托人不得转委托他人处理个人信息。

第二十二条　个人信息处理者因合并、分立、解散、被宣告破产等原因需要转移个人信息的，应当向个人告知接收方的名称或者姓名和联系方式。接收方应当继续履行个人信息处理者的义务。接收方变更原先的处理目的、处理方式的，应当依照本法规定重新取得个人同意。

第二十三条　个人信息处理者向其他个人信息处理者提供其处理的个人信息的，应当向个人告知接收方的名称或者姓名、联系方式、处理目的、处理方式和个人信息的种类，并取得个人的单独同意。接收方应当在上述处理目的、处理方式和个人信息的种类等范围内处理个人信息。接收方变更原先的处理目的、处理方式的，应当依照本法规定重新取得个人同意。

第二十四条　个人信息处理者利用个人信息进行自动化决策，应当保证决策的透明度和结果公平、公正，不得对个人在交易价格等交易条件上实行不合理的差别待遇。

通过自动化决策方式向个人进行信息推送、商业营销，应当同时提供不针对其个人特征的选项，或者向个人提供便捷的拒绝方式。

通过自动化决策方式作出对个人权益有重大影响的决定，个人有权要求个人信息处理者予以说明，并有权拒绝个人信息处理者仅通过自动化决策的方式作出决定。

第二十五条　个人信息处理者不得公开其处理的个人信息，取得个人单独同意的除外。

第二十六条　在公共场所安装图像采集、个人身份识别设备，应当为维护公共安全所必需，遵守国家有关规定，并设置显著的提示标识。所收集的个人图像、身份识别信息只能用于维护公共安全的目的，不得用于其他目的；取得个人单独同意的除外。

第二十七条　个人信息处理者可以在合理的范围内处理个人自行公开或者其他已经合法公开的个人信息；个人明确拒绝的除外。个人信息处理者处理已公开的个人信息，对个人权益有重大影响的，应当依照本法规定取得个人同意。

第二节　敏感个人信息的处理规则

第二十八条　敏感个人信息是一旦泄露或者非法使用，容易导致自然人的人格尊严受到侵害或者人身、财产安全受到危害的个人信息，包括生物识别、宗教信仰、特定身份、医疗健康、金融账户、行踪轨迹等信息，以及不满十四周岁未成年人的个人信息。

只有在具有特定的目的和充分的必要性，并采取严格保护措施的情形下，个人信息处

理者方可处理敏感个人信息。

第二十九条 处理敏感个人信息应当取得个人的单独同意；法律、行政法规规定处理敏感个人信息应当取得书面同意的，从其规定。

第三十条 个人信息处理者处理敏感个人信息的，除本法第十七条第一款规定的事项外，还应当向个人告知处理敏感个人信息的必要性以及对个人权益的影响；依照本法规定可以不向个人告知的除外。

第三十一条 个人信息处理者处理不满十四周岁未成年人个人信息的，应当取得未成年人的父母或者其他监护人的同意。

个人信息处理者处理不满十四周岁未成年人个人信息的，应当制定专门的个人信息处理规则。

第三十二条 法律、行政法规对处理敏感个人信息规定应当取得相关行政许可或者作出其他限制的，从其规定。

第三节 国家机关处理个人信息的特别规定

第三十三条 国家机关处理个人信息的活动，适用本法；本节有特别规定的，适用本节规定。

第三十四条 国家机关为履行法定职责处理个人信息，应当依照法律、行政法规规定的权限、程序进行，不得超出履行法定职责所必需的范围和限度。

第三十五条 国家机关为履行法定职责处理个人信息，应当依照本法规定履行告知义务；有本法第十八条第一款规定的情形，或者告知将妨碍国家机关履行法定职责的除外。

第三十六条 国家机关处理的个人信息应当在中华人民共和国境内存储；确需向境外提供的，应当进行安全评估。安全评估可以要求有关部门提供支持与协助。

第三十七条 法律、法规授权的具有管理公共事务职能的组织为履行法定职责处理个人信息，适用本法关于国家机关处理个人信息的规定。

第三章 个人信息跨境提供的规则

第三十八条 个人信息处理者因业务等需要，确需向中华人民共和国境外提供个人信息的，应当具备下列条件之一：

（一）依照本法第四十条的规定通过国家网信部门组织的安全评估；

（二）按照国家网信部门的规定经专业机构进行个人信息保护认证；

（三）按照国家网信部门制定的标准合同与境外接收方订立合同，约定双方的权利和义务；

（四）法律、行政法规或者国家网信部门规定的其他条件。

中华人民共和国缔结或者参加的国际条约、协定对向中华人民共和国境外提供个人信息的条件等有规定的，可以按照其规定执行。

个人信息处理者应当采取必要措施，保障境外接收方处理个人信息的活动达到本法规定的个人信息保护标准。

第三十九条 个人信息处理者向中华人民共和国境外提供个人信息的，应当向个人告知境外接收方的名称或者姓名、联系方式、处理目的、处理方式、个人信息的种类以及个人向境外接收方行使本法规定权利的方式和程序等事项，并取得个人的单独同意。

第四十条 关键信息基础设施运营者和处理个人信息达到国家网信部门规定数量的个人信息处理者，应当将在中华人民共和国境内收集和产生的个人信息存储在境内。确需向境外提供的，应当通过国家网信部门组织的安全评估；法律、行政法规和国家网信部门规定可以不进行安全评估的，从其规定。

第四十一条 中华人民共和国主管机关根据有关法律和中华人民共和国缔结或者参加的国际条约、协定，或者按照平等互惠原则，处理外国司法或者执法机构关于提供存储于境内个人信息的请求。非经中华人民共和国主管机关批准，个人信息处理者不得向外国司法或者执法机构提供存储于中华人民共和国境内的个人信息。

第四十二条 境外的组织、个人从事侵害中华人民共和国公民的个人信息权益，或者危害中华人民共和国国家安全、公共利益的个人信息处理活动的，国家网信部门可以将其列入限制或者禁止个人信息提供清单，予以公告，并采取限制或者禁止向其提供个人信息等措施。

第四十三条 任何国家或者地区在个人信息保护方面对中华人民共和国采取歧视性的禁止、限制或者其他类似措施的，中华人民共和国可以根据实际情况对该国家或者地区对等采取措施。

第四章 个人在个人信息处理活动中的权利

第四十四条 个人对其个人信息的处理享有知情权、决定权，有权限制或者拒绝他人对其个人信息进行处理；法律、行政法规另有规定的除外。

第四十五条 个人有权向个人信息处理者查阅、复制其个人信息；有本法第十八条第

一款、第三十五条规定情形的除外。

个人请求查阅、复制其个人信息的，个人信息处理者应当及时提供。

个人请求将个人信息转移至其指定的个人信息处理者，符合国家网信部门规定条件的，个人信息处理者应当提供转移的途径。

第四十六条　个人发现其个人信息不准确或者不完整的，有权请求个人信息处理者更正、补充。

个人请求更正、补充其个人信息的，个人信息处理者应当对其个人信息予以核实，并及时更正、补充。

第四十七条　有下列情形之一的，个人信息处理者应当主动删除个人信息；个人信息处理者未删除的，个人有权请求删除：

（一）处理目的已实现、无法实现或者为实现处理目的不再必要；

（二）个人信息处理者停止提供产品或者服务，或者保存期限已届满；

（三）个人撤回同意；

（四）个人信息处理者违反法律、行政法规或者违反约定处理个人信息；

（五）法律、行政法规规定的其他情形。

法律、行政法规规定的保存期限未届满，或者删除个人信息从技术上难以实现的，个人信息处理者应当停止除存储和采取必要的安全保护措施之外的处理。

第四十八条　个人有权要求个人信息处理者对其个人信息处理规则进行解释说明。

第四十九条　自然人死亡的，其近亲属为了自身的合法、正当利益，可以对死者的相关个人信息行使本章规定的查阅、复制、更正、删除等权利；死者生前另有安排的除外。

第五十条　个人信息处理者应当建立便捷的个人行使权利的申请受理和处理机制。拒绝个人行使权利的请求的，应当说明理由。

个人信息处理者拒绝个人行使权利的请求的，个人可以依法向人民法院提起诉讼。

第五章　个人信息处理者的义务

第五十一条　个人信息处理者应当根据个人信息的处理目的、处理方式、个人信息的种类以及对个人权益的影响、可能存在的安全风险等，采取下列措施确保个人信息处理活动符合法律、行政法规的规定，并防止未经授权的访问以及个人信息泄露、篡改、丢失：

（一）制定内部管理制度和操作规程；

（二）对个人信息实行分类管理；

（三）采取相应的加密、去标识化等安全技术措施；

（四）合理确定个人信息处理的操作权限，并定期对从业人员进行安全教育和培训；

（五）制定并组织实施个人信息安全事件应急预案；

（六）法律、行政法规规定的其他措施。

第五十二条　处理个人信息达到国家网信部门规定数量的个人信息处理者应当指定个人信息保护负责人，负责对个人信息处理活动以及采取的保护措施等进行监督。

个人信息处理者应当公开个人信息保护负责人的联系方式，并将个人信息保护负责人的姓名、联系方式等报送履行个人信息保护职责的部门。

第五十三条　本法第三条第二款规定的中华人民共和国境外的个人信息处理者，应当在中华人民共和国境内设立专门机构或者指定代表，负责处理个人信息保护相关事务，并将有关机构的名称或者代表的姓名、联系方式等报送履行个人信息保护职责的部门。

第五十四条　个人信息处理者应当定期对其处理个人信息遵守法律、行政法规的情况进行合规审计。

第五十五条　有下列情形之一的，个人信息处理者应当事前进行个人信息保护影响评估，并对处理情况进行记录：

（一）处理敏感个人信息；

（二）利用个人信息进行自动化决策；

（三）委托处理个人信息、向其他个人信息处理者提供个人信息、公开个人信息；

（四）向境外提供个人信息；

（五）其他对个人权益有重大影响的个人信息处理活动。

第五十六条　个人信息保护影响评估应当包括下列内容：

（一）个人信息的处理目的、处理方式等是否合法、正当、必要；

（二）对个人权益的影响及安全风险；

（三）所采取的保护措施是否合法、有效并与风险程度相适应。

个人信息保护影响评估报告和处理情况记录应当至少保存三年。

第五十七条　发生或者可能发生个人信息泄露、篡改、丢失的，个人信息处理者应当立即采取补救措施，并通知履行个人信息保护职责的部门和个人。通知应当包括下列事项：

（一）发生或者可能发生个人信息泄露、篡改、丢失的信息种类、原因和可能造成的危害；

（二）个人信息处理者采取的补救措施和个人可以采取的减轻危害的措施；

（三）个人信息处理者的联系方式。

个人信息处理者采取措施能够有效避免信息泄露、篡改、丢失造成危害的，个人信息处理者可以不通知个人；履行个人信息保护职责的部门认为可能造成危害的，有权要求个人信息处理者通知个人。

第五十八条　提供重要互联网平台服务、用户数量巨大、业务类型复杂的个人信息处理者，应当履行下列义务：

（一）按照国家规定建立健全个人信息保护合规制度体系，成立主要由外部成员组成的独立机构对个人信息保护情况进行监督；

（二）遵循公开、公平、公正的原则，制定平台规则，明确平台内产品或者服务提供者处理个人信息的规范和保护个人信息的义务；

（三）对严重违反法律、行政法规处理个人信息的平台内的产品或者服务提供者，停止提供服务；

（四）定期发布个人信息保护社会责任报告，接受社会监督。

第五十九条　接受委托处理个人信息的受托人，应当依照本法和有关法律、行政法规的规定，采取必要措施保障所处理的个人信息的安全，并协助个人信息处理者履行本法规定的义务。

第六章　履行个人信息保护职责的部门

第六十条　国家网信部门负责统筹协调个人信息保护工作和相关监督管理工作。国务院有关部门依照本法和有关法律、行政法规的规定，在各自职责范围内负责个人信息保护和监督管理工作。

县级以上地方人民政府有关部门的个人信息保护和监督管理职责，按照国家有关规定确定。

前两款规定的部门统称为履行个人信息保护职责的部门。

第六十一条　履行个人信息保护职责的部门履行下列个人信息保护职责：

（一）开展个人信息保护宣传教育，指导、监督个人信息处理者开展个人信息保护工作；

（二）接受、处理与个人信息保护有关的投诉、举报；

（三）组织对应用程序等个人信息保护情况进行测评，并公布测评结果；

（四）调查、处理违法个人信息处理活动；

（五）法律、行政法规规定的其他职责。

第六十二条 国家网信部门统筹协调有关部门依据本法推进下列个人信息保护工作：

（一）制定个人信息保护具体规则、标准；

（二）针对小型个人信息处理者、处理敏感个人信息以及人脸识别、人工智能等新技术、新应用，制定专门的个人信息保护规则、标准；

（三）支持研究开发和推广应用安全、方便的电子身份认证技术，推进网络身份认证公共服务建设；

（四）推进个人信息保护社会化服务体系建设，支持有关机构开展个人信息保护评估、认证服务；

（五）完善个人信息保护投诉、举报工作机制。

第六十三条 履行个人信息保护职责的部门履行个人信息保护职责，可以采取下列措施：

（一）询问有关当事人，调查与个人信息处理活动有关的情况；

（二）查阅、复制当事人与个人信息处理活动有关的合同、记录、账簿以及其他有关资料；

（三）实施现场检查，对涉嫌违法的个人信息处理活动进行调查；

（四）检查与个人信息处理活动有关的设备、物品；对有证据证明是用于违法个人信息处理活动的设备、物品，向本部门主要负责人书面报告并经批准，可以查封或者扣押。

履行个人信息保护职责的部门依法履行职责，当事人应当予以协助、配合，不得拒绝、阻挠。

第六十四条 履行个人信息保护职责的部门在履行职责中，发现个人信息处理活动存在较大风险或者发生个人信息安全事件的，可以按照规定的权限和程序对该个人信息处理者的法定代表人或者主要负责人进行约谈，或者要求个人信息处理者委托专业机构对其个人信息处理活动进行合规审计。个人信息处理者应当按照要求采取措施，进行整改，消除隐患。

履行个人信息保护职责的部门在履行职责中，发现违法处理个人信息涉嫌犯罪的，应当及时移送公安机关依法处理。

第六十五条 任何组织、个人有权对违法个人信息处理活动向履行个人信息保护职责的部门进行投诉、举报。收到投诉、举报的部门应当依法及时处理，并将处理结果告知投诉、举报人。

履行个人信息保护职责的部门应当公布接受投诉、举报的联系方式。

第七章　法律责任

第六十六条　违反本法规定处理个人信息，或者处理个人信息未履行本法规定的个人信息保护义务的，由履行个人信息保护职责的部门责令改正，给予警告，没收违法所得，对违法处理个人信息的应用程序，责令暂停或者终止提供服务；拒不改正的，并处一百万元以下罚款；对直接负责的主管人员和其他直接责任人员处一万元以上十万元以下罚款。

有前款规定的违法行为，情节严重的，由省级以上履行个人信息保护职责的部门责令改正，没收违法所得，并处五千万元以下或者上一年度营业额百分之五以下罚款，并可以责令暂停相关业务或者停业整顿、通报有关主管部门吊销相关业务许可或者吊销营业执照；对直接负责的主管人员和其他直接责任人员处十万元以上一百万元以下罚款，并可以决定禁止其在一定期限内担任相关企业的董事、监事、高级管理人员和个人信息保护负责人。

第六十七条　有本法规定的违法行为的，依照有关法律、行政法规的规定记入信用档案，并予以公示。

第六十八条　国家机关不履行本法规定的个人信息保护义务的，由其上级机关或者履行个人信息保护职责的部门责令改正；对直接负责的主管人员和其他直接责任人员依法给予处分。

履行个人信息保护职责的部门的工作人员玩忽职守、滥用职权、徇私舞弊，尚不构成犯罪的，依法给予处分。

第六十九条　处理个人信息侵害个人信息权益造成损害，个人信息处理者不能证明自己没有过错的，应当承担损害赔偿等侵权责任。

前款规定的损害赔偿责任按照个人因此受到的损失或者个人信息处理者因此获得的利益确定；个人因此受到的损失和个人信息处理者因此获得的利益难以确定的，根据实际情况确定赔偿数额。

第七十条　个人信息处理者违反本法规定处理个人信息，侵害众多个人的权益的，人民检察院、法律规定的消费者组织和由国家网信部门确定的组织可以依法向人民法院提起诉讼。

第七十一条　违反本法规定，构成违反治安管理行为的，依法给予治安管理处罚；构成犯罪的，依法追究刑事责任。

第八章　附　　则

第七十二条　自然人因个人或者家庭事务处理个人信息的，不适用本法。

法律对各级人民政府及其有关部门组织实施的统计、档案管理活动中的个人信息处理有规定的，适用其规定。

第七十三条　本法下列用语的含义：

（一）个人信息处理者，是指在个人信息处理活动中自主决定处理目的、处理方式的组织、个人；

（二）自动化决策，是指通过计算机程序自动分析、评估个人的行为习惯、兴趣爱好或者经济、健康、信用状况等，并进行决策的活动；

（三）去标识化，是指个人信息经过处理，使其在不借助额外信息的情况下无法识别特定自然人的过程；

（四）匿名化，是指个人信息经过处理无法识别特定自然人且不能复原的过程。

第七十四条　本法自 2021 年 11 月 1 日起施行。

中华人民共和国数据安全法

中华人民共和国主席令第 84 号

（2021 年 6 月 10 日第十三届全国人民代表大会常务委员会第二十九次会议通过）

第一章　总　　则

第一条　为了规范数据处理活动，保障数据安全，促进数据开发利用，保护个人、组织的合法权益，维护国家主权、安全和发展利益，制定本法。

第二条　在中华人民共和国境内开展数据处理活动及其安全监管，适用本法。

在中华人民共和国境外开展数据处理活动，损害中华人民共和国国家安全、公共利益或者公民、组织合法权益的，依法追究法律责任。

第三条　本法所称数据，是指任何以电子或者其他方式对信息的记录。

数据处理，包括数据的收集、存储、使用、加工、传输、提供、公开等。

数据安全，是指通过采取必要措施，确保数据处于有效保护和合法利用的状态，以及具备保障持续安全状态的能力。

第四条　维护数据安全，应当坚持总体国家安全观，建立健全数据安全治理体系，提高数据安全保障能力。

第五条　中央国家安全领导机构负责国家数据安全工作的决策和议事协调，研究制定、指导实施国家数据安全战略和有关重大方针政策，统筹协调国家数据安全的重大事项和重要工作，建立国家数据安全工作协调机制。

第六条　各地区、各部门对本地区、本部门工作中收集和产生的数据及数据安全负责。

工业、电信、交通、金融、自然资源、卫生健康、教育、科技等主管部门承担本行业、本领域数据安全监管职责。

公安机关、国家安全机关等依照本法和有关法律、行政法规的规定，在各自职责范围内承担数据安全监管职责。

国家网信部门依照本法和有关法律、行政法规的规定，负责统筹协调网络数据安全和相关监管工作。

第七条　国家保护个人、组织与数据有关的权益，鼓励数据依法合理有效利用，保障数据依法有序自由流动，促进以数据为关键要素的数字经济发展。

第八条　开展数据处理活动，应当遵守法律、法规，尊重社会公德和伦理，遵守商业道德和职业道德，诚实守信，履行数据安全保护义务，承担社会责任，不得危害国家安全、公共利益，不得损害个人、组织的合法权益。

第九条　国家支持开展数据安全知识宣传普及，提高全社会的数据安全保护意识和水平，推动有关部门、行业组织、科研机构、企业、个人等共同参与数据安全保护工作，形成全社会共同维护数据安全和促进发展的良好环境。

第十条　相关行业组织按照章程，依法制定数据安全行为规范和团体标准，加强行业自律，指导会员加强数据安全保护，提高数据安全保护水平，促进行业健康发展。

第十一条　国家积极开展数据安全治理、数据开发利用等领域的国际交流与合作，参与数据安全相关国际规则和标准的制定，促进数据跨境安全、自由流动。

第十二条　任何个人、组织都有权对违反本法规定的行为向有关主管部门投诉、举报。收到投诉、举报的部门应当及时依法处理。

有关主管部门应当对投诉、举报人的相关信息予以保密，保护投诉、举报人的合法权益。

第二章　数据安全与发展

第十三条　国家统筹发展和安全，坚持以数据开发利用和产业发展促进数据安全，以数据安全保障数据开发利用和产业发展。

第十四条　国家实施大数据战略，推进数据基础设施建设，鼓励和支持数据在各行业、各领域的创新应用。

省级以上人民政府应当将数字经济发展纳入本级国民经济和社会发展规划，并根据需要制定数字经济发展规划。

第十五条　国家支持开发利用数据提升公共服务的智能化水平。提供智能化公共服务，应当充分考虑老年人、残疾人的需求，避免对老年人、残疾人的日常生活造成障碍。

第十六条　国家支持数据开发利用和数据安全技术研究，鼓励数据开发利用和数据安全等领域的技术推广和商业创新，培育、发展数据开发利用和数据安全产品、产业体系。

第十七条　国家推进数据开发利用技术和数据安全标准体系建设。国务院标准化行政主管部门和国务院有关部门根据各自的职责，组织制定并适时修订有关数据开发利用技术、产品和数据安全相关标准。国家支持企业、社会团体和教育、科研机构等参与标准制定。

第十八条　国家促进数据安全检测评估、认证等服务的发展，支持数据安全检测评估、认证等专业机构依法开展服务活动。

国家支持有关部门、行业组织、企业、教育和科研机构、有关专业机构等在数据安全风险评估、防范、处置等方面开展协作。

第十九条　国家建立健全数据交易管理制度，规范数据交易行为，培育数据交易市场。

第二十条　国家支持教育、科研机构和企业等开展数据开发利用技术和数据安全相关教育和培训，采取多种方式培养数据开发利用技术和数据安全专业人才，促进人才交流。

第三章　数据安全制度

第二十一条　国家建立数据分类分级保护制度，根据数据在经济社会发展中的重要程度，以及一旦遭到篡改、破坏、泄露或者非法获取、非法利用，对国家安全、公共利益或者个人、组织合法权益造成的危害程度，对数据实行分类分级保护。国家数据安全工作协调机制统筹协调有关部门制定重要数据目录，加强对重要数据的保护。

关系国家安全、国民经济命脉、重要民生、重大公共利益等数据属于国家核心数据，实行更加严格的管理制度。

各地区、各部门应当按照数据分类分级保护制度，确定本地区、本部门以及相关行业、领域的重要数据具体目录，对列入目录的数据进行重点保护。

第二十二条　国家建立集中统一、高效权威的数据安全风险评估、报告、信息共享、监测预警机制。国家数据安全工作协调机制统筹协调有关部门加强数据安全风险信息的获取、分析、研判、预警工作。

第二十三条　国家建立数据安全应急处置机制。发生数据安全事件，有关主管部门应当依法启动应急预案，采取相应的应急处置措施，防止危害扩大，消除安全隐患，并及时向社会发布与公众有关的警示信息。

第二十四条　国家建立数据安全审查制度，对影响或者可能影响国家安全的数据处理活动进行国家安全审查。

依法作出的安全审查决定为最终决定。

第二十五条　国家对与维护国家安全和利益、履行国际义务相关的属于管制物项的数据依法实施出口管制。

第二十六条　任何国家或者地区在与数据和数据开发利用技术等有关的投资、贸易等方面对中华人民共和国采取歧视性的禁止、限制或者其他类似措施的，中华人民共和国可以根据实际情况对该国家或者地区对等采取措施。

第四章　数据安全保护义务

第二十七条　开展数据处理活动应当依照法律、法规的规定，建立健全全流程数据安全管理制度，组织开展数据安全教育培训，采取相应的技术措施和其他必要措施，保障数据安全。利用互联网等信息网络开展数据处理活动，应当在网络安全等级保护制度的基础上，履行上述数据安全保护义务。

重要数据的处理者应当明确数据安全负责人和管理机构，落实数据安全保护责任。

第二十八条　开展数据处理活动以及研究开发数据新技术，应当有利于促进经济社会发展，增进人民福祉，符合社会公德和伦理。

第二十九条　开展数据处理活动应当加强风险监测，发现数据安全缺陷、漏洞等风险时，应当立即采取补救措施；发生数据安全事件时，应当立即采取处置措施，按照规定及时告知用户并向有关主管部门报告。

第三十条　重要数据的处理者应当按照规定对其数据处理活动定期开展风险评估，并向有关主管部门报送风险评估报告。

风险评估报告应当包括处理的重要数据的种类、数量，开展数据处理活动的情况，面临的数据安全风险及其应对措施等。

第三十一条　关键信息基础设施的运营者在中华人民共和国境内运营中收集和产生的重要数据的出境安全管理，适用《中华人民共和国网络安全法》的规定；其他数据处理者在中华人民共和国境内运营中收集和产生的重要数据的出境安全管理办法，由国家网信部门会同国务院有关部门制定。

第三十二条　任何组织、个人收集数据，应当采取合法、正当的方式，不得窃取或者以其他非法方式获取数据。

法律、行政法规对收集、使用数据的目的、范围有规定的，应当在法律、行政法规规定的目的和范围内收集、使用数据。

第三十三条　从事数据交易中介服务的机构提供服务，应当要求数据提供方说明数据来源，审核交易双方的身份，并留存审核、交易记录。

第三十四条　法律、行政法规规定提供数据处理相关服务应当取得行政许可的，服务提供者应当依法取得许可。

第三十五条　公安机关、国家安全机关因依法维护国家安全或者侦查犯罪的需要调取数据，应当按照国家有关规定，经过严格的批准手续，依法进行，有关组织、个人应当予

以配合。

第三十六条　中华人民共和国主管机关根据有关法律和中华人民共和国缔结或者参加的国际条约、协定，或者按照平等互惠原则，处理外国司法或者执法机构关于提供数据的请求。非经中华人民共和国主管机关批准，境内的组织、个人不得向外国司法或者执法机构提供存储于中华人民共和国境内的数据。

第五章　政务数据安全与开放

第三十七条　国家大力推进电子政务建设，提高政务数据的科学性、准确性、时效性，提升运用数据服务经济社会发展的能力。

第三十八条　国家机关为履行法定职责的需要收集、使用数据，应当在其履行法定职责的范围内依照法律、行政法规规定的条件和程序进行；对在履行职责中知悉的个人隐私、个人信息、商业秘密、保密商务信息等数据应当依法予以保密，不得泄露或者非法向他人提供。

第三十九条　国家机关应当依照法律、行政法规的规定，建立健全数据安全管理制度，落实数据安全保护责任，保障政务数据安全。

第四十条　国家机关委托他人建设、维护电子政务系统，存储、加工政务数据，应当经过严格的批准程序，并应当监督受托方履行相应的数据安全保护义务。受托方应当依照法律、法规的规定和合同约定履行数据安全保护义务，不得擅自留存、使用、泄露或者向他人提供政务数据。

第四十一条　国家机关应当遵循公正、公平、便民的原则，按照规定及时、准确地公开政务数据。依法不予公开的除外。

第四十二条　国家制定政务数据开放目录，构建统一规范、互联互通、安全可控的政务数据开放平台，推动政务数据开放利用。

第四十三条　法律、法规授权的具有管理公共事务职能的组织为履行法定职责开展数据处理活动，适用本章规定。

第六章　法律责任

第四十四条　有关主管部门在履行数据安全监管职责中，发现数据处理活动存在较大安全风险的，可以按照规定的权限和程序对有关组织、个人进行约谈，并要求有关组织、个人采取措施进行整改，消除隐患。

第四十五条　开展数据处理活动的组织、个人不履行本法第二十七条、第二十九条、第三十条规定的数据安全保护义务的，由有关主管部门责令改正，给予警告，可以并处五万元以上五十万元以下罚款，对直接负责的主管人员和其他直接责任人员可以处一万元以上十万元以下罚款；拒不改正或者造成大量数据泄露等严重后果的，处五十万元以上二百万元以下罚款，并可以责令暂停相关业务、停业整顿、吊销相关业务许可证或者吊销营业执照，对直接负责的主管人员和其他直接责任人员处五万元以上二十万元以下罚款。

违反国家核心数据管理制度，危害国家主权、安全和发展利益的，由有关主管部门处二百万元以上一千万元以下罚款，并根据情况责令暂停相关业务、停业整顿、吊销相关业务许可证或者吊销营业执照；构成犯罪的，依法追究刑事责任。

第四十六条　违反本法第三十一条规定，向境外提供重要数据的，由有关主管部门责令改正，给予警告，可以并处十万元以上一百万元以下罚款，对直接负责的主管人员和其他直接责任人员可以处一万元以上十万元以下罚款；情节严重的，处一百万元以上一千万元以下罚款，并可以责令暂停相关业务、停业整顿、吊销相关业务许可证或者吊销营业执照，对直接负责的主管人员和其他直接责任人员处十万元以上一百万元以下罚款。

第四十七条　从事数据交易中介服务的机构未履行本法第三十三条规定的义务的，由有关主管部门责令改正，没收违法所得，处违法所得一倍以上十倍以下罚款，没有违法所得或者违法所得不足十万元的，处十万元以上一百万元以下罚款，并可以责令暂停相关业务、停业整顿、吊销相关业务许可证或者吊销营业执照；对直接负责的主管人员和其他直接责任人员处一万元以上十万元以下罚款。

第四十八条　违反本法第三十五条规定，拒不配合数据调取的，由有关主管部门责令改正，给予警告，并处五万元以上五十万元以下罚款，对直接负责的主管人员和其他直接责任人员处一万元以上十万元以下罚款。

违反本法第三十六条规定，未经主管机关批准向外国司法或者执法机构提供数据的，由有关主管部门给予警告，可以并处十万元以上一百万元以下罚款，对直接负责的主管人员和其他直接责任人员可以处一万元以上十万元以下罚款；造成严重后果的，处一百万元以上五百万元以下罚款，并可以责令暂停相关业务、停业整顿、吊销相关业务许可证或者吊销营业执照，对直接负责的主管人员和其他直接责任人员处五万元以上五十万元以下罚款。

第四十九条　国家机关不履行本法规定的数据安全保护义务的，对直接负责的主管人员和其他直接责任人员依法给予处分。

第五十条 履行数据安全监管职责的国家工作人员玩忽职守、滥用职权、徇私舞弊的，依法给予处分。

第五十一条 窃取或者以其他非法方式获取数据，开展数据处理活动排除、限制竞争，或者损害个人、组织合法权益的，依照有关法律、行政法规的规定处罚。

第五十二条 违反本法规定，给他人造成损害的，依法承担民事责任。

违反本法规定，构成违反治安管理行为的，依法给予治安管理处罚；构成犯罪的，依法追究刑事责任。

第七章　附　　则

第五十三条 开展涉及国家秘密的数据处理活动，适用《中华人民共和国保守国家秘密法》等法律、行政法规的规定。

在统计、档案工作中开展数据处理活动，开展涉及个人信息的数据处理活动，还应当遵守有关法律、行政法规的规定。

第五十四条 军事数据安全保护的办法，由中央军事委员会依据本法另行制定。

第五十五条 本法自 2021 年 9 月 1 日起施行。

全国人民代表大会常务委员会关于加强
网络信息保护的决定

（2012 年 12 月 28 日第十一届全国人民代表大会常务委员会第三十次会议通过）

为了保护网络信息安全，保障公民、法人和其他组织的合法权益，维护国家安全和社会公共利益，特作如下决定：

一、国家保护能够识别公民个人身份和涉及公民个人隐私的电子信息。

任何组织和个人不得窃取或者以其他非法方式获取公民个人电子信息，不得出售或者非法向他人提供公民个人电子信息。

二、网络服务提供者和其他企业事业单位在业务活动中收集、使用公民个人电子信息，应当遵循合法、正当、必要的原则，明示收集、使用信息的目的、方式和范围，并经被收集者同意，不得违反法律、法规的规定和双方的约定收集、使用信息。

网络服务提供者和其他企业事业单位收集、使用公民个人电子信息，应当公开其收集、使用规则。

三、网络服务提供者和其他企业事业单位及其工作人员对在业务活动中收集的公民个人电子信息必须严格保密，不得泄露、篡改、毁损，不得出售或者非法向他人提供。

四、网络服务提供者和其他企业事业单位应当采取技术措施和其他必要措施，确保信息安全，防止在业务活动中收集的公民个人电子信息泄露、毁损、丢失。在发生或者可能发生信息泄露、毁损、丢失的情况时，应当立即采取补救措施。

五、网络服务提供者应当加强对其用户发布的信息的管理，发现法律、法规禁止发布或者传输的信息的，应当立即停止传输该信息，采取消除等处置措施，保存有关记录，并向有关主管部门报告。

六、网络服务提供者为用户办理网站接入服务，办理固定电话、移动电话等入网手续，或者为用户提供信息发布服务，应当在与用户签订协议或者确认提供服务时，要求用户提供真实身份信息。

七、任何组织和个人未经电子信息接收者同意或者请求，或者电子信息接收者明确表示拒绝的，不得向其固定电话、移动电话或者个人电子邮箱发送商业性电子信息。

八、公民发现泄露个人身份、散布个人隐私等侵害其合法权益的网络信息，或者受到

商业性电子信息侵扰的，有权要求网络服务提供者删除有关信息或者采取其他必要措施予以制止。

九、任何组织和个人对窃取或者以其他非法方式获取、出售或者非法向他人提供公民个人电子信息的违法犯罪行为以及其他网络信息违法犯罪行为，有权向有关主管部门举报、控告；接到举报、控告的部门应当依法及时处理。被侵权人可以依法提起诉讼。

十、有关主管部门应当在各自职权范围内依法履行职责，采取技术措施和其他必要措施，防范、制止和查处窃取或者以其他非法方式获取、出售或者非法向他人提供公民个人电子信息的违法犯罪行为以及其他网络信息违法犯罪行为。有关主管部门依法履行职责时，网络服务提供者应当予以配合，提供技术支持。

国家机关及其工作人员对在履行职责中知悉的公民个人电子信息应当予以保密，不得泄露、篡改、毁损，不得出售或者非法向他人提供。

十一、对有违反本决定行为的，依法给予警告、罚款、没收违法所得、吊销许可证或者取消备案、关闭网站、禁止有关责任人员从事网络服务业务等处罚，记入社会信用档案并予以公布；构成违反治安管理行为的，依法给予治安管理处罚。构成犯罪的，依法追究刑事责任。侵害他人民事权益的，依法承担民事责任。

十二、本决定自公布之日起施行。

中华人民共和国保守国家秘密法（2010 年修订）

中华人民共和国主席令第 28 号

（1988 年 9 月 5 日第七届全国人民代表大会常务委员会第三次会议通过；2010 年 4 月 29 日第十一届全国人民代表大会常务委员会第十四次会议修订）

第一章　总　　则

第一条　为了保守国家秘密，维护国家安全和利益，保障改革开放和社会主义建设事业的顺利进行，制定本法。

第二条　国家秘密是关系国家安全和利益，依照法定程序确定，在一定时间内只限一定范围的人员知悉的事项。

第三条　国家秘密受法律保护。

一切国家机关、武装力量、政党、社会团体、企业事业单位和公民都有保守国家秘密的义务。

任何危害国家秘密安全的行为，都必须受到法律追究。

第四条　保守国家秘密的工作（以下简称保密工作），实行积极防范、突出重点、依法管理的方针，既确保国家秘密安全，又便利信息资源合理利用。

法律、行政法规规定公开的事项，应当依法公开。

第五条　国家保密行政管理部门主管全国的保密工作。县级以上地方各级保密行政管理部门主管本行政区域的保密工作。

第六条　国家机关和涉及国家秘密的单位（以下简称机关、单位）管理本机关和本单位的保密工作。

中央国家机关在其职权范围内，管理或者指导本系统的保密工作。

第七条　机关、单位应当实行保密工作责任制，健全保密管理制度，完善保密防护措施，开展保密宣传教育，加强保密检查。

第八条　国家对在保守、保护国家秘密以及改进保密技术、措施等方面成绩显著的单位或者个人给予奖励。

第二章 国家秘密的范围和密级

第九条 下列涉及国家安全和利益的事项，泄露后可能损害国家在政治、经济、国防、外交等领域的安全和利益的，应当确定为国家秘密：

（一）国家事务重大决策中的秘密事项；

（二）国防建设和武装力量活动中的秘密事项；

（三）外交和外事活动中的秘密事项以及对外承担保密义务的秘密事项；

（四）国民经济和社会发展中的秘密事项；

（五）科学技术中的秘密事项；

（六）维护国家安全活动和追查刑事犯罪中的秘密事项；

（七）经国家保密行政管理部门确定的其他秘密事项。

政党的秘密事项中符合前款规定的，属于国家秘密。

第十条 国家秘密的密级分为绝密、机密、秘密三级。

绝密级国家秘密是最重要的国家秘密，泄露会使国家安全和利益遭受特别严重的损害；机密级国家秘密是重要的国家秘密，泄露会使国家安全和利益遭受严重的损害；秘密级国家秘密是一般的国家秘密，泄露会使国家安全和利益遭受损害。

第十一条 国家秘密及其密级的具体范围，由国家保密行政管理部门分别会同外交、公安、国家安全和其他中央有关机关规定。

军事方面的国家秘密及其密级的具体范围，由中央军事委员会规定。

国家秘密及其密级的具体范围的规定，应当在有关范围内公布，并根据情况变化及时调整。

第十二条 机关、单位负责人及其指定的人员为定密责任人，负责本机关、本单位的国家秘密确定、变更和解除工作。

机关、单位确定、变更和解除本机关、本单位的国家秘密，应当由承办人提出具体意见，经定密责任人审核批准。

第十三条 确定国家秘密的密级，应当遵守定密权限。

中央国家机关、省级机关及其授权的机关、单位可以确定绝密级、机密级和秘密级国家秘密；设区的市、自治州一级的机关及其授权的机关、单位可以确定机密级和秘密级国家秘密。具体的定密权限、授权范围由国家保密行政管理部门规定。

机关、单位执行上级确定的国家秘密事项，需要定密的，根据所执行的国家秘密事项

的密级确定。下级机关、单位认为本机关、本单位产生的有关定密事项属于上级机关、单位的定密权限，应当先行采取保密措施，并立即报请上级机关、单位确定；没有上级机关、单位的，应当立即提请有相应定密权限的业务主管部门或者保密行政管理部门确定。

公安、国家安全机关在其工作范围内按照规定的权限确定国家秘密的密级。

第十四条　机关、单位对所产生的国家秘密事项，应当按照国家秘密及其密级的具体范围的规定确定密级，同时确定保密期限和知悉范围。

第十五条　国家秘密的保密期限，应当根据事项的性质和特点，按照维护国家安全和利益的需要，限定在必要的期限内；不能确定期限的，应当确定解密的条件。

国家秘密的保密期限，除另有规定外，绝密级不超过三十年，机密级不超过二十年，秘密级不超过十年。

机关、单位应当根据工作需要，确定具体的保密期限、解密时间或者解密条件。

机关、单位对在决定和处理有关事项工作过程中确定需要保密的事项，根据工作需要决定公开的，正式公布时即视为解密。

第十六条　国家秘密的知悉范围，应当根据工作需要限定在最小范围。

国家秘密的知悉范围能够限定到具体人员的，限定到具体人员；不能限定到具体人员的，限定到机关、单位，由机关、单位限定到具体人员。

国家秘密的知悉范围以外的人员，因工作需要知悉国家秘密的，应当经过机关、单位负责人批准。

第十七条　机关、单位对承载国家秘密的纸介质、光介质、电磁介质等载体（以下简称国家秘密载体）以及属于国家秘密的设备、产品，应当做出国家秘密标志。

不属于国家秘密的，不应当做出国家秘密标志。

第十八条　国家秘密的密级、保密期限和知悉范围，应当根据情况变化及时变更。国家秘密的密级、保密期限和知悉范围的变更，由原定密机关、单位决定，也可以由其上级机关决定。

国家秘密的密级、保密期限和知悉范围变更的，应当及时书面通知知悉范围内的机关、单位或者人员。

第十九条　国家秘密的保密期限已满的，自行解密。

机关、单位应当定期审核所确定的国家秘密。对在保密期限内因保密事项范围调整不再作为国家秘密事项，或者公开后不会损害国家安全和利益，不需要继续保密的，应当及时解密；对需要延长保密期限的，应当在原保密期限届满前重新确定保密期限。提前解密或者延长保密期限的，由原定密机关、单位决定，也可以由其上级机关决定。

第二十条　机关、单位对是否属于国家秘密或者属于何种密级不明确或者有争议的，由国家保密行政管理部门或者省、自治区、直辖市保密行政管理部门确定。

第三章　保密制度

第二十一条　国家秘密载体的制作、收发、传递、使用、复制、保存、维修和销毁，应当符合国家保密规定。

绝密级国家秘密载体应当在符合国家保密标准的设施、设备中保存，并指定专人管理；未经原定密机关、单位或者其上级机关批准，不得复制和摘抄；收发、传递和外出携带，应当指定人员负责，并采取必要的安全措施。

第二十二条　属于国家秘密的设备、产品的研制、生产、运输、使用、保存、维修和销毁，应当符合国家保密规定。

第二十三条　存储、处理国家秘密的计算机信息系统（以下简称涉密信息系统）按照涉密程度实行分级保护。

涉密信息系统应当按照国家保密标准配备保密设施、设备。保密设施、设备应当与涉密信息系统同步规划，同步建设，同步运行。

涉密信息系统应当按照规定，经检查合格后，方可投入使用。

第二十四条　机关、单位应当加强对涉密信息系统的管理，任何组织和个人不得有下列行为：

（一）将涉密计算机、涉密存储设备接入互联网及其他公共信息网络；

（二）在未采取防护措施的情况下，在涉密信息系统与互联网及其他公共信息网络之间进行信息交换；

（三）使用非涉密计算机、非涉密存储设备存储、处理国家秘密信息；

（四）擅自卸载、修改涉密信息系统的安全技术程序、管理程序；

（五）将未经安全技术处理的退出使用的涉密计算机、涉密存储设备赠送、出售、丢弃或者改作其他用途。

第二十五条　机关、单位应当加强对国家秘密载体的管理，任何组织和个人不得有下列行为：

（一）非法获取、持有国家秘密载体；

（二）买卖、转送或者私自销毁国家秘密载体；

（三）通过普通邮政、快递等无保密措施的渠道传递国家秘密载体；

（四）邮寄、托运国家秘密载体出境；

（五）未经有关主管部门批准，携带、传递国家秘密载体出境。

第二十六条　禁止非法复制、记录、存储国家秘密。

禁止在互联网及其他公共信息网络或者未采取保密措施的有线和无线通信中传递国家秘密。

禁止在私人交往和通信中涉及国家秘密。

第二十七条　报刊、图书、音像制品、电子出版物的编辑、出版、印制、发行，广播节目、电视节目、电影的制作和播放，互联网、移动通信网等公共信息网络及其他传媒的信息编辑、发布，应当遵守有关保密规定。

第二十八条　互联网及其他公共信息网络运营商、服务商应当配合公安机关、国家安全机关、检察机关对泄密案件进行调查；发现利用互联网及其他公共信息网络发布的信息涉及泄露国家秘密的，应当立即停止传输，保存有关记录，向公安机关、国家安全机关或者保密行政管理部门报告；应当根据公安机关、国家安全机关或者保密行政管理部门的要求，删除涉及泄露国家秘密的信息。

第二十九条　机关、单位公开发布信息以及对涉及国家秘密的工程、货物、服务进行采购时，应当遵守保密规定。

第三十条　机关、单位对外交往与合作中需要提供国家秘密事项，或者任用、聘用的境外人员因工作需要知悉国家秘密的，应当报国务院有关主管部门或者省、自治区、直辖市人民政府有关主管部门批准，并与对方签订保密协议。

第三十一条　举办会议或者其他活动涉及国家秘密的，主办单位应当采取保密措施，并对参加人员进行保密教育，提出具体保密要求。

第三十二条　机关、单位应当将涉及绝密级或者较多机密级、秘密级国家秘密的机构确定为保密要害部门，将集中制作、存放、保管国家秘密载体的专门场所确定为保密要害部位，按照国家保密规定和标准配备、使用必要的技术防护设施、设备。

第三十三条　军事禁区和属于国家秘密不对外开放的其他场所、部位，应当采取保密措施，未经有关部门批准，不得擅自决定对外开放或者扩大开放范围。

第三十四条　从事国家秘密载体制作、复制、维修、销毁，涉密信息系统集成，或者武器装备科研生产等涉及国家秘密业务的企业事业单位，应当经过保密审查，具体办法由国务院规定。

机关、单位委托企业事业单位从事前款规定的业务，应当与其签订保密协议，提出保密要求，采取保密措施。

第三十五条 在涉密岗位工作的人员（以下简称涉密人员），按照涉密程度分为核心涉密人员、重要涉密人员和一般涉密人员，实行分类管理。

任用、聘用涉密人员应当按照有关规定进行审查。

涉密人员应当具有良好的政治素质和品行，具有胜任涉密岗位所要求的工作能力。

涉密人员的合法权益受法律保护。

第三十六条 涉密人员上岗应当经过保密教育培训，掌握保密知识技能，签订保密承诺书，严格遵守保密规章制度，不得以任何方式泄露国家秘密。

第三十七条 涉密人员出境应当经有关部门批准，有关机关认为涉密人员出境将对国家安全造成危害或者对国家利益造成重大损失的，不得批准出境。

第三十八条 涉密人员离岗离职实行脱密期管理。涉密人员在脱密期内，应当按照规定履行保密义务，不得违反规定就业，不得以任何方式泄露国家秘密。

第三十九条 机关、单位应当建立健全涉密人员管理制度，明确涉密人员的权利、岗位责任和要求，对涉密人员履行职责情况开展经常性的监督检查。

第四十条 国家工作人员或者其他公民发现国家秘密已经泄露或者可能泄露时，应当立即采取补救措施并及时报告有关机关、单位。机关、单位接到报告后，应当立即作出处理，并及时向保密行政管理部门报告。

第四章　监督管理

第四十一条 国家保密行政管理部门依照法律、行政法规的规定，制定保密规章和国家保密标准。

第四十二条 保密行政管理部门依法组织开展保密宣传教育、保密检查、保密技术防护和泄密案件查处工作，对机关、单位的保密工作进行指导和监督。

第四十三条 保密行政管理部门发现国家秘密确定、变更或者解除不当的，应当及时通知有关机关、单位予以纠正。

第四十四条 保密行政管理部门对机关、单位遵守保密制度的情况进行检查，有关机关、单位应当配合。保密行政管理部门发现机关、单位存在泄密隐患的，应当要求其采取措施，限期整改；对存在泄密隐患的设施、设备、场所，应当责令停止使用；对严重违反保密规定的涉密人员，应当建议有关机关、单位给予处分并调离涉密岗位；发现涉嫌泄露

国家秘密的，应当督促、指导有关机关、单位进行调查处理。涉嫌犯罪的，移送司法机关处理。

第四十五条 保密行政管理部门对保密检查中发现的非法获取、持有的国家秘密载体，应当予以收缴。

第四十六条 办理涉嫌泄露国家秘密案件的机关，需要对有关事项是否属于国家秘密以及属于何种密级进行鉴定的，由国家保密行政管理部门或者省、自治区、直辖市保密行政管理部门鉴定。

第四十七条 机关、单位对违反保密规定的人员不依法给予处分的，保密行政管理部门应当建议纠正，对拒不纠正的，提请其上一级机关或者监察机关对该机关、单位负有责任的领导人员和直接责任人员依法予以处理。

第五章 法律责任

第四十八条 违反本法规定，有下列行为之一的，依法给予处分；构成犯罪的，依法追究刑事责任：

（一）非法获取、持有国家秘密载体的；

（二）买卖、转送或者私自销毁国家秘密载体的；

（三）通过普通邮政、快递等无保密措施的渠道传递国家秘密载体的；

（四）邮寄、托运国家秘密载体出境，或者未经有关主管部门批准，携带、传递国家秘密载体出境的；

（五）非法复制、记录、存储国家秘密的；

（六）在私人交往和通信中涉及国家秘密的；

（七）在互联网及其他公共信息网络或者未采取保密措施的有线和无线通信中传递国家秘密的；

（八）将涉密计算机、涉密存储设备接入互联网及其他公共信息网络的；

（九）在未采取防护措施的情况下，在涉密信息系统与互联网及其他公共信息网络之间进行信息交换的；

（十）使用非涉密计算机、非涉密存储设备存储、处理国家秘密信息的；

（十一）擅自卸载、修改涉密信息系统的安全技术程序、管理程序的；

（十二）将未经安全技术处理的退出使用的涉密计算机、涉密存储设备赠送、出售、丢弃或者改作其他用途的。

有前款行为尚不构成犯罪，且不适用处分的人员，由保密行政管理部门督促其所在机关、单位予以处理。

第四十九条　机关、单位违反本法规定，发生重大泄密案件的，由有关机关、单位依法对直接负责的主管人员和其他直接责任人员给予处分；不适用处分的人员，由保密行政管理部门督促其主管部门予以处理。

机关、单位违反本法规定，对应当定密的事项不定密，或者对不应当定密的事项定密，造成严重后果的，由有关机关、单位依法对直接负责的主管人员和其他直接责任人员给予处分。

第五十条　互联网及其他公共信息网络运营商、服务商违反本法第二十八条规定的，由公安机关或者国家安全机关、信息产业主管部门按照各自职责分工依法予以处罚。

第五十一条　保密行政管理部门的工作人员在履行保密管理职责中滥用职权、玩忽职守、徇私舞弊的，依法给予处分；构成犯罪的，依法追究刑事责任。

第六章　附　　则

第五十二条　中央军事委员会根据本法制定中国人民解放军保密条例。

第五十三条　本法自 2010 年 10 月 1 日起施行。

中华人民共和国电子签名法（2019 年修正）

中华人民共和国主席令第 29 号

（2004 年 8 月 28 日第十届全国人民代表大会常务委员会第十一次会议通过；根据 2015 年 4 月 24 日第十二届全国人民代表大会常务委员会第十四次会议《关于修改〈中华人民共和国电力法〉等六部法律的决定》第一次修正；根据 2019 年 4 月 23 日第十三届全国人民代表大会常务委员会第十次会议《关于修改〈中华人民共和国建筑法〉等八部法律的决定》第二次修正）

第一章　总　　则

第一条　为了规范电子签名行为，确立电子签名的法律效力，维护有关各方的合法权益，制定本法。

第二条　本法所称电子签名，是指数据电文中以电子形式所含、所附用于识别签名人身份并表明签名人认可其中内容的数据。

本法所称数据电文，是指以电子、光学、磁或者类似手段生成、发送、接收或者储存的信息。

第三条　民事活动中的合同或者其他文件、单证等文书，当事人可以约定使用或者不使用电子签名、数据电文。

当事人约定使用电子签名、数据电文的文书，不得仅因为其采用电子签名、数据电文的形式而否定其法律效力。

前款规定不适用下列文书：

（一）涉及婚姻、收养、继承等人身关系的；

（二）涉及停止供水、供热、供气等公用事业服务的；

（三）法律、行政法规规定的不适用电子文书的其他情形。

第二章　数据电文

第四条　能够有形地表现所载内容，并可以随时调取查用的数据电文，视为符合法律、法规要求的书面形式。

第五条　符合下列条件的数据电文，视为满足法律、法规规定的原件形式要求：

（一）能够有效地表现所载内容并可供随时调取查用；

（二）能够可靠地保证自最终形成时起，内容保持完整、未被更改。但是，在数据电文上增加背书以及数据交换、储存和显示过程中发生的形式变化不影响数据电文的完整性。

第六条 符合下列条件的数据电文，视为满足法律、法规规定的文件保存要求：

（一）能够有效地表现所载内容并可供随时调取查用；

（二）数据电文的格式与其生成、发送或者接收时的格式相同，或者格式不相同但是能够准确表现原来生成、发送或者接收的内容；

（三）能够识别数据电文的发件人、收件人以及发送、接收的时间。

第七条 数据电文不得仅因为其是以电子、光学、磁或者类似手段生成、发送、接收或者储存的而被拒绝作为证据使用。

第八条 审查数据电文作为证据的真实性，应当考虑以下因素：

（一）生成、储存或者传递数据电文方法的可靠性；

（二）保持内容完整性方法的可靠性；

（三）用以鉴别发件人方法的可靠性；

（四）其他相关因素。

第九条 数据电文有下列情形之一的，视为发件人发送：

（一）经发件人授权发送的；

（二）发件人的信息系统自动发送的；

（三）收件人按照发件人认可的方法对数据电文进行验证后结果相符的。

当事人对前款规定的事项另有约定的，从其约定。

第十条 法律、行政法规规定或者当事人约定数据电文需要确认收讫的，应当确认收讫。发件人收到收件人的收讫确认时，数据电文视为已经收到。

第十一条 数据电文进入发件人控制之外的某个信息系统的时间，视为该数据电文的发送时间。

收件人指定特定系统接收数据电文的，数据电文进入该特定系统的时间，视为该数据电文的接收时间；未指定特定系统的，数据电文进入收件人的任何系统的首次时间，视为该数据电文的接收时间。

当事人对数据电文的发送时间、接收时间另有约定的，从其约定。

第十二条 发件人的主营业地为数据电文的发送地点，收件人的主营业地为数据电文

的接收地点。没有主营业地的，其经常居住地为发送或者接收地点。

当事人对数据电文的发送地点、接收地点另有约定的，从其约定。

第三章　电子签名与认证

第十三条　电子签名同时符合下列条件的，视为可靠的电子签名：

（一）电子签名制作数据用于电子签名时，属于电子签名人专有；

（二）签署时电子签名制作数据仅由电子签名人控制；

（三）签署后对电子签名的任何改动能够被发现；

（四）签署后对数据电文内容和形式的任何改动能够被发现。

当事人也可以选择使用符合其约定的可靠条件的电子签名。

第十四条　可靠的电子签名与手写签名或者盖章具有同等的法律效力。

第十五条　电子签名人应当妥善保管电子签名制作数据。电子签名人知悉电子签名制作数据已经失密或者可能已经失密时，应当及时告知有关各方，并终止使用该电子签名制作数据。

第十六条　电子签名需要第三方认证的，由依法设立的电子认证服务提供者提供认证服务。

第十七条　提供电子认证服务，应当具备下列条件：

（一）取得企业法人资格；

（二）具有与提供电子认证服务相适应的专业技术人员和管理人员；

（三）具有与提供电子认证服务相适应的资金和经营场所；

（四）具有符合国家安全标准的技术和设备；

（五）具有国家密码管理机构同意使用密码的证明文件；

（六）法律、行政法规规定的其他条件。

第十八条　从事电子认证服务，应当向国务院信息产业主管部门提出申请，并提交符合本法第十七条规定条件的相关材料。国务院信息产业主管部门接到申请后经依法审查，征求国务院商务主管部门等有关部门的意见后，自接到申请之日起四十五日内作出许可或者不予许可的决定。予以许可的，颁发电子认证许可证书；不予许可的，应当书面通知申请人并告知理由。

取得认证资格的电子认证服务提供者，应当按照国务院信息产业主管部门的规定在互联网上公布其名称、许可证号等信息。

第十九条　电子认证服务提供者应当制定、公布符合国家有关规定的电子认证业务规则，并向国务院信息产业主管部门备案。

电子认证业务规则应当包括责任范围、作业操作规范、信息安全保障措施等事项。

第二十条　电子签名人向电子认证服务提供者申请电子签名认证证书，应当提供真实、完整和准确的信息。

电子认证服务提供者收到电子签名认证证书申请后，应当对申请人的身份进行查验，并对有关材料进行审查。

第二十一条　电子认证服务提供者签发的电子签名认证证书应当准确无误，并应当载明下列内容：

（一）电子认证服务提供者名称；

（二）证书持有人名称；

（三）证书序列号；

（四）证书有效期；

（五）证书持有人的电子签名验证数据；

（六）电子认证服务提供者的电子签名；

（七）国务院信息产业主管部门规定的其他内容。

第二十二条　电子认证服务提供者应当保证电子签名认证证书内容在有效期内完整、准确，并保证电子签名依赖方能够证实或者了解电子签名认证证书所载内容及其他有关事项。

第二十三条　电子认证服务提供者拟暂停或者终止电子认证服务的，应当在暂停或者终止服务九十日前，就业务承接及其他有关事项通知有关各方。

电子认证服务提供者拟暂停或者终止电子认证服务的，应当在暂停或者终止服务六十日前向国务院信息产业主管部门报告，并与其他电子认证服务提供者就业务承接进行协商，作出妥善安排。

电子认证服务提供者未能就业务承接事项与其他电子认证服务提供者达成协议的，应当申请国务院信息产业主管部门安排其他电子认证服务提供者承接其业务。

电子认证服务提供者被依法吊销电子认证许可证书的，其业务承接事项的处理按照国务院信息产业主管部门的规定执行。

第二十四条　电子认证服务提供者应当妥善保存与认证相关的信息，信息保存期限至少为电子签名认证证书失效后五年。

第二十五条　国务院信息产业主管部门依照本法制定电子认证服务业的具体管理办法，对电子认证服务提供者依法实施监督管理。

第二十六条　经国务院信息产业主管部门根据有关协议或者对等原则核准后，中华人民共和国境外的电子认证服务提供者在境外签发的电子签名认证证书与依照本法设立的电子认证服务提供者签发的电子签名认证证书具有同等的法律效力。

第四章　法律责任

第二十七条　电子签名人知悉电子签名制作数据已经失密或者可能已经失密未及时告知有关各方、并终止使用电子签名制作数据，未向电子认证服务提供者提供真实、完整和准确的信息，或者有其他过错，给电子签名依赖方、电子认证服务提供者造成损失的，承担赔偿责任。

第二十八条　电子签名人或者电子签名依赖方因依据电子认证服务提供者提供的电子签名认证服务从事民事活动遭受损失，电子认证服务提供者不能证明自己无过错的，承担赔偿责任。

第二十九条　未经许可提供电子认证服务的，由国务院信息产业主管部门责令停止违法行为；有违法所得的，没收违法所得；违法所得三十万元以上的，处违法所得一倍以上三倍以下的罚款；没有违法所得或者违法所得不足三十万元的，处十万元以上三十万元以下的罚款。

第三十条　电子认证服务提供者暂停或者终止电子认证服务，未在暂停或者终止服务六十日前向国务院信息产业主管部门报告的，由国务院信息产业主管部门对其直接负责的主管人员处一万元以上五万元以下的罚款。

第三十一条　电子认证服务提供者不遵守认证业务规则、未妥善保存与认证相关的信息，或者有其他违法行为的，由国务院信息产业主管部门责令限期改正；逾期未改正的，吊销电子认证许可证书，其直接负责的主管人员和其他直接责任人员十年内不得从事电子认证服务。吊销电子认证许可证书的，应当予以公告并通知工商行政管理部门。

第三十二条　伪造、冒用、盗用他人的电子签名，构成犯罪的，依法追究刑事责任；给他人造成损失的，依法承担民事责任。

第三十三条　依照本法负责电子认证服务业监督管理工作的部门的工作人员，不依法履行行政许可、监督管理职责的，依法给予行政处分；构成犯罪的，依法追究刑事责任。

第五章　附　　则

第三十四条　本法中下列用语的含义：

（一）电子签名人，是指持有电子签名制作数据并以本人身份或者以其所代表的人的名义实施电子签名的人；

（二）电子签名依赖方，是指基于对电子签名认证证书或者电子签名的信赖从事有关活动的人；

（三）电子签名认证证书，是指可证实电子签名人与电子签名制作数据有联系的数据电文或者其他电子记录；

（四）电子签名制作数据，是指在电子签名过程中使用的，将电子签名与电子签名人可靠地联系起来的字符、编码等数据；

（五）电子签名验证数据，是指用于验证电子签名的数据，包括代码、口令、算法或者公钥等。

第三十五条　国务院或者国务院规定的部门可以依据本法制定政务活动和其他社会活动中使用电子签名、数据电文的具体办法。

第三十六条　本法自 2005 年 4 月 1 日起施行。

中华人民共和国密码法

中华人民共和国主席令第 35 号

（2019 年 10 月 26 日第十三届全国人民代表大会常务委员会第十四次会议通过）

第一章　总　　则

第一条　为了规范密码应用和管理，促进密码事业发展，保障网络与信息安全，维护国家安全和社会公共利益，保护公民、法人和其他组织的合法权益，制定本法。

第二条　本法所称密码，是指采用特定变换的方法对信息等进行加密保护、安全认证的技术、产品和服务。

第三条　密码工作坚持总体国家安全观，遵循统一领导、分级负责，创新发展、服务大局，依法管理、保障安全的原则。

第四条　坚持中国共产党对密码工作的领导。中央密码工作领导机构对全国密码工作实行统一领导，制定国家密码工作重大方针政策，统筹协调国家密码重大事项和重要工作，推进国家密码法治建设。

第五条　国家密码管理部门负责管理全国的密码工作。县级以上地方各级密码管理部门负责管理本行政区域的密码工作。

国家机关和涉及密码工作的单位在其职责范围内负责本机关、本单位或者本系统的密码工作。

第六条　国家对密码实行分类管理。

密码分为核心密码、普通密码和商用密码。

第七条　核心密码、普通密码用于保护国家秘密信息，核心密码保护信息的最高密级为绝密级，普通密码保护信息的最高密级为机密级。

核心密码、普通密码属于国家秘密。密码管理部门依照本法和有关法律、行政法规、国家有关规定对核心密码、普通密码实行严格统一管理。

第八条　商用密码用于保护不属于国家秘密的信息。

公民、法人和其他组织可以依法使用商用密码保护网络与信息安全。

第九条　国家鼓励和支持密码科学技术研究和应用，依法保护密码领域的知识产权，促进密码科学技术进步和创新。

国家加强密码人才培养和队伍建设，对在密码工作中作出突出贡献的组织和个人，按照国家有关规定给予表彰和奖励。

第十条 国家采取多种形式加强密码安全教育，将密码安全教育纳入国民教育体系和公务员教育培训体系，增强公民、法人和其他组织的密码安全意识。

第十一条 县级以上人民政府应当将密码工作纳入本级国民经济和社会发展规划，所需经费列入本级财政预算。

第十二条 任何组织或者个人不得窃取他人加密保护的信息或者非法侵入他人的密码保障系统。

任何组织或者个人不得利用密码从事危害国家安全、社会公共利益、他人合法权益等违法犯罪活动。

第二章　核心密码、普通密码

第十三条 国家加强核心密码、普通密码的科学规划、管理和使用，加强制度建设，完善管理措施，增强密码安全保障能力。

第十四条 在有线、无线通信中传递的国家秘密信息，以及存储、处理国家秘密信息的信息系统，应当依照法律、行政法规和国家有关规定使用核心密码、普通密码进行加密保护、安全认证。

第十五条 从事核心密码、普通密码科研、生产、服务、检测、装备、使用和销毁等工作的机构（以下统称密码工作机构）应当按照法律、行政法规、国家有关规定以及核心密码、普通密码标准的要求，建立健全安全管理制度，采取严格的保密措施和保密责任制，确保核心密码、普通密码的安全。

第十六条 密码管理部门依法对密码工作机构的核心密码、普通密码工作进行指导、监督和检查，密码工作机构应当配合。

第十七条 密码管理部门根据工作需要会同有关部门建立核心密码、普通密码的安全监测预警、安全风险评估、信息通报、重大事项会商和应急处置等协作机制，确保核心密码、普通密码安全管理的协同联动和有序高效。

密码工作机构发现核心密码、普通密码泄密或者影响核心密码、普通密码安全的重大问题、风险隐患的，应当立即采取应对措施，并及时向保密行政管理部门、密码管理部门报告，由保密行政管理部门、密码管理部门会同有关部门组织开展调查、处置，并指导有关密码工作机构及时消除安全隐患。

第十八条　国家加强密码工作机构建设，保障其履行工作职责。

国家建立适应核心密码、普通密码工作需要的人员录用、选调、保密、考核、培训、待遇、奖惩、交流、退出等管理制度。

第十九条　密码管理部门因工作需要，按照国家有关规定，可以提请公安、交通运输、海关等部门对核心密码、普通密码有关物品和人员提供免检等便利，有关部门应当予以协助。

第二十条　密码管理部门和密码工作机构应当建立健全严格的监督和安全审查制度，对其工作人员遵守法律和纪律等情况进行监督，并依法采取必要措施，定期或者不定期组织开展安全审查。

第三章　商用密码

第二十一条　国家鼓励商用密码技术的研究开发、学术交流、成果转化和推广应用，健全统一、开放、竞争、有序的商用密码市场体系，鼓励和促进商用密码产业发展。

各级人民政府及其有关部门应当遵循非歧视原则，依法平等对待包括外商投资企业在内的商用密码科研、生产、销售、服务、进出口等单位（以下统称商用密码从业单位）。国家鼓励在外商投资过程中基于自愿原则和商业规则开展商用密码技术合作。行政机关及其工作人员不得利用行政手段强制转让商用密码技术。

商用密码的科研、生产、销售、服务和进出口，不得损害国家安全、社会公共利益或者他人合法权益。

第二十二条　国家建立和完善商用密码标准体系。

国务院标准化行政主管部门和国家密码管理部门依据各自职责，组织制定商用密码国家标准、行业标准。

国家支持社会团体、企业利用自主创新技术制定高于国家标准、行业标准相关技术要求的商用密码团体标准、企业标准。

第二十三条　国家推动参与商用密码国际标准化活动，参与制定商用密码国际标准，推进商用密码中国标准与国外标准之间的转化运用。

国家鼓励企业、社会团体和教育、科研机构等参与商用密码国际标准化活动。

第二十四条　商用密码从业单位开展商用密码活动，应当符合有关法律、行政法规、商用密码强制性国家标准以及该从业单位公开标准的技术要求。

国家鼓励商用密码从业单位采用商用密码推荐性国家标准、行业标准，提升商用密码

147

的防护能力，维护用户的合法权益。

　　第二十五条　国家推进商用密码检测认证体系建设，制定商用密码检测认证技术规范、规则，鼓励商用密码从业单位自愿接受商用密码检测认证，提升市场竞争力。

　　商用密码检测、认证机构应当依法取得相关资质，并依照法律、行政法规的规定和商用密码检测认证技术规范、规则开展商用密码检测认证。

　　商用密码检测、认证机构应当对其在商用密码检测认证中所知悉的国家秘密和商业秘密承担保密义务。

　　第二十六条　涉及国家安全、国计民生、社会公共利益的商用密码产品，应当依法列入网络关键设备和网络安全专用产品目录，由具备资格的机构检测认证合格后，方可销售或者提供。商用密码产品检测认证适用《中华人民共和国网络安全法》的有关规定，避免重复检测认证。

　　商用密码服务使用网络关键设备和网络安全专用产品的，应当经商用密码认证机构对该商用密码服务认证合格。

　　第二十七条　法律、行政法规和国家有关规定要求使用商用密码进行保护的关键信息基础设施，其运营者应当使用商用密码进行保护，自行或者委托商用密码检测机构开展商用密码应用安全性评估。商用密码应用安全性评估应当与关键信息基础设施安全检测评估、网络安全等级测评制度相衔接，避免重复评估、测评。

　　关键信息基础设施的运营者采购涉及商用密码的网络产品和服务，可能影响国家安全的，应当按照《中华人民共和国网络安全法》的规定，通过国家网信部门会同国家密码管理部门等有关部门组织的国家安全审查。

　　第二十八条　国务院商务主管部门、国家密码管理部门依法对涉及国家安全、社会公共利益且具有加密保护功能的商用密码实施进口许可，对涉及国家安全、社会公共利益或者中国承担国际义务的商用密码实施出口管制。商用密码进口许可清单和出口管制清单由国务院商务主管部门会同国家密码管理部门和海关总署制定并公布。

　　大众消费类产品所采用的商用密码不实行进口许可和出口管制制度。

　　第二十九条　国家密码管理部门对采用商用密码技术从事电子政务电子认证服务的机构进行认定，会同有关部门负责政务活动中使用电子签名、数据电文的管理。

　　第三十条　商用密码领域的行业协会等组织依照法律、行政法规及其章程的规定，为商用密码从业单位提供信息、技术、培训等服务，引导和督促商用密码从业单位依法开展商用密码活动，加强行业自律，推动行业诚信建设，促进行业健康发展。

第三十一条 密码管理部门和有关部门建立日常监管和随机抽查相结合的商用密码事中事后监管制度，建立统一的商用密码监督管理信息平台，推进事中事后监管与社会信用体系相衔接，强化商用密码从业单位自律和社会监督。

密码管理部门和有关部门及其工作人员不得要求商用密码从业单位和商用密码检测、认证机构向其披露源代码等密码相关专有信息，并对其在履行职责中知悉的商业秘密和个人隐私严格保密，不得泄露或者非法向他人提供。

第四章 法律责任

第三十二条 违反本法第十二条规定，窃取他人加密保护的信息，非法侵入他人的密码保障系统，或者利用密码从事危害国家安全、社会公共利益、他人合法权益等违法活动的，由有关部门依照《中华人民共和国网络安全法》和其他有关法律、行政法规的规定追究法律责任。

第三十三条 违反本法第十四条规定，未按照要求使用核心密码、普通密码的，由密码管理部门责令改正或者停止违法行为，给予警告；情节严重的，由密码管理部门建议有关国家机关、单位对直接负责的主管人员和其他直接责任人员依法给予处分或者处理。

第三十四条 违反本法规定，发生核心密码、普通密码泄密案件的，由保密行政管理部门、密码管理部门建议有关国家机关、单位对直接负责的主管人员和其他直接责任人员依法给予处分或者处理。

违反本法第十七条第二款规定，发现核心密码、普通密码泄密或者影响核心密码、普通密码安全的重大问题、风险隐患，未立即采取应对措施，或者未及时报告的，由保密行政管理部门、密码管理部门建议有关国家机关、单位对直接负责的主管人员和其他直接责任人员依法给予处分或者处理。

第三十五条 商用密码检测、认证机构违反本法第二十五条第二款、第三款规定开展商用密码检测认证的，由市场监督管理部门会同密码管理部门责令改正或者停止违法行为，给予警告，没收违法所得；违法所得三十万元以上的，可以并处违法所得一倍以上三倍以下罚款；没有违法所得或者违法所得不足三十万元的，可以并处十万元以上三十万元以下罚款；情节严重的，依法吊销相关资质。

第三十六条 违反本法第二十六条规定，销售或者提供未经检测认证或者检测认证不合格的商用密码产品，或者提供未经认证或者认证不合格的商用密码服务的，由市场监督管理部门会同密码管理部门责令改正或者停止违法行为，给予警告，没收违法产品和违法

所得；违法所得十万元以上的，可以并处违法所得一倍以上三倍以下罚款；没有违法所得或者违法所得不足十万元的，可以并处三万元以上十万元以下罚款。

第三十七条 关键信息基础设施的运营者违反本法第二十七条第一款规定，未按照要求使用商用密码，或者未按照要求开展商用密码应用安全性评估的，由密码管理部门责令改正，给予警告；拒不改正或者导致危害网络安全等后果的，处十万元以上一百万元以下罚款，对直接负责的主管人员处一万元以上十万元以下罚款。

关键信息基础设施的运营者违反本法第二十七条第二款规定，使用未经安全审查或者安全审查未通过的产品或者服务的，由有关主管部门责令停止使用，处采购金额一倍以上十倍以下罚款；对直接负责的主管人员和其他直接责任人员处一万元以上十万元以下罚款。

第三十八条 违反本法第二十八条实施进口许可、出口管制的规定，进出口商用密码的，由国务院商务主管部门或者海关依法予以处罚。

第三十九条 违反本法第二十九条规定，未经认定从事电子政务电子认证服务的，由密码管理部门责令改正或者停止违法行为，给予警告，没收违法产品和违法所得；违法所得三十万元以上的，可以并处违法所得一倍以上三倍以下罚款；没有违法所得或者违法所得不足三十万元的，可以并处十万元以上三十万元以下罚款。

第四十条 密码管理部门和有关部门、单位的工作人员在密码工作中滥用职权、玩忽职守、徇私舞弊，或者泄露、非法向他人提供在履行职责中知悉的商业秘密和个人隐私的，依法给予处分。

第四十一条 违反本法规定，构成犯罪的，依法追究刑事责任；给他人造成损害的，依法承担民事责任。

第五章 附 则

第四十二条 国家密码管理部门依照法律、行政法规的规定，制定密码管理规章。

第四十三条 中国人民解放军和中国人民武装警察部队的密码工作管理办法，由中央军事委员会根据本法制定。

第四十四条 本法自 2020 年 1 月 1 日起施行。

第二部分

法规、国务院文件

电力监管条例

中华人民共和国国务院令第 432 号

（2005 年 2 月 2 日国务院第 80 次常务会议通过，2005 年 2 月 15 日中华人民共和国国务院令第 432 号公布，自 2005 年 5 月 1 日起施行）

第一章　总　　则

第一条　为了加强电力监管，规范电力监管行为，完善电力监管制度，制定本条例。

第二条　电力监管的任务是维护电力市场秩序，依法保护电力投资者、经营者、使用者的合法权益和社会公共利益，保障电力系统安全稳定运行，促进电力事业健康发展。

第三条　电力监管应当依法进行，并遵循公开、公正和效率的原则。

第四条　国务院电力监管机构依照本条例和国务院有关规定，履行电力监管和行政执法职能；国务院有关部门依照有关法律、行政法规和国务院有关规定，履行相关的监管职能和行政执法职能。

第五条　任何单位和个人对违反本条例和国家有关电力监管规定的行为有权向电力监管机构和政府有关部门举报，电力监管机构和政府有关部门应当及时处理，并依照有关规定对举报有功人员给予奖励。

第二章　监管机构

第六条　国务院电力监管机构根据履行职责的需要，经国务院批准，设立派出机构。国务院电力监管机构对派出机构实行统一领导和管理。

国务院电力监管机构的派出机构在国务院电力监管机构的授权范围内，履行电力监管职责。

第七条　电力监管机构从事监管工作的人员，应当具备与电力监管工作相适应的专业知识和业务工作经验。

第八条　电力监管机构从事监管工作的人员，应当忠于职守，依法办事，公正廉洁，不得利用职务便利谋取不正当利益，不得在电力企业、电力调度交易机构兼任职务。

第九条　电力监管机构应当建立监管责任制度和监管信息公开制度。

第十条　电力监管机构及其从事监管工作的人员依法履行电力监管职责，有关单位和

人员应当予以配合和协助。

第十一条　电力监管机构应当接受国务院财政、监察、审计等部门依法实施的监督。

第三章　监管职责

第十二条　国务院电力监管机构依照有关法律、行政法规和本条例的规定，在其职责范围内制定并发布电力监管规章、规则。

第十三条　电力监管机构依照有关法律和国务院有关规定，颁发和管理电力业务许可证。

第十四条　电力监管机构按照国家有关规定，对发电企业在各电力市场中所占份额的比例实施监管。

第十五条　电力监管机构对发电厂并网、电网互联以及发电厂与电网协调运行中执行有关规章、规则的情况实施监管。

第十六条　电力监管机构对电力市场向从事电力交易的主体公平、无歧视开放的情况以及输电企业公平开放电网的情况依法实施监管。

第十七条　电力监管机构对电力企业、电力调度交易机构执行电力市场运行规则的情况，以及电力调度交易机构执行电力调度规则的情况实施监管。

第十八条　电力监管机构对供电企业按照国家规定的电能质量和供电服务质量标准向用户提供供电服务的情况实施监管。

第十九条　电力监管机构具体负责电力安全监督管理工作。

国务院电力监管机构经商国务院发展改革部门、国务院安全生产监督管理部门等有关部门后，制订重大电力生产安全事故处置预案，建立重大电力生产安全事故应急处置制度。

第二十条　国务院价格主管部门、国务院电力监管机构依照法律、行政法规和国务院的规定，对电价实施监管。

第四章　监管措施

第二十一条　电力监管机构根据履行监管职责的需要，有权要求电力企业、电力调度交易机构报送与监管事项相关的文件、资料。

电力企业、电力调度交易机构应当如实提供有关文件、资料。

第二十二条　国务院电力监管机构应当建立电力监管信息系统。

电力企业、电力调度交易机构应当按照国务院电力监管机构的规定将与监管相关的信息系统接入电力监管信息系统。

第二十三条　电力监管机构有权责令电力企业、电力调度交易机构按照国家有关电力监管规章、规则的规定如实披露有关信息。

第二十四条　电力监管机构依法履行职责，可以采取下列措施，进行现场检查：

（一）进入电力企业、电力调度交易机构进行检查；

（二）询问电力企业、电力调度交易机构的工作人员，要求其对有关检查事项作出说明；

（三）查阅、复制与检查事项有关的文件、资料，对可能被转移、隐匿、损毁的文件、资料予以封存；

（四）对检查中发现的违法行为，有权当场予以纠正或者要求限期改正。

第二十五条　依法从事电力监管工作的人员在进行现场检查时，应当出示有效执法证件；未出示有效执法证件的，电力企业、电力调度交易机构有权拒绝检查。

第二十六条　发电厂与电网并网、电网与电网互联，并网双方或者互联双方达不成协议，影响电力交易正常进行的，电力监管机构应当进行协调；经协调仍不能达成协议的，由电力监管机构作出裁决。

第二十七条　电力企业发生电力生产安全事故，应当及时采取措施，防止事故扩大，并向电力监管机构和其他有关部门报告。电力监管机构接到发生重大电力生产安全事故报告后，应当按照重大电力生产安全事故处置预案，及时采取处置措施。

电力监管机构按照国家有关规定组织或者参加电力生产安全事故的调查处理。

第二十八条　电力监管机构对电力企业、电力调度交易机构违反有关电力监管的法律、行政法规或者有关电力监管规章、规则，损害社会公共利益的行为及其处理情况，可以向社会公布。

第五章　法律责任

第二十九条　电力监管机构从事监管工作的人员有下列情形之一的，依法给予行政处分；构成犯罪的，依法追究刑事责任：

（一）违反有关法律和国务院有关规定颁发电力业务许可证的；

（二）发现未经许可擅自经营电力业务的行为，不依法进行处理的；

（三）发现违法行为或者接到对违法行为的举报后，不及时进行处理的；

（四）利用职务便利谋取不正当利益的。

电力监管机构从事监管工作的人员在电力企业、电力调度交易机构兼任职务的，由电力监管机构责令改正，没收兼职所得；拒不改正的，予以辞退或者开除。

第三十条　违反规定未取得电力业务许可证擅自经营电力业务的，由电力监管机构责令改正，没收违法所得，可以并处违法所得 5 倍以下的罚款；构成犯罪的，依法追究刑事责任。

第三十一条　电力企业违反本条例规定，有下列情形之一的，由电力监管机构责令改正；拒不改正的，处 10 万元以上 100 万元以下的罚款；对直接负责的主管人员和其他直接责任人员，依法给予处分；情节严重的，可以吊销电力业务许可证：

（一）不遵守电力市场运行规则的；

（二）发电厂并网、电网互联不遵守有关规章、规则的；

（三）不向从事电力交易的主体公平、无歧视开放电力市场或者不按照规定公平开放电网的。

第三十二条　供电企业未按照国家规定的电能质量和供电服务质量标准向用户提供供电服务的，由电力监管机构责令改正，给予警告；情节严重的，对直接负责的主管人员和其他直接责任人员，依法给予处分。

第三十三条　电力调度交易机构违反本条例规定，不按照电力市场运行规则组织交易的，由电力监管机构责令改正；拒不改正的，处 10 万元以上 100 万元以下的罚款；对直接负责的主管人员和其他直接责任人员，依法给予处分。

电力调度交易机构工作人员泄露电力交易内幕信息的，由电力监管机构责令改正，并依法给予处分。

第三十四条　电力企业、电力调度交易机构有下列情形之一的，由电力监管机构责令改正；拒不改正的，处 5 万元以上 50 万元以下的罚款，对直接负责的主管人员和其他直接责任人员，依法给予处分；构成犯罪的，依法追究刑事责任：

（一）拒绝或者阻碍电力监管机构及其从事监管工作的人员依法履行监管职责的；

（二）提供虚假或者隐瞒重要事实的文件、资料的；

（三）未按照国家有关电力监管规章、规则的规定披露有关信息的。

第三十五条　本条例规定的罚款和没收的违法所得，按照国家有关规定上缴国库。

第六章　附　　则

第三十六条　电力企业应当按照国务院价格主管部门、财政部门的有关规定缴纳电力监管费。

第三十七条　本条例自 2005 年 5 月 1 日起施行。

生产安全事故报告和调查处理条例

中华人民共和国国务院令第 493 号

（2007 年 3 月 28 日国务院第 172 次常务会议通过，2007 年 4 月 9 日中华人民共和国国务院令第 493 号公布，自 2007 年 6 月 1 日起施行）

第一章　总　　则

第一条　为了规范生产安全事故的报告和调查处理，落实生产安全事故责任追究制度，防止和减少生产安全事故，根据《中华人民共和国安全生产法》和有关法律，制定本条例。

第二条　生产经营活动中发生的造成人身伤亡或者直接经济损失的生产安全事故的报告和调查处理，适用本条例；环境污染事故、核设施事故、国防科研生产事故的报告和调查处理不适用本条例。

第三条　根据生产安全事故（以下简称事故）造成的人员伤亡或者直接经济损失，事故一般分为以下等级：

（一）特别重大事故，是指造成 30 人以上死亡，或者 100 人以上重伤（包括急性工业中毒，下同），或者 1 亿元以上直接经济损失的事故；

（二）重大事故，是指造成 10 人以上 30 人以下死亡，或者 50 人以上 100 人以下重伤，或者 5000 万元以上 1 亿元以下直接经济损失的事故；

（三）较大事故，是指造成 3 人以上 10 人以下死亡，或者 10 人以上 50 人以下重伤，或者 1000 万元以上 5000 万元以下直接经济损失的事故；

（四）一般事故，是指造成 3 人以下死亡，或者 10 人以下重伤，或者 1000 万元以下直接经济损失的事故。

国务院安全生产监督管理部门可以会同国务院有关部门，制定事故等级划分的补充性规定。

本条第一款所称的"以上"包括本数，所称的"以下"不包括本数。

第四条　事故报告应当及时、准确、完整，任何单位和个人对事故不得迟报、漏报、谎报或者瞒报。

事故调查处理应当坚持实事求是、尊重科学的原则，及时、准确地查清事故经过、事故原因和事故损失，查明事故性质，认定事故责任，总结事故教训，提出整改措施，并对

事故责任者依法追究责任。

第五条 县级以上人民政府应当依照本条例的规定，严格履行职责，及时、准确地完成事故调查处理工作。

事故发生地有关地方人民政府应当支持、配合上级人民政府或者有关部门的事故调查处理工作，并提供必要的便利条件。

参加事故调查处理的部门和单位应当互相配合，提高事故调查处理工作的效率。

第六条 工会依法参加事故调查处理，有权向有关部门提出处理意见。

第七条 任何单位和个人不得阻挠和干涉对事故的报告和依法调查处理。

第八条 对事故报告和调查处理中的违法行为，任何单位和个人有权向安全生产监督管理部门、监察机关或者其他有关部门举报，接到举报的部门应当依法及时处理。

第二章　事故报告

第九条 事故发生后，事故现场有关人员应当立即向本单位负责人报告；单位负责人接到报告后，应当于1小时内向事故发生地县级以上人民政府安全生产监督管理部门和负有安全生产监督管理职责的有关部门报告。

情况紧急时，事故现场有关人员可以直接向事故发生地县级以上人民政府安全生产监督管理部门和负有安全生产监督管理职责的有关部门报告。

第十条 安全生产监督管理部门和负有安全生产监督管理职责的有关部门接到事故报告后，应当依照下列规定上报事故情况，并通知公安机关、劳动保障行政部门、工会和人民检察院：

（一）特别重大事故、重大事故逐级上报至国务院安全生产监督管理部门和负有安全生产监督管理职责的有关部门；

（二）较大事故逐级上报至省、自治区、直辖市人民政府安全生产监督管理部门和负有安全生产监督管理职责的有关部门；

（三）一般事故上报至设区的市级人民政府安全生产监督管理部门和负有安全生产监督管理职责的有关部门。

安全生产监督管理部门和负有安全生产监督管理职责的有关部门依照前款规定上报事故情况，应当同时报告本级人民政府。国务院安全生产监督管理部门和负有安全生产监督管理职责的有关部门以及省级人民政府接到发生特别重大事故、重大事故的报告后，应当立即报告国务院。

必要时，安全生产监督管理部门和负有安全生产监督管理职责的有关部门可以越级上报事故情况。

第十一条　安全生产监督管理部门和负有安全生产监督管理职责的有关部门逐级上报事故情况，每级上报的时间不得超过2小时。

第十二条　报告事故应当包括下列内容：

（一）事故发生单位概况；

（二）事故发生的时间、地点以及事故现场情况；

（三）事故的简要经过；

（四）事故已经造成或者可能造成的伤亡人数（包括下落不明的人数）和初步估计的直接经济损失；

（五）已经采取的措施；

（六）其他应当报告的情况。

第十三条　事故报告后出现新情况的，应当及时补报。

自事故发生之日起30日内，事故造成的伤亡人数发生变化的，应当及时补报。道路交通事故、火灾事故自发生之日起7日内，事故造成的伤亡人数发生变化的，应当及时补报。

第十四条　事故发生单位负责人接到事故报告后，应当立即启动事故相应应急预案，或者采取有效措施，组织抢救，防止事故扩大，减少人员伤亡和财产损失。

第十五条　事故发生地有关地方人民政府、安全生产监督管理部门和负有安全生产监督管理职责的有关部门接到事故报告后，其负责人应当立即赶赴事故现场，组织事故救援。

第十六条　事故发生后，有关单位和人员应当妥善保护事故现场以及相关证据，任何单位和个人不得破坏事故现场、毁灭相关证据。

因抢救人员、防止事故扩大以及疏通交通等原因，需要移动事故现场物件的，应当做出标志，绘制现场简图并做出书面记录，妥善保存现场重要痕迹、物证。

第十七条　事故发生地公安机关根据事故的情况，对涉嫌犯罪的，应当依法立案侦查，采取强制措施和侦查措施。犯罪嫌疑人逃匿的，公安机关应当迅速追捕归案。

第十八条　安全生产监督管理部门和负有安全生产监督管理职责的有关部门应当建立值班制度，并向社会公布值班电话，受理事故报告和举报。

第三章　事故调查

第十九条　特别重大事故由国务院或者国务院授权有关部门组织事故调查组进行

调查。

重大事故、较大事故、一般事故分别由事故发生地省级人民政府、设区的市级人民政府、县级人民政府负责调查。省级人民政府、设区的市级人民政府、县级人民政府可以直接组织事故调查组进行调查，也可以授权或者委托有关部门组织事故调查组进行调查。

未造成人员伤亡的一般事故，县级人民政府也可以委托事故发生单位组织事故调查组进行调查。

第二十条　上级人民政府认为必要时，可以调查由下级人民政府负责调查的事故。

自事故发生之日起30日内（道路交通事故、火灾事故自发生之日起7日内），因事故伤亡人数变化导致事故等级发生变化，依照本条例规定应当由上级人民政府负责调查的，上级人民政府可以另行组织事故调查组进行调查。

第二十一条　特别重大事故以下等级事故，事故发生地与事故发生单位不在同一个县级以上行政区域的，由事故发生地人民政府负责调查，事故发生单位所在地人民政府应当派人参加。

第二十二条　事故调查组的组成应当遵循精简、效能的原则。

根据事故的具体情况，事故调查组由有关人民政府、安全生产监督管理部门、负有安全生产监督管理职责的有关部门、监察机关、公安机关以及工会派人组成，并应当邀请人民检察院派人参加。

事故调查组可以聘请有关专家参与调查。

第二十三条　事故调查组成员应当具有事故调查所需要的知识和专长，并与所调查的事故没有直接利害关系。

第二十四条　事故调查组组长由负责事故调查的人民政府指定。事故调查组组长主持事故调查组的工作。

第二十五条　事故调查组履行下列职责：

（一）查明事故发生的经过、原因、人员伤亡情况及直接经济损失；

（二）认定事故的性质和事故责任；

（三）提出对事故责任者的处理建议；

（四）总结事故教训，提出防范和整改措施；

（五）提交事故调查报告。

第二十六条　事故调查组有权向有关单位和个人了解与事故有关的情况，并要求其提

供相关文件、资料，有关单位和个人不得拒绝。

事故发生单位的负责人和有关人员在事故调查期间不得擅离职守，并应当随时接受事故调查组的询问，如实提供有关情况。

事故调查中发现涉嫌犯罪的，事故调查组应当及时将有关材料或者其复印件移交司法机关处理。

第二十七条 事故调查中需要进行技术鉴定的，事故调查组应当委托具有国家规定资质的单位进行技术鉴定。必要时，事故调查组可以直接组织专家进行技术鉴定。技术鉴定所需时间不计入事故调查期限。

第二十八条 事故调查组成员在事故调查工作中应当诚信公正、恪尽职守，遵守事故调查组的纪律，保守事故调查的秘密。

未经事故调查组组长允许，事故调查组成员不得擅自发布有关事故的信息。

第二十九条 事故调查组应当自事故发生之日起 60 日内提交事故调查报告；特殊情况下，经负责事故调查的人民政府批准，提交事故调查报告的期限可以适当延长，但延长的期限最长不超过 60 日。

第三十条 事故调查报告应当包括下列内容：

（一）事故发生单位概况；

（二）事故发生经过和事故救援情况；

（三）事故造成的人员伤亡和直接经济损失；

（四）事故发生的原因和事故性质；

（五）事故责任的认定以及对事故责任者的处理建议；

（六）事故防范和整改措施。

事故调查报告应当附具有关证据材料。事故调查组成员应当在事故调查报告上签名。

第三十一条 事故调查报告报送负责事故调查的人民政府后，事故调查工作即告结束。事故调查的有关资料应当归档保存。

第四章 事故处理

第三十二条 重大事故、较大事故、一般事故，负责事故调查的人民政府应当自收到事故调查报告之日起 15 日内做出批复；特别重大事故，30 日内做出批复，特殊情况下，批复时间可以适当延长，但延长的时间最长不超过 30 日。

有关机关应当按照人民政府的批复，依照法律、行政法规规定的权限和程序，对事故

发生单位和有关人员进行行政处罚，对负有事故责任的国家工作人员进行处分。

事故发生单位应当按照负责事故调查的人民政府的批复，对本单位负有事故责任的人员进行处理。

负有事故责任的人员涉嫌犯罪的，依法追究刑事责任。

第三十三条　事故发生单位应当认真吸取事故教训，落实防范和整改措施，防止事故再次发生。防范和整改措施的落实情况应当接受工会和职工的监督。

安全生产监督管理部门和负有安全生产监督管理职责的有关部门应当对事故发生单位落实防范和整改措施的情况进行监督检查。

第三十四条　事故处理的情况由负责事故调查的人民政府或者其授权的有关部门、机构向社会公布，依法应当保密的除外。

第五章　法律责任

第三十五条　事故发生单位主要负责人有下列行为之一的，处上一年年收入 40% 至 80% 的罚款；属于国家工作人员的，并依法给予处分；构成犯罪的，依法追究刑事责任：

（一）不立即组织事故抢救的；

（二）迟报或者漏报事故的；

（三）在事故调查处理期间擅离职守的。

第三十六条　事故发生单位及其有关人员有下列行为之一的，对事故发生单位处 100 万元以上 500 万元以下的罚款；对主要负责人、直接负责的主管人员和其他直接责任人员处上一年年收入 60% 至 100% 的罚款；属于国家工作人员的，并依法给予处分；构成违反治安管理行为的，由公安机关依法给予治安管理处罚；构成犯罪的，依法追究刑事责任：

（一）谎报或者瞒报事故的；

（二）伪造或者故意破坏事故现场的；

（三）转移、隐匿资金、财产，或者销毁有关证据、资料的；

（四）拒绝接受调查或者拒绝提供有关情况和资料的；

（五）在事故调查中作伪证或者指使他人作伪证的；

（六）事故发生后逃匿的。

第三十七条　事故发生单位对事故发生负有责任的，依照下列规定处以罚款：

（一）发生一般事故的，处 10 万元以上 20 万元以下的罚款；

（二）发生较大事故的，处 20 万元以上 50 万元以下的罚款；

（三）发生重大事故的，处 50 万元以上 200 万元以下的罚款；

（四）发生特别重大事故的，处 200 万元以上 500 万元以下的罚款。

第三十八条　事故发生单位主要负责人未依法履行安全生产管理职责，导致事故发生的，依照下列规定处以罚款；属于国家工作人员的，并依法给予处分；构成犯罪的，依法追究刑事责任：

（一）发生一般事故的，处上一年年收入 30% 的罚款；

（二）发生较大事故的，处上一年年收入 40% 的罚款；

（三）发生重大事故的，处上一年年收入 60% 的罚款；

（四）发生特别重大事故的，处上一年年收入 80% 的罚款。

第三十九条　有关地方人民政府、安全生产监督管理部门和负有安全生产监督管理职责的有关部门有下列行为之一的，对直接负责的主管人员和其他直接责任人员依法给予处分；构成犯罪的，依法追究刑事责任：

（一）不立即组织事故抢救的；

（二）迟报、漏报、谎报或者瞒报事故的；

（三）阻碍、干涉事故调查工作的；

（四）在事故调查中作伪证或者指使他人作伪证的。

第四十条　事故发生单位对事故发生负有责任的，由有关部门依法暂扣或者吊销其有关证照；对事故发生单位负有事故责任的有关人员，依法暂停或者撤销其与安全生产有关的执业资格、岗位证书；事故发生单位主要负责人受到刑事处罚或者撤职处分的，自刑罚执行完毕或者受处分之日起，5 年内不得担任任何生产经营单位的主要负责人。

为发生事故的单位提供虚假证明的中介机构，由有关部门依法暂扣或者吊销其有关证照及其相关人员的执业资格；构成犯罪的，依法追究刑事责任。

第四十一条　参与事故调查的人员在事故调查中有下列行为之一的，依法给予处分；构成犯罪的，依法追究刑事责任：

（一）对事故调查工作不负责任，致使事故调查工作有重大疏漏的；

（二）包庇、袒护负有事故责任的人员或者借机打击报复的。

第四十二条　违反本条例规定，有关地方人民政府或者有关部门故意拖延或者拒绝落实经批复的对事故责任人的处理意见的，由监察机关对有关责任人员依法给予处分。

第四十三条　本条例规定的罚款的行政处罚，由安全生产监督管理部门决定。

法律、行政法规对行政处罚的种类、幅度和决定机关另有规定的，依照其规定。

第六章　附　　则

第四十四条　没有造成人员伤亡，但是社会影响恶劣的事故，国务院或者有关地方人民政府认为需要调查处理的，依照本条例的有关规定执行。

国家机关、事业单位、人民团体发生的事故的报告和调查处理，参照本条例的规定执行。

第四十五条　特别重大事故以下等级事故的报告和调查处理，有关法律、行政法规或者国务院另有规定的，依照其规定。

第四十六条　本条例自2007年6月1日起施行。国务院1989年3月29日公布的《特别重大事故调查程序暂行规定》和1991年2月22日公布的《企业职工伤亡事故报告和处理规定》同时废止。

电力安全事故应急处置和调查处理条例

中华人民共和国国务院令第 599 号

（2011 年 6 月 15 日国务院第 159 次常务会议通过，2011 年 7 月 7 日中华人民共和国国务院令第 599 号公布，自 2011 年 9 月 1 日起施行）

第一章 总 则

第一条 为了加强电力安全事故的应急处置工作，规范电力安全事故的调查处理，控制、减轻和消除电力安全事故损害，制定本条例。

第二条 本条例所称电力安全事故，是指电力生产或者电网运行过程中发生的影响电力系统安全稳定运行或者影响电力正常供应的事故（包括热电厂发生的影响热力正常供应的事故）。

第三条 根据电力安全事故（以下简称事故）影响电力系统安全稳定运行或者影响电力（热力）正常供应的程度，事故分为特别重大事故、重大事故、较大事故和一般事故。事故等级划分标准由本条例附表列示。事故等级划分标准的部分项目需要调整的，由国务院电力监管机构提出方案，报国务院批准。

由独立的或者通过单一输电线路与外省连接的省级电网供电的省级人民政府所在地城市，以及由单一输电线路或者单一变电站供电的其他设区的市、县级市，其电网减供负荷或者造成供电用户停电的事故等级划分标准，由国务院电力监管机构另行制定，报国务院批准。

第四条 国务院电力监管机构应当加强电力安全监督管理，依法建立健全事故应急处置和调查处理的各项制度，组织或者参与事故的调查处理。

国务院电力监管机构、国务院能源主管部门和国务院其他有关部门、地方人民政府及有关部门按照国家规定的权限和程序，组织、协调、参与事故的应急处置工作。

第五条 电力企业、电力用户以及其他有关单位和个人，应当遵守电力安全管理规定，落实事故预防措施，防止和避免事故发生。

县级以上地方人民政府有关部门确定的重要电力用户，应当按照国务院电力监管机构的规定配置自备应急电源，并加强安全使用管理。

第六条 事故发生后，电力企业和其他有关单位应当按照规定及时、准确报告事故情况，开展应急处置工作，防止事故扩大，减轻事故损害。电力企业应当尽快恢复电力生产、电网运行和电力（热力）正常供应。

第七条 任何单位和个人不得阻挠和干涉对事故的报告、应急处置和依法调查处理。

第二章 事故报告

第八条 事故发生后，事故现场有关人员应当立即向发电厂、变电站运行值班人员、电力调度机构值班人员或者本企业现场负责人报告。有关人员接到报告后，应当立即向上一级电力调度机构和本企业负责人报告。本企业负责人接到报告后，应当立即向国务院电力监管机构设在当地的派出机构（以下称事故发生地电力监管机构）、县级以上人民政府安全生产监督管理部门报告；热电厂事故影响热力正常供应的，还应当向供热管理部门报告；事故涉及水电厂（站）大坝安全的，还应当同时向有管辖权的水行政主管部门或者流域管理机构报告。

电力企业及其有关人员不得迟报、漏报或者瞒报、谎报事故情况。

第九条 事故发生地电力监管机构接到事故报告后，应当立即核实有关情况，向国务院电力监管机构报告；事故造成供电用户停电的，应当同时通报事故发生地县级以上地方人民政府。

对特别重大事故、重大事故，国务院电力监管机构接到事故报告后应当立即报告国务院，并通报国务院安全生产监督管理部门、国务院能源主管部门等有关部门。

第十条 事故报告应当包括下列内容：

（一）事故发生的时间、地点（区域）以及事故发生单位；

（二）已知的电力设备、设施损坏情况，停运的发电（供热）机组数量、电网减供负荷或者发电厂减少出力的数值、停电（停热）范围；

（三）事故原因的初步判断；

（四）事故发生后采取的措施、电网运行方式、发电机组运行状况以及事故控制情况；

（五）其他应当报告的情况。

事故报告后出现新情况的，应当及时补报。

第十一条 事故发生后，有关单位和人员应当妥善保护事故现场以及工作日志、工作票、操作票等相关材料，及时保存故障录波图、电力调度数据、发电机组运行数据和输变电设备运行数据等相关资料，并在事故调查组成立后将相关材料、资料移交事故调查组。

因抢救人员或者采取恢复电力生产、电网运行和电力供应等紧急措施，需要改变事故现场、移动电力设备的，应当作出标记、绘制现场简图，妥善保存重要痕迹、物证，并作出书面记录。

任何单位和个人不得故意破坏事故现场，不得伪造、隐匿或者毁灭相关证据。

第三章　事故应急处置

第十二条　国务院电力监管机构依照《中华人民共和国突发事件应对法》和《国家突发公共事件总体应急预案》，组织编制国家处置电网大面积停电事件应急预案，报国务院批准。

有关地方人民政府应当依照法律、行政法规和国家处置电网大面积停电事件应急预案，组织制定本行政区域处置电网大面积停电事件应急预案。

处置电网大面积停电事件应急预案应当对应急组织指挥体系及职责，应急处置的各项措施，以及人员、资金、物资、技术等应急保障作出具体规定。

第十三条　电力企业应当按照国家有关规定，制定本企业事故应急预案。

电力监管机构应当指导电力企业加强电力应急救援队伍建设，完善应急物资储备制度。

第十四条　事故发生后，有关电力企业应当立即采取相应的紧急处置措施，控制事故范围，防止发生电网系统性崩溃和瓦解；事故危及人身和设备安全的，发电厂、变电站运行值班人员可以按照有关规定，立即采取停运发电机组和输变电设备等紧急处置措施。

事故造成电力设备、设施损坏的，有关电力企业应当立即组织抢修。

第十五条　根据事故的具体情况，电力调度机构可以发布开启或者关停发电机组、调整发电机组有功和无功负荷、调整电网运行方式、调整供电调度计划等电力调度命令，发电企业、电力用户应当执行。

事故可能导致破坏电力系统稳定和电网大面积停电的，电力调度机构有权决定采取拉限负荷、解列电网、解列发电机组等必要措施。

第十六条　事故造成电网大面积停电的，国务院电力监管机构和国务院其他有关部门、有关地方人民政府、电力企业应当按照国家有关规定，启动相应的应急预案，成立应急指挥机构，尽快恢复电网运行和电力供应，防止各种次生灾害的发生。

第十七条　事故造成电网大面积停电的，有关地方人民政府及有关部门应当立即组织开展下列应急处置工作：

（一）加强对停电地区关系国计民生、国家安全和公共安全的重点单位的安全保卫，防范破坏社会秩序的行为，维护社会稳定；

（二）及时排除因停电发生的各种险情；

（三）事故造成重大人员伤亡或者需要紧急转移、安置受困人员的，及时组织实施救治、转移、安置工作；

（四）加强停电地区道路交通指挥和疏导，做好铁路、民航运输以及通信保障工作；

（五）组织应急物资的紧急生产和调用，保证电网恢复运行所需物资和居民基本生活资料的供给。

第十八条 事故造成重要电力用户供电中断的，重要电力用户应当按照有关技术要求迅速启动自备应急电源；启动自备应急电源无效的，电网企业应当提供必要的支援。

事故造成地铁、机场、高层建筑、商场、影剧院、体育场馆等人员聚集场所停电的，应当迅速启用应急照明，组织人员有序疏散。

第十九条 恢复电网运行和电力供应，应当优先保证重要电厂厂用电源、重要输变电设备、电力主干网架的恢复，优先恢复重要电力用户、重要城市、重点地区的电力供应。

第二十条 事故应急指挥机构或者电力监管机构应当按照有关规定，统一、准确、及时发布有关事故影响范围、处置工作进度、预计恢复供电时间等信息。

第四章 事故调查处理

第二十一条 特别重大事故由国务院或者国务院授权的部门组织事故调查组进行调查。

重大事故由国务院电力监管机构组织事故调查组进行调查。

较大事故、一般事故由事故发生地电力监管机构组织事故调查组进行调查。国务院电力监管机构认为必要的，可以组织事故调查组对较大事故进行调查。

未造成供电用户停电的一般事故，事故发生地电力监管机构也可以委托事故发生单位调查处理。

第二十二条 根据事故的具体情况，事故调查组由电力监管机构、有关地方人民政府、安全生产监督管理部门、负有安全生产监督管理职责的有关部门派人组成；有关人员涉嫌失职、渎职或者涉嫌犯罪的，应当邀请监察机关、公安机关、人民检察院派人参加。

根据事故调查工作的需要，事故调查组可以聘请有关专家协助调查。

事故调查组组长由组织事故调查组的机关指定。

第二十三条 事故调查组应当按照国家有关规定开展事故调查，并在下列期限内向组织事故调查组的机关提交事故调查报告：

（一）特别重大事故和重大事故的调查期限为 60 日；特殊情况下，经组织事故调查组的机关批准，可以适当延长，但延长的期限不得超过 60 日。

（二）较大事故和一般事故的调查期限为 45 日；特殊情况下，经组织事故调查组的机关批准，可以适当延长，但延长的期限不得超过 45 日。

事故调查期限自事故发生之日起计算。

第二十四条 事故调查报告应当包括下列内容：

（一）事故发生单位概况和事故发生经过；

（二）事故造成的直接经济损失和事故对电网运行、电力（热力）正常供应的影响情况；

（三）事故发生的原因和事故性质；

（四）事故应急处置和恢复电力生产、电网运行的情况；

（五）事故责任认定和对事故责任单位、责任人的处理建议；

（六）事故防范和整改措施。

事故调查报告应当附具有关证据材料和技术分析报告。事故调查组成员应当在事故调查报告上签字。

第二十五条 事故调查报告报经组织事故调查组的机关同意，事故调查工作即告结束；委托事故发生单位调查的一般事故，事故调查报告应当报经事故发生地电力监管机构同意。

有关机关应当依法对事故发生单位和有关人员进行处罚，对负有事故责任的国家工作人员给予处分。

事故发生单位应当对本单位负有事故责任的人员进行处理。

第二十六条 事故发生单位和有关人员应当认真吸取事故教训，落实事故防范和整改措施，防止事故再次发生。

电力监管机构、安全生产监督管理部门和负有安全生产监督管理职责的有关部门应当对事故发生单位和有关人员落实事故防范和整改措施的情况进行监督检查。

第五章 法律责任

第二十七条 发生事故的电力企业主要负责人有下列行为之一的，由电力监管机构处其上一年年收入 40% 至 80% 的罚款;属于国家工作人员的，并依法给予处分;构成犯罪的，依法追究刑事责任：

（一）不立即组织事故抢救的；

（二）迟报或者漏报事故的；

（三）在事故调查处理期间擅离职守的。

第二十八条　发生事故的电力企业及其有关人员有下列行为之一的，由电力监管机构对电力企业处 100 万元以上 500 万元以下的罚款；对主要负责人、直接负责的主管人员和其他直接责任人员处其上一年年收入 60% 至 100% 的罚款，属于国家工作人员的，并依法给予处分；构成违反治安管理行为的，由公安机关依法给予治安管理处罚；构成犯罪的，依法追究刑事责任：

（一）谎报或者瞒报事故的；

（二）伪造或者故意破坏事故现场的；

（三）转移、隐匿资金、财产，或者销毁有关证据、资料的；

（四）拒绝接受调查或者拒绝提供有关情况和资料的；

（五）在事故调查中作伪证或者指使他人作伪证的；

（六）事故发生后逃匿的。

第二十九条　电力企业对事故发生负有责任的，由电力监管机构依照下列规定处以罚款：

（一）发生一般事故的，处 10 万元以上 20 万元以下的罚款；

（二）发生较大事故的，处 20 万元以上 50 万元以下的罚款；

（三）发生重大事故的，处 50 万元以上 200 万元以下的罚款；

（四）发生特别重大事故的，处 200 万元以上 500 万元以下的罚款。

第三十条　电力企业主要负责人未依法履行安全生产管理职责，导致事故发生的，由电力监管机构依照下列规定处以罚款；属于国家工作人员的，并依法给予处分；构成犯罪的，依法追究刑事责任：

（一）发生一般事故的，处其上一年年收入 30% 的罚款；

（二）发生较大事故的，处其上一年年收入 40% 的罚款；

（三）发生重大事故的，处其上一年年收入 60% 的罚款；

（四）发生特别重大事故的，处其上一年年收入 80% 的罚款。

第三十一条　电力企业主要负责人依照本条例第二十七条、第二十八条、第三十条规定受到撤职处分或者刑事处罚的，自受处分之日或者刑罚执行完毕之日起 5 年内，不得担任任何生产经营单位主要负责人。

第三十二条　电力监管机构、有关地方人民政府以及其他负有安全生产监督管理职责的有关部门有下列行为之一的，对直接负责的主管人员和其他直接责任人员依法给予处分；直接负责的主管人员和其他直接责任人员构成犯罪的，依法追究刑事责任：

（一）不立即组织事故抢救的；

（二）迟报、漏报或者瞒报、谎报事故的；

（三）阻碍、干涉事故调查工作的；

（四）在事故调查中作伪证或者指使他人作伪证的。

第三十三条　参与事故调查的人员在事故调查中有下列行为之一的，依法给予处分；构成犯罪的，依法追究刑事责任：

（一）对事故调查工作不负责任，致使事故调查工作有重大疏漏的；

（二）包庇、袒护负有事故责任的人员或者借机打击报复的。

第六章　附　　则

第三十四条　发生本条例规定的事故，同时造成人员伤亡或者直接经济损失，依照本条例确定的事故等级与依照《生产安全事故报告和调查处理条例》确定的事故等级不相同的，按事故等级较高者确定事故等级，依照本条例的规定调查处理；事故造成人员伤亡，构成《生产安全事故报告和调查处理条例》规定的重大事故或者特别重大事故的，依照《生产安全事故报告和调查处理条例》的规定调查处理。

电力生产或者电网运行过程中发生发电设备或者输变电设备损坏，造成直接经济损失的事故，未影响电力系统安全稳定运行以及电力正常供应的，由电力监管机构依照《生产安全事故报告和调查处理条例》的规定组成事故调查组对重大事故、较大事故、一般事故进行调查处理。

第三十五条　本条例对事故报告和调查处理未作规定的，适用《生产安全事故报告和调查处理条例》的规定。

第三十六条　核电厂核事故的应急处置和调查处理，依照《核电厂核事故应急管理条例》的规定执行。

第三十七条　本条例自 2011 年 9 月 1 日起施行。

附：

电力安全事故等级划分标准

判定项 事故等级	造成电网减供负荷的比例	造成城市供电用户停电的比例	发电厂或者变电站因安全故障造成全厂（站）对外停电的影响和持续时间	发电机组因安全故障停运的时间和后果	供热机组对外停止供热的时间
特别重大事故	区域性电网减供负荷30%以上 电网负荷20000兆瓦以上的省、自治区电网，减供负荷30%以上 电网负荷5000兆瓦以上20000兆瓦以下的省、自治区电网，减供负荷40%以上 直辖市电网减供负荷50%以上 电网负荷2000兆瓦以上的省、自治区人民政府所在地城市电网减供负荷60%以上	直辖市60%以上供电用户停电 电网负荷2000兆瓦以上的省、自治区人民政府所在地城市70%以上供电用户停电			
重大事故	区域性电网减供负荷10%以上30%以下 电网负荷20000兆瓦以上的省、自治区电网，减供负荷13%以上30%以下 电网负荷5000兆瓦以上20000兆瓦以下的省、自治区电网，减供负荷16%以上40%以下 电网负荷1000兆瓦以上5000兆瓦以下的省、自治区电网，减供负荷50%以上 直辖市电网减供负荷20%以上50%以下 省、自治区人民政府所在地城市电网减供负荷40%以上（电网负荷2000兆瓦以上的，减供负荷40%以上60%以下） 电网负荷600兆瓦以上的其他设区的市电网减供负荷60%以上	直辖市30%以上60%以下供电用户停电 省、自治区人民政府所在地城市50%以上供电用户停电（电网负荷2000兆瓦以上的，50%以上70%以下） 电网负荷600兆瓦以上的其他设区的市70%以上供电用户停电			

续表

判定项 事故等级	造成电网减供负荷的比例	造成城市供电用户停电的比例	发电厂或者变电站因安全故障造成全厂（站）对外停电的影响和持续时间	发电机组因安全故障停运的时间和后果	供热机组对外停止供热的时间
较大事故	区域性电网减供负荷7%以上10%以下 电网负荷20000兆瓦以上的省、自治区电网，减供负荷10%以上13%以下 电网负荷5000兆瓦以上20000兆瓦以下的省、自治区电网，减供负荷12%以上16%以下 电网负荷1000兆瓦以上5000兆瓦以下的省、自治区电网，减供负荷20%以上50%以下 电网负荷1000兆瓦以下的省、自治区电网，减供负荷40%以上 直辖市电网减供负荷10%以上20%以下 省、自治区人民政府所在地城市电网减供负荷20%以上40%以下 其他设区的市电网减供负荷40%以上（电网负荷600兆瓦以上的，减供负荷40%以上60%以下） 电网负荷150兆瓦以上的县级市电网减供负荷60%以上	直辖市15%以上30%以下供电用户停电 省、自治区人民政府所在地城市30%以上50%以下供电用户停电 其他设区的市50%以上供电用户停电（电网负荷600兆瓦以上的，50%以上70%以下） 电网负荷150兆瓦以上的县级市70%以上供电用户停电	发电厂或者220千伏以上变电站因安全故障造成全厂（站）对外停电，导致周边电压监视控制点电压低于调度机构规定的电压曲线值20%并且持续时间30分钟以上，或者导致周边电压监视控制点电压低于调度机构规定的电压曲线值10%并且持续时间1小时以上	发电机组因安全故障停止运行超过行业标准规定的大修时间两周，并导致电网减供负荷	供热机组装机容量200兆瓦以上的热电厂，在当地人民政府规定的采暖期内同时发生2台以上供热机组因安全故障停止运行，造成全厂对外停止供热并且持续时间48小时以上

续表

事故等级 \ 判定项	造成电网减供负荷的比例	造成城市供电用户停电的比例	发电厂或者变电站因安全故障造成全厂（站）对外停电的影响和持续时间	发电机组因安全故障停运的时间和后果	供热机组对外停止供热的时间
一般事故	区域性电网减供负荷 4% 以上 7% 以下 电网负荷 20000 兆瓦以上的省、自治区电网，减供负荷 5% 以上 10% 以下 电网负荷 5000 兆瓦以上 20000 兆瓦以下的省、自治区电网，减供负荷 6% 以上 12% 以下 电网负荷 1000 兆瓦以上 5000 兆瓦以下的省、自治区电网，减供负荷 10% 以上 20% 以下 电网负荷 1000 兆瓦以下的省、自治区电网，减供负荷 25% 以上 40% 以下 直辖市电网减供负荷 5% 以上 10% 以下 省、自治区人民政府所在地城市电网减供负荷 10% 以上 20% 以下 其他设区的市电网减供负荷 20% 以上 40% 以下 县级市减供负荷 40% 以上（电网负荷 150 兆瓦以上的，减供负荷 40% 以上 60% 以下）	直辖市 10% 以上 15% 以下供电用户停电 省、自治区人民政府所在地城市 15% 以上 30% 以下供电用户停电 其他设区的市 30% 以上 50% 以下供电用户停电 县级市 50% 以上供电用户停电（电网负荷 150 兆瓦以上的，50% 以上 70% 以下）	发电厂或者 220 千伏以上变电站因安全故障造成全厂（站）对外停电，导致周边电压监视控制点电压低于调度机构规定的电压曲线值 5% 以上 10% 以下并且持续时间 2 小时以上	发电机组因安全故障停止运行超过行业标准规定的小修时间两周，并导致电网减供负荷	供热机组装机容量 200 兆瓦以上的热电厂，在当地人民政府规定的采暖期内同时发生 2 台以上供热机组因安全故障停止运行，造成全厂对外停止供热并且持续时间 24 小时以上

注 1. 符合本表所列情形之一的，即构成相应等级的电力安全事故。

2. 本表中所称的"以上"包括本数，"以下"不包括本数。

3. 本表下列用语的含义：

（1）电网负荷，是指电力调度机构统一调度的电网在事故发生起始时刻的实际负荷；

（2）电网减供负荷，是指电力调度机构统一调度的电网在事故发生期间的实际负荷最大减少量；

（3）全厂对外停电，是指发电厂对外有功负荷降到零（虽电网经发电厂母线传送的负荷没有停止，仍视为全厂对外停电）；

（4）发电机组因安全故障停止运行，是指并网运行的发电机组（包括各种类型的电站锅炉、汽轮机、燃气轮机、水轮机、发电机和主变压器等主要发电设备），在未经电力调度机构允许的情况下，因安全故障需要停止运行的状态。

国务院安委会办公室关于大力推进
安全生产文化建设的指导意见

安委办〔2012〕34号

各省、自治区、直辖市及新疆生产建设兵团安全生产委员会，国务院安委会各成员单位，有关中央企业：

为深入贯彻落实《中共中央关于深化文化体制改革推动社会主义文化大发展大繁荣若干重大问题的决定》（以下简称《决定》）精神，进一步加强安全生产文化（以下简称安全文化）建设，强化安全生产思想基础和文化支撑，大力推进实施安全发展战略，根据《国务院关于坚持科学发展安全发展促进安全生产形势持续稳定好转的意见》（国发〔2011〕40号，以下简称国务院《意见》）和《安全文化建设"十二五"规划》（安监总政法〔2011〕172号），现提出以下指导意见：

一、充分认识推进安全文化建设的重要意义

（一）推进安全文化建设是社会主义文化大发展大繁荣的必然要求。坚持以人为本，更加关注和维护经济社会发展中人的生命安全和健康，是安全文化建设的主旨目标，体现了社会主义文化核心价值的基本要求。党的十七届六中全会《决定》，为我们加强安全文化建设提供了坚强有力的指导方针、工作纲领和努力方向。各地区、各有关部门和单位要自觉地把安全文化建设纳入社会主义文化建设总体布局，准确把握经济社会发展对安全生产工作的新要求，准确把握推动安全文化事业繁荣发展的新任务，准确把握广大人民群众对安全文化需要的新期待，紧密结合安全生产工作实际，抓住机遇，乘势而上，不断把安全文化建设推向深入。

（二）推进安全文化建设是实施安全发展战略的必然要求。从"安全生产"到"安全发展"、从"安全发展理念"到"安全发展战略"，充分表明了党中央、国务院对保障人民群众生命财产安全的坚强决心，反映了经济社会发展的客观规律和内在要求。各地区、各有关部门和单位要围绕安全发展战略的本质要求、原则目标、工程体系和保障措施，加强培训教育和宣传推动，既要强化安全发展的思想基础和文化环境，更要强化必须付诸实践的精神动力和战略行动，切实做到在谋划发展思路、制定发展目标、推进发展进程时以安全为前提、基础和保障，实现安全与速度、质量、效益相统一，确保人民群众平安幸福享

有改革发展和社会进步的成果。

（三）推进安全文化建设是汇集参与和支持安全生产工作力量的必然要求。目前，我国正处于生产安全事故易发多发的特殊阶段，安全基础依然比较薄弱，重特大事故尚未得到有效遏制，职业病多发，非法违法、违规违章行为屡禁不止等问题在一些地方和企业还比较突出。进一步加强安全生产工作，需要着力推进安全文化建设，创新方式方法，积极培育先进的安全文化理念，大力开展丰富多彩的安全文化建设活动，注重用文化的力量凝聚共识、集中智慧，齐心协力、持之以恒，推动社会各界重视、参与和支持安全生产工作，不断促进安全生产形势持续稳定好转。

二、安全文化建设的指导思想和总体目标

（四）指导思想。以邓小平理论和"三个代表"重要思想为指导，深入贯彻落实科学发展观，坚持社会主义先进文化前进方向，牢固树立科学发展、安全发展理念，紧紧围绕贯彻党的十七届六中全会《决定》和国务院《意见》精神，全面落实《安全文化建设"十二五"规划》，以"以人为本、关爱生命、安全发展"为核心，以促进企业落实安全生产主体责任、提高全民安全意识为重点，以改革创新为动力，坚持"安全第一、预防为主、综合治理"的方针，围绕中心、服务大局，不断提升安全文化建设水平，切实发挥安全文化对安全生产工作的引领和推动作用，为促进全国安全生产形势持续稳定好转，提供坚强的思想保证、强大的精神动力和有力的舆论支持。

（五）总体目标。大力开展安全文化建设，坚持科学发展、安全发展，全面实施安全发展战略的主动性明显提高；安全生产法制意识不断强化，依法依规从事生产经营建设行为的自觉性明显增强；安全生产知识得到广泛普及，全民安全素质和防灾避险能力明显提升；安全发展理念深入人心，有利于安全生产工作的舆论氛围更加浓厚；安全生产管理和监督的职业道德精神切实践行，科学、公正、严格、清廉的工作作风更加强化；反映安全生产的精品力作不断涌现，安全文化产业发展更加充满活力；高素质的安全文化人才队伍发展壮大，自我约束和持续改进的安全文化建设机制进一步完善，安全生产工作的保障基础更加坚实。

三、切实强化科学发展、安全发展理念

（六）加强安全生产宣传工作。广泛深入宣传科学发展、安全发展理念，积极组织各方力量，通过多种形式和有效途径，大力宣传、全面落实党中央、国务院关于加强安全生产工作的方针政策和决策部署。积极营造关爱生命、关注安全的社会舆论氛围，宣传推动将科学发展、安全发展作为衡量各地区、各行业领域、各生产经营单位安全生产工作的基

本标准，实现安全生产与经济社会发展有机统一。

（七）深入开展群众性安全文化活动。坚持贴近实际、贴近生活、贴近群众，认真组织开展好全国"安全生产月""安全生产万里行""安康杯""青年示范岗"等主题实践活动，增强活动实效。广泛组织安全发展公益宣传活动，充分利用演讲、展览、征文、书画、歌咏、文艺汇演、移动媒体等群众喜闻乐见的形式，加强安全生产理念和知识、技能的宣传，提高城市、社区、村镇、企业、校园安全文化建设水平，不断强化安全意识。

（八）着力提高全民安全素质。加强安全教育培训法规标准、基地、教材和信息化建设，加强地方政府分管安全生产工作的负责人、安全监管监察人员及企业"三项岗位"人员、班组长和农民工安全教育培训。积极开展全民公共安全教育、警示教育和应急避险教育。探索在中小学开设安全知识和应急防范课程，在高等院校开设选修课程。

（九）加强安全文化理论研究。充分发挥安全生产科研院所和高等院校的作用，加强安全学科建设，以安全发展为核心，组织研究、推出一批有价值和广泛社会影响力的安全文化理论成果。鼓励各地区和企业单位结合自身特点，探索安全文化建设的新方法、新途径，加大安全文化理论成果转化力度，更好地服务安全生产工作。

四、大力推动安全生产职业道德建设

（十）强化安全生产法制观念。结合中宣部、司法部和全国普法办联合开展的"法律六进"主题活动，深入开展安全生产相关法律法规、规章标准的宣传，坚持以案说法，加强安全生产法制教育，切实增强各类生产经营单位和广大从业人员的安全生产法律意识，推进"依法治安"。进一步加强安全生产综合监管、安全监察、行业主管等部门领导干部的法制教育，推进依法行政。

（十一）弘扬高尚的安全监管监察职业精神。以忠于职守、公正廉明、执法为民、甘于奉献为核心内容，深入宣传全国安全监管监察系统先进单位和先进个人的典型事迹，进一步激发各级党员干部立足岗位、牢记宗旨、爱党奉献的工作热情，坚定做好安全生产工作、维护人民群众生命财产安全的信心和决心，建设一支政治坚定、业务精通、作风过硬、执法公正的安全监管监察队伍，争做安全发展忠诚卫士。

（十二）增强全民安全自觉性。以"不伤害自己、不伤害他人、不被别人伤害、不使他人受到伤害"为主要内容，将安全生产价值观、道德观教育纳入思想政治工作和精神文明建设内容，注重加强日常性的安全教育，强化安全自律意识，使尊重生命价值、维护职业安全与健康成为广大职工群众生产生活中的精神追求和基本行为准则。

（十三）继续开展企业安全诚信建设。把安全诚信建设纳入社会诚信建设重要内容，

形成安全生产守信光荣、失信可耻的氛围，促进企业自觉主动地践行安全生产法律法规和规章制度，强化企业安全生产主体责任落实。健全完善安全生产失信惩戒制度，及时公布生产安全事故责任企业"黑名单"，督促各行业领域企业全面履行安全生产法定义务和社会责任，不断完善自我约束、持续改进的安全生产长效机制。

五、深入开展安全文化创建活动

（十四）大力推进企业安全文化建设。坚持与企业安全生产标准化建设、职业病危害治理工作相结合，完善安全文化创建评价标准和相关管理办法，严格规范申报程序。"全国安全文化建设示范企业"申报工作统一由省级安全监管监察机构负责，凡未取得省级安全文化建设示范企业称号、未达到安全生产标准化一级企业的，不得申报。积极开展企业安全文化建设培训，加强基层班组安全文化建设，提高一线职工自觉抵制"三违"行为和应急处置的能力。

（十五）扎实推进安全社区建设。积极倡导"安全、健康、和谐"的理念，健全安全社区创建工作机制，逐步由经济发达地区向中西部地区推进，进一步扩大建设成果。大力推动工业园区和经济技术开发区等安全社区建设，继续推进企业主导型社区以及国家级和省级经济开发区、工业园区安全社区建设。

（十六）积极推进城市安全文化建设。充分发挥政府的主导推动作用，将安全生产与城市规划、建设和管理密切结合，研究制定安全发展示范城市创建标准、评价机制和工作方案，积极推进创建工作。创新城市安全管理模式，加强社会公众安全教育，完善应急防范机制，有效化解人民群众生命健康和财产安全风险，提高城市整体安全水平。

六、加快推进安全文化产业发展

（十七）深化相关事业单位改革。以突出公益、强化服务、增强活力为重点，大力发展公益性安全文化事业，探索建立事业单位法人治理结构。按有关规定要求，加快推进安全监管监察系统的文艺院团、非时政类报刊社、新闻网站等转企改制，拓展有关出版、发行、影视企业改革成果，鼓励经营性文化单位建立现代企业制度，形成面向市场、体现安全文化价值的经营机制。支持有实力的安全文化单位进行重组改制，引导社会资本进入，着力发展主业突出、核心竞争力强的骨干安全文化企业。

（十八）鼓励创作安全文化精品。坚持以宣传安全发展、强化安全意识为中心的创作导向，面向社会推出一批优秀安全生产宣传产品，满足人民群众对安全生产多方面、多层次、多样化的精神文化需求。调动文艺创作的积极性和创造性，鼓励社会各界参与创作更多反映安全生产工作、倡导科学发展安全发展理念的优秀剧目、图书、影视片、宣传画、音乐

作品及公益广告等，丰富群众性安全文化，增强安全文化产品的影响力和渗透力。

（十九）支持安全文化产业发展。协调社会安全文化资源，参与安全文化开发建设，提高新闻媒体、行业协会、科研院所、文艺团体、中介机构、文化公司等参与安全文化产业的积极性，加快发展出版发行、影视制作、印刷、广告、演艺、会展、动漫等安全文化产业。充分发挥文化与科技相互促进的作用，利用数字、移动媒体、微博客等新兴渠道，加快安全文化产品推广。

七、切实提高安全生产舆论引导能力

（二十）把握正确的舆论导向。坚持马克思主义新闻观，贯彻团结稳定鼓劲、正面宣传为主的方针，广泛宣传有关安全生产重大政策措施、重大理论成果、典型经验和显著成效。准确把握新形势下安全宣传工作规律，完善政府部门、企业与新闻单位的沟通机制，有力引导正确的社会舆论。进一步加强安全生产信息化建设，推进舆情分析研判，提高网络舆论引导能力。

（二十一）规范信息发布制度。严格执行安全生产信息公开制度，不断拓宽渠道，公开透明、实事求是、及时主动地做好事故应急处置和调查处理情况、打击非法违法生产经营建设行为、隐患排查治理、安全生产标准化建设以及安全生产重点工作进展等情况的公告发布，对典型非法违法、违规违章行为进行公开曝光。完善安全生产新闻发言人制度，健全突发生产安全事故新闻报道应急工作机制，增强安全生产信息发布的权威性和公信力。

（二十二）加强社会舆论和群众监督。健全安全生产社会监督网络，扩大全国统一的"12350"安全生产举报电话覆盖面，通过设立电子信箱和网络微博客等方式，拓宽监督举报途径。健全新闻媒体和社会公众广泛参与的安全生产监督机制，落实安全生产举报奖励制度，保障公众的知情权和监督权。建立监督举报事项登记制度，及时回复查处整改情况，切实增强安全生产社会监督、舆论监督和群众监督效果。

八、全面加强安全文化宣传阵地建设

（二十三）加强新闻媒体阵地建设。以安全监管监察系统专业新闻媒体为主体，加强与主流媒体深度合作，形成中央、地方和安全监管监察系统内媒体，以及传统媒体与新兴媒体、平面媒体与立体媒体的宣传互动，构建功能互补、影响广泛、富有效率的安全文化传播平台，提高安全文化传播能力。

（二十四）加强互联网安全文化阵地建设。按照"积极利用、科学发展、依法管理、确保安全"的方针，开展具有网络特点的安全文化建设。结合安全生产的新形势、新任务，大力发展数字出版、手机报纸、手机网络、移动多媒体等新兴传播载体，拓展传播平台，

扩大安全文化影响覆盖面。

（二十五）加强安全监管监察系统宣传阵地建设。加快建立健全国家、省、市、县四级安全生产宣传教育工作体系，推动安全文化工作日常化、制度化建设，着力提高安全宣传教育能力。加强安全监管监察机构与相关部门间的沟通协作，充分利用思想文化资源，协调各方面力量，形成统一领导、组织协调、社会力量广泛参与的安全文化建设工作格局。

（二十六）加强安全文化教育基地建设。推进国家和地方安全教育（警示）基地，以及安全文化主题公园、主题街道建设。积极应用现代科技手段，融知识性、直观性、趣味性为一体，鼓励推动各地区、各行业领域及企业建设特色鲜明、形象逼真、触动心灵、效果突出的安全生产宣传教育展馆，提高社会公众对安全知识的感性认识，增强安全防范意识和技能。

九、强化安全文化建设保障措施

（二十七）加强组织领导。各地区、各有关部门和单位领导干部要从贯彻落实党的十七届六中全会《决定》精神的政治高度、从提高安全生产水平的实际需要出发，研究制定安全文化建设规划和政策措施，明确职能部门，完善支撑体系。扩大社会资源进入安全文化建设的有效途径，动员全社会力量参与安全文化建设。

（二十八）加大安全文化建设投入。加强与相关部门的沟通协调，完善有利于安全文化的财政政策，将公益性安全文化活动纳入公共财政经常性支出预算；认真执行新修订的安全生产费用提取使用管理办法，加强安全宣传教育培训投入；推动落实从安全生产责任险、工伤保险基金中支出适当费用，支持安全文化研究、教育培训、传播推广等活动的开展。

（二十九）加强安全文化人才队伍建设。加大安全生产宣传教育人员的培训力度，提升安全文化建设的业务水平。加强安全文化建设人才培养，提高组织协调、宣传教育和活动策划的能力，造就高层次、高素质的安全文化建设领军人才。建立安全文化建设专家库，加强基层安全文化队伍建设。

（三十）加大安全文化建设成果交流推广。深入开展地区间、行业领域及企业间的安全文化建设成果推广，提高安全文化对安全生产的促进作用，激励全社会积极参与安全文化建设。积极开展多渠道多层次的安全文化建设对外交流，加强安全文化建设成果的对外宣传，鼓励相关单位与国际组织、外国政府和民间机构等进行项目合作，学习借鉴和运用国际先进的安全文化推动安全生产工作。

国务院安委会办公室

2012 年 7 月 30 日

国务院安全生产委员会关于印发《国务院安全生产委员会成员单位安全生产工作考核办法》的通知

安委〔2020〕4 号

国务院安全生产委员会各成员单位：

《国务院安全生产委员会成员单位安全生产工作考核办法》已经国务院领导同志同意，现印发给你们，请认真贯彻执行。

国务院安全生产委员会

2020 年 4 月 30 日

国务院安全生产委员会成员单位安全生产工作考核办法

第一条　为深入贯彻习近平总书记关于安全生产重要论述，推动落实"管行业必须管安全、管业务必须管安全、管生产经营必须管安全"要求，有效防范化解行业领域重大安全风险，根据《中共中央　国务院关于推进安全生产领域改革发展的意见》等有关规定，制定本办法。

第二条　本办法适用于对国务院安全生产委员会成员单位（以下简称成员单位）安全生产工作完成情况年度考核。

第三条　考核工作在国务院领导下，由国务院安全生产委员会（以下简称国务院安委会）负责统筹组织，国务院安委会办公室负责具体实施，每年开展一次。坚持日常监督与年终考核相结合，国务院安委会办公室加强日常监督检查，对履职不到位的及时发出建议函，并做好跟踪督办。

第四条　考核工作坚持客观公正、科学合理、公开透明、注重实效的原则，突出工作重点，注重工作过程，强化责任落实。

第五条　主要考核内容包括：

（一）健全安全生产责任体系，严格履行安全生产工作职责，落实行业领域安全监管责任和相关业务工作管理责任。

（二）完善行业领域安全生产法律法规和标准规范，规范监管执法行为，深入推进依

法治理。

（三）加强安全风险管控，健全隐患治理监督机制，推进企业安全生产标准化建设，强化重点领域专项治理。

（四）加强安全生产基层基础工作，深入开展安全生产宣传和教育培训，提高科技和信息化水平，提升安全保障能力。

（五）严格重特大事故考核，有效防范遏制行业领域重特大事故发生。

第六条 国务院安委会办公室根据本办法和国务院安委会年度安全生产重点工作目标任务，组织成员单位分别拟定年度考核细则，并征求成员单位意见后报国务院安委会审定实施。

第七条 考核采取评分制。对照年度安全生产工作考核细则进行评分。

第八条 落实党中央、国务院工作部署，健全安全生产体制机制法制，组织事故抢险救援和救灾等工作取得显著成绩的，经国务院安委会办公室组织认定，可给予适当加分。

第九条 年度重点工作任务没有保质保量按时完成，责任不落实、工作不到位的，经国务院安委会办公室组织认定，给予适当减分。

第十条 考核结果分4个等级，分别为：优秀、良好、合格、不合格。

第十一条 考核方式为自查自评、集中考核、综合评定。成员单位年初报送上一年度安全生产工作自评报告。

第十二条 考核结果经国务院安委会全体会议审议，由国务院安委会上报党中央、国务院，并向全体成员单位通报，同时抄送中央组织部等有关部门。成员单位对考核中发现的问题，应在考核结果通报后一个月内，提出整改措施，并向国务院安委会书面报告。

第十三条 本办法由国务院安委会办公室负责解释，自印发之日起施行。

电力设施保护条例（2011 年修订）

中华人民共和国国务院令第 588 号

（1987 年 9 月 15 日国务院发布；根据 1998 年 1 月 7 日《国务院关于修改〈电力设施保护条例〉的决定》第一次修订；根据 2011 年 1 月 8 日《国务院关于废止和修改部分行政法规的决定》第二次修订）

第一章　总　　　则

第一条　为保障电力生产和建设的顺利进行，维护公共安全，特制定本条例。

第二条　本条例适用于中华人民共和国境内已建或在建的电力设施（包括发电设施、变电设施和电力线路设施及其有关辅助设施，下同）。

第三条　电力设施的保护，实行电力管理部门、公安部门、电力企业和人民群众相结合的原则。

第四条　电力设施受国家法律保护，禁止任何单位或个人从事危害电力设施的行为。任何单位和个人都有保护电力设施的义务，对危害电力设施的行为，有权制止并向电力管理部门、公安部门报告。

电力企业应加强对电力设施的保护工作，对危害电力设施安全的行为，应采取适当措施，予以制止。

第五条　国务院电力管理部门对电力设施的保护负责监督、检查、指导和协调。

第六条　县以上地方各级电力管理部门保护电力设施的职责是：

（一）监督、检查本条例及根据本条例制定的规章的贯彻执行；

（二）开展保护电力设施的宣传教育工作；

（三）会同有关部门及沿电力线路各单位，建立群众护线组织并健全责任制；

（四）会同当地公安部门，负责所辖地区电力设施的安全保卫工作。

第七条　各级公安部门负责依法查处破坏电力设施或哄抢、盗窃电力设施器材的案件。

第二章　电力设施的保护范围和保护区

第八条　发电设施、变电设施的保护范围：

（一）发电厂、变电站、换流站、开关站等厂、站内的设施；

（二）发电厂、变电站外各种专用的管道（沟）、储灰场、水井、泵站、冷却水塔、油库、堤坝、铁路、道路、桥梁、码头、燃料装卸设施、避雷装置、消防设施及其有关辅助设施；

（三）水力发电厂使用的水库、大坝、取水口、引水隧洞（含支洞口）、引水渠道、调压井（塔）、露天高压管道、厂房、尾水渠、厂房与大坝间的通信设施及其有关辅助设施。

第九条 电力线路设施的保护范围：

（一）架空电力线路：杆塔、基础、拉线、接地装置、导线、避雷线、金具、绝缘子、登杆塔的爬梯和脚钉，导线跨越航道的保护设施，巡（保）线站，巡视检修专用道路、船舶和桥梁，标志牌及其有关辅助设施；

（二）电力电缆线路：架空、地下、水底电力电缆和电缆联结装置，电缆管道、电缆隧道、电缆沟、电缆桥，电缆井、盖板、入孔、标石、水线标志牌及其有关辅助设施；

（三）电力线路上的变压器、电容器、电抗器、断路器、隔离开关、避雷器、互感器、熔断器、计量仪表装置、配电室、箱式变电站及其有关辅助设施；

（四）电力调度设施：电力调度场所、电力调度通信设施、电网调度自动化设施、电网运行控制设施。

第十条 电力线路保护区：

（一）架空电力线路保护区：导线边线向外侧水平延伸并垂直于地面所形成的两平行面内的区域，在一般地区各级电压导线的边线延伸距离如下：

1—10 千伏	5 米
35—110 千伏	10 米
154—330 千伏	15 米
500 千伏	20 米

在厂矿、城镇等人口密集地区，架空电力线路保护区的区域可略小于上述规定。但各级电压导线边线延伸的距离，不应小于导线边线在最大计算弧垂及最大计算风偏后的水平距离和风偏后距建筑物的安全距离之和。

（二）电力电缆线路保护区：地下电缆为电缆线路地面标桩两侧各 0.75 米所形成的两平行线内的区域；海底电缆一般为线路两侧各 2 海里（港内为两侧各 100 米），江河电缆一般不小于线路两侧各 100 米（中、小河流一般不小于各 50 米）所形成的两平行线内的水域。

第三章 电力设施的保护

第十一条 县以上地方各级电力管理部门应采取以下措施，保护电力设施：

（一）在必要的架空电力线路保护区的区界上，应设立标志，并标明保护区的宽度和保护规定；

（二）在架空电力线路导线跨越重要公路和航道的区段，应设立标志，并标明导线距穿越物体之间的安全距离；

（三）地下电缆铺设后，应设立永久性标志，并将地下电缆所在位置书面通知有关部门；

（四）水底电缆敷设后，应设立永久性标志，并将水底电缆所在位置书面通知有关部门。

第十二条 任何单位或个人在电力设施周围进行爆破作业，必须按照国家有关规定，确保电力设施的安全。

第十三条 任何单位或个人不得从事下列危害发电设施、变电设施的行为：

（一）闯入发电厂、变电站内扰乱生产和工作秩序，移动、损害标志物；

（二）危及输水、输油、供热、排灰等管道（沟）的安全运行；

（三）影响专用铁路、公路、桥梁、码头的使用；

（四）在用于水力发电的水库内，进入距水工建筑物300米区域内炸鱼、捕鱼、游泳、划船及其他可能危及水工建筑物安全的行为；

（五）其他危害发电、变电设施的行为。

第十四条 任何单位或个人，不得从事下列危害电力线路设施的行为：

（一）向电力线路设施射击；

（二）向导线抛掷物体；

（三）在架空电力线路导线两侧各300米的区域内放风筝；

（四）擅自在导线上接用电器设备；

（五）擅自攀登杆塔或在杆塔上架设电力线、通信线、广播线，安装广播喇叭；

（六）利用杆塔、拉线作起重牵引地锚；

（七）在杆塔、拉线上拴牲畜、悬挂物体、攀附农作物；

（八）在杆塔、拉线基础的规定范围内取土、打桩、钻探、开挖或倾倒酸、碱、盐及其他有害化学物品；

（九）在杆塔内（不含杆塔与杆塔之间）或杆塔与拉线之间修筑道路；

（十）拆卸杆塔或拉线上的器材，移动、损坏永久性标志或标志牌；

（十一）其他危害电力线路设施的行为。

第十五条 任何单位或个人在架空电力线路保护区内，必须遵守下列规定：

（一）不得堆放谷物、草料、垃圾、矿渣、易燃物、易爆物及其他影响安全供电的物品；

（二）不得烧窑、烧荒；

（三）不得兴建建筑物、构筑物；

（四）不得种植可能危及电力设施安全的植物。

第十六条 任何单位或个人在电力电缆线路保护区内，必须遵守下列规定：

（一）不得在地下电缆保护区内堆放垃圾、矿渣、易燃物、易爆物，倾倒酸、碱、盐及其他有害化学物品，兴建建筑物、构筑物或种植树木、竹子；

（二）不得在海底电缆保护区内抛锚、拖锚；

（三）不得在江河电缆保护区内抛锚、拖锚、炸鱼、挖沙。

第十七条 任何单位或个人必须经县级以上地方电力管理部门批准，并采取安全措施后，方可进行下列作业或活动：

（一）在架空电力线路保护区内进行农田水利基本建设工程及打桩、钻探、开挖等作业；

（二）起重机械的任何部位进入架空电力线路保护区进行施工；

（三）小于导线距穿越物体之间的安全距离，通过架空电力线路保护区；

（四）在电力电缆线路保护区内进行作业。

第十八条 任何单位或个人不得从事下列危害电力设施建设的行为：

（一）非法侵占电力设施建设项目依法征收的土地；

（二）涂改、移动、损害、拔除电力设施建设的测量标桩和标记；

（三）破坏、封堵施工道路，截断施工水源或电源。

第十九条 未经有关部门依照国家有关规定批准，任何单位和个人不得收购电力设施器材。

第四章　对电力设施与其他设施互相妨碍的处理

第二十条 电力设施的建设和保护应尽量避免或减少给国家、集体和个人造成的损失。

第二十一条 新建架空电力线路不得跨越储存易燃、易爆物品仓库的区域；一般不得跨越房屋，特殊情况需要跨越房屋时，电力建设企业应采取安全措施，并与有关单位达成

协议。

第二十二条 公用工程、城市绿化和其他工程在新建、改建或扩建中妨碍电力设施时，或电力设施在新建、改建或扩建中妨碍公用工程、城市绿化和其他工程时，双方有关单位必须按照本条例和国家有关规定协商，就迁移、采取必要的防护措施和补偿等问题达成协议后方可施工。

第二十三条 电力管理部门应将经批准的电力设施新建、改建或扩建的规划和计划通知城乡建设规划主管部门，并划定保护区域。

城乡建设规划主管部门应将电力设施的新建、改建或扩建的规划和计划纳入城乡建设规划。

第二十四条 新建、改建或扩建电力设施，需要损害农作物，砍伐树木、竹子，或拆迁建筑物及其他设施的，电力建设企业应按照国家有关规定给予一次性补偿。

在依法划定的电力设施保护区内种植的或自然生长的可能危及电力设施安全的树木、竹子，电力企业应依法予以修剪或砍伐。

第五章 奖励与惩罚

第二十五条 任何单位或个人有下列行为之一，电力管理部门应给予表彰或一次性物质奖励：

（一）对破坏电力设施或哄抢、盗窃电力设施器材的行为检举、揭发有功；

（二）对破坏电力设施或哄抢、盗窃电力设施器材的行为进行斗争，有效地防止事故发生；

（三）为保护电力设施而同自然灾害作斗争，成绩突出；

（四）为维护电力设施安全，做出显著成绩。

第二十六条 违反本条例规定，未经批准或未采取安全措施，在电力设施周围或在依法划定的电力设施保护区内进行爆破或其他作业，危及电力设施安全的，由电力管理部门责令停止作业、恢复原状并赔偿损失。

第二十七条 违反本条例规定，危害发电设施、变电设施和电力线路设施的，由电力管理部门责令改正；拒不改正的，处 1 万元以下的罚款。

第二十八条 违反本条例规定，在依法划定的电力设施保护区内进行烧窑、烧荒、抛锚、拖锚、炸鱼、挖沙作业，危及电力设施安全的，由电力管理部门责令停止作业、恢复原状并赔偿损失。

第二十九条 违反本条例规定，危害电力设施建设的，由电力管理部门责令改正、恢复原状并赔偿损失。

第三十条 凡违反本条例规定而构成违反治安管理行为的单位或个人，由公安部门根据《中华人民共和国治安管理处罚法》予以处罚；构成犯罪的，由司法机关依法追究刑事责任。

第六章 附　　则

第三十一条 国务院电力管理部门可以会同国务院有关部门制定本条例的实施细则。

第三十二条 本条例自发布之日起施行。

电力供应与使用条例

中华人民共和国国务院令第 709 号

（1996 年 4 月 17 日中华人民共和国国务院令第 196 号发布；根据 2016 年 2 月 6 日《国务院关于修改部分行政法规的决定》第一次修订；根据 2019 年 3 月 2 日《国务院关于修改部分行政法规的决定》第二次修订）

第一章 总 则

第一条 为了加强电力供应与使用的管理，保障供电、用电双方的合法权益，维护供电、用电秩序，安全、经济、合理地供电和用电，根据《中华人民共和国电力法》制定本条例。

第二条 在中华人民共和国境内，电力供应企业（以下称供电企业）和电力使用者（以下称用户）以及与电力供应、使用有关的单位和个人，必须遵守本条例。

第三条 国务院电力管理部门负责全国电力供应与使用的监督管理工作。

县级以上地方人民政府电力管理部门负责本行政区域内电力供应与使用的监督管理工作。

第四条 电网经营企业依法负责本供区内的电力供应与使用的业务工作，并接受电力管理部门的监督。

第五条 国家对电力供应和使用实行安全用电、节约用电、计划用电的管理原则。

供电企业和用户应当遵守国家有关规定，采取有效措施，做好安全用电、节约用电、计划用电工作。

第六条 供电企业和用户应当根据平等自愿、协商一致的原则签订供用电合同。

第七条 电力管理部门应当加强对供用电的监督管理，协调供用电各方关系，禁止危害供用电安全和非法侵占电能的行为。

第二章 供电营业区

第八条 供电企业在批准的供电营业区内向用户供电。

供电营业区的划分，应当考虑电网的结构和供电合理性等因素。一个供电营业区内只设立一个供电营业机构。

第九条 供电营业区的设立、变更，由供电企业提出申请，电力管理部门依据职责和

管理权限，会同同级有关部门审查批准后，发给《电力业务许可证》。

电网经营企业应当根据电网结构和供电合理性的原则协助电力管理部门划分供电营业区。

供电营业区的划分和管理办法，由国务院电力管理部门制定。

第十条 并网运行的电力生产企业按照并网协议运行后，送入电网的电力、电量由供电营业机构统一经销。

第十一条 用户用电容量超过其所在的供电营业区内供电企业供电能力的，由省级以上电力管理部门指定的其他供电企业供电。

第三章 供电设施

第十二条 县级以上各级人民政府应当将城乡电网的建设与改造规划，纳入城市建设和乡村建设的总体规划。各级电力管理部门应当会同有关行政主管部门和电网经营企业做好城乡电网建设和改造的规划。供电企业应当按照规划做好供电设施建设和运行管理工作。

第十三条 地方各级人民政府应当按照城市建设和乡村建设的总体规划统筹安排城乡供电线路走廊、电缆通道、区域变电所、区域配电所和营业网点的用地。

供电企业可以按照国家有关规定在规划的线路走廊、电缆通道、区域变电所、区域配电所和营业网点的用地上，架线、敷设电缆和建设公用供电设施。

第十四条 公用路灯由乡、民族乡、镇人民政府或者县级以上地方人民政府有关部门负责建设，并负责运行维护和交付电费，也可以委托供电企业代为有偿设计、施工和维护管理。

第十五条 供电设施、受电设施的设计、施工、试验和运行，应当符合国家标准或者电力行业标准。

第十六条 供电企业和用户对供电设施、受电设施进行建设和维护时，作业区域内的有关单位和个人应当给予协助，提供方便；因作业对建筑物或者农作物造成损坏的，应当依照有关法律、行政法规的规定负责修复或者给予合理的补偿。

第十七条 公用供电设施建成投产后，由供电单位统一维护管理。经电力管理部门批准，供电企业可以使用、改造、扩建该供电设施。

共用供电设施的维护管理，由产权单位协商确定，产权单位可自行维护管理，也可以委托供电企业维护管理。

用户专用的供电设施建成投产后，由用户维护管理或者委托供电企业维护管理。

第十八条 因建设需要，必须对已建成的供电设施进行迁移、改造或者采取防护措施时，建设单位应当事先与该供电设施管理单位协商，所需工程费用由建设单位负担。

第四章 电力供应

第十九条 用户受电端的供电质量应当符合国家标准或者电力行业标准。

第二十条 供电方式应当按照安全、可靠、经济、合理和便于管理的原则，由电力供应与使用双方根据国家有关规定以及电网规划、用电需求和当地供电条件等因素协商确定。

在公用供电设施未到达的地区，供电企业可以委托有供电能力的单位就近供电。非经供电企业委托，任何单位不得擅自向外供电。

第二十一条 因抢险救灾需要紧急供电时，供电企业必须尽速安排供电。所需工程费用和应付电费由有关地方人民政府有关部门从抢险救灾经费中支出，但是抗旱用电应当由用户交付电费。

第二十二条 用户对供电质量有特殊要求的，供电企业应当根据其必要性和电网的可能，提供相应的电力。

第二十三条 申请新装用电、临时用电、增加用电容量、变更用电和终止用电，均应当到当地供电企业办理手续，并按照国家有关规定交付费用；供电企业没有不予供电的合理理由的，应当供电。供电企业应当在其营业场所公告用电的程序、制度和收费标准。

第二十四条 供电企业应当按照国家标准或者电力行业标准参与用户受送电装置设计图纸的审核，对用户受送电装置隐蔽工程的施工过程实施监督，并在该受送电装置工程竣工后进行检验；检验合格的，方可投入使用。

第二十五条 供电企业应当按照国家有关规定实行分类电价、分时电价。

第二十六条 用户应当安装用电计量装置。用户使用的电力、电量，以计量检定机构依法认可的用电计量装置的记录为准。用电计量装置，应当安装在供电设施与受电设施的产权分界处。

安装在用户处的用电计量装置，由用户负责保护。

第二十七条 供电企业应当按照国家核准的电价和用电计量装置的记录，向用户计收电费。

用户应当按照国家批准的电价，并按照规定的期限、方式或者合同约定的办法，交付电费。

第二十八条 除本条例另有规定外，在发电、供电系统正常运行的情况下，供电企业

应当连续向用户供电；因故需要停止供电时，应当按照下列要求事先通知用户或者进行公告：

（一）因供电设施计划检修需要停电时，供电企业应当提前7天通知用户或者进行公告；

（二）因供电设施临时检修需要停止供电时，供电企业应当提前24小时通知重要用户；

（三）因发电、供电系统发生故障需要停电、限电时，供电企业应当按照事先确定的限电序位进行停电或者限电。引起停电或者限电的原因消除后，供电企业应当尽快恢复供电。

第五章　电力使用

第二十九条　县级以上人民政府电力管理部门应当遵照国家产业政策，按照统筹兼顾、保证重点、择优供应的原则，做好计划用电工作。

供电企业和用户应当制订节约用电计划，推广和采用节约用电的新技术、新材料、新工艺、新设备，降低电能消耗。

供电企业和用户应当采用先进技术、采取科学管理措施，安全供电、用电，避免发生事故，维护公共安全。

第三十条　用户不得有下列危害供电、用电安全，扰乱正常供电、用电秩序的行为：

（一）擅自改变用电类别；

（二）擅自超过合同约定的容量用电；

（三）擅自超过计划分配的用电指标的；

（四）擅自使用已经在供电企业办理暂停使用手续的电力设备，或者擅自启用已经被供电企业查封的电力设备；

（五）擅自迁移、更动或者擅自操作供电企业的用电计量装置、电力负荷控制装置、供电设施以及约定由供电企业调度的用户受电设备；

（六）未经供电企业许可，擅自引入、供出电源或者将自备电源擅自并网。

第三十一条　禁止窃电行为。窃电行为包括：

（一）在供电企业的供电设施上，擅自接线用电；

（二）绕越供电企业的用电计量装置用电；

（三）伪造或者开启法定的或者授权的计量检定机构加封的用电计量装置封印用电；

（四）故意损坏供电企业用电计量装置；

（五）故意使供电企业的用电计量装置计量不准或者失效；

（六）采用其他方法窃电。

第六章 供用电合同

第三十二条 供电企业和用户应当在供电前根据用户需要和供电企业的供电能力签订供用电合同。

第三十三条 供用电合同应当具备以下条款：

（一）供电方式、供电质量和供电时间；

（二）用电容量和用电地址、用电性质；

（三）计量方式和电价、电费结算方式；

（四）供用电设施维护责任的划分；

（五）合同的有效期限；

（六）违约责任；

（七）双方共同认为应当约定的其他条款。

第三十四条 供电企业应当按照合同约定的数量、质量、时间、方式，合理调度和安全供电。

用户应当按照合同约定的数量、条件用电，交付电费和国家规定的其他费用。

第三十五条 供用电合同的变更或者解除，应当依照有关法律、行政法规和本条例的规定办理。

第七章 监督与管理

第三十六条 电力管理部门应当加强对供电、用电的监督和管理。供电、用电监督检查工作人员必须具备相应的条件。供电、用电监督检查工作人员执行公务时，应当出示证件。

供电、用电监督检查管理的具体办法，由国务院电力管理部门另行制定。

第三十七条 承装、承修、承试供电设施和受电设施的单位，必须经电力管理部门审核合格，取得电力管理部门颁发的《承装（修）电力设施许可证》。

第八章 法律责任

第三十八条 违反本条例规定，有下列行为之一的，由电力管理部门责令改正，没收违法所得，可以并处违法所得5倍以下的罚款：

（一）未按照规定取得《电力业务许可证》，从事电力供应业务的；

（二）擅自伸入或者跨越供电营业区供电的；

（三）擅自向外转供电的。

第三十九条　违反本条例第二十七条规定，逾期未交付电费的，供电企业可以从逾期之日起，每日按照电费总额的1‰至3‰加收违约金，具体比例由供用电双方在供用电合同中约定；自逾期之日起计算超过30日，经催交仍未交付电费的，供电企业可以按照国家规定的程序停止供电。

第四十条　违反本条例第三十条规定，违章用电的，供电企业可以根据违章事实和造成的后果追缴电费，并按照国务院电力管理部门的规定加收电费和国家规定的其他费用；情节严重的，可以按照国家规定的程序停止供电。

第四十一条　违反本条例第三十一条规定，盗窃电能的，由电力管理部门责令停止违法行为，追缴电费并处应交电费5倍以下的罚款；构成犯罪的，依法追究刑事责任。

第四十二条　供电企业或者用户违反供用电合同，给对方造成损失的，应当依法承担赔偿责任。

第四十三条　因电力运行事故给用户或者第三人造成损害的，供电企业应当依法承担赔偿责任。

因用户或者第三人的过错给供电企业或者其他用户造成损害的，该用户或者第三人应当依法承担赔偿责任。

第四十四条　供电企业职工违反规章制度造成供电事故的，或者滥用职权、利用职务之便谋取私利的，依法给予行政处分；构成犯罪的，依法追究刑事责任。

第九章　附　　则

第四十五条　本条例自1996年9月1日起施行。

电网调度管理条例

中华人民共和国国务院令第 588 号

（1993 年 6 月 29 日中华人民共和国国务院令第 115 号发布；根据 2011 年 1 月 8 日《国务院关于废止和修改部分行政法规的决定》修订）

第一章　总　　则

第一条　为了加强电网调度管理，保障电网安全，保护用户利益，适应经济建设和人民生活的需要，制定本条例。

第二条　本条例所称电网调度，是指电网调度机构（以下简称调度机构）为保障电网的安全、优质、经济运行，对电网运行进行的组织、指挥、指导和协调。

电网调度应当符合社会主义市场经济的要求和电网运行的客观规律。

第三条　中华人民共和国境内的发电、供电、用电单位以及其他有关单位和个人，必须遵守本条例。

第四条　电网运行实行统一调度、分级管理的原则。

第五条　任何单位和个人不得超计划分配电力和电量，不得超计划使用电力和电量；遇有特殊情况，需要变更计划的，须经用电计划下达部门批准。

第六条　国务院电力行政主管部门主管电网调度工作。

第二章　调度系统

第七条　调度机构的职权及其调度管辖范围的划分原则，由国务院电力行政主管部门确定。

第八条　调度机构直接调度的发电厂的划定原则，由国务院电力行政主管部门确定。

第九条　调度系统包括各级调度机构和电网内的发电厂、变电站的运行值班单位。

下级调度机构必须服从上级调度机构的调度。

调度机构调度管辖范围内的发电厂、变电站的运行值班单位，必须服从该级调度机构的调度。

第十条　调度机构分为五级：国家调度机构，跨省、自治区、直辖市调度机构，省、自治区、直辖市级调度机构，省辖市级调度机构，县级调度机构。

第十一条　调度系统值班人员须经培训、考核并取得合格证书方得上岗。

调度系统值班人员的培训、考核办法由国务院电力行政主管部门制定。

第三章　调度计划

第十二条　跨省电网管理部门和省级电网管理部门应当编制发电、供电计划，并将发电、供电计划报送国务院电力行政主管部门备案。

调度机构应当编制下达发电、供电调度计划。

值班调度人员可以按照有关规定，根据电网运行情况，调整日发电、供电调度计划。值班调度人员调整日发电、供电调度计划时，必须填写调度值班日志。

第十三条　跨省电网管理部门和省级电网管理部门编制发电、供电计划，调度机构编制发电、供电调度计划时，应当根据国家下达的计划、有关的供电协议和并网协议、电网的设备能力，并留有备用容量。

对具有综合效益的水电厂（站）的水库，应当根据批准的水电厂（站）的设计文件，并考虑防洪、灌溉、发电、环保、航运等要求，合理运用水库蓄水。

第十四条　跨省电网管理部门和省级电网管理部门遇有下列情形之一，需要调整发电、供电计划时，应当通知有关地方人民政府的有关部门：

（一）大中型水电厂（站）入库水量不足；

（二）火电厂的燃料短缺；

（三）其他需要调整发电、供电计划的情形。

第四章　调度规则

第十五条　调度机构必须执行国家下达的供电计划，不得克扣电力、电量，并保证供电质量。

第十六条　发电厂必须按照调度机构下达的调度计划和规定的电压范围运行，并根据调度指令调整功率和电压。

第十七条　发电、供电设备的检修，应当服从调度机构的统一安排。

第十八条　出现下列紧急情况之一的，值班调度人员可以调整日发电、供电调度计划，发布限电、调整发电厂功率、开或者停发电机组等指令；可以向本电网内的发电厂、变电站的运行值班单位发布调度指令：

（一）发电、供电设备发生重大事故或者电网发生事故；

（二）电网频率或者电压超过规定范围；

（三）输变电设备负载超过规定值；

（四）主干线路功率值超过规定的稳定限额；

（五）其他威胁电网安全运行的紧急情况。

第十九条　省级电网管理部门、省辖市级电网管理部门、县级电网管理部门应当根据本级人民政府的生产调度部门的要求、用户的特点和电网安全运行的需要，提出事故及超计划用电的限电序位表，经本级人民政府的生产调度部门审核，报本级人民政府批准后，由调度机构执行。

限电及整个电网调度工作应当逐步实现自动化管理。

第二十条　未经值班调度人员许可，任何人不得操作调度机构调度管辖范围内的设备。

电网运行遇有危及人身及设备安全的情况时，发电厂、变电站的运行值班单位的值班人员可以按照有关规定处理，处理后应当立即报告有关调度机构的值班人员。

第五章　调度指令

第二十一条　值班调度人员必须按照规定发布各种调度指令。

第二十二条　在调度系统中，必须执行调度指令。调度系统的值班人员认为执行调度指令将危及人身及设备安全的，应当立即向发布指令的值班调度人员报告，由其决定调度指令的执行或者撤销。

第二十三条　电网管理部门的负责人，调度机构的负责人以及发电厂、变电站的负责人，对上级调度机构的值班人员发布的调度指令有不同意见时，可以向上级电网电力行政主管部门或者上级调度机构提出，但是在其未作出答复前，调度系统的值班人员必须按照上级调度机构的值班人员发布的调度指令执行。

第二十四条　任何单位和个人不得违反本条例干预调度系统的值班人员发布或者执行调度指令；调度系统的值班人员依法执行公务，有权拒绝各种非法干预。

第六章　并网与调度

第二十五条　并网运行的发电厂或者电网，必须服从调度机构的统一调度。

第二十六条　需要并网运行的发电厂与电网之间以及电网与电网之间，应当在并网前根据平等互利、协商一致的原则签订并网协议并严格执行。

第七章 罚 则

第二十七条 违反本条例规定，有下列行为之一的，对主管人员和直接责任人员由其所在单位或者上级机关给予行政处分：

（一）未经上级调度机构许可，不按照上级调度机构下达的发电、供电调度计划执行的；

（二）不执行有关调度机构批准的检修计划的；

（三）不执行调度指令和调度机构下达的保证电网安全的措施的；

（四）不如实反映电网运行情况的；

（五）不如实反映执行调度指令情况的；

（六）调度系统的值班人员玩忽职守、徇私舞弊，尚不构成犯罪的。

第二十八条 调度机构对于超计划用电的用户应当予以警告；经警告，仍未按照计划用电的，调度机构可以发布限电指令，并可以强行扣还电力、电量；当超计划用电威胁电网安全运行时，调度机构可以部分或者全部暂时停止供电。

第二十九条 违反本条例规定，未按照计划供电或者无故调整供电计划的，电网应当根据用户的需要补给少供的电力、电量。

第三十条 违反本条例规定，构成违反治安管理行为的，依照《中华人民共和国治安管理处罚法》的有关规定给予处罚；构成犯罪的，依法追究刑事责任。

第八章 附 则

第三十一条 国务院电力行政主管部门可以根据本条例制定实施办法。

省、自治区、直辖市人民政府可以根据本条例制定小电网管理办法。

第三十二条 本条例由国务院电力行政主管部门负责解释。

第三十三条 本条例自 1993 年 11 月 1 日起施行。

国务院办公厅关于印发突发事件应急
预案管理办法的通知

国办发〔2013〕101 号

各省、自治区、直辖市人民政府，国务院各部委、各直属机构：

《突发事件应急预案管理办法》已经国务院同意，现印发给你们，请认真贯彻执行。

国务院办公厅

2013 年 10 月 25 日

（此件公开发布）

突发事件应急预案管理办法

第一章 总 则

第一条 为规范突发事件应急预案（以下简称应急预案）管理，增强应急预案的针对性、实用性和可操作性，依据《中华人民共和国突发事件应对法》等法律、行政法规，制订本办法。

第二条 本办法所称应急预案，是指各级人民政府及其部门、基层组织、企事业单位、社会团体等为依法、迅速、科学、有序应对突发事件，最大程度减少突发事件及其造成的损害而预先制定的工作方案。

第三条 应急预案的规划、编制、审批、发布、备案、演练、修订、培训、宣传教育等工作，适用本办法。

第四条 应急预案管理遵循统一规划、分类指导、分级负责、动态管理的原则。

第五条 应急预案编制要依据有关法律、行政法规和制度，紧密结合实际，合理确定内容，切实提高针对性、实用性和可操作性。

第二章 分类和内容

第六条 应急预案按照制定主体划分，分为政府及其部门应急预案、单位和基层组织应急预案两大类。

第七条 政府及其部门应急预案由各级人民政府及其部门制定，包括总体应急预案、专项应急预案、部门应急预案等。

总体应急预案是应急预案体系的总纲，是政府组织应对突发事件的总体制度安排，由县级以上各级人民政府制定。

专项应急预案是政府为应对某一类型或某几种类型突发事件，或者针对重要目标物保护、重大活动保障、应急资源保障等重要专项工作而预先制定的涉及多个部门职责的工作方案，由有关部门牵头制订，报本级人民政府批准后印发实施。

部门应急预案是政府有关部门根据总体应急预案、专项应急预案和部门职责，为应对本部门（行业、领域）突发事件，或者针对重要目标物保护、重大活动保障、应急资源保障等涉及部门工作而预先制定的工作方案，由各级政府有关部门制定。

鼓励相邻、相近的地方人民政府及其有关部门联合制定应对区域性、流域性突发事件的联合应急预案。

第八条 总体应急预案主要规定突发事件应对的基本原则、组织体系、运行机制，以及应急保障的总体安排等，明确相关各方的职责和任务。

针对突发事件应对的专项和部门应急预案，不同层级的预案内容各有所侧重。国家层面专项和部门应急预案侧重明确突发事件的应对原则、组织指挥机制、预警分级和事件分级标准、信息报告要求、分级响应及响应行动、应急保障措施等，重点规范国家层面应对行动，同时体现政策性和指导性；省级专项和部门应急预案侧重明确突发事件的组织指挥机制、信息报告要求、分级响应及响应行动、队伍物资保障及调动程序、市县级政府职责等，重点规范省级层面应对行动，同时体现指导性；市县级专项和部门应急预案侧重明确突发事件的组织指挥机制、风险评估、监测预警、信息报告、应急处置措施、队伍物资保障及调动程序等内容，重点规范市（地）级和县级层面应对行动，体现应急处置的主体职能；乡镇街道专项和部门应急预案侧重明确突发事件的预警信息传播、组织先期处置和自救互救、信息收集报告、人员临时安置等内容，重点规范乡镇层面应对行动，体现先期处置特点。

针对重要基础设施、生命线工程等重要目标物保护的专项和部门应急预案，侧重明确风险隐患及防范措施、监测预警、信息报告、应急处置和紧急恢复等内容。

针对重大活动保障制定的专项和部门应急预案，侧重明确活动安全风险隐患及防范措施、监测预警、信息报告、应急处置、人员疏散撤离组织和路线等内容。

针对为突发事件应对工作提供队伍、物资、装备、资金等资源保障的专项和部门应急预案，侧重明确组织指挥机制、资源布局、不同种类和级别突发事件发生后的资源调用程

序等内容。

联合应急预案侧重明确相邻、相近地方人民政府及其部门间信息通报、处置措施衔接、应急资源共享等应急联动机制。

第九条 单位和基层组织应急预案由机关、企业、事业单位、社会团体和居委会、村委会等法人和基层组织制定，侧重明确应急响应责任人、风险隐患监测、信息报告、预警响应、应急处置、人员疏散撤离组织和路线、可调用或可请求援助的应急资源情况及如何实施等，体现自救互救、信息报告和先期处置特点。

大型企业集团可根据相关标准规范和实际工作需要，参照国际惯例，建立本集团应急预案体系。

第十条 政府及其部门、有关单位和基层组织可根据应急预案，并针对突发事件现场处置工作灵活制定现场工作方案，侧重明确现场组织指挥机制、应急队伍分工、不同情况下的应对措施、应急装备保障和自我保障等内容。

第十一条 政府及其部门、有关单位和基层组织可结合本地区、本部门和本单位具体情况，编制应急预案操作手册，内容一般包括风险隐患分析、处置工作程序、响应措施、应急队伍和装备物资情况，以及相关单位联络人员和电话等。

第十二条 对预案应急响应是否分级、如何分级、如何界定分级响应措施等，由预案制定单位根据本地区、本部门和本单位的实际情况确定。

第三章 预案编制

第十三条 各级人民政府应当针对本行政区域多发易发突发事件、主要风险等，制定本级政府及其部门应急预案编制规划，并根据实际情况变化适时修订完善。

单位和基层组织可根据应对突发事件需要，制定本单位、本基层组织应急预案编制计划。

第十四条 应急预案编制部门和单位应组成预案编制工作小组，吸收预案涉及主要部门和单位业务相关人员、有关专家及有现场处置经验的人员参加。编制工作小组组长由应急预案编制部门或单位有关负责人担任。

第十五条 编制应急预案应当在开展风险评估和应急资源调查的基础上进行。

（一）风险评估。针对突发事件特点，识别事件的危害因素，分析事件可能产生的直接后果以及次生、衍生后果，评估各种后果的危害程度，提出控制风险、治理隐患的措施。

（二）应急资源调查。全面调查本地区、本单位第一时间可调用的应急队伍、装备、物资、场所等应急资源状况和合作区域内可请求援助的应急资源状况，必要时对本地居民

应急资源情况进行调查，为制定应急响应措施提供依据。

第十六条　政府及其部门应急预案编制过程中应当广泛听取有关部门、单位和专家的意见，与相关的预案作好衔接。涉及其他单位职责的，应当书面征求相关单位意见。必要时，向社会公开征求意见。

单位和基层组织应急预案编制过程中，应根据法律、行政法规要求或实际需要，征求相关公民、法人或其他组织的意见。

第四章　审批、备案和公布

第十七条　预案编制工作小组或牵头单位应当将预案送审稿及各有关单位复函和意见采纳情况说明、编制工作说明等有关材料报送应急预案审批单位。因保密等原因需要发布应急预案简本的，应当将应急预案简本一起报送审批。

第十八条　应急预案审核内容主要包括预案是否符合有关法律、行政法规，是否与有关应急预案进行了衔接，各方面意见是否一致，主体内容是否完备，责任分工是否合理明确，应急响应级别设计是否合理，应对措施是否具体简明、管用可行等。必要时，应急预案审批单位可组织有关专家对应急预案进行评审。

第十九条　国家总体应急预案报国务院审批，以国务院名义印发；专项应急预案报国务院审批，以国务院办公厅名义印发；部门应急预案由部门有关会议审议决定，以部门名义印发，必要时，可以由国务院办公厅转发。

地方各级人民政府总体应急预案应当经本级人民政府常务会议审议，以本级人民政府名义印发；专项应急预案应当经本级人民政府审批，必要时经本级人民政府常务会议或专题会议审议，以本级人民政府办公厅（室）名义印发；部门应急预案应当经部门有关会议审议，以部门名义印发，必要时，可以由本级人民政府办公厅（室）转发。

单位和基层组织应急预案须经本单位或基层组织主要负责人或分管负责人签发，审批方式根据实际情况确定。

第二十条　应急预案审批单位应当在应急预案印发后的 20 个工作日内依照下列规定向有关单位备案：

（一）地方人民政府总体应急预案报送上一级人民政府备案。

（二）地方人民政府专项应急预案抄送上一级人民政府有关主管部门备案。

（三）部门应急预案报送本级人民政府备案。

（四）涉及需要与所在地政府联合应急处置的中央单位应急预案，应当向所在地县级

人民政府备案。

法律、行政法规另有规定的从其规定。

第二十一条 自然灾害、事故灾难、公共卫生类政府及其部门应急预案，应向社会公布。对确需保密的应急预案，按有关规定执行。

第五章 应急演练

第二十二条 应急预案编制单位应当建立应急演练制度，根据实际情况采取实战演练、桌面推演等方式，组织开展人员广泛参与、处置联动性强、形式多样、节约高效的应急演练。

专项应急预案、部门应急预案至少每 3 年进行一次应急演练。

地震、台风、洪涝、滑坡、山洪泥石流等自然灾害易发区域所在地政府，重要基础设施和城市供水、供电、供气、供热等生命线工程经营管理单位，矿山、建筑施工单位和易燃易爆物品、危险化学品、放射性物品等危险物品生产、经营、储运、使用单位，公共交通工具、公共场所和医院、学校等人员密集场所的经营单位或者管理单位等，应当有针对性地经常组织开展应急演练。

第二十三条 应急演练组织单位应当组织演练评估。评估的主要内容包括：演练的执行情况，预案的合理性与可操作性，指挥协调和应急联动情况，应急人员的处置情况，演练所用设备装备的适用性，对完善预案、应急准备、应急机制、应急措施等方面的意见和建议等。

鼓励委托第三方进行演练评估。

第六章 评估和修订

第二十四条 应急预案编制单位应当建立定期评估制度，分析评价预案内容的针对性、实用性和可操作性，实现应急预案的动态优化和科学规范管理。

第二十五条 有下列情形之一的，应当及时修订应急预案：

（一）有关法律、行政法规、规章、标准、上位预案中的有关规定发生变化的；

（二）应急指挥机构及其职责发生重大调整的；

（三）面临的风险发生重大变化的；

（四）重要应急资源发生重大变化的；

（五）预案中的其他重要信息发生变化的；

（六）在突发事件实际应对和应急演练中发现问题需要作出重大调整的；

（七）应急预案制定单位认为应当修订的其他情况。

第二十六条　应急预案修订涉及组织指挥体系与职责、应急处置程序、主要处置措施、突发事件分级标准等重要内容的，修订工作应参照本办法规定的预案编制、审批、备案、公布程序组织进行。仅涉及其他内容的，修订程序可根据情况适当简化。

第二十七条　各级政府及其部门、企事业单位、社会团体、公民等，可以向有关预案编制单位提出修订建议。

第七章　培训和宣传教育

第二十八条　应急预案编制单位应当通过编发培训材料、举办培训班、开展工作研讨等方式，对与应急预案实施密切相关的管理人员和专业救援人员等组织开展应急预案培训。

各级政府及其有关部门应将应急预案培训作为应急管理培训的重要内容，纳入领导干部培训、公务员培训、应急管理干部日常培训内容。

第二十九条　对需要公众广泛参与的非涉密的应急预案，编制单位应当充分利用互联网、广播、电视、报刊等多种媒体广泛宣传，制作通俗易懂、好记管用的宣传普及材料，向公众免费发放。

第八章　组织保障

第三十条　各级政府及其有关部门应对本行政区域、本行业（领域）应急预案管理工作加强指导和监督。国务院有关部门可根据需要编写应急预案编制指南，指导本行业（领域）应急预案编制工作。

第三十一条　各级政府及其有关部门、各有关单位要指定专门机构和人员负责相关具体工作，将应急预案规划、编制、审批、发布、演练、修订、培训、宣传教育等工作所需经费纳入预算统筹安排。

第九章　附　　则

第三十二条　国务院有关部门、地方各级人民政府及其有关部门、大型企业集团等可根据实际情况，制定相关实施办法。

第三十三条　本办法由国务院办公厅负责解释。

第三十四条　本办法自印发之日起施行。

国家突发公共事件总体应急预案

国发〔2005〕11 号

1 总则

1.1 编制目的

提高政府保障公共安全和处置突发公共事件的能力，最大程度地预防和减少突发公共事件及其造成的损害，保障公众的生命财产安全，维护国家安全和社会稳定，促进经济社会全面、协调、可持续发展。

1.2 编制依据

依据宪法及有关法律、行政法规，制定本预案。

1.3 分类分级

本预案所称突发公共事件是指突然发生，造成或者可能造成重大人员伤亡、财产损失、生态环境破坏和严重社会危害，危及公共安全的紧急事件。

根据突发公共事件的发生过程、性质和机理，突发公共事件主要分为以下四类：

（1）自然灾害。主要包括水旱灾害，气象灾害，地震灾害，地质灾害，海洋灾害，生物灾害和森林草原火灾等。

（2）事故灾难。主要包括工矿商贸等企业的各类安全事故，交通运输事故，公共设施和设备事故，环境污染和生态破坏事件等。

（3）公共卫生事件。主要包括传染病疫情，群体性不明原因疾病，食品安全和职业危害，动物疫情，以及其他严重影响公众健康和生命安全的事件。

（4）社会安全事件。主要包括恐怖袭击事件，经济安全事件和涉外突发事件等。

各类突发公共事件按照其性质、严重程度、可控性和影响范围等因素，一般分为四级：Ⅰ级（特别重大）、Ⅱ级（重大）、Ⅲ级（较大）和Ⅳ级（一般）。

1.4 适用范围

本预案适用于涉及跨省级行政区划的，或超出事发地省级人民政府处置能力的特别重大突发公共事件应对工作。

本预案指导全国的突发公共事件应对工作。

1.5 工作原则

（1）以人为本，减少危害。切实履行政府的社会管理和公共服务职能，把保障公众健康和生命财产安全作为首要任务，最大程度地减少突发公共事件及其造成的人员伤亡和危害。

（2）居安思危，预防为主。高度重视公共安全工作，常抓不懈，防患于未然。增强忧患意识，坚持预防与应急相结合，常态与非常态相结合，做好应对突发公共事件的各项准备工作。

（3）统一领导，分级负责。在党中央、国务院的统一领导下，建立健全分类管理、分级负责、条块结合、属地管理为主的应急管理体制，在各级党委领导下，实行行政领导责任制，充分发挥专业应急指挥机构的作用。

（4）依法规范，加强管理。依据有关法律和行政法规，加强应急管理，维护公众的合法权益，使应对突发公共事件的工作规范化、制度化、法制化。

（5）快速反应，协同应对。加强以属地管理为主的应急处置队伍建设，建立联动协调制度，充分动员和发挥乡镇、社区、企事业单位、社会团体和志愿者队伍的作用，依靠公众力量，形成统一指挥、反应灵敏、功能齐全、协调有序、运转高效的应急管理机制。

（6）依靠科技，提高素质。加强公共安全科学研究和技术开发，采用先进的监测、预测、预警、预防和应急处置技术及设施，充分发挥专家队伍和专业人员的作用，提高应对突发公共事件的科技水平和指挥能力，避免发生次生、衍生事件；加强宣传和培训教育工作，提高公众自救、互救和应对各类突发公共事件的综合素质。

1.6 应急预案体系

全国突发公共事件应急预案体系包括：

（1）突发公共事件总体应急预案。总体应急预案是全国应急预案体系的总纲，是国务院应对特别重大突发公共事件的规范性文件。

（2）突发公共事件专项应急预案。专项应急预案主要是国务院及其有关部门为应对某一类型或某几种类型突发公共事件而制定的应急预案。

（3）突发公共事件部门应急预案。部门应急预案是国务院有关部门根据总体应急预案、专项应急预案和部门职责为应对突发公共事件制定的预案。

（4）突发公共事件地方应急预案。具体包括：省级人民政府的突发公共事件总体应急预案、专项应急预案和部门应急预案；各市（地）、县（市）人民政府及其基层政权组织的突发公共事件应急预案。上述预案在省级人民政府的领导下，按照分类管理、分级负责的原则，由地方人民政府及其有关部门分别制定。

（5）企事业单位根据有关法律法规制定的应急预案。

（6）举办大型会展和文化体育等重大活动，主办单位应当制定应急预案。

各类预案将根据实际情况变化不断补充、完善。

2 组织体系

2.1 领导机构

国务院是突发公共事件应急管理工作的最高行政领导机构。在国务院总理领导下，由国务院常务会议和国家相关突发公共事件应急指挥机构（以下简称相关应急指挥机构）负责突发公共事件的应急管理工作；必要时，派出国务院工作组指导有关工作。

2.2 办事机构

国务院办公厅设国务院应急管理办公室，履行值守应急、信息汇总和综合协调职责，发挥运转枢纽作用。

2.3 工作机构

国务院有关部门依据有关法律、行政法规和各自的职责，负责相关类别突发公共事件的应急管理工作。具体负责相关类别的突发公共事件专项和部门应急预案的起草与实施，贯彻落实国务院有关决定事项。

2.4 地方机构

地方各级人民政府是本行政区域突发公共事件应急管理工作的行政领导机构，负责本行政区域各类突发公共事件的应对工作。

2.5 专家组

国务院和各应急管理机构建立各类专业人才库，可以根据实际需要聘请有关专家组成专家组，为应急管理提供决策建议，必要时参加突发公共事件的应急处置工作。

3 运行机制

3.1 预测与预警

各地区、各部门要针对各种可能发生的突发公共事件，完善预测预警机制，建立预测预警系统，开展风险分析，做到早发现、早报告、早处置。

3.1.1 预警级别和发布

根据预测分析结果，对可能发生和可以预警的突发公共事件进行预警。预警级别依据突发公共事件可能造成的危害程度、紧急程度和发展态势，一般划分为四级：Ⅰ级（特别

严重）、Ⅱ级（严重）、Ⅲ级（较重）和Ⅳ级（一般），依次用红色、橙色、黄色和蓝色表示。

预警信息包括突发公共事件的类别、预警级别、起始时间、可能影响范围、警示事项、应采取的措施和发布机关等。

预警信息的发布、调整和解除可通过广播、电视、报刊、通信、信息网络、警报器、宣传车或组织人员逐户通知等方式进行，对老、幼、病、残、孕等特殊人群以及学校等特殊场所和警报盲区应当采取有针对性的公告方式。

3.2 应急处置

3.2.1 信息报告

特别重大或者重大突发公共事件发生后，各地区、各部门要立即报告，最迟不得超过 4 小时，同时通报有关地区和部门。应急处置过程中，要及时续报有关情况。

3.2.2 先期处置

突发公共事件发生后，事发地的省级人民政府或者国务院有关部门在报告特别重大、重大突发公共事件信息的同时，要根据职责和规定的权限启动相关应急预案，及时、有效地进行处置，控制事态。

在境外发生涉及中国公民和机构的突发事件，我驻外使领馆、国务院有关部门和有关地方人民政府要采取措施控制事态发展，组织开展应急救援工作。

3.2.3 应急响应

对于先期处置未能有效控制事态的特别重大突发公共事件，要及时启动相关预案，由国务院相关应急指挥机构或国务院工作组统一指挥或指导有关地区、部门开展处置工作。

现场应急指挥机构负责现场的应急处置工作。

需要多个国务院相关部门共同参与处置的突发公共事件，由该类突发公共事件的业务主管部门牵头，其他部门予以协助。

3.2.4 应急结束

特别重大突发公共事件应急处置工作结束，或者相关危险因素消除后，现场应急指挥机构予以撤销。

3.3 恢复与重建

3.3.1 善后处置

要积极稳妥、深入细致地做好善后处置工作。对突发公共事件中的伤亡人员、应急处置工作人员，以及紧急调集、征用有关单位及个人的物资，要按照规定给予抚恤、补助或补偿，并提供心理及司法援助。有关部门要做好疫病防治和环境污染消除工作。保险监管

机构督促有关保险机构及时做好有关单位和个人损失的理赔工作。

3.3.2 调查与评估

要对特别重大突发公共事件的起因、性质、影响、责任、经验教训和恢复重建等问题进行调查评估。

3.3.3 恢复重建

根据受灾地区恢复重建计划组织实施恢复重建工作。

3.4 信息发布

突发公共事件的信息发布应当及时、准确、客观、全面。事件发生的第一时间要向社会发布简要信息，随后发布初步核实情况、政府应对措施和公众防范措施等，并根据事件处置情况做好后续发布工作。

信息发布形式主要包括授权发布、散发新闻稿、组织报道、接受记者采访、举行新闻发布会等。

4 应急保障

各有关部门要按照职责分工和相关预案做好突发公共事件的应对工作，同时根据总体预案切实做好应对突发公共事件的人力、物力、财力、交通运输、医疗卫生及通信保障等工作，保证应急救援工作的需要和灾区群众的基本生活，以及恢复重建工作的顺利进行。

4.1 人力资源

公安（消防）、医疗卫生、地震救援、海上搜救、矿山救护、森林消防、防洪抢险、核与辐射、环境监控、危险化学品事故救援、铁路事故、民航事故、基础信息网络和重要信息系统事故处置，以及水、电、油、气等工程抢险救援队伍是应急救援的专业队伍和骨干力量。地方各级人民政府和有关部门、单位要加强应急救援队伍的业务培训和应急演练，建立联动协调机制，提高装备水平；动员社会团体、企事业单位以及志愿者等各种社会力量参与应急救援工作；增进国际间的交流与合作。要加强以乡镇和社区为单位的公众应急能力建设，发挥其在应对突发公共事件中的重要作用。

中国人民解放军和中国人民武装警察部队是处置突发公共事件的骨干和突击力量，按照有关规定参加应急处置工作。

4.2 财力保障

要保证所需突发公共事件应急准备和救援工作资金。对受突发公共事件影响较大的行业、企事业单位和个人要及时研究提出相应的补偿或救助政策。要对突发公共事件财政应

急保障资金的使用和效果进行监管和评估。

鼓励自然人、法人或者其他组织（包括国际组织）按照《中华人民共和国公益事业捐赠法》等有关法律、法规的规定进行捐赠和援助。

4.3　物资保障

要建立健全应急物资监测网络、预警体系和应急物资生产、储备、调拨及紧急配送体系，完善应急工作程序，确保应急所需物资和生活用品的及时供应，并加强对物资储备的监督管理，及时予以补充和更新。

地方各级人民政府应根据有关法律、法规和应急预案的规定，做好物资储备工作。

4.4　基本生活保障

要做好受灾群众的基本生活保障工作，确保灾区群众有饭吃、有水喝、有衣穿、有住处、有病能得到及时医治。

4.5　医疗卫生保障

卫生部门负责组建医疗卫生应急专业技术队伍，根据需要及时赴现场开展医疗救治、疾病预防控制等卫生应急工作。及时为受灾地区提供药品、器械等卫生和医疗设备。必要时，组织动员红十字会等社会卫生力量参与医疗卫生救助工作。

4.6　交通运输保障

要保证紧急情况下应急交通工具的优先安排、优先调度、优先放行，确保运输安全畅通；要依法建立紧急情况社会交通运输工具的征用程序，确保抢险救灾物资和人员能够及时、安全送达。

根据应急处置需要，对现场及相关通道实行交通管制，开设应急救援"绿色通道"，保证应急救援工作的顺利开展。

4.7　治安维护

要加强对重点地区、重点场所、重点人群、重要物资和设备的安全保护，依法严厉打击违法犯罪活动。必要时，依法采取有效管制措施，控制事态，维护社会秩序。

4.8　人员防护

要指定或建立与人口密度、城市规模相适应的应急避险场所，完善紧急疏散管理办法和程序，明确各级责任人，确保在紧急情况下公众安全、有序的转移或疏散。

要采取必要的防护措施，严格按照程序开展应急救援工作，确保人员安全。

4.9　通信保障

建立健全应急通信、应急广播电视保障工作体系，完善公用通信网，建立有线和无线

相结合、基础电信网络与机动通信系统相配套的应急通信系统，确保通信畅通。

4.10　公共设施

有关部门要按照职责分工，分别负责煤、电、油、气、水的供给，以及废水、废气、固体废弃物等有害物质的监测和处理。

4.11　科技支撑

要积极开展公共安全领域的科学研究；加大公共安全监测、预测、预警、预防和应急处置技术研发的投入，不断改进技术装备，建立健全公共安全应急技术平台，提高我国公共安全科技水平；注意发挥企业在公共安全领域的研发作用。

5　监督管理

5.1　预案演练

各地区、各部门要结合实际，有计划、有重点地组织有关部门对相关预案进行演练。

5.2　宣传和培训

宣传、教育、文化、广电、新闻出版等有关部门要通过图书、报刊、音像制品和电子出版物、广播、电视、网络等，广泛宣传应急法律法规和预防、避险、自救、互救、减灾等常识，增强公众的忧患意识、社会责任意识和自救、互救能力。各有关方面要有计划地对应急救援和管理人员进行培训，提高其专业技能。

5.3　责任与奖惩

突发公共事件应急处置工作实行责任追究制。

对突发公共事件应急管理工作中做出突出贡献的先进集体和个人要给予表彰和奖励。

对迟报、谎报、瞒报和漏报突发公共事件重要情况或者应急管理工作中有其他失职、渎职行为的，依法对有关责任人给予行政处分；构成犯罪的，依法追究刑事责任。

6　附则

6.1　预案管理

根据实际情况的变化，及时修订本预案。

本预案自发布之日起实施。

国务院办公厅关于印发国家大面积停电事件应急预案的通知

国办函〔2015〕134号

各省、自治区、直辖市人民政府，国务院各部委、各直属机构：

经国务院同意，现将《国家大面积停电事件应急预案》印发给你们，请认真组织实施。2005年5月24日经国务院批准、由国务院办公厅印发的《国家处置电网大面积停电事件应急预案》同时废止。

国务院办公厅

2015年11月13日

（此件公开发布）

国家大面积停电事件应急预案

1 总则

1.1 编制目的

建立健全大面积停电事件应对工作机制，提高应对效率，最大程度减少人员伤亡和财产损失，维护国家安全和社会稳定。

1.2 编制依据

依据《中华人民共和国突发事件应对法》《中华人民共和国安全生产法》《中华人民共和国电力法》《生产安全事故报告和调查处理条例》《电力安全事故应急处置和调查处理条例》《电网调度管理条例》、《国家突发公共事件总体应急预案》及相关法律法规等，制定本预案。

1.3 适用范围

本预案适用于我国境内发生的大面积停电事件应对工作。

大面积停电事件是指由于自然灾害、电力安全事故和外力破坏等原因造成区域性电网、省级电网或城市电网大量减供负荷，对国家安全、社会稳定以及人民群众生产生活造成影响和威胁的停电事件。

1.4　工作原则

大面积停电事件应对工作坚持统一领导、综合协调，属地为主、分工负责，保障民生、维护安全，全社会共同参与的原则。大面积停电事件发生后，地方人民政府及其有关部门、能源局相关派出机构、电力企业、重要电力用户应立即按照职责分工和相关预案开展处置工作。

1.5　事件分级

按照事件严重性和受影响程度，大面积停电事件分为特别重大、重大、较大和一般四级。分级标准见附件1。

2　组织体系

2.1　国家层面组织指挥机构

能源局负责大面积停电事件应对的指导协调和组织管理工作。当发生重大、特别重大大面积停电事件时，能源局或事发地省级人民政府按程序报请国务院批准，或根据国务院领导同志指示，成立国务院工作组，负责指导、协调、支持有关地方人民政府开展大面积停电事件应对工作。必要时，由国务院或国务院授权发展改革委成立国家大面积停电事件应急指挥部，统一领导、组织和指挥大面积停电事件应对工作。应急指挥部组成及工作组职责见附件2。

2.2　地方层面组织指挥机构

县级以上地方人民政府负责指挥、协调本行政区域内大面积停电事件应对工作，要结合本地实际，明确相应组织指挥机构，建立健全应急联动机制。

发生跨行政区域的大面积停电事件时，有关地方人民政府应根据需要建立跨区域大面积停电事件应急合作机制。

2.3　现场指挥机构

负责大面积停电事件应对的人民政府根据需要成立现场指挥部，负责现场组织指挥工作。参与现场处置的有关单位和人员应服从现场指挥部的统一指挥。

2.4　电力企业

电力企业（包括电网企业、发电企业等，下同）建立健全应急指挥机构，在政府组织指挥机构领导下开展大面积停电事件应对工作。电网调度工作按照《电网调度管理条例》及相关规程执行。

2.5　专家组

各级组织指挥机构根据需要成立大面积停电事件应急专家组，成员由电力、气象、地

质、水文等领域相关专家组成，对大面积停电事件应对工作提供技术咨询和建议。

3 监测预警和信息报告

3.1 监测和风险分析

电力企业要结合实际加强对重要电力设施设备运行、发电燃料供应等情况的监测，建立与气象、水利、林业、地震、公安、交通运输、国土资源、工业和信息化等部门的信息共享机制，及时分析各类情况对电力运行可能造成的影响，预估可能影响的范围和程度。

3.2 预警

3.2.1 预警信息发布

电力企业研判可能造成大面积停电事件时，要及时将有关情况报告受影响区域地方人民政府电力运行主管部门和能源局相关派出机构，提出预警信息发布建议，并视情通知重要电力用户。地方人民政府电力运行主管部门应及时组织研判，必要时报请当地人民政府批准后向社会公众发布预警，并通报同级其他相关部门和单位。当可能发生重大以上大面积停电事件时，中央电力企业同时报告能源局。

3.2.2 预警行动

预警信息发布后，电力企业要加强设备巡查检修和运行监测，采取有效措施控制事态发展；组织相关应急救援队伍和人员进入待命状态，动员后备人员做好参加应急救援和处置工作准备，并做好大面积停电事件应急所需物资、装备和设备等应急保障准备工作。重要电力用户做好自备应急电源启用准备。受影响区域地方人民政府启动应急联动机制，组织有关部门和单位做好维持公共秩序、供水供气供热、商品供应、交通物流等方面的应急准备；加强相关舆情监测，主动回应社会公众关注的热点问题，及时澄清谣言传言，做好舆论引导工作。

3.2.3 预警解除

根据事态发展，经研判不会发生大面积停电事件时，按照"谁发布、谁解除"的原则，由发布单位宣布解除预警，适时终止相关措施。

3.3 信息报告

大面积停电事件发生后，相关电力企业应立即向受影响区域地方人民政府电力运行主管部门和能源局相关派出机构报告，中央电力企业同时报告能源局。

事发地人民政府电力运行主管部门接到大面积停电事件信息报告或者监测到相关信息后，应当立即进行核实，对大面积停电事件的性质和类别作出初步认定，按照国家规定的

时限、程序和要求向上级电力运行主管部门和同级人民政府报告，并通报同级其他相关部门和单位。地方各级人民政府及其电力运行主管部门应当按照有关规定逐级上报，必要时可越级上报。能源局相关派出机构接到大面积停电事件报告后，应当立即核实有关情况并向能源局报告，同时通报事发地县级以上地方人民政府。对初判为重大以上的大面积停电事件，省级人民政府和能源局要立即按程序向国务院报告。

4   应急响应

4.1   响应分级

根据大面积停电事件的严重程度和发展态势，将应急响应设定为Ⅰ级、Ⅱ级、Ⅲ级和Ⅳ级四个等级。初判发生特别重大大面积停电事件，启动Ⅰ级应急响应，由事发地省级人民政府负责指挥应对工作。必要时，由国务院或国务院授权发展改革委成立国家大面积停电事件应急指挥部，统一领导、组织和指挥大面积停电事件应对工作。初判发生重大大面积停电事件，启动Ⅱ级应急响应，由事发地省级人民政府负责指挥应对工作。初判发生较大、一般大面积停电事件，分别启动Ⅲ级、Ⅳ级应急响应，根据事件影响范围，由事发地县级或市级人民政府负责指挥应对工作。

对于尚未达到一般大面积停电事件标准，但对社会产生较大影响的其他停电事件，地方人民政府可结合实际情况启动应急响应。

应急响应启动后，可视事件造成损失情况及其发展趋势调整响应级别，避免响应不足或响应过度。

4.2   响应措施

大面积停电事件发生后，相关电力企业和重要电力用户要立即实施先期处置，全力控制事件发展态势，减少损失。各有关地方、部门和单位根据工作需要，组织采取以下措施。

4.2.1   抢修电网并恢复运行

电力调度机构合理安排运行方式，控制停电范围；尽快恢复重要输变电设备、电力主干网架运行；在条件具备时，优先恢复重要电力用户、重要城市和重点地区的电力供应。

电网企业迅速组织力量抢修受损电网设备设施，根据应急指挥机构要求，向重要电力用户及重要设施提供必要的电力支援。

发电企业保证设备安全，抢修受损设备，做好发电机组并网运行准备，按照电力调度指令恢复运行。

4.2.2 防范次生衍生事故

重要电力用户按照有关技术要求迅速启动自备应急电源，加强重大危险源、重要目标、重大关键基础设施隐患排查与监测预警，及时采取防范措施，防止发生次生衍生事故。

4.2.3 保障居民基本生活

启用应急供水措施，保障居民用水需求；采用多种方式，保障燃气供应和采暖期内居民生活热力供应；组织生活必需品的应急生产、调配和运输，保障停电期间居民基本生活。

4.2.4 维护社会稳定

加强涉及国家安全和公共安全的重点单位安全保卫工作，严密防范和严厉打击违法犯罪活动。加强对停电区域内繁华街区、大型居民区、大型商场、学校、医院、金融机构、机场、城市轨道交通设施、车站、码头及其他重要生产经营场所等重点地区、重点部位、人员密集场所的治安巡逻，及时疏散人员，解救被困人员，防范治安事件。加强交通疏导，维护道路交通秩序。尽快恢复企业生产经营活动。严厉打击造谣惑众、囤积居奇、哄抬物价等各种违法行为。

4.2.5 加强信息发布

按照及时准确、公开透明、客观统一的原则，加强信息发布和舆论引导，主动向社会发布停电相关信息和应对工作情况，提示相关注意事项和安保措施。加强舆情收集分析，及时回应社会关切，澄清不实信息，正确引导社会舆论，稳定公众情绪。

4.2.6 组织事态评估

及时组织对大面积停电事件影响范围、影响程度、发展趋势及恢复进度进行评估，为进一步做好应对工作提供依据。

4.3 国家层面应对

4.3.1 部门应对

初判发生一般或较大大面积停电事件时，能源局开展以下工作：

（1）密切跟踪事态发展，督促相关电力企业迅速开展电力抢修恢复等工作，指导督促地方有关部门做好应对工作；

（2）视情派出部门工作组赴现场指导协调事件应对等工作；

（3）根据中央电力企业和地方请求，协调有关方面为应对工作提供支援和技术支持；

（4）指导做好舆情信息收集、分析和应对工作。

4.3.2 国务院工作组应对

初判发生重大或特别重大大面积停电事件时，国务院工作组主要开展以下工作：

（1）传达国务院领导同志指示批示精神，督促地方人民政府、有关部门和中央电力企

业贯彻落实；

（2）了解事件基本情况、造成的损失和影响、应对进展及当地需求等，根据地方和中央电力企业请求，协调有关方面派出应急队伍、调运应急物资和装备、安排专家和技术人员等，为应对工作提供支援和技术支持；

（3）对跨省级行政区域大面积停电事件应对工作进行协调；

（4）赶赴现场指导地方开展事件应对工作；

（5）指导开展事件处置评估；

（6）协调指导大面积停电事件宣传报道工作；

（7）及时向国务院报告相关情况。

4.3.3 国家大面积停电事件应急指挥部应对

根据事件应对工作需要和国务院决策部署，成立国家大面积停电事件应急指挥部。主要开展以下工作：

（1）组织有关部门和单位、专家组进行会商，研究分析事态，部署应对工作；

（2）根据需要赴事发现场，或派出前方工作组赴事发现场，协调开展应对工作；

（3）研究决定地方人民政府、有关部门和中央电力企业提出的请求事项，重要事项报国务院决策；

（4）统一组织信息发布和舆论引导工作；

（5）组织开展事件处置评估；

（6）对事件处置工作进行总结并报告国务院。

4.4 响应终止

同时满足以下条件时，由启动响应的人民政府终止应急响应：

（1）电网主干网架基本恢复正常，电网运行参数保持在稳定限额之内，主要发电厂机组运行稳定；

（2）减供负荷恢复 80% 以上，受停电影响的重点地区、重要城市负荷恢复 90% 以上；

（3）造成大面积停电事件的隐患基本消除；

（4）大面积停电事件造成的重特大次生衍生事故基本处置完成。

5 后期处置

5.1 处置评估

大面积停电事件应急响应终止后，履行统一领导职责的人民政府要及时组织对事件处

置工作进行评估，总结经验教训，分析查找问题，提出改进措施，形成处置评估报告。鼓励开展第三方评估。

5.2 事件调查

大面积停电事件发生后，根据有关规定成立调查组，查明事件原因、性质、影响范围、经济损失等情况，提出防范、整改措施和处理处置建议。

5.3 善后处置

事发地人民政府要及时组织制订善后工作方案并组织实施。保险机构要及时开展相关理赔工作，尽快消除大面积停电事件的影响。

5.4 恢复重建

大面积停电事件应急响应终止后，需对电网网架结构和设备设施进行修复或重建的，由能源局或事发地省级人民政府根据实际工作需要组织编制恢复重建规划。相关电力企业和受影响区域地方各级人民政府应当根据规划做好受损电力系统恢复重建工作。

6 保障措施

6.1 队伍保障

电力企业应建立健全电力抢修应急专业队伍，加强设备维护和应急抢修技能方面的人员培训，定期开展应急演练，提高应急救援能力。地方各级人民政府根据需要组织动员其他专业应急队伍和志愿者等参与大面积停电事件及其次生衍生灾害处置工作。军队、武警部队、公安消防等要做好应急力量支援保障。

6.2 装备物资保障

电力企业应储备必要的专业应急装备及物资，建立和完善相应保障体系。国家有关部门和地方各级人民政府要加强应急救援装备物资及生产生活物资的紧急生产、储备调拨和紧急配送工作，保障支援大面积停电事件应对工作需要。鼓励支持社会化储备。

6.3 通信、交通与运输保障

地方各级人民政府及通信主管部门要建立健全大面积停电事件应急通信保障体系，形成可靠的通信保障能力，确保应急期间通信联络和信息传递需要。交通运输部门要健全紧急运输保障体系，保障应急响应所需人员、物资、装备、器材等的运输；公安部门要加强交通应急管理，保障应急救援车辆优先通行；根据全面推进公务用车制度改革有关规定，

有关单位应配备必要的应急车辆，保障应急救援需要。

6.4　技术保障

电力行业要加强大面积停电事件应对和监测先进技术、装备的研发，制定电力应急技术标准，加强电网、电厂安全应急信息化平台建设。有关部门要为电力日常监测预警及电力应急抢险提供必要的气象、地质、水文等服务。

6.5　应急电源保障

提高电力系统快速恢复能力，加强电网"黑启动"能力建设。国家有关部门和电力企业应充分考虑电源规划布局，保障各地区"黑启动"电源。电力企业应配备适量的应急发电装备，必要时提供应急电源支援。重要电力用户应按照国家有关技术要求配置应急电源，并加强维护和管理，确保应急状态下能够投入运行。

6.6　资金保障

发展改革委、财政部、民政部、国资委、能源局等有关部门和地方各级人民政府以及各相关电力企业应按照有关规定，对大面积停电事件处置工作提供必要的资金保障。

7　附则

7.1　预案管理

本预案实施后，能源局要会同有关部门组织预案宣传、培训和演练，并根据实际情况，适时组织评估和修订。地方各级人民政府要结合当地实际制定或修订本级大面积停电事件应急预案。

7.2　预案解释

本预案由能源局负责解释。

7.3　预案实施时间

本预案自印发之日起实施。

附件：1. 大面积停电事件分级标准

　　　2. 国家大面积停电事件应急指挥部组成及工作组职责

附件 1

大面积停电事件分级标准

一、特别重大大面积停电事件

1. 区域性电网：减供负荷 30% 以上。

2. 省、自治区电网：负荷 20000 兆瓦以上的减供负荷 30% 以上，负荷 5000 兆瓦以上 20000 兆瓦以下的减供负荷 40% 以上。

3. 直辖市电网：减供负荷 50% 以上，或 60% 以上供电用户停电。

4. 省、自治区人民政府所在地城市电网：负荷 2000 兆瓦以上的减供负荷 60% 以上，或 70% 以上供电用户停电。

二、重大大面积停电事件

1. 区域性电网：减供负荷 10% 以上 30% 以下。

2. 省、自治区电网：负荷 20000 兆瓦以上的减供负荷 13% 以上 30% 以下，负荷 5000 兆瓦以上 20000 兆瓦以下的减供负荷 16% 以上 40% 以下，负荷 1000 兆瓦以上 5000 兆瓦以下的减供负荷 50% 以上。

3. 直辖市电网：减供负荷 20% 以上 50% 以下，或 30% 以上 60% 以下供电用户停电。

4. 省、自治区人民政府所在地城市电网：负荷 2000 兆瓦以上的减供负荷 40% 以上 60% 以下，或 50% 以上 70% 以下供电用户停电；负荷 2000 兆瓦以下的减供负荷 40% 以上，或 50% 以上供电用户停电。

5. 其他设区的市电网：负荷 600 兆瓦以上的减供负荷 60% 以上，或 70% 以上供电用户停电。

三、较大大面积停电事件

1. 区域性电网：减供负荷 7% 以上 10% 以下。

2. 省、自治区电网：负荷 20000 兆瓦以上的减供负荷 10% 以上 13% 以下，负荷 5000 兆瓦以上 20000 兆瓦以下的减供负荷 12% 以上 16% 以下，负荷 1000 兆瓦以上 5000 兆瓦以下的减供负荷 20% 以上 50% 以下，负荷 1000 兆瓦以下的减供负荷 40% 以上。

3. 直辖市电网：减供负荷 10% 以上 20% 以下，或 15% 以上 30% 以下供电用户停电。

4. 省、自治区人民政府所在地城市电网：减供负荷 20% 以上 40% 以下，或 30% 以

上 50% 以下供电用户停电。

5. 其他设区的市电网：负荷 600 兆瓦以上的减供负荷 40% 以上 60% 以下，或 50% 以上 70% 以下供电用户停电；负荷 600 兆瓦以下的减供负荷 40% 以上，或 50% 以上供电用户停电。

6. 县级市电网：负荷 150 兆瓦以上的减供负荷 60% 以上，或 70% 以上供电用户停电。

四、一般大面积停电事件

1. 区域性电网：减供负荷 4% 以上 7% 以下。

2. 省、自治区电网：负荷 20000 兆瓦以上的减供负荷 5% 以上 10% 以下，负荷 5000 兆瓦以上 20000 兆瓦以下的减供负荷 6% 以上 12% 以下，负荷 1000 兆瓦以上 5000 兆瓦以下的减供负荷 10% 以上 20% 以下，负荷 1000 兆瓦以下的减供负荷 25% 以上 40% 以下。

3. 直辖市电网：减供负荷 5% 以上 10% 以下，或 10% 以上 15% 以下供电用户停电。

4. 省、自治区人民政府所在地城市电网：减供负荷 10% 以上 20% 以下，或 15% 以上 30% 以下供电用户停电。

5. 其他设区的市电网：减供负荷 20% 以上 40% 以下，或 30% 以上 50% 以下供电用户停电。

6. 县级市电网：负荷 150 兆瓦以上的减供负荷 40% 以上 60% 以下，或 50% 以上 70% 以下供电用户停电；负荷 150 兆瓦以下的减供负荷 40% 以上，或 50% 以上供电用户停电。

上述分级标准有关数量的表述中，"以上"含本数，"以下"不含本数。

附件 2

国家大面积停电事件应急指挥部组成及工作组职责

国家大面积停电事件应急指挥部主要由发展改革委、中央宣传部（新闻办）、中央网信办、工业和信息化部、公安部、民政部、财政部、国土资源部、住房城乡建设部、交通运输部、水利部、商务部、国资委、新闻出版广电总局、安全监管总局、林业局、地震局、气象局、能源局、测绘地信局、铁路局、民航局、总参作战部、武警总部、中国铁路总公司、国家电网公司、中国南方电网有限责任公司等部门和单位组成，并可根据应对工作需要，增加有关地方人民政府、其他有关部门和相关电力企业。

国家大面积停电事件应急指挥部设立相应工作组，各工作组组成及职责分工如下：

一、电力恢复组：由发展改革委牵头，工业和信息化部、公安部、水利部、安全监管总局、林业局、地震局、气象局、能源局、测绘地信局、总参作战部、武警总部、国家电网公司、中国南方电网有限责任公司等参加，视情增加其他电力企业。

主要职责：组织进行技术研判，开展事态分析；组织电力抢修恢复工作，尽快恢复受影响区域供电工作；负责重要电力用户、重点区域的临时供电保障；负责组织跨区域的电力应急抢修恢复协调工作；协调军队、武警有关力量参与应对。

二、新闻宣传组：由中央宣传部（新闻办）牵头，中央网信办、发展改革委、工业和信息化部、公安部、新闻出版广电总局、安全监管总局、能源局等参加。

主要职责：组织开展事件进展、应急工作情况等权威信息发布，加强新闻宣传报道；收集分析国内外舆情和社会公众动态，加强媒体、电信和互联网管理，正确引导舆论；及时澄清不实信息，回应社会关切。

三、综合保障组：由发展改革委牵头，工业和信息化部、公安部、民政部、财政部、国土资源部、住房城乡建设部、交通运输部、水利部、商务部、国资委、新闻出版广电总局、能源局、铁路局、民航局、中国铁路总公司、国家电网公司、中国南方电网有限责任公司等参加，视情增加其他电力企业。

主要职责：对大面积停电事件受灾情况进行核实，指导恢复电力抢修方案，落实人员、资金和物资；组织做好应急救援装备物资及生产生活物资的紧急生产、储备调拨和紧急配送工作；及时组织调运重要生活必需品，保障群众基本生活和市场供应；维护供水、供气、供热、通信、广播电视等设施正常运行；维护铁路、道路、水路、民航等基本交通运行；组织开展事件处置评估。

四、社会稳定组：由公安部牵头，中央网信办、发展改革委、工业和信息化部、民政部、交通运输部、商务部、能源局、总参作战部、武警总部等参加。

主要职责：加强受影响地区社会治安管理，严厉打击借机传播谣言制造社会恐慌，以及趁机盗窃、抢劫、哄抢等违法犯罪行为；加强转移人员安置点、救灾物资存放点等重点地区治安管控；加强对重要生活必需品等商品的市场监管和调控，打击囤积居奇行为；加强对重点区域、重点单位的警戒；做好受影响人员与涉事单位、地方人民政府及有关部门矛盾纠纷化解等工作，切实维护社会稳定。

水库大坝安全管理条例（2018 年修订）

中华人民共和国国务院令第 698 号

（1991 年 3 月 22 日中华人民共和国国务院令第 77 号发布；根据 2011 年 1 月 8 日《国务院关于废止和修改部分行政法规的决定》修订；根据 2018 年 3 月 19 日《国务院关于修改和废止部分行政法规的决定》第二次修订）

第一章　总　　则

第一条　为加强水库大坝安全管理，保障人民生命财产和社会主义建设的安全，根据《中华人民共和国水法》，制定本条例。

第二条　本条例适用于中华人民共和国境内坝高 15 米以上或者库容 100 万立方米以上的水库大坝（以下简称大坝）。大坝包括永久性挡水建筑物以及与其配合运用的泄洪、输水和过船建筑物等。

坝高 15 米以下、10 米以上或者库容 100 万立方米以下、10 万立方米以上，对重要城镇、交通干线、重要军事设施、工矿区安全有潜在危险的大坝，其安全管理参照本条例执行。

第三条　国务院水行政主管部门会同国务院有关主管部门对全国的大坝安全实施监督。县级以上地方人民政府水行政主管部门会同有关主管部门对本行政区域内的大坝安全实施监督。

各级水利、能源、建设、交通、农业等有关部门，是其所管辖的大坝的主管部门。

第四条　各级人民政府及其大坝主管部门对其所管辖的大坝的安全实行行政领导负责制。

第五条　大坝的建设和管理应当贯彻安全第一的方针。

第六条　任何单位和个人都有保护大坝安全的义务。

第二章　大坝建设

第七条　兴建大坝必须符合由国务院水行政主管部门会同有关大坝主管部门制定的大坝安全技术标准。

第八条　兴建大坝必须进行工程设计。大坝的工程设计必须由具有相应资格证书的单位承担。

大坝的工程设计应当包括工程观测、通信、动力、照明、交通、消防等管理设施的设计。

第九条 大坝施工必须由具有相应资格证书的单位承担。大坝施工单位必须按照施工承包合同规定的设计文件、图纸要求和有关技术标准进行施工。

建设单位和设计单位应当派驻代表，对施工质量进行监督检查。质量不符合设计要求的，必须返工或者采取补救措施。

第十条 兴建大坝时，建设单位应当按照批准的设计，提请县级以上人民政府依照国家规定划定管理和保护范围，树立标志。

已建大坝尚未划定管理和保护范围的，大坝主管部门应当根据安全管理的需要，提请县级以上人民政府划定。

第十一条 大坝开工后，大坝主管部门应当组建大坝管理单位，由其按照工程基本建设验收规程参与质量检查以及大坝分部、分项验收和蓄水验收工作。

大坝竣工后，建设单位应当申请大坝主管部门组织验收。

第三章 大坝管理

第十二条 大坝及其设施受国家保护，任何单位和个人不得侵占、毁坏。大坝管理单位应当加强大坝的安全保卫工作。

第十三条 禁止在大坝管理和保护范围内进行爆破、打井、采石、采矿、挖沙、取土、修坟等危害大坝安全的活动。

第十四条 非大坝管理人员不得操作大坝的泄洪闸门、输水闸门以及其他设施，大坝管理人员操作时应当遵守有关的规章制度。禁止任何单位和个人干扰大坝的正常管理工作。

第十五条 禁止在大坝的集水区域内乱伐林木、陡坡开荒等导致水库淤积的活动。禁止在库区内围垦和进行采石、取土等危及山体的活动。

第十六条 大坝坝顶确需兼做公路的，须经科学论证和县级以上地方人民政府大坝主管部门批准，并采取相应的安全维护措施。

第十七条 禁止在坝体修建码头、渠道、堆放杂物、晾晒粮草。在大坝管理和保护范围内修建码头、鱼塘的，须经大坝主管部门批准，并与坝脚和泄水、输水建筑物保持一定距离，不得影响大坝安全、工程管理和抢险工作。

第十八条 大坝主管部门应当配备具有相应业务水平的大坝安全管理人员。

大坝管理单位应当建立、健全安全管理规章制度。

第十九条 大坝管理单位必须按照有关技术标准，对大坝进行安全监测和检查；对监

测资料应当及时整理分析，随时掌握大坝运行状况。发现异常现象和不安全因素时，大坝管理单位应当立即报告大坝主管部门，及时采取措施。

第二十条 大坝管理单位必须做好大坝的养护修理工作，保证大坝和闸门启闭设备完好。

第二十一条 大坝的运行，必须在保证安全的前提下，发挥综合效益。大坝管理单位应当根据批准的计划和大坝主管部门的指令进行水库的调度运用。

在汛期，综合利用的水库，其调度运用必须服从防汛指挥机构的统一指挥；以发电为主的水库，其汛限水位以上的防洪库容及其洪水调度运用，必须服从防汛指挥机构的统一指挥。

任何单位和个人不得非法干预水库的调度运用。

第二十二条 大坝主管部门应当建立大坝定期安全检查、鉴定制度。

汛前、汛后，以及暴风、暴雨、特大洪水或者强烈地震发生后，大坝主管部门应当组织对其所管辖的大坝的安全进行检查。

第二十三条 大坝主管部门对其所管辖的大坝应当按期注册登记，建立技术档案。大坝注册登记办法由国务院水行政主管部门会同有关主管部门制定。

第二十四条 大坝管理单位和有关部门应当做好防汛抢险物料的准备和气象水情预报，并保证水情传递、报警以及大坝管理单位与大坝主管部门、上级防汛指挥机构之间联系通畅。

第二十五条 大坝出现险情征兆时，大坝管理单位应当立即报告大坝主管部门和上级防汛指挥机构，并采取抢救措施；有垮坝危险时，应当采取一切措施向预计的垮坝淹没地区发出警报，做好转移工作。

第四章 险坝处理

第二十六条 对尚未达到设计洪水标准、抗震设防标准或者有严重质量缺陷的险坝，大坝主管部门应当组织有关单位进行分类，采取除险加固等措施，或者废弃重建。

在险坝加固前，大坝管理单位应当制定保坝应急措施；经论证必须改变原设计运行方式的，应当报请大坝主管部门审批。

第二十七条 大坝主管部门应当对其所管辖的需要加固的险坝制定加固计划，限期消除危险；有关人民政府应当优先安排所需资金和物料。

险坝加固必须由具有相应设计资格证书的单位作出加固设计，经审批后组织实施。险

坝加固竣工后，由大坝主管部门组织验收。

第二十八条 大坝主管部门应当组织有关单位，对险坝可能出现的垮坝方式、淹没范围作出预估，并制定应急方案，报防汛指挥机构批准。

第五章 罚　　则

第二十九条 违反本条例规定，有下列行为之一的，由大坝主管部门责令其停止违法行为，赔偿损失，采取补救措施，可以并处罚款；应当给予治安管理处罚的，由公安机关依照《中华人民共和国治安管理处罚法》的规定处罚；构成犯罪的，依法追究刑事责任：

（一）毁坏大坝或者其观测、通信、动力、照明、交通、消防等管理设施的；

（二）在大坝管理和保护范围内进行爆破、打井、采石、采矿、取土、挖沙、修坟等危害大坝安全活动的；

（三）擅自操作大坝的泄洪闸门、输水闸门以及其他设施，破坏大坝正常运行的；

（四）在库区内围垦的；

（五）在坝体修建码头、渠道或者堆放杂物、晾晒粮草的；

（六）擅自在大坝管理和保护范围内修建码头、鱼塘的。

第三十条 盗窃或者抢夺大坝工程设施、器材的，依照刑法规定追究刑事责任。

第三十一条 由于勘测设计失误、施工质量低劣、调度运用不当以及滥用职权，玩忽职守，导致大坝事故的，由其所在单位或者上级主管机关对责任人员给予行政处分；构成犯罪的，依法追究刑事责任。

第三十二条 当事人对行政处罚决定不服的，可以在接到处罚通知之日起 15 日内，向作出处罚决定机关的上一级机关申请复议；对复议决定不服的，可以在接到复议决定之日起 15 日内，向人民法院起诉。当事人也可以在接到处罚通知之日起 15 日内，直接向人民法院起诉。当事人逾期不申请复议或者不向人民法院起诉又不履行处罚决定的，由作出处罚决定的机关申请人民法院强制执行。

对治安管理处罚不服的，依照《中华人民共和国治安管理处罚法》的规定办理。

第六章 附　　则

第三十三条 国务院有关部门和各省、自治区、直辖市人民政府可以根据本条例制定实施细则。

第三十四条 本条例自发布之日起施行。

建设工程质量管理条例（2019年修订）

中华人民共和国国务院令第714号

（2000年1月30日中华人民共和国国务院令第279号发布；根据2017年10月7日《国务院关于修改部分行政法规的决定》第一次修订；根据2019年4月23日《国务院关于修改部分行政法规的决定》第二次修订）

第一章　总　　则

第一条　为了加强对建设工程质量的管理，保证建设工程质量，保护人民生命和财产安全，根据《中华人民共和国建筑法》，制定本条例。

第二条　凡在中华人民共和国境内从事建设工程的新建、扩建、改建等有关活动及实施对建设工程质量监督管理的，必须遵守本条例。

本条例所称建设工程，是指土木工程、建筑工程、线路管道和设备安装工程及装修工程。

第三条　建设单位、勘察单位、设计单位、施工单位、工程监理单位依法对建设工程质量负责。

第四条　县级以上人民政府建设行政主管部门和其他有关部门应当加强对建设工程质量的监督管理。

第五条　从事建设工程活动，必须严格执行基本建设程序，坚持先勘察、后设计、再施工的原则。

县级以上人民政府及其有关部门不得超越权限审批建设项目或者擅自简化基本建设程序。

第六条　国家鼓励采用先进的科学技术和管理方法，提高建设工程质量。

第二章　建设单位的质量责任和义务

第七条　建设单位应当将工程发包给具有相应资质等级的单位。

建设单位不得将建设工程肢解发包。

第八条　建设单位应当依法对工程建设项目的勘察、设计、施工、监理以及与工程建设有关的重要设备、材料等的采购进行招标。

第九条　建设单位必须向有关的勘察、设计、施工、工程监理等单位提供与建设工程

有关的原始资料。

原始资料必须真实、准确、齐全。

第十条 建设工程发包单位，不得迫使承包方以低于成本的价格竞标，不得任意压缩合理工期。

建设单位不得明示或者暗示设计单位或者施工单位违反工程建设强制性标准，降低建设工程质量。

第十一条 施工图设计文件审查的具体办法，由国务院建设行政主管部门、国务院其他有关部门制定。

施工图设计文件未经审查批准的，不得使用。

第十二条 实行监理的建设工程，建设单位应当委托具有相应资质等级的工程监理单位进行监理，也可以委托具有工程监理相应资质等级并与被监理工程的施工承包单位没有隶属关系或者其他利害关系的该工程的设计单位进行监理。

下列建设工程必须实行监理：

（一）国家重点建设工程；

（二）大中型公用事业工程；

（三）成片开发建设的住宅小区工程；

（四）利用外国政府或者国际组织贷款、援助资金的工程；

（五）国家规定必须实行监理的其他工程。

第十三条 建设单位在开工前，应当按照国家有关规定办理工程质量监督手续，工程质量监督手续可以与施工许可证或者开工报告合并办理。

第十四条 按照合同约定，由建设单位采购建筑材料、建筑构配件和设备的，建设单位应当保证建筑材料、建筑构配件和设备符合设计文件和合同要求。

建设单位不得明示或者暗示施工单位使用不合格的建筑材料、建筑构配件和设备。

第十五条 涉及建筑主体和承重结构变动的装修工程，建设单位应当在施工前委托原设计单位或者具有相应资质等级的设计单位提出设计方案；没有设计方案的，不得施工。

房屋建筑使用者在装修过程中，不得擅自变动房屋建筑主体和承重结构。

第十六条 建设单位收到建设工程竣工报告后，应当组织设计、施工、工程监理等有关单位进行竣工验收。

建设工程竣工验收应当具备下列条件：

（一）完成建设工程设计和合同约定的各项内容；

（二）有完整的技术档案和施工管理资料；

（三）有工程使用的主要建筑材料、建筑构配件和设备的进场试验报告；

（四）有勘察、设计、施工、工程监理等单位分别签署的质量合格文件；

（五）有施工单位签署的工程保修书。

建设工程经验收合格的，方可交付使用。

第十七条　建设单位应当严格按照国家有关档案管理的规定，及时收集、整理建设项目各环节的文件资料，建立、健全建设项目档案，并在建设工程竣工验收后，及时向建设行政主管部门或者其他有关部门移交建设项目档案。

第三章　勘察、设计单位的质量责任和义务

第十八条　从事建设工程勘察、设计的单位应当依法取得相应等级的资质证书，并在其资质等级许可的范围内承揽工程。

禁止勘察、设计单位超越其资质等级许可的范围或者以其他勘察、设计单位的名义承揽工程。禁止勘察、设计单位允许其他单位或者个人以本单位的名义承揽工程。

勘察、设计单位不得转包或者违法分包所承揽的工程。

第十九条　勘察、设计单位必须按照工程建设强制性标准进行勘察、设计，并对其勘察、设计的质量负责。

注册建筑师、注册结构工程师等注册执业人员应当在设计文件上签字，对设计文件负责。

第二十条　勘察单位提供的地质、测量、水文等勘察成果必须真实、准确。

第二十一条　设计单位应当根据勘察成果文件进行建设工程设计。

设计文件应当符合国家规定的设计深度要求，注明工程合理使用年限。

第二十二条　设计单位在设计文件中选用的建筑材料、建筑构配件和设备，应当注明规格、型号、性能等技术指标，其质量要求必须符合国家规定的标准。

除有特殊要求的建筑材料、专用设备、工艺生产线等外，设计单位不得指定生产厂、供应商。

第二十三条　设计单位应当就审查合格的施工图设计文件向施工单位作出详细说明。

第二十四条　设计单位应当参与建设工程质量事故分析，并对因设计造成的质量事故，提出相应的技术处理方案。

第四章　施工单位的质量责任和义务

第二十五条　施工单位应当依法取得相应等级的资质证书，并在其资质等级许可的范围内承揽工程。

禁止施工单位超越本单位资质等级许可的业务范围或者以其他施工单位的名义承揽工程。禁止施工单位允许其他单位或者个人以本单位的名义承揽工程。

施工单位不得转包或者违法分包工程。

第二十六条　施工单位对建设工程的施工质量负责。

施工单位应当建立质量责任制，确定工程项目的项目经理、技术负责人和施工管理负责人。

建设工程实行总承包的，总承包单位应当对全部建设工程质量负责；建设工程勘察、设计、施工、设备采购的一项或者多项实行总承包的，总承包单位应当对其承包的建设工程或者采购的设备的质量负责。

第二十七条　总承包单位依法将建设工程分包给其他单位的，分包单位应当按照分包合同的约定对其分包工程的质量向总承包单位负责，总承包单位与分包单位对分包工程的质量承担连带责任。

第二十八条　施工单位必须按照工程设计图纸和施工技术标准施工，不得擅自修改工程设计，不得偷工减料。

施工单位在施工过程中发现设计文件和图纸有差错的，应当及时提出意见和建议。

第二十九条　施工单位必须按照工程设计要求、施工技术标准和合同约定，对建筑材料、建筑构配件、设备和商品混凝土进行检验，检验应当有书面记录和专人签字；未经检验或者检验不合格的，不得使用。

第三十条　施工单位必须建立、健全施工质量的检验制度，严格工序管理，作好隐蔽工程的质量检查和记录。隐蔽工程在隐蔽前，施工单位应当通知建设单位和建设工程质量监督机构。

第三十一条　施工人员对涉及结构安全的试块、试件以及有关材料，应当在建设单位或者工程监理单位监督下现场取样，并送具有相应资质等级的质量检测单位进行检测。

第三十二条　施工单位对施工中出现质量问题的建设工程或者竣工验收不合格的建设工程，应当负责返修。

第三十三条　施工单位应当建立、健全教育培训制度，加强对职工的教育培训；未经

教育培训或者考核不合格的人员，不得上岗作业。

第五章 工程监理单位的质量责任和义务

第三十四条 工程监理单位应当依法取得相应等级的资质证书，并在其资质等级许可的范围内承担工程监理业务。

禁止工程监理单位超越本单位资质等级许可的范围或者以其他工程监理单位的名义承担工程监理业务。禁止工程监理单位允许其他单位或者个人以本单位的名义承担工程监理业务。

工程监理单位不得转让工程监理业务。

第三十五条 工程监理单位与被监理工程的施工承包单位以及建筑材料、建筑构配件和设备供应单位有隶属关系或者其他利害关系的，不得承担该项建设工程的监理业务。

第三十六条 工程监理单位应当依照法律、法规以及有关技术标准、设计文件和建设工程承包合同，代表建设单位对施工质量实施监理，并对施工质量承担监理责任。

第三十七条 工程监理单位应当选派具备相应资格的总监理工程师和监理工程师进驻施工现场。

未经监理工程师签字，建筑材料、建筑构配件和设备不得在工程上使用或者安装，施工单位不得进行下一道工序的施工。未经总监理工程师签字，建设单位不拨付工程款，不进行竣工验收。

第三十八条 监理工程师应当按照工程监理规范的要求，采取旁站、巡视和平行检验等形式，对建设工程实施监理。

第六章 建设工程质量保修

第三十九条 建设工程实行质量保修制度。

建设工程承包单位在向建设单位提交工程竣工验收报告时，应当向建设单位出具质量保修书。质量保修书中应当明确建设工程的保修范围、保修期限和保修责任等。

第四十条 在正常使用条件下，建设工程的最低保修期限为：

（一）基础设施工程、房屋建筑的地基基础工程和主体结构工程，为设计文件规定的该工程的合理使用年限；

（二）屋面防水工程、有防水要求的卫生间、房间和外墙面的防渗漏，为5年；

（三）供热与供冷系统，为2个采暖期、供冷期；

（四）电气管线、给排水管道、设备安装和装修工程，为 2 年。

其他项目的保修期限由发包方与承包方约定。

建设工程的保修期，自竣工验收合格之日起计算。

第四十一条　建设工程在保修范围和保修期限内发生质量问题的，施工单位应当履行保修义务，并对造成的损失承担赔偿责任。

第四十二条　建设工程在超过合理使用年限后需要继续使用的，产权所有人应当委托具有相应资质等级的勘察、设计单位鉴定，并根据鉴定结果采取加固、维修等措施，重新界定使用期。

第七章　监督管理

第四十三条　国家实行建设工程质量监督管理制度。

国务院建设行政主管部门对全国的建设工程质量实施统一监督管理。国务院铁路、交通、水利等有关部门按照国务院规定的职责分工，负责对全国的有关专业建设工程质量的监督管理。

县级以上地方人民政府建设行政主管部门对本行政区域内的建设工程质量实施监督管理。县级以上地方人民政府交通、水利等有关部门在各自的职责范围内，负责对本行政区域内的专业建设工程质量的监督管理。

第四十四条　国务院建设行政主管部门和国务院铁路、交通、水利等有关部门应当加强对有关建设工程质量的法律、法规和强制性标准执行情况的监督检查。

第四十五条　国务院发展计划部门按照国务院规定的职责，组织稽查特派员，对国家出资的重大建设项目实施监督检查。

国务院经济贸易主管部门按照国务院规定的职责，对国家重大技术改造项目实施监督检查。

第四十六条　建设工程质量监督管理，可以由建设行政主管部门或者其他有关部门委托的建设工程质量监督机构具体实施。

从事房屋建筑工程和市政基础设施工程质量监督的机构，必须按照国家有关规定经国务院建设行政主管部门或者省、自治区、直辖市人民政府建设行政主管部门考核；从事专业建设工程质量监督的机构，必须按照国家有关规定经国务院有关部门或者省、自治区、直辖市人民政府有关部门考核。经考核合格后，方可实施质量监督。

第四十七条　县级以上地方人民政府建设行政主管部门和其他有关部门应当加强对有

关建设工程质量的法律、法规和强制性标准执行情况的监督检查。

第四十八条　县级以上人民政府建设行政主管部门和其他有关部门履行监督检查职责时，有权采取下列措施：

（一）要求被检查的单位提供有关工程质量的文件和资料；

（二）进入被检查单位的施工现场进行检查；

（三）发现有影响工程质量的问题时，责令改正。

第四十九条　建设单位应当自建设工程竣工验收合格之日起 15 日内，将建设工程竣工验收报告和规划、公安消防、环保等部门出具的认可文件或者准许使用文件报建设行政主管部门或者其他有关部门备案。

建设行政主管部门或者其他有关部门发现建设单位在竣工验收过程中有违反国家有关建设工程质量管理规定行为的，责令停止使用，重新组织竣工验收。

第五十条　有关单位和个人对县级以上人民政府建设行政主管部门和其他有关部门进行的监督检查应当支持与配合，不得拒绝或者阻碍建设工程质量监督检查人员依法执行职务。

第五十一条　供水、供电、供气、公安消防等部门或者单位不得明示或者暗示建设单位、施工单位购买其指定的生产供应单位的建筑材料、建筑构配件和设备。

第五十二条　建设工程发生质量事故，有关单位应当在 24 小时内向当地建设行政主管部门和其他有关部门报告。对重大质量事故，事故发生地的建设行政主管部门和其他有关部门应当按照事故类别和等级向当地人民政府和上级建设行政主管部门和其他有关部门报告。

特别重大质量事故的调查程序按照国务院有关规定办理。

第五十三条　任何单位和个人对建设工程的质量事故、质量缺陷都有权检举、控告、投诉。

第八章　罚　　则

第五十四条　违反本条例规定，建设单位将建设工程发包给不具有相应资质等级的勘察、设计、施工单位或者委托给不具有相应资质等级的工程监理单位的，责令改正，处 50 万元以上 100 万元以下的罚款。

第五十五条　违反本条例规定，建设单位将建设工程肢解发包的，责令改正，处工程合同价款 0.5% 以上 1% 以下的罚款；对全部或者部分使用国有资金的项目，并可以暂停

项目执行或者暂停资金拨付。

第五十六条 违反本条例规定，建设单位有下列行为之一的，责令改正，处20万元以上50万元以下的罚款：

（一）迫使承包方以低于成本的价格竞标的；

（二）任意压缩合理工期的；

（三）明示或者暗示设计单位或者施工单位违反工程建设强制性标准，降低工程质量的；

（四）施工图设计文件未经审查或者审查不合格，擅自施工的；

（五）建设项目必须实行工程监理而未实行工程监理的；

（六）未按照国家规定办理工程质量监督手续的；

（七）明示或者暗示施工单位使用不合格的建筑材料、建筑构配件和设备的；

（八）未按照国家规定将竣工验收报告、有关认可文件或者准许使用文件报送备案的。

第五十七条 违反本条例规定，建设单位未取得施工许可证或者开工报告未经批准，擅自施工的，责令停止施工，限期改正，处工程合同价款1%以上2%以下的罚款。

第五十八条 违反本条例规定，建设单位有下列行为之一的，责令改正，处工程合同价款2%以上4%以下的罚款；造成损失的，依法承担赔偿责任：

（一）未组织竣工验收，擅自交付使用的；

（二）验收不合格，擅自交付使用的；

（三）对不合格的建设工程按照合格工程验收的。

第五十九条 违反本条例规定，建设工程竣工验收后，建设单位未向建设行政主管部门或者其他有关部门移交建设项目档案的，责令改正，处1万元以上10万元以下的罚款。

第六十条 违反本条例规定，勘察、设计、施工、工程监理单位超越本单位资质等级承揽工程的，责令停止违法行为，对勘察、设计单位或者工程监理单位处合同约定的勘察费、设计费或者监理酬金1倍以上2倍以下的罚款；对施工单位处工程合同价款2%以上4%以下的罚款，可以责令停业整顿，降低资质等级；情节严重的，吊销资质证书；有违法所得的，予以没收。

未取得资质证书承揽工程的，予以取缔，依照前款规定处以罚款；有违法所得的，予以没收。

以欺骗手段取得资质证书承揽工程的，吊销资质证书，依照本条第一款规定处以罚款；有违法所得的，予以没收。

第六十一条 违反本条例规定，勘察、设计、施工、工程监理单位允许其他单位或者

个人以本单位名义承揽工程的，责令改正，没收违法所得，对勘察、设计单位和工程监理单位处合同约定的勘察费、设计费和监理酬金 1 倍以上 2 倍以下的罚款；对施工单位处工程合同价款 2% 以上 4% 以下的罚款；可以责令停业整顿，降低资质等级；情节严重的，吊销资质证书。

第六十二条　违反本条例规定，承包单位将承包的工程转包或者违法分包的，责令改正，没收违法所得，对勘察、设计单位处合同约定的勘察费、设计费 25% 以上 50% 以下的罚款；对施工单位处工程合同价款 0.5% 以上 1% 以下的罚款；可以责令停业整顿，降低资质等级；情节严重的，吊销资质证书。

工程监理单位转让工程监理业务的，责令改正，没收违法所得，处合同约定的监理酬金 25% 以上 50% 以下的罚款；可以责令停业整顿，降低资质等级；情节严重的，吊销资质证书。

第六十三条　违反本条例规定，有下列行为之一的，责令改正，处 10 万元以上 30 万元以下的罚款：

（一）勘察单位未按照工程建设强制性标准进行勘察的；

（二）设计单位未根据勘察成果文件进行工程设计的；

（三）设计单位指定建筑材料、建筑构配件的生产厂、供应商的；

（四）设计单位未按照工程建设强制性标准进行设计的。

有前款所列行为，造成工程质量事故的，责令停业整顿，降低资质等级；情节严重的，吊销资质证书；造成损失的，依法承担赔偿责任。

第六十四条　违反本条例规定，施工单位在施工中偷工减料的，使用不合格的建筑材料、建筑构配件和设备的，或者有不按照工程设计图纸或者施工技术标准施工的其他行为的，责令改正，处工程合同价款 2% 以上 4% 以下的罚款；造成建设工程质量不符合规定的质量标准的，负责返工、修理，并赔偿因此造成的损失；情节严重的，责令停业整顿，降低资质等级或者吊销资质证书。

第六十五条　违反本条例规定，施工单位未对建筑材料、建筑构配件、设备和商品混凝土进行检验，或者未对涉及结构安全的试块、试件以及有关材料取样检测的，责令改正，处 10 万元以上 20 万元以下的罚款；情节严重的，责令停业整顿，降低资质等级或者吊销资质证书；造成损失的，依法承担赔偿责任。

第六十六条　违反本条例规定，施工单位不履行保修义务或者拖延履行保修义务的，责令改正，处 10 万元以上 20 万元以下的罚款，并对在保修期内因质量缺陷造成的损失承担赔偿责任。

第六十七条 工程监理单位有下列行为之一的，责令改正，处 50 万元以上 100 万元以下的罚款，降低资质等级或者吊销资质证书；有违法所得的，予以没收；造成损失的，承担连带赔偿责任：

（一）与建设单位或者施工单位串通，弄虚作假、降低工程质量的；

（二）将不合格的建设工程、建筑材料、建筑构配件和设备按照合格签字的。

第六十八条 违反本条例规定，工程监理单位与被监理工程的施工承包单位以及建筑材料、建筑构配件和设备供应单位有隶属关系或者其他利害关系承担该项建设工程的监理业务的，责令改正，处 5 万元以上 10 万元以下的罚款，降低资质等级或者吊销资质证书；有违法所得的，予以没收。

第六十九条 违反本条例规定，涉及建筑主体或者承重结构变动的装修工程，没有设计方案擅自施工的，责令改正，处 50 万元以上 100 万元以下的罚款；房屋建筑使用者在装修过程中擅自变动房屋建筑主体和承重结构的，责令改正，处 5 万元以上 10 万元以下的罚款。

有前款所列行为，造成损失的，依法承担赔偿责任。

第七十条 发生重大工程质量事故隐瞒不报、谎报或者拖延报告期限的，对直接负责的主管人员和其他责任人员依法给予行政处分。

第七十一条 违反本条例规定，供水、供电、供气、公安消防等部门或者单位明示或者暗示建设单位或者施工单位购买其指定的生产供应单位的建筑材料、建筑构配件和设备的，责令改正。

第七十二条 违反本条例规定，注册建筑师、注册结构工程师、监理工程师等注册执业人员因过错造成质量事故的，责令停止执业 1 年；造成重大质量事故的，吊销执业资格证书，5 年以内不予注册；情节特别恶劣的，终身不予注册。

第七十三条 依照本条例规定，给予单位罚款处罚的，对单位直接负责的主管人员和其他直接责任人员处单位罚款数额 5% 以上 10% 以下的罚款。

第七十四条 建设单位、设计单位、施工单位、工程监理单位违反国家规定，降低工程质量标准，造成重大安全事故，构成犯罪的，对直接责任人员依法追究刑事责任。

第七十五条 本条例规定的责令停业整顿，降低资质等级和吊销资质证书的行政处罚，由颁发资质证书的机关决定；其他行政处罚，由建设行政主管部门或者其他有关部门依照法定职权决定。

依照本条例规定被吊销资质证书的，由工商行政管理部门吊销其营业执照。

第七十六条　国家机关工作人员在建设工程质量监督管理工作中玩忽职守、滥用职权、徇私舞弊，构成犯罪的，依法追究刑事责任；尚不构成犯罪的，依法给予行政处分。

第七十七条　建设、勘察、设计、施工、工程监理单位的工作人员因调动工作、退休等原因离开该单位后，被发现在该单位工作期间违反国家有关建设工程质量管理规定，造成重大工程质量事故的，仍应当依法追究法律责任。

第九章　附　　　则

第七十八条　本条例所称肢解发包，是指建设单位将应当由一个承包单位完成的建设工程分解成若干部分发包给不同的承包单位的行为。

本条例所称违法分包，是指下列行为：

（一）总承包单位将建设工程分包给不具备相应资质条件的单位的；

（二）建设工程总承包合同中未有约定，又未经建设单位认可，承包单位将其承包的部分建设工程交由其他单位完成的；

（三）施工总承包单位将建设工程主体结构的施工分包给其他单位的；

（四）分包单位将其承包的建设工程再分包的。

本条例所称转包，是指承包单位承包建设工程后，不履行合同约定的责任和义务，将其承包的全部建设工程转给他人或者将其承包的全部建设工程肢解以后以分包的名义分别转给其他单位承包的行为。

第七十九条　本条例规定的罚款和没收的违法所得，必须全部上缴国库。

第八十条　抢险救灾及其他临时性房屋建筑和农民自建低层住宅的建设活动，不适用本条例。

第八十一条　军事建设工程的管理，按照中央军事委员会的有关规定执行。

第八十二条　本条例自发布之日起施行。

中华人民共和国计算机信息系统安全
保护条例（2011年修订）

中华人民共和国国务院令588号

（1994年2月18日中华人民共和国国务院令第147号发布；根据2011年1月8日《国务院关于废止和修改部分行政法规的决定》修订）

第一章　总　　则

第一条　为了保护计算机信息系统的安全，促进计算机的应用和发展，保障社会主义现代化建设的顺利进行，制定本条例。

第二条　本条例所称的计算机信息系统，是指由计算机及其相关的和配套的设备、设施（含网络）构成的，按照一定的应用目标和规则对信息进行采集、加工、存储、传输、检索等处理的人机系统。

第三条　计算机信息系统的安全保护，应当保障计算机及其相关的和配套的设备、设施（含网络）的安全，运行环境的安全，保障信息的安全，保障计算机功能的正常发挥，以维护计算机信息系统的安全运行。

第四条　计算机信息系统的安全保护工作，重点维护国家事务、经济建设、国防建设、尖端科学技术等重要领域的计算机信息系统的安全。

第五条　中华人民共和国境内的计算机信息系统的安全保护，适用本条例。

未联网的微型计算机的安全保护办法，另行制定。

第六条　公安部主管全国计算机信息系统安全保护工作。

国家安全部、国家保密局和国务院其他有关部门，在国务院规定的职责范围内做好计算机信息系统安全保护的有关工作。

第七条　任何组织或者个人，不得利用计算机信息系统从事危害国家利益、集体利益和公民合法利益的活动，不得危害计算机信息系统的安全。

第二章　安全保护制度

第八条　计算机信息系统的建设和应用，应当遵守法律、行政法规和国家其他有关规定。

第九条　计算机信息系统实行安全等级保护。安全等级的划分标准和安全等级保护的具体办法，由公安部会同有关部门制定。

第十条　计算机机房应当符合国家标准和国家有关规定。

在计算机机房附近施工，不得危害计算机信息系统的安全。

第十一条　进行国际联网的计算机信息系统，由计算机信息系统的使用单位报省级以上人民政府公安机关备案。

第十二条　运输、携带、邮寄计算机信息媒体进出境的，应当如实向海关申报。

第十三条　计算机信息系统的使用单位应当建立健全安全管理制度，负责本单位计算机信息系统的安全保护工作。

第十四条　对计算机信息系统中发生的案件，有关使用单位应当在24小时内向当地县级以上人民政府公安机关报告。

第十五条　对计算机病毒和危害社会公共安全的其他有害数据的防治研究工作，由公安部归口管理。

第十六条　国家对计算机信息系统安全专用产品的销售实行许可证制度。具体办法由公安部会同有关部门制定。

第三章　安全监督

第十七条　公安机关对计算机信息系统安全保护工作行使下列监督职权：

（一）监督、检查、指导计算机信息系统安全保护工作；

（二）查处危害计算机信息系统安全的违法犯罪案件；

（三）履行计算机信息系统安全保护工作的其他监督职责。

第十八条　公安机关发现影响计算机信息系统安全的隐患时，应当及时通知使用单位采取安全保护措施。

第十九条　公安部在紧急情况下，可以就涉及计算机信息系统安全的特定事项发布专项通令。

第四章　法律责任

第二十条　违反本条例的规定，有下列行为之一的，由公安机关处以警告或者停机整顿：

（一）违反计算机信息系统安全等级保护制度，危害计算机信息系统安全的；

（二）违反计算机信息系统国际联网备案制度的；

（三）不按照规定时间报告计算机信息系统中发生的案件的；

（四）接到公安机关要求改进安全状况的通知后，在限期内拒不改进的；

（五）有危害计算机信息系统安全的其他行为的。

第二十一条　计算机机房不符合国家标准和国家其他有关规定的，或者在计算机机房附近施工危害计算机信息系统安全的，由公安机关会同有关单位进行处理。

第二十二条　运输、携带、邮寄计算机信息媒体进出境，不如实向海关申报的，由海关依照《中华人民共和国海关法》和本条例以及其他有关法律、法规的规定处理。

第二十三条　故意输入计算机病毒以及其他有害数据危害计算机信息系统安全的，或者未经许可出售计算机信息系统安全专用产品的，由公安机关处以警告或者对个人处以5000 元以下的罚款、对单位处以 1.5 万元以下的罚款；有违法所得的，除予以没收外，可以处以违法所得 1 至 3 倍的罚款。

第二十四条　违反本条例的规定，构成违反治安管理行为的，依照《中华人民共和国治安管理处罚法》的有关规定处罚；构成犯罪的，依法追究刑事责任。

第二十五条　任何组织或者个人违反本条例的规定，给国家、集体或者他人财产造成损失的，应当依法承担民事责任。

第二十六条　当事人对公安机关依照本条例所作出的具体行政行为不服的，可以依法申请行政复议或者提起行政诉讼。

第二十七条　执行本条例的国家公务员利用职权，索取、收受贿赂或者有其他违法、失职行为，构成犯罪的，依法追究刑事责任；尚不构成犯罪的，给予行政处分。

第五章　附　　则

第二十八条　本条例下列用语的含义：

计算机病毒，是指编制或者在计算机程序中插入的破坏计算机功能或者毁坏数据，影响计算机使用，并能自我复制的一组计算机指令或者程序代码。

计算机信息系统安全专用产品，是指用于保护计算机信息系统安全的专用硬件和软件产品。

第二十九条　军队的计算机信息系统安全保护工作，按照军队的有关法规执行。

第三十条　公安部可以根据本条例制定实施办法。

第三十一条　本条例自发布之日起施行。

关键信息基础设施安全保护条例

中华人民共和国国务院令第 745 号

（2021 年 4 月 27 日国务院第 133 次常务会议通过，2021 年 7 月 30 日中华人民共和国国务院令第 745 号公布，自 2021 年 9 月 1 日起施行）

第一章　总　　则

第一条　为了保障关键信息基础设施安全，维护网络安全，根据《中华人民共和国网络安全法》，制定本条例。

第二条　本条例所称关键信息基础设施，是指公共通信和信息服务、能源、交通、水利、金融、公共服务、电子政务、国防科技工业等重要行业和领域的，以及其他一旦遭到破坏、丧失功能或者数据泄露，可能严重危害国家安全、国计民生、公共利益的重要网络设施、信息系统等。

第三条　在国家网信部门统筹协调下，国务院公安部门负责指导监督关键信息基础设施安全保护工作。国务院电信主管部门和其他有关部门依照本条例和有关法律、行政法规的规定，在各自职责范围内负责关键信息基础设施安全保护和监督管理工作。

省级人民政府有关部门依据各自职责对关键信息基础设施实施安全保护和监督管理。

第四条　关键信息基础设施安全保护坚持综合协调、分工负责、依法保护，强化和落实关键信息基础设施运营者（以下简称运营者）主体责任，充分发挥政府及社会各方面的作用，共同保护关键信息基础设施安全。

第五条　国家对关键信息基础设施实行重点保护，采取措施，监测、防御、处置来源于中华人民共和国境内外的网络安全风险和威胁，保护关键信息基础设施免受攻击、侵入、干扰和破坏，依法惩治危害关键信息基础设施安全的违法犯罪活动。

任何个人和组织不得实施非法侵入、干扰、破坏关键信息基础设施的活动，不得危害关键信息基础设施安全。

第六条　运营者依照本条例和有关法律、行政法规的规定以及国家标准的强制性要求，在网络安全等级保护的基础上，采取技术保护措施和其他必要措施，应对网络安全事件，防范网络攻击和违法犯罪活动，保障关键信息基础设施安全稳定运行，维护数据的完整性、保密性和可用性。

第七条 对在关键信息基础设施安全保护工作中取得显著成绩或者作出突出贡献的单位和个人，按照国家有关规定给予表彰。

第二章 关键信息基础设施认定

第八条 本条例第二条涉及的重要行业和领域的主管部门、监督管理部门是负责关键信息基础设施安全保护工作的部门（以下简称保护工作部门）。

第九条 保护工作部门结合本行业、本领域实际，制定关键信息基础设施认定规则，并报国务院公安部门备案。

制定认定规则应当主要考虑下列因素：

（一）网络设施、信息系统等对于本行业、本领域关键核心业务的重要程度；

（二）网络设施、信息系统等一旦遭到破坏、丧失功能或者数据泄露可能带来的危害程度；

（三）对其他行业和领域的关联性影响。

第十条 保护工作部门根据认定规则负责组织认定本行业、本领域的关键信息基础设施，及时将认定结果通知运营者，并通报国务院公安部门。

第十一条 关键信息基础设施发生较大变化，可能影响其认定结果的，运营者应当及时将相关情况报告保护工作部门。保护工作部门自收到报告之日起 3 个月内完成重新认定，将认定结果通知运营者，并通报国务院公安部门。

第三章 运营者责任义务

第十二条 安全保护措施应当与关键信息基础设施同步规划、同步建设、同步使用。

第十三条 运营者应当建立健全网络安全保护制度和责任制，保障人力、财力、物力投入。运营者的主要负责人对关键信息基础设施安全保护负总责，领导关键信息基础设施安全保护和重大网络安全事件处置工作，组织研究解决重大网络安全问题。

第十四条 运营者应当设置专门安全管理机构，并对专门安全管理机构负责人和关键岗位人员进行安全背景审查。审查时，公安机关、国家安全机关应当予以协助。

第十五条 专门安全管理机构具体负责本单位的关键信息基础设施安全保护工作，履行下列职责：

（一）建立健全网络安全管理、评价考核制度，拟订关键信息基础设施安全保护计划；

（二）组织推动网络安全防护能力建设，开展网络安全监测、检测和风险评估；

（三）按照国家及行业网络安全事件应急预案，制定本单位应急预案，定期开展应急演练，处置网络安全事件；

（四）认定网络安全关键岗位，组织开展网络安全工作考核，提出奖励和惩处建议；

（五）组织网络安全教育、培训；

（六）履行个人信息和数据安全保护责任，建立健全个人信息和数据安全保护制度；

（七）对关键信息基础设施设计、建设、运行、维护等服务实施安全管理；

（八）按照规定报告网络安全事件和重要事项。

第十六条　运营者应当保障专门安全管理机构的运行经费、配备相应的人员，开展与网络安全和信息化有关的决策应当有专门安全管理机构人员参与。

第十七条　运营者应当自行或者委托网络安全服务机构对关键信息基础设施每年至少进行一次网络安全检测和风险评估，对发现的安全问题及时整改，并按照保护工作部门要求报送情况。

第十八条　关键信息基础设施发生重大网络安全事件或者发现重大网络安全威胁时，运营者应当按照有关规定向保护工作部门、公安机关报告。

发生关键信息基础设施整体中断运行或者主要功能故障、国家基础信息以及其他重要数据泄露、较大规模个人信息泄露、造成较大经济损失、违法信息较大范围传播等特别重大网络安全事件或者发现特别重大网络安全威胁时，保护工作部门应当在收到报告后，及时向国家网信部门、国务院公安部门报告。

第十九条　运营者应当优先采购安全可信的网络产品和服务；采购网络产品和服务可能影响国家安全的，应当按照国家网络安全规定通过安全审查。

第二十条　运营者采购网络产品和服务，应当按照国家有关规定与网络产品和服务提供者签订安全保密协议，明确提供者的技术支持和安全保密义务与责任，并对义务与责任履行情况进行监督。

第二十一条　运营者发生合并、分立、解散等情况，应当及时报告保护工作部门，并按照保护工作部门的要求对关键信息基础设施进行处置，确保安全。

第四章　保障和促进

第二十二条　保护工作部门应当制定本行业、本领域关键信息基础设施安全规划，明确保护目标、基本要求、工作任务、具体措施。

第二十三条　国家网信部门统筹协调有关部门建立网络安全信息共享机制，及时汇总、

研判、共享、发布网络安全威胁、漏洞、事件等信息，促进有关部门、保护工作部门、运营者以及网络安全服务机构等之间的网络安全信息共享。

第二十四条 保护工作部门应当建立健全本行业、本领域的关键信息基础设施网络安全监测预警制度，及时掌握本行业、本领域关键信息基础设施运行状况、安全态势，预警通报网络安全威胁和隐患，指导做好安全防范工作。

第二十五条 保护工作部门应当按照国家网络安全事件应急预案的要求，建立健全本行业、本领域的网络安全事件应急预案，定期组织应急演练；指导运营者做好网络安全事件应对处置，并根据需要组织提供技术支持与协助。

第二十六条 保护工作部门应当定期组织开展本行业、本领域关键信息基础设施网络安全检查检测，指导监督运营者及时整改安全隐患、完善安全措施。

第二十七条 国家网信部门统筹协调国务院公安部门、保护工作部门对关键信息基础设施进行网络安全检查检测，提出改进措施。

有关部门在开展关键信息基础设施网络安全检查时，应当加强协同配合、信息沟通，避免不必要的检查和交叉重复检查。检查工作不得收取费用，不得要求被检查单位购买指定品牌或者指定生产、销售单位的产品和服务。

第二十八条 运营者对保护工作部门开展的关键信息基础设施网络安全检查检测工作，以及公安、国家安全、保密行政管理、密码管理等有关部门依法开展的关键信息基础设施网络安全检查工作应当予以配合。

第二十九条 在关键信息基础设施安全保护工作中，国家网信部门和国务院电信主管部门、国务院公安部门等应当根据保护工作部门的需要，及时提供技术支持和协助。

第三十条 网信部门、公安机关、保护工作部门等有关部门，网络安全服务机构及其工作人员对于在关键信息基础设施安全保护工作中获取的信息，只能用于维护网络安全，并严格按照有关法律、行政法规的要求确保信息安全，不得泄露、出售或者非法向他人提供。

第三十一条 未经国家网信部门、国务院公安部门批准或者保护工作部门、运营者授权，任何个人和组织不得对关键信息基础设施实施漏洞探测、渗透性测试等可能影响或者危害关键信息基础设施安全的活动。对基础电信网络实施漏洞探测、渗透性测试等活动，应当事先向国务院电信主管部门报告。

第三十二条 国家采取措施，优先保障能源、电信等关键信息基础设施安全运行。

能源、电信行业应当采取措施，为其他行业和领域的关键信息基础设施安全运行提供重点保障。

第三十三条　公安机关、国家安全机关依据各自职责依法加强关键信息基础设施安全保卫，防范打击针对和利用关键信息基础设施实施的违法犯罪活动。

第三十四条　国家制定和完善关键信息基础设施安全标准，指导、规范关键信息基础设施安全保护工作。

第三十五条　国家采取措施，鼓励网络安全专门人才从事关键信息基础设施安全保护工作；将运营者安全管理人员、安全技术人员培训纳入国家继续教育体系。

第三十六条　国家支持关键信息基础设施安全防护技术创新和产业发展，组织力量实施关键信息基础设施安全技术攻关。

第三十七条　国家加强网络安全服务机构建设和管理，制定管理要求并加强监督指导，不断提升服务机构能力水平，充分发挥其在关键信息基础设施安全保护中的作用。

第三十八条　国家加强网络安全军民融合，军地协同保护关键信息基础设施安全。

第五章　法律责任

第三十九条　运营者有下列情形之一的，由有关主管部门依据职责责令改正，给予警告；拒不改正或者导致危害网络安全等后果的，处 10 万元以上 100 万元以下罚款，对直接负责的主管人员处 1 万元以上 10 万元以下罚款：

（一）在关键信息基础设施发生较大变化，可能影响其认定结果时未及时将相关情况报告保护工作部门的；

（二）安全保护措施未与关键信息基础设施同步规划、同步建设、同步使用的；

（三）未建立健全网络安全保护制度和责任制的；

（四）未设置专门安全管理机构的；

（五）未对专门安全管理机构负责人和关键岗位人员进行安全背景审查的；

（六）开展与网络安全和信息化有关的决策没有专门安全管理机构人员参与的；

（七）专门安全管理机构未履行本条例第十五条规定的职责的；

（八）未对关键信息基础设施每年至少进行一次网络安全检测和风险评估，未对发现的安全问题及时整改，或者未按照保护工作部门要求报送情况的；

（九）采购网络产品和服务，未按照国家有关规定与网络产品和服务提供者签订安全保密协议的；

（十）发生合并、分立、解散等情况，未及时报告保护工作部门，或者未按照保护工作部门的要求对关键信息基础设施进行处置的。

第四十条　运营者在关键信息基础设施发生重大网络安全事件或者发现重大网络安全威胁时，未按照有关规定向保护工作部门、公安机关报告的，由保护工作部门、公安机关依据职责责令改正，给予警告；拒不改正或者导致危害网络安全等后果的，处 10 万元以上 100 万元以下罚款，对直接负责的主管人员处 1 万元以上 10 万元以下罚款。

第四十一条　运营者采购可能影响国家安全的网络产品和服务，未按照国家网络安全规定进行安全审查的，由国家网信部门等有关主管部门依据职责责令改正，处采购金额 1 倍以上 10 倍以下罚款，对直接负责的主管人员和其他直接责任人员处 1 万元以上 10 万元以下罚款。

第四十二条　运营者对保护工作部门开展的关键信息基础设施网络安全检查检测工作，以及公安、国家安全、保密行政管理、密码管理等有关部门依法开展的关键信息基础设施网络安全检查工作不予配合的，由有关主管部门责令改正；拒不改正的，处 5 万元以上 50 万元以下罚款，对直接负责的主管人员和其他直接责任人员处 1 万元以上 10 万元以下罚款；情节严重的，依法追究相应法律责任。

第四十三条　实施非法侵入、干扰、破坏关键信息基础设施，危害其安全的活动尚不构成犯罪的，依照《中华人民共和国网络安全法》有关规定，由公安机关没收违法所得，处 5 日以下拘留，可以并处 5 万元以上 50 万元以下罚款；情节较重的，处 5 日以上 15 日以下拘留，可以并处 10 万元以上 100 万元以下罚款。

单位有前款行为的，由公安机关没收违法所得，处 10 万元以上 100 万元以下罚款，并对直接负责的主管人员和其他直接责任人员依照前款规定处罚。

违反本条例第五条第二款和第三十一条规定，受到治安管理处罚的人员，5 年内不得从事网络安全管理和网络运营关键岗位的工作；受到刑事处罚的人员，终身不得从事网络安全管理和网络运营关键岗位的工作。

第四十四条　网信部门、公安机关、保护工作部门和其他有关部门及其工作人员未履行关键信息基础设施安全保护和监督管理职责或者玩忽职守、滥用职权、徇私舞弊的，依法对直接负责的主管人员和其他直接责任人员给予处分。

第四十五条　公安机关、保护工作部门和其他有关部门在开展关键信息基础设施网络安全检查工作中收取费用，或者要求被检查单位购买指定品牌或者指定生产、销售单位的产品和服务的，由其上级机关责令改正，退还收取的费用；情节严重的，依法对直接负责的主管人员和其他直接责任人员给予处分。

第四十六条　网信部门、公安机关、保护工作部门等有关部门、网络安全服务机构及

其工作人员将在关键信息基础设施安全保护工作中获取的信息用于其他用途，或者泄露、出售、非法向他人提供的，依法对直接负责的主管人员和其他直接责任人员给予处分。

第四十七条　关键信息基础设施发生重大和特别重大网络安全事件，经调查确定为责任事故的，除应当查明运营者责任并依法予以追究外，还应查明相关网络安全服务机构及有关部门的责任，对有失职、渎职及其他违法行为的，依法追究责任。

第四十八条　电子政务关键信息基础设施的运营者不履行本条例规定的网络安全保护义务的，依照《中华人民共和国网络安全法》有关规定予以处理。

第四十九条　违反本条例规定，给他人造成损害的，依法承担民事责任。

违反本条例规定，构成违反治安管理行为的，依法给予治安管理处罚；构成犯罪的，依法追究刑事责任。

第六章　附　　则

第五十条　存储、处理涉及国家秘密信息的关键信息基础设施的安全保护，还应当遵守保密法律、行政法规的规定。

关键信息基础设施中的密码使用和管理，还应当遵守相关法律、行政法规的规定。

第五十一条　本条例自 2021 年 9 月 1 日起施行。

商用密码管理条例（2023 年修订）

中华人民共和国国务院令第 760 号

（1999 年 10 月 7 日中华人民共和国国务院令第 273 号发布；2023 年 4 月 27 日中华人民共和国国务院令第 760 号修订）

第一章 总 则

第一条 为了规范商用密码应用和管理，鼓励和促进商用密码产业发展，保障网络与信息安全，维护国家安全和社会公共利益，保护公民、法人和其他组织的合法权益，根据《中华人民共和国密码法》等法律，制定本条例。

第二条 在中华人民共和国境内的商用密码科研、生产、销售、服务、检测、认证、进出口、应用等活动及监督管理，适用本条例。

本条例所称商用密码，是指采用特定变换的方法对不属于国家秘密的信息等进行加密保护、安全认证的技术、产品和服务。

第三条 坚持中国共产党对商用密码工作的领导，贯彻落实总体国家安全观。国家密码管理部门负责管理全国的商用密码工作。县级以上地方各级密码管理部门负责管理本行政区域的商用密码工作。

网信、商务、海关、市场监督管理等有关部门在各自职责范围内负责商用密码有关管理工作。

第四条 国家加强商用密码人才培养，建立健全商用密码人才发展体制机制和人才评价制度，鼓励和支持密码相关学科和专业建设，规范商用密码社会化培训，促进商用密码人才交流。

第五条 各级人民政府及其有关部门应当采取多种形式加强商用密码宣传教育，增强公民、法人和其他组织的密码安全意识。

第六条 商用密码领域的学会、行业协会等社会组织依照法律、行政法规及其章程的规定，开展学术交流、政策研究、公共服务等活动，加强学术和行业自律，推动诚信建设，促进行业健康发展。

密码管理部门应当加强对商用密码领域社会组织的指导和支持。

第二章　科技创新与标准化

第七条　国家建立健全商用密码科学技术创新促进机制，支持商用密码科学技术自主创新，对作出突出贡献的组织和个人按照国家有关规定予以表彰和奖励。

国家依法保护商用密码领域的知识产权。从事商用密码活动，应当增强知识产权意识，提高运用、保护和管理知识产权的能力。

国家鼓励在外商投资过程中基于自愿原则和商业规则开展商用密码技术合作。行政机关及其工作人员不得利用行政手段强制转让商用密码技术。

第八条　国家鼓励和支持商用密码科学技术成果转化和产业化应用，建立和完善商用密码科学技术成果信息汇交、发布和应用情况反馈机制。

第九条　国家密码管理部门组织对法律、行政法规和国家有关规定要求使用商用密码进行保护的网络与信息系统所使用的密码算法、密码协议、密钥管理机制等商用密码技术进行审查鉴定。

第十条　国务院标准化行政主管部门和国家密码管理部门依据各自职责，组织制定商用密码国家标准、行业标准，对商用密码团体标准的制定进行规范、引导和监督。国家密码管理部门依据职责，建立商用密码标准实施信息反馈和评估机制，对商用密码标准实施进行监督检查。

国家推动参与商用密码国际标准化活动，参与制定商用密码国际标准，推进商用密码中国标准与国外标准之间的转化运用，鼓励企业、社会团体和教育、科研机构等参与商用密码国际标准化活动。

其他领域的标准涉及商用密码的，应当与商用密码国家标准、行业标准保持协调。

第十一条　从事商用密码活动，应当符合有关法律、行政法规、商用密码强制性国家标准，以及自我声明公开标准的技术要求。

国家鼓励在商用密码活动中采用商用密码推荐性国家标准、行业标准，提升商用密码的防护能力，维护用户的合法权益。

第三章　检测认证

第十二条　国家推进商用密码检测认证体系建设，鼓励在商用密码活动中自愿接受商用密码检测认证。

第十三条　从事商用密码产品检测、网络与信息系统商用密码应用安全性评估等商用

密码检测活动，向社会出具具有证明作用的数据、结果的机构，应当经国家密码管理部门认定，依法取得商用密码检测机构资质。

第十四条 取得商用密码检测机构资质，应当符合下列条件：

（一）具有法人资格；

（二）具有与从事商用密码检测活动相适应的资金、场所、设备设施、专业人员和专业能力；

（三）具有保证商用密码检测活动有效运行的管理体系。

第十五条 申请商用密码检测机构资质，应当向国家密码管理部门提出书面申请，并提交符合本条例第十四条规定条件的材料。

国家密码管理部门应当自受理申请之日起20个工作日内，对申请进行审查，并依法作出是否准予认定的决定。

需要对申请人进行技术评审的，技术评审所需时间不计算在本条规定的期限内。国家密码管理部门应当将所需时间书面告知申请人。

第十六条 商用密码检测机构应当按照法律、行政法规和商用密码检测技术规范、规则，在批准范围内独立、公正、科学、诚信地开展商用密码检测，对出具的检测数据、结果负责，并定期向国家密码管理部门报送检测实施情况。

商用密码检测技术规范、规则由国家密码管理部门制定并公布。

第十七条 国务院市场监督管理部门会同国家密码管理部门建立国家统一推行的商用密码认证制度，实行商用密码产品、服务、管理体系认证，制定并公布认证目录和技术规范、规则。

第十八条 从事商用密码认证活动的机构，应当依法取得商用密码认证机构资质。

申请商用密码认证机构资质，应当向国务院市场监督管理部门提出书面申请。申请人除应当符合法律、行政法规和国家有关规定要求的认证机构基本条件外，还应当具有与从事商用密码认证活动相适应的检测、检查等技术能力。

国务院市场监督管理部门在审查商用密码认证机构资质申请时，应当征求国家密码管理部门的意见。

第十九条 商用密码认证机构应当按照法律、行政法规和商用密码认证技术规范、规则，在批准范围内独立、公正、科学、诚信地开展商用密码认证，对出具的认证结论负责。

商用密码认证机构应当对其认证的商用密码产品、服务、管理体系实施有效的跟踪调查，以保证通过认证的商用密码产品、服务、管理体系持续符合认证要求。

第二十条　涉及国家安全、国计民生、社会公共利益的商用密码产品，应当依法列入网络关键设备和网络安全专用产品目录，由具备资格的商用密码检测、认证机构检测认证合格后，方可销售或者提供。

第二十一条　商用密码服务使用网络关键设备和网络安全专用产品的，应当经商用密码认证机构对该商用密码服务认证合格。

第四章　电子认证

第二十二条　采用商用密码技术提供电子认证服务，应当具有与使用密码相适应的场所、设备设施、专业人员、专业能力和管理体系，依法取得国家密码管理部门同意使用密码的证明文件。

第二十三条　电子认证服务机构应当按照法律、行政法规和电子认证服务密码使用技术规范、规则，使用密码提供电子认证服务，保证其电子认证服务密码使用持续符合要求。

电子认证服务密码使用技术规范、规则由国家密码管理部门制定并公布。

第二十四条　采用商用密码技术从事电子政务电子认证服务的机构，应当经国家密码管理部门认定，依法取得电子政务电子认证服务机构资质。

第二十五条　取得电子政务电子认证服务机构资质，应当符合下列条件：

（一）具有企业法人或者事业单位法人资格；

（二）具有与从事电子政务电子认证服务活动及其使用密码相适应的资金、场所、设备设施和专业人员；

（三）具有为政务活动提供长期电子政务电子认证服务的能力；

（四）具有保证电子政务电子认证服务活动及其使用密码安全运行的管理体系。

第二十六条　申请电子政务电子认证服务机构资质，应当向国家密码管理部门提出书面申请，并提交符合本条例第二十五条规定条件的材料。

国家密码管理部门应当自受理申请之日起20个工作日内，对申请进行审查，并依法作出是否准予认定的决定。

需要对申请人进行技术评审的，技术评审所需时间不计算在本条规定的期限内。国家密码管理部门应当将所需时间书面告知申请人。

第二十七条　外商投资电子政务电子认证服务，影响或者可能影响国家安全的，应当依法进行外商投资安全审查。

第二十八条　电子政务电子认证服务机构应当按照法律、行政法规和电子政务电子认

证服务技术规范、规则，在批准范围内提供电子政务电子认证服务，并定期向主要办事机构所在地省、自治区、直辖市密码管理部门报送服务实施情况。

电子政务电子认证服务技术规范、规则由国家密码管理部门制定并公布。

第二十九条　国家建立统一的电子认证信任机制。国家密码管理部门负责电子认证信任源的规划和管理，会同有关部门推动电子认证服务互信互认。

第三十条　密码管理部门会同有关部门负责政务活动中使用电子签名、数据电文的管理。

政务活动中电子签名、电子印章、电子证照等涉及的电子认证服务，应当由依法设立的电子政务电子认证服务机构提供。

第五章　进出口

第三十一条　涉及国家安全、社会公共利益且具有加密保护功能的商用密码，列入商用密码进口许可清单，实施进口许可。涉及国家安全、社会公共利益或者中国承担国际义务的商用密码，列入商用密码出口管制清单，实施出口管制。

商用密码进口许可清单和商用密码出口管制清单由国务院商务主管部门会同国家密码管理部门和海关总署制定并公布。

大众消费类产品所采用的商用密码不实行进口许可和出口管制制度。

第三十二条　进口商用密码进口许可清单中的商用密码或者出口商用密码出口管制清单中的商用密码，应当向国务院商务主管部门申请领取进出口许可证。

商用密码的过境、转运、通运、再出口，在境外与综合保税区等海关特殊监管区域之间进出，或者在境外与出口监管仓库、保税物流中心等保税监管场所之间进出的，适用前款规定。

第三十三条　进口商用密码进口许可清单中的商用密码或者出口商用密码出口管制清单中的商用密码时，应当向海关交验进出口许可证，并按照国家有关规定办理报关手续。

进出口经营者未向海关交验进出口许可证，海关有证据表明进出口产品可能属于商用密码进口许可清单或者出口管制清单范围的，应当向进出口经营者提出质疑；海关可以向国务院商务主管部门提出组织鉴别，并根据国务院商务主管部门会同国家密码管理部门作出的鉴别结论依法处置。在鉴别或者质疑期间，海关对进出口产品不予放行。

第三十四条　申请商用密码进出口许可，应当向国务院商务主管部门提出书面申请，并提交下列材料：

（一）申请人的法定代表人、主要经营管理人以及经办人的身份证明；

（二）合同或者协议的副本；

（三）商用密码的技术说明；

（四）最终用户和最终用途证明；

（五）国务院商务主管部门规定提交的其他文件。

国务院商务主管部门应当自受理申请之日起 45 个工作日内，会同国家密码管理部门对申请进行审查，并依法作出是否准予许可的决定。

对国家安全、社会公共利益或者外交政策有重大影响的商用密码出口，由国务院商务主管部门会同国家密码管理部门等有关部门报国务院批准。报国务院批准的，不受前款规定时限的限制。

第六章　应用促进

第三十五条　国家鼓励公民、法人和其他组织依法使用商用密码保护网络与信息安全，鼓励使用经检测认证合格的商用密码。

任何组织或者个人不得窃取他人加密保护的信息或者非法侵入他人的商用密码保障系统，不得利用商用密码从事危害国家安全、社会公共利益、他人合法权益等违法犯罪活动。

第三十六条　国家支持网络产品和服务使用商用密码提升安全性，支持并规范商用密码在信息领域新技术、新业态、新模式中的应用。

第三十七条　国家建立商用密码应用促进协调机制，加强对商用密码应用的统筹指导。国家机关和涉及商用密码工作的单位在其职责范围内负责本机关、本单位或者本系统的商用密码应用和安全保障工作。

密码管理部门会同有关部门加强商用密码应用信息收集、风险评估、信息通报和重大事项会商，并加强与网络安全监测预警和信息通报的衔接。

第三十八条　法律、行政法规和国家有关规定要求使用商用密码进行保护的关键信息基础设施，其运营者应当使用商用密码进行保护，制定商用密码应用方案，配备必要的资金和专业人员，同步规划、同步建设、同步运行商用密码保障系统，自行或者委托商用密码检测机构开展商用密码应用安全性评估。

前款所列关键信息基础设施通过商用密码应用安全性评估方可投入运行，运行后每年至少进行一次评估，评估情况按照国家有关规定报送国家密码管理部门或者关键信息基础设施所在地省、自治区、直辖市密码管理部门备案。

第三十九条　法律、行政法规和国家有关规定要求使用商用密码进行保护的关键信息基础设施，使用的商用密码产品、服务应当经检测认证合格，使用的密码算法、密码协议、密钥管理机制等商用密码技术应当通过国家密码管理部门审查鉴定。

第四十条　关键信息基础设施的运营者采购涉及商用密码的网络产品和服务，可能影响国家安全的，应当依法通过国家网信部门会同国家密码管理部门等有关部门组织的国家安全审查。

第四十一条　网络运营者应当按照国家网络安全等级保护制度要求，使用商用密码保护网络安全。国家密码管理部门根据网络的安全保护等级，确定商用密码的使用、管理和应用安全性评估要求，制定网络安全等级保护密码标准规范。

第四十二条　商用密码应用安全性评估、关键信息基础设施安全检测评估、网络安全等级测评应当加强衔接，避免重复评估、测评。

第七章　监督管理

第四十三条　密码管理部门依法组织对商用密码活动进行监督检查，对国家机关和涉及商用密码工作的单位的商用密码相关工作进行指导和监督。

第四十四条　密码管理部门和有关部门建立商用密码监督管理协作机制，加强商用密码监督、检查、指导等工作的协调配合。

第四十五条　密码管理部门和有关部门依法开展商用密码监督检查，可以行使下列职权：

（一）进入商用密码活动场所实施现场检查；

（二）向当事人的法定代表人、主要负责人和其他有关人员调查、了解有关情况；

（三）查阅、复制有关合同、票据、账簿以及其他有关资料。

第四十六条　密码管理部门和有关部门推进商用密码监督管理与社会信用体系相衔接，依法建立推行商用密码经营主体信用记录、信用分级分类监管、失信惩戒以及信用修复等机制。

第四十七条　商用密码检测、认证机构和电子政务电子认证服务机构及其工作人员，应当对其在商用密码活动中所知悉的国家秘密和商业秘密承担保密义务。

密码管理部门和有关部门及其工作人员不得要求商用密码科研、生产、销售、服务、进出口等单位和商用密码检测、认证机构向其披露源代码等密码相关专有信息，并对其在履行职责中知悉的商业秘密和个人隐私严格保密，不得泄露或者非法向他人提供。

第四十八条　密码管理部门和有关部门依法开展商用密码监督管理，相关单位和人员应当予以配合，任何单位和个人不得非法干预和阻挠。

第四十九条　任何单位或者个人有权向密码管理部门和有关部门举报违反本条例的行为。密码管理部门和有关部门接到举报，应当及时核实、处理，并为举报人保密。

第八章　法律责任

第五十条　违反本条例规定，未经认定向社会开展商用密码检测活动，或者未经认定从事电子政务电子认证服务的，由密码管理部门责令改正或者停止违法行为，给予警告，没收违法产品和违法所得；违法所得 30 万元以上的，可以并处违法所得 1 倍以上 3 倍以下罚款；没有违法所得或者违法所得不足 30 万元的，可以并处 10 万元以上 30 万元以下罚款。

违反本条例规定，未经批准从事商用密码认证活动的，由市场监督管理部门会同密码管理部门依照前款规定予以处罚。

第五十一条　商用密码检测机构开展商用密码检测，有下列情形之一的，由密码管理部门责令改正或者停止违法行为，给予警告，没收违法所得；违法所得 30 万元以上的，可以并处违法所得 1 倍以上 3 倍以下罚款；没有违法所得或者违法所得不足 30 万元的，可以并处 10 万元以上 30 万元以下罚款；情节严重的，依法吊销商用密码检测机构资质：

（一）超出批准范围；

（二）存在影响检测独立、公正、诚信的行为；

（三）出具的检测数据、结果虚假或者失实；

（四）拒不报送或者不如实报送实施情况；

（五）未履行保密义务；

（六）其他违反法律、行政法规和商用密码检测技术规范、规则开展商用密码检测的情形。

第五十二条　商用密码认证机构开展商用密码认证，有下列情形之一的，由市场监督管理部门会同密码管理部门责令改正或者停止违法行为，给予警告，没收违法所得；违法所得 30 万元以上的，可以并处违法所得 1 倍以上 3 倍以下罚款；没有违法所得或者违法所得不足 30 万元的，可以并处 10 万元以上 30 万元以下罚款；情节严重的，依法吊销商用密码认证机构资质：

（一）超出批准范围；

（二）存在影响认证独立、公正、诚信的行为；

（三）出具的认证结论虚假或者失实；

（四）未对其认证的商用密码产品、服务、管理体系实施有效的跟踪调查；

（五）未履行保密义务；

（六）其他违反法律、行政法规和商用密码认证技术规范、规则开展商用密码认证的情形。

第五十三条　违反本条例第二十条、第二十一条规定，销售或者提供未经检测认证或者检测认证不合格的商用密码产品，或者提供未经认证或者认证不合格的商用密码服务的，由市场监督管理部门会同密码管理部门责令改正或者停止违法行为，给予警告，没收违法产品和违法所得；违法所得10万元以上的，可以并处违法所得1倍以上3倍以下罚款；没有违法所得或者违法所得不足10万元的，可以并处3万元以上10万元以下罚款。

第五十四条　电子认证服务机构违反法律、行政法规和电子认证服务密码使用技术规范、规则使用密码的，由密码管理部门责令改正或者停止违法行为，给予警告，没收违法所得；违法所得30万元以上的，可以并处违法所得1倍以上3倍以下罚款；没有违法所得或者违法所得不足30万元的，可以并处10万元以上30万元以下罚款；情节严重的，依法吊销电子认证服务使用密码的证明文件。

第五十五条　电子政务电子认证服务机构开展电子政务电子认证服务，有下列情形之一的，由密码管理部门责令改正或者停止违法行为，给予警告，没收违法所得；违法所得30万元以上的，可以并处违法所得1倍以上3倍以下罚款；没有违法所得或者违法所得不足30万元的，可以并处10万元以上30万元以下罚款；情节严重的，责令停业整顿，直至吊销电子政务电子认证服务机构资质：

（一）超出批准范围；

（二）拒不报送或者不如实报送实施情况；

（三）未履行保密义务；

（四）其他违反法律、行政法规和电子政务电子认证服务技术规范、规则提供电子政务电子认证服务的情形。

第五十六条　电子签名人或者电子签名依赖方因依据电子政务电子认证服务机构提供的电子签名认证服务在政务活动中遭受损失，电子政务电子认证服务机构不能证明自己无过错的，承担赔偿责任。

第五十七条　政务活动中电子签名、电子印章、电子证照等涉及的电子认证服务，违

反本条例第三十条规定，未由依法设立的电子政务电子认证服务机构提供的，由密码管理部门责令改正，给予警告；拒不改正或者有其他严重情节的，由密码管理部门建议有关国家机关、单位对直接负责的主管人员和其他直接责任人员依法给予处分或者处理。有关国家机关、单位应当将处分或者处理情况书面告知密码管理部门。

第五十八条　违反本条例规定进出口商用密码的，由国务院商务主管部门或者海关依法予以处罚。

第五十九条　窃取他人加密保护的信息，非法侵入他人的商用密码保障系统，或者利用商用密码从事危害国家安全、社会公共利益、他人合法权益等违法活动的，由有关部门依照《中华人民共和国网络安全法》和其他有关法律、行政法规的规定追究法律责任。

第六十条　关键信息基础设施的运营者违反本条例第三十八条、第三十九条规定，未按照要求使用商用密码，或者未按照要求开展商用密码应用安全性评估的，由密码管理部门责令改正，给予警告；拒不改正或者有其他严重情节的，处10万元以上100万元以下罚款，对直接负责的主管人员处1万元以上10万元以下罚款。

第六十一条　关键信息基础设施的运营者违反本条例第四十条规定，使用未经安全审查或者安全审查未通过的涉及商用密码的网络产品或者服务的，由有关主管部门责令停止使用，处采购金额1倍以上10倍以下罚款；对直接负责的主管人员和其他直接责任人员处1万元以上10万元以下罚款。

第六十二条　网络运营者违反本条例第四十一条规定，未按照国家网络安全等级保护制度要求使用商用密码保护网络安全的，由密码管理部门责令改正，给予警告；拒不改正或者导致危害网络安全等后果的，处1万元以上10万元以下罚款，对直接负责的主管人员处5000元以上5万元以下罚款。

第六十三条　无正当理由拒不接受、不配合或者干预、阻挠密码管理部门、有关部门的商用密码监督管理的，由密码管理部门、有关部门责令改正，给予警告；拒不改正或者有其他严重情节的，处5万元以上50万元以下罚款，对直接负责的主管人员和其他直接责任人员处1万元以上10万元以下罚款；情节特别严重的，责令停业整顿，直至吊销商用密码许可证件。

第六十四条　国家机关有本条例第六十条、第六十一条、第六十二条、第六十三条所列违法情形的，由密码管理部门、有关部门责令改正，给予警告；拒不改正或者有其他严重情节的，由密码管理部门、有关部门建议有关国家机关对直接负责的主管人员和其他直接责任人员依法给予处分或者处理。有关国家机关应当将处分或者处理情况书面告知密码

管理部门、有关部门。

第六十五条 密码管理部门和有关部门的工作人员在商用密码工作中滥用职权、玩忽职守、徇私舞弊，或者泄露、非法向他人提供在履行职责中知悉的商业秘密、个人隐私、举报人信息的，依法给予处分。

第六十六条 违反本条例规定，构成犯罪的，依法追究刑事责任；给他人造成损害的，依法承担民事责任。

第九章 附　　则

第六十七条 本条例自 2023 年 7 月 1 日起施行。

第三部分

部门规章

电力安全生产监督管理办法

中华人民共和国国家发展和改革委员会令第 21 号

第一章　总　　则

第一条　为了有效实施电力安全生产监督管理，预防和减少电力事故，保障电力系统安全稳定运行和电力可靠供应，依据《中华人民共和国安全生产法》《中华人民共和国突发事件应对法》《电力监管条例》《生产安全事故报告和调查处理条例》《电力安全事故应急处置和调查处理条例》等法律法规，制定本办法。

第二条　本办法适用于中华人民共和国境内以发电、输电、供电、电力建设为主营业务并取得相关业务许可或按规定豁免电力业务许可的电力企业。

第三条　国家能源局及其派出机构依照本办法，对电力企业的电力运行安全（不包括核安全）、电力建设施工安全、电力工程质量安全、电力应急、水电站大坝运行安全和电力可靠性工作等方面实施监督管理。

第四条　电力安全生产工作应当坚持"安全第一、预防为主、综合治理"的方针，建立电力企业具体负责、政府监管、行业自律和社会监督的工作机制。

第五条　电力企业是电力安全生产的责任主体，应当遵照国家有关安全生产的法律法规、制度和标准，建立健全电力安全生产责任制，加强电力安全生产管理，完善电力安全生产条件，确保电力安全生产。

第六条　任何单位和个人对违反本办法和国家有关电力安全生产监督管理规定的行为，有权向国家能源局及其派出机构投诉和举报，国家能源局及其派出机构应当依法处理。

第二章　电力企业的安全生产责任

第七条　电力企业的主要负责人对本单位的安全生产工作全面负责。电力企业从业人员应当依法履行安全生产方面的义务。

第八条　电力企业应当履行下列电力安全生产管理基本职责：

（一）依照国家安全生产法律法规、制度和标准，制定并落实本单位电力安全生产管理制度和规程。

（二）建立健全电力安全生产保证体系和监督体系，落实安全生产责任。

（三）按照国家有关法律法规设置安全生产管理机构、配备专职安全管理人员。

（四）按照规定提取和使用电力安全生产费用，专门用于改善安全生产条件。

（五）按照有关规定建立健全电力安全生产隐患排查治理制度和风险预控体系，开展隐患排查及风险辨识、评估和监控工作，并对安全隐患和风险进行治理、管控。

（六）开展电力安全生产标准化建设。

（七）开展电力安全生产培训宣传教育工作，负责以班组长、新工人、农民工为重点的从业人员安全培训。

（八）开展电力可靠性管理工作，建立健全电力可靠性管理工作体系，准确、及时、完整报送电力可靠性信息。

（九）建立电力应急管理体系，健全协调联动机制，制定各级各类应急预案并开展应急演练，建设应急救援队伍，完善应急物资储备制度。

（十）按照规定报告电力事故和电力安全事件信息并及时开展应急处置，对电力安全事件进行调查处理。

第九条 发电企业应当按照规定对水电站大坝进行安全注册，开展大坝安全定期检查和信息化建设工作；对燃煤发电厂贮灰场进行安全备案，开展安全巡查和定期安全评估工作。

第十条 电力建设单位应当对电力建设工程施工安全和工程质量安全负全面管理责任，履行工程组织、协调和监督职责，并按照规定将电力工程项目的安全生产管理情况向当地派出机构备案，向相关电力工程质监机构进行工程项目质量监督注册申请。

第十一条 供电企业应当配合地方政府对电力用户安全用电提供技术指导。

第三章　电力系统安全

第十二条 电力企业应当共同维护电力系统安全稳定运行。在电网互联、发电机组并网过程中应严格履行安全责任，并在双方的联（并）网调度协议中具体明确，不得擅自联（并）网和解网。

第十三条 各级电力调度机构是涉及电力系统安全的电力安全事故（事件）处置的指挥机构，发生电力安全事故（事件）或遇有危及电力系统安全的情况时，电力调度机构有权采取必要的应急处置措施，相关电力企业应当严格执行调度指令。

第十四条 电力调度机构应当加强电力系统安全稳定运行管理，科学合理安排系统运

行方式，开展电力系统安全分析评估，统筹协调电网安全和并网运行机组安全。

第十五条 电力企业应当加强发电设备设施和输变配电设备设施安全管理和技术管理，强化电力监控系统（或设备）专业管理，完善电力系统调频、调峰、调压、调相、事故备用等性能，满足电力系统安全稳定运行的需要。

第十六条 发电机组、风电场以及光伏电站等并入电网运行，应当满足相关技术标准，符合电网运行的有关安全要求。

第十七条 电力企业应当根据国家有关规定和标准，制定、完善和落实预防电网大面积停电的安全技术措施、反事故措施和应急预案，建立完善与国家能源局及其派出机构、地方人民政府及电力用户等的应急协调联动机制。

第四章　电力安全生产的监督管理

第十八条 国家能源局依法负责全国电力安全生产监督管理工作。国家能源局派出机构（以下简称派出机构）按照属地化管理的原则，负责辖区内电力安全生产监督管理工作。

涉及跨区域的电力安全生产监督管理工作，由国家能源局负责或者协调确定具体负责的区域派出机构；同一区域内涉及跨省的电力安全生产监督管理工作，由当地区域派出机构负责或者协调确定具体负责的省级派出机构。

50兆瓦以下小水电站的安全生产监督管理工作，按照相关规定执行。50兆瓦以下小水电站的涉网安全由派出机构负责监督管理。

第十九条 国家能源局及其派出机构应当采取多种形式，加强有关安全生产的法律法规、制度和标准的宣传，向电力企业传达国家有关安全生产工作各项要求，提高从业人员的安全生产意识。

第二十条 国家能源局及其派出机构应当建立健全电力行业安全生产工作协调机制，及时协调、解决安全生产监督管理中存在的重大问题。

第二十一条 国家能源局及其派出机构应当依法对电力企业执行有关安全生产法规、标准和规范情况进行监督检查。

国家能源局组织开展全国范围的电力安全生产大检查，制定检查工作方案，并对重点地区、重要电力企业、关键环节开展重点督查。派出机构组织开展辖区内的电力安全生产大检查，对部分电力企业进行抽查。

第二十二条 国家能源局及其派出机构对现场检查中发现的安全生产违法、违规行为，应当责令电力企业当场予以纠正或者限期整改。对现场检查中发现的重大安全隐患，应当

责令其立即整改；安全隐患危及人身安全时，应当责令其立即从危险区域内撤离人员。

第二十三条　国家能源局及其派出机构应当监督指导电力企业隐患排查治理工作，按照有关规定对重大安全隐患挂牌督办。

第二十四条　国家能源局及其派出机构应当统计分析电力安全生产信息，并定期向社会公布。根据工作需要，可以要求电力企业报送与电力安全生产相关的文件、资料、图纸、音频或视频记录和有关数据。

国家能源局及其派出机构发现电力企业在报送资料中存在弄虚作假及其他违规行为的，应当及时纠正和处理。

第二十五条　国家能源局及其派出机构应当依法组织或参与电力事故调查处理。

国家能源局组织或参与重大和特别重大电力事故调查处理；督办有重大社会影响的电力安全事件。派出机构组织或参与较大和一般电力事故调查处理，对电力系统安全稳定运行或对社会造成较大影响的电力安全事件组织专项督查。

第二十六条　国家能源局及其派出机构应当依法组织开展电力应急管理工作。

国家能源局负责制定电力应急体系发展规划和国家大面积停电事件专项应急预案，开展重大电力突发安全事件应急处置和分析评估工作。派出机构应当按照规定权限和程序，组织、协调、指导电力突发安全事件应急处置工作。

第二十七条　国家能源局及其派出机构应当组织开展电力安全培训和宣传教育工作。

第二十八条　国家能源局及其派出机构配合地方政府有关部门、相关行业管理部门，对重要电力用户安全用电、供电电源配置、自备应急电源配置和使用实施监督管理。

第二十九条　国家能源局及其派出机构应当建立安全生产举报制度，公开举报电话、信箱和电子邮件地址，受理有关电力安全生产的举报；受理的举报事项经核实后，对违法行为严重的电力企业，应当向社会公告。

第五章　罚　　则

第三十条　电力企业造成电力事故的，依照《生产安全事故报告和调查处理条例》和《电力安全事故应急处置和调查处理条例》，承担相应的法律责任。

第三十一条　国家能源局及其派出机构从事电力安全生产监督管理工作的人员滥用职权、玩忽职守或者徇私舞弊的，依法给予行政处分；构成犯罪的，由司法机关依法追究刑事责任。

第三十二条　国家能源局及其派出机构通过现场检查发现电力企业有违反本办法

规定的行为时，可以对电力企业主要负责人或安全生产分管负责人进行约谈，情节严重的，依据《安全生产法》第九十条，可以要求其停工整顿，对发电企业要求其暂停并网运行。

第三十三条　电力企业有违反本办法规定的行为时，国家能源局及其派出机构可以对其违规情况向行业进行通报，对影响电力用户安全可靠供电行为的处理情况，向社会公布。

第三十四条　电力企业发生电力安全事件后，存在下列情况之一的，国家能源局及其派出机构可以责令限期改正，逾期不改正的应当将其列入安全生产不良信用记录和安全生产诚信"黑名单"，并处以1万元以下的罚款：

（一）迟报、漏报、谎报、瞒报电力安全事件信息的。

（二）不及时组织应急处置的。

（三）未按规定对电力安全事件进行调查处理的。

第三十五条　电力企业未履行本办法第八条规定的，由国家能源局及其派出机构责令限期整改，逾期不整改的，对电力企业主要负责人予以警告；情节严重的，由国家能源局及其派出机构对电力企业主要负责人处以1万元以下的罚款。

第三十六条　电力企业有下列情形之一的，由国家能源局及其派出机构责令限期改正；逾期不改正的，由国家能源局及其派出机构依据《电力监管条例》第三十四条，对其处以5万元以上、50万元以下的罚款，并将其列入安全生产不良信用记录和安全生产诚信"黑名单"：

（一）拒绝或阻挠国家能源局及其派出机构从事监督管理工作的人员依法履行电力安全生产监督管理职责的。

（二）向国家能源局及其派出机构提供虚假或隐瞒重要事实的文件、资料的。

第六章　附　　则

第三十七条　本办法下列用语的含义：

（一）电力系统，是指由发电、输电、变电、配电以及电力调度等环节组成的电能生产、传输和分配的系统。

（二）电力事故，是指电力生产、建设过程中发生的电力安全事故、电力人身伤亡事故、发电设备或输变电设备设施损坏造成直接经济损失的事故。

（三）电力安全事件，是指未构成电力安全事故，但影响电力（热力）正常供应，

或对电力系统安全稳定运行构成威胁，可能引发电力安全事故或造成较大社会影响的事件。

（四）重大安全隐患，是指可能造成一般以上人身伤亡事故、电力安全事故、直接经济损失 100 万元以上的电力设备事故和其他对社会造成较大影响的隐患。

第三十八条 本办法自二〇一五年三月一日起施行。原国家电力监管委员会《电力安全生产监管办法》同时废止。

电网运行规则（试行）

中华人民共和国国家电力监管委员会令第 22 号

第一章　总　　则

第一条　为了保障电力系统安全、优质、经济运行，维护社会公共利益和电力投资者、经营者、使用者的合法权益，根据《中华人民共和国电力法》《电力监管条例》和《电网调度管理条例》，制定本规则。

第二条　电网运行坚持安全第一、预防为主的方针。电网企业及其电力调度机构、电网使用者和相关单位应当共同维护电网的安全稳定运行。

第三条　电网运行实行统一调度、分级管理。

电力调度应当公开、公平、公正。

本规则所称电力调度，是指电力调度机构（以下简称调度机构）对电网运行进行的组织、指挥、指导和协调。

第四条　国家电力监管委员会及其派出机构（以下简称电力监管机构）依法对电网运行实施监管。

第五条　本规则适用于省级以上调度机构及其调度管辖范围内的电网企业、电网使用者和相关规划设计、施工建设、安装调试、研究开发等单位。

第二章　规划、设计与建设

第六条　电力系统的规划、设计和建设应当遵守国家有关规定和有关国家标准、行业标准。

第七条　电网与电源建设应当统筹考虑，合理布局，协调发展。

电网结构应当安全可靠、经济合理、技术先进、运行灵活，符合《电力系统安全稳定导则》和《电力系统技术导则》的要求。

第八条　经政府有关部门依法批准或者核准的拟并网机组，电网企业应当按期完成相应的电网一次设备、二次设备的建设、调试、验收和投入使用，保证并网机组电力送出的必要网络条件。

第九条　电力二次系统应当统一规划、统一设计，并与电力一次系统的规划、设计和

建设同步进行。电网使用者的二次设备和系统应当符合电网二次系统技术规范。

第十条 涉及电网运行的接口技术规范，由调度机构组织制定，并报电力监管机构备案后施行。拟并网设备应当符合接口技术规范。

第十一条 电网企业和电网使用者应当采用符合国家标准、行业标准和相关国际标准，并经政府有关部门核准资质的检验机构检验合格的产品。

第十二条 在采购与电网运行相关或者可能影响电网运行特性的设备前，业主方应当组织包括调度机构在内的有关机构和专家对技术规范书进行评审。

第十三条 电网企业、电网使用者和受业主委托工作的相关单位，应当交换规划设计、施工调试等工作所需资料。

第三章 并网与互联

第十四条 新建、改建、扩建的发电工程、输电工程和变电工程投入运行前，拟并网方应当按照要求向调度机构提交并网调度所必需的资料。资料齐备的，调度机构应当按照规定程序向拟并网方提供继电保护、安全自动装置的定值和调度自动化、电力通信等设备的技术参数。

第十五条 新建、改建、扩建的发电工程、输电工程和变电工程投入运行前，调度机构应当对拟并网方的新设备启动并网提供有关技术指导和服务，适时编制新设备启动并网调度方案和有关技术要求，并协调组织实施。拟并网方应当按照新设备启动并网调度方案完成启动准备工作。

第十六条 新建、改建、扩建的发电工程、输电工程和变电工程投入运行前，拟并网方的二次系统应当完成与调度机构的联合调试、定值和数据核对等工作，并交换并网调试和运行所必需的数据资料。

第十七条 新建、改建、扩建的发电工程、输电工程和变电工程投入运行前，调度机构应当根据国家有关规定、技术标准和规程，组织认定拟并网方的并网基本条件。拟并网方不符合并网基本条件的，调度机构应当向拟并网方提出改进意见。

第十八条 发电厂需要并网运行的，并网双方应当在并网前签订并网调度协议。

电网与电网需要互联运行的，互联双方应当在互联前签订互联调度协议。

并网双方或者互联双方应当根据平等互利、协商一致和确保电力系统安全运行的原则签订协议并严格执行。

第十九条 发电厂、电网不得擅自并网或者互联，不得擅自解网。

第二十条 新建、改建、扩建的发电机组并网应当具备下列基本条件：

（一）新投产的电气一次设备的交接试验项目完整，符合有关标准和规程。

（二）发电机组装设符合国家标准或者行业标准的连续式自动电压调节器；100兆瓦以上火电机组、核电机组，50兆瓦以上水电机组的励磁系统原则上配备电力系统稳定器或者具备电力系统稳定器功能。

（三）发电机组参与一次调频。

（四）参与二次调频的100兆瓦以上的火电机组，40兆瓦以上非灯泡贯流式水电机组和抽水蓄能机组原则上具备自动发电控制功能，参与电网闭环自动发电控制；特殊机组根据其特性确定调频要求。

（五）发电机组具备进相运行的能力，机组实际进相运行能力根据机组参数和进相试验结果确定。

（六）拟并网方在调度机构的统一协调下完成发电机励磁系统、调速系统、电力系统稳定器、发电机进相能力、自动发电控制、自动电压控制、一次调频等调试，其性能和参数符合电网安全稳定运行需要；调试由具有资质的机构进行，调试报告应当提交调度机构，调度机构应当为完成调试提供必要的条件。

（七）发电厂至调度机构具备两个以上可用的独立路由的通信通道。

（八）发电机组具备电量采集装置并能够通过调度数据专网将关口数据传送至调度机构。

（九）发电厂调度自动化设备能够通过专线或者网络方式将实时数据传送至调度机构。

新建、改建、扩建的发电机组并网前应当进行并网安全性评价。并网安全性评价工作由电力监管机构组织实施。

第二十一条 发电厂与电网连接处应当装设断路器。断路器的遮断容量、故障清除时间和继电保护配置应当符合所在电网的技术要求。

分、合操作频繁的抽水蓄能电厂的主断路器，其开断容量和开断次数应当具有比常规电厂的主断路器更大的设计裕量。

第二十二条 主网直供用户并网应当具备下列基本条件：

（一）主网直供用户向电网企业及其调度机构提供必要的数据，并能够向调度机构传送必要的实时信息。

（二）主网直供用户的电能量计量点设在并网线路的产权分界处，电能量计量点处安装计量上网电量和受网电量的具有双向、分时功能的有功、无功电能表，并能将电能量信

息传输至调度机构。

（三）主网直供用户合理装设无功补偿装置、谐波抑制装置、自动电压控制装置、自动低频低压减负荷装置和负荷控制装置，并根据调度机构的要求整定参数和投入运行；主网直供用户的生产负荷与生活负荷在配电上分开，以满足负荷控制需要。

第二十三条　继电保护、安全自动装置、调度自动化、电力通信等电力二次系统设备应当符合调度机构组织制定的技术体制和接口规范。电力二次系统设备的技术体制和接口规范报电力监管机构备案后施行。

第二十四条　接入电网运行的电力二次系统应当符合《电力二次系统安全防护规定》和其他有关规定。

第二十五条　电网互联双方应当联合进行频率控制、联络线控制、无功电压控制；根据联网后的变化，制定或者修正黑启动方案，修正本网的自动低频、低压减负荷方案；按照电网稳定运行需要协商确定安全自动装置配置方案。

第二十六条　除发生事故或者实行特殊运行方式外，电力系统频率、并网点电压的运行偏差应当符合国家标准和电力行业标准。

在发生事故的情况下，发电机组和其他相关设备运行特性对频率变化的适应能力仍应当符合国家标准。

第二十七条　电网使用者向电网注入的谐波应当不超过国家标准和电力行业标准。并入电网运行的电气设备应当能够承受国家标准允许的因谐波和三相不平衡导致的电压波形畸变。

第二十八条　电网企业与电网使用者的设备产权和维护分界点应当根据有关电力法律、法规确定，并在有关协议中详细划分并网或者互联设备的所有权和安全责任。

第二十九条　接入电网运行的设备调度管辖权，不受设备所有权或者资产管理权等的限制。

第四章　电网运行

第三十条　电网企业及其调度机构有责任保障电网频率电压稳定和可靠供电；调度机构应当合理安排运行方式，优化调度，维持电力平衡，保障电力系统的安全、优质、经济运行。

调度机构应当向电力监管机构报送年度运行方式。

第三十一条　调度机构依照国家有关规定组织制定电力调度管理规程，并报电力监管机构备案。电网企业及其调度机构、电网使用者和相关单位应当执行电力调度管理规程。

第三十二条　电网企业及其调度机构应当加强负荷预测，做好长期、中期、短期和超短期负荷预测工作，提高负荷预测准确率。

第三十三条　主网直供用户应当根据有关规定，按时向所属调度机构报送其主要接装容量和年用电量预测，按时申报年度、月度用电计划。

第三十四条　调度机构应当编制和下达发电调度计划、供(用)电调度计划和检修计划。

第三十五条　编制发电调度计划、供（用）电调度计划应当依据省级人民政府下达的调控目标和市场形成的电力交易计划，综合考虑社会用电需求、检修计划和电力系统设备能力等因素，并保留必要、合理的备用容量。调度计划应当经过安全校核。

第三十六条　水电调度运行应当充分利用水能资源，严格执行经审批的水库综合利用方案，确保大坝安全，防止发生洪水漫坝、水淹厂房事故。

水电厂应当及时、准确、可靠地向调度机构传输水库运行相关信息。

实施联合运行的梯级水库群，发电企业应当向调度机构提出优化调度方案。

第三十七条　发电企业应当按照发电调度计划和调度指令发电；主网直供用户应当按照供（用）电调度计划和调度指令用电。

对于不按照调度计划和调度指令发电的，调度机构应当予以警告；经警告拒不改正的，调度机构可以暂时停止其并网运行。

对于不按照调度计划和调度指令用电的，调度机构应当予以警告；经警告拒不改正的，调度机构可以暂时部分或者全部停止向其供电。

第三十八条　电网企业、电网使用者应当根据本单位电力设备的健康状况，向调度机构提出年度、月度检修预安排申请；调度机构应当在检修预安排申请的基础上根据电力系统设备的健康水平和运行能力，与申请单位协商，统筹兼顾，编制年度、月度检修计划。

第三十九条　电网企业、电网使用者应当按照检修计划安排检修工作，加强设备运行维护，减少非计划停运和事故。

电网企业、电网使用者可以提出临时检修申请，调度机构应当及时答复，并在电网运行允许的情况下予以安排。

第四十条　电网企业和电网使用者应当提供用于维护电压、频率稳定和电网故障后恢复等方面的辅助服务。辅助服务的调度由调度机构负责。

第四十一条　电网的无功补偿实行分层分区、就地平衡的原则。调度机构负责电网无功的平衡和调整，必要时制定改进措施，由电网企业和电网使用者组织实施。调度机构按照调度管辖范围分级负责电网各级电压的调整、控制和管理。接入电网运行的发电厂、变

电站等应当按照调度机构确定的电压运行范围进行调节。

第四十二条 调度机构在电网出现有功功率不能满足需求、超稳定极限、电力系统故障、持续的频率降低或者电压超下限、备用容量不足等情况时，可以按照有关地方人民政府批准的事故限电序位表和保障电力系统安全的限电序位表进行限电操作。电网使用者应当按照负荷控制方案在电网企业及其调度机构的指导下实施负荷控制。

第四十三条 发生威胁电力系统安全运行的紧急情况时，调度机构值班人员应当立即采取措施，避免事故发生和防止事故扩大。必要时，可以根据电力市场运营规则，通过调整系统运行方式等手段对电力市场实施干预，并按照规定向电力监管机构报告。

第四十四条 调度机构负责电网的高频切机、低频自启动机组容量的管理，统一编制自动低频、低压减负荷方案并组织实施，定期进行系统实测。

第四十五条 继电保护、安全自动装置、调度自动化、电力通信等二次系统设备的运行维护、统计分析、整定配合，按照所在电网的调度管理规程和现场运行管理规程进行。

第四十六条 电网企业及其调度机构应当根据国家有关规定和有关国家标准、行业标准，制订和完善电网反事故措施、系统黑启动方案、系统应急机制和反事故预案。

电网使用者应当按照电网稳定运行要求编制反事故预案，并网发电厂应当制订全厂停电事故处理预案，并报调度机构备案。

电网企业、电网使用者应当按照设备产权和运行维护责任划分，落实反事故措施。

调度机构应当定期组织联合反事故演习，电网企业和电网使用者应当按照要求参加联合反事故演习。

第四十七条 电网企业和电网使用者应当开展电力可靠性管理工作、安全性评价工作和技术监督工作，提高安全运行水平。

第五章　附　　则

第四十八条 地（市）级以下调度机构及其调度管辖范围内的电网企业、电网使用者和相关单位参照本规则执行。

第四十九条 本规则所称电网使用者是指通过电网完成电力生产和消费的单位，包括发电企业（含自备发电厂）、主网直供用户等。

本规则所称主网直供用户是指与省（直辖市、自治区）级以上电网企业签订购售电合同的用户或者通过电网直接向发电企业购电的用户。

第五十条 本规则自 2007 年 1 月 1 日起施行。

电力建设工程施工安全监督管理办法

中华人民共和国国家发展和改革委员会令第 28 号

第一章 总 则

第一条 为了加强电力建设工程施工安全监督管理，保障人民群众生命和财产安全，根据《中华人民共和国安全生产法》《中华人民共和国特种设备安全法》《建设工程安全生产管理条例》《电力监管条例》《生产安全事故报告和调查处理条例》，制定本办法。

第二条 本办法适用于电力建设工程的新建、扩建、改建、拆除等有关活动，以及国家能源局及其派出机构对电力建设工程施工安全实施监督管理。

本办法所称电力建设工程，包括火电、水电、核电（除核岛外）、风电、太阳能发电等发电建设工程，输电、配电等电网建设工程，及其他电力设施建设工程。

本办法所称电力建设工程施工安全包括电力建设、勘察设计、施工、监理单位等涉及施工安全的生产活动。

第三条 电力建设工程施工安全坚持"安全第一、预防为主、综合治理"的方针，建立"企业负责、职工参与、行业自律、政府监管、社会监督"的管理机制。

第四条 电力建设单位、勘察设计单位、施工单位、监理单位及其他与电力建设工程施工安全有关的单位，必须遵守安全生产法律法规和标准规范，建立健全安全生产保证体系和监督体系，建立安全生产责任制和安全生产规章制度，保证电力建设工程施工安全，依法承担安全生产责任。

第五条 开展电力建设工程施工安全的科学技术研究和先进技术的推广应用，推进企业和工程建设项目实施安全生产标准化建设，推进电力建设工程安全生产科学管理，提高电力建设工程施工安全水平。

第二章 建设单位安全责任

第六条 建设单位对电力建设工程施工安全负全面管理责任，具体内容包括：

（一）建立健全安全生产组织和管理机制，负责电力建设工程安全生产组织、协调、监督职责；

（二）建立健全安全生产监督检查和隐患排查治理机制，实施施工现场全过程安全生

产管理；

（三）建立健全安全生产应急响应和事故处置机制，实施突发事件应急抢险和事故救援；

（四）建立电力建设工程项目应急管理体系，编制应急综合预案，组织勘察设计、施工、监理等单位制定各类安全事故应急预案，落实应急组织、程序、资源及措施，定期组织演练，建立与国家有关部门、地方政府应急体系的协调联动机制，确保应急工作有效实施；

（五）及时协调和解决影响安全生产重大问题。

建设工程实行工程总承包的，总承包单位应当按照合同约定，履行建设单位对工程的安全生产责任；建设单位应当监督工程总承包单位履行对工程的安全生产责任。

第七条 建设单位应当按照国家有关规定实施电力建设工程招投标管理，具体包括：

（一）应当将电力建设工程发包给具有相应资质等级的单位，禁止中标单位将中标项目的主体和关键性工作分包给他人完成；

（二）应当在电力建设工程招标文件中对投标单位的资质、安全生产条件、安全生产费用使用、安全生产保障措施等提出明确要求；

（三）应当审查投标单位主要负责人、项目负责人、专职安全生产管理人员是否满足国家规定的资格要求；

（四）应当与勘察设计、施工、监理等中标单位签订安全生产协议。

第八条 按照国家有关安全生产费用投入和使用管理规定，电力建设工程概算应当单独计列安全生产费用，不得在电力建设工程投标中列入竞争性报价。根据电力建设工程进展情况，及时、足额向参建单位支付安全生产费用。

第九条 建设单位应当向参建单位提供满足安全生产的要求的施工现场及毗邻区域内各种地下管线、气象、水文、地质等相关资料，提供相邻建筑物和构筑物、地下工程等有关资料。

第十条 建设单位应当组织参建单位落实防灾减灾责任，建立健全自然灾害预测预警和应急响应机制，对重点区域、重要部位地质灾害情况进行评估检查。

应当对施工营地选址布置方案进行风险分析和评估，合理选址。组织施工单位对易发生泥石流、山体滑坡等地质灾害工程项目的生活办公营地、生产设备设施、施工现场及周边环境开展地质灾害隐患排查，制定和落实防范措施。

第十一条 建设单位应当执行定额工期，不得压缩合同约定的工期。如工期确需调整，应当对安全影响进行论证和评估。论证和评估应当提出相应的施工组织措施和安全

保障措施。

第十二条　建设单位应当履行工程分包管理责任，严禁施工单位转包和违法分包，将分包单位纳入工程安全管理体系，严禁以包代管。

第十三条　建设单位应在电力建设工程开工报告批准之日起 15 日内，将保证安全施工的措施，包括电力建设工程基本情况、参建单位基本情况、安全组织及管理措施、安全投入计划、施工组织方案、应急预案等内容向建设工程所在地国家能源局派出机构备案。

第三章　勘察设计单位安全责任

第十四条　勘察设计单位应当按照法律法规和工程建设强制性标准进行电力建设工程的勘察设计，提供的勘察设计文件应当真实、准确、完整，满足工程施工安全的需要。

在编制设计计划书时应当识别设计适用的工程建设强制性标准并编制条文清单。

第十五条　勘察单位在勘察作业过程中，应当制定并落实安全生产技术措施，保证作业人员安全，保障勘察区域各类管线、设施和周边建筑物、构筑物安全。

第十六条　电力建设工程所在区域存在自然灾害或电力建设活动可能引发地质灾害风险时，勘察设计单位应当制定相应专项安全技术措施，并向建设单位提出灾害防治方案建议。

应当监控基础开挖、洞室开挖、水下作业等重大危险作业的地质条件变化情况，及时调整设计方案和安全技术措施。

第十七条　设计单位在规划阶段应当开展安全风险、地质灾害分析和评估，优化工程选线、选址方案；可行性研究阶段应当对涉及电力建设工程安全的重大问题进行分析和评价；初步设计应当提出相应施工方案和安全防护措施。

第十八条　对于采用新技术、新工艺、新流程、新设备、新材料和特殊结构的电力建设工程，勘察设计单位应当在设计文件中提出保障施工作业人员安全和预防生产安全事故的措施建议；不符合现行相关安全技术规范或标准规定的，应当提请建设单位组织专题技术论证，报送相应主管部门同意。

第十九条　勘察设计单位应当根据施工安全操作和防护的需要，在设计文件中注明涉及施工安全的重点部位和环节，提出防范安全生产事故的指导意见；工程开工前，应当向参建单位进行技术和安全交底，说明设计意图；施工过程中，对不能满足安全生产要求的设计，应当及时变更。

第四章　施工单位安全责任

第二十条　施工单位应当具备相应的资质等级，具备国家规定的安全生产条件，取得安全生产许可证，在许可的范围内从事电力建设工程施工活动。

第二十一条　施工单位应当按照国家法律法规和标准规范组织施工，对其施工现场的安全生产负责。应当设立安全生产管理机构，按规定配备专（兼）职安全生产管理人员，制定安全管理制度和操作规程。

第二十二条　施工单位应当按照国家有关规定计列和使用安全生产费用。应当编制安全生产费用使用计划，专款专用。

第二十三条　电力建设工程实行施工总承包的，由施工总承包单位对施工现场的安全生产负总责，具体包括：

（一）施工单位或施工总承包单位应当自行完成主体工程的施工，除可依法对劳务作业进行劳务分包外，不得对主体工程进行其他形式的施工分包；禁止任何形式的转包和违法分包；

（二）施工单位或施工总承包单位依法将主体工程以外项目进行专业分包的，分包单位必须具有相应资质和安全生产许可证，合同中应当明确双方在安全生产方面的权利和义务。施工单位或施工总承包单位履行电力建设工程安全生产监督管理职责，承担工程安全生产连带管理责任，分包单位对其承包的施工现场安全生产负责；

（三）施工单位或施工总承包单位和专业承包单位实行劳务分包的，应当分包给具有相应资质的单位，并对施工现场的安全生产承担主体责任。

第二十四条　施工单位应当履行劳务分包安全管理责任，将劳务派遣人员、临时用工人员纳入其安全管理体系，落实安全措施，加强作业现场管理和控制。

第二十五条　电力建设工程开工前，施工单位应当开展现场查勘，编制施工组织设计、施工方案和安全技术措施并按技术管理相关规定报建设单位、监理单位同意。

分部分项工程施工前，施工单位负责项目管理的技术人员应当向作业人员进行安全技术交底，如实告知作业场所和工作岗位可能存在的风险因素、防范措施以及现场应急处置方案，并由双方签字确认；对复杂自然条件、复杂结构、技术难度大及危险性较大的分部分项工程需编制专项施工方案并附安全验算结果，必要时召开专家会议论证确认。

第二十六条　施工单位应当定期组织施工现场安全检查和隐患排查治理，严格落实施工现场安全措施，杜绝违章指挥、违章作业、违反劳动纪律行为发生。

第二十七条 施工单位应当对因电力建设工程施工可能造成损害和影响的毗邻建筑物、构筑物、地下管线、架空线缆、设施及周边环境采取专项防护措施。对施工现场出入口、通道口、孔洞口、邻近带电区、易燃易爆及危险化学品存放处等危险区域和部位采取防护措施并设置明显的安全警示标志。

第二十八条 施工单位应当制定用火、用电、易燃易爆材料使用等消防安全管理制度，确定消防安全责任人，按规定设置消防通道、消防水源，配备消防设施和灭火器材。

第二十九条 施工单位应当按照国家有关规定采购、租赁、验收、检测、发放、使用、维护和管理施工机械、特种设备，建立施工设备安全管理制度、安全操作规程及相应的管理台账和维保记录档案。

施工单位使用的特种设备应当是取得许可生产并经检验合格的特种设备。特种设备的登记标志、检测合格标志应当置于该特种设备的显著位置。

安装、改造、修理特种设备的单位，应当具有国家规定的相应资质，在施工前按规定履行告知手续，施工过程按照相关规定接受监督检验。

第三十条 施工单位应当按照相关规定组织开展安全生产教育培训工作。企业主要负责人、项目负责人、专职安全生产管理人员、特种作业人员需经培训合格后持证上岗，新入场人员应当按规定经过三级安全教育。

第三十一条 施工单位对电力建设工程进行调试、试运行前，应当按照法律法规和工程建设强制性标准，编制调试大纲、试验方案，对各项试验方案制定安全技术措施并严格实施。

第三十二条 施工单位应当根据电力建设工程施工特点、范围，制定应急救援预案、现场处置方案，对施工现场易发生事故的部位、环节进行监控。实行施工总承包的，由施工总承包单位组织分包单位开展应急管理工作。

第五章 监理单位安全责任

第三十三条 监理单位应当按照法律法规和工程建设强制性标准实施监理，履行电力建设工程安全生产管理的监理职责。监理单位资源配置应当满足工程监理要求，依据合同约定履行电力建设工程施工安全监理职责，确保安全生产监理与工程质量控制、工期控制、投资控制的同步实施。

第三十四条 监理单位应当建立健全安全监理工作制度，编制含有安全监理内容的监理规划和监理实施细则，明确监理人员安全职责以及相关工作安全监理措施和目标。

第三十五条 监理单位应当组织或参加各类安全检查活动，掌握现场安全生产动态，建立安全管理台账。重点审查、监督下列工作：

（一）按照工程建设强制性标准和安全生产标准及时审查施工组织设计中的安全技术措施和专项施工方案；

（二）审查和验证分包单位的资质文件和拟签订的分包合同、人员资质、安全协议；

（三）审查安全管理人员、特种作业人员、特种设备操作人员资格证明文件和主要施工机械、工器具、安全用具的安全性能证明文件是否符合国家有关标准；检查现场作业人员及设备配置是否满足安全施工的要求；

（四）对大中型起重机械、脚手架、跨越架、施工用电、危险品库房等重要施工设施投入使用前进行安全检查签证。土建交付安装、安装交付调试及整套启动等重大工序交接前进行安全检查签证；

（五）对工程关键部位、关键工序、特殊作业和危险作业进行旁站监理；对复杂自然条件、复杂结构、技术难度大及危险性较大分部分项工程专项施工方案的实施进行现场监理；监督交叉作业和工序交接中的安全施工措施的落实；

（六）监督施工单位安全生产费的使用、安全教育培训情况。

第三十六条 在实施监理过程中，发现存在生产安全事故隐患的，应当要求施工单位及时整改；情节严重的，应当要求施工单位暂时或部分停止施工，并及时报告建设单位。施工单位拒不整改或者不停止施工的，监理单位应当及时向国家能源局派出机构和政府有关部门报告。

第六章　监督管理

第三十七条 国家能源局依法实施电力建设工程施工安全的监督管理，具体内容包括：

（一）建立健全电力建设工程安全生产监管机制，制定电力建设工程施工安全行业标准；

（二）建立电力建设工程施工安全生产事故和重大事故隐患约谈、诫勉制度；

（三）加强层级监督指导，对事故多发地区、安全管理薄弱的企业和安全隐患突出的项目、部位实施重点监督检查。

第三十八条 国家能源局派出机构按照国家能源局授权实施辖区内电力建设工程施工安全监督管理，具体内容如下：

（一）部署和组织开展辖区内电力建设工程施工安全监督检查；

（二）建立电力建设工程施工安全生产事故和重大事故隐患约谈、诫勉制度；

（三）依法组织或参加辖区内电力建设工程施工安全事故的调查与处理，做好事故分析和上报工作。

第三十九条　国家能源局及其派出机构履行电力建设工程施工安全监督管理职责时，可以采取下列监管措施：

（一）要求被检查单位提供有关安全生产的文件和资料（含相关照片、录像及电子文本等），按照国家规定如实公开有关信息；

（二）进入被检查单位施工现场进行监督检查，纠正施工中违反安全生产要求的行为；

（三）对检查中发现的生产安全事故隐患，责令整改；对重大生产安全事故隐患实施挂牌督办，重大生产安全事故隐患整改前或整改过程中无法保证安全的，责令其从危险区域撤出作业人员或者暂时停止施工；

（四）约谈存在生产安全事故隐患整改不到位的单位，受理和查处有关安全生产违法行为的举报和投诉，披露违反本办法有关规定的行为和单位，并向社会公布；

（五）法律法规规定的其他措施。

第四十条　国家能源局及其派出机构应建立电力建设工程施工安全领域相关单位和人员的信用记录，并将其纳入国家统一的信用信息平台，依法公开严重违法失信信息，并对相关责任单位和人员采取一定期限内市场禁入等惩戒措施。

第四十一条　生产安全事故或自然灾害发生后，有关单位应当及时启动相关应急预案，采取有效措施，最大程度减少人员伤亡、财产损失，防止事故扩大和衍生事故发生。建设、勘察设计、施工、监理等单位应当按规定报告事故信息。

第七章　罚　　则

第四十二条　国家能源局及其派出机构有下列行为之一的，对直接负责的主管人员和其他直接责任人员依法给予处分；构成犯罪的，依法追究刑事责任：

（一）迟报、漏报、瞒报、谎报事故的；

（二）阻碍、干涉事故调查工作的；

（三）在事故调查中营私舞弊、作伪证或者指使他人作伪证的；

（四）不依法履行监管职责或者监督不力，造成严重后果的；

（五）在实施监管过程中索取或者收受他人财物或者谋取其他利益；

（六）其他违反国家法律法规的行为。

第四十三条　建设单位未按规定提取和使用安全生产费用的，责令限期改正；逾期未改正的，责令该建设工程停止施工。

第四十四条　电力建设工程参建单位有下列情形之一的，责令改正；拒不改正的，处

5万元以上50万元以下的罚款；造成严重后果，构成犯罪的，依法追究刑事责任：

（一）拒绝或者阻碍国家能源局及其派出机构及其从事监管工作的人员依法履行监管职责的；

（二）提供虚假或者隐瞒重要事实的文件、资料；

（三）未按照国家有关监管规章、规则的规定披露有关信息的。

第四十五条　建设单位有下列行为之一的，责令限期改正，并处20万元以上50万元以下的罚款；造成重大安全事故，构成犯罪的，对直接责任人员，依照刑法有关规定追究刑事责任；造成损失的，依法承担赔偿责任：

（一）对电力勘察、设计、施工、调试、监理等单位提出不符合安全生产法律、法规和强制性标准规定的要求的；

（二）违规压缩合同约定工期的；

（三）将工程发包给不具有相应资质等级的施工单位的。

第四十六条　电力勘察设计单位有下列行为之一的，责令限期改正，并处10万元以上30万元以下的罚款；情节严重的，责令停业整顿，提请相关部门降低资质等级，直至吊销资质证书；造成重大安全事故，构成犯罪的，对直接责任人员，依照刑法有关规定追究刑事责任；造成损失的，依法承担赔偿责任：

（一）未按照法律、法规和工程建设强制性标准进行勘察、设计的；

（二）采用新技术、新工艺、新流程、新设备、新材料的电力建设工程和特殊结构的电力建设工程，设计单位未在设计中提出保障施工作业人员安全和预防生产安全事故的措施建议的。

第四十七条　施工单位有下列行为之一的，责令限期改正；逾期未改正的，责令停业整顿，并处10万元以上30万元以下的罚款；情节严重的，提请相关部门降低资质等级，直至吊销资质证书；造成重大安全事故，构成犯罪的，对直接责任人员，依照刑法有关规定追究刑事责任；造成损失的，依法承担赔偿责任：

（一）未按本办法设立安全生产管理机构、配备专（兼）职安全生产管理人员或者分部分项工程施工时无专（兼）职安全生产管理人员现场监督的；

（二）主要负责人、项目负责人、专职安全生产管理人员、特种（殊）作业人员未持证上岗的；

（三）使用国家明令淘汰、禁止使用的危及电力施工安全的工艺、设备、材料的；

（四）未按照规定在施工起重机械和整体提升脚手架、模板等自升式架设设施验收合

格后取得使用登记证书的；

（五）未向作业人员提供安全防护用品、用具的；

（六）未在施工现场的危险部位设置明显的安全警示标志，或者未按照国家有关规定在施工现场设置消防通道、消防水源、配备消防设施和灭火器材的。

第四十八条　挪用安全生产费用的，责令限期改正，并处挪用费用 20% 以上 50% 以下的罚款；造成重大安全事故，构成犯罪的，依法追究刑事责任。

第四十九条　监理单位有下列行为之一的，责令限期改正；逾期未改正的，责令停业整顿，并处 10 万元以上 30 万元以下的罚款；情节严重的，提请相关部门降低资质等级，直至吊销资质证书；造成重大安全事故，构成犯罪的，对直接责任人员，依照刑法有关规定追究刑事责任；造成损失的，依法承担赔偿责任：

（一）未对重大安全技术措施或者专项施工方案进行审查的；

（二）发现安全事故隐患未及时要求施工单位整改或者暂时停止施工的；

（三）施工单位拒不整改或者不停止施工，未及时向有关主管部门报告的；

（四）未依照法律、法规和工程建设强制性标准实施监理的。

第五十条　违反本办法的规定，施工单位的主要负责人、项目负责人未履行安全生产管理职责的，责令限期改正；逾期未改正的，责令施工单位停业整顿；造成重大安全事故、重大伤亡事故或者其他严重后果，构成犯罪的，依照刑法有关规定追究刑事责任。

作业人员不服管理、违反规章制度和操作规程冒险作业造成重大伤亡事故或者其他严重后果，构成犯罪的，依照刑法有关规定追究刑事责任。

施工单位的主要负责人、项目负责人有前款违法行为，尚不够刑事处罚的，处 2 万元以上 20 万元以下的罚款或者按照管理权限给予撤职处分；自刑罚执行完毕或者受处分之日起，5 年内不得担任任何施工单位的主要负责人、项目负责人。

第五十一条　本办法规定的行政处罚，由国家能源局及其派出机构或者其他有关部门依照法定职权决定。有关法律、行政法规对电力建设工程安全生产违法行为的行政处罚决定机关另有规定的，从其规定。

第八章　附　　则

第五十二条　本办法自公布之日起 30 日后施行，原电监会发布的《电力建设安全生产监督管理办法》（电监安全〔2007〕38 号）同时废止。

第五十三条　本办法由国家发展和改革委员会负责解释。

电力监控系统安全防护规定

中华人民共和国国家发展和改革委员会令第 14 号

第一章　总　　则

第一条　为了加强电力监控系统的信息安全管理，防范黑客及恶意代码等对电力监控系统的攻击及侵害，保障电力系统的安全稳定运行，根据《电力监管条例》《中华人民共和国计算机信息系统安全保护条例》和国家有关规定，结合电力监控系统的实际情况，制定本规定。

第二条　电力监控系统安全防护工作应当落实国家信息安全等级保护制度，按照国家信息安全等级保护的有关要求，坚持"安全分区、网络专用、横向隔离、纵向认证"的原则，保障电力监控系统的安全。

第三条　本规定所称电力监控系统，是指用于监视和控制电力生产及供应过程的、基于计算机及网络技术的业务系统及智能设备，以及作为基础支撑的通信及数据网络等。

第四条　本规定适用于发电企业、电网企业以及相关规划设计、施工建设、安装调试、研究开发等单位。

第五条　国家能源局及其派出机构依法对电力监控系统安全防护工作进行监督管理。

第二章　技术管理

第六条　发电企业、电网企业内部基于计算机和网络技术的业务系统，应当划分为生产控制大区和管理信息大区。

生产控制大区可以分为控制区（安全区 Ⅰ ）和非控制区（安全区Ⅱ）；管理信息大区内部在不影响生产控制大区安全的前提下，可以根据各企业不同安全要求划分安全区。

根据应用系统实际情况，在满足总体安全要求的前提下，可以简化安全区的设置，但是应当避免形成不同安全区的纵向交叉联接。

第七条　电力调度数据网应当在专用通道上使用独立的网络设备组网，在物理层面上实现与电力企业其他数据网及外部公用数据网的安全隔离。

电力调度数据网划分为逻辑隔离的实时子网和非实时子网，分别连接控制区和非控制区。

第八条　生产控制大区的业务系统在与其终端的纵向联接中使用无线通信网、电力企

业其他数据网（非电力调度数据网）或者外部公用数据网的虚拟专用网络方式（VPN）等进行通信的，应当设立安全接入区。

第九条　在生产控制大区与管理信息大区之间必须设置经国家指定部门检测认证的电力专用横向单向安全隔离装置。

生产控制大区内部的安全区之间应当采用具有访问控制功能的设备、防火墙或者相当功能的设施，实现逻辑隔离。

安全接入区与生产控制大区中其他部分的联接处必须设置经国家指定部门检测认证的电力专用横向单向安全隔离装置。

第十条　在生产控制大区与广域网的纵向联接处应当设置经过国家指定部门检测认证的电力专用纵向加密认证装置或者加密认证网关及相应设施。

第十一条　安全区边界应当采取必要的安全防护措施，禁止任何穿越生产控制大区和管理信息大区之间边界的通用网络服务。

生产控制大区中的业务系统应当具有高安全性和高可靠性，禁止采用安全风险高的通用网络服务功能。

第十二条　依照电力调度管理体制建立基于公钥技术的分布式电力调度数字证书及安全标签，生产控制大区中的重要业务系统应当采用认证加密机制。

第十三条　电力监控系统在设备选型及配置时，应当禁止选用经国家相关管理部门检测认定并经国家能源局通报存在漏洞和风险的系统及设备；对于已经投入运行的系统及设备，应当按照国家能源局及其派出机构的要求及时进行整改，同时应当加强相关系统及设备的运行管理和安全防护。生产控制大区中除安全接入区外，应当禁止选用具有无线通信功能的设备。

第三章　安全管理

第十四条　电力监控系统安全防护是电力安全生产管理体系的有机组成部分。电力企业应当按照"谁主管谁负责，谁运营谁负责"的原则，建立健全电力监控系统安全防护管理制度，将电力监控系统安全防护工作及其信息报送纳入日常安全生产管理体系，落实分级负责的责任制。

电力调度机构负责直接调度范围内的下一级电力调度机构、变电站、发电厂涉网部分的电力监控系统安全防护的技术监督，发电厂内其他监控系统的安全防护可以由其上级主管单位实施技术监督。

第十五条 电力调度机构、发电厂、变电站等运行单位的电力监控系统安全防护实施方案必须经本企业的上级专业管理部门和信息安全管理部门以及相应电力调度机构的审核，方案实施完成后应当由上述机构验收。

接入电力调度数据网络的设备和应用系统，其接入技术方案和安全防护措施必须经直接负责的电力调度机构同意。

第十六条 建立健全电力监控系统安全防护评估制度，采取以自评估为主、检查评估为辅的方式，将电力监控系统安全防护评估纳入电力系统安全评价体系。

第十七条 建立健全电力监控系统安全的联合防护和应急机制，制定应急预案。电力调度机构负责统一指挥调度范围内的电力监控系统安全应急处理。

当遭受网络攻击，生产控制大区的电力监控系统出现异常或者故障时，应当立即向其上级电力调度机构以及当地国家能源局派出机构报告，并联合采取紧急防护措施，防止事态扩大，同时应当注意保护现场，以便进行调查取证。

第四章 保密管理

第十八条 电力监控系统相关设备及系统的开发单位、供应商应当以合同条款或者保密协议的方式保证其所提供的设备及系统符合本规定的要求，并在设备及系统的全生命周期内对其负责。

电力监控系统专用安全产品的开发单位、使用单位及供应商，应当按国家有关要求做好保密工作，禁止关键技术和设备的扩散。

第十九条 对生产控制大区安全评估的所有评估资料和评估结果，应当按国家有关要求做好保密工作。

第五章 监督管理

第二十条 国家能源局及其派出机构负责制定电力监控系统安全防护相关管理和技术规范，并监督实施。

第二十一条 对于不符合本规定要求的，相关单位应当在规定的期限内整改；逾期未整改的，由国家能源局及其派出机构依据国家有关规定予以处罚。

第二十二条 对于因违反本规定，造成电力监控系统故障的，由其上级单位按相关规程规定进行处理；发生电力设备事故或者造成电力安全事故（事件）的，按国家有关事故（事件）调查规定进行处理。

第六章　附　　则

第二十三条　本规定下列用语的含义或范围：

（一）电力监控系统具体包括电力数据采集与监控系统、能量管理系统、变电站自动化系统、换流站计算机监控系统、发电厂计算机监控系统、配电自动化系统、微机继电保护和安全自动装置、广域相量测量系统、负荷控制系统、水调自动化系统和水电梯级调度自动化系统、电能量计量系统、实时电力市场的辅助控制系统、电力调度数据网络等。

（二）电力调度数据网络，是指各级电力调度专用广域数据网络、电力生产专用拨号网络等。

（三）控制区，是指由具有实时监控功能、纵向联接使用电力调度数据网的实时子网或者专用通道的各业务系统构成的安全区域。

（四）非控制区，是指在生产控制范围内由在线运行但不直接参与控制、是电力生产过程的必要环节、纵向联接使用电力调度数据网的非实时子网的各业务系统构成的安全区域。

第二十四条　本规定自 2014 年 9 月 1 日起施行。2004 年 12 月 20 日原国家电力监管委员会发布的《电力二次系统安全防护规定》（国家电力监管委员会令第 5 号）同时废止。

电力安全事故调查程序规定

中华人民共和国国家电力监管委员会令第 31 号

第一条 为了规范电力安全事故调查工作，根据《电力安全事故应急处置和调查处理条例》和《生产安全事故报告和调查处理条例》，制定本规定。

第二条 国家电力监管委员会及其派出机构（以下简称电力监管机构）组织调查电力安全事故（以下简称事故），适用本规定。

国务院授权国家电力监管委员会（以下简称电监会）组织调查特别重大事故，国家另有规定的，从其规定。

第三条 事故调查应当按照依法依规、实事求是、科学严谨、注重实效的原则，及时、准确地查清事故原因，查明事故性质和责任，总结事故教训，提出整改措施和处理意见。

第四条 任何单位和个人不得阻挠和干涉对事故的依法调查。

第五条 电力监管机构调查事故，应当及时组织事故调查组。

第六条 下列事故由电监会组织事故调查组：

（一）国务院授权组织调查的特别重大事故；

（二）重大事故；

（三）电监会认为有必要调查的较大事故。

第七条 较大事故、一般事故由事故发生地派出机构组织事故调查组。

较大事故、一般事故跨省（自治区、直辖市）的，由事故发生地电监会区域监管局组织事故调查组；较大事故、一般事故跨区域的，由电监会指定派出机构组织事故调查组。

电监会认为必要的，可以指令派出机构组织事故调查组调查一般事故。

第八条 组织事故调查组应当遵循精简、高效的原则。根据事故的具体情况，事故调查组由电力监管机构、有关地方人民政府、安全生产监督管理部门、负有安全生产监督管理职责的有关部门派人组成。

事故有关人员涉嫌失职、渎职或者涉嫌犯罪的，电力监管机构应当邀请监察机关、公安机关、人民检察院派人参加。

电力监管机构可以聘请有关专家参加事故调查组，协助事故调查。

第九条 事故有关单位、人员涉嫌违法，电力监管机构依法予以立案的，电力监管机构稽查工作部门应当派人参加事故调查组。

第十条 事故调查组成员应当具有事故调查所需要的知识和专长，与所调查的事故、事故发生单位及其主要负责人、主管人员、有关责任人员没有直接利害关系。

第十一条 事故调查组成员名单和组长建议人选由电力监管机构安全监管部门提出，报电力监管机构负责人批准。

事故调查组组长主持事故调查组的工作。

第十二条 根据事故调查需要，电力监管机构可以重新组织事故调查组或者调整事故调查组成员。

第十三条 事故调查组应当制定事故调查方案。事故调查方案包括事故调查的职责分工、方法步骤、时间安排等内容。

第十四条 事故调查组进行事故调查，应当制作事故调查通知书。事故调查通知书应当向事故发生单位、事故涉及单位出示。

第十五条 事故调查组勘查事故现场，可以采取照相、录像、绘制现场图、采集电子数据、制作现场勘查笔录等方法记录现场情况，提取与事故有关的痕迹、物品等证据材料。事故调查组应当要求事故发生单位移交事故应急处置形成的有关资料、材料。

第十六条 事故调查组可以进入事故发生单位、事故涉及单位的工作场所或者其他有关场所，查阅、复制与事故有关的工作日志、工作票、操作票等文件、资料，对可能被转移、隐匿、销毁的文件、资料予以封存。

第十七条 事故调查组应当根据事故调查需要，对事故发生单位有关人员、应急处置人员等知情人员进行询问。询问应当制作询问笔录。

事故发生单位负责人和有关人员在事故调查期间不得擅离职守，并随时接受事故调查组的询问，如实提供有关情况。

第十八条 事故调查组进行现场勘查、检查或者询问知情人员，调查人员不得少于2人。

第十九条 事故调查需要进行技术鉴定的，事故调查组应当委托具有国家规定资质的单位进行。必要时，事故调查组可以直接组织专家进行。技术鉴定所需时间不计入事故调查期限。

第二十条 事故调查组应当收集与事故有关的原始资料、材料。因客观原因不能收集原始资料、材料，或者收集原始资料、材料有困难的，可以收集与原始资料、材料核

对无误的复印件、复制品、抄录件、部分样品或者证明该原件、原物的照片、录像等其他证据。

现场勘查笔录、检查笔录、询问笔录和鉴定意见应当由调查人员、勘查现场有关人员、被询问人员和鉴定人签名。

事故调查组应当依照法定程序收集与事故有关的资料、材料，并妥善保存。

第二十一条 事故调查组成员在事故调查工作中应当诚信公正，恪尽职守，遵守纪律，保守秘密。

未经事故调查组组长允许，事故调查组成员不得擅自发布有关事故的信息。

第二十二条 事故调查组应当查明下列情况：

（一）事故发生单位的基本情况；

（二）事故发生的时间、地点、现场环境、气象等情况，事故发生前电力系统的运行情况；

（三）事故经过、事故应急处置情况，事故现场有关人员的工作内容、作业时间、作业程序、从业资格等情况；

（四）与事故有关的仪表、自动装置、断路器、继电保护装置、故障录波器、调整装置等设备和监控系统、调度自动化系统的记录、动作情况；

（五）事故影响范围，电网减供负荷比例、城市供电用户停电比例、停电持续时间、停止供热持续时间、发电机组停运时间、设施设备损坏等情况；

（六）事故涉及设施设备的规划、设计、选型、制造、加工、采购、施工安装、调试、运行、检修等方面的情况；

（七）电力监管机构认为应当查明的其他情况。

第二十三条 事故调查组应当查明事故发生单位执行国家有关安全生产规定，加强安全生产管理，建立健全安全生产责任制度，完善安全生产条件等情况。

第二十四条 涉及人身伤亡的事故，事故调查组除应查明本规定第二十二条、第二十三条规定的情况外，还应当查明：

（一）人员伤亡数量、人身伤害程度等情况；

（二）伤亡人员的单位、姓名、文化程度、工种等基本情况；

（三）事故发生前伤亡人员的技术水平、安全教育记录、从业资格、健康状况等情况；

（四）事故发生时采取安全防护措施的情况和伤亡人员使用个人防护用品的情况；

（五）电力监管机构认为应当查明的其他情况。

第二十五条　事故调查组应当在查明事故情况的基础上，确定事故发生的直接原因、间接原因和其他原因，判断事故性质并做出责任认定。

第二十六条　事故调查组应当根据现场调查、原因分析、性质判断和责任认定等情况，撰写事故调查报告。

事故调查报告的内容应当符合《电力安全事故应急处置和调查处理条例》的规定，并附具有关证据材料和技术分析报告。

第二十七条　事故调查组成员应当在事故调查报告上签名。事故调查组成员对事故调查报告的内容有不同意见的，应当在事故调查报告中注明。

第二十八条　事故调查报告经电力监管机构负责人办公会议审查同意，事故调查工作即告结束。事故发生地派出机构组织调查的较大事故，事故调查报告应当先经电监会安全监管部门审核。

由事故发生地派出机构组织调查的一般事故和较大事故，事故调查报告应当报电监会安全监管部门备案。

第二十九条　事故调查应当按照《电力安全事故应急处置和调查处理条例》规定的期限进行。

第三十条　事故调查涉及行政处罚的，应当符合行政处罚案件立案、调查、审查和决定的有关规定。

第三十一条　电力监管机构应当依据事故调查报告，对事故发生单位及其有关人员依法给予行政处罚。

第三十二条　电力监管机构应当依据事故调查报告，制作监管意见书，对有关人员提出给予处分或者其他处理的意见，送达有关单位。有关单位应当依据监管意见书依法处理，并将处理情况报告电力监管机构。

第三十三条　事故调查过程中发现违法行为和安全隐患，电力监管机构有权予以纠正或者要求限期整改。要求限期整改的，电力监管机构应当及时制作整改通知书。

被责令整改的单位应当按照电力监管机构的要求进行整改，并将整改情况以书面形式报电力监管机构。

第三十四条　电力监管机构应当加强监督检查，督促事故发生单位和有关人员落实事故防范和整改措施，必要时进行专项督办。

第三十五条　电力生产或者电网运行过程中发生发电设备或者输变电设备损坏，造成

289

直接经济损失的事故，未影响电力系统安全稳定运行以及电力正常供应的，由电力监管机构依照本规定组织事故调查组对重大事故、较大事故和一般事故进行调查。

第三十六条 未造成供电用户停电的一般事故，电力监管机构委托事故发生单位组织事故调查的，电力监管机构应当制作事故调查委托书，确定事故调查组组长，审查事故调查报告。事故发生单位组织事故调查，参照本规定执行。

第三十七条 本规定自 2012 年 8 月 1 日起施行。

安全生产培训管理办法（2015 年修正）

中华人民共和国国家安全生产监督管理总局令第 80 号

（2012 年 1 月 19 日国家安全生产监督管理总局令第 44 号公布；根据 2013 年 8 月 29 日国家安全生产监督管理总局令第 63 号第一次修正；根据 2015 年 5 月 29 日国家安全生产监督管理总局令第 80 号第二次修正）

第一章　总　　则

第一条　为了加强安全生产培训管理，规范安全生产培训秩序，保证安全生产培训质量，促进安全生产培训工作健康发展，根据《中华人民共和国安全生产法》和有关法律、行政法规的规定，制定本办法。

第二条　安全培训机构、生产经营单位从事安全生产培训（以下简称安全培训）活动以及安全生产监督管理部门、煤矿安全监察机构、地方人民政府负责煤矿安全培训的部门对安全培训工作实施监督管理，适用本办法。

第三条　本办法所称安全培训是指以提高安全监管监察人员、生产经营单位从业人员和从事安全生产工作的相关人员的安全素质为目的的教育培训活动。

前款所称安全监管监察人员是指县级以上各级人民政府安全生产监督管理部门、各级煤矿安全监察机构从事安全监管监察、行政执法的安全生产监管人员和煤矿安全监察人员；生产经营单位从业人员是指生产经营单位主要负责人、安全生产管理人员、特种作业人员及其他从业人员；从事安全生产工作的相关人员是指从事安全教育培训工作的教师、危险化学品登记机构的登记人员和承担安全评价、咨询、检测、检验的人员及注册安全工程师、安全生产应急救援人员等。

第四条　安全培训工作实行统一规划、归口管理、分级实施、分类指导、教考分离的原则。

国家安全生产监督管理总局（以下简称国家安全监管总局）指导全国安全培训工作，依法对全国的安全培训工作实施监督管理。

国家煤矿安全监察局（以下简称国家煤矿安监局）指导全国煤矿安全培训工作，依法对全国煤矿安全培训工作实施监督管理。

国家安全生产应急救援指挥中心指导全国安全生产应急救援培训工作。

县级以上地方各级人民政府安全生产监督管理部门依法对本行政区域内的安全培训工作实施监督管理。

省、自治区、直辖市人民政府负责煤矿安全培训的部门、省级煤矿安全监察机构（以下统称省级煤矿安全培训监管机构）按照各自工作职责，依法对所辖区域煤矿安全培训工作实施监督管理。

第五条 安全培训的机构应当具备从事安全培训工作所需要的条件。从事危险物品的生产、经营、储存单位以及矿山、金属冶炼单位的主要负责人和安全生产管理人员，特种作业人员以及注册安全工程师等相关人员培训的安全培训机构，应当将教师、教学和实习实训设施等情况书面报告所在地安全生产监督管理部门、煤矿安全培训监管机构。

安全生产相关社会组织依照法律、行政法规和章程，为生产经营单位提供安全培训有关服务，对安全培训机构实行自律管理，促进安全培训工作水平的提升。

第二章　安全培训

第六条 安全培训应当按照规定的安全培训大纲进行。

安全监管监察人员，危险物品的生产、经营、储存单位与非煤矿山、金属冶炼单位的主要负责人和安全生产管理人员、特种作业人员以及从事安全生产工作的相关人员的安全培训大纲，由国家安全监管总局组织制定。

煤矿企业的主要负责人和安全生产管理人员、特种作业人员的培训大纲由国家煤矿安监局组织制定。

除危险物品的生产、经营、储存单位和矿山、金属冶炼单位以外其他生产经营单位的主要负责人、安全生产管理人员及其他从业人员的安全培训大纲，由省级安全生产监督管理部门、省级煤矿安全培训监管机构组织制定。

第七条 国家安全监管总局、省级安全生产监督管理部门定期组织优秀安全培训教材的评选。

安全培训机构应当优先使用优秀安全培训教材。

第八条 国家安全监管总局负责省级以上安全生产监督管理部门的安全生产监管人员、各级煤矿安全监察机构的煤矿安全监察人员的培训工作。

省级安全生产监督管理部门负责市级、县级安全生产监督管理部门的安全生产监管人员的培训工作。

生产经营单位的从业人员的安全培训，由生产经营单位负责。

危险化学品登记机构的登记人员和承担安全评价、咨询、检测、检验的人员及注册安全工程师、安全生产应急救援人员的安全培训，按照有关法律、法规、规章的规定进行。

第九条　对从业人员的安全培训，具备安全培训条件的生产经营单位应当以自主培训为主，也可以委托具备安全培训条件的机构进行安全培训。

不具备安全培训条件的生产经营单位，应当委托具有安全培训条件的机构对从业人员进行安全培训。

生产经营单位委托其他机构进行安全培训的，保证安全培训的责任仍由本单位负责。

第十条　生产经营单位应当建立安全培训管理制度，保障从业人员安全培训所需经费，对从业人员进行与其所从事岗位相应的安全教育培训；从业人员调整工作岗位或者采用新工艺、新技术、新设备、新材料的，应当对其进行专门的安全教育和培训。未经安全教育和培训合格的从业人员，不得上岗作业。

生产经营单位使用被派遣劳动者的，应当将被派遣劳动者纳入本单位从业人员统一管理，对被派遣劳动者进行岗位安全操作规程和安全操作技能的教育和培训。劳务派遣单位应当对被派遣劳动者进行必要的安全生产教育和培训。

生产经营单位接收中等职业学校、高等学校学生实习的，应当对实习学生进行相应的安全生产教育和培训，提供必要的劳动防护用品。学校应当协助生产经营单位对实习学生进行安全生产教育和培训。

从业人员安全培训的时间、内容、参加人员以及考核结果等情况，生产经营单位应当如实记录并建档备查。

第十一条　生产经营单位从业人员的培训内容和培训时间，应当符合《生产经营单位安全培训规定》和有关标准的规定。

第十二条　中央企业的分公司、子公司及其所属单位和其他生产经营单位，发生造成人员死亡的生产安全事故的，其主要负责人和安全生产管理人员应当重新参加安全培训。

特种作业人员对造成人员死亡的生产安全事故负有直接责任的，应当按照《特种作业人员安全技术培训考核管理规定》重新参加安全培训。

第十三条　国家鼓励生产经营单位实行师傅带徒弟制度。

矿山新招的井下作业人员和危险物品生产经营单位新招的危险工艺操作岗位人员，除按照规定进行安全培训外，还应当在有经验的职工带领下实习满2个月后，方可独立上岗作业。

第十四条　国家鼓励生产经营单位招录职业院校毕业生。

职业院校毕业生从事与所学专业相关的作业，可以免予参加初次培训，实际操作培训除外。

第十五条 安全培训机构应当建立安全培训工作制度和人员培训档案。安全培训相关情况，应当如实记录并建档备查。

第十六条 安全培训机构从事安全培训工作的收费，应当符合法律、法规的规定。法律、法规没有规定的，应当按照行业自律标准或者指导性标准收费。

第十七条 国家鼓励安全培训机构和生产经营单位利用现代信息技术开展安全培训，包括远程培训。

第三章　安全培训的考核

第十八条 安全监管监察人员、从事安全生产工作的相关人员、依照有关法律法规应当接受安全生产知识和管理能力考核的生产经营单位主要负责人和安全生产管理人员、特种作业人员的安全培训的考核，应当坚持教考分离、统一标准、统一题库、分级负责的原则，分步推行有远程视频监控的计算机考试。

第十九条 安全监管监察人员，危险物品的生产、经营、储存单位及非煤矿山、金属冶炼单位主要负责人、安全生产管理人员和特种作业人员，以及从事安全生产工作的相关人员的考核标准，由国家安全监管总局统一制定。

煤矿企业的主要负责人、安全生产管理人员和特种作业人员的考核标准，由国家煤矿安监局制定。

除危险物品的生产、经营、储存单位和矿山、金属冶炼单位以外其他生产经营单位主要负责人、安全生产管理人员及其他从业人员的考核标准，由省级安全生产监督管理部门制定。

第二十条 国家安全监管总局负责省级以上安全生产监督管理部门的安全生产监管人员、各级煤矿安全监察机构的煤矿安全监察人员的考核；负责中央企业的总公司、总厂或者集团公司的主要负责人和安全生产管理人员的考核。

省级安全生产监督管理部门负责市级、县级安全生产监督管理部门的安全生产监管人员的考核；负责省属生产经营单位和中央企业分公司、子公司及其所属单位的主要负责人和安全生产管理人员的考核；负责特种作业人员的考核。

市级安全生产监督管理部门负责本行政区域内除中央企业、省属生产经营单位以外的其他生产经营单位的主要负责人和安全生产管理人员的考核。

省级煤矿安全培训监管机构负责所辖区域内煤矿企业的主要负责人、安全生产管理人员和特种作业人员的考核。

除主要负责人、安全生产管理人员、特种作业人员以外的生产经营单位的其他从业人员的考核，由生产经营单位按照省级安全生产监督管理部门公布的考核标准，自行组织考核。

第二十一条 安全生产监督管理部门、煤矿安全培训监管机构和生产经营单位应当制定安全培训的考核制度，建立考核管理档案备查。

第四章 安全培训的发证

第二十二条 接受安全培训人员经考核合格的，由考核部门在考核结束后10个工作日内颁发相应的证书。

第二十三条 安全生产监管人员经考核合格后，颁发安全生产监管执法证；煤矿安全监察人员经考核合格后，颁发煤矿安全监察执法证；危险物品的生产、经营、储存单位和矿山、金属冶炼单位主要负责人、安全生产管理人员经考核合格后，颁发安全合格证；特种作业人员经考核合格后，颁发《中华人民共和国特种作业操作证》（以下简称特种作业操作证）；危险化学品登记机构的登记人员经考核合格后，颁发上岗证；其他人员经培训合格后，颁发培训合格证。

第二十四条 安全生产监管执法证、煤矿安全监察执法证、安全合格证、特种作业操作证和上岗证的式样，由国家安全监管总局统一规定。培训合格证的式样，由负责培训考核的部门规定。

第二十五条 安全生产监管执法证、煤矿安全监察执法证、安全合格证的有效期为3年。有效期届满需要延期的，应当于有效期届满30日前向原发证部门申请办理延期手续。

特种作业人员的考核发证按照《特种作业人员安全技术培训考核管理规定》执行。

第二十六条 特种作业操作证和省级安全生产监督管理部门、省级煤矿安全培训监管机构颁发的主要负责人、安全生产管理人员的安全合格证，在全国范围内有效。

第二十七条 承担安全评价、咨询、检测、检验的人员和安全生产应急救援人员的考核、发证，按照有关法律、法规、规章的规定执行。

第五章 监督管理

第二十八条 安全生产监督管理部门、煤矿安全培训监管机构应当依照法律、法规和本办法的规定，加强对安全培训工作的监督管理，对生产经营单位、安全培训机构违反有关法律、法规和本办法的行为，依法作出处理。

省级安全生产监督管理部门、省级煤矿安全培训监管机构应当定期统计分析本行政区域内安全培训、考核、发证情况，并报国家安全监管总局。

第二十九条 安全生产监督管理部门和煤矿安全培训监管机构应当对安全培训机构开展安全培训活动的情况进行监督检查，检查内容包括：

（一）具备从事安全培训工作所需要的条件的情况；

（二）建立培训管理制度和教师配备的情况；

（三）执行培训大纲、建立培训档案和培训保障的情况；

（四）培训收费的情况；

（五）法律法规规定的其他内容。

第三十条 安全生产监督管理部门、煤矿安全培训监管机构应当对生产经营单位的安全培训情况进行监督检查，检查内容包括：

（一）安全培训制度、年度培训计划、安全培训管理档案的制定和实施的情况；

（二）安全培训经费投入和使用的情况；

（三）主要负责人、安全生产管理人员接受安全生产知识和管理能力考核的情况；

（四）特种作业人员持证上岗的情况；

（五）应用新工艺、新技术、新材料、新设备以及转岗前对从业人员安全培训的情况；

（六）其他从业人员安全培训的情况；

（七）法律法规规定的其他内容。

第三十一条 任何单位或者个人对生产经营单位、安全培训机构违反有关法律、法规和本办法的行为，均有权向安全生产监督管理部门、煤矿安全监察机构、煤矿安全培训监管机构报告或者举报。

接到举报的部门或者机构应当为举报人保密，并按照有关规定对举报进行核查和处理。

第三十二条 监察机关依照《中华人民共和国行政监察法》等法律、行政法规的规定，对安全生产监督管理部门、煤矿安全监察机构、煤矿安全培训监管机构及其工作人员履行安全培训工作监督管理职责情况实施监察。

第六章 法律责任

第三十三条 安全生产监督管理部门、煤矿安全监察机构、煤矿安全培训监管机构的

工作人员在安全培训监督管理工作中滥用职权、玩忽职守、徇私舞弊的，依照有关规定给予处分；构成犯罪的，依法追究刑事责任。

第三十四条　安全培训机构有下列情形之一的，责令限期改正，处 1 万元以下的罚款；逾期未改正的，给予警告，处 1 万元以上 3 万元以下的罚款：

（一）不具备安全培训条件的；

（二）未按照统一的培训大纲组织教学培训的；

（三）未建立培训档案或者培训档案管理不规范的。

安全培训机构采取不正当竞争手段，故意贬低、诋毁其他安全培训机构的，依照前款规定处罚。

第三十五条　生产经营单位主要负责人、安全生产管理人员、特种作业人员以欺骗、贿赂等不正当手段取得安全合格证或者特种作业操作证的，除撤销其相关证书外，处 3000 元以下的罚款，并自撤销其相关证书之日起 3 年内不得再次申请该证书。

第三十六条　生产经营单位有下列情形之一的，责令改正，处 3 万元以下的罚款：

（一）从业人员安全培训的时间少于《生产经营单位安全培训规定》或者有关标准规定的；

（二）矿山新招的井下作业人员和危险物品生产经营单位新招的危险工艺操作岗位人员，未经实习期满独立上岗作业的；

（三）相关人员未按照本办法第十二条规定重新参加安全培训的。

第三十七条　生产经营单位存在违反有关法律、法规中安全生产教育培训的其他行为的，依照相关法律、法规的规定予以处罚。

第七章　附　　则

第三十八条　本办法自 2012 年 3 月 1 日起施行。2004 年 12 月 28 日公布的《安全生产培训管理办法》（原国家安全生产监督管理局〈国家煤矿安全监察局〉令第 20 号）同时废止。

电力可靠性管理办法（暂行）

中华人民共和国国家发展和改革委员会令第 50 号

第一章　总　　则

第一条　能源安全事关国家经济社会发展全局，电力供应保障是能源安全的重要组成部分。党中央、国务院高度重视电力供应保障工作，习近平总书记多次作出重要指示批示。为充分发挥电力可靠性管理在电力供应保障工作中的基础性作用，促进电力工业高质量发展，提升供电水平，满足人民日益增长的美好生活需要，依据《中华人民共和国电力法》《电力供应与使用条例》《电网调度管理条例》《电力设施保护条例》和《电力监管条例》等法律法规，制定本办法。

第二条　电力可靠性管理是指为提高电力可靠性水平而开展的管理活动，包括电力系统、发电、输变电、供电、用户可靠性管理等。

第三条　电力企业和电力用户依照本办法开展电力可靠性管理工作。国家能源局及其派出机构、地方政府能源管理部门和电力运行管理部门依据本办法对电力可靠性管理工作进行监督管理。

第四条　国家能源局负责全国电力可靠性的监督管理，国家能源局派出机构、地方政府能源管理部门和电力运行管理部门根据各自职责和国家有关规定负责辖区内的电力可靠性监督管理。

第五条　电力企业是电力可靠性管理的重要责任主体，其法定代表人是电力可靠性管理第一责任人。电力企业按照下列要求开展本企业电力可靠性管理工作：

（一）贯彻执行国家有关电力可靠性管理规定，制定本企业电力可靠性管理工作制度；

（二）建立电力可靠性管理工作体系，落实电力可靠性管理相关岗位及职责；

（三）采集分析电力可靠性信息，并按规定准确、及时、完整报送；

（四）开展电力可靠性管理创新、成果应用以及培训交流。

第六条　电力用户是其产权内配用电系统和设备可靠性管理的责任主体，做好配用电系统和设备的配置与运行维护。

第七条　鼓励电力设备制造企业充分应用电力可靠性管理的成果，加强产品可靠性设计、试验及生产过程质量控制，依靠技术进步、管理创新和标准完善，提升设备可靠性水平。

第八条 充分发挥行业协会等的作用，开展行业自律和服务，提供技术支持，推动可靠性信息应用，开展交流与合作。

第二章 电力系统可靠性管理

第九条 电力系统可靠性管理指为保障电力系统充裕性和安全性而开展的活动，包括电力系统风险的事前预测预警、事中过程管控、事后总结评估及采取的防范措施。

第十条 电网企业应当对电力供应及安全风险进行预测，对运行数据开展监测分析并评估电力系统满足电力电量需求的能力。在系统稳定破坏事件、影响系统安全的非计划停运事件和停电事件发生时，电网企业应当依据《电网调度管理条例》果断快速处置；开展事后评价，对发现的风险进行闭环管控。

第十一条 电网企业应当根据电力系统风险和自然灾害影响，制定风险管控措施，完善输电系统网络结构。对发现的风险和隐患按规定向政府有关部门和相关电力企业预警。

第十二条 发电企业和配置自备发电机组的其他企业要根据政府有关部门和电力调度机构的要求做好电力供应保障工作，提高设备运行可靠性，不得无故停运或隐瞒真实原因申请停运。

发电企业应当做好涉网安全管理，加强机组燃料、蓄水管控，制定重要时期的燃料计划与预案，制定水库调度运行计划，对发现的风险和隐患及时报电力调度机构。

新能源发电企业应当加强发电功率预测管理。

第十三条 积极稳妥推动发电侧、电网侧和用户侧储能建设，合理确定建设规模，加强安全管理，推进源网荷储一体化和多能互补。建立新型储能建设需求发布机制，充分考虑系统各类灵活性调节资源的性能，允许各类储能设施参与系统运行，增强电力系统的综合调节能力。

第十四条 各级能源管理部门应当科学制定并适时调整电力规划，优化配置各种类型的电源规模和比例，统筹安排备用容量，合理划分黑启动区域。国家能源局派出机构应当对辖区省级电力规划的执行情况进行监管。

负荷备用容量为最大发电负荷的 2%～5%，事故备用容量为最大发电负荷的 10% 左右，区外来电、新能源发电、不可中断用户占比高的地区，应当适当提高负荷备用容量。每个黑启动区域须合理配置 1～2 台具备黑启动能力且具有足够容量的机组。

第十五条 经国务院批复的国家级城市群，应当适当提高电力可靠性标准，加强区域电力系统的统筹规划和项目建设衔接，优化资源配置，推进电网协调有序发展。

第十六条　国家能源局及其派出机构应当按照权限和程序，指导有关单位制订大面积停电应急预案，组织、协调、指导电力突发安全事件应急处置工作，对电力供应和运行的风险管控情况进行监管。地方政府电力运行管理部门应当会同有关部门开展电力需求侧管理，严格审核事故及超计划用电的限电序位表，严禁发生非不可抗力拉闸限电。

第三章　发电可靠性管理

第十七条　发电可靠性管理是指为实现发电机组及配套设备的可靠性目标而开展的活动，包括并网燃煤（燃气）、水力、核能、风力、太阳能等发电机组及配套设备的可靠性管理。

第十八条　燃煤（燃气）发电企业应当对参与深度调峰的发电机组开展可靠性评估，加强关键部件监测，确保调峰安全裕度。电力调度机构应当优化调峰控制策略，综合考虑发电机组的安全性和经济性。

第十九条　水电流域梯级电站和具备调节性能的水电站应当建立水情自动测报系统，做好电站水库优化调度，建立信息共享机制。

第二十条　核电企业应当对常规岛和配套设备（非核级设备）开展设备分级、监测与诊断、健康管理、全寿命周期可靠性管理、动态风险评价等工作。

第二十一条　沙漠、戈壁、荒漠地区的大规模风力、太阳能等可再生能源发电企业要建立与之适应的电力可靠性管理体系，加强系统和设备的可靠性管理，防止大面积脱网，对电网稳定运行造成影响。

第二十二条　发电企业应当建立发电设备分级管理制度，完善事故预警机制，构建设备标准化管理流程。发电企业应当基于可靠性信息，建立动态优化的设备运行、检修和缺陷管理体系，定期评估影响机组可靠性的风险因素，掌握设备状态、特性和运行规律，发挥对机组运行维护的指导作用。

第二十三条　地方政府能源管理部门和电力运行管理部门应当对燃煤（燃气）发电企业的燃料库存、水电站入库水量情况进行监测分析、协调处理，保障能源供应。

第四章　输变电可靠性管理

第二十四条　输变电可靠性管理是指为实现输变电系统和设备的可靠性目标而开展的活动，包括交流和直流的输变电系统和设备的可靠性管理。

第二十五条　电力企业应当合理安排变电站站址和线路路径，科学选择主接线和站间联络方式，增加系统运行的安全裕度。

第二十六条　电力企业应当加强线路带电作业、无人机巡检、设备状态监测等先进技术应用，优化输变电设备运维检修模式。

第二十七条　鼓励电力企业基于可靠性数据开展电力设备选型和运行维护工作，建立核心组部件溯源管理机制，优先选用高可靠性的输变电设备，鼓励开展状态检修，提高设备运行可靠性。

第二十八条　地方政府能源管理部门和电力运行管理部门按职责组织指导开展电力设施保护工作。

第五章　供电可靠性管理

第二十九条　供电可靠性管理是指为实现向用户可靠供电的目标而开展的活动，包括配电系统和设备的可靠性管理。

第三十条　供电企业应当加强城乡配电网建设，合理设置变电站、配变布点，合理选择配电网接线方式，保障供电能力。

第三十一条　供电企业应当强化设备的监测和分析，加强巡视和维护，及时消除设备缺陷和隐患。

第三十二条　供电企业应当开展综合停电和配电网故障快速抢修复电管理，推广不停电作业和配电自动化等技术，减少停电时间、次数和影响范围。

第三十三条　地方政府能源管理部门应当将供电可靠性指标纳入电力系统规划，并与城乡建设总体规划衔接。

第三十四条　地方政府发展改革部门可依据本地区供电可靠性水平，按照合理成本和优质优价原则，完善可靠性电价机制。

第六章　用户可靠性管理

第三十五条　用户可靠性管理是指为保证用电的可靠性目标，减少对电网安全和其他用户造成影响，对其产权内的配用电系统和设备开展的活动。

第三十六条　电力用户应当根据国家有关规定和标准开展配用电工程建设与运行维护，消除设备隐患，预防电气设备事故，防止对公用电网造成影响。

第三十七条　电力用户配用电设备危及系统安全时，应当立即检修或者停用。因用户原因导致电力企业无法向其他用户正常供电或造成其他严重后果的，应当承担相应责任。

第三十八条　重要电力用户应当按规定配置自备应急电源，加强运行维护，容量应当

达到保安负荷的 120%。地方政府电力运行管理部门应当确定重要电力用户名单，对重要电力用户自备应急电源配置和使用情况进行监督管理。国家能源局派出机构对重要电力用户供电电源配置情况进行监督管理。

第三十九条　供电企业应当按规定为重要电力用户提供相应的供电电源，指导和督促重要用户安全使用自备应急电源。对重要电力用户较为集中的区域，供电企业应当科学合理规划和建设供电设施，及时满足重要用户用电需要，确保供电能力和供电质量。

第七章　网络安全

第四十条　电力网络安全坚持积极防御、综合防范的方针，坚持安全分区、网络专用、横向隔离、纵向认证的原则，加强全业务、全生命周期网络安全管理，提高电力可靠性。

第四十一条　电力企业应当落实网络安全保护责任，健全网络安全组织体系，设立专门的网络安全管理及监督机构，加快各级网络安全专业人员配备；落实网络安全等级保护、关键信息基础设施安全保护和数据安全制度，加强网络安全审查、容灾备份、监测审计、态势感知、纵深防御、信任体系建设、供应链管理等工作；开展网络安全监测、风险评估和隐患排查治理，提高网络安全监测分析与应急处置能力。

第四十二条　电力企业应当强化电力监控系统安全防护，完善结构安全、本体安全和基础设施安全，逐步推广安全免疫。电力企业应当开展电力监控系统安全防护评估，并将其纳入电力系统安全评价体系。电力调度机构应当加强对直接调度范围内的发电厂涉网部分电力监控系统安全防护的技术监督。

第四十三条　电力用户是其产权内配用电系统和设备网络安全责任主体，应当根据国家有关规定和标准开展网络安全防护，预防网络安全事件，防止对公用电网造成影响。电力企业应当在并网协议中明确网络安全相关要求并监督落实。

第四十四条　国家能源局依法依规履行电力行业网络安全监督管理职责，地方各级人民政府有关部门按照法律、行政法规和国务院的规定，履行网络安全属地监督管理职责，国家能源局派出机构根据授权开展网络安全监督管理工作。

第八章　信息管理

第四十五条　电力可靠性信息实行统一管理、分级负责。国家能源局负责全国电力可靠性信息的统计、分析、发布和核查，国家能源局派出机构负责辖区内电力可靠性信息分

析、发布和核查。

　　根据工作需要，国家能源局及其派出机构可以委托行业协会、科研单位及技术咨询机构等协助开展电力可靠性信息统计分析、预测、评估、评价等工作。

　　第四十六条　国家能源局应当建立电力可靠性监督管理信息系统，实施全国范围内电力可靠性信息注册、报送、分析、评价、应用、核查等监督管理工作，通过电力可靠性监督管理信息系统实时向国家能源局派出机构、省级政府能源管理部门和电力运行管理部门推送辖区内电力可靠性信息。

　　第四十七条　电力企业应当建立电力可靠性信息报送机制和校核制度，准确、及时、完整报送电力可靠性信息。

　　供电企业应当按国家有关规定定期公布供电可靠性指标。

　　第四十八条　电力企业应当通过电力可靠性监督管理信息系统向国家能源局报送以下电力可靠性信息：

　　（一）发电设备可靠性信息，包括 100 兆瓦及以上容量火力发电机组、300 兆瓦及以上容量核电机组常规岛、50 兆瓦及以上容量水力发电机组的可靠性信息，总装机 50 兆瓦及以上容量风力发电场、10 兆瓦及以上集中式太阳能发电站的可靠性信息；

　　（二）输变电设备可靠性信息，包括 110（66）千伏及以上电压等级输变电设备可靠性信息；

　　（三）直流输电系统可靠性信息，包括 ±120 千伏及以上电压等级直流输电系统可靠性信息；

　　（四）供电可靠性信息，包括 35 千伏及以下电压等级供电系统用户可靠性信息；

　　（五）其他电力可靠性信息。

　　第四十九条　电力可靠性信息报送应当符合下列期限要求：

　　（一）每月 8 日前报送上月火力发电机组主要设备、核电机组、水力发电机组、输变电设备、直流输电系统以及供电系统用户可靠性信息；

　　（二）每季度首月 12 日前报送上一季度发电机组辅助设备、风力发电场和太阳能发电站的可靠性信息。

　　第五十条　电力企业应当于每年 2 月 15 日前将上一年度电力可靠性管理和技术分析报告报送所在地国家能源局派出机构、省级政府能源管理部门和电力运行管理部门；中央电力企业总部于每年 3 月 1 日前报送国家能源局。

　　省级电网企业应当于每年 1 月份将上一年度电力系统可靠性的评估和本年度的预测情

况，报国家能源局派出机构、省级政府能源管理部门和电力运行管理部门；中央电网企业总部于每年2月份报送国家能源局。

系统稳定破坏事件、非计划停运事件、停电事件的等级分类、信息报送内容和程序由国家能源局另行规定。

第五十一条 国家能源局应当定期发布电力可靠性指标。

第五十二条 电力可靠性监督管理信息系统中的原始信息、统计分析信息及年度电力可靠性评价、评估、预测结果等须按程序经国家能源局审核后对外发布或使用。

第九章 监督管理

第五十三条 国家能源局负责以下电力可靠性监督管理工作：

（一）研究起草电力可靠性监督管理规章、制定电力可靠性监督管理规范性文件和电力可靠性行业技术标准，并组织实施；

（二）建立健全电力可靠性监督管理工作体系；

（三）对国家能源局派出机构、地方政府能源管理部门和电力运行管理部门、电力企业、电力用户贯彻执行电力可靠性管理规章制度的情况进行监督管理；

（四）组织建立电力可靠性监督管理信息系统，统计分析电力可靠性信息，组织实施电力可靠性预测、评估和评价工作；

（五）组织开展电力可靠性管理工作检查、核查；

（六）发布电力可靠性指标和电力可靠性监管报告；

（七）对特别重大系统稳定破坏事件、特别重大非计划停运事件、特别重大停电事件进行分析、核查；

（八）推动电力可靠性理论研究和技术应用；

（九）组织电力可靠性技术和管理培训；

（十）开展电力可靠性国际交流与合作。

第五十四条 国家能源局派出机构负责辖区内以下电力可靠性监督管理工作：

（一）建立健全电力可靠性监督管理工作体系；

（二）对电力企业贯彻执行电力可靠性管理规章制度的情况进行监督管理；

（三）分析、发布可靠性信息，组织实施电力可靠性预测、评估和评价工作；

（四）开展电力可靠性管理工作检查、核查、处罚；

（五）对重大系统稳定破坏事件、重大非计划停运事件、重大停电事件进行分析、核查；

（六）监督指导电力企业排查治理电力可靠性管理中发现的风险和隐患；

（七）发布电力可靠性指标和电力可靠性监管报告。

第五十五条　地方政府能源管理部门和电力运行管理部门按各自职责负责辖区内以下电力可靠性监督管理工作：

（一）建立健全地方政府电力可靠性监督管理工作体系；

（二）对电力系统的充裕性进行监测协调和监督管理，保障电力供应；

（三）对电力用户贯彻执行电力可靠性管理规章制度的情况进行监督管理；

（四）组织落实国家乡村振兴、优化营商环境、电网升级改造等工作中相关电力可靠性要求；

（五）监督指导重要电力用户排查治理电力可靠性管理中发现的风险和隐患；

（六）支持和配合国家能源局派出机构开展相关电力可靠性监督管理工作。

第五十六条　国家能源局派出机构应当会同地方政府能源管理部门和电力运行管理部门建立电力可靠性联席协调机制，定期分析、通报电力供需和电网运行情况，协调解决电力供应和电力系统稳定运行面临的问题。

第五十七条　国家能源局及其派出机构、地方政府能源管理部门和电力运行管理部门对电力可靠性管理规章制度落实情况进行监督检查，可以采取以下措施：

（一）进入电力企业进行检查并询问相关人员，要求其对检查事项作出说明；

（二）查阅、复制与检查事项有关的文件、资料和信息。

第五十八条　国家能源局及其派出机构、地方政府能源管理部门和电力运行管理部门对电力企业报送的信息和报告存在疑问的，应当要求作出说明，可以开展现场核查。

第五十九条　任何单位和个人发现电力可靠性管理不到位或存在弄虚作假情况的，有权向国家能源局及其派出机构、地方政府能源管理部门和电力运行管理部门举报，国家能源局及其派出机构、地方政府能源管理部门和电力运行管理部门应当及时处理。

第十章　奖惩措施

第六十条　鼓励电力企业、科研单位和电力用户等根据电力规划、建设、生产、供应、使用和设备制造等工作需要，研究、开发和采用先进的可靠性科学技术和管理方法，对取得显著成绩的单位和个人给予表彰奖励。

第六十一条　国家能源局及其派出机构、地方政府能源管理部门和电力运行管理部门

未按照本办法实施电力可靠性监督管理有关工作并造成严重后果的，依法追究其责任。

第六十二条 电力企业有下列情形之一的，由国家能源局及其派出机构根据《电力监管条例》第三十四条的规定予以处罚：

（一）拒绝或者阻碍国家能源局及其派出机构从事电力可靠性监管工作的人员依法履行监管职责的；

（二）提供虚假或者隐瞒重要事实的电力可靠性信息的；

（三）供电企业未按照本办法规定定期披露其供电可靠性指标的。

第六十三条 国家能源局及其派出机构、地方政府能源管理部门和电力运行管理部门按照电力行业信用体系规定，对电力可靠性监督检查过程中产生的约谈、通报、奖励、处罚等记录依法依规进行归集、共享和公示，对相应的责任主体依法实施守信激励与失信惩戒。

第十一章　附　　则

第六十四条 本办法自 2022 年 6 月 1 日起施行，《电力可靠性监督管理办法》（国家电力监管委员会令第 24 号）同时废止。

水电站大坝运行安全监督管理规定

中华人民共和国国家发展和改革委员会令第 23 号

第一章　总　　则

第一条　为了加强水电站大坝运行安全监督管理，保障人民生命财产安全，促进经济社会持续健康安全发展，根据《中华人民共和国安全生产法》《水库大坝安全管理条例》《电力监管条例》《生产安全事故报告和调查处理条例》《电力安全事故应急处置和调查处理条例》等法律法规，制定本规定。

第二条　水电站大坝运行安全管理应当坚持安全第一、预防为主、综合治理的方针。

第三条　本规定适用于以发电为主、总装机容量五万千瓦及以上的大、中型水电站大坝（以下简称大坝）。

本规定所称大坝，是指包括横跨河床和水库周围垭口的所有永久性挡水建筑物、泄洪建筑物、输水和过船建筑物的挡水结构以及这些建筑物与结构的地基、近坝库岸、边坡和附属设施。

第四条　电力企业是大坝运行安全的责任主体，应当遵守国家有关法律法规和标准规范，建立健全大坝运行安全组织体系和应急工作机制，加强大坝运行全过程安全管理，确保大坝运行安全。

第五条　国家能源局负责大坝运行安全综合监督管理。

国家能源局派出机构（以下简称派出机构）具体负责本辖区大坝运行安全监督管理。

国家能源局大坝安全监察中心（以下简称大坝中心）负责大坝运行安全技术监督管理服务，为国家能源局及其派出机构开展大坝运行安全监督管理提供技术支持。

第二章　运行管理

第六条　电力企业应当保证大坝安全监测系统、泄洪消能和防护设施、应急电源等安全设施与大坝主体工程同时设计、同时施工、同时投入运行。

大坝蓄水验收和枢纽工程专项验收前应当分别经过蓄水安全鉴定和竣工安全鉴定。

第七条　电力企业应当加强大坝安全检查、运行维护与除险加固等工作，保证大坝主体结构完好，大坝安全设施运行可靠。

第八条　电力企业应当加强大坝安全监测与信息化建设工作，及时整理分析监测成果，监控大坝运行安全状态，并且按照要求向大坝中心报送大坝运行安全信息。对坝高一百米以上的大坝、库容一亿立方米以上的大坝和病险坝，电力企业应当建立大坝安全在线监控系统，并且接受大坝中心的监督。

第九条　电力企业应当对大坝进行日常巡视检查。

每年汛期及汛前、汛后，枯水期、冰冻期，遭遇大洪水、发生有感地震或者极端气象等特殊情况，电力企业应当对大坝进行详细检查。

电力企业应当及时处理发现的大坝缺陷和隐患。

第十条　电力企业应当每年年底开展大坝安全年度详查，总结本年度大坝安全管理工作，整编分析大坝监测资料，分析水库、水工建筑物、闸门及启闭机、监测系统和应急电源的运行情况，提出大坝安全年度详查报告并且报送大坝中心。

第十一条　电力企业应当按照国家规定做好水电站防洪度汛工作。

水库调度和发电运行应当以确保大坝运行安全为前提，严格遵循批准的汛期调度运用计划和水库运用与电站运行调度规程。汛期水库汛限水位以上防洪库容的运用，必须服从防汛指挥机构的调度指挥。

汛期发生影响正常泄洪的情况时，电力企业应当及时处置并且报告大坝中心。

第十二条　电力企业应当建立大坝安全应急管理体系，制定大坝安全应急预案，建立与地方政府、相关单位的应急联动机制。

遇有超标准洪水、地震、地质灾害、大体积漂浮物等险情，电力企业应当按照规定启动大坝安全应急机制，采取必要措施保障大坝安全，并且报告派出机构和大坝中心。

第十三条　任何单位、部门不得擅自改变或者调整水电站原批准的功能。任何改变或者调整水电站功能的方案，应当依法报有关项目核准（或者审批）部门批准。

第十四条　水电站进行工程改造或者扩建，应当依法报有关项目核准（或者审批）部门批准。

大坝枢纽范围内新建、改建或者扩建建筑物，应当按照规定进行大坝安全影响专项论证并且经过大坝安全技术监督单位评审。

第十五条　工程降低等别以及大坝退役（包括大坝报废、拆除或者拆除重建）应当充分论证，经过有关项目核准（或者审批）部门同意后方可以实施。

第十六条　电力企业负责人及相关管理人员应当具备大坝安全专业知识和管理能力，定期培训。

　　从事大坝运行安全监测、维护及闸门启闭操作的作业人员应当经过相关技术培训，持证上岗。

　　第十七条　电力企业应当按照国家规定及时收集、整理和保存大坝建设工程档案、运行维护资料及相应原始记录。

　　第十八条　电力企业委托大坝运行安全专业技术服务单位承担大坝运行安全分析、监测、测试、检验、检查、维护等具体工作的，大坝运行安全责任仍由委托方承担。

　　国家对专业技术服务有资质要求的，承担技术服务的单位应当具有相应资质。

第三章　定期检查

　　第十九条　大坝中心应当定期检查大坝安全状况，评定大坝安全等级。

　　定期检查一般每五年进行一次，检查时间一般不超过一年半。首次定期检查后，定期检查间隔可以根据大坝安全风险情况动态调整，但不得少于三年或者超过十年。

　　第二十条　大坝遭受超标准洪水或者破坏性地震等自然灾害以及其他严重事件后，大坝中心应当对大坝进行特种检查，重新评定大坝安全等级。

　　第二十一条　大坝安全等级分为正常坝、病坝和险坝三级。

　　符合下列条件的大坝，评定为正常坝：

　　（一）防洪能力符合规范要求；或者非常运用情况下的防洪能力略有不足，但大坝安全风险低且可控；

　　（二）坝基良好；或者虽然存在局部缺陷但无趋势性恶化，大坝整体安全；

　　（三）大坝结构安全度符合规范要求；或者略有不足，但大坝安全风险低且可控；

　　（四）大坝运行性态总体正常；

　　（五）近坝库岸和工程边坡稳定或者基本稳定。

　　具有下列情形之一的大坝，评定为病坝：

　　（一）正常运用情况下的防洪能力略有不足，但风险较低；或者非常运用情况下的防洪能力不足，风险较高；

　　（二）坝基存在局部缺陷，且有趋势性恶化，可能危及大坝整体安全；

　　（三）大坝结构安全度不符合规范要求，存在安全风险，可能危及大坝整体安全；

　　（四）大坝运行性态异常，存在安全风险，可能危及大坝安全；

　　（五）近坝库岸和工程边坡有失稳征兆，失稳后影响工程正常运用。

　　具有下列情形之一的大坝，评定为险坝：

（一）正常运用情况下防洪能力不足，风险较高；或者非常运用情况下防洪能力不足，风险很高；

（二）坝基存在的缺陷持续恶化，已危及大坝安全；

（三）大坝结构安全度严重不符合规范要求，已危及大坝安全；

（四）大坝存在事故征兆；

（五）近坝库岸或者工程边坡有失稳征兆，失稳后危及大坝安全。

第二十二条 电力企业应当限期完成对病坝、险坝的处理。

病坝、险坝以及正常坝的重大工程缺陷和隐患的处理应当专项设计、专项审查、专项施工和专项验收。

第二十三条 大坝评定为险坝后，电力企业应当立即降低水库运行水位，直至放空水库。病坝消缺前或者消缺过程中，如情况恶化或者发生重大险情，应当降低水库运行水位，极端情况下可以放空水库。

第四章　注册登记

第二十四条 大坝运行实行安全注册登记制度。电力企业应当在规定期限内申请办理大坝安全注册登记。

在规定期限内不申请办理安全注册登记的大坝，不得投入运行，其发电机组不得并网发电。

第二十五条 大坝安全注册应当符合下列条件：

（一）依法取得核准（或者审批）手续；

（二）新建大坝具有竣工安全鉴定报告及其专题报告；已运行大坝具有近期的定期检查报告和定期检查审查意见；

（三）有完整的大坝勘测、设计、施工、监理资料和运行资料；

（四）有职责明确的管理机构、符合岗位要求的专业运行人员、健全的大坝安全管理规章制度和操作规程。

第二十六条 大坝中心具体受理大坝安全注册登记申请，组织注册现场检查并且提出注册检查意见，经国家能源局批准后向电力企业颁发大坝安全注册登记证。

第二十七条 大坝安全注册等级分为甲、乙、丙三级。

（一）通过竣工安全鉴定或者安全等级评定为正常坝的，根据管理实绩考核结果，颁发甲级注册登记证或者乙级注册登记证；

（二）安全等级评定为病坝的，管理实绩考核结果满足要求的，颁发丙级注册登记证；

（三）安全等级评定为险坝的，在完成除险加固后颁发相应注册登记证。

不满足注册条件或者未取得注册登记证的大坝，电力企业应当在大坝中心登记备案，并且限期完成大坝安全注册。

第二十八条　大坝安全注册实行动态管理。甲级注册登记证有效期为五年，乙级、丙级注册登记证有效期为三年。

注册事项发生变化，电力企业应当及时办理注册变更。

注册登记证有效期满前，电力企业应当申请大坝安全换证注册。期满后逾期六个月仍未申请换证的，注销注册登记证。

工程降低等别应当办理大坝安全注册变更手续；大坝退役应当办理大坝安全注册注销手续。

第二十九条　新建大坝通过蓄水安全鉴定后，在其发电机组转入商业运营前，应当将工程蓄水安全鉴定报告和蓄水验收鉴定书以及有关安全管理情况等报大坝中心备案。

第五章　监督管理

第三十条　国家能源局应当定期公布大坝安全注册登记和定期检查情况。

派出机构应当督促电力企业开展安全注册登记和定期检查工作，并且结合注册现场检查、定期检查等工作对电力企业执行国家有关安全法律法规和标准规范的情况进行监督检查，发现违法违规行为，依法处理；发现重大安全隐患，责令电力企业及时整改。

派出机构应当会同大坝中心对电力企业病坝治理、险坝除险加固等重大安全隐患治理和风险管控工作进行安全督查，督促电力企业按照要求开展相关工作。

第三十一条　大坝中心应当对电力企业大坝安全监测、检查、维护、信息化建设及信息报送等工作进行监督、检查和指导，对大坝安全监测系统进行评价鉴定，对电力企业报送的大坝运行安全信息进行分析处理，对注册（备案）登记的大坝运行安全进行远程在线技术监督。

第三十二条　国家能源局及其派出机构、大坝中心应当依法对大坝退役安全进行监督管理。

国家能源局及其派出机构、大坝中心应当依法组织或者参与大坝溃坝、库水漫坝等运行安全事故的调查处理。

第三十三条　电力企业应当积极配合国家能源局及其派出机构、大坝中心做好大坝安全监督管理工作。

第六章　法律责任

第三十四条　电力企业有下列情形之一的，依据《安全生产法》第九十五条，由派出机构责令停止建设或者停产停业整顿，限期改正；逾期未改正的，将其列入安全生产不良信用记录和安全生产诚信"黑名单"，处以五十万元以上一百万元以下的罚款，对其直接负责的主管人员和其他直接责任人员处以二万元以上五万元以下的罚款：

（一）大坝安全设施未与主体工程同时设计、同时施工、同时投入运行的；

（二）未按照规定组织蓄水安全鉴定和竣工安全鉴定的；

（三）未按照规定开展大坝安全定期检查的；

（四）擅自改变、调整水电站原批准功能的，擅自进行工程改造或者扩建的，擅自降低工程等别或者实施大坝退役的。

第三十五条　电力企业未按照规定及时开展病坝治理、险坝除险加固等重大安全隐患治理和风险管控工作的，依据《安全生产法》第九十九条，由派出机构给予警告并且责令限期整改；拒不整改的，责令停产停业整顿，将其列入安全生产不良信用记录和安全生产诚信"黑名单"，并且处以十万元以上五十万元以下的罚款，对其直接负责的主管人员和其他直接责任人员处以二万元以上五万元以下的罚款。

第三十六条　电力企业有下列情形之一的，依据《安全生产法》第九十八条，由派出机构责令限期改正，可以处以十万元以下的罚款；逾期未改正的，责令停产停业整顿，将其列入安全生产不良信用记录和安全生产诚信"黑名单"，并且处以十万元以上二十万元以下的罚款，对其直接负责的主管人员和其他直接责任人员处以二万元以上五万元以下的罚款：

（一）未在规定期限内办理大坝安全注册登记和备案的；

（二）未按照规定制定大坝安全应急预案的。

第三十七条　电力企业未按照规定及时报告大坝险情或者提供虚假报告的，依据《安全生产法》第九十一条，由派出机构对其主要负责人处以二万元以上五万元以下的罚款，将其列入安全生产不良信用记录和安全生产诚信"黑名单"。

第三十八条　电力企业有下列情形之一的，由派出机构给予警告并且责令限期改正；逾期未改正的，可以处以一万元的罚款，并且对其主要负责人处以一万元的罚款：

（一）未按照规定开展大坝安全监测、检查、运行维护、年度详查、信息报送和信息

化建设的；

（二）未按照规定收集、整理、分析和保存大坝运行资料的。

第三十九条　从事大坝安全分析、监测、测试、检验等专业技术服务的单位，出具虚假材料或者造成事故的，依法追究责任，并且将其列入安全生产不良信用记录和安全生产诚信"黑名单"。

第四十条　大坝中心违反本规定，有下列情形之一的，由国家能源局责令限期改正；逾期未改正的，对直接负责的主管人员和其他直接责任人员，依法给予行政处分：

（一）没有正当理由，拒不受理大坝安全注册登记申请和备案的；

（二）未经批准，擅自颁发大坝安全注册登记证的；

（三）不按照要求开展定期检查和特种检查的。

第四十一条　大坝安全监督管理工作人员未按照本规定履行大坝安全监督管理职责的，由所在单位责令限期改正；存在徇私舞弊、滥用职权、玩忽职守行为的，由所在单位或者上级行政机关依法给予行政处分；构成犯罪的，依法追究刑事责任。

第七章　附　　则

第四十二条　水电站输水隧洞、压力钢管、调压井、发电厂房、尾水隧洞等输水发电建筑物及过坝建筑物及其附属设施应当参照本规定相关要求开展安全检查，发现缺陷及时处理。

第四十三条　对运行大坝进行安全评价等技术服务，依照国家有关规定，实行公示基准价格的有偿服务。

第四十四条　以发电为主、总装机容量小于五万千瓦的大坝运行安全监督管理，参照本规定执行。

第四十五条　大坝安全注册登记、备案、定期检查、除险加固、安全监测、信息报送、信息化建设以及应急管理等方面的具体要求由国家能源局另行制定。

第四十六条　本规定自 2015 年 4 月 1 日起施行。原国家电力监管委员会《水电站大坝运行安全管理规定》同时废止。

网络安全审查办法

国家互联网信息办公室、中华人民共和国国家发展和改革委员会、

中华人民共和国工业和信息化部、中华人民共和国公安部、

中华人民共和国国家安全部、中华人民共和国财政部、中华人民共和国商务部、

中国人民银行、国家市场监督管理总局、国家广播电视总局、

中国证券监督管理委员会、国家保密局、国家密码管理局令第 8 号

第一条 为了确保关键信息基础设施供应链安全，保障网络安全和数据安全，维护国家安全，根据《中华人民共和国国家安全法》《中华人民共和国网络安全法》《中华人民共和国数据安全法》《关键信息基础设施安全保护条例》，制定本办法。

第二条 关键信息基础设施运营者采购网络产品和服务，网络平台运营者开展数据处理活动，影响或者可能影响国家安全的，应当按照本办法进行网络安全审查。

前款规定的关键信息基础设施运营者、网络平台运营者统称为当事人。

第三条 网络安全审查坚持防范网络安全风险与促进先进技术应用相结合、过程公正透明与知识产权保护相结合、事前审查与持续监管相结合、企业承诺与社会监督相结合，从产品和服务以及数据处理活动安全性、可能带来的国家安全风险等方面进行审查。

第四条 在中央网络安全和信息化委员会领导下，国家互联网信息办公室会同中华人民共和国国家发展和改革委员会、中华人民共和国工业和信息化部、中华人民共和国公安部、中华人民共和国国家安全部、中华人民共和国财政部、中华人民共和国商务部、中国人民银行、国家市场监督管理总局、国家广播电视总局、中国证券监督管理委员会、国家保密局、国家密码管理局建立国家网络安全审查工作机制。

网络安全审查办公室设在国家互联网信息办公室，负责制定网络安全审查相关制度规范，组织网络安全审查。

第五条 关键信息基础设施运营者采购网络产品和服务的，应当预判该产品和服务投入使用后可能带来的国家安全风险。影响或者可能影响国家安全的，应当向网络安全审查办公室申报网络安全审查。

关键信息基础设施安全保护工作部门可以制定本行业、本领域预判指南。

第六条 对于申报网络安全审查的采购活动，关键信息基础设施运营者应当通过采购

文件、协议等要求产品和服务提供者配合网络安全审查，包括承诺不利用提供产品和服务的便利条件非法获取用户数据、非法控制和操纵用户设备，无正当理由不中断产品供应或者必要的技术支持服务等。

第七条　掌握超过100万用户个人信息的网络平台运营者赴国外上市，必须向网络安全审查办公室申报网络安全审查。

第八条　当事人申报网络安全审查，应当提交以下材料：

（一）申报书；

（二）关于影响或者可能影响国家安全的分析报告；

（三）采购文件、协议、拟签订的合同或者拟提交的首次公开募股（IPO）等上市申请文件；

（四）网络安全审查工作需要的其他材料。

第九条　审查办公室应当自收到符合本办法第八条规定的审查申报材料起10个工作日内，确定是否需要审查并书面通知当事人。

第十条　网络安全审查重点评估相关对象或者情形的以下国家安全风险因素：

（一）产品和服务使用后带来的关键信息基础设施被非法控制、遭受干扰或者破坏的风险；

（二）产品和服务供应中断对关键信息基础设施业务连续性的危害；

（三）产品和服务的安全性、开放性、透明性、来源的多样性，供应渠道的可靠性以及因为政治、外交、贸易等因素导致供应中断的风险；

（四）产品和服务提供者遵守中国法律、行政法规、部门规章情况；

（五）核心数据、重要数据或者大量个人信息被窃取、泄露、毁损以及非法利用、非法出境的风险；

（六）上市存在关键信息基础设施、核心数据、重要数据或者大量个人信息被外国政府影响、控制、恶意利用的风险，以及网络信息安全风险；

（七）其他可能危害关键信息基础设施安全、网络安全和数据安全的因素。

第十一条　网络安全审查办公室认为需要开展网络安全审查的，应当自向当事人发出书面通知之日起30个工作日内完成初步审查，包括形成审查结论建议和将审查结论建议发送网络安全审查工作机制成员单位、相关部门征求意见；情况复杂的，可以延长15个工作日。

第十二条 网络安全审查工作机制成员单位和相关部门应当自收到审查结论建议之日起 15 个工作日内书面回复意见。

网络安全审查工作机制成员单位、相关部门意见一致的，网络安全审查办公室以书面形式将审查结论通知当事人；意见不一致的，按照特别审查程序处理，并通知当事人。

第十三条 按照特别审查程序处理的，网络安全审查办公室应当听取相关单位和部门意见，进行深入分析评估，再次形成审查结论建议，并征求网络安全审查工作机制成员单位和相关部门意见，按程序报中央网络安全和信息化委员会批准后，形成审查结论并书面通知当事人。

第十四条 特别审查程序一般应当在 90 个工作日内完成，情况复杂的可以延长。

第十五条 网络安全审查办公室要求提供补充材料的，当事人、产品和服务提供者应当予以配合。提交补充材料的时间不计入审查时间。

第十六条 网络安全审查工作机制成员单位认为影响或者可能影响国家安全的网络产品和服务以及数据处理活动，由网络安全审查办公室按程序报中央网络安全和信息化委员会批准后，依照本办法的规定进行审查。

为了防范风险，当事人应当在审查期间按照网络安全审查要求采取预防和消减风险的措施。

第十七条 参与网络安全审查的相关机构和人员应当严格保护知识产权，对在审查工作中知悉的商业秘密、个人信息，当事人、产品和服务提供者提交的未公开材料，以及其他未公开信息承担保密义务；未经信息提供方同意，不得向无关方披露或者用于审查以外的目的。

第十八条 当事人或者网络产品和服务提供者认为审查人员有失客观公正，或者未能对审查工作中知悉的信息承担保密义务的，可以向网络安全审查办公室或者有关部门举报。

第十九条 当事人应当督促产品和服务提供者履行网络安全审查中作出的承诺。

网络安全审查办公室通过接受举报等形式加强事前事中事后监督。

第二十条 当事人违反本办法规定的，依照《中华人民共和国网络安全法》《中华人民共和国数据安全法》的规定处理。

第二十一条 本办法所称网络产品和服务主要指核心网络设备、重要通信产品、高

性能计算机和服务器、大容量存储设备、大型数据库和应用软件、网络安全设备、云计算服务，以及其他对关键信息基础设施安全、网络安全和数据安全有重要影响的网络产品和服务。

第二十二条　涉及国家秘密信息的，依照国家有关保密规定执行。

国家对数据安全审查、外商投资安全审查另有规定的，应当同时符合其规定。

第二十三条　本办法自 2022 年 2 月 15 日起施行。2020 年 4 月 13 日公布的《网络安全审查办法》（国家互联网信息办公室、国家发展和改革委员会、工业和信息化部、公安部、国家安全部、财政部、商务部、中国人民银行、国家市场监督管理总局、国家广播电视总局、国家保密局、国家密码管理局令第 6 号）同时废止。

DIANLI ANQUAN
JIANDU GUANLI
GONGZUO SHOUCE

电力安全监督管理
工作手册（2023年版）下篇

国家能源局电力安全监管司
中国能源传媒集团有限公司　编

中国电力出版社
CHINA ELECTRIC POWER PRESS

图书在版编目（CIP）数据

电力安全监督管理工作手册：2023 年版 . 下篇 / 国家能源局电力安全监管司，中国能源传媒集团
有限公司编 . —北京：中国电力出版社，2023.10
　　ISBN 978-7-5198-8197-9

Ⅰ . ①电… Ⅱ . ①国… ②中… Ⅲ . ①电力工业 – 安全生产 – 监督管理 – 手册 Ⅳ . ① TM08-62

中国国家版本馆 CIP 数据核字（2023）第 190759 号

出版发行：中国电力出版社
地　　址：北京市东城区北京站西街 19 号（邮政编码 100005）
网　　址：http://www.cepp.sgcc.com.cn
责任编辑：钟　瑾（010-63412867）
责任校对：黄　蓓　郝军燕　马　宁　王海南　于　维
装帧设计：赵丽媛
责任印制：钱兴根

印　　刷：三河市百盛印装有限公司
版　　次：2023 年 10 月第一版
印　　次：2023 年 10 月北京第一次印刷
开　　本：787 毫米 ×1092 毫米　16 开本
印　　张：46
字　　数：855 千字
定　　价：198.00 元（全 2 册）

编 制 说 明

  加强全国电力安全监督管理，是关系国民经济发展和社会稳定的大事，是全面落实党的二十大重要决策部署，保障国家安全的重要内容。

  党的二十大将能源安全作为国家安全体系和能力现代化的重要组成部分，提出要强化重大基础设施、资源、核能等安全保障体系建设，确保能源资源、重要产业链供应链等安全。维护电力安全生产持续稳定，统筹好能源发展与安全的关系，积极推进能源安全保障体系建设，推动新时代能源高质量发展营造安全可靠的电力供应环境。为此，我们编制了《电力安全监督管理工作手册（2023年版）》，梳理汇总了现行有效的有关法律及配套政策法规，内容包含法律、行政决定，法规、国务院文件，部门规章，国家能源局规范性文件，国家能源局政策性文件五部分，是电力安全生产监督管理部门、地方政府电力主管部门、电力企业等从业人员开展工作的案头书，便于在具体工作中学习、查阅有关政策，为实际工作提供政策依据。

  随着新时代能源工作的不断推进，电力安全生产监督管理方面的法律、法规和文件将不断更新、完善。希望广大读者在参考、引用本书的法律、法规和文件的同时，关注新发布、修订等信息，及时更新并使用最新法律、法规和文件。

目　　录

第二部分　法规、国务院文件

第三部分　部门规章

下　篇

第四部分　国家能源局规范性文件

（一）综合

第四部分

国家能源局规范性文件

（一）综　　合

国家能源局关于印发
加强能源安全生产监督管理工作意见的通知

国能安全〔2014〕106 号

各司,各派出机构,各直属事业单位,各省（自治区、直辖市）能源主管部门,有关能源企业：

为切实加强能源安全生产监督管理工作，现将《国家能源局关于加强能源安全生产监督管理工作的意见》印发你们，请遵照执行。

国家能源局

2014 年 2 月 28 日

国家能源局关于加强
能源安全生产监督管理工作的意见

为贯彻落实党中央、国务院领导同志关于做好当前安全生产工作的重要指示精神，指导国家能源局（以下简称能源局）相关单位切实加强能源安全生产监督管理工作，进一步督促能源企业落实安全生产主体责任，现提出以下意见：

一、工作原则和目标

（一）工作原则。

牢固树立以人为本、安全发展理念，坚持"安全第一、预防为主、综合治理"方针，按照"管行业必须管安全、管业务必须管安全"的要求，把安全生产监督管理工作落实到能源行业管理的每个环节，有效促进能源安全生产工作。

（二）工作目标。

在能源局工作职责范围内，紧密结合行业管理职能，落实能源局相关单位在能源行业管理中的相关安全生产监督管理职责，建立完善工作制度和机制，明确细化工作措施，统筹协调与政府相关部门、能源企业的安全生产监督管理关系，形成合力，防范和遏制能源行业重特大安全事故。

二、重点工作内容

（一）落实企业安全生产主体责任。督促能源企业严格执行国家安全生产有关法律法

规和标准规范，在行业管理中发现能源企业存在安全生产责任制、安全生产规章制度和操作规程不落实，安全生产投入、安全培训不到位，安全生产隐患排查治理、事故应急救援不及时等问题的，应当依法在行业管理权限内进行处理，在行政许可、投融资、招投标、技术改造、从业资质等方面采取限制措施，并将情况及时通报相关部门。

（二）注重发展规划环节中对安全生产风险的研究。在组织拟定电力（含核电）、油气、煤炭、可再生能源等能源行业发展规划、计划和产业政策时，应当深入研究影响安全生产的重大问题，统筹考虑技术、经济与安全的关系，降低安全生产风险，为行业安全发展和相关建设项目投产后长期安全运行打下良好基础。

（三）加强能源建设项目前期安全管理。在能源企业新建、改扩建项目审批工作中，应当严格执行国家规定的建设项目核准程序，会同有关部门落实建设项目安全设施与主体工程同时设计、同时施工、同时投入使用，安全设施与建设项目主体工程未做到同时设计的不得审批。

（四）深入开展隐患排查治理。结合行业管理要求，组织开展安全生产督导检查，重点检查在建或已建成项目是否符合国家规划、计划和产业政策要求。对检查中发现的安全隐患，应当督促企业及时整改，必要时，可以提请具有安全生产执法权限的有关部门，责令立即停工停产。

（五）制定完善安全生产标准规范。根据能源行业技术进步和产业升级的要求，加快制定、修订能源行业生产、安全技术标准和规范，并监督执行情况。负责能源生产运行人员资格审核的单位，应当制定并严格实施从业人员资格标准。

（六）充分发挥安全技术保障作用。鼓励能源企业采用先进技术和产品，推广应用安全生产适用技术和新装备、新工艺、新标准，禁止使用有关部门明令淘汰的不符合有关安全生产要求的落后技术、工艺和装备。对于有效消除重大安全隐患的技术改造和搬迁项目，应当在政策上给予支持。

（七）强化安全生产培训工作。组织有关单位从事能源发展规划、计划和政策等方面业务的人员开展安全生产培训，通过学习掌握安全生产和应急管理知识，强化安全发展理念，增强安全意识，促进提高能源行业整体安全保障能力和水平。

（八）加强信息报送和应急管理工作。加强派出机构、地方能源管理部门和能源企业安全生产事故和自然灾害突发事件信息报送工作，及时掌握全国电力等能源行业的安全生产情况。组织或配合有关单位开展应急管理工作，督促能源企业完善应急预案，定期开展演练。重大能源安全生产突发事件发生后，按照能源局统一要求参与应急处置工作，指导

能源企业及时恢复生产，由于自然灾害造成能源基础设施重大损失的，应当配合有关部门和地方政府做好灾后评估和恢复重建工作。

（九）严格事故企业责任追究。组织或者配合安全生产监管监察部门参与事故调查工作，提出或配合执行处理意见。对于发生重大以上安全责任事故或一年内发生2次以上较大生产安全责任事故并负有主要责任的能源企业，以及存在重大安全隐患整改不力的能源企业，严格限制其下一年新增的项目核准。

三、职责分工

按照能源局"三定"方案和国务院有关职能授权，能源局相关单位安全生产监督管理职责进一步明确如下：

（一）综合司。重点负责能源安全生产事故和自然灾害突发事件等相关信息的接报，做好能源安全生产新闻宣传和相关信息发布工作，按照应急响应有关规定，配合能源局相关单位做好能源安全生产突发事件的应急处置工作。

（二）法改司。重点负责研究协调能源安全生产相关法律法规规章制定工作，对能源安全生产相关规范性文件进行合法性审核，参与协调与能源安全生产有关的财政、税收、金融、价格、土地等政策。

（三）规划司。重点负责研究能源发展规划中涉及能源安全生产重大战略问题，提出相关政策意见，将能源安全生产突发事件信息与指挥系统纳入国家能源安全保障信息化工程中，协调能源安全生产突发事件信息与指挥系统建设和运行工作。

（四）科技司。重点负责组织拟订能源安全生产有关行业标准，组织推进保障能源安全生产重大设备研发，组织推广应用保障能源安全生产新产品、新技术、新设备。

（五）电力司。重点负责研究火电和电网发展规划、计划和产业政策实施中涉及安全生产重大问题和风险，提出相关政策意见，审查待核准项目的安全规划和安全设施设计情况，牵头负责电力行业技术监督管理工作。

（六）核电司。重点负责研究核电发展规划、计划和产业政策实施中涉及安全生产重大问题和风险，提出相关政策意见，制定核安全规划，指导核电重大安全技术装备研发，审查核电关键岗位人员资格，审查核电厂场内事故应急计划，组织核电厂应急安全检查。

（七）煤炭司。重点负责研究煤炭开发、煤层气开发利用发展规划、计划和产业政策实施中涉及安全生产重大问题和风险，提出相关政策意见，按照规定征求煤矿安全生产监管监察部门对新建、改建、扩建煤矿重大项目的安全意见，承担煤矿瓦斯防治部际协调领

导小组具体工作。配合安全监管总局和煤矿安监局开展煤矿安全生产监管监察工作。

（八）油气司（国家石油储备办公室）。重点负责研究油气开发规划、计划和产业政策实施中涉及安全生产重大问题和风险，提出相关政策意见，配合国家有关部门制定和修订油气田勘探开发、油气管道设施安全等相关行业管理规定，指导国家石油储备中心按照相关规范开展安全监管工作。

（九）新能源司。重点负责研究水能、风能、太阳能、生物质能和其他可再生能源发展规划、计划和产业政策实施中涉及安全生产的重大问题和风险，提出相关政策意见，审查待核准项目的安全规划和安全设施设计情况。

（十）监管司。配合能源局相关单位，研究在市场准入、普遍服务等方面涉及安全生产重大问题和风险，提出相关政策意见。

（十一）安全司。履行能源局"三定"方案明确的电力安全监督管理职责，按照要求联系协调能源局相关单位的工作，负责能源安全生产突发事件信息与指挥系统建设工作。

（十二）国家石油储备中心。作为国家石油储备国有资产出资人，对国家石油储备基地设施和储备原油安全实施监管。

（十三）能源局各派出机构。依据派出机构"三定"方案，履行电力安全监督管理职责，按照能源局统一要求开展其他能源领域安全监管工作。

四、工作要求

（一）落实职责。能源局各相关单位要认真落实国家关于行业主管部门安全生产监督管理职责的要求，在配合安全监管总局、煤矿安监局、国防科工委、核安全局等国家有关部门做好相关安全监管工作的同时，明确工作定位和工作思路，在能源项目规划、设计、建设、运行过程中，强化安全生产监督管理工作，切实落实"管行业必须管安全、管业务必须管安全"的总体要求。能源局各派出机构要根据本意见，制定和细化本单位安全生产监督管理职责，切实做好本辖区能源安全生产工作。

（二）建立机制。能源局成立能源安全生产监督管理工作小组，统一协调相关工作，工作小组办公室设在安全司，具体负责协调联络工作。

能源局各相关业务司、直属单位要加强沟通和工作协作，发现重大能源安全生产问题，尽快研究并提出工作意见，报能源局分管负责同志和工作小组办公室，及时采取处置措施。

能源局各派出机构要与地方能源主管部门、地方安全生产监管监察部门建立有效的工作机制，形成监管合力，及时研究解决能源安全生产重大问题。

（三）强化应急。建立能源局应对能源重大突发事件应急响应工作制度，成立应急工作领导机构，明确能源局各相关业务司、直属单位、各派出机构、地方能源主管部门及安委会成员单位的工作职责，形成反应迅速、运转高效的应急响应和处置工作流程，最大程度地减少人员和财产损失，尽快恢复能源生产和供应，保障国家能源安全和当地社会稳定。

（四）加强考核。严格落实国家关于安全生产监督管理工作"一岗双责"要求，把能源安全生产监督管理工作纳入能源局各相关单位年度工作考核项目，按照职责分工考核年度工作。对于因工作失职造成严重后果的单位和个人，按照国家有关规定进行处理。

国家能源局关于贯彻落实《国务院安委会办公室关于全面加强企业全员安全生产责任制工作的通知》的通知

国能发安全〔2017〕69 号

全国电力安全生产委员会成员单位，各有关单位：

国务院安委会办公室近日下发了《国务院安委会办公室关于全面加强企业全员安全生产责任制工作的通知》（安委办〔2017〕29 号）（以下简称《通知》），现将《通知》转发给你们，请认真学习领会，深入贯彻落实。现就有关事项通知如下：

一、全面贯彻《中共中央 国务院关于推进安全生产领域改革发展的意见》（中发〔2016〕32 号）（以下简称《意见》）对于企业主体责任的要求

《意见》提出了加强和改进安全生产工作的一系列重大改革举措和任务要求，是当前和今后一个时期电力安全生产工作的行动纲领。要主动适应新常态、落实新举措，以深入贯彻落实《意见》为契机，推进电力安全生产改革发展，全面落实安全生产主体责任，坚决遏制和防范重特大电力事故，实现事故起数和死亡人数"双下降"。

二、严格落实企业安全生产主体责任

企业是安全生产的责任主体，对本单位安全生产工作负全面责任，要严格履行安全生产法定责任，健全自我约束、持续改进的常态化机制。企业实行全员安全生产责任制度，健全法定代表人和实际控制人同为安全生产第一责任人的责任体系，强化部门安全生产职责，落实一岗双责。建立全过程安全生产管理制度，做到安全责任、管理、投入、培训和应急救援"五到位"。

三、加强重点领域主体责任落实

加强电网运行安全管理，确保电网安全稳定运行和可靠供电；加强电力二次系统安全管理工作，加强发电侧涉网继电保护等二次系统的正确配置和安全运行；提升电力设备安全水平；切实做好水电站大坝防汛调度、安全定期检查、安全注册登记和信息化建设等工作，保障水电站大坝运行安全；加强电力可靠性管理，为电力安全生产监督管理提供支撑；加强建设工程施工安全和工程质量管理；加强网络与信息安全管理，做好安全防护风险评估与等级保护测评工作；完善电力应急管理，强化大面积停电防范和应急处置。

四、加大安全教育培训力度

电力企业要全面落实安全培训的主体责任，制定并实施本单位的安全生产教育和培训

计划，建立安全培训管理制度，如实记录安全生产教育和培训的情况。严格落实企业安全教育培训制度，强化对企业主要负责人、安全管理人员、班组长、农民工等企业全员的安全培训，要将外包单位作业人员、劳务派遣人员、实习人员等纳入本单位从业人员统一管理，切实做到先培训、后上岗。

五、加强落实企业全员安全生产责任制的考核管理

企业要健全安全生产责任制管理考核制度，对全员安全生产责任制落实情况进行考核管理。坚持过程考核和结果考核相结合，科学设定可量化的考核指标。要健全企业全员安全生产责任制落实情况与奖励惩处挂钩制度，强化部门安全生产职责，落实一岗双责。积极推进电力安全生产诚信体系建设，完善企业安全生产不良记录和"黑名单"制度，建立失信惩戒和守信激励机制。

六、提升安全技术水平

提升现代信息技术与安全生产融合度，加快安全生产信息化建设。加强安全生产理论和政策研究，运用大数据技术开展安全生产规律性、关联性特征分析，提高安全生产决策科学化水平。推进能源互联网、电力及外部环境综合态势感知、高压柔性输电、新型储能技术等新技术在电力建设和设备改造中的安全应用。

七、加强安全文化建设

要以"电力建设工程施工安全年"活动为载体，注重安全文化建设，通过技术比武、安全生产知识大讲堂、事故分析报告会等形式，不断增强广大职工的安全意识。要充分利用媒体、微视频、微博、微信、客户端等多种方式，推广电力安全生产典型经验，加强电力安全生产公益宣传、案例警示教育，营造安全和谐的氛围与环境。

八、做好迎峰度冬等重点工作

落实全员安全生产主体责任，切实加强组织领导和协调配合，认真研判本地区、本单位电力迎峰度冬面临的新形势和新问题，周密部署电力迎峰度冬安全生产工作，全面落实安全生产主体责任，采取有效措施，保证重要用户电力可靠供应，坚决杜绝大面积停电事件发生，为经济社会平稳运行提供有力保障。

国家能源局

2017 年 11 月 15 日

附件：国务院安委会办公室关于全面加强企业全员安全生产责任制工作的通知

附件

国务院安委会办公室关于全面加强企业
全员安全生产责任制工作的通知

安委办〔2017〕29号

各省、自治区、直辖市及新疆生产建设兵团安全生产委员会，国务院安委会各成员单位：

为深入贯彻《中共中央 国务院关于推进安全生产领域改革发展的意见》（以下简称《意见》）关于企业实行全员安全生产责任制的要求，全面落实企业安全生产（含职业健康，下同）主体责任，进一步提升企业的安全生产水平，推动全国安全生产形势持续稳定好转，现就全面加强企业全员安全生产责任制工作有关事项通知如下：

一、高度重视企业全员安全生产责任制

（一）明确企业全员安全生产责任制的内涵。企业全员安全生产责任制是由企业根据安全生产法律法规和相关标准要求，在生产经营活动中，根据企业岗位的性质、特点和具体工作内容，明确所有层级、各类岗位从业人员的安全生产责任，通过加强教育培训、强化管理考核和严格奖惩等方式，建立起安全生产工作"层层负责、人人有责、各负其责"的工作体系。

（二）充分认识企业全员安全生产责任制的重要意义。全面加强企业全员安全生产责任制工作，是推动企业落实安全生产主体责任的重要抓手，有利于减少企业"三违"现象（违章指挥、违章作业、违反劳动纪律）的发生，有利于降低因人的不安全行为造成的生产安全事故，对解决企业安全生产责任传导不力问题，维护广大从业人员的生命安全和职业健康具有重要意义。

二、建立健全企业全员安全生产责任制

（三）依法依规制定完善企业全员安全生产责任制。企业主要负责人负责建立、健全企业的全员安全生产责任制。企业要按照《安全生产法》《职业病防治法》等法律法规规定，参照《企业安全生产标准化基本规范》（GB/T 33000—2016）和《企业安全生产责任体系五落实五到位规定》（安监总办〔2015〕27号）等有关要求，结合企业自身实际，明确从主要负责人到一线从业人员（含劳务派遣人员、实习学生等）的安全生产责任、责任范围和考核标准。安全生产责任制应覆盖本企业所有组织和岗位，其责任内容、范围、考核标准要简明扼要、清晰明确、便于操作、适时更新。企业一线从业人员的安全生产责任制，

要力求通俗易懂。

（四）加强企业全员安全生产责任制公示。企业要在适当位置对全员安全生产责任制进行长期公示。公示的内容主要包括：所有层级、所有岗位的安全生产责任、安全生产责任范围、安全生产责任考核标准等。

（五）加强企业全员安全生产责任制教育培训。企业主要负责人要指定专人组织制定并实施本企业全员安全生产教育和培训计划。企业要将全员安全生产责任制教育培训工作纳入安全生产年度培训计划，通过自行组织或委托具备安全培训条件的中介服务机构等实施。要通过教育培训，提升所有从业人员的安全技能，培养良好的安全习惯。要建立健全教育培训档案，如实记录安全生产教育和培训情况。

（六）加强落实企业全员安全生产责任制的考核管理。企业要建立健全安全生产责任制管理考核制度，对全员安全生产责任制落实情况进行考核管理。要健全激励约束机制，通过奖励主动落实、全面落实责任，惩处不落实责任、部分落实责任，不断激发全员参与安全生产工作的积极性和主动性，形成良好的安全文化氛围。

三、加强对企业全员安全生产责任制的监督检查

（七）明确对企业全员安全生产责任制监督检查的主要内容。地方各级负有安全生产监督管理职责的部门要按照"管行业必须管安全、管业务必须管安全、管生产经营必须管安全"和"谁主管、谁负责"的要求，切实履行安全生产监督管理职责，加强对企业建立和落实全员安全生产责任制工作的指导督促和监督检查。监督检查的内容主要包括：

1. 企业全员安全生产责任制建立情况。包括：是否建立了涵盖所有层级和所有岗位的安全生产责任制；是否明确了安全生产责任范围；是否认真贯彻执行《企业安全生产责任体系五落实五到位》等。

2. 企业安全生产责任制公示情况。包括：是否在适当位置进行了公示；相关的安全生产责任制内容是否符合要求等。

3. 企业全员安全生产责任制教育培训情况。包括：是否制定了培训计划、方案；是否按照规定对所有岗位从业人员（含劳务派遣人员、实习学生等）进行了安全生产责任制教育培训；是否如实记录相关教育培训情况等。

4. 企业全员安全生产责任制考核情况。包括：是否建立了企业全员安全生产责任制考核制度；是否将企业全员安全生产责任制度考核贯彻落实到位等。

（八）强化监督检查和依法处罚。地方各级负有安全生产监督管理职责的部门要把企业建立和落实全员安全生产责任制情况纳入年度执法计划，加大日常监督检查力度，督促

企业全面落实主体责任。对企业主要负责人未履行建立健全全员安全生产责任制职责，直接负责的主管人员和其他直接责任人员未对从业人员（含被派遣劳动者、实习学生等）进行相关教育培训或者未如实记录教育培训情况等违法违规行为，由地方各级负有安全生产监督管理职责的部门依照相关法律法规予以处罚。健全安全生产不良记录"黑名单"制度，因拒不落实企业全员安全生产责任制而造成严重后果的，要纳入惩戒范围，并定期向社会公布。

四、工作要求

（九）加强分类指导。地方各级安全生产委员会、国务院安委会各成员单位要根据本通知精神，指导督促相关行业领域的企业密切联系实际，制定全员安全生产责任制，努力实现"一企一标准，一岗一清单"，形成可操作、能落实的制度措施。

（十）注重典型引路。地方各级安全生产委员会要充分发挥指导协调作用，及时研究、协调解决企业全员安全生产责任制贯彻实施中出现的突出问题。要通过实施全面发动、典型引领、对标整改等方式，整体推动企业全员安全生产责任制的落实。目前尚未开展企业全员安全生产责任制工作的地区，要根据本通知精神，结合本地区实际，统筹制定落实方案，并印发至企业；已开展此项工作的地区，要结合本通知精神，进一步完善原有政策措施，确保本通知的各项要求落到实处。国务院安全生产委员会办公室将适时遴选一批典型做法在全国推广。

（十一）营造良好氛围。地方各级安全生产委员会、国务院安委会各成员单位要以落实中央《意见》为契机，加大企业全员安全生产责任制工作的宣传力度，发动全员共同参与。各级工会、共青团、妇联等要积极参与监督，大力推动企业加快落实全员安全生产责任制，形成合力，共同营造人人关注安全、人人参与安全、人人监督安全的浓厚氛围，促进企业改进安全生产管理，改善安全生产条件，提升安全生产水平，真正实现从"要我安全"到"我要安全""我会安全"的转变。

国务院安委会办公室

2017 年 10 月 10 日

国家能源局关于进一步加强
电力安全生产监管执法的通知

国能安全〔2016〕123号

各派出机构：

为推进依法治安，强化安全生产法治建设，落实《国务院办公厅关于加强安全生产监管执法的通知》（国办发〔2015〕20号）要求，进一步加强电力安全生产监管执法，现将有关要求通知如下：

一、健全完善电力安全生产法规和标准体系

（一）推进电力安全生产法规建设。进一步做好电力安全生产法规体系建设，不断完善电力安全生产监督管理规章制度，根据电力行业安全生产形势和安全监管工作需要，适时制定、补充和修订有关电力安全监管办法和规定。

（二）制定完善电力安全生产标准。进一步强化对电力安全生产标准的制修订工作，指导能源行业有关电力安全标准化技术委员会，修订现有电力安全生产标准，补充完善安全生产相关技术标准。

（三）做好规范性文件制修订工作。结合当前电力安全生产形势、特点和规律，深入剖析事故事件发生根源，提出防范措施和工作要求。结合简政放权，清理修订配套文件，切实加强后续监管。

二、依法履行电力安全监管职责

（四）进一步加强电力安全监管。贯彻落实《中华人民共和国安全生产法》和《电力安全事故应急处置和调查处理条例》等法律法规，严格执行《电力安全生产监督管理办法》等规章制度，依法依规开展电力安全监管工作。

（五）认真落实电力安全监管责任。牢固树立安全发展观念，深入贯彻落实党中央、国务院有关安全生产工作的规定和要求，认真履行安全监管职责，切实加强安全生产组织指导，强化安全生产监督检查。

（六）督促电力企业落实主体责任。督促电力企业强化红线意识，按照"党政同责、一岗双责、失职追责"和"管行业必须管安全，管业务必须管安全，管生产经营必须管安全"要求，完善组织结构，健全规章制度和责任体系，保障安全条件，落实风险管控措施，切实做到"五落实五到位"。

三、规范电力安全监管执法行为

（七）建立权力和责任清单。贯彻落实国务院简政放权、放管结合、职能转变的工作要求和部署，完善事前事中事后监管工作机制，对照权力和责任清单履行安全监管职权和责任，按照流程图开展安全监管工作。

（八）完善执法制度依法执法。加强安全监管执法监督，建立执法行为审议制度和重大行政执法决策机制，规范执法程序，明确执法决定的具体情形、时限、执行责任和落实措施，依法执法。

（九）编制督查大纲有效执法。编制完善电网、火电、水电、新能源、电力建设工程施工和电力建设工程质量等督查大纲。开展安全生产督查时对照大纲相应条款，细化安全督查内容，提高安全督查效果。

（十）制定检查计划科学执法。合理制定年度安全检查计划，明确重点对象、主要内容和执法措施，并根据实际情况及时调整和完善。对于同类事项可采用综合执法，降低执法成本，提高监管实效。

（十一）运用监管手册规范执法。运用好监管工作手册，推进电力安全生产监管工作规范化、制度化，增强电力安全监管工作的针对性和有效性，提高电力安全监管工作的法治化、规范化水平。

（十二）使用监管文书从严执法。建立安全监管执法全过程记录制度，使用式样规范、格式统一的执法类监管文书，实行痕迹化监管，保障执法的规范性、统一性和严肃性，提高执法质量和效力。

四、加大电力安全监管执法力度

（十三）深入开展安全督查。落实国家有关安全生产要求和行业工作部署，根据季节性特点，组织开展安全生产督查工作，重点督查责任制落实、打非治违、隐患排查治理等情况，突出源头监管和治理。

（十四）周密部署专项监管。坚持以问题为导向，强化问题监管，对电力安全生产中带有普遍性、倾向性的问题及关键环节制约安全生产中的突出问题，在重点地区、重点企业组织开展安全专项监管工作。

（十五）适时组织明察暗访。按照"四不两直"工作要求，适时组织开展电力安全生产明察暗访工作，明察电力企业安全生产现状及有关措施落实情况，暗访电力企业违法违规行为并及时予以纠正。

（十六）充分利用专家会诊。发挥社会资源作用，利用专业化社会组织和行业内专家

力量，对技术性服务和履职所需辅助性事项，采用政府购买服务方式，聘请专家、专业机构会诊及法律顾问等机制，为安全监管执法提供技术支撑。

（十七）严肃事故调查处理。按照规定组织或参与电力企业事故事件调查，认真查清事故经过、事故原因和事故损失，确定事故性质，认定事故责任，提出整改措施，并对事故责任者依法追究责任。

（十八）认真处理举报投诉。畅通举报投诉渠道，严格举报投诉受理时限。接到举报投诉，依法依规开展调查、取证、核实工作，公平公正、实事求是地查处违法违规行为，处理完毕向实名举报投诉人反馈办理意见。

（十九）及时公开安全信息。分析整理电力企业事故事件等情况，通过网站定期公布电力安全生产情况，采用简报形式印发典型事故调查报告，利用监管报告披露电力企业存在问题，并通报性质严重、问题突出的不安全情形，达到警示和教育整改目的。

五、严格落实电力安全监管执法措施

（二十）责令整改。现场检查发现企业存在安全生产违法、违规行为，应当责令企业当场予以纠正或者下达通知书限期整改。发现重大安全隐患的，应当责令其立即整改。

（二十一）挂牌督办。重大隐患未能及时处理和结案或一时难以处理的，实行挂牌督办，督促企业对重大隐患进行分析研究、制定措施、落实方案，提高整治效率和效果。

（二十二）警示教育。严重违反国家和行业有关安全生产规定，以及发生典型电力安全事故（事件）的，对其实施警示教育，以吸取教训促进整改。

（二十三）通报批评。企业连续发生一般事故或一年内发生电力生产人身事故累计死亡人数超过3人及以上的，对该企业上级单位通报批评，以示震慑。

（二十四）约访约谈。企业发生较大及以上事故或连续发生电力生产人身事故累计死亡人数超过3人及以上的，约谈企业上级单位主要负责人或分管负责人，提出安全生产履职要求和整改措施要求。

（二十五）行政处罚。重大隐患未按要求时限整改，或重大隐患已危及人身安全或可能引发性质严重的较大及以上事故，依法做出对存在重大隐患的设备停止运行、对存在重大隐患的施工作业停止施工等决定。发生事故的，按国家法律法规依法处罚；涉及其他部门职能或触犯刑律的，依法移交相关部门处理。

六、健全电力安全监管执法机制

（二十六）完善联合执法工作机制。联合安全监管、质监、公安、司法等部门，对群众反映强烈，久拖不决，和有倾向性的重大安全隐患与问题，共同执法，严厉查处和打击，

形成综合监管和行业监管合力，提高监管效能。

（二十七）建立诚信体系约束机制。加强电力行业安全生产诚信体系建设，建立健全电力企业安全生产信用记录，按照生产经营企业安全生产不良记录"黑名单"制度，对"黑名单"企业信用信息进行公示，以便相关部门在经营、投融资、政府采购、工程招投标、国有土地出让、授予荣誉、进出口、出入境、资质审核等方面依法予以限制或禁止。

（二十八）推行信息化动态监管机制。整合安全生产信息平台，建立隐患排查治理、重大危险源监控、安全诚信、标准化建设、安全教育培训、安全监测检验、应急救援、责任追究等信息管理系统，实现动态综合监管，增强监管效能。

七、强化电力安全监管能力建设

（二十九）加强安全监管队伍建设。充实安全监管力量，加强安全监管人员思想建设、作风建设和业务建设，坚决查处腐败问题和失职渎职行为，切实做到严格执法、科学执法、文明执法。

（三十）加强安全监管人员业务培训。加强安全生产法律法规和执法程序培训，办好或参加各类执法资格和专题业务培训班，不断提高安全监管人员水平。原则上，每年组织1次在岗人员轮训，新录用人员凡进必考必训。

国家能源局

2016 年 4 月 25 日

国家能源局关于印发《电力安全监管约谈办法》的通知

国能发安全〔2018〕79 号

全国电力安全生产委员会成员单位：

为加强电力安全监管工作，规范监管行为，防范和遏制重特大电力事故，国家能源局制定了《电力安全监管约谈办法》。现印发给你们，请遵照执行。

国家能源局

2018 年 11 月 28 日

电力安全监管约谈办法

第一条　为加强电力安全监管工作，规范监管行为，防范和遏制重特大电力事故，依据《中共中央　国务院关于推进安全生产领域改革发展的意见》《电力安全生产监督管理办法》《电力建设工程施工安全监督管理办法》，制定本办法。

第二条　本办法所称电力安全监管约谈（以下简称约谈），是指国家能源局及其派出机构约见电力企业，就电力安全生产有关问题进行提醒告诫、督促整改的谈话。

第三条　国家能源局组织的约谈由国家能源局负有电力安全监管职责的部门组织，派出能源监管机构组织的约谈由派出能源监管机构负有电力安全监管职责的处室组织。约谈可视需要邀请单位主要领导、分管领导或相关部门人员及专家参加。

第四条　电力企业发生以下情形之一由国家能源局负责组织约谈。

（一）发生《电力安全事故应急处置和调查处理条例》所规定的电力安全事故；

（二）发生重大及以上生产安全事故；

（三）发生性质严重、社会影响恶劣的较大生产安全事故；

（四）3 个月内发生 2 起以上较大生产安全事故；

（五）3 个月内发生 5 起以上一般及以上生产安全事故；

（六）发生造成重大社会影响的电力安全事件；

（七）谎报、迟报、瞒报、漏报电力安全信息；

（八）未贯彻落实安全生产法律法规和党中央、国务院有关安全生产的决策部署，安全生产责任制落实不到位；

（九）发现重大安全生产隐患或存在重大安全生产风险；

（十）国家能源局认定有必要实施监管约谈的其他情形。

各派出能源监管机构根据辖区内实际情况确定实施约谈的情形，并报国家能源局负有电力安全监管职责的部门备案。

第五条 约谈对象为电力企业安全生产第一责任人、分管安全生产工作的负责人及有关人员。原则上国家能源局约谈电力企业（集团）总部，派出能源监管机构约谈所辖区域电力企业。

第六条 组织约谈前，由负有电力安全监管职责的部门（处室）制定约谈方案，报国家能源局（派出能源监管机构）分管负责人批准约谈方案应包括约谈事由、约谈方组成人员、被约谈方组成单位及人员等内容。

第七条 约谈经批准后，由约谈方书面通知被约谈方，告知被约谈方约谈事由、时间、地点、参加人员、需要提交的材料以及提交时限等。

第八条 被约谈方应按照要求准备书面材料，主要包括安全生产基本情况、存在问题及原因分析、主要教训及整改措施等。被约谈方应按要求时限向约谈方报送参加人员名单和书面材料。

第九条 具体约谈过程按照以下程序实施。

（一）约谈方说明约谈事由，通报被约谈方存在的问题；

（二）被约谈方就约谈事项进行陈述说明，提出下一步拟采取的整改措施，并回答约谈方提出的质询；

（三）约谈方提出整改要求，被约谈方表态；

（四）形成约谈纪要送相关单位并归档。

第十条 被约谈方应当在要求的时限内完成整改并报送整改落实报告。

约谈方应对整改落实报告进行审核，必要时可进行现场核查。对落实整改措施不力，连续发生事故的，约谈方要在行业内给予通报，依法依规从严处理。

第十一条 约谈方可根据政务公开的要求依法依规向社会公开约谈的情况。

第十二条 约谈方人员应当依法行政、廉洁奉公。有下列情形之一的，给予批评教育；情节严重的，给予行政处分。

（一）约谈过程态度蛮横或者故意刁难被约谈方的；

（二）滥用约谈手段谋取私利、违法乱纪的；

（三）私舞弊、玩忽职守的；

（四）其他违反监管人员工作纪律的行为。

国家能源局综合司关于印发《电力安全监管"双随机一公开"执法检查实施细则》的通知

国能综通安全〔2019〕90 号

各派出能源监管机构：

为贯彻落实国务院深化"放管服"改革精神及国务院安委会对各成员单位提出的关于改进安全检查方式、完善"双随机一公开"执法检查办法的要求。我们制定了《电力安全监管"双随机一公开"执法检查实施细则》，现印发给你们，请遵照执行。

附件：1. 电力安全监管"双随机一公开"执法检查实施细则

2. 电力安全监管执法检查事项库（推荐）

国家能源局综合司

2019 年 12 月 26 日

附件 1：

电力安全监管"双随机一公开"执法检查实施细则

第一条 为全面推广随机抽查，规范电力安全监管执法检查行为，根据《中华人民共和国安全生产法》《电力监管条例》《国务院办公厅关于推广随机抽查规范事中事后监管的通知》等有关规定，结合电力安全监督检查工作实际，制定本细则。

第二条 本细则所称"双随机一公开"执法检查，是指国家能源局及其派出机构依据法律法规规章开展执法检查时，采取随机抽取检查对象、随机选派执法检查人员并及时公开抽查事项的随机抽查活动。

国家能源局组织开展的安全生产大检查和专项监管等另有规定的，从其规定。

第三条 随机抽查应当坚持依法监管、公正高效、公开透明、统一管理、协同推进的原则。

第四条　国家能源局依据电力安全监管法律、行政法规和部门规章的规定，结合日常监督管理需要，制定电力安全监管执法检查事项库（推荐）（附件）。

国家能源局根据电力安全形势变化、执法检查工作需要，或者相关法律法规规章的立、改、废情况，适时对执法检查事项库进行动态调整。

第五条　国家能源局及其派出机构在其监管区域内建立和维护检查对象名录库，并根据监管对象的变动情况动态调整。

国家能源局及其派出机构可以根据监管需要，将检查对象名录库分为若干子库进行管理。

第六条　国家能源局及其派出机构应当建立执法检查人员名录库和随机检查专家名录库。名录库应录入执法检查人员的基本信息，入库执法检查人员应当具有执法资格。随机检查专家名录库应录入专家的基本信息。

执法检查人员名录库应当根据人员变动和工作需要，动态调整。

第七条　国家能源局及其派出机构在随机抽查前，应当制定随机抽查方案。随机抽查方案应当包括抽查目的、抽查依据、抽查对象、抽查时间、抽查事项、抽查方法、抽查要求等内容。

第八条　实施随机抽查时，应当在检查对象名录库、执法检查人员名录库中通过规定的随机抽取方式确定检查对象和执法检查人员。抽取过程应当做好记录。

第九条　国家能源局及其派出机构应当根据当地经济社会发展、年度监管工作计划和监管领域实际情况和监管对象信用等级，合理确定随机抽查的比例和频次。对信用等级高的，降低抽查比例，减少抽查频次；对信用等级低的，提高抽查比例，增加抽查频次。国家能源局派出机构确定随机抽查比例和频次后，报国家能源局备案。

对电力事故（事件）频发、投诉举报较多、有严重违法违规记录、列入行业黑名单或者有不良诚信记录等情形的检查对象，或专项监管工作另有规定等情形，可不受随机抽查计划和频次的限制。

第十条　执法检查人员的抽取数量根据检查工作需要确定，每次检查不得少于两人，检查人员应当回避的，另行随机抽取。

第十一条　随机抽查前，应当依据检查目的，从电力安全监管执法检查事项库中抽取检查事项，形成随机抽查事项清单。

第十二条　随机抽取的结果原则上不得更改。如遇特殊情况确需更改的，应当经本单位（部门）负责人批准，并予以记录。

第十三条　随机抽查可以采取现场抽查等方式实施。

第十四条　抽查人员应当依据随机抽查方案履行电力安全监管职责。

对随机抽查中发现的问题，国家能源局及其派出机构可以依法采取相应的处理措施。

第十五条　随机抽查事项库应向社会公开，抽查事项及查处结果要及时向社会公布。

第十六条　国家能源局及其派出机构按照能源行业信用体系建设要求，对随机抽查中产生的通报、奖励、处罚等进行归集，列入被检查对象的信用记录。

第十七条　国家能源局及其派出机构推广运用电子化手段，对随机抽查做到全程留痕，实现履职过程可追溯。逐步建立专家库，在随机抽查过程中发挥好专家的技术支撑作用。

第十八条　国家能源局及其派出机构可以根据工作需要，在与相关部委及地方各级政府电力管理等部门开展的联合检查中采取随机抽查方式。

第十九条　国家能源局加强对派出机构随机抽查工作的指导，规范派出机构的随机抽查活动。

第二十条　本细则自发布之日起施行。

附件 2：

电力安全监管执法检查事项库（推荐）

一、通用部分

序号	检查项目	具体事项	检查方法	检查依据	法律责任
1	主要负责人履职情况	1.1 建立、健全本单位安全生产责任制	1.1.1 查阅是否审批发布安全生产责任制 1.1.2 抽查安全生产责任制是否符合"党政同责、一岗双责、失职追责"的要求，安全生产监督体系和保证体系是否健全	《安全生产法》第十八条 《电力安全生产监督管理办法》第七条和第八条	《安全生产法》第九十一条 《电力安全生产监督管理办法》第三十五条
		1.2 组织制定本单位安全生产规章制度和操作规程	1.2.1 查阅是否审批发布《电力企业安全生产标准化达标评级规范》附录规定的安全生产基本规章制度 1.2.2 抽查部分重点生产系统是否制定配置了操作规程		
		1.3 组织制定并实施本单位安全生产教育和培训计划	1.3.1 查阅是否审批发布年度安全生产教育培训计划 1.3.2 抽查教育培训计划是否实施		
		1.4 保证本单位安全生产投入的有效实施	1.4.1 询问安全管理人员和生产技术人员是否存在因安全投入不足影响安全生产的情况		
		1.5 督促、检查本单位的安全生产工作，及时消除生产安全事故隐患	1.5.1 查阅文件批阅、会议和安全检查记录，了解主要负责人是否对本单位安全生产工作进行部署、协调、督促和检查 1.5.2 抽查隐患管理台账，了解主要负责人对未整改闭环隐患是否知情并进行督促		
		1.6 组织制定并实施本单位的生产安全事故应急救援预案	1.6.1 查阅是否审批发布应急预案 1.6.2 抽查应急预案是否进行培训、演练		
		1.7 及时、如实报告生产安全事故	1.7.1 抽查相关会议记录、文件资料，询问安全管理人员和生产技术人员，了解是否存在不及时、如实报告事故的情况		
2	安全生产管理机构设置和安全生产管理人员配备情况	2.1 按国家规定设置安全生产管理机构或者配备专（兼）职安全管理人员	2.1.1 检查是否按规定设置安全生产管理机构或者配备专职安全管理人员 2.1.2 是否明确机构、人员的职责	《安全生产法》第二十一条和第二十二条	《安全生产法》第九十四条；《电力安全生产监督管理办法》第三十五条
		2.2 安全生产管理人员必须具备与本单位所从事的生产经营活动相应的安全生产知识和管理能力	2.2.1 抽查企业是否有对安全生产管理人员的知识和能力进行培训考核的证明	《安全生产法》第二十四条	

续表

序号	检查项目	具体事项	检查方法	检查依据	法律责任
3	安全生产管理机构及安全生产管理人员履行职责情况	3.1 组织或者参与拟订本单位安全生产规章制度、操作规程和生产安全事故应急救援预案	3.1.1 查阅是否制定《电力企业安全生产标准化达标评级规范》附录规定的安全生产基本规章制度和应急预案 3.1.2 抽查部分重点生产系统是否制定配置了操作规程	《安全生产法》第二十二条	《安全生产法》第九十三条、第九十四条
		3.2 组织或者参与本单位安全生产教育和培训，如实记录安全生产教育和培训情况	3.2.1 查阅是否制定年度安全生产教育培训计划 3.2.2 查阅是否建立安全生产教育培训档案		
		3.3 督促落实本单位重大危险源的安全管理措施	3.3.1 查阅是否有重大危险源的辨识、监控和检查的档案		
		3.4 组织或者参与本单位应急救援演练	3.4.1 查阅是否制定应急演练计划，是否有应急演练的档案记录		
		3.5 检查本单位的安全生产状况，及时排查生产安全事故隐患，提出改进安全生产管理的建议	3.5.1 查阅是否有组织开展安全生产检查的计划和实施情况记录 3.5.2 查阅是否有安全隐患排查治理的记录档案 3.5.3 查阅是否有提出改进安全生产管理的建议		
		3.6 制止和纠正违章指挥、强令冒险作业、违反操作规程的行为	3.6.1 查阅是否有对违规违章行为进行纠正、制止或处罚的记录		
		3.7 督促落实本单位安全生产整改措施	3.7.1 抽查对本单位制定的安全生产整改措施的落实情况是否进行建档跟踪和闭环管理		
4	安全培训情况	4.1 生产经营单位的主要负责人和安全生产管理人员必须具备与本单位所从事的生产经营活动相应的安全生产知识和管理能力	4.1.1 查阅企业是否有对主要负责人和安全管理人员的安全生产知识和管理能力进行培训考核的证明材料	《安全生产法》第二十四条	《安全生产法》第九十四条
		4.2 生产经营单位应当对从业人员进行安全生产教育和培训，保证从业人员具备必要的安全生产知识，熟悉有关的安全生产规章制度和安全操作规程，掌握本岗位的安全操作技能，了解事故应急处理措施，知悉自身在安全生产方面的权利和义务。未经安全生产教育和培训合格的从业人员，不得上岗作业	4.2.1 查阅是否制定安全教育培训制度 4.2.2 查阅是否制定对从业人员的安全培训计划 4.2.3 抽考部分从业人员是接受"三级"安全培训，是否具备基本的安全生产知识和技能	《安全生产法》第二十五条	
		4.3 生产经营单位使用被派遣劳动者的，应当将被派遣劳动者纳入本单位从业人员统一管理，对被派遣劳动者进行岗位安全操作规程和安全操作技能的教育和培训	4.3.1 抽查企业是否将劳务派遣人员纳入安全教育培训范围		
		4.4 生产经营单位接收中等职业学校、高等学校学生实习的，应当对实习学生进行相应的安全生产教育和培训，提供必要的劳动防护用品	4.4.1 抽查企业是否将实习学生纳入安全教育培训范围		

序号	检查项目	具体事项	检查方法	检查依据	法律责任
4	安全培训情况	4.5 生产经营单位应当建立安全生产教育和培训档案，如实记录安全生产教育和培训的时间、内容、参加人员以及考核结果等情况	4.5.1 检查企业是否建立安全生产教育培训档案 4.5.2 抽查教育培训档案是否完整和真实		
		4.6 生产经营单位采用新工艺、新技术、新材料或者使用新设备，必须了解、掌握其安全技术特性，采取有效的安全防护措施，并对从业人员进行专门的安全生产教育和培训	4.6.1 询问企业安全管理人员和生产技术人员是否存在"四新"，抽查企业是否针对"四新"开展专门安全生产教育培训工作	《安全生产法》第二十六条	
		4.7 特种作业人员必须按照国家有关规定经专门的安全作业培训，取得相应资格，方可上岗作业	4.7.1 抽查特种作业人员是否按规定持证上岗	《安全生产法》第二十七条	
		4.8 事故事件教训吸取和警示教育学习情况	4.8.1 事故调查处理是否严格执行"四不放过"要求		
5	安全警示标志设置情况	5.1 生产经营单位应当在有较大危险因素的生产经营场所和有关设施、设备上，设置明显的安全警示标志	5.1.1 检查企业是否开展危险因素的排查，是否制定有较大危险因素的场所、设备和设施的清单 5.1.2 抽查是否在有较大危险因素的场所、设备和设施上设置明显的安全警示标志	《安全生产法》第三十二条	《安全生产法》第九十六条
6	安全设备管理情况	6.1 生产经营单位必须对安全设备进行经常性维护、保养，并定期检测，保证正常运转。维护、保养、检测应当做好记录，并由有关人员签字	6.1.1 检查企业是否有安全设备的管理制度 6.1.2 抽查企业安全设备（工器具）是否按规定维护、保养、检测并记录签字	《安全生产法》第三十三条	《安全生产法》第九十六条
7	双重预防机制建立和运作情况	7.1 生产经营单位应当建立健全生产安全事故隐患排查治理制度，采取技术、管理措施，及时发现并消除事故隐患	7.1.1 查阅企业是否制定发布生产安全事故隐患排查治理制度 7.1.2 抽查企业是否组织开展隐患排查治理工作，对查出的隐患是否做到整改责任人、整改措施、整改资金、整改时限和应急预案的"五落实"	《安全生产法》第三十八条 《电力安全隐患监督管理暂行规定》第十六条、第十七条	《安全生产法》第九十八条、第九十九条 《电力监管条例》第三十四条
		7.2 事故隐患排查治理情况应当如实记录，并向从业人员通报	7.2.1 检查企业是否对事故隐患实施评估、分级和建档管理，对隐患治理情况是否进行闭环管理 7.2.2 抽查企业是否将隐患排查治理情况向从业人员通报		
		7.3 每月 10 日前向电力监管机构报送上月隐患排查治理情况，每季度第一个月 10 日前报送季度隐患排查治理分析总结。经过自评估确定为重大隐患的，应当立即向所在地电力监管机构报告	7.3.1 检查企业是否按规定报送隐患排查治理信息报送		
		7.4 企业应建立安全风险分级管控的制度，落实管控措施、及时报告重大风险			

序号	检查项目	具体事项	检查方法	检查依据	法律责任
8	安全事故事件的应急救援与调查处理	8.1 应当制定本单位生产安全事故应急救援预案，与所在地县级以上地方人民政府组织制定的生产安全事故应急救援预案相衔接，并定期组织演练	8.1.1 查阅是否制定《电力企业安全生产标准化达标评级规范》附录规定的应急预案 8.1.2 应急预案是否按规定进行评审和备案 8.1.3 抽查是否按规定定期组织开展应急演练	《安全生产法》第七十八条	《安全生产法》第九十四条 《电力安全生产监督管理办法》第三十五条
		8.2 生产经营单位发生生产安全事故后，事故现场有关人员应当立即报告本单位负责人 单位负责人接到事故报告后，应当迅速采取有效措施，组织抢救，防止事故扩大，减少人员伤亡和财产损失，并按照国家有关规定立即如实报告当地负有安全生产监督管理职责的部门，不得隐瞒不报、谎报或者迟报，不得故意破坏事故现场、毁灭有关证据	8.2.1 检查企业是否制定电力安全事故事件报告制度 8.2.2 抽查企业相关会议记录或文件资料，询问企业从业人员，了解是否存在隐瞒不报、谎报或者迟报事故的情况	《安全生产法》第八十条 《生产安全事故报告和调查处理条例》第九条 《电力安全事故应急处置和调查处理条例》第八条	《安全生产法》第一百零六条 《生产安全事故报告和调查处理条例》第三十五条、第三十六条 《电力安全事故应急处置和调查处理条例》第二十七条、第二十八条
		8.3 制定本企业电力安全事件相关管理规定，明确电力安全事件分级分类标准、信息报送制度、调查处理程序和责任追究制度等内容 电力企业制定的电力安全事件相关管理规定应当报国家能源局及其派出机构。相关管理规定修订后，应重新报送	8.3.1 检查企业是否制定电力安全事件管理制度，制度是否涵盖了规定的内容 8.3.2 检查企业是否按规定将电力安全事件管理制度报国家能源局及其派出机构	《电力安全事件监督管理规定》第四条、第五条	《安全生产法》第九十一条 《电力监管条例》第三十四条 《电力安全生产监督管理办法》第三十五条
		8.4 发生《电力安全事件监督管理规定》第六条所列的电力安全事件，对于造成较大社会影响的，发生事件的单位的负责人应当在接到报告后 1 个小时内向国家能源局派出机构报告	8.4.1 抽查企业相关会议记录或文件资料，询问企业从业人员，了解是否存在隐瞒不报、谎报或者迟报电力安全事件的情况	《电力安全事件监督管理规定》第七条	《电力安全生产监督管理办法》第三十四条
		8.5 电力企业对发生的《电力安全事件监督管理规定》第六条所列的电力安全事件，应当依据国家有关事故调查程序，组织调查组进行调查。调查结果以书面形式报国家能源局及其派出机构	8.5.1 如了解到企业发生过电力安全事件，检查企业是否按规定程序组织调查组进行调查。调查结果是否报国家能源局及其派出机构	《电力安全事件监督管理规定》第八条、第九条	《电力安全生产监督管理办法》第三十四条

续表

序号	检查项目	具体事项	检查方法	检查依据	法律责任
9	安全生产标准化建设情况	9.1 每年组织开展安全生产标准化自查自评工作，对照标准化规范及达标评级标准形成评价报告，按照"边查边改"的原则提出改进意见	9.1.1 检查企业是否有本年度（或上年度）安全生产标准化自查评报告，报告是否经企业主要负责人批准确认 9.1.2 检查企业是否对自查评报告指出的问题实行闭环管理，抽查部分项目是否切实完成整改 9.1.3 抽查部分标准化评价项目，了解企业自查评工作是否存在弄虚作假行为 9.1.4 对未能提供本年度自查评报告的，检查是否制定本年度标准化创建计划	《安全生产法》第四条 《电力安全生产监督管理办法》第八条 《国家能源局 国家安全监管总局关于推进电力安全生产标准化建设工作有关事项的通知》第一条、第二条、第三条	《电力安全生产监管办法》第三十五条 《国家能源局 国家安全监管总局关于推进电力安全生产标准化建设工作有关事项的通知》第二条、第四条
		9.2 电力企业（小型发电企业除外）每年12月25日前，将经本单位主要负责人批准或经上级单位审批通过的当年自查评报告抄送企业所在行政区域的安全监督管理部门和管辖派出能源监管机构，作为开展标准化工作的依据	9.2.1 企业所在行政区域的安全监督管理部门和管辖派出机构有要求的，检查电力企业是否按规定报送自查评报告	《国家能源局 国家安全监管总局关于推进电力安全生产标准化建设工作有关事项的通知》第三条	《电力监管条例》第三十四条

二、电网部分

序号	检查项目	具体事项	检查方法	检查依据	法律责任
1	电网安全风险管控开展情况	1.1 组织开展电网安全风险管控工作	1.1.1 查阅是否制定电网安全风险管控相关制度，明确本级电网风险分级标准 1.1.2 查阅是否定期梳理电网安全风险，对梳理出来的风险是否判明故障场景、明确风险可能导致的后果 1.1.3 抽查是否对排查出来的电网安全风险制定风险控制方案，落实各项风险控制措施；是否对影响重要电力用户用电安全的电网风险对用户进行风险告知	《电力安全事故应急处置和调查处理条例》第十三条 《国家大面积停电事件应急预案》2.4 《电力安全生产监督管理办法》第八条 《电网安全风险管控办法（试行）》第三条、第四条、第八条、第十一条、第十二条、第十三条、第十四条、第二十五条、第二十七条	《安全生产法》第九十一条 《电力安全事故应急处置和调查处理条例》第二十九条、第三十条 《电力安全生产监督管理办法》第三十五条

续表

序号	检查项目	具体事项	检查方法	检查依据	法律责任
1	电网安全风险管控开展情况	1.2 及时报告风险管控工作情况	1.2.1 查阅是否将排查出来的二级以上电网风险按要求上报国家能源局派出机构 1.2.2 查阅是否按规定于当年 9 月 30 日前将本企业年度风险管控报告报国家能源局派出机构 1.2.3 查阅是否将二级以上的电网安全风险的控制方案和实施效果评估报告报国家能源局派出机构	《电力安全事故应急处置和调查处理条例》第十三条 《国家大面积停电事件应急预案》2.4 《电力安全生产监督管理办法》第八条 《电网安全风险管控办法（试行）》第三条、第四条、第八条、第十一条、第十二条、第十三条、第十四条、第二十五条、第二十七条	《安全生产法》第九十一条 《电力安全事故应急处置和调查处理条例》第二十九条、第三十条 《电力安全生产监督管理办法》第三十五条
		1.3 建立大面积停电事件应急指挥机构，编制大面积停电事件应急预案并开展演练	1.3.1 查阅是否建立大面积停电事件应急指挥机构 1.3.2 查阅是否审批发布大面积停电事件应急预案 1.3.3 查阅是否组织大面积停电事件的应急演练		
2	电力监控系统安全防护工作开展情况	2.1 建立电力监控系统安全防护管理制度	2.1.1 检查是否建立电力监控系统安全防护管理制度、编制相关应急预案	《电力监控系统安全防护规定》第十四条、第十五条、第十六条、第十七条	《电力安全生产监督管理办法》第三十五条
		2.2 组织开展电力监控系统安全防护实施方案编制、审核、验收工作	2.2.1 检查是否编制电力监控系统安全防护实施方案 2.2.2 检查实施方案是否按照要求进行审核及验收		
		2.3 组织开展电力监控系统安全防护评估	2.3.1 检查是否建立安全防护评估制度 2.3.2 检查是否开展电力监控系统安全防护评估工作 2.3.3 检查安全防护评估报告查出的问题是否全面完成整改		
3	可靠性管理工作开展情况	3.1 制定可靠性管理工作规范，落实可靠性管理岗位责任	3.1.1 检查是否制定本企业可靠性管理工作规范 3.1.2 检查是否明确可靠性管理人员及岗位职责	《电力可靠性监督管理办法》第五条	《电力安全生产监督管理办法》第三十五条
		3.2 建立可靠性信息管理系统，采集、分析可靠性信息	3.2.1 检查是否建立可靠性信息管理系统 3.2.2 检查是否采集、分析可靠性信息		
		3.3 及时报告可靠性信息和报告	3.3.1 检查是否于每季度的第 15 日前报送上一季度输变电设施、直流输电系统以及供电系统可靠性信息 3.3.2 检查是否于每年 1 月 20 日前报送上一年度电力可靠性管理工作报告和电力可靠性技术分析报告 3.3.3 重大非计划停运、停电事件发生后，检查是否在一个月内报送事件分析报告		

序号	检查项目	具体事项	检查方法	检查依据	法律责任
4	生产作业风险管控情况	4.1 严格执行电力安全生产工作规程	4.1.1 检查是否建立"两票、三制"制度 4.1.2 抽查"两票、三制"制度的执行情况 4.1.3 检查是否开展电力安全生产工作规程教育培训	《电力安全生产监督管理办法》第八条	《电力安全生产监督管理办法》第三十五条
		4.2 贯彻执行国家能源局《防止电力生产事故的二十五项重点要求》	4.2.1 检查是否针对《防止电力生产事故的二十五项重点要求》制定检查实施计划；对照各项重点要求逐项梳理，明确责任部门和责任人员 4.2.2 检查是否组织开展过《防止电力生产事故的二十五项重点要求》的教育培训		
5	电力系统运行安全管理情况	5.1 严格执行联(并)网调度协议	5.1.1 检查并网双方或者互联双方是否签订并网调度协议 5.1.2 检查是否存在擅自联(并)网和解网	《电力安全生产监督管理办法》第十二条、第十六条；《电网运行规则》第二十条	《电力安全生产监督管理办法》第三十五条
		5.2 严格执行并网基本条件	5.2.1 检查是否对并网发电机组、风电场以及光伏电站并网基本条件进行把关		

三、发电部分

序号	检查项目	具体事项	检查方法	检查依据	法律责任
1	电力监控系统安全防护工作开展情况	1.1 建立电力监控系统安全防护管理制度	1.1.1 检查是否建立电力监控系统安全防护管理制度、编制相关应急预案	《电力监控系统安全防护规定》第十四条、第十五条、第十六条、第十七条	《电力安全生产监督管理办法》第三十五条
		1.2 组织开展电力监控系统安全防护实施方案编制、审核、验收工作	1.2.1 检查是否编制电力监控系统安全防护实施方案 1.2.2 检查实施方案是否按照要求进行审核及验收		
		1.3 组织开展电力监控系统安全防护评估	1.3.1 检查是否建立安全防护评估制度 1.3.2 检查是否开展电力监控系统安全防护评估工作 1.3.3 检查安全防护评估报告查出的问题是否全面完成整改		
2	可靠性管理工作开展情况	2.1 制定可靠性管理工作规范，落实可靠性管理岗位责任	2.1.1 检查是否制定本企业可靠性管理工作规范 2.1.2 检查是否明确可靠性管理人员及岗位职责	《电力可靠性监督管理办法》第五条	《电力安全生产监督管理办法》第三十五条
		2.2 建立可靠性信息管理系统，采集、分析可靠性信息	2.2.1 检查是否建立可靠性信息管理系统 2.2.2 检查是否采集、分析可靠性信息		
		2.3 及时报告可靠性信息和报告	2.3.1 检查是否于每月 10 日前报送上一月发电主机可靠性信息 2.3.2 检查是否于每季度的第 15 日前报送上一季度发电辅助设备可靠性信息 2.3.3 检查是否于每年 1 月 20 日前报送上一年度电力可靠性管理工作报告和电力可靠性技术分析报告 2.3.4 重大非计划停运、停电事件发生后，检查是否在一个月内报送事件分析报告		

续表

序号	检查项目	具体事项	检查方法	检查依据	法律责任
3	生产作业风险管控情况	3.1 严格执行电力安全生产工作规程	3.1.1 检查是否建立"两票、三制"制度 3.1.2 抽查"两票、三制"制度的执行情况 3.1.3 检查是否开展电力安全生产工作规程教育培训	《电力安全生产监督管理办法》第八条	《电力安全生产监督管理办法》第三十五条
		3.2 贯彻执行国家能源局《防止电力生产事故的二十五项重点要求》	3.2.1 检查是否针对《防止电力生产事故的二十五项重点要求》制定检查实施计划；对照各项重点要求逐项梳理，明确的责任部门和责任人员 3.2.2 检查是否组织开展过《防止电力生产事故的二十五项重点要求》的教育培训		
4	电力系统运行安全管理情况	4.1 严格执行并网基本条件	4.1.1 检查并网发电机组安全生产基本条件合规情况	《电力安全生产监督管理办法》第十二条、第十六条；《电网运行规则》第二十条	《电力安全生产监督管理办法》第三十五条
		4.2 严格执行联（并）网调度协议	4.2.1 检查严格执行调度纪律情况 4.2.2 询问调度机构是否存在擅自联（并）网和解网		
5	贮灰场安全管理	5.1 履行贮灰场安全生产主体责任	5.1.1 检查是否明确贮灰场安全管理机构，配备应专业技能技术的人员 5.1.2 检查运行管理单位是否建立贮灰场安全运行管理制度，抽查是否有开展日常巡视、检查维护的工作记录 5.1.3 对委托他方承担贮灰场运行管理具体工作的，检查是否签订安全管理协议、明确双方安全管理责任，抽查是否有对被委托方进行管理指导的工作记录	《安全生产法》第十九条、第四十六条《燃煤发电厂贮灰场安全监督管理规定》第三条	《安全生产法》第九十一条、第九十三条、第一百条
		5.2 向所在地国家能源局派出机构进行安全备案	5.2.1 在贮灰场建成投运后一个月内应向所在地国家能源局派出机构进行安全备案	《燃煤发电厂贮灰场安全监督管理规定》第七条	无
		5.3 运行管理单位应定期进行坝体位移、坝体沉降、坝体浸润线埋深及其出溢点变化情况等安全监测	5.3.1 检查是否有安全监测的记录 5.3.2 抽查部分项目是否按规定的时限定期开展监测 5.3.3 如发现监测数据异常或发现坝体有裂缝或滑坡征兆等严重异常情况时，检查是否立即采取措施予以处理并及时报告	《燃煤发电厂贮灰场安全监督管理规定》第十一条	《安全生产法》第九十六条
		5.4 加强贮灰场防汛安全管理	5.4.1 检查是否组织开展汛前贮灰场安全检查 5.4.2 检查是否组织开展汛后贮灰场安全检查	《燃煤发电厂贮灰场安全监督管理规定》第十四条	《安全生产法》第九十一条、第九十三条
		5.5 对运行及闭库后的贮灰场定期组织开展安全评估	5.5.1 检查是否组织对运行及闭库后的贮灰场定期开展安全评估并有明确的评估定级结论 5.5.2 检查是否将安全评估报告报所在地国家能源局派出机构 5.5.3 检查是否存在安全等级评定为病态灰场和险情灰场的贮灰场，抽查是否采取除险加固等整治措施	《电力安全生产监督管理办法》第九条《燃煤发电厂贮灰场安全监督管理规定》第十九条、第二十条、第二十一条	《电力安全生产监督管理办法》第三十二条、第三十三条

序号	检查项目	具体事项	检查方法	检查依据	法律责任
5	贮灰场安全管理	5.6 加强贮灰场应急管理	5.6.1 检查是否制定灰坝垮坝、洪水漫顶、水位超警戒线、坝坡滑动、防排洪系统失效等运行安全事故以及可能影响贮灰场安全运行的台风、洪水、地震、地质灾害等应急预案 5.6.2 抽查是否定期开展应急培训和演练 5.6.3 抽查文件资料或询问相关人员，了解是否发生贮灰场异常或事故情况，是否规定启动应急处置并及时报上级主管单位、地方政府有关部门和所在地国家能源局派出机构	《燃煤发电厂贮灰场安全监督管理规定》第二十二条、第二十三条	《安全生产法》第九十四条 《电力安全生产监督管理办法》第三十二条、第三十三条
6	危险化学品安全治理	6.1 摸排电力行业危险化学品安全风险	6.1.1 检查是否对照《涉及危险化学品安全风险的行业品种目录》对本单位的危险化学品（删除生产、经营）储存和使用装置、设施或者场所进行辨识，建立危险化学品分布档案，并报送有关地方人民政府安全生产监督管理部门、能源主管部门和所在地国家能源局派出机构	《电力安全生产监督管理办法》第八条 《国家能源局关于印发电力行业危险化学品安全综合治理实施方案的通知》第1条	《电力安全生产监督管理办法》第三十二条、第三十三条
		6.2 排查重大危险源	6.2.1 检查是否组织对照《危险化学品重大危险源辨识》开展重大危险源排查并建立数据库 6.2.2 如存在重大危险源，检查是否将本单位重大危险源及有关安全措施、应急措施报有关地方人民政府安全生产监督管理部门备案 6.2.3 抽查是否对开展重大危险源定期检测、评估、监控工作	《安全生产法》第三十七条 《国家能源局关于印发电力行业危险化学品安全综合治理实施方案的通知》第2条	《安全生产法》第九十八条
		6.3 防范危险化学品事故	6.3.1 查阅是否制定危险化学品安全管理制度 6.3.2 抽查是否开展危险化学品"一书一签"（安全技术说明书、安全标签）的培训 6.3.3 如存在重大危险源，查阅是否制定重大危险源专项应急预案，是否告知从业人员和相关人员在紧急情况下应当采取的应急措施	《安全生产法》第三十六条、第三十七条 《国家能源局关于印发电力行业危险化学品安全综合治理实施方案的通知》第5条	
		6.4 专项安全技术措施落实情况	6.4.1 检查燃气电厂是否对照《燃气电站天然气系统安全管理规定》开展专项隐患排查 6.4.2 检查涉氨电厂是否对照《燃煤发电厂液氨罐区安全管理规定》开展专项隐患排查	《电力安全生产监督管理办法》第八条 《燃气电站天然气系统安全管理规定》 《燃煤发电厂液氨罐区安全管理规定》	《电力安全生产监督管理办法》第三十二条、第三十三条

续表

序号	检查项目	具体事项	检查方法	检查依据	法律责任
7	水电大坝运行安全管理	7.1 大坝安全设施三同时落实情况	7.1.1 检查大坝安全检测系统、泄洪消能和防护设施、应急电源等安全设施与大坝主体工程是否同时设计、同时施工、同时投入运行	《水电站大坝运行安全监督管理规定》第六条	《水电站大坝运行安全监督管理规定》第三十四条
		7.2 大坝安全鉴定情况	7.2.1 检查是否有竣工安全鉴定报告及蓄水安全鉴定报告 7.2.2 检查是否将竣工安全鉴定报告及蓄水验收鉴定书报大坝中心	《水电站大坝运行安全监督管理规定》第六条、第二十九条	《水电站大坝运行安全监督管理规定》第三十四条
		7.3 大坝定期检查情况	7.3.1 查阅大坝定期检查是否按照大坝中心定检计划开展 7.3.2 检查是否根据定检发现问题和处理意见，制定整改计划，并将改造计划及结果报大坝中心和所在地国家能源局派出机构 7.3.3 抽查对大坝中心出具的定检审查意见中问题是否落实整改闭环	《水电站大坝运行安全监督管理规定》第十九条	《水电站大坝运行安全监督管理规定》第三十四条
		7.4 大坝批准功能调整改变、工程改造扩建及工程等别降低、大坝退役情况	7.4.1 询问是否存在改变调整大坝批准功能情况。若存在，检查是否经有关项目核准（或审批）部门批准 7.4.2 询问是否进行工程改造或扩建情况。若存在，检查是否经有关项目核准（或审批）部门批准 7.4.3 询问是否存在大坝枢纽范围内新建、改建或扩建建筑物情况。若有，建设是否进行大坝安全影响专项论证且经过大坝安全技术监督单位评审 7.4.4 询问是否存在大坝工程降低等别或退役（包括大坝报废、拆除或拆除重建）情况。若有，检查是否经论证并经有关项目核准（或审批）部门批准	《水电站大坝运行安全监督管理规定》第十三条、第十四条、第十五条	《水电站大坝运行安全监督管理规定》第三十四条
		7.5 大坝病坝治理和险坝除险加固	7.5.1 检查隐患治理档案，了解是否存在重大工程缺陷和隐患。如有，抽查缺陷和隐患处理是否经过专项设计、专项审查、专项施工和专项验收 7.5.2 如存在险坝，抽查是否采取立即降低水库运行水位，直至放空水库的风险控制措施 7.5.3 如存在病坝情况恶化或发生重大险情，检查是否采取降低水库水位运行直至放空水库等风险控制措施	《水电站大坝运行安全监督管理规定》第八条、第二十二条、第二十三条	《水电站大坝运行安全监督管理规定》第三十五条
		7.6 大坝注册登记	7.6.1 检查是否按规定及时开展水电站大坝注册登记、备案和定期检查工作 7.6.2 对不满足注册条件或未取得注册登记证的大坝，检查是否在大坝中心登记备案 7.6.3 对注册登记证有效期临近期满的，水电站是否申请大坝安全换证注册 7.6.4 对大坝工程等别降低的，检查是否进行大坝安全注册变更 7.6.5 对大坝退役的，是否办理注册注销手续	《水电站大坝运行安全监督管理规定》第二十四条、第二十七条、第二十八条	《水电站大坝运行安全监督管理规定》第三十六条

序号	检查项目	具体事项	检查方法	检查依据	法律责任
7	水电大坝运行安全管理	7.7 大坝应急管理情况	7.7.1 检查电力企业是否建立大坝安全应急管理体系，制定大坝安全应急预案，与地方政府、相关单位是否建立了应急联动机制 7.7.2 检查企业遇到险情是否按规定启动大坝应急管理机制，并报告大坝中心和所在地国家能源局派出机构	《水电站大坝运行安全监督管理规定》第十二条	《水电站大坝运行安全监督管理规定》第三十六条、第三十七条
		7.8 大坝运行管理情况	7.8.1 检查是否建立安全检查、运行维护、除险加固和缺陷隐患整改的记录档案 7.8.2 检查是否建立安全监测和信息报送制度，是否建立信息化平台并按时向大坝中心报送安全信息 7.8.3 对坝高一百米以上，库容一亿立方米以上的大坝和病险坝，检查是否建立在线监控系统 7.8.4 检查是否有详细检查制度，检查是否开展大坝安全年度详查并将详查报告报送大坝中心，抽查是否有在汛期及汛前、汛后，枯水期、冰冻期，遭遇重大洪水、发生有感地震或极端气象等特殊情况开展详细检查的记录	《水电站大坝运行安全监督管理规定》第七条、第八条、第九条、第十条、第十七条	《水电站大坝运行安全监督管理规定》第三十八条

四、电力建设部分

序号	检查项目	具体事项	检查方法	检查依据	法律责任
1	建设单位安全责任落实情况	1.1 落实建设单位对工程施安全的全面管理责任	1.1.1 检查是否发布建立安全生产组织和管理机制的文件，是否明确对电力建设工程安全生产组织、协调、监督职责 1.1.2 检查是否发布建立安全生产监督检查和隐患排查治理机制的文件 1.1.3 检查是否发布应急综合预案，建立应急响应和事故处置机制、应急管理体系 1.1.4 检查是否组织各参建单位制定各类安全事故应急预案，定期组织演练 1.1.5 查阅会议或活动记录，检查是否及时协调解决安全生产重大问题	《电力建设工程施工安全监督管理办法》第四条、第六条 《电力安全生产监督管理办法》第十条	《电力安全生产监督管理办法》第三十二条、第四十四条
		1.2 按国家有关规定实施招投标管理	1.2.1 抽查主要中标承包单位是否具有相应的资质等级，施工单位是否具备安全生产许可证 1.2.2 抽查工程合同中是否有禁止中标单位将主体和关键性工作分包给他人的条款约定和监督措施 1.2.3 查阅工程招标文件中是否对投标单位的资质、安全生产条件、安全生产费用使用、安全生产保障措施等提出明确要求 1.2.4 查阅是否有对承包单位的资质及主要负责人、项目负责人、专职安全生产管理人员的资格进行审查的记录 1.2.5 抽查是否与勘察设计、施工、监理单位签订安全生产协议	《电力建设工程施工安全监督管理办法》第七条	《电力建设工程施工安全监督管理办法》第四十三条、第四十四条、第四十五条

续表

序号	检查项目	具体事项	检查方法	检查依据	法律责任
1	建设单位安全责任落实情况	1.3 工程概算应当单独计列安全生产费用，不得在电力建设工程投标中列入竞争性报价。根据电力建设工程进展情况，及时、足额向参建单位支付安全生产费用	1.3.1 查阅工程概算中是否单独计列安全生产费用 1.3.2 询问中标单位是否存在将安全生产费用列入竞争性报价的情况 1.3.3 询问参建单位是否存在建设单位不及时、足额支付安全生产费用的情况	《电力建设工程施工安全监督管理办法》第八条	《电力建设工程施工安全监督管理办法》第四十三条、第四十四条
		1.4 向参建单位提供满足安全生产的要求的施工现场及毗邻区域内各种地下管线、气象、水文、地质等相关资料，提供相邻建筑物和构筑物、地下工程等有关资料	1.4.1 询问参建单位是否存在建设单位不提供相关资料的情况	《电力建设工程施工安全监督管理办法》第九条	《电力安全生产监督管理办法》第三十二条 《电力建设工程施工安全监督管理办法》第四十四条
		1.5 组织参建单位落实防灾减灾责任，建立健全自然灾害预测预警和应急响应机制，对重点区域、重要部位地质灾害情况进行评估检查	1.5.1 检查是否发布组织参建单位建立自然灾害预测预警和应急响应机制的文件 1.5.2 检查是否有组织参建单位对重点区域、重要部位地质灾害情况进行评估、检查的文件资料 1.5.3 检查是否有组织施工单位对易发生地质灾害的场所开展地质灾害隐患排查的文件资料 1.5.4 抽查是否对排查出地质灾害隐患制定和落实防范措施	《电力建设工程施工安全监督管理办法》第十条	《电力安全生产监督管理办法》第三十二条、《电力建设工程施工安全监督管理办法》第四十四条
		1.6 执行定额工期情况	1.6.1 询问参建是否存在建设单位压缩合同工期的情况 1.6.2 如存在工期调整情况，查阅是否进行安全论证和评估，是否提出相应的施工组织措施和安全保障措施	《电力建设工程施工安全监督管理办法》第十一条	《电力建设工程施工安全监督管理办法》第四十四条、第四十五条
		1.7 分包管理情况	1.7.1 检查建设单位是否建立对工程分包进行管控的制度，是否有禁止施工单位转包或违法分包工程的管控措施 1.7.2 检查是否将分包单位纳入工程安全管理体系	《电力建设工程施工安全监督管理办法》第十二条	《电力安全生产监督管理办法》第三十二条、《电力建设工程施工安全监督管理办法》第四十四条
		1.8 在电力建设工程开工报告批准之日起15日内，将保证安全施工的措施向建设工程所在地国家能源局派出机构备案	1.8.1 查阅项目开工报告是否按照程序审批，开工报告批准时间与实际开工时间是否相符 1.8.2 查阅项目是否按规定向我局备案； 1.8.3 抽查备案内容与实际情况是否相符	《电力监管条例》第二十一条 《电力建设工程施工安全监督管理办法》第十三条	《电力监管条例》第三十四条、《电力安全生产监督管理办法》第三十二条、《电力建设工程施工安全监督管理办法》第四十四条

序号	检查项目	具体事项	检查方法	检查依据	法律责任
2	勘察设计单位安全责任落实情况	2.1 按照法律法规和工程建设强制性标准进行电力建设工程的勘察设计	2.1.1 查阅是否在编制设计计划书时识别设计适用的工程建设强制性标准并编制条文清单 2.1.2 查阅是否有对工程所在区域进行自然灾害或建设活动可能引发的地质灾害风险的分析识别 2.1.3 如识别有自然灾害或地质灾害风险，抽查是否制定相应专项安全技术措施并向建设单位提出灾害防治方案建议 2.1.4 是否有对基础开挖、洞室开挖、水下作业等重大危险作业的地质条件变化进行监控的管理措施和技术措施 2.1.5 抽查是否在设计文件中注明涉及施工安全的重点部位和环节，提出防范安全生产事故的指导意见 2.1.6 抽查是否在工程开工前向参建单位进行技术和安全交底，说明设计意图 2.1.7 检查是否在初步设计中对涉及安全重大问题的施工方案和安全防护措施 2.1.8 询问其他参建单位施工过程中是否存在对不能满足安全生产的要求不及时变更设计的情况	《电力建设工程施工安全监督管理办法》第十四条、第十六条、第十七条、第十九条	《电力建设工程施工安全监督管理办法》第四十四条、第四十六条
		2.2 对采用新技术、新工艺、新流程、新设备、新材料的电力建设工程和特殊结构的电力建设工程，在设计中提出保障施工作业人员安全和预防生产安全事故的措施建议的	2.2.1 查阅是否对建设工程中应用"四新一特"情况进行识别 2.2.2 如存在"五新一特"情况，抽查是否在设计文件中提出保障施工作业人员安全和预防生产安全事故的措施建议 2.2.3 如存在不符合现行相关安全技术规范或标准规定的"五新一特"，抽查是否提请建设单位组织专题技术论证并报送项目核准机关同意	《电力建设工程施工安全监督管理办法》第十八条	《电力建设工程施工安全监督管理办法》第四十四条、第四十六条
3	施工单位安全责任落实情况	3.1 资质合规情况	3.1.1 查阅是否取得安全生产许可证 3.1.2 查阅是否具备相应资质等级	《电力建设工程施工安全监督管理办法》第二十条	《电力建设工程施工安全监督管理办法》第四十四条、第五十条 《建设工程质量管理条例》第六十条
		3.2 按照国家法律法规和标准规范组织施工，对其施工现场的安全生产负责	3.2.1 检查是否设立安全生产管理机构，是否按规定配备专（兼）职安全生产管理人员 3.2.2 检查是否有安全管理制度和操作规程的目录清单	《电力建设工程施工安全监督管理办法》第二十一条	《电力建设工程施工安全监督管理办法》第四十七条、第五十条
		3.3 按照国家有关规定计列和使用安全生产费用。应当编制安全生产费用使用计划，专款专用	3.3.1 查阅是否编制安全生产费用使用计划 3.3.2 抽查安全生产费用使用情况，了解是否存在挪用安全生产费用的情况	《电力建设工程施工安全监督管理办法》第二十二条	《电力建设工程施工安全监督管理办法》第四十八条、第五十条

续表

序号	检查项目	具体事项	检查方法	检查依据	法律责任
3	施工单位安全责任落实情况	3.4 履行施工总承包安全生产责任	3.4.1 抽查施工分包合同，了解是否有对主体工程进行除劳务分包以外的其他分包行为 3.4.2 抽查专业分包单位是否具备相应资质和安全生产许可证 3.4.3 抽查劳务分包单位是否具备劳务资质 3.4.4 抽查对劳务分包队伍的现场作业是否履行同进同出带班管理和现场安全监督 3.4.5 查阅是否有劳务派遣人员、临时用工人员的名单	《电力建设工程施工安全监督管理办法》第二十三条、第二十四条	《电力建设工程施工安全监督管理办法》第五十条
		3.5 施工方案和安全技术措施保障情况	3.5.1 查阅是否开展分部分项工程危险辨识并按规定编制专项施工方案 3.5.2 查阅施工组织设计、施工方案、安全技术措施是否在开工前履行报建设单位、监理单位审批手续 3.5.3 抽查分部分项工程是否在施工前进行安全技术交底，交底双方是否签字确认 3.5.4 查阅是否在工程调试、试运行前编制调试大纲、试验方案，是否制定相应的安全技术措施	《电力建设工程施工安全监督管理办法》第二十五条、第三十一条	《电力建设工程施工安全监督管理办法》第五十条
		3.6 定期组织施工现场安全检查和隐患排查治理，严格落实施工现场安全措施，杜绝违章指挥、违章作业、违反劳动纪律行为发生	3.6.1 查阅是否有定期组织开展施工现场安全检查和隐患排查治理的记录 3.6.2 抽查是否按"五落实"的要求落实隐患的整改闭环 3.6.3 检查是否组织开展国家明令淘汰、禁止使用的危及电力施工安全的工艺、设备、材料的检查，抽查是否使用上述设备 3.6.4 抽查施工现场是否配备专（兼）职安全生产管理人员现场监督，抽查现场是否存在"三违"情况	《电力建设工程施工安全监督管理办法》第二十六条	《电力建设工程施工安全监督管理办法》第四十七条、第五十条
		3.7 专项防护措施和安全警示标志落实情况	3.7.1 检查是否对电力建设工程施工可能造成损害和影响的毗邻建筑物、构筑物、地下管线、架空线缆、设施及周边环境进行识别，抽查是否采取专项防护措施 3.7.2 抽查是否对施工现场出入口、通道口、孔洞口、邻近带电区、易燃易爆及危险化学品存放处等危险区域和部位采取防护措施并设置明显的安全警示标志	《电力建设工程施工安全监督管理办法》第二十七条	《电力建设工程施工安全监督管理办法》第四十七条、第五十条
		3.8 消防安全管理情况	3.8.1 检查是否制定用火、用电、易燃易爆材料使用等消防安全管理制度，确定消防安全责任人 3.8.2 抽查是否按规定设置消防通道、消防水源，配备消防设施和灭火器材	《电力建设工程施工安全监督管理办法》第二十八条	《电力建设工程施工安全监督管理办法》第四十七条、第五十条

序号	检查项目	具体事项	检查方法	检查依据	法律责任
3	施工单位安全责任落实情况	3.9 按照国家有关规定采购、租赁、验收、检测、发放、使用、维护和管理施工机械、特种设备	3.9.1 检查是否建立施工设备安全管理制度、安全操作规程及相应的管理台账和维保记录档案 3.9.2 抽查是否将特种设备登记标志、检测合格标志置于相应的显著位置 3.9.3 抽查安装、改造、修理特种设备的单位是否具有国家规定的资质	《电力建设工程施工安全监督管理办法》第二十九条	《电力建设工程施工安全监督管理办法》第四十七条、第五十条
		3.10 按照相关规定组织开展安全生产教育培训工作	3.10.1 抽查施工项目主要负责人、项目负责人、专职安全生产管理人员是否经培训合格 3.10.2 抽查进网作业人员是否持有进网作业上岗资格证 3.10.3 抽查新入场人员是否经过三级安全教育	《电力建设工程施工安全监督管理办法》第三十条	《电力建设工程施工安全监督管理办法》第四十七条、第五十条
		3.11 应急管理工作情况	3.11.1 检查是否根据电力建设工程施工特点、范围，制定应急救援预案、现场处置方案 3.11.2 抽查是否对施工现场易发生事故的部位、环节进行监控	《电力建设工程施工安全监督管理办法》第三十二条	《电力建设工程施工安全监督管理办法》第五十条
4	监理单位安全责任落实情况	4.1 建立健全安全监理工作制度，编制含有安全监理内容的监理规划和监理实施细则，明确监理人员安全职责以及相关工作安全监理措施和目标	4.1.1 查阅是否建立安全监理工作制度 4.1.2 查阅是否编制含有安全监理内容的监理规划和监理实施细则 4.1.3 查阅是否明确监理人员安全职责，明确监理人员以及相关工作安全监理措施和目标	《电力建设工程施工安全监督管理办法》第三十四条	《电力建设工程施工安全监督管理办法》第四十九条
		4.2 组织或参加各类安全检查活动，掌握现场安全生产动态，建立安全管理台账，履行审查、监督职责	4.2.1 查阅是否建立安全管理台账，开展安全检查 4.2.2 查阅是否制定强制性条文的监理实施计划 4.2.3 抽查是否及时审查施工组织设计中的安全技术措施和专项施工方案 4.2.4 查阅是否对分包单位的资质文件、分包合同、人员资质、安全协议进行审查签证 4.2.5 查阅是否对安全管理人员、特种作业人员、特种设备操作人员资格证明文件进行审查签证 4.2.6 查阅是否对主要施工机械、工器具、安全用具的安全性能证明文件进行审查签证 4.2.7 查阅是否对大中型起重机械、脚手架、跨越架、施工用电、危险品库房投入使用前进行安全检查签证 4.2.8 查阅是否在土建交付安装、安装交付调试及整套启动工序交接前进行安全检查签证	《电力建设工程施工安全监督管理办法》第三十五条	《电力建设工程施工安全监督管理办法》第四十九条

序号	检查项目	具体事项	检查方法	检查依据	法律责任
4	监理单位安全责任落实情况	4.2 组织或参加各类安全检查活动，掌握现场安全生产动态，建立安全管理台账，履行审查、监督职责	4.2.9 抽查是否对危险性较大的分部分项工程识别及专项施工方案进行审查并实施旁站监理 4.2.10 抽查是否对关键部位、关键工序、特殊作业和危险作业进行旁站监理 4.2.11 抽查是否对交叉作业和工序交接中的安全施工措施落实情况进行监督 4.2.12 查阅是否对安全生产费用的使用进行监督 4.2.13 查阅是否对安全教育培训情况进行监督	《电力建设工程施工安全监督管理办法》第三十五条	《电力建设工程施工安全监督管理办法》第四十九条
		4.3 实施监理过程中，发现存在生产安全事故隐患的，应当要求施工单位及时整改	4.3.1 查阅对事故隐患是否建档监理，抽查是否督促施工单位整改闭环 4.3.2 抽查对未整改隐患是否按规定采取停工及上报等措施	《电力建设工程施工安全监督管理办法》第三十六条	《电力建设工程施工安全监督管理办法》第四十九条

国家能源局综合司关于做好
已取消电力安全监管审批事项有关工作的通知

国能综电安〔2013〕212号

各派出机构，大坝安全监察中心，各电力企业和有关单位：

国务院办公厅《关于印发国家能源局主要职责内设机构和人员编制规定的通知》（国办发〔2013〕51号）取消了国家能源局关于水电站大坝运行安全信息化验收和安全监测系统检查验收、发电厂整体安全性评价审批、电力二次系统安全防护规范和方案审批、电力安全生产标准化达标评级审批等4项与电力安全监管有关的非行政许可审批事项。为贯彻落实国务院文件精神，切实做好电力安全监督管理，现将有关要求通知如下：

一、认真做好规章制度的废改立工作。各单位要认真梳理现有安全生产文件规定，凡涉及上述事项的要及时修改完善，制定任务书和时间表，确保各项要求落到实处。

二、切实做好过渡期间有关衔接工作。各单位要根据国务院要求，结合当前工作实际情况，认真做好上述已经取消而正在办理的事项的衔接工作，确保工作有序开展。

三、加强取消审批事项的监督管理。各单位要加强对取消审批事项的后续安全监管，确保上述工作扎实有效开展。

1. 水电站大坝运行安全信息化验收和安全监测系统检查验收是大坝运行安全信息系统和监测系统建设的重要环节，大坝业主单位要高度重视，通过技术鉴定、自主组织验收等措施确保信息化建设成果和监测系统的有效性、针对性、完备性和可靠性，满足相关规章制度和规程规范的要求。

2. 发电厂整体安全性评价工作内容全面、具体，属企业日常安全生产管理工作范畴，由企业自主实施。国家能源局不组织开展企业整体安全性评价工作。

3. 取消电力安全生产标准化达标评级审批后，国家能源局印发了《关于电力安全生产标准化达标评级修订和补充的通知》，通过完善工作程序，强化中介机构现场查评、专家评审和企业闭环整改，确保该项工作的持续有效、公平公正地开展。

4. 电力二次系统安全防护规范和方案审查由企业按照国家有关要求自主开展。国家能源局将制定规范性文件和技术标准，加强对整改结果的监管。电力二次系统安全防护评估交给中介机构完成。

国家能源局综合司

2013年7月9日

国家能源局综合司
关于做好电力安全信息报送工作的通知

国能综安全〔2014〕198号

全国电力安全生产委员会成员单位：

为进一步贯彻落实国务院《电力安全事故应急处置和调查处理条例》（国务院令第599号）和《生产安全事故报告和调查处理条例》（国务院令第493号）有关要求，规范和加强电力安全信息报送工作，现将有关事项通知如下。

一、信息报送范围

（1）电力生产（含电力建设施工）过程中发生的电力安全事故、电力人身伤亡事故（其统计范围见附件4）、电力设备损坏造成直接经济损失达到100万元以上的事故（简称设备事故），以上统称"电力事故"。

（2）影响电力（热力）正常供应，或对电力系统安全稳定运行构成威胁，可能引发电力安全事故或造成较大社会影响的电力安全事件（具体见《关于印发电力安全事件监督管理规定的通知》国能安全〔2014〕205号）。对电力企业、电力行业和国家安全造成或可能造成危害的电力信息安全事件（具体见《关于印发〈电力行业网络与信息安全应急预案〉的通知》电监信息〔2007〕36号，以下简称信息安全事件）电力安全事件和信息安全事件以下统称"事件"。

（3）境外电力工程建设和运营项目发生的较大以上人身伤亡事故。

二、信息报告单位

发生"信息报送范围"中所述电力事故或事件的电力企业是信息报告的责任单位。其中，电力建设施工中发生电力事故或事件时，电力工程项目业主、建设、施工、监理等各单位都有报告信息的责任。

三、即时报告信息的程序、时限、内容及方式

1. 报告程序及时限

信息报告责任单位负责人接到电力事故报告后应当于1小时内向上级主管单位、事故发生地国家能源局派出机构报告，在未设派出机构的省、自治区、直辖市，信息报告责任单位负责人应向国家能源局相关区域监管局报告。全国电力安全生产委员会（以下简称电力安委会）成员单位接到电力事故报告后应当于1小时内向国家能源局值班室报告。境外

电力工程建设和运营项目发生较大以上人身伤亡事故的，事故发生单位在国内的主管企业在接到报告后 1 小时内向国家能源局值班室报告。

造成较大社会影响的电力安全事件和信息安全事件报送时限参照电力事故报送时限执行。其他电力安全事件和信息安全事件报国家能源局的时限为：信息报告责任单位负责人接到事件报告后 12 小时内向上级主管单位、事件发生地国家能源局派出机构报告，未设派出机构的省、自治区、直辖市，信息报告责任单位负责人应向国家能源局相关区域监管局报告。全国电力安全生产委员会（以下简称电力安委会）成员单位接到事件报告后 12 小时内向国家能源局值班室报告。

涉及电网减供负荷或者城市供电用户停电的电力安全事故或事件，由省级以上电网企业向国家能源局派出机构报告。

2．报告内容及方式

信息报告应当采取书面方式（内容及格式见附件 1）上报，不具备书面报告条件的可先通过电话报告，再行书面报告。信息报告后又出现新情况的，应当及时补报。

四、综合信息的报送程序、时间及内容

1．月（年）度电力事故或电力安全事件信息统计表

报送程序：省（自治区）监管办统计本省（自治区）月（年）度电力事故或事件信息报区域监管局，未设监管办的省（自治区、直辖市）发生的电力事故或电力安全事件信息由区域监管局负责统计。区域监管局汇总本区域月（年）度电力事故或电力安全事件信息后报国家能源局电力安全监管司。电力安委会企业成员单位汇总本企业月（年）度电力事故或电力安全事件信息后报国家能源局电力安全监管司。

报送时间及内容：区域监管局和电力安委会企业成员单位应于每月 17 日前报送上月电力事故或事件信息统计表（见附件 2、3），次年 1 月底前报送上年度电力事故或电力安全事件信息统计表（见附件 2、3）。

2．年度电力安全生产情况分析报告

电力安委会成员单位应于次年 1 月底前向国家能源局电力安全监管司报送上年度电力安全生产情况分析报告，主要内容包括：全年电力安全生产情况，电力事故或事件规律研究，存在的问题和风险分析，以及整改措施等。

3．电力事故或事件调查报告书

组织或参与事故或事件调查的国家能源局派出机构和事故或事件发生单位应于事故或事件调查报告书经正式批复或同意后 5 个工作日内将事故或事件调查报告书报送国家能源局电力安全监管司。

五、信息报送要求

（1）各单位要高度重视电力安全信息报送工作，加强领导，落实责任，建立健全工作机制，完善工作制度，采取有效措施，切实做好信息报送工作，确保信息的及时、准确和完整。

（2）各单位要完善电力安全信息报送工作程序，明确信息报送的部门、人员和24小时联系方式，报国家能源局电力安全监管司，如发生变动，须及时通报。

（3）电力事故或电力安全事件即时报告，应在书面报告后立即报送电子信息；报送月（年）度电力事故或电力安全事件信息统计表、年度电力安全生产情况分析报告、电力事故或电力安全事件调查报告书时应同时报送纸质文件和电子信息。纸质文件和电子信息须经本单位安全生产部门负责人签发和审核。电子信息在"电力安全信息报送"软件上直接填报。

（4）国家能源局派出机构要加强对企业该项工作的监督检查，对成绩突出的单位和个人给予表彰；对迟报、漏报、谎报、瞒报信息的单位要责令其改正，情节严重或造成严重后果的单位应当予以通报或处罚。

（5）本通知自印发之日起施行。以前有关文件中如有与上述规定不符的，以此通知为准。

六、信息报送相关联系方式

（1）国家能源局值班室电力事故、事件即时及后续报告电话：010-66597388，66597310（传真）。

（2）国家能源局电力安全监管司电力事故和电力安全事件月（年）度报表及调查报告报送传真：010-66597462。"电力安全信息报送"软件网址：http://www.cesafety.cn。

（3）国家能源局电力安全监管司信息安全事件调查报告报送电话：010-66597314，010-66597462（传真）。

附件1：电力事故或事件即时报告单

附件2：__月（年）电力事故信息统计表（电力人身伤亡事故部分）

　　　　__月（年）电力事故信息统计表（电力安全事故/设备事故部分）

附件3：__月（年）电力事故基本信息统计表

　　　　__月（年）电力安全事件信息统计表

附件4：电力人身伤亡事故统计范围

国家能源局综合司

2014年5月16日

附件1　电力事故或电力安全事件即时报告单

序号＼内容		报告内容		
1	报告类型	事故报告□		事件报告□
2	填报时间及方式	第1次报告□		后续报告□
		第1次报告时间		年　月　日　时　分
3	企业名称、地址及联系方式	企业详细名称		
		企业详细地址、电话		
		上级主管单位名称		
		事故涉及的外包单位情况	外包单位名称	
			外包单位地址电话	
			外包单位上级主管单位	
		在建项目	建设单位名称	
			施工单位名称	
			设计单位名称	
			监理单位名称	
4	事故或事件经过	发生时间		
		地点（区域）		
		事故或事件类型		
		初判事故等级		
		简要经过		
5	损失情况	人身伤亡情况	死亡人数	
			失踪人数	
			重伤人数	
		电力设备设施损坏情况及损失金额		
		停运的发电（供热）机组数量、电网减供负荷或者发电厂减少出力的数值、停电（停热）范围，停电用户数量等		
		其他不良社会影响		
6	原因及处置恢复情况	原因初步判断		
		事故或事件发生后采取的措施、电网运行方式、发电机组运行状况以及事故或事件的控制或恢复情况等		
7	填报单位	填报人	联系方式	

注　1. 事故类型：电力生产人身伤亡事故、电力建设人身伤亡事故、电力安全事故、设备事故。事件类型：影响电力（热力）正常供应事件（参见《电力安全事件监督管理规定》第六条第一、十款）、影响电力系统安全稳定运行事件（参见第六条第二、三、四、五、七款）、造成较大社会影响事件（参见第六、八、九款）。

2. 初判事故等级：一般、较大、重大和特别重大。事件信息不填事故等级。

3. 境外电力工程建设和运营项目发生较大以上人身伤亡事故的，填写本表。

4. 电网企业直管、控股、代管县及县级市供电企业及所属农村供电所组织的10千伏及以下生产经营等业务活动中发生的事故或事件亦属电力安全信息报送范围。

5. 本页填报不完的可另附页。

信息安全事件报告表

报告单位	
事件时间	自____年__月__日__时　至____年__月__日__时

事件描述及危害程度：
处置措施：
分析研判：
有关意见和建议：
领导意见：   （单位公章） 　年　月　日

附件2 __月（年）电力事故信息统计表（电力人身伤亡事故部分）

填报单位（章）_____

期间＼项目	电力生产人身伤亡事故												电力建设												
	电力生产人身伤亡情况			其中									电力建设人身伤亡情况			其中									
				较大			重大			特别重大						较大			重大			特别重大			
	起数	死亡	重伤	起数	死亡	重伤	起数	死亡	重伤	起数	死亡	重伤	起数	死亡	重伤	起数	死亡	重伤	起数	死亡	重伤	起数	死亡	重伤	
当月																									
本年累计																									
上年同期																									
上年累计																									

填表说明：

审核人签字： 制表人签字： 填报日期： 年 月 日

注 电力人身伤亡事故"起数"的单位为"次"，"死亡"和"重伤"的单位为"人"。

__月（年）电力事故信息统计表
（电力安全生产事故／设备事故部分）

填报单位（章）：_____

统计时间＼统计项目	电力安全事故（次）				设备事故（次）			
	事故次数	其中			事故次数	其中		
		较大	重大	特别重大		较大	重大	特别重大
当月								
本年累计								
上年同期								
上年累计								

填报说明：

审核人签字： 制表人签字： 填报日期： 年 月 日

附件3 __月（年）电力事故基本信息统计表

填报单位（章）：＿＿＿＿＿＿＿＿＿＿＿＿＿＿＿＿＿＿＿＿

项目 序号	时间	地点 （单位）	事故 类型	事故 等级	电力人身伤亡 事故类别	造成电力安全事故 / 设备事故责任原因	事故简要经过、 后果及处置情况
1							
2							
3							
填报说明：							

审核人签字：   制表人签字：   填报日期：   年 月 日

注 1. 事故类型：电力生产人身伤亡事故、电力建设人身伤亡事故、电力安全事故、设备事故。

  2. 事故等级：一般、较大、重大和特别重大。

  3. 电力人身伤亡事故类别：触电、高处坠落、物体打击、机械伤害、淹溺、灼烫伤、火灾、坍塌、中毒、爆炸、道路交通等。

  4. 造成电力安全事故 / 设备事故责任原因：规划设计不周、制造质量不良、施工安装不良、检修质量不良、调整试验不当、运行不当、管理不当、调度不当、电力系统影响、用户误操作、外力破坏、自然灾害等。

  5. 本页填报不完的可另附页。

__月（年）电力安全事件信息统计表

填报单位（章）：＿＿＿＿＿＿＿＿＿＿＿＿＿＿＿＿＿＿＿＿

项目 序号	时间	地点 （单位）	事故 类型	造成电力安全事件原因	事件简要经过、后果	事件处置情况
1						
2						
3						
填报说明：本月（年）事件次数 ____，本年累计 ____，上年同期 ____，上年累计 ____。						

审核人签字：   制表人签字：   填报日期：   年 月 日

注 1. 事件类型：影响电力（热力）正常供应事件（参见《电力安全事件监督管理规定》第六条第一、十款）、影响电力系统安全稳定运行事件（参见第六条第二、三、四、五、七款）、造成较大社会影响事件（参见第六条第六、八、九款）。

  2. 造成电力安全事件原因：规划设计不周、制造质量不良、施工安装不良、检修质量不良、调整试验不当、运行不当、管理不当、用户误操作、外力破坏、自然灾害等。

  3. 本页填报不完的可另附页。

附件4　电力人身伤亡事故范围

1. 电力生产（建设）类人身伤亡事故：包括电力企业人员从事电力生产（建设）过程中发生的人身伤亡事故；非电力企业人员从事电力生产（建设）过程中发生的人身伤亡事故。电力企业人员从事电力用户工程过程中发生的人身伤亡事故。

2. 交通类人身伤亡事故：包括厂（场）内交通事故，作业路途中发生的道路、水上等交通事故造成的人身伤亡事故（交通部门牵头调查的交通事故除外）。

3. 自然灾害类人身伤亡事故：由于自然灾害造成的电力生产（建设）人员的伤亡事故。

注：

1. "电力企业"范围执行《电力安全生产监管办法》规定。

2. 发生上述电力人身伤亡事故的单位要按规定时限上报事故信息，事后定性与初判不符的可在后续统计中调整。其中地方政府定性为意外的人身伤亡事故，取得国家能源局承装修试资质的非电力企业从事电力用户业务时发生的人身伤亡事故，电力企业人员私自从事工作范围以外涉点工作造成的人身伤亡事故不纳入事故信息统计范围。

国家能源局关于印发
《电力安全事件监督管理规定》的通知

国能安全〔2014〕205号

各派出机构，国家电网公司，南方电网公司，华能、大唐、华电、国电、中电投集团公司，各有关电力企业：

按照工作安排，国家能源局修订了原电监会《电力安全事件监督管理暂行规定》，现将完成后的《电力安全事件监督管理规定》印发你们，请依照执行。

国家能源局

2014年5月10日

电力安全事件监督管理规定

第一条　为贯彻落实《电力安全事故应急处置和调查处理条例》（以下简称《条例》），加强对可能引发电力安全事故的重大风险管控，防止和减少电力安全事故，制定本规定。

第二条　本规定所称电力安全事件，是指未构成电力安全事故，但影响电力（热力）正常供应，或对电力系统安全稳定运行构成威胁，可能引发电力安全事故或造成较大社会影响的事件。

第三条　电力企业应当加强对电力安全事件的管理，严格落实安全生产责任，建立健全相关的管理制度，完善安全风险管控体系，强化基层基础安全管理工作，防止和减少电力安全事件。

第四条　电力企业应当依据《条例》和本规定，制定本企业电力安全事件相关管理规定，明确电力安全事件分级分类标准、信息报送制度、调查处理程序和责任追究制度等内容。

第五条　电力企业制定的电力安全事件相关管理规定应当报送国家能源局及其派出机构。属于全国电力安全生产委员会成员单位的电力企业向国家能源局报送，其他电力企业向当地国家能源局派出机构（以下简称派出机构）报送。电力安全事件相关管理规定作出修订后，应当重新报送。

第六条　国家能源局及其派出机构指导、督促电力企业开展电力安全事件防范工作，

并重点加强对以下电力安全事件的监督管理：

（一）因安全故障（含人员误操作，下同）造成城市电网（含直辖市、省级人民政府所在地城市、其他设区的市、县级市电网）减供负荷比例或者城市供电用户停电比例超过《电力安全事故应急处置和调查处理条例》规定的一般电力安全事故比例数值60%以上。

（二）500千伏以上系统中，一次事件造成同一输电断面两回以上线路同时停运。

（三）省级以上电力调度机构管辖的安全稳定控制装置拒动或误动、330千伏以上线路主保护拒动或误动、330千伏以上断路器拒动。

（四）装机总容量1000兆瓦以上的发电厂、330千伏以上变电站因安全故障造成全厂（全站）对外停电。

（五）±400千伏以上直流输电线路双极闭锁或一次事件造成多回直流输电线路单级闭锁。

（六）发生地市级以上地方人民政府有关部门确定的特级或者一级重要电力用户外部供电电源因安全故障全部中断。

（七）因安全故障造成发电厂一次减少出力1200兆瓦以上，或者装机容量5000兆瓦以上发电厂一次减少出力2000兆瓦以上，或者风电场一次减少出力200兆瓦以上。

（八）水电站由于水工设备、水工建筑损坏或者其他原因，造成水库不能正常蓄水、泄洪，水淹厂房、库水漫坝；或者水电站在泄洪过程中发生消能防冲设施破坏、下游近坝堤岸垮塌。

（九）燃煤发电厂贮灰场大坝发生溃决，或发生严重泄漏并造成环境污染。

（十）供热机组装机容量200兆瓦以上的热电厂，在当地人民政府规定的采暖期内同时发生2台以上供热机组因安全故障停止运行并持续12小时。

第七条　发生第六条所列电力安全事件后，对于造成较大社会影响的，发生事件的单位负责人接到报告后应当于1小时内向上级主管单位和当地派出机构报告，在未设派出机构的省、自治区、直辖市，应向当地国家能源局区域派出机构报告。全国电力安全生产委员会成员单位接到报告后应当于1小时内向国家能源局报告。

其他电力安全事件报国家能源局的时限为事件发生后24小时。同时，当地派出机构要对事件进一步核实，及时向国家能源局报送事件情况的书面报告。

第八条　电力企业对发生的电力安全事件，应当吸取教训，按照本企业的相关管理规定，制定和落实防范整改措施。

对第六条所列电力安全事件，电力企业应当依据国家有关事故调查程序，组织调查组

367

进行调查处理。

对电力系统安全稳定运行或对社会造成较大影响的电力安全事件，国家能源局及其派出机构认为必要时，可以专项督查。

第九条 对第六条所列电力安全事件的调查期限依据《电力安全事故应急处置和调查处理条例》规定的一般电力安全事故调查期限执行，调查工作结束后 5 个工作日内，电力企业应当将调查结果以书面形式报国家能源局及其派出机构。

第十条 涉及电网企业、发电企业等两个或者两个以上企业的电力安全事件，组织联合调查时发生争议且一方申请国家能源局及其派出机构调查的，可以由国家能源局及其派出机构组织调查。

第十一条 对发生第六条所列电力安全事件且负有主要责任的电力企业，国家能源局及其派出机构将视情况采取约谈、通报、现场检查和专项督办等手段加强督导，督促电力企业落实安全生产主体责任，全面排查安全隐患，落实防范整改措施，切实提高安全生产管理水平，防止类似事件重复发生，防止由电力安全事件引发电力安全事故。

第十二条 电力企业违反本规定要求的，由国家能源局及其派出机构依据有关规定处理。

第十三条 派出机构可根据本规定，结合本辖区实际，制定相关实施细则。

第十四条 本规定自发布之日起执行。

国家能源局关于印发
单一供电城市电力安全事故等级划分标准的通知

国能电安〔2013〕255 号

各派出机构，国家电网公司，南方电网公司，华能、大唐、华电、国电、中电投集团公司，各有关电力企业：

根据《电力安全事故应急处置和调查处理条例》有关规定，国家能源局组织制定了《单一供电城市电力安全事故等级划分标准》，已经国务院审核批准，现予以印发，请遵照执行。

国家能源局

2013 年 6 月 30 日

单一供电城市电力安全事故等级划分标准

判定项 \\ 事故等级	造成单一供电城市电网减供负荷的比例	造成单一供电城市供电用户停电的比例
重大事故	电网负荷 2000 兆瓦以上的省、自治区人民政府所在地城市电网减供负荷 60% 以上	电网负荷 2000 兆瓦以上的省、自治区人民政府所在地城市 70% 以上供电用户停电
较大事故	电网负荷 2000 兆瓦以上的省、自治区人民政府所在地城市电网减供负荷 40% 以上 60% 以下。 电网负荷 2000 兆瓦以下的省、自治区人民政府所在地城市电网减供负荷 60% 以上。 电网负荷 600 兆瓦以上的其他设区的市电网减供负荷 60% 以上	电网负荷 2000 兆瓦以上的省、自治区人民政府所在地城市 50% 以上 70% 以下供电用户停电。 电网负荷 2000 兆瓦以下的省、自治区人民政府所在地城市 50% 以上供电用户停电。 电网负荷 600 兆瓦以上的其他设区的市 70% 以上供电用户停电

续表

判定项 事故等级	造成单一供电城市电网减供负荷的比例	造成单一供电城市供电用户停电的比例
一般事故	电网负荷 2000 兆瓦以上的省、自治区人民政府所在地城市电网减供负荷 20% 以上 40% 以下。 电网负荷 2000 兆瓦以下的省、自治区人民政府所在地城市电网减供负荷 40% 以上 60% 以下。 电网负荷 600 兆瓦以上的其他设区的市，减供负荷 40% 以上 60% 以下。 电网负荷 600 兆瓦以下的其他设区的市电网减供负荷 40% 以上。 电网负荷 150 兆瓦以上的县级市电网减供负荷 60% 以上	省、自治区人民政府所在地城市 30% 以上 50% 以下供电用户停电。 电网负荷 600 兆瓦以上的其他设区的市 50% 以上 70% 以下供电用户停电。 电网负荷 600 兆瓦以下的其他设区的市 50% 以上供电用户停电。 电网负荷 150 兆瓦以上的县级市 70% 以上供电用户停电

注　1. 本标准依据《电力安全事故应急处置和调查处理条例》第三条第二款制定。

2. 本标准下列用语的含义：

（1）单一供电城市，是指由独立的或者通过单一输电线路与外省连接的省级电网供电的省级人民政府所在地城市，以及由单一输电线路或者单一变电站供电的其他设区的市、县级市。

（2）独立的省级电网，是指与其他省级电网没有交流输电线路联系的电网。

（3）单一输电线路供电，是指由与省级主电网连接的一回三相交流输电线路或者一回正负双极运行的直流输电线路供电的供电方式。同杆架设的双回输电线路因一次故障同时跳开的情形，视为单一输电线路供电。

（4）单一变电站供电，是指由与省级主电网连接的一个变电站且一台变压器供电的供电方式。由一回路或者多回路输电线路串联供电的多个变电站的供电方式，视同于单一变电站供电。

3. 本标准适用于由于独立的省级电网故障，或者由于单一输电线路或者单一变电站故障造成单一供电城市电网减供负荷或者供电用户停电的电力安全事故。

单一供电城市因电网内部故障造成的减供负荷或者供电用户停电的电力安全事故，适用《电力安全事故应急处置和调查处理条例》附表列示的事故等级划分标准。

4. 本标准中所称的"以上"包括本数，"以下"不包括本数。

国家能源局综合司关于进一步规范电力安全信息报送和事故统计工作的通知

国能综通安全〔2018〕181 号

各派出能源监管机构，全国电力安委会各企业成员单位：

为进一步严肃电力安全信息报送，规范电力事故（事件）统计现就有关事项通知如下。

一、规范程序，及时报送

各单位要严格执行《国家能源局综合司关于做好电力安全信息报送工作的通知》（国能综安全〔2014〕198 号，以下简称《通知》）按照要求做好各类电力安全信息报送工作。信息报送责任单位负责人接到电力事故报告后，应当于 1 小时内报告上级主管单位和有关派出能源监管机构，抄报相关地方人民政府电力管理等有关部门。全国电力安委会成员单位接到电力事故报告后，应当于 1 小时内向国家能源局值班室报告。

社会影响较大的电力安全突发事件报送，参照电力事故报送时限执行。其他电力安全突发事件，信息报告责任单位负责人接到事件报告后，应当于 12 小时内报告上级主管单位、事件发生地派出能源监管机构，抄报相关地方人民政府电力管理等有关部门。全国电力安委会成员单位接到事件报告后，应当于 12 小时内向国家能源局值班室报告。

二、认真核实，确保信息准确完整

各单位报送电力安全信息时，要准确核实事故（事件）过程及有关单位具体情况，完整填写《电力事故或电力安全事件即时报告单》，详细报告各类事故（事件）相关信息，并通过电力安全信息报送系统(www.cesafety.cn)填报电子信息。电力事故（事件）调查报告及批复文件印发后，事故（事件）发生单位应当及时获取和上报调查报告及批复文件。全国电力安委会成员单位接到调查报告及批复文件后，应按规定上传至电力安全信息报送系统。

三、强化管理，定期发布

国家能源局负责定期统计发布全国电力事故（事件）发生情况。各派出能源监管机构负责统计发布辖区内电力生产、建设过程中发生的电力事故（事件），以及电力生产、建设过程中车辆在厂（场）内、作业途中发生的事故（事件）。

以下情况不纳入统计范围：

（一）电力生产、建设过程中发生的，由县级以上地方人民政府认定的非生产安全事故；由公安机关交通管理部门、海事管理机构、民航管理机构等组织调查的交通事故和民用航

空器事故；由公安机关侦查认定的刑事案件；由自然灾害造成的事故。

（二）分布式发电、企业自备机组、5万千瓦以下小水电生产安全事故，以及供热供汽、余热余压发电、垃圾焚烧发电等兼具电力（热力）属性的市政、综合利用工程生产安全事故。

（三）用户的电力设施生产、建设过程中发生的生产安全事故。

（四）境外电力投资项目生产、建设过程中发生的生产安全事故。

四、落实责任，严肃报送工作

各单位要高度重视电力安全信息报送工作，落实责任，健全机制，规范管理，按照《通知》等相关要求切实做好信息报送工作。各派出能源监管机构要加强对信息报送工作的监督检查，发现迟报漏报、谎报、瞒报信息的情况，要责令责任单位及时改正，情节严重或造成严重后果的，应当予以通报或依法依规严肃处理。对于不及时通过电力安全信息报送系统填报电力事故（事件）电子信息的，将予以通报。

国家能源局综合司

2018 年 11 月 21 日

国家能源局关于防范电力人身伤亡事故的指导意见

国能安全〔2013〕427号

国家电网公司,南方电网公司,华能、大唐、华电、国电、中电投集团公司,各有关电力企业:

为贯彻落实中央领导同志的指示精神和国务院关于加强安全生产工作的决策部署,进一步加强电力生产和建设施工中人身伤亡事故(以下简称人身伤亡事故)防范工作,避免和减少事故造成的人员伤亡和经济损失,现提出以下意见。

一、指导思想和总体目标

(一)指导思想。以科学发展观为指导,牢固树立"以人为本、生命至上"的安全理念,加强组织领导,强化监督管理,落实防范责任,完善规章制度,规范现场作业,提高防灾避险和应急处置能力,营造"关爱生命、安全发展"的安全生产氛围,切实保障员工人身安全。

(二)总体目标。进一步落实电力企业的安全生产主体责任,充分发挥能源监管机构的监督指导和协调作用,健全隐患排查治理长效机制,强化电力行业从业人员安全意识,深入开展"反三违"(违章指挥、违章作业和违反劳动纪律)活动,强化电力生产的规范化、标准化管理,杜绝重大以上人身伤亡责任事故,降低人身伤亡事故起数和死亡人数,有效防范人身伤亡事故的发生。

二、加强安全生产体系机制建设

(一)落实各级人员安全责任。电力企业主要负责人要严格履行安全生产第一责任人的职责。电力企业要把控制人身伤亡事故作为安全生产责任制的主要内容,层层分解落实防范人身伤亡事故的目标。要建立健全安全生产问责机制,因安全责任落实不到位导致人身伤亡的,要严格进行安全考核和责任追究。要针对生产作业现场的人身安全风险,建立企业负责人和各级安监人员到岗到位工作责任制,并进行相应考核。

(二)完善安全管理制度和操作规程。电力企业要健全安全生产管理制度和操作规程,并根据国家行业法规标准的更新和本单位作业环境及设备设施的变化,及时修订完善,确保人身伤亡事故防范工作管理制度和规程规范、有效、可行。要将管理制度、操作规程配备到相关工作岗位和人员,及时组织开展教育培训,使每个职工都掌握防范人身伤亡事故的相关规定和要求,并在实际工作中严格遵守执行。

(三)健全防范人身伤亡事故的保障体系。电力企业要健全安全生产监督和保证体系,

从决策指挥、执行运作、安全技术、安全管理和安全监督等方面严格执行安全法规制度，落实防范人身伤亡事故措施。要制定本单位、本部门、本岗位的反事故技术措施和安全劳动保护措施计划，优先保证对防范人身伤亡事故有突出作用和明显效果的措施得以实现。要保证安全投入，及时、足额提取和规范使用安全生产费用，严禁挤占和挪用。

三、夯实电力安全生产基础

（一）加强班组安全建设。要落实《关于加强电力企业班组安全建设的指导意见》，夯实安全生产基础，有效规范班组安全管理。要合理确定班组安全目标，努力实现班组控制未遂和异常，不发生人身轻伤和障碍。要重点抓好班组作业安全措施落实，严格班前班后会制度，接班（开工）前，要明确工作任务、工作地点、危险因素、安全措施和注意事项，交班（收工）时应对当日安全情况进行总结。要大力开展岗位练兵和班组安全活动，提高人员安全技能。

（二）积极推进安全生产标准化创建工作。认真贯彻电力安全生产标准化达标评级相关规定，通过开展安全生产标准化创建和达标评级工作，进一步加强生产现场安全管理，提高职工安全意识和操作技能，规范生产人员作业行为，改善设备安全状况和环境条件，提高作业行为标准化、规范化水平，并有效管控因人员素质、技能的差异和岗位变动、人员流动等因素带来的安全风险，防范和减少人身伤亡事故发生。

（三）开展全员安全生产教育培训。要严格执行《电力行业安全培训工作实施方案（2013—2015年）》，做好企业从业人员安全培训工作，主要负责人、安全管理人员和特种作业人员必须经培训持证上岗。要强化以"新工人、班组长、农民工"为重点的从业人员岗位安全培训，使其掌握生产作业各流程环节中存在的人身伤害风险和防控措施。要重视对人员变更，设备变更，采用新技术、新工艺、新材料等情况带来的人身伤害风险辨识，有针对性地做好安全培训和警示工作。要加大外包队伍和临时用工人员岗前培训力度，未经安全培训考试合格的人员严禁从事任何现场作业。要普及防灾避险常识和人员施救知识，使员工有效识别工作环境中存在的人身伤亡风险，提高自我保护意识，掌握应急逃生、应急装备使用、人身急救等技能，增强识灾防灾和应急处置能力，防范施救不当造成事故扩大。

（四）大力开展企业安全文化建设。牢固树立"以人为本，生命至上"的安全理念，结合企业实际，把尊重人、关心人、爱护人作为安全文化建设的出发点，以防范人身伤亡事故作为安全文化建设的核心目标，丰富安全文化内涵。利用各种渠道传播安全文化，扩大安全文化外延，使安全文化渗透到每个岗位，影响每一位员工，激发员工"关注安全、关爱生命"的意识，提高员工安全素质，规范员工安全行为，实现"要我安全"到"我要

安全""我会安全"的转变,从根本上防范和遏制人身伤亡事故发生。

四、加强作业现场安全管控

(一)加强生产作业安全管控。电力企业要严格执行工作票、操作票制度,制定明确、具体的安全措施。要严格落实现场作业交接班制度、设备巡回检查制度和设备定期试验及轮换制度,交接班时把防范人身伤亡事故的措施和安全注意事项作为重点,由交接班人员共同检查安全措施,确保执行到位;设备巡检和轮换时注重排除易引发人身伤亡的设备隐患,落实设备定置管理、临时用电管理、安全工器具管理等作业现场规范化管理的有效措施。对高处作业、转动机械、动火作业、有限空间等特殊作业环境,要及时识别可能导致人身伤亡的危险和有害因素,落实防控措施;对机组检修、技术改造工程项目要严格现场管理,做好资质审查和安全技术交底,加强现场作业监护,确保作业人员安全。

(二)加大反"三违"工作力度。电力企业要把反"三违"作为防范人身伤亡事故的重点,完善工作机制,加大"三违"现场查处和纠正力度,规范作业安全行为。要将"三违"作为未遂事故认真分析处理,按照"四不放过"原则对违章人员进行曝光、教育和处罚,并对违章进行责任倒推,对安全职责履行不到位的管理人员一并处罚。对屡纠屡犯或处在关键岗位、从事危险性较大作业的违章人员,要通过调离岗位等方式建立违章"高压线";对模范遵章守纪的员工要给予奖励,从源头上减少"三违"现象。

(三)加强设备设施管理。要选用科技含量高、性能优良的生产设备,加强技术性能改造,提高设备本质安全性能。要对设备设施的局部变动情况,及时进行设备异动管理,保证各种图纸和现场规程标准与实际相符。要落实设备防人身伤亡事故技术措施,加强防误闭锁等装置的运行管理,防止设备误操作。要加强特种设备安全管理,严格执行特种设备操作规程,防范锅炉爆炸,压力容器、管道泄漏,起重机械故障,电梯失控等造成的人身伤亡事故。要健全危险源评估机制,定期开展危险源辨识,确定危险源等级,识别可导致人身伤亡的危险有害因素,做好危险源监测、检查和防范等工作,并按规定将重大危险源信息向政府有关部门报备。

(四)加强电力建设施工作业安全管控。电力建设单位要对电力建设工程安全生产负全面管理责任,电力施工单位对施工现场安全生产负责。要科学制定施工方案,做好施工方案交底和施工组织,严禁不按审定方案施工。施工条件变化导致原方案无法实施时,必须重新制定施工方案和安全措施,重新报批。遇有恶劣天气或发生其他影响施工安全的特殊情况,必须立即停止相关作业。要加强施工现场安全管理,规范工艺工序和作业流程,强化对重点区域、重点环节、关键部位和危险作业项目的安全监控,落实人员、设备、物

资等安全管控措施。要合理安排工程进度，严禁盲目抢工期，工期调整应进行充分论证，提出并落实相应安全保障措施。规范施工机械、脚手架、大型起重设备管理，其装拆必须制定专项方案，并做好现场安全监督。要配备充足的监理人员，切实做好施工现场监护和重大项目、重要工序等的旁站监理，督查现场安全措施的落实及施工人员的作业行为。

（五）加强外包队伍安全管理。电力企业要建立完善的外包队伍审查制度，杜绝安全管理差、施工力量薄弱或屡次发生人身伤亡事故的外包队伍参与施工作业。严厉打击超越资质范围承揽工程，挂靠、借用资质，违法分包和转包工程等不法行为。要加强工程分包监督管理，加大作业现场监督检查力度。要加强劳务分包安全管理，将劳务派遣人员、临时用工纳入本企业统一安全管理体系，严格落实安全措施，加强作业现场检查。

五、提高防灾避险和应急处置能力

（一）加强自然灾害监测预警和防范工作。电力企业要加强防范人身伤亡事故专项应急预案和现场处置方案的编制、修订、培训和演练工作，加强与当地政府、气象、国土等有关部门的沟通联系，健全自然灾害预警机制，充分利用各种手段，及时传递灾害预警信息，注重信息传递的反馈，确保不留死角，不漏人员。要落实《关于加强电力行业地质灾害防范工作的指导意见》，强化重点防范期、防范区灾害预警和防范，加强台风、强降雨、泥石流等灾害的监测预警，重点做好生产区、施工区、生活营地的地质灾害防范工作，及时发现和预报险情，确保各项防范措施提前落实到位，防止和减少自然灾害导致的人员伤亡。

（二）及时启动应急响应和开展抢险救援。事故灾害发生后，事发单位应在初判事故灾害情况后，立即启动应急响应，迅速开展抢险救援工作，同时向当地政府及有关部门报告。要以防范人身伤亡为首要任务，现场带班人员、班组长和调度人员要第一时间下达停产撤人命令，组织人员撤离避险和有序转移，保障人员生命安全。要及时开展人员搜救，现场救援力量不足时，应尽快协调救援力量。要充分做好可能发生的次生灾害的事故预想，应急救援方案和处置措施要做到科学合理，避免盲目施救造成人员二次伤亡事故。

（三）做好电力事故信息报告和调查处理。要严格执行电力事故事件信息报送工作制度，对瞒报、谎报、迟报、漏报事故事件等行为，要严肃追究相关单位和人员的责任。要严格按照"四不放过"原则认真做好人身伤亡事故调查处理，落实防范人身伤亡事故措施，做到举一反三，深刻吸取教训，防范同类事故再次发生。

国家能源局

2013 年 11 月 14 日

国家能源局　国家安全监管总局关于推进电力安全生产标准化建设工作有关事项的通知

国能安全〔2015〕126号

国家能源局各派出机构，各省、自治区、直辖市及新疆生产建设兵团安全生产监督管理局，国家电网公司、南方电网公司，华能、大唐、华电、国电、中电投集团公司，各有关单位：

按照国务院安委会的统一部署，国家能源局会同国家安全监管总局积极推进电力安全生产标准化建设工作（以下简称标准化建设），相继出台了《关于深入开展电力安全生产标准化工作的指导意见》《电力安全生产标准化达标评级管理办法》等规范性文件，并印发了发电企业、电网企业、电力工程建设项目和电力勘测设计、建设施工企业等标准化规范和达标评级标准，形成了较为完善的标准化达标评级制度和标准体系。按照工作要求，电力企业全面推进标准化建设，截至2014年底，全国大中型发电企业基本完成达标评级任务，电网企业、电力工程建设项目和电力勘测设计、建设施工企业标准化建设稳步推进。通过标准化建设工作，进一步提高了电力企业本质安全水平和防范事故能力。

为贯彻落实新颁布的《中华人民共和国安全生产法》和国务院简政放权工作要求，结合电力安全生产标准化标准规范体系已经较为完备的实际情况，决定自本通知印发之日起，电力安全生产标准化建设工作由电力企业按照电力安全生产标准化标准规范自主开展，国家能源局及其派出机构不再组织电力企业安全生产标准化达标评级工作。现将有关事项通知如下。

一、标准化建设工作由电力企业自主开展。电力企业要落实《中华人民共和国安全生产法》等法律法规，按照相关标准规范，强化自主管理，继续加强安全生产标准化建设。要将标准化建设作为企业日常安全管理的重要内容，结合本单位实际和安全风险预控体系建设，进一步完善安全生产管理标准、作业标准和技术标准，全方位和持续改进地开展标准化建设工作，促进企业安全生产水平的不断提升。

二、电力企业要认真贯彻落实《国务院安全生产委员会关于加强企业安全生产诚信体系建设的指导意见》（安委〔2014〕8号）和《电力安全生产监督管理办法》（国家发展改革委令第21号），依法依规、诚实守信开展标准化建设工作。国家能源局派出机构、各地安全监管部门对未开展标准化建设的电力企业，应责令其限期完成；对拒不开展标准化建设和弄虚作假的，应将其列入安全生产不良信用记录；对未开展标准化建设和按照相关标

准规范自评未达到70分（小型发电企业除外），并发生电力事故的，依法依规责令其停产整顿。

三、电力企业要对照电力安全生产标准化规范及标准，结合日常安全大检查工作，按照"边查边改"的原则，每年组织开展标准化自查自评工作，并将经上级单位审批的自评报告抄送当地派出机构，作为开展标准化工作的依据。

国家能源局及其派出机构不再受理现场查评申请，不再颁发证书和牌匾。目前已经开展第三方现场查评工作（含一级标准化）的，经专家审核后，由有关派出机构在6月30日前公示、确认。

四、能源监管机构、各地安全监管部门要加强监督指导，结合日常安全监管工作，通过安全生产风险预控体系建设、安全生产诚信体系建设、安全检查、专项监管和问题监管等方式，督促电力企业开展标准化建设工作。要结合电力安全事故（事件）调查处理，查找电力企业标准化建设工作中存在的突出问题，依法依规予以处理。

五、国家能源局、原国家电监会、国家安全监管总局印发的关于电力安全生产标准化建设方面的相关文件与本通知有不一致的，按照本通知执行。

国家能源局

国家安全监管总局

2015年4月20日

国家能源局关于印发
《电力安全文化建设指导意见》的通知

国能发安全〔2020〕36号

各省（自治区、直辖市）和新疆生产建设兵团能源局，有关省（自治区、直辖市）发展改革委、经信委（工信委、工信厅），北京市城管委，全国电力安委会成员单位，有关电力企业：

为深入贯彻落实党中央、国务院关于安全生产工作的各项决策部署，提升广大电力员工的安全文化素养，营造电力行业和谐守规的安全文化氛围，我们制定了《电力安全文化建设指导意见》。现印发给你们，请贯彻执行。

国家能源局

2020年7月1日

电力安全文化建设指导意见

为深入贯彻落实党中央、国务院关于安全生产工作的各项决策部署，提升广大电力员工的安全文化素养，营造电力行业和谐守规的电力安全文化氛围，特制定本指导意见。

一、指导思想、基本原则和主要目标

（一）指导思想

以习近平新时代中国特色社会主义思想为指导，以总体国家安全观和能源安全新战略为指引，全面贯彻落实党中央、国务院关于安全生产工作的决策部署，牢固树立安全发展理念，秉承"安全是文化"的思路，以强化安全意识、规范安全行为、提升防范能力、养成安全习惯为目标，创新载体、注重实效，推动构建自我约束、持续改进的安全文化建设长效机制，全面提升电力行业安全文化建设水平，充分发挥安全文化的引领作用，全力打造和谐守规的电力安全文化。

（二）基本原则

全面系统。从行业监管、属地管理、企业管理和员工教育培训等方面入手，全面推进文化建设，通过加强法制建设、强化责任落实、完善标准规范、创新技术措施、保障安全投入等手段，形成系统合力。

开放包容。传承弘扬优秀文化，学习借鉴新兴文化，促进文化交流融合，广泛吸纳新思想、新观念、新技术，结合实际、取长补短，为电力安全文化建设注入新动力。

整体协同。凝聚政府、企业、协会以及社会各界力量，形成安全文化建设联动机制，实现政府引导、企业自律、社会参与、员工全覆盖的电力安全文化建设格局。

形式多样。创新宣传形式，丰富传播载体，结合行业、地域、企业实际，因地制宜，打造电力安全文化，建立长效机制，形成品牌效应。

（三）主要目标

行业层面：通过开展电力安全文化建设，促进电力行业安全生产形势持续稳定向好，确保电力系统安全稳定运行和电力可靠供应。

企业层面：逐步建立电力安全文化建设责任体系、培训教育体系、管理监督体系、考核评价体系等，把安全文化作为企业文化的一项重要内容，为企业安全生产奠定基础。

员工层面：通过宣传教育、学习培训，使安全理念转化为行动自觉，使安全技能得到有效提升，充分发挥安全文化的引领、凝聚、辐射作用，为家庭幸福和社会和谐提供保障。

通过开展电力安全文化建设，使和谐守规的电力安全文化深入人心，电力安全文化体系日趋完善，电力员工安全文化素养稳步提升。

二、实施路径

（一）重点工程

1. 电力安全文化体系建设工程。坚持习近平新时代中国特色社会主义思想，坚持社会主义核心价值观，提出符合新时代鲜明特征、符合电力行业发展实际的安全文化理念和载体。

2. 电力安全文化组织机构建设工程。根据发展战略、工作实际和员工需求，推动完善行业、企业、社会等层面的电力安全文化组织机构，实施安全文化建设、评估、宣传等工作。

3. 电力安全文化传播体系建设工程。搭建传播平台，完善交流机制，促进安全文化融合与创新，积极拓展国际交流通道，让先进安全文化"走进来"，也推动优秀安全文化"走出去"。

4. 电力安全文化产业发展机制建设工程。鼓励创建安全文化示范基地，引导社会资本推动安全文化产业化发展，依托大数据、云计算、区块链等新技术，孵化安全文化创新产品，促进成果转化。

5. 电力安全文化教育培训体系建设工程。凝聚专业机构力量，加强安全文化专业人才培养；推动安全文化智库建设，加强电力安全文化理论研究；构建学习交流平台，健全教

育培训机制。

6. 电力安全文化建设品牌企业创建完善工程。探索建立电力安全文化建设评价标准和管理办法，鼓励电力企业打造一批安全文化建设品牌，树立行业标杆，创建安全品牌。

（二）主要任务

1. 构建电力安全文化体系。鼓励电力企业制定安全文化建设基本规范，以和谐守规为核心探索电力安全文化体系建设发展路径，健全完善安全理念、制度、行为文化及评价体系等。

2. 加强电力安全文化建设保障。鼓励电力企业设立专门的组织机构和保障必要的经费，按照统筹规划、自上而下、整体推进的模式开展安全文化建设工作。

3. 开展电力安全文化建设评估。推动建立融合企业安全生产、人才培养、可靠性管理等指标的安全文化发展指数，鼓励建立安全文化监督评估机制，出台评估标准，提高评估质量。

4. 开展电力安全文化建设交流。征集电力安全文化建设先进经验和优秀成果，组织专家系统梳理研究、总结推广，搭建电力安全文化交流平台，助力电力企业安全文化建设。

5. 开展电力安全文化宣传教育。以主题宣讲、知识竞赛、文艺创作、文化论坛、榜样选树、阵地建设、警示教育等为载体，广泛开展宣传教育、学习培训，推动电力安全文化发展。

6. 强化电力安全文化技术支撑。充分挖掘 5G、区块链等前沿技术，汇集安全文化制度数据库、教育数据库，畅通分享渠道，优化安全文化生态环境，打造电力安全文化大数据平台。

7. 加强电力安全线上培训。发挥新媒体传播优势，建立电力安全文化培训云课堂，为广大员工提供内容具体、形象生动的精品课程，有效利用"排行榜"等手段，激发学习热情。

8. 建设电力安全文化信用体系。明确信用体系的内容维度、衡量标准和应用范围，通过社会舆论、价值取向、道德评判、信息共享等方式规范信用活动，探索建立电力安全文化信用机制。

9. 加快电力安全文化成果孵化。推动建设一批专业化程度高、科技创新力强的电力安全文化产业基地，完善激励政策，促进产业优化与成果转化。

10. 促进电力安全文化资金投入。鼓励电力企业通过设立安全文化公益基金等形式，充分调动各方资源，引导社会力量广泛关注和积极参与，着力提升全行业安全文化管理能力和创新能力。

三、保障措施

（一）加强组织领导。高度重视电力安全文化建设工作，可根据工作需要设置组织机构，制定总体目标和具体措施，将安全文化建设与生产经营工作同部署、同推进。

（二）加强资金保障。拓宽投入渠道，形成行业、企业和社会共同支持的多元化投入机制，为安全文化发展提供必要的经费保障，确保安全文化研究、教育、传播活动有序进行。

（三）加强宣传引导。对电力安全文化建设进行不定期主题宣传、典型宣传，保持全社会对于安全文化的"关注度"，营造和谐守规的电力安全良好氛围。

国家能源局关于加强电力安全培训工作的通知

国能安全〔2017〕96 号

各省（自治区、直辖市）和新疆生产建设兵团发展改革委（能源局）、经信委（工信委），各派出能源监管机构，国家电网公司、南方电网公司、内蒙古电力公司，华能、大唐、华电、国电、国电投、神华、三峡集团公司，中电建、中能建集团公司，各有关单位：

为强化电力行业安全培训工作，提高电力行业从业人员安全素质和安全意识，促进电力安全培训工作健康发展，现就加强电力安全培训工作通知如下：

一、电力企业要全面落实安全培训的主体责任，牢固树立"培训不到位是重大安全隐患"的意识，坚持依法培训、按需施教的工作理念，提高安全培训质量，全面加强安全培训基础建设。

二、电力企业要切实抓好本单位从业人员安全培训工作，依法对从业人员进行与其所从事岗位相应的安全教育培训，确保从业人员具备必要安全生产知识，掌握安全操作技能，熟悉安全生产规章制度和操作规程，了解事故应急处理措施。

三、电力企业应当制定本单位年度安全培训计划，并按照计划开展安全培训工作。电力企业主要负责同志要负起安全培训第一责任人的责任，组织制定并实施本单位安全生产教育和培训计划；安全生产管理人员要组织或参与本单位安全生产教育和培训工作，掌握培训情况。

四、电力企业应当建立安全培训管理制度，保障安全培训投入保证培训时间；应当建立安全培训档案，如实记录安全生产培训的时间、内容、参加人员以及考核结果等情况。

五、电力企业要将外包单位作业人员、劳务派遣人员、实习人员等纳入本单位从业人员统一管理，对其进行岗位安全操作规程和安全操作技能教育培训。

六、电力企业从业人员调整工作岗位或者采用（使用）新工艺新技术、新设备、新材料的，应当对其进行专门的安全培训。电力企业发生负有主要责任的电力人身伤亡事故、电力安全事故或直接经济损失 100 万元以上设备事故的，应当制定专门计划对相关负责人和安全生产管理人员等开展安全生产再培训。

七、电力建设施工企业的主要负责人和安全生产管理人员，应按照主管的负有安全生产监督管理职责部门的要求，进行安全生产知识和管理能力考核并合格。

八、负有电力安全生产监督管理职责的单位应加强对电力安全培训工作的监督管理，

对电力建设施工企业的相关人员按照规定考核合格情况、电力企业从业人员的安全生产教育和培训情况、安全培训管理制度和从业人员安全培训档案建立情况和安全生产教育培训记录情况、安全培训费用保障情况等安全培训工作开展监督检查对电力企业存在违反有关法律法规中安全生产教育培训规定的，依照相关法律法规予以处罚。

九、《国家能源局关于印发〈电力安全培训监督管理办法〉的通知》(国能安全〔2013〕475 号) 自本文件发布之日起废止。

国家能源局

2017 年 4 月 10 日

国家能源局关于印发
《供电企业可靠性评价实施办法》的通知

国能安全〔2014〕204号

各派出机构，国家电网公司，南方电网公司，内蒙古电力公司，各有关电力企业：

《供电企业可靠性评价实施办法》经修订现予印发，请依照执行。《关于印发〈供电企业可靠性评价实施办法〉的通知》（办安全〔2012〕113号）同时废止。

国家能源局

2014年5月10日

供电企业可靠性评价实施办法

第一章 总 则

第一条 为促进供电企业提高用户供电可靠性管理水平，保障电力系统的安全稳定运行，依据《电力监管条例》《电力可靠性监督管理办法》，制定本办法。

第二条 本办法适用于我国境内地市级及以上供电企业（以下简称供电企业）的可靠性评价。

第三条 可靠性评价工作应当坚持公正、公平、公开的原则。

第二章 评价指标

第四条 供电企业可靠性评价对象为企业所辖范围内10（6、20）千伏供电系统全部用户的供电可靠性。

第五条 评价采用年度用户供电可靠性指标进行评价，指标范围包括市中心、市区、城镇和农村。评价指标总分值为100分，指标评分规则为：

（一）综合性指标：60分

1. 用户平均停电时间

$$实际得分 =15 \times \left(1-\frac{AIHC_{-1}}{2 \times 全国平均值}\right) + 25 \times \left(1-\frac{AIHC_{-3}}{2 \times 全国平均值}\right)$$

2. 用户平均停电次数

$$实际得分 =5 \times \left(1-\frac{AIHC_{-1}}{2 \times 全国平均值}\right) + 5 \times \left(1-\frac{AIHC_{-3}}{2 \times 全国平均值}\right)$$

3. 总用户数

$$实际得分 =10 \times \left(1-\frac{全国平均值}{2 \times N}\right)$$

其中：N 为被评价单位的等效总用户数。

（二）故障停电指标：30 分

1. 故障停电平均持续时间

$$实际得分 =15 \times \left(1-\frac{MID_{-F}}{2 \times 全国平均值}\right)$$

2. 故障停电平均用户数

$$实际得分 =15 \times \left(1-\frac{MIC_{-F}}{2 \times 全国平均值}\right)$$

（三）预安排停电指标：10 分

1. 预安排停电平均持续时间

$$实际得分 =5 \times \left(1-\frac{MID_{-S}}{2 \times 全国平均值}\right)$$

2. 预安排停电平均用户数

$$实际得分 =5 \times \left(1-\frac{MIC_{-S}}{2 \times 全国平均值}\right)$$

上述各项实际得分中如出现负值，该项得分为零。

第三章　评价工作实施

第六条　供电企业可靠性评价采用全国与区域相结合的方式，每年评价一次，评价出全国 A 级供电企业和区域 B 级供电企业。

第七条　评价按照评价指标分值对位于前列的单位实名列示。全国 A 级可靠性供电企业 10 个，华北、东北、华东、华中、西北、南方六个区域 B 级可靠性供电企业各 3 个。A、B 级可靠性供电企业不重复列示。

第八条　在可靠性评价期内和评价当年发生人员责任电力事故或电力安全事件的供电企业，以及电力可靠性信息不完整、不准确、不真实的供电企业，不参与实名列示。

第九条　派出机构会同可靠性中心对评价信息进行核查。A、B 级供电企业须经公示后进行实名列示。

第四章　附　　则

第十条　本办法由国家能源局负责解释。

第十一条　本办法自发布之日起执行，原国家电力监管委员会《关于印发〈供电企业可靠性评价实施办法〉的通知》（办安全〔2012〕113 号）同时废止。

附录：供电企业评价指标说明

附录　供电企业评价指标说明

根据《供电系统用户供电可靠性评价规程》（DL/T 836—2012）现将各指标注解如下：

1. 用户平均停电时间：用户在统计期间内的平均停电小时数，记作 $AIHC_{-1}$（时／户）

$$用户平均停电时间 = \frac{\sum(用户每次停电时间)}{总用户数}$$

若不计系统电源不足限电时，则记作 $AIHC_{-3}$（时／户）。

$$用户平均停电时间（不计系统电源不足限电）$$
$$= \frac{\sum 每户每次停电时间 - \sum 每户每次限电停电时间}{总用户数}$$

2. 用户平均停电次数：供电用户在统计期间内的平均停电次数，记作 $AITC_{-1}$（次／户）

$$用户平均停电次数 = \frac{\sum(每次停电用户数)}{总用户数}$$

若不计系统电源不足限电时，则记作 $AITC_{-3}$（次／户）。

$$用户平均停电次数（不计系统电源不足限电）$$
$$= \frac{\sum 每次停电用户数 - \sum 每次限电停电用户数}{总用户数}$$

3. 故障停电平均持续时间：在统计期间内，故障停电的每次平均停电小时数，记作 MID_{-F}（时／次）

$$故障停电平均持续时间 = \frac{\sum 故障停电时间}{故障停电次数}$$

4. 故障停电平均用户数：在统计期间内，平均每次故障停电的用户数，记作 MIC_{-F}（户／次）

$$故障停电平均用户数 = \frac{\sum 每次故障停电户数}{故障停电次数}$$

5. 预安排停电平均持续时间：在统计期间内，预安排停电的每次平均停电小时数，记作 MID_{-S}（时／次）

$$预安排停电平均持续时间 = \frac{\sum 预安排停电时间}{预安排停电次数}$$

6．预安排停电平均用户数：在统计期间内，平均每次预安排停电的用户数，记作 MIC_{-S}（户 / 次）

$$预安排停电平均用户数 = \frac{\sum 每次预安排停电户数}{预安排停电次数}$$

7．总用户数"全国平均值"为该项指标评价年度的全国算术平均值，其余公式中的"全国平均值"为该项指标评价年度的全国加权平均值

8．评价中涉及的县级供电企业包括直管、控股、代管企业

国家能源局关于加强电力可靠性管理工作的意见

国能发安全规〔2023〕17 号

各省（自治区、直辖市）能源局，有关省（自治区、直辖市）及新疆生产建设兵团发展改革委、工业和信息化主管部门，北京市城市管理委，各派出机构，全国电力安委会各企业成员单位，中国电力企业联合会、中国电力设备管理协会，有关电力企业：

为贯彻落实《电力可靠性管理办法（暂行）》（国家发展和改革委员会令 2022 年第 50 号），提升我国电力可靠性管理水平，保障电力可靠供应，更好服务新时代经济社会发展，现就加强电力可靠性管理工作提出以下意见。

一、充分认识加强电力可靠性管理工作的重要性

电力可靠性管理是保障电力安全可靠供应的重要基础。电力供应事关经济发展全局和社会稳定大局，是关系民生的大事。现阶段我国工业化、城镇化深入推进，电力需求持续增长，保障电力供应是电力管理工作的重中之重。电力可靠性管理是电力生产运行管理和技术管理的核心手段，基本任务是保障电力系统的充裕性和安全性，为保障电力供应发挥基础性作用。

电力可靠性管理是保障社会经济发展的重要手段。进入新时代，人民追求美好生活对电力的需求已经从"用上电"变成"用好电"，党中央、国务院关于乡村振兴、优化营商环境等民生工作决策部署也对电力可靠性管理提出更高要求和明确目标，电力可靠性管理已成为提升电力普遍服务水平、支撑社会经济高质量发展的重要手段。

电力可靠性管理是推动建设新型电力系统的重要保障。近年来，我国电力工业发生了巨大变化，电力体制改革全面提速，新能源和分布式能源快速发展，电力系统安全稳定运行面临新的形势和挑战。为有效应对新形势，推动构建新型电力系统和实现"双碳"目标，需要进一步发挥电力可靠性管理的作用，保障电力系统安全稳定运行和高质量发展。

二、完善电力可靠性管理工作体系

（一）国家能源局派出机构、地方政府能源管理部门和电力运行管理部门根据各自职责和国家有关规定负责辖区内的电力可靠性监督管理。进一步厘清各自电力可靠性监督管理职责，明确工作内容、目标、流程和责任，加强监管人员力量配备，切实提升专业监管能力和效率。

（二）国家能源局派出机构要定期组织对辖区内的电力可靠性进行评价、评估和预测，

及时发布相关可靠性信息和指标。加大电力可靠性监督检查力度，监督指导电力企业排查治理电力可靠性管理中发现的风险和隐患，依法依规调查处理瞒报、谎报电力可靠性信息的行为和造成严重影响的电力可靠性相关事件。

（三）省级政府能源管理部门和电力运行管理部门要进一步健全地方各级政府电力可靠性管理工作体系，全面组织落实国家乡村振兴、优化营商环境、电网升级改造等战略部署中的相关电力可靠性要求。加强电力供需管理，做好燃料库存、入库水量等的监测分析和协调处理，科学实施电力需求侧管理和有序用电，保障电力可靠供应。扎实推动电力用户可靠性管理工作，监督指导重要电力用户排查治理电力可靠性管理中发现的风险和隐患。

（四）国家能源局派出机构、地方政府能源管理部门和电力运行管理部门要进一步完善电力可靠性管理统筹协调工作机制，坚持统筹规划、统筹部署、统筹推进。要建立联席协调机制，定期分析、通报电力供需和电网运行情况，协调解决保障电力供应和电力系统稳定运行面临的问题，确保工作推动协调有力、信息沟通渠道畅通，形成工作合力。

（五）国家能源局及其派出机构、地方政府能源管理部门和电力运行管理部门应及时处理电力可靠性管理投诉举报。投诉举报查实后确存在提供虚假、隐瞒重要可靠性信息等违法违规行为的，应依照《电力可靠性管理办法（暂行）》第六十二条和相关规定处理，并纳入电力行业信用体系进行管理。

三、落实电力企业可靠性管理主体责任

（一）电力企业是电力可靠性管理工作的重要责任主体，其主要负责人是电力可靠性管理第一责任人，要认真贯彻落实党中央、国务院相关决策部署和电力行业相关要求，建立健全电力可靠性组织、制度、标准体系和工作流程，加强技术力量配备，推进科技创新和先进技术应用，切实提升电力可靠性管理水平。

（二）电力企业要建立电力可靠性全过程管理机制，加强专业协同，形成覆盖电力生产供应各环节的可靠性全过程管理机制。

（三）电力企业要建立重要电力设备分级管理制度，构建设备标准化管理流程，打通上下游信息共享渠道，强化设备缺陷特别是家族性缺陷的排查治理，建立电力企业在设备选型、监造、安装调试、检修维护、退役等环节的全寿命周期管理机制。鼓励各地区、各单位因地制宜开展差异化检修，探索开展以风险分析为基础的维修、以可靠性为中心的检修等设备检修模式，确保检修质量和效率，严防设备"带病运行"。

（四）电网企业要优化安排电网运行方式，做好电力供需分析和生产运行调度，强化电网安全风险管控，优化运行调度，确保电力系统稳定运行和电力可靠供应。发电企业要

加强燃料、蓄水管控及风电、光伏发电等功率预测，强化涉网安全管理，科学实施机组深度调峰灵活性改造，提高设备运行可靠性，减少非计划停运。电网企业要加大城乡电力基础设施建设力度，提升供电服务和民生用电保障能力。

（五）供电企业要指导电力用户安全用电、可靠用电，消除设备和涉网安全隐患，预防电气设备事故。按规定为重要电力用户提供相应的供电电源，指导和督促重要用户安全使用自备应急电源。

四、鼓励社会各方积极参与电力可靠性管理

（一）鼓励电力设备制造企业按照国家质量发展规划和要求，加强与电力企业的信息共享和协调管控，加大科技创新和产品开发力度，加强产品可靠性设计、试验及生产过程质量控制，从制造源头提升设备可靠性水平。

（二）鼓励电力企业、科研单位和电力用户等根据电力规划、建设、生产、供应、使用和设备制造等工作需要，研究、开发和采用先进的科学技术和管理方法，提高可靠性数据的准确性、时效性和可追溯性，经实践检验后推广应用。对取得显著成绩的单位和个人，政府部门和相关电力企业可根据相关法律法规给予表彰奖励。

（三）发挥行业协会、科研单位、技术咨询机构等第三方机构的技术优势，积极参与电力可靠性管理工作，加强电力可靠性数据分析、应用和推广，鼓励行业协会开展行业自律和服务，增强交流与合作。

五、加强电力可靠性信息管理

（一）电力可靠性信息实行统一管理、分级负责。国家能源局建立电力可靠性监督管理信息系统，实施全国范围内电力可靠性信息注册、报送、分析、评价、应用、核查等监督管理工作，及时发布电力可靠性数据信息。国家能源局派出机构负责辖区内电力可靠性信息分析、发布和核查。

（二）电力企业应根据国家能源局有关规定，通过电力可靠性监督管理信息系统向国家能源局报送电力可靠性信息。

电力可靠性信息报送应当符合下列期限要求：

1. 每月 8 日前报送上月火力发电机组主要设备、核电机组、水力发电机组、输变电设备、直流输电系统以及供电系统用户可靠性信息；

2. 每季度首月 12 日前报送上一季度发电机组辅助设备、风力发电场和太阳能发电站的可靠性信息。

（三）电力企业应每年对自身电力可靠性管理工作开展情况进行全面总结，对发生的

电力可靠性事件和相关生产运行、技术管理情况进行分析，于每年2月15日前将上一年度电力可靠性管理和技术分析报告报送所在地国家能源局派出机构、省级政府能源管理部门和电力运行管理部门，中央电力企业总部于每年3月1日前报送国家能源局。

（四）省级电网企业应按照国家能源局有关规定，每年对调度管辖范围内的电力供应情况、电力系统运行情况和电网安全风险管控情况进行评估分析，对下一年的电力供应趋势、电网安全风险辨识、电网运行方式安排等情况进行预测预判，于每年1月份将上一年度电力系统可靠性的评估分析和本年度的预测预判情况报送国家能源局派出机构、省级政府能源管理部门和电力运行管理部门；中央电网企业总部于每年2月份将有关情况报送国家能源局。

本文件自发布之日起施行，有效期为5年。《国家能源局关于加强电力可靠性监督管理工作的意见》（国能安全〔2015〕208号）同时废止。

国家能源局

2023年2月14日

（二）发电运行安全

国家能源局关于印发
《燃煤发电厂贮灰场安全监督管理规定》的通知

国能发安全规〔2022〕53号

各省（自治区、直辖市）能源局，有关省（自治区、直辖市）及新疆生产建设兵团发展改革委、经信委（经信厅、工信厅、工信局），北京市城市管理委员会，各派出机构，全国电力安委会各企业成员单位，有关单位：

为进一步加强燃煤发电厂贮灰场安全监督管理，管控安全风险，消除安全隐患，防范贮灰场安全事故发生，我们修订了《燃煤发电厂贮灰场安全监督管理规定》，现印发给你们，请遵照执行。

国家能源局

2022年5月27日

燃煤发电厂贮灰场安全监督管理规定

第一条 为了进一步加强燃煤发电厂贮灰场安全监督管理，预防贮灰场安全事故，根据《中华人民共和国安全生产法》《中华人民共和国电力法》《电力监管条例》《电力安全事故应急处置和调查处理条例》等法律法规，制定本规定。

第二条 燃煤发电厂贮灰场（以下简称贮灰场）建设、运行、闭库和闭库后的安全监督管理，适用本规定。

本规定所称贮灰场，是指筑坝拦截谷口或者围地形成的具有一定容积、主要用以贮存粉煤灰和石膏的专用场地，包括灰坝（含灰堤）、场内粉煤灰排放系统、排水系统、排渗系统、喷淋系统、回水泵站、贮灰场管理站等建（构）筑物和设备设施。

第三条 燃煤发电厂（以下简称发电企业）是本厂贮灰场安全生产的责任主体，应当遵守国家有关法律法规和标准规范，坚持以人为本，坚持人民至上、生命至上，落实全员安全生产责任制，加强安全生产标准化建设，保障安全生产投入，构建安全风险分级管控和隐患排查治理双重预防机制，明确贮灰场安全管理机构，配备熟知贮灰场安全知识、具备贮灰场相应专业技能的管理人员、技术人员和作业人员。

第四条　贮灰场（含构筑子坝）的勘察设计、建设施工、运行管理、安全评估等单位应当具备相应能力，并承担相应的安全责任。

第五条　勘察设计单位应当按照国家有关标准开展贮灰场勘察（测）、设计工作，对贮灰场及灰坝稳定性、防排洪能力、安全设施可靠性、环境保护、坝基适用性等进行充分论证。

贮灰场的安全设施应当与主体工程同时设计、同时施工、同时投入使用，并符合电力安全生产设施有关规定要求。

第六条　施工单位应当严格执行国家有关法律法规和标准规范的规定，按照贮灰场设计图纸施工，确保贮灰场工程质量，并做好施工技术资料的管理和归档工作。

贮灰场施工过程中需要对设计做局部修改时，应当经原设计单位进行设计变更。

第七条　发电企业应当在贮灰场建成投运后的一个月内，向所在地的国家能源局派出机构和地方政府电力管理等有关部门报告。报告应当提交以下资料：

（一）贮灰场的地理位置、面积及下游（或者周边）村庄、建筑物、居民等情况。

（二）贮灰场建设时间、参建单位以及建设期间曾经出现过的重大问题、处理措施、处理结果。

（三）贮灰场主要技术参数，包括灰坝轴线位置、灰坝高、总库容、灰坝外坡坡比、灰坝结构、筑坝材料、筑坝方式、灰渣堆积量等。

（四）灰坝坝体防渗、排渗及反滤层的设置。

（五）防排洪系统的型式、布置及主要技术参数。

（六）贮灰场工程设计审批文件、施工质量及竣工验收相关资料。

（七）贮灰场的安全管理机构、安全管理责任人以及安全管理制度。

（八）其他需要报送的材料。

第八条　贮灰场以下事项发生变化的，发电企业应当及时报告所在地的国家能源局派出机构和地方政府电力管理等有关部门：

（一）加筑子坝。

（二）灰坝筑坝方式。

（三）灰坝轴线位置、贮灰场库容、灰坝外坡坡比、灰坝坝型、最终堆积标高。

（四）灰坝坝体防渗、排渗及反滤层的设置。

（五）防排洪系统的型式、布置及主要技术参数。

（六）贮灰场闭库。

第九条　贮灰场的运行管理单位应当建立运行管理制度，对灰坝坝体、除灰管路及排水设施等进行经常性检查，认真开展隐患排查治理工作，建立健全隐患排查治理档案。贮灰场重大及以上隐患的治理应坚持专项设计、专项审查、专项施工和专项验收的原则。

贮灰场存在重大及以上隐患且无法保证安全的，应当立即停止继续排灰，及时采取有效措施予以控制，并报告所在地的国家能源局派出机构和地方政府电力管理等有关部门。

贮灰场的运行管理单位应当在有较大危险因素的坝体和有关设施、设备上设置规范的安全警示标志。

第十条　运行管理单位应当加强贮灰场运行管理，完善贮灰场排灰和取灰方案，优化贮灰场运行方式，依据设计文件控制贮灰场灰水位、堆灰坡向、预留安全加高等，保持满足安全运行的干滩长度。

第十一条　运行管理单位应当保持坝体观测设施齐全、完好，并定期进行坝体位移、坝体沉降、坝体浸润线埋深及其出溢点变化情况等安全监测：

（一）坝体位移监测。在贮灰场竣工三年内，每月监测一次；竣工三年后，一般情况下，每季度监测一次。

（二）坝体沉降监测。一般情况下，每季度监测一次。

（三）浸润线监测。正常情况下，每月测量一次。根据浸润线监测数据，应当及时绘出坝体浸润线。

（四）地下水位变化监测。地下水位监测应当重点监测其变化幅度及与地表水的联系。系统动态监测时间不少于 1 个水文年，并每月监测一次，雨季应当增加监测次数。

（五）蚁穴、兽洞观测。根据当地气候特点，每年春季、秋季应当对坝体蚁穴、兽洞等进行全面检查。

鼓励采用北斗卫星高精度变形监测等先进技术监测坝体位移、沉降等变化情况。

第十二条　在汛期或者发生地震、暴雨、洪水、泥石流以及其他可能影响贮灰坝安全等异常情况时，运行管理单位应当加强巡视检查，并增加监测频次和监测项目。

第十三条　运行管理单位应当加强安全监测数据分析和管理，发现监测数据异常或者通过监测分析发现坝体有裂缝、滑坡征兆等严重异常情况时，应当立即采取措施予以处理并及时报告。

第十四条　发电企业和运行管理单位应当加强贮灰场防汛安全管理。每年汛期前应当

对贮灰场排洪设施进行检查、试运、维修和疏通。汛期后应当对贮灰场坝体和排洪构筑物进行全面检查与清理，发现问题及时处理。

第十五条　发电企业和运行管理单位应当加强贮灰场堆灰和取灰管理，制定完善堆灰和取灰方案。堆灰和取灰工作不得影响贮灰场安全。

第十六条　运行管理单位应当做好贮灰场喷淋设施运行维护管理，以及贮灰场植被和贮灰场周边的防尘绿化带维护管理，防止扬尘污染。运行管理单位应当按照《一般工业固体废物贮存和填埋污染控制标准》（GB 18599）对贮灰场排放灰水及渗漏水定期进行水质监测。

第十七条　运行管理单位发现贮灰场安全管理范围内存在爆破、打井、采石、采矿、取土等危及贮灰场安全的活动时，应当及时制止，采取应对防范措施，并报告有关单位和地方政府有关部门，请求协调解决。

第十八条　发电企业应当加强贮灰场闭库工作及闭库后安全管理工作。对于解散或者关闭破产的发电企业，贮灰场安全管理由资产所有者或者其上级主管单位负责。

第十九条　发电企业应当对运行以及闭库后的贮灰场定期组织开展安全评估，形成评估报告。安全评估原则上每三年进行一次。

发生以下情形之一的，发电企业应当及时开展专项安全评估：

（一）加筑子坝后。

（二）遭遇特大洪水、破坏性地震等自然灾害。

（三）发生贮灰场安全事故后或者重大及以上隐患治理完成后。

（四）其他影响贮灰场安全运行的异常情况。

不具备安全评估能力的发电企业可以委托具有相应能力的企业开展，评估单位对评估报告的真实性负责。发电企业应当及时将安全评估报告和专项安全评估报告报送所在地的国家能源局派出机构和地方政府电力管理等有关部门。

第二十条　贮灰场安全等级分为正常贮灰场、病态贮灰场、险情贮灰场。

具备下列条件，评定为正常贮灰场：

（一）设计标准：符合现行规范要求。

（二）防洪能力：满足灰坝设计级别所规定的洪水标准，运行贮灰标高不超过限制贮灰标高，有足够的防洪容积和安全加高。

（三）排水设施：排水系统（含排洪系统）设施符合设计标准要求，运行工况正常。

（四）坝体结构：坝体结构完整、沉降稳定、未发现裂缝和滑移现象，抗滑稳定安全系数满足规范要求。

（五）渗流防治：排渗设施有效，渗透水量平稳、水质清澈，没有影响坝体渗透稳定的状况。防渗设施完好，没有造成地下水位抬高和地下水水质污染。

存在下列情况之一，评定为病态贮灰场：

（一）设计标准：不符合现行规范要求，已限制贮灰场运行条件。

（二）防洪能力：安全加高不满足设计洪水标准要求。

（三）排水设施：排水建（构）筑物出现裂缝、钢筋腐蚀、管接头漏泥或者局部损坏的状况。

（四）坝体结构：坝体整体外坡陡于设计值，坝坡冲刷严重形成冲沟，或者坝体抗滑稳定安全系数小于规范允许值但不小于 0.95 倍规范允许值。

（五）渗流防治：坝体浸润线位置过高，有高位出溢点，坡面出现湿片。渗透水对地下水位抬高和地下水水质造成一定影响。

存在下列情况之一，评定为险情贮灰场：

（一）设计标准：低于现行规范要求，明显影响贮灰场安全。

（二）防洪能力：无安全加高或者防洪容积不满足设计洪水标准要求。

（三）排水设施：排水系统存在局部堵塞、排水不畅的情况，存在大范围破损状况，严重影响排水系统安全运行，甚至丧失排水能力的情况。

（四）坝体结构：坝体出现裂缝、坍塌、浅层滑坡现象，或者坝体抗滑稳定安全系数小于 0.95 倍规范允许值。

（五）渗流防治：坝坡存在大面积渗流，或者出现管涌流土现象，形成渗流破坏；渗透水对地下水位抬高和地下水水质造成严重影响。

第二十一条 评定为险情贮灰场的，发电企业和运行管理单位应当在限定的时间内采取工程措施消除险情，情况危急的，应当立即停运，并进行抢险；评定为病态贮灰场的，发电企业和运行管理单位应当在限定的时间内按照正常贮灰场标准进行整治，及时消除缺陷或者隐患。

第二十二条 发电企业和运行管理单位应当加强贮灰场应急管理工作，制定针对灰坝垮坝、洪水漫顶、水位超警戒线、坝坡滑动、防排洪系统失效等运行安全事故，以及可能影响贮灰场安全运行的台风、洪水、地震、地质灾害等自然灾害的应急预案，并定期开展应急培训和演练。

贮灰场遇有险情时，应当按照规定启动应急预案，采取有效措施，确保贮灰场安全。

第二十三条　贮灰场发生安全事故或者出现异常情况时，发电企业应当立即启动应急预案，进行抢险，防止事故扩大或者异常情况升级为安全事故，避免和减少人员伤亡及财产损失，并立即报告上级主管单位、所在地的国家能源局派出机构以及地方政府电力管理等有关部门。

第二十四条　地方政府电力管理等有关部门按照"管行业必须管安全、管业务必须管安全、管生产经营必须管安全"原则，落实地方安全管理责任，国家能源局派出机构负责贮灰场安全监督管理工作。

第二十五条　本规定下列用语的含义：

（一）灰坝：挡粉煤灰和水的贮灰场外围构筑物，常泛指贮灰场初期坝和分期加高坝的总体。

（二）贮灰场安全设施：主要指贮灰场观测设施及其他用于保证贮灰场安全的设施。

（三）浸润线：水沿着粉煤灰颗粒间隙向坝体下游渗透形成的稳定渗流自由水面。

（四）排洪设施：包括截洪沟、溢洪道、排水井、排水管和排水隧洞等构筑物。

（五）干滩长度：垂直坝轴线的断面上，贮灰场水面与灰面的交点至灰面与上游坝坡交点间的水平距离。

（六）限制贮灰标高：各期设计坝顶标高所允许的最高贮灰标高。

（七）安全加高：贮灰场在限制贮灰标高条件下蓄洪水位至灰坝坝顶之间的高度。

（八）闭库：为使一座停用的贮灰场能够满足长期安全稳定的要求而开展的一系列工作的全过程。包括两种情况：

1.贮灰场已达到设计最终堆积高程并不再进行继续加高扩容的；

2.贮灰场尚未达到设计最终堆积高程但由于各种原因提前停止使用的。

（九）贮灰场安全事故或者异常情况：发生《中华人民共和国安全生产法》《生产安全事故报告和调查处理条例》和《电力安全事故应急处置和调查处理条例》规定的生产安全事故，以及其他导致严重后果的运行安全异常情况，如灰坝溃决、严重断裂、倒塌、滑移；洪水漫顶、淹没；排洪设施严重破坏；近坝库岸及边坡大规模塌滑等。

第二十六条　本规定自印发之日起施行，有效期5年。原国家电力监管委员会《燃煤发电厂贮灰场安全监督管理规定》（电监安全〔2013〕3号）同时废止。

国家能源局关于印发
《燃煤发电厂液氨罐区安全管理规定》的通知

国能安全〔2014〕328号

各派出机构，华能、大唐、华电、国电、中电投集团公司，各发电企业：

为加强燃煤发电厂液氨罐区安全管理，防范液氨事故发生，现将《燃煤发电厂液氨罐区安全管理规定》印发你们，请依照执行。

国家能源局

2014年7月8日

燃煤发电厂液氨罐区安全管理规定

第一章 总 则

第一条 为加强燃煤发电厂液氨罐区（以下简称氨区）安全管理，防范液氨事故发生，依据《中华人民共和国安全生产法》《特种设备安全法》《危险化学品安全管理条例》《电力监管条例》等法律法规及有关标准规范，制定本规定。

第二条 本规定适用于燃煤发电厂利用液氨作为还原剂的烟气脱硝系统中氨区的安全管理。

本规定所称氨区指接卸和储存液氨以及制备氨气的生产区域，按功能分为生产区（含储罐区、卸氨区、氨气制备区）和辅助区（含控制室和值班室）。

第三条 发电企业是氨区安全责任主体，应严格遵守国家有关法律法规和标准规范，全面履行氨区安全管理责任。

本规定所指发电企业包括投资建设和管理氨区的使用单位和特许经营单位。

第二章 安全要求

第四条 氨区应布置在厂区边缘且处于全年最小频率风向的上风侧，并设置必要数量的风向标。生产区应符合火灾危险性乙类和抗震重点设防类标准和要求。

第五条　氨区设备配置和系统应满足国家和行业有关技术标准和规范的要求，储罐应符合《压力容器》（GB 150—2011）等特种设备相关规定。

第六条　氨区应设置避雷保护装置，并采取防止静电感应的措施，储罐以及氨管道系统应可靠接地。

第七条　氨区电气设备应满足《爆炸和火灾危险环境电力装置设计规范》，符合防爆要求。

第八条　氨区大门入口处应装设静电释放装置。静电释放装置地面以上部分高度宜为1.0m，底座应与氨区接地网干线可靠连接。

第九条　氨区入口应设置明显的职业危害告知牌和安全标志标识。职业危害告知牌应注明氨物理和化学特性、危害防护、处置措施、报警电话等内容。

第十条　生产区应设置两个及以上对角或对向布置的安全出口。安全出口门应向外开，以便危险情况下人员安全疏散。

第十一条　氨区应设置洗眼器等冲洗装置，水源宜采用生活水，防护半径不宜大于15m。洗眼器应定期放水冲洗管路，保证水质，并做好防冻措施。

第十二条　氨区宜设置消防水炮，消防水炮采用直流／喷雾两用，能够上下、左右调节，位置和数量以覆盖可能泄漏点确定。

第十三条　氨区应设置能覆盖生产区的视频监视系统，视频监视系统应传输到本单位控制室（或值班室）。

第十四条　氨区应设置事故报警系统和氨气泄漏检测装置。氨气泄漏检测装置应覆盖生产区并具有远传、就地报警功能。

第十五条　氨区应设置用于消防灭火和液氨泄漏稀释吸收的消防喷淋系统。消防喷淋系统应综合考虑氨泄漏后的稀释用水量，并满足消防喷淋强度要求，其喷淋管按环型布置，喷头应采用实心锥型开式喷嘴。

消防喷淋系统不能满足稀释用水量的，应在可能出现泄漏点较为集中的区域增设稀释喷淋管道。

第十六条　储罐区宜设置遮阳棚等防晒措施，每个储罐应单独设置用于罐体表面温度冷却的降温喷淋系统。喷淋强度根据当地环境温度、储罐布置、装载系数和液氨压力等因素确定。

第十七条　储罐应设有必要的安全自动装置，当储罐温度和压力超过设定值时启动降温喷淋系统；储罐压力和液位超过设定值时切断进料；液氨泄漏检测超过设定值时启动消防喷淋系统。

安全自动装置应采用保安电源或 UPS 供电。

第十八条 储罐区应设置防火堤，其有效容积应不小于储罐组内最大储罐的容量，并在不同方位上设置不少于 2 处越堤人行踏步或坡道。

与液氨储罐相连的管道、法兰、阀门、仪表等宜在储罐顶部及一侧集中布置，且处于防火堤内。

第十九条 氨区及输氨管道法兰、阀门连接处应装设金属跨接线。与储罐相连的管道、法兰、阀门、仪表等宜按下表选择，并考虑相应的防腐蚀措施。

序号	名称	最低设计温度	
		> −20℃	≤ −20℃
1	管道	20 号钢或不锈钢	不锈钢
2	法兰	20 号钢或不锈钢，带颈对焊突面法兰	不锈钢，带颈对焊突面法兰
3	氨用阀门	不锈钢	
4	密封垫片	不锈钢缠绕石墨或聚四氟乙烯垫片	
5	螺栓螺母	35CrMo 或不锈钢	
6	仪表	氨专用仪表	

第二十条 卸氨区应装设万向充装系统用于接卸液氨，禁止使用软管接卸。万向充装系统应使用干式快速接头，周围设置防撞设施。

第二十一条 氨区气动阀门应采用故障安全型执行机构，储罐氨进出口阀门应具有远程快关功能。

第二十二条 氨区废水必须经过处理达到国家环保标准，严禁直接对外排放。

第三章　运行维护

第二十三条 氨区作业人员应熟知氨区作业规程规范和应急措施，作业前按等级进行风险评估，并做好安全交底工作。

第二十四条 进入氨区应先触摸静电释放装置，消除人体静电，并按规定进行登记。禁止无关人员进入氨区，禁止携带火种或穿着可能产生静电的衣服和带钉子的鞋进入氨区。

第二十五条 从事设备运行操作或检修维护作业应使用铜质等防止产生火花的专用工具。如必须使用钢制工具，应涂黄油或采取其他措施。

第二十六条　储罐安全自动装置应投入运行，严禁随意解除联锁和保护。确需解除的，应严格遵守规定，履行相关手续。

第二十七条　运行值班人员应按规定巡视检查氨区设备和系统运行状况，定期测定空气中氨气含量，并做好记录，发现异常及时处理。

第二十八条　运行值班人员应加强对储罐温度、压力、液位等重要参数的监控，严禁超温、超压、超液位运行。

储罐液位计应有明显的限高标识，运行中储罐存储量不得超过储罐有效容量的85%。

第二十九条　运行中不准敲击氨区设备系统，接卸、气体置换、倒罐等重要操作应严格执行操作票制度。

第三十条　接卸液氨应按照规定执行，并遵循以下原则：

1. 接卸前查验液氨出厂检验报告，确认液氨纯度符合要求；

2. 液氨运输人员负责槽车侧的阀门操作，氨区操作人员按照操作票逐项操作氨区内设备系统；

3. 根据经计算确定的卸氨流量控制流速在1m/s以内，防止静电摩擦起火；

4. 接卸液氨过程中应注意储罐和槽车的液位和压力变化，不得超过规定的安全液位高限；

5. 恶劣天气或周围有明火等情况下，应立即停止或不得进行卸氨操作。夜间一般不进行卸氨操作；

6. 卸氨结束，应静置10min后方可拆除槽车与卸料区的静电接地线，并检测空气中氨浓度小于35ppm后，方可启动槽车。

第三十一条　氨系统气体置换遵循以下原则：

1. 确保连接管道、阀门有效隔离；

2. 氮气置换氨气时，取样点氨气含量应不大于35ppm；

3. 压缩空气置换氮气时，取样点含氧量应达到18%～21%；

4. 氮气置换压缩空气时，取样点含氧量小于2%。

第三十二条　氨系统发生泄漏时，宜使用便携式氨气检测仪或肥皂水查漏，禁止明火查漏。

第三十三条　检修维护作业必须严格执行工作票制度，在采取可靠隔离措施并充分置换后方可作业，不准带压修理和紧固法兰等设备。氨系统经过检修后，应进行严密性试验。

第三十四条　氨区及周围 30m 范围内动用明火或可能散发火花的作业，应办理动火工作票，在检测可燃气体浓度符合规定后方可动火。

严禁在运行中的氨管道、容器外壁进行焊接、气割等作业。

第三十五条　储罐内检修维护作业，应有效隔离系统，并经气体置换，同时要落实有限空间作业安全措施。

第四章　应急管理

第三十六条　发电企业应按规定编制液氨泄漏事故专项应急预案和现场处置方案。

第三十七条　发电企业应制定液氨泄漏事故年度应急演练计划，定期组织开展应急演练工作。

第三十八条　发电企业应配备必要的防护用品和应急救援物资，防护用品和应急物资配备数量不得少于下表规定。

序号	物资名称	技术要求或功能要求	数量	
			个人	公用
1	正压式空气呼吸器	技术性能符合 GB/T 18664 要求	—	2 套
2	气密型化学防护服	技术性能符合 AQ/T 6107 要求	—	2 套
3	过滤式防毒面具	技术性能符合 GB/T 18664 要求	1 个 / 人	4 个
4	化学安全防护眼镜	技术性能符合 GB/T 11651 要求	1 副 / 人	4 副
5	防护手套	技术性能符合 GB/T 11651 要求	1 双 / 人	4 双
6	防护靴	技术性能符合 GB/T 11651 要求	1 双 / 人	4 双
7	便携式氨气检测仪	检测氨气浓度	—	1 台
8	手电筒	易燃易爆场所，防爆	1 个 / 人	—
9	手持式应急照明灯	易燃易爆场所，防爆	—	2 个
10	对讲机	易燃易爆场所，防爆	—	2 台
11	医用硼酸	500mL	—	2 瓶

第三十九条　发生液氨泄漏，现场人员应穿戴好防护用品并按规定报告。发生液氨严重泄漏时，运行值班人员应停运相关设备，切断液氨来源并使用消防水炮进行稀释。

第四十条　发电企业接到液氨泄漏报告后，应启动应急预案，组织专业人员处理。现场处理人员不得少于 2 人，严禁单独行动。

当泄漏有可能影响周边居民人身安全时，发电企业应立即报告当地政府。

第四十一条 液氨泄漏或现场处置过程中伤及人员的，按以下原则紧急处理：

1. 人员吸入液氨时，应迅速转移至空气新鲜处，保持呼吸通畅。如呼吸困难或停止，立即进行人工呼吸，并迅速就医；

2. 皮肤接触液氨时，立即脱去污染的衣物，用医用硼酸或大量清水彻底冲洗，并迅速就医；

3. 眼睛接触液氨时，立即提起眼睑，用大量流动清水或生理盐水彻底冲洗至少 15 分钟，并迅速就医。

第四十二条 液氨严重泄漏或液氨泄漏引发火灾、爆炸，以及处置中液氨泄漏没有得到有效控制的，发电企业应立即启动应急响应机制，请求地方政府支援，协同开展应急救援工作。

发电企业应根据泄漏程度，设定隔离区域和疏散地点。隔离区域应设警戒线，并有专人警戒；疏散地点处于上风、侧风向，沿途设立哨位，并有专人引导或护送。

第五章 安全管理

第四十三条 发电企业应加强氨区安全管理，严格氨区设计、施工和液氨运输单位及相关人员的资格审查，组织开展氨区安全审查和评估。

第四十四条 发电企业要严格氨区安全生产责任制，明确氨区安全责任部门，配备氨区专业管理人员，落实各级各类人员安全生产责任。

第四十五条 发电企业应不断完善氨区安全管理制度，并定期审核、修订，保证其有效性。

氨区安全管理制度至少包括：运行规程、检修规程、操作票制度、工作票制度、动火制度、巡徊检查制度、出入管理制度、车辆管理制度、防护用品定期检查制度等。

第四十六条 发电企业应加强安全生产教育培训，主要负责人和安全管理人员应经教育培训合格；专业管理人员、操作人员和作业人员应经专业知识和业务技能培训，持证上岗。

第四十七条 发电企业要加强对氨区重大危险源管理，依法开展危险化学品重大危险源辨识、评估、登记建档、备案、核销及管理工作。

第四十八条 发电企业要按照压力容器及特种设备的有关规定，加强氨区压力容器、压力管道等承压部件和有关焊接工作的技术管理和技术监督，完善设备技术档案。

第四十九条　发电企业要深入开展氨区隐患排查治理，建立隐患管理台账，积极开展隐患排查、治理、统计、分析、上报和管控工作，及时消除隐患。

第五十条　发电企业要定期组织开展氨区防雷接地、自动保护装置、压力容器和压力管道、氨气泄漏检测仪等有关设备以及安全附件的检测、试验工作，并做好记录。

第五十一条　发电企业要认真执行电力安全信息报送规定，及时、准确报送氨区安全信息。

国家能源局关于印发
《燃气电站天然气系统安全管理规定》的通知

国能安全〔2015〕450号

各派出机构，华能、大唐、华电、国电、国家电投集团公司，各发电企业：

为加强燃气电站天然气系统安全管理，防范各类电力事故的发生，我局组织制定了《燃气电站天然气系统安全管理规定》，已经局长办公会审议通过，现印发你们，请依照执行。

国家能源局

2015 年 12 月 22 日

燃气电站天然气系统安全管理规定

第一章　总　　则

第一条　为加强燃气电站天然气系统安全生产管理，防范事故发生，依据《中华人民共和国安全生产法》《石油天然气管道保护法》《石油天然气工程设计防火规范》《城镇燃气设计规范》《输气管道工程设计规范》《火力发电厂与变电所设计防火规范》《联合循环机组燃气轮机施工及质量验收规范》等法律法规及有关标准规范，制定本规定。

第二条　本规定适用于燃气电站天然气系统的设计、施工、运行维护和安全及应急管理工作。

本规定所称燃气电站，是指利用天然气、煤层气、煤制气或液化天然气（LNG）作为燃料生产电能的发电企业。天然气系统，是指燃气电站产权边界内发电生产用的天然气设备设施，包括过滤、调压、调温、输送、计量、贮存、放散、控制及其他（紧急切断、防雷防静电等）设备设施。

第三条　燃气发电企业是燃气电站安全生产管理责任主体，应严格遵守国家有关法律法规和标准规范，全面履行燃气电站天然气系统安全生产管理责任。

第二章　安全要求

第四条　燃气发电工程设计单位应具备相应等级的资质证书，并应严格执行国家规定的设计深度要求和标准规范中的强制性条文。

第五条　进入燃气电站的天然气气质应符合《天然气》（GB 17820）中的相关要求，同时还应满足《输气管道工程设计规范》（GB 50251）等国家和行业标准中的有关规定；天然气在电站内经过滤、加热及调压后，最终应满足燃气轮机制造厂对天然气气质各项指标的要求。

第六条　燃气电站天然气系统的设计和防火间距应符合《石油天然气工程设计防火规范》（GB 50183）的规定。

第七条　调压站与调（增）压装置的设计，应遵循以下原则：

（一）天然气调压站应独立布置，应设计在不易被碰撞或不影响交通的位置，周边应根据实际情况设置围墙或护栏；

（二）调压站或调（增）压装置与其他建、构筑物的水平净距和调（增）压装置的安装高度应符合《城镇燃气设计规范》（GB 50028）的相关要求；

（三）设有调（增）压装置的专用建筑耐火等级不低于二级，且建筑物门、窗向外开启，顶部应采取通风措施；

（四）调（增）压装置的进出口管道和阀门的设置应符合《城镇燃气设计规范》（GB 50028）及《输气管道工程设计规范》（GB 50251）的相关要求；调（增）压装置前应设有过滤装置。

第八条　天然气系统管道设计，应遵循以下原则：

（一）天然气进、出调压站管道应设置关断阀，当站外管道采用阴极保护腐蚀控制措施时，其与站内管道应采用绝缘连接。天然气管道不得与空气管道固定相连；

（二）天然气管道宜采用支架敷设或直埋敷设；

（三）天然气管道应有良好的保护设施。地下天然气管道应设置转角桩、交叉和警示牌等永久性标志。易于受到车辆碰撞和破坏的管段，应设置警示牌，并采取保护措施。架空敷设的天然气管道应有明显警示标志；

（四）地下天然气管道不得从建筑物和大型构筑物（不包括架空的建筑物和大型构筑物）的下面穿越。地下天然气管道与建筑物、构筑物或相邻管道之间的水平和垂直净距应符合《城镇燃气设计规范》（GB 50028）第 6.3.3 条有关规定，且不得影响建（构）筑物和

相邻管道基础的稳固性；

（五）地下天然气管道埋设的最小覆土厚度（路面至管顶）应符合《城镇燃气设计规范》（GB 50028）第 6.3.4 条有关规定；

（六）地下天然气管道与交流电力线接地体的净距应不小于《城镇燃气设计规范》（GB 50028）第 6.7.5 条有关规定；

（七）除必须用法兰连接部位外，天然气管道管段应采用焊接连接；

（八）连接管道的法兰连接处，应设金属跨接线（绝缘管道除外），当法兰用 5 副以上的螺栓连接时，法兰可不用金属线跨接，但必须构成电气通路。如天然气管道法兰发生严重腐蚀，电阻值超过 0.03 欧姆时，应符合《压力管道安全技术监察规程——工业管道》（TSG D 0001）的有关规定。

第九条　天然气系统泄压和放空设施设计，应遵循以下原则：

（一）天然气系统中，两个同时关闭的关断阀之间的管道上，应安装自动放空阀及放散管。为使管道系统放空而配置的连接管尺寸和排放通流能力，应满足紧急情况下使管段尽快放空要求；

（二）在天然气系统中存在超压可能的承压设备，或与其直接相连的管道上，应设置安全阀。安全阀的选择和安装，应符合《安全阀安全技术监察规程》（TSG ZF001）和《城镇燃气设计规范》（GB 50028）的有关规定；

（三）天然气系统应设置用于气体置换的吹扫和取样接头及放散管等。放散管应设置在不致发生火灾危险的地方，放散管口应布置在室外，高度应比附近建（构）筑物高出 2 米以上，且总高度不应小于 10 米。放散管口应处于接闪器的保护范围内。

第十条　天然气爆炸危险区域的范围应根据释放源的级别和位置、易燃物质的性质、通风条件、障碍物及生产条件、运行经验等现场实际情况，经技术经济比较综合确定。爆炸危险区域内的设施应采用防爆电器，其选型、安装和电气线路的布置应按《爆炸危险环境电力装置设计规范》（GB 50058）执行。

第十一条　天然气系统设备的防雷接地设施设计应符合《建筑物防雷设计规范》（GB 50057）及《石油天然气工程设计防火规范》（GB 50183）的有关规定。防静电接地设施设计应符合《化工企业静电接地设计规程》（HG/T 20675）的有关规定。

第十二条　天然气系统消防及安全设施设计应执行《火力发电站与变电所设计防火规范》（GB 50229）和《城镇燃气设计规范》（GB 50028）的有关规定。

第十三条　天然气工程设计完毕后，应由工程建设单位组织图纸会审，会审时应对设

计图纸的规范性、安全合规性、实用性和经济性等方面进行综合评定。

第十四条 天然气工程施工单位应具备相应等级的资质证书，禁止施工单位将工程项目转包、违法分包和挂靠资质等行为。

第十五条 燃气发电企业应建立工程建设质保体系并建立健全工程质量管理制度，指定专人对天然气工程质量进行监督管理。

第十六条 设施设备与管材、管件的提供厂商必须具备相应的生产资质，进场设备和材料规格必须符合国家现行有关产品标准的规定和设计要求，进场设备和材料必须具备出厂合格证及必要的检验报告。

第十七条 天然气工程施工前必须进行技术交底，并有书面交底记录资料和履行签字手续。燃气发电企业和施工单位对施工人员必须进行针对天然气工程建设特点的三级安全教育。

第十八条 施工必须按设计文件进行，如发现施工图有误或天然气设施的设置不能满足《城镇燃气设计规范》（GB 50028）时，施工单位不得自行更改，应及时向燃气发电企业和设计单位提出变更设计要求。修改设计或材料代用应经原设计部门同意。

第十九条 承担天然气钢质管道、设备焊接的人员，必须具有锅炉压力容器压力管道特种设备操作人员资格证（焊接）焊工合格证书，且在证书的有效期及合格范围内从事焊接工作。间断焊接时间超过 6 个月，应重新考试合格后方可再次上岗。

第二十条 天然气系统施工中管道、设备的装卸运输和存放、土方施工、地下和架空管道敷设、调压设施安装，以及管道附件与设备安装应符合《城镇燃气输配工程施工及验收规范》（CJJ 33）的有关规定要求。

第二十一条 管道、设备安装完毕后应按《城镇燃气输配工程施工及验收规范》（CJJ 33）的有关规定，依次进行吹扫、强度试验和严密性试验。

第二十二条 工程竣工验收应以批准的设计文件、国家现行有关标准、施工承包合同、工程施工许可文件和本规定为依据。工程竣工验收应由燃气发电企业（建设单位）主持，组织勘察、设计、监理及施工单位对工程进行验收。验收合格后，各部门签署验收纪要。燃气发电企业及时将竣工资料、文件归档，然后办理工程移交手续。验收不合格应提出书面意见和整改内容，签发整改通知限期完成。整改完成后重新验收。整改书面意见、整改内容和整改通知编入竣工资料文件中。

第二十三条 竣工资料的收集、整理工作应与工程建设过程同步，工程完工后应及时做好整理和移交工作。整体工程竣工资料包括工程依据文件、交工技术文件和检验合格记

录等，具体可参照《城镇燃气输配工程施工及验收规范》（CJJ 33）中 12.5.3 条规定执行。

第三章 运行维护

第二十四条 燃气发电企业应根据本单位天然气系统的实际情况，制定切实可行的天然气系统运行、维护规程，安全操作、巡回检查规定，并严格落实操作票和工作票制度的有关规定。

第二十五条 运行维护人员巡检天然气系统区域，必须穿着防止产生静电的工作服，使用防爆型的照明用具、工器具和劳保防护用品。严禁携带非防爆无线通信设备和电子产品。进入调压站前必须交出火种并释放静电，未经批准严禁在站内从事可能产生火花性质的操作。进入天然气系统区域的外来人员不得穿易产生静电的服装、带铁掌的鞋。机动车辆进入天然气系统区域，应装设阻火器。

第二十六条 对天然气系统设备进行拆装维护保养工作前，必须根据《城镇燃气设施运行、维护和抢修安全技术规程》（CJJ 51）的相关规定，进行惰性气体置换工作。

第二十七条 天然气系统区域的设施应有可靠的防雷装置，防雷装置每年应进行两次监测（其中在雷雨季节前应监测一次），接地电阻不应大于 10 欧姆。

第二十八条 天然气系统区域应有防止静电荷产生和集聚的措施，并设有可靠的防静电接地装置，每年检测不得少于一次。

第二十九条 天然气系统的压力容器使用管理应按《特种设备安全监察条例》（国务院令第 549 号）的规定执行。

第三十条 安全阀应做到启闭灵敏，每年委托有资格的检验机构至少检查校验一次。压力表等其他安全附件应按其规定的检验周期定期进行校验。

第三十一条 进入压缩机房等封闭的天然气设施场所作业，应遵循以下原则：

（一）进入前应先检测有无天然气泄漏，在确定安全后方可进入；

（二）进行维护检修，应采取防爆措施或使用防爆工具。

第三十二条 管道及其附件的运行与维护，应遵循以下原则：

（一）根据运行和维护有关规定，对天然气管道进行定期巡查，作好巡查记录，巡查中发现问题及时上报并采取有效的处理措施；

（二）定期巡查应包括管道安全保护距离内有无影响管道安全情况、管道沿线渗漏检查、天然气管道和附件完整性检查等内容；

（三）在役管道防腐涂层和设置的阴极保护系统的检查、维护周期和方法，应符合《城镇燃气埋地钢质管道腐蚀控制技术规程》（CJJ 95）有关规定的要求；

（四）运行中的管道第一次发现腐蚀漏气点后，应对该管道选点检查其防腐涂层及腐蚀情况，针对实测情况制定运行、维护方案。钢制管道埋设二十年后，应对其进行评估，确定继续使用年限，制定检测周期，并应加强巡视和泄漏检查；

（五）应根据天然气系统运行情况对燃气阀门定期进行启闭操作和维护保养。

第三十三条 调压站设备的运行与维护，应遵循以下原则：

（一）调压装置的巡检内容应包括压缩机、调压器、过滤器、阀门、安全设施、仪器、仪表等设备的运行工况和严密性情况。当发现有燃气泄漏及调压装置有喘息、压力跳动等问题时，应及时处理；

（二）新投入运行或保养修理后重新启用的调压设备，必须经过调试，达到技术标准后方可投入运行；

（三）应定期进行过滤器前后压差检查，并及时排污和清洗；

（四）调压器、泄压阀、快速切断阀及其他辅助设施应定期检查，查验设备是否在设定的数值内运行；

（五）压缩机的检修应严格按设备的保养、维护标准执行。

第三十四条 天然气系统消防安全工作，应遵循以下原则：

（一）天然气系统应建立严格的防火防爆制度。消防设施和器材的管理、检查、维修和保养等应设专人负责；

（二）天然气爆炸危险区域，应按《石油天然气工程可燃气体检测报警系统安全技术规范》（SY 6503）的规定安装、使用可燃气体在线检测报警器；

（三）天然气系统区域应设有"严禁烟火"等醒目的防火标志和风险告知牌，消防通道的地面上应有明显的警示标识，消防通道应保持畅通无阻，消防设施周围不得堆放杂物；

（四）天然气调压站内压缩机房、工艺区、站控楼、配电室等处均应配置专用消防器材，运维人员应定期检查器材的完整性，专业人员定期对站内消防器材校验和更换；

（五）天然气区域动用明火或可能散发火花的作业，应办理动火工作票，检测可燃气体浓度符合规定后方可动火，在动火作业过程中必须对气体浓度进行连续检测，保证动火作业安全。严禁对运行中的天然气管道、容器外壁进行焊接、气割等作业。

第四章 安全及应急管理

第三十五条 燃气发电企业应按国家有关规定建立、健全安全生产责任制，依法配置

安全生产管理机构和专职安全生产管理人员，保证天然气系统的安全运行。企业主要负责人对本单位的天然气系统安全管理工作全面负责。

第三十六条　燃气发电企业应当和天然气供应单位签订安全生产管理协议，界定天然气系统设备设施产权和管理边界，明确各自的安全生产管理职责和应当采取的安全措施，并指定专职安全生产管理人员进行安全检查与协调。

第三十七条　燃气发电企业的天然气系统新建、改建和扩建工程项目，其防火、防爆设施应与主体工程同时设计、同时施工、同时验收投产。

第三十八条　燃气发电企业应建立天然气系统的安全生产规章制度和操作规程，并定期审核、修订，保持其有效性；同时对落实安全生产规章制度和操作规程情况进行检查和考核。燃气发电企业应制定天然气系统的安全技术措施和反事故措施，定期检查措施计划的完成情况，对每项措施计划项目按程序进行检查验收，确保每项措施计划项目能达到预期效果。

第三十九条　燃气发电企业应加强安全生产风险预控体系建设和隐患排查治理工作，建立隐患管理台账，积极开展隐患排查、统计、分析、上报、治理和管控工作，及时发现并消除事故隐患。

第四十条　燃气发电企业应根据《危险化学品重大危险源辨识》（GB 18218）有关规定要求，依法开展重大危险源辨识、评估、登记建档、备案、核销及管理工作。

第四十一条　燃气发电企业应加强安全生产教育培训，主要负责人和安全管理人员应经安全培训合格；专业管理人员、操作人员和作业人员应经天然气专业知识和业务技能培训合格后上岗；每年应组织开展有关天然气安全知识、防护技能及应急措施的安全培训；根据作业性质对外来作业人员进行有针对性的天然气安全知识交底。

第四十二条　燃气发电企业应配置志愿消防员。距离当地公安消防队（站）较远的可建立专职的消防队，根据规定和实际情况配备专职消防队员和消防设施，并符合国家和行业的标准要求。

第四十三条　燃气发电企业应根据有关规定，开展职工职业危害防护工作，严禁安排禁忌人员从事具有职业危害的岗位工作。燃气发电企业应按照《个体防护装备选用规范》（GB/T 11651）的相关要求，按时、足额向从业人员发放劳动防护用品。

第四十四条　燃气发电企业应依据《生产经营单位安全生产事故应急预案编制导则》（GB/T 29639）和国家能源局《电力企业应急预案管理办法》（国能安全〔2014〕508号）等相关要求，开展以下工作：

（一）建立天然气系统泄漏、着火、爆炸专项应急预案和现场处置方案；

（二）每年制定应急预案演练计划，定期开展应急预案演练工作；

（三）配备必要的应急救援装备、器材，并定期检查维护，保证完好可用；

（四）每年至少组织进行一次全厂范围的天然气系统应急处置演练。

第五章　附　　则

第四十五条　燃气发电企业除应遵守本规定外，还应执行国家现行的有关标准规定。

第四十六条　本规定由国家能源局负责解释。

第四十七条　本规定自印发之日起实施。

国家能源局关于取消发电机组并网安全性评价有关事项的通知

国能安全〔2015〕28 号

各派出机构，国家电网公司、南方电网公司，华能、大唐、华电、国电、中电投集团公司，有关电力企业：

为贯彻落实《国务院关于取消和调整一批行政审批项目等事项的决定》（国发〔2014〕50 号），现就取消发电机组（含风电场、太阳能发电项目，下同）并网安全性评价的有关事项通知如下：

一、国家能源局及其派出机构不再组织开展发电机组并网安全性评价工作。

二、发电企业要加强发电机组并网运行安全技术管理，保证并网运行发电机组满足《发电机组并网安全条件及评价》（GB/T 28566）等相关标准，符合并网运行有关安全要求。

三、发电企业要按照电力建设工程质量管理相关规定和要求，加强发电机组建设过程中的质量管理，认真做好涉网设备、系统的试验和调试等工作，严把设备质量关，确保新建、改建或扩建发电机组安全稳定并网运行。

四、电力调度机构要依据相关法律法规和标准规范，加强发电机组并网运行安全调度管理，配合做好发电机组涉网设备、系统的试验和调试等工作，共同确保发电机组并网运行安全。

五、国家能源局派出机构要加强监督检查，督促发电企业及时消除发电机组涉网设备和系统存在的重大隐患。发生因发电机组涉网设备和系统原因造成事故事件的，依法依规进行调查处理。

电力企业对发电机组存在影响电网安全运行的有关问题，可向国家能源局及其派出机构反映。

六、自本通知印发之日起，《发电机组并网安全性评价管理办法》（国能安全〔2014〕62 号）停止执行。

国家能源局

2015 年 1 月 27 日

（三）水电站大坝安全

国家能源局关于印发
《水电站大坝安全注册登记监督管理办法》的通知

国能安全〔2015〕146 号

各派出机构，大坝中心，各有关电力企业：

为了规范水电站大坝安全注册登记工作，提高大坝安全监督管理水平，确保大坝运行安全，我局制定了《水电站大坝安全注册登记监督管理办法》。现印发你们，请依照执行。

国家能源局

2015 年 5 月 6 日

水电站大坝安全注册登记监督管理办法

第一章　总　　则

第一条　为了加强水电站大坝（以下简称大坝）运行安全监督管理，规范大坝安全注册登记工作，根据《水电站大坝运行安全监督管理规定》，制定本办法。

第二条　大坝运行实行安全注册登记制度，电力企业应当在规定期限内申请办理大坝安全注册登记。

在规定期限内不申请办理安全注册登记的大坝，不得投入运行，其发电机组不得并网发电。

不满足注册登记条件或者未取得安全注册登记证的大坝，电力企业应当在规定期限内办理登记备案手续，并且限期完成大坝安全注册登记。

第三条　本办法适用于以发电为主、总装机容量五万千瓦及以上的大、中型水电站大坝安全注册登记及其监督管理工作。

国家法律法规另有规定的，从其规定。

第四条　大坝安全注册登记实行分类、分级管理：

（一）符合安全注册登记条件，大坝安全管理实绩考核评价满足要求的大坝，核发安全注册登记证；安全注册登记等级分为甲级、乙级和丙级；

（二）符合安全注册登记条件，大坝安全管理实绩考核评价不满足要求的大坝，出具大坝登记备案证明；

（三）因未完成工程竣工安全鉴定而不符合安全注册登记条件的已建大坝，出具大坝登记备案证明。

第五条 大坝安全注册登记实行动态管理。甲级安全注册登记证有效期为五年，乙级和丙级安全注册登记证有效期为三年。

第六条 国家能源局负责大坝安全注册登记的综合监督管理。

国家能源局派出机构（以下简称派出机构）负责辖区内大坝安全注册登记的监督管理。

国家能源局大坝安全监察中心（以下简称大坝中心）具体负责办理大坝安全注册登记工作。

第二章 安全注册登记条件

第七条 大坝安全注册登记应当符合《水电站大坝运行安全监督管理规定》第二十五条规定的条件。

第八条 大坝安全注册登记等级依据大坝安全状况及管理实绩，按照如下原则确定：

（一）大坝安全管理实绩考核评价在八十分以上的正常坝，安全注册登记等级为甲级；

（二）大坝安全管理实绩考核评价在六十分以上、不满八十分的正常坝，安全注册登记等级为乙级；

（三）大坝安全管理实绩考核评价在八十分以上的病坝，安全注册登记等级为丙级。

安全注册登记等级为乙级、丙级的大坝，运行单位应当及时整改，达到甲级标准。

第九条 大坝安全管理实绩由大坝中心现场检查评定，主要考核评价内容如下：

（一）贯彻执行大坝安全法律法规和标准规范情况；

（二）大坝安全制度规程建设和执行情况；

（三）大坝安全工作人员素质和能力；

（四）防汛、应急管理、大坝安全信息报送情况；

（五）大坝安全检查、监测情况；

（六）大坝安全资料及档案管理情况；

（七）大坝维护、隐患及缺陷处理、整改落实及安全经费保障情况。

第三章 安全注册登记程序

第十条 大坝安全注册登记程序包括注册登记申请、材料审查、专家评审、注册决定、

颁发证书等环节。

第十一条　对于已蓄水运行的未注册登记大坝，运行单位应当在完成工程竣工安全鉴定或者大坝安全定期检查三个月内，向大坝中心书面提出安全注册登记申请。申请时提交安全注册登记申请书、企业证照、新建水电站工程竣工安全鉴定报告等材料。

对于已注册登记大坝，运行单位应当在大坝安全注册登记证有效期届满前三个月向大坝中心提出书面安全注册登记换证申请及相关变更材料。

对于已注册登记大坝，主管单位、运行单位、大坝安全等级以及工程等别等注册登记主要事项发生变化的，运行单位应当在三个月内将有关情况报大坝中心，办理安全注册登记变更。

第十二条　大坝中心五个工作日内对申请材料进行审查。

材料符合要求的，大坝中心应当出具受理通知书。

材料不完整的，大坝中心应当一次性告知需要补充完善的内容。

对于不符合安全注册登记条件的大坝，大坝中心应当出具书面意见和限期整改要求，并抄送有关派出机构。

第十三条　大坝中心组织专家成立检查组，对大坝进行现场检查，经专家评审后提出注册检查意见。

检查组应当由具备工程师以上职称的大坝安全管理和运行相关专业人员组成，人数一般为三至七人，其中具备高级工程师以上职称的人数不得少于总人数的三分之二。

现场检查后，大坝中心应当及时将检查结果通报大坝运行单位。运行单位对检查结果有异议的，可向大坝中心书面反映。

注册检查意见认为大坝安全管理实绩考核评价不满足要求的，大坝中心应当在五个工作日内向运行单位反馈整改意见，并按照本办法相关要求出具大坝登记备案证明。

第十四条　大坝中心将注册检查意见报送国家能源局电力安全监管司。

首次确定安全注册登记等级或者安全注册登记等级发生变化的，大坝中心应当同时将注册检查意见抄送有关派出机构。派出机构对注册检查意见有不同意见的，应当将有关意见书面报送电力安全监管司，并抄送大坝中心。

第十五条　电力安全监管司认为大坝符合安全注册登记要求的，经报请分管局领导批准后，以国家能源局名义作出大坝安全注册登记决定，并通知大坝中心。

认为不符合安全注册登记要求的，作出不予安全注册登记决定，由大坝中心通知大坝运行单位。

第十六条　大坝安全注册登记决定应当自出具受理通知书之日起二十个工作日内作出。

依法需要专家评审的，所需时限不算入前款规定的时限内。

第十七条　大坝中心应当在大坝安全注册登记决定作出十个工作日内，向运行单位颁发大坝安全注册登记证，并告知大坝主管单位和有关派出机构。

第四章　登记备案程序

第十八条　大坝登记备案程序主要包括材料报送、材料审查、出具登记备案证明等环节。

第十九条　新建大坝通过蓄水安全鉴定后，建设单位应当在首台发电机组转入商业运营前，将工程蓄水安全鉴定报告、蓄水验收鉴定书以及有关安全管理情况等报大坝中心登记备案。

未完成工程竣工安全鉴定的已建大坝，运行单位应当将《水电站大坝运行安全监督管理规定》第二十五条规定的安全注册登记条件的相关材料报大坝中心登记备案。

第二十条　大坝中心应当对电力企业报送的登记备案材料进行形式审查。材料不完整的，大坝中心应当在五个工作日内一次性告知需要补充完善的内容。

第二十一条　报送材料完整的，大坝中心应当在十个工作日内向电力企业出具大坝登记备案证明，同时告知有关派出机构。

第五章　监督管理

第二十二条　电力企业应当持续改进大坝安全管理工作，每年按照本办法第九条关于大坝安全管理实绩考核评价的相关要求进行自查，并将自查情况报送大坝中心。

第二十三条　派出机构应当督促电力企业开展安全注册登记及登记备案工作，对电力企业执行国家有关安全法律法规和标准规范的情况进行监督检查，发现违法违规行为，依法处理；发现重大安全隐患，责令电力企业及时整改。

第二十四条　取得甲级安全注册登记证的大坝，发生下列情形之一的，由大坝中心提出并经国家能源局批准后，降低安全注册登记等级：

（一）在最近一次大坝安全定期检查或者特种检查中被评定为病坝的，降为丙级；

（二）在最近一次大坝安全定期检查或者特种检查中发现重大缺陷或者隐患后，超过六个月未安排处理的，降为乙级；

（三）大坝关键部位、重要项目安全监测设施不符合要求，定期检查或者特种检查结束后一年内未安排整改的，降为乙级；

（四）未按照计划开展大坝安全定期检查相关工作，逾期超过一年的，降为乙级；

（五）督查时大坝安全管理实绩考核评价不满八十分、但在六十分以上的，降为乙级。

第二十五条　取得安全注册登记证的大坝，发生下列情形之一的，由大坝中心提出并经国家能源局批准，注销安全注册登记证，出具登记备案证明：

（一）大坝发生设防标准内洪水漫坝、坝体结构严重损坏等影响大坝安全和水电站正常运行的重大事件的；

（二）大坝安全管理实绩考核评价正常坝不满六十分、病坝不满八十分，三个月内未按照要求整改的；

（三）注册登记证有效期满后逾期六个月仍未申请换证的；

（四）最近一次安全定期检查或者特种检查评定为险坝，或者评定为病坝后六个月内未按照要求整改的；

（五）取得乙级安全注册登记证的大坝未按照计划开展安全定期检查相关工作，逾期超过一年的。

第二十六条　取得安全注册登记证的大坝，有下列情形之一的，按照有关规定处理，由大坝中心提出并经国家能源局批准或者由国家能源局责令，撤销安全注册登记证，出具登记备案证明：

（一）电力企业采用隐瞒、欺骗、贿赂等不正当手段取得安全注册登记证的；

（二）大坝中心有关人员违反规定颁发安全注册登记证的。

第二十七条　取得安全注册登记证的大坝，发生下列情形之一的，由大坝中心提出并经国家能源局批准，安全注册登记证作废，办理注销手续：

（一）经批准，大坝已经退役的；

（二）经批准，大坝已经拆除重建的；

（三）大坝已经失去挡水功能的。

第二十八条　有下列情形之一的，由大坝中心督促电力企业整改；拒不整改或者整改不力的，由派出机构按照有关规定处理：

（一）未按照规定开展大坝安全注册登记或者登记备案的；

（二）仅取得大坝登记备案证明，不能达到大坝安全管理实绩考核评价要求的；

（三）仅取得大坝登记备案证明，未及时开展或者未按照规定完成工程竣工安全鉴定或者定期检查的；

（四）安全注册登记事项发生变化，未及时办理安全注册登记变更的；

（五）安全注册登记证到期，未按照规定申请换证的；

（六）安全注册登记等级被降级或者安全注册登记证被注销和撤销的；

（七）大坝安全注册登记或者登记备案办理过程中有其他违法违规行为的。

第二十九条 国家能源局应当定期公布大坝安全注册登记情况。

第六章 附 则

第三十条 本办法下列用语的含义：

（一）建设单位是指建设大坝的项目业主单位；

（二）主管单位是指大坝产权法人单位或者产权管理单位；

（三）运行单位是指负责大坝日常运行管理的单位或者主管单位授权运行管理的单位。

第三十一条 大坝安全等级按照《水电站大坝运行安全监督管理规定》分为正常坝、病坝和险坝三级，由大坝安全定期检查或者特种检查确定。

第三十二条 以发电为主、总装机容量小于五万千瓦的小型水电站大坝安全注册登记及其监督管理工作参照本办法执行。

第三十三条 大坝安全注册登记检查评审费用按照国家有关规定执行。

第三十四条 大坝中心应当根据本办法制定相关配套文件。

第三十五条 本办法自发布之日起施行。原国家电力监管委员会《水电站大坝安全注册办法》（电监安全〔2005〕24号）同时废止。

国家能源局关于印发
《水电站大坝安全定期检查监督管理办法》的通知

国能安全〔2015〕145号

各派出机构，大坝中心，各有关电力企业：

为了规范水电站大坝安全定期检查工作，提高大坝安全监督管理水平，确保大坝运行安全，我局制定了《水电站大坝安全定期检查监督管理办法》。现印发你们，请依照执行。

国家能源局

2015年5月6日

水电站大坝安全定期检查监督管理办法

第一章　总　　则

第一条　为了加强水电站大坝（以下简称大坝）运行安全监督管理，规范大坝安全定期检查（以下简称大坝定检）工作，根据《水电站大坝运行安全监督管理规定》，制定本办法。

第二条　大坝定检是指定期对已运行大坝的结构安全性和运行状态进行的全面检查和安全评价。

大坝定检范围：挡水建筑物、泄水及消能建筑物、输水及通航建筑物的挡水结构、近坝库岸及工程边坡、上述建筑物与结构的闸门及启闭机、安全监测设施等。

大坝定检应当按照"系统排查、突出重点、全面评价"的原则，客观、公正、科学地评价大坝安全状况。

第三条　本办法适用于以发电为主、总装机容量五万千瓦及以上的大、中型水电站大坝定检及其监督管理工作。

国家法律法规另有规定的，从其规定。

第四条　大坝定检一般每五年进行一次。首次定检后，定检间隔可以根据大坝安全风险情况动态调整，但不得少于三年或者超过十年。

大坝首次定检应当在工程竣工安全鉴定完成五年期满前一年内启动；工程完建后五年

内不能完成竣工安全鉴定的，应当在期满后六个月内启动首次大坝定检。

第五条 国家能源局大坝安全监察中心（以下简称大坝中心）负责定期检查大坝安全状况，评定大坝安全等级。

电力企业应当按照要求做好大坝定检相关工作，落实大坝定检经费。

第六条 国家能源局负责大坝定检的综合监督管理。

国家能源局派出机构（以下简称派出机构）负责辖区内大坝定检的监督管理。

第二章 定检程序及要求

第七条 大坝中心应当制定并实施大坝定检规划和年度计划。

第八条 大坝中心应当根据大坝实际情况，组织大坝定检专家组（以下简称专家组）进行大坝定检。

专家组一般由六至九名技术水平较高、工程经验丰富并且具有高级工程师以上职称的专家组成，技术问题特别复杂的大坝可适当增加专家数量。专家组应当至少有一名参加过拟定检大坝上一次定检工作或熟悉该大坝的专家，但直接参与大坝建设或管理的专家和电力企业推荐的专家总人数不应当超过专家组总人数的三分之一。

第九条 专家组应当分析大坝以往运行状况与工作性态，提出定检工作重点，确定定检工作大纲。

第十条 电力企业应当按照专家组意见总结上次大坝定检或工程竣工安全鉴定以来大坝运行状况和维护情况，提出运行总结报告。

第十一条 电力企业应当按照专家组意见对大坝进行现场检查，并且提出现场检查报告。

专家组应当对大坝安全重点部位和重要事项进行现场核查。

第十二条 专家组应当针对大坝具体情况，从以下方面选择确定必要的专项检查项目，提出检查内容和技术要求：

（一）地质复查；

（二）大坝的防洪能力复核；

（三）结构复核或者试验研究；

（四）水力学问题复核或试验研究；

（五）渗流复核；

（六）施工质量复查；

（七）泄洪闸门和启闭设备检测和复核；

（八）大坝安全监测系统鉴定和评价；

（九）大坝安全监测资料分析；

（十）结构老化检测和评价；

（十一）需要专项检查和研究的其他问题。

对经过多次定期检查的大坝，上述（一）至（七）项在上次定期检查时已查清，且上次定期检查以来主要影响因素无不利变化，可以不再进行专项检查。

第十三条　电力企业应当按照专家组意见，组织开展专项检查，提出专项检查报告并且经过专家组审查。

国家及相关部门对专项检查有资质要求的，专项检查承担单位应当具备相应资质。承担单位应当按照专家组的要求开展工作，提交满足大坝安全评价技术要求的技术成果。

第十四条　专家组应当根据大坝实际运行情况，对大坝的结构形态和安全状况进行综合分析，全面评价大坝安全状况，提出大坝定检报告。

大坝定检报告应当包括以下主要内容：

（一）工程概况；

（二）历次大坝定检（或竣工安全鉴定、枢纽工程专项验收）意见落实情况；

（三）本次大坝定检工作情况；

（四）大坝设计、施工质量评价（仅对首次大坝定检）；

（五）大坝运行和检查情况；

（六）专项检查（研究）成果；

（七）大坝安全评价及大坝安全等级评定意见；

（八）存在问题和处理意见；

（九）运行中应当重点关注的部位和问题。

第十五条　大坝定检报告应当评定大坝安全等级，对工程缺陷与隐患提出处理要求。

重要函件公文、收集的现场资料与试验数据、专题论证以及咨询报告等均应当作为大坝定检报告的附件。

专家组成员对存在问题和评价结论的意见不一致时，应当写入大坝定检报告。

第十六条　大坝中心应当对专家组提出的大坝定检报告在三个月内进行审查，在六个月内形成大坝定检审查意见（以下简称审查意见）。审查意见应当包括大坝基本情况、定检工作情况、大坝安全评价及大坝安全等级评定结果、存在的问题及处理意见、运行中应当重点关注的部位和问题。

大坝中心应当将审查意见通知电力企业，并且抄送有关派出机构。对于首次定检或安全等级发生变化的大坝，大坝中心应当将审查意见报送国家能源局。

第十七条 大坝定检时间一般不超过一年半。对于工程相对复杂、安全问题突出、风险较大的大坝，大坝定检时间可以适当延长，但不得超过两年半。

大坝定检时间以专家组首次会议为起始时间，以印发大坝定检审查意见为结束时间。

第三章 监督管理

第十八条 电力企业应当针对定检发现的问题，根据大坝除险加固有关规定，按照大坝定检审查意见提出的处理意见和要求，制定整改计划，限期完成补强加固、更新改造等整改工作，并且将整改计划及整改结果及时报送大坝中心，抄送有关派出机构。

对存在重大缺陷与隐患的大坝，电力企业应当进行大坝险情评估，并且完善大坝险情预测和应急预案。

第十九条 大坝中心应当加强定检组织，严格专家组管理，督促和指导电力企业按照要求开展大坝定检相关工作、落实大坝定检审查意见、及时完成整改工作。

第二十条 派出机构对不按照要求开展大坝定检相关工作，以及不按照规定及时开展病坝治理、险坝除险加固等重大安全隐患治理和风险管控工作的电力企业，依法处理。

第二十一条 国家能源局应当定期通报大坝定检情况。

第四章 附 则

第二十二条 水电站的引水发电建筑物、通航建筑物及其附属设施，可以参照本办法相关要求进行安全定期检查。

第二十三条 大坝安全特种检查和以发电为主、总装机容量小于五万千瓦小型水电站的大坝定检，参照本办法执行。

第二十四条 大坝安全等级按照《水电站大坝运行安全监督管理规定》第二十一条分为正常坝、病坝和险坝三级。

第二十五条 大坝定检和特种检查的收费标准按照公示基准价格确定。

第二十六条 大坝中心应当根据本办法制定相关配套文件。

第二十七条 本办法自发布之日起施行。原国家电力监管委员会《水电站大坝安全定期检查办法》（电监安全〔2005〕24 号）同时废止。

国家能源局关于印发
《水电站大坝安全监测工作管理办法》的通知

国能发安全〔2017〕61 号

各派出能源监管机构，大坝安全监察中心，各有关电力企业：

为了贯彻落实《水电站大坝运行安全监督管理规定》（国家发展改革委令第 23 号），加强水电站大坝安全监测工作，提高水电站大坝运行安全水平，我局制定了《水电站大坝安全监测工作管理办法》。经局长办公会议审议通过，现印发你们，请遵照执行。

原国家电力监管委员会《水电站大坝安全监测工作管理办法》（电监安全〔2009〕4 号）同时废止。

国家能源局

2017 年 10 月 18 日

水电站大坝安全监测工作管理办法

第一章　总　　则

第一条　为了加强水电站大坝（以下简称大坝）安全监督管理，规范大坝安全监测工作（以下简称监测工作），确保大坝安全监测系统（以下简称监测系统）可靠运行，根据《水电站大坝运行安全监督管理规定》（国家发展改革委令第 23 号），制定本办法。

第二条　本办法适用于以发电为主、总装机容量 5 万千瓦及以上大、中型水电站大坝的安全监测及其监督管理工作。

第三条　监测工作包括监测系统的设计、审查、施工、监理、验收、运行、更新改造和相应的管理等工作。涉密大坝的监测工作，应当遵守国家有关保密工作规定。

第四条　监测工作的基本任务是了解大坝工作性态，掌握大坝变化规律，及时发现异常现象或者工程隐患。

第五条　监测系统应当与大坝主体工程同时设计、同时施工、同时投入运行和使用。

第六条　国家能源局负责全国大坝安全监测工作的监督管理。国家能源局派出机构

（以下简称派出能源监管机构）负责辖区内监测工作的监督管理。国家能源局大坝安全监察中心（以下简称大坝中心）负责监测工作的技术监督、检查和指导。

第二章 设计和施工

第七条 大坝工程建设单位（以下简称建设单位）对监测系统的设计、施工和监理承担全面管理责任。建设单位应当加强施工期和首次蓄水期监测工作。监测系统竣工验收时，建设单位应当组织开展监测系统鉴定评价和监测资料综合分析，对于坝高100米以上的高坝或者监测系统复杂的中坝、低坝，其监测系统应当进行专门设计、审查、施工和验收。

第八条 监测系统的设计应当由大坝主体工程设计单位承担。设计单位应当优化监测系统设计，编制监测设计专题报告，明确监测项目的目的、内容、功能以及各监测项目初始值选取原则，并且对监测频次、监测期限和监测工作提出要求。

首次蓄水前，设计单位应当提出蓄水期监测工作的具体要求、关键项目的监测频次和设计警戒值。

监测系统竣工验收时，设计单位应当编制监测系统运行说明书，内容包括监测设计说明、监测项目竣工图、重要监测项目及其测点信息表；监测方法、频次和期限，巡视检查要求；监测仪器设备使用注意事项、维护要求；监测资料整编分析要求等。

第九条 监测系统的施工应当由大坝主体工程施工单位或者具有相应资质的施工单位承担。

首次蓄水前，施工单位应当按照设计要求测定各监测项目的蓄水初始值，并且经过建设单位确认。

施工单位应当负责监测系统移交前的运行维护管理工作，对监测资料进行整编分析，建立施工期大坝安全监测技术档案，并及时移交建设单位。

第十条 监测系统的施工监理应当由主体工程监理单位或者具有相应资质的监理单位承担。

第十一条 监测系统的设计报告及图集、审查意见和验收报告等资料，应当在首次大坝安全注册登记时报送大坝中心。

第三章 运行管理

第十二条 大坝投入运行后，监测系统的运行管理由电力企业负责。监测工作人员应当具备水工建筑物和监测技术专业知识以及大坝安全管理能力，并且经过相关技术培训。

第十三条　电力企业应当制定大坝安全监测管理制度和技术规程，建立运行期大坝安全监测技术档案。

第十四条　电力企业应当严格按照有关要求开展监测工作，不得擅自减少监测的项目、测点、测次和期限。

当发生地震、大洪水、库水位骤升骤降、库水位低于死水位或者其他可能影响大坝安全的异常情况时，电力企业应当加强巡视检查，增加监测频次（必要时增加监测项目），及时分析监测数据，评判大坝运行状态。

第十五条　电力企业应当及时整理、分析监测数据，对测值的可靠性和监测系统的完备性进行评判，掌握监测系统的运行情况，对监测仪器设备的异常情况进行处理。

第十六条　投运的大坝安全监测自动化系统应当达到实用化水平。对于坝高100米以上的大坝、库容1亿立方米以上的大坝和病险坝，电力企业的大坝运行安全管理信息系统应当具备在线监测功能。

第十七条　电力企业应当于每年三月底前完成上一年度监测资料的整编分析。年度整编分析应当突出趋势性分析和异常现象诊断，并且应当结合工程情况和特点，针对存在的问题进行综合分析。

第十八条　电力企业应当加强监测系统的日常巡查、年度详查和定期检查，定期对监测仪器设备进行校验，发现问题及时处理。

第十九条　电力企业应当开展长系列监测资料的综合分析工作，也可结合大坝安全定期检查或者特种检查开展，监测资料综合分析应当系统分析监测数据和巡视检查情况，结合工程地质条件、环境量和结构特性，对大坝安全性态进行分析。

第二十条　电力企业应当按照《水电站大坝运行安全信息报送办法》向大坝中心等有关单位报送大坝安全监测信息，并且对报送信息的及时性、准确性、完整性负责。

第二十一条　按照《水电站大坝运行安全信息报送办法》规定报送的监测项目，电力企业不得擅自停测。对于失效的仪器设备应当尽快修复、更换或者采用其他替代监测方式。

对于其他监测项目的设备封存或报废、监测频次和期限的调整，应当经过技术分析和安全论证，由电力企业上级管理单位审查后实施，实施情况应当报送大坝中心。

第二十二条　电力企业委托监测技术服务单位承担日常监测和检查、监测系统运行维护、监测数据整编分析等具体工作的，大坝运行安全责任仍由委托方承担，被委托单位按照相关合同或者协议承担相应责任。

第四章　监测系统的更新改造

第二十三条　当监测系统在系统功能、性能指标、监测项目、设备精度及运行稳定性等方面不能满足大坝运行安全要求时，电力企业应当对其进行更新改造。

监测系统的更新改造应当进行设计、审查和验收。

第二十四条　监测系统更新改造设计工作应当由原设计单位或者具有相应资质的设计单位承担。

第二十五条　电力企业应当组织审查监测系统更新改造设计方案。

第二十六条　监测系统更新改造施工工作应当由具有相应资质的施工单位承担。电力企业应当派监测工作人员全程参与监测系统更新改造施工工作。

在监测系统更新改造过程中，电力企业应当对重要监测项目采取临时监测措施，保证监测数据有效衔接。

第二十七条　更新改造的监测系统经过一年试运行后，电力企业方可组织竣工验收。验收合格后，电力企业应当将监测系统更新改造的设计、审查、安装调试、试运行、竣工验收等相关技术资料报送大坝中心。

第五章　监督管理

第二十八条　大坝中心应当每年发布水电站大坝监测工作情况。

第二十九条　大坝中心应当对电力企业大坝安全监测工作进行监督、检查和指导。

第三十条　对于未按照本办法开展大坝安全监测工作或者出具虚假材料、造成事故的单位，由派出能源监管机构按照《水电站大坝运行安全监督管理规定》第三十四条、第三十八条和第三十九条进行处理。

第六章　附　　则

第三十一条　本办法下列用语的含义：

（一）监测系统复杂，是指因大坝结构或者地质条件复杂，监测项目、监测仪器类型众多；或者监测系统中采用新技术、新设备，经验不足。

（二）施工期大坝安全监测技术档案，是指监测设施的检验、埋设记录、竣工图、监测记录、监测设施和仪器设备基本资料表，监测数据分析报告和监测系统运行说明书，验收报告等。

（三）运行期大坝安全监测技术档案，是指监测记录、巡视检查记录、监测报表、监测仪器维护记录、仪器送检记录、监测系统更新改造技术报告、监测系统鉴定评价报告、监测资料整编分析报告等。

（四）重要监测项目，是指针对大坝重要部位和薄弱环节，根据大坝实际运行特性和工作性态而确定的监测项目。

（五）建设单位，是指建设大坝的电力企业或者电力企业委托的总承包单位。

第三十二条　水电站输水隧洞、压力钢管、调压井、发电厂房、尾水隧洞等输水发电建筑物及过坝建筑物及其附属设施，可以参照本办法相关要求开展安全监测工作。

第三十三条　在国家能源局注册登记的小水电大坝的安全监测及其监督管理工作，参照本办法执行。

第三十四条　本办法自发布之日起施行。原国家电力监管委员会《水电站大坝安全监测工作管理办法》（电监安全〔2009〕4号）同时废止。

国家能源局关于印发
《水电站大坝运行安全信息报送办法》的通知

国能安全〔2016〕261号

各派出能源监管机构，大坝中心，各有关电力企业：

为了贯彻落实《水电站大坝运行安全监督管理规定》（国家发展改革委令第23号），加强水电站大坝非现场安全监督管理，规范大坝运行安全信息报送行为，我局制定了《水电站大坝运行安全信息报送办法》。现印发你们，请遵照执行。

国家能源局

2016年9月26日

水电站大坝运行安全信息报送办法

第一章 总 则

第一条 为了加强水电站大坝（以下简称大坝）非现场安全监督管理，规范大坝运行安全信息报送行为，根据《水电站大坝运行安全监督管理规定》（国家发展改革委令第23号），制定本办法。

第二条 大坝运行安全信息的报送应当及时、准确、完整。信息的报送、管理和使用应当遵守国家有关保密要求。

第三条 本办法适用于在国家能源局安全注册登记和备案大坝的运行安全信息报送、使用及监督管理工作。

第四条 电力企业是大坝运行安全信息报送的责任主体，应当明确大坝运行安全信息报送责任部门和责任人，建立健全大坝运行安全信息报送制度，开展大坝运行安全信息化建设，按照要求报送大坝运行安全信息。

对于新投入运行的大坝，电力企业应当自申报大坝登记备案或申请大坝安全注册登记之日起开始报送信息。

第五条 国家能源局负责全国大坝运行安全信息报送的综合监督管理。派出机构负责

督促辖区内电力企业开展大坝运行安全信息报送和信息化建设工作。

大坝中心负责建设运维全国大坝运行安全监督管理信息系统，监督指导电力企业大坝运行安全信息报送和信息化建设工作，分析处理电力企业报送的大坝运行安全信息，研判大坝运行安全状况。

第二章　报送内容及要求

第六条　大坝运行安全信息分为日常信息、年度报告、专题报告三类。

第七条　日常信息包括大坝安全监测信息、大坝汛情和灾情、大坝异常情况和大坝运行事故情况。

（一）大坝安全监测信息

对于坝高 70 米以上的大坝、库容 1 亿立方米以上的大坝、工程安全特别重要的大坝和病险坝，电力企业应当将采集的大坝安全监测信息于 48 小时内自动报送至大坝中心。其他大坝的安全监测信息，电力企业应当于次月 15 日前报送至大坝中心。

大坝安全监测信息报送项目和基本监测频次表见附件。

（二）大坝汛情

进入汛期，电力企业应当按照水行政主管部门规定的起报标准和报汛段次，向大坝中心报送大坝汛情。大坝汛情一般包括库面降雨量（或坝址附近降雨量）、库水位、入库流量、出库流量、弃水流量、泄洪情况等。

汛情可能对大坝运行安全造成威胁的，电力企业应当及时向上级主管单位、有关派出机构、地方政府有关部门报告。

（三）大坝灾情

震级在 5 级及以上且震源距坝址 100 千米以内的地震，以及对大坝有影响的泥石流、山体崩塌、滑坡等灾情发生后，电力企业应当于 1 小时内向上级主管单位、有关派出机构和大坝中心、地方政府有关部门报告灾情快讯，于 12 小时内报告灾情详细情况。

（四）大坝异常情况

大坝出现异常情况，电力企业应当于 24 小时内向上级主管单位、有关派出机构和大坝中心报告。

（五）大坝运行事故

大坝发生运行事故，电力企业应当于 1 小时内向上级主管单位、有关派出机构和大坝中心、地方政府有关部门报告。

派出机构和大坝中心、全国电力安全生产委员会企业成员单位接到对大坝运行安全影响较大的汛情、灾情、大坝运行事故报告后，应当于 1 小时内向国家能源局报告。

第八条 年度报告分为大坝安全年度详查报告、大坝安全注册登记自查报告和大坝安全工作年度报表。

电力企业应当于次年 2 月 15 日前将年度报告报送至大坝中心。

第九条 专题报告包括大坝除险加固专题报告和大坝安全监测系统更新改造专题报告。大坝除险加固专题报告包括：大坝除险加固设计报告、审查报告、施工报告、竣工验收报告。大坝安全监测系统更新改造专题报告包括：大坝安全监测系统更新改造设计报告、审查报告、安装调试及试运行报告、竣工验收报告。

大坝除险加固竣工验收后，或者大坝安全监测系统更新改造竣工验收后，电力企业应当于 1 个月内将相应专题报告报送至大坝中心。

第三章　信息分析和使用

第十条 大坝中心应当及时分析处理电力企业报送的大坝日常信息。发现异常情况，大坝中心应当于 24 小时内向电力企业及相关单位提出处理建议，并通报有关派出机构。

第十一条 大坝中心应当及时研判电力企业报送的大坝汛情、灾情、异常情况和运行事故信息，为大坝运行安全应急管理提供相应的技术支持。

第十二条 大坝中心在开展大坝安全定期检查时，应当充分利用电力企业报送的大坝运行安全信息及日常监控成果，为大坝运行状况和工作性态评价提供重要依据。

第十三条 大坝中心应当根据电力企业报送的年度报告和开展的大坝安全监督管理工作，向国家能源局提交全国大坝安全工作年报。

第四章　监督管理

第十四条 大坝中心应当每季度通报电力企业大坝运行安全信息报送和信息化建设情况。

第十五条 大坝中心应当会同派出机构对电力企业大坝运行安全信息报送工作和信息化建设情况进行监督检查。

第十六条 对于未按照本办法开展大坝运行安全信息报送工作或者提供虚假信息、隐瞒重要事实的电力企业，由有关派出机构按照《水电站大坝运行安全监督管理规定》第三十七条和第三十八条进行处理。

第五章　附　　则

第十七条　本办法下列用语的含义：

（一）大坝异常情况，是指大坝运行过程中出现偏离于正常变化趋势的现象，如：坝体发生裂缝或者原有裂缝出现发展；建筑物出现冻融、冻胀、溶蚀或者过流部分出现严重空蚀、磨损、冲刷；坝体表面错动；坝体或者边坡变形突变；基础或者坝体扬压力、渗漏量突变，渗漏水质发生变化；重要部位应力、应变等监测项目测值发生突变；监测系统重要项目不能正常监测等。

（二）大坝运行事故，是指大坝运行过程中发生的、并导致严重后果的情况，如：大坝溃决、结构物严重断裂、倒塌；洪水漫顶、淹没；泄洪建筑物严重破坏；坝坡大体积塌滑；近坝库岸及边坡大体积滑塌等。

第十八条　大坝安全监测信息分为一般项目和重要项目两类。

一般项目是监测技术规范规定的大坝运行过程中应当具备的基本监测项目。

重要项目是针对大坝重要部位和薄弱环节，根据大坝实际运行特性和工作性态而确定的监测项目。对于重要项目，应当实施自动化监测，并保证相关设施全天候连续正常工作，使大坝上级管理单位和大坝中心能够随时远程采集到数据；不能采用自动化监测的，应当按照监测频次要求及时将人工测值录入数据库，使大坝上级管理单位和大坝中心能够及时远程获取到数据。

第十九条　大坝中心应当根据本办法制定电力企业大坝运行安全信息报送和信息化建设技术要求等相关配套文件。

第二十条　本办法自发布之日起施行。原国家电力监管委员会《水电站大坝运行安全信息报送办法》（电监安全〔2006〕38号）同时废止。

附件：大坝安全监测信息报送项目和监测频次表

附件：

大坝安全监测信息报送项目和监测频次表

	监测项目	大坝级别			最少监测频次	
		1	2	3	人工监测	自动监测
变形	混凝土坝坝体水平位移和垂直位移	√	√	√	1 次 / 月	1 次 / 日
	土石坝表面水平位移和垂直位移	√	√	√	1 次 / 2 月	1 次 / 日
	面板坝周边缝变形	√	√	√	1 次 / 月	1 次 / 日
	混凝土坝坝基水平位移和垂直位移	√	√		1 次 / 月	1 次 / 日
	近坝库岸、工程边坡变形		见注 1	√	1 次 / 季	1 次 / 日
渗流	混凝土坝坝基扬压力	√	√	√	2 次 / 月	1 次 / 日
	混凝土坝总渗流量和主要分区渗流量	√	√	√	2 次 / 月	1 次 / 日
	土石坝坝体、坝基渗透压力	√	√	√	1 次 / 周	1 次 / 日
	土石坝总渗流量	√	√	√	1 次 / 周	1 次 / 日
	大坝两岸地下水位	√	√		1 次 / 月	1 次 / 日
	近坝库岸、工程边坡地下水位		见注 1	√	1 次 / 月	1 次 / 日
环境量	大坝上下游水位	√	√	√	1 次 / 日	1 次 / 日
	坝址气温	√	√	√	1 次 / 日	1 次 / 日
	降雨量	√	√	√	1 次 / 日	1 次 / 日
	出入库流量	√	√	√	1 次 / 月	1 次 / 日
	巡视检查					

注：
1. 近坝库岸、工程边坡的变形和地下水位监测数据只对存在失稳隐患的边坡要求上报。
2. 表中的变形测点和渗流测点按每座大坝的具体情况确定。
3. 首ення蓄水和初期蓄水时的监测频次按有关监测技术规范确定。
4. 对坝高低于 100 米且库容小于 1 亿立方米的正常坝，自动化监测项目的最少监测频次为 1 次 / 周。
5. 巡视检查仅要求报送检查结果（即有无异常），对检查发现的异常情况应当详细说明。

国家能源局关于印发
《水电站大坝工程隐患治理监督管理办法》的通知

国能发安全规〔2022〕93 号

各省（自治区、直辖市）能源局，有关省（自治区、直辖市）及新疆生产建设兵团发展改革委、工业和信息化主管部门，北京市城市管理委，各派出机构，大坝中心，全国电力安委会各企业成员单位：

为加强水电站大坝运行安全监督管理，规范水电站大坝工程隐患的排查治理工作，我局对《水电站大坝除险加固管理办法》（电监安全〔2010〕30 号）进行了修订，形成《水电站大坝工程隐患治理监督管理办法》。现印发给你们，请遵照执行。

国家能源局

2022 年 10 月 19 日

水电站大坝工程隐患治理监督管理办法

第一章　总　　则

第一条　为了加强水电站大坝运行安全监督管理，规范水电站大坝工程隐患的排查治理工作，根据《中华人民共和国安全生产法》《水库大坝安全管理条例》《水电站大坝运行安全监督管理规定》等法律、法规和规章，制订本办法。

第二条　本办法适用于按照《水电站大坝运行安全监督管理规定》纳入国家能源局监督管理范围的水电站大坝（以下简称大坝）。

第三条　电力企业是大坝工程隐患排查治理的责任主体，其主要负责人为大坝工程隐患排查治理的第一责任人。

电力企业应当明确大坝工程隐患排查治理的目标和任务，制定隐患治理计划和治理方案，落实人、财、物、技术等资源保障。

第四条　国家能源局对大坝工程隐患治理实施综合监督管理。国家能源局派出机构（以下简称派出机构）对辖区内大坝工程隐患治理实施监督管理。承担水电站项目核准和

电力运行管理的地方各级电力管理等有关部门（以下简称地方电力管理部门）依照国家法律法规和有关规定，对本行政区域内大坝工程隐患治理履行地方管理责任。国家能源局大坝安全监察中心（以下简称大坝中心）对大坝工程隐患治理提供技术监督和管理保障。

第五条 大坝工程隐患按照其危害严重程度，分为特别重大、重大、较大、一般等四级。

大坝较大以上（含较大，下同）工程隐患的治理应当进行专项设计、专项审查、专项施工和专项验收。

第二章 隐患确认

第六条 大坝特别重大工程隐患，是指大坝存在以下一种或者多种工程问题、缺陷，并且经过分析论证，即使在采取控制水库运行水位措施、尽最大可能降低水库水位的条件下，在设防标准内仍然可能导致溃坝或者漫坝的情形：

（一）防洪能力严重不足；

（二）大坝整体稳定性不足；

（三）存在影响大坝运行安全的坝体贯穿性裂缝；

（四）坝体、坝基、坝肩渗漏严重或者渗透稳定性不足；

（五）泄洪消能建筑物严重损坏或者严重淤堵；

（六）泄水闸门、启闭机无法安全运行；

（七）枢纽区存在影响大坝运行安全的严重地质灾害；

（八）严重影响大坝运行安全的其他工程问题、缺陷。

大坝重大工程隐患，是指大坝存在本条第一款规定的一种或者多种工程问题、缺陷，并且经过分析论证，在采取控制水库运行水位措施、尽最大可能降低水库水位的条件下，在设防标准内一般不会导致溃坝或者漫坝的情形。

大坝较大工程隐患，是指大坝存在本条第一款规定的一种或者多种工程问题、缺陷，并且经过分析论证，无须采取控制水库水位措施，在设防标准内一般不会导致溃坝或者漫坝的情形。

大坝一般工程隐患，是指大坝存在工程问题、缺陷，已经或者可能影响大坝运行安全，但其危害尚未达到较大工程隐患严重程度的情形。

第七条 大坝工程隐患，可由电力企业自查确认，也可由派出机构、地方电力管理部门、大坝中心在日常监督管理或者大坝安全定期检查、特种检查等工作中确认。确认标准

按照本办法第六条以及电力安全隐患监督管理相关规定执行。

第八条　大坝工程隐患确认时间，是指电力企业自查确认的时间；派出机构、地方电力管理部门在监督管理过程中提出明确意见的时间；大坝中心印发大坝安全定期检查、特种检查审查意见的时间，以及提出大坝其他工程隐患督查意见的时间。

第九条　电力企业对自查确认的大坝较大以上工程隐患，应当立即书面报告派出机构、地方电力管理部门以及大坝中心。派出机构、地方电力管理部门以及大坝中心对各自确认的大坝较大以上工程隐患，除了应当及时通知电力企业之外，还应当同时相互抄送告知。

大坝较大以上工程隐患涉及防汛、环保、航运等事项的，隐患确认单位还应当同时告知地方政府相关主管部门。

第三章　隐患治理

第十条　大坝工程隐患确认之日起的两个月内，电力企业应当将隐患治理计划报送大坝中心；对于较大以上的工程隐患，电力企业还应当将治理计划报送派出机构和地方电力管理部门。

第十一条　电力企业应当委托大坝原设计单位或者具有相应资质的设计单位，对大坝较大以上工程隐患的治理方案进行专项设计。

第十二条　电力企业应当委托大坝设计方案的原审查单位或者具有相应资质的审查单位，对大坝较大以上工程隐患的治理方案进行专项审查。

第十三条　大坝较大以上工程隐患治理方案专项审查通过后的一个月内，电力企业应当将通过审查或者按照审查意见修改后的治理方案报请大坝中心开展安全性评审。通过安全性评审后，电力企业应当将治理方案报送派出机构和地方电力管理部门。

第十四条　大坝较大以上工程隐患的治理方案涉及大坝原设计功能改变或者调整的部分，电力企业应当依法依规报请项目核准（审批）部门批准。

第十五条　大坝较大以上工程隐患的治理，应当由电力企业委托具有相应资质的制造、安装、施工、维修和监理单位实施。

第十六条　电力企业应当严格按照大坝工程隐患治理计划和治理方案明确的时限、质量等要求开展治理工作，并定期将进展情况报送大坝中心，其中较大以上工程隐患的治理情况还应当报送派出机构和地方电力管理部门。

第十七条　大坝较大以上工程隐患的治理，应当在要求的时限内完成；一般工程隐患原则上应当立即完成治理，治理工作量大、受客观条件限制的，可适当延长完成时间。

第十八条 大坝较大以上工程隐患治理完成并经过一年运行后，电力企业应当及时组织开展专项竣工验收。派出机构、地方电力管理部门以及大坝中心应当按照职责和分工参加竣工验收。通过专项竣工验收之日起的一个月内，电力企业应当将验收报告以及相关资料报送大坝中心、派出机构和地方电力管理部门。

第四章　风险防控

第十九条 大坝较大以上工程隐患确认后，电力企业应当加强水情监测、水库调度、防洪度汛、安全监测以及大坝巡视检查等工作，并采取有效措施保证大坝运行安全。构成特别重大工程隐患或者重大工程隐患的，电力企业还应当采取降低水库运行水位、放空水库等安全保障措施。

第二十条 大坝较大以上工程隐患确认后，电力企业应当及时制定或者修订专项应急预案，按照有关规定完成预案评审和备案，加强预报预警，健全应急协调联动机制，积极开展应急演练。

第二十一条 大坝存在工程隐患，采取治理措施仍然不能保证运行安全的，应当按照《水电站大坝运行安全监督管理规定》有关规定退出运行。

第五章　监督管理

第二十二条 大坝中心收到电力企业报送的特别重大工程隐患、重大工程隐患治理专项竣工验收资料后，应当及时重新评定大坝安全等级，并将评定结果报告国家能源局，同时抄送派出机构和地方电力管理部门。

第二十三条 派出机构、地方电力管理部门、大坝中心应当依照法律法规和相关规定，加强对大坝工程隐患治理的监督管理。

国家能源局负责对大坝特别重大工程隐患的治理实施挂牌督办，必要时可以指定有关派出机构实施挂牌督办。派出机构负责对大坝重大工程隐患实施挂牌督办。地方电力管理部门依照法律法规和相关规定做好大坝隐患治理挂牌督办有关工作。大坝中心为挂牌督办提供技术支持。

第二十四条 派出机构、地方电力管理部门以及大坝中心应当加强协同配合，联合开展相关监督检查，督促指导电力企业按时、高质量完成大坝工程隐患治理各项工作。

第二十五条　国家能源局、派出机构、地方电力管理部门应当依照国家法律法规和有关规定，调查处理大坝工程隐患治理责任不落实的企业和相关人员。

第二十六条　电力企业应当积极配合国家能源局、派出机构、地方电力管理部门以及大坝中心对大坝工程隐患治理开展的监督管理工作。

第六章　附　　则

第二十七条　本办法自发布之日起施行，有效期五年。原国家电力监管委员会颁布施行的《水电站大坝除险加固管理办法》（电监安全〔2010〕30号）同时废止。

国家能源局关于印发
《水电站大坝运行安全应急管理办法》的通知

国能发安全规〔2022〕102 号

各省（自治区、直辖市）能源局，有关省（自治区、直辖市）及新疆生产建设兵团发展改革委、工业和信息化主管部门，北京市城市管理委，各派出机构，大坝中心，全国电力安委会各企业成员单位：

为规范水电站大坝运行安全应急管理工作，我们制定了《水电站大坝运行安全应急管理办法》。现印发给你们，请遵照执行。

国家能源局

2022 年 11 月 23 日

水电站大坝运行安全应急管理办法

第一章 总 则

第一条 为了规范水电站大坝（以下简称大坝）运行安全应急管理工作，提高电力企业防范、应对大坝运行安全突发事件（以下简称突发事件）能力，保障大坝运行安全和社会公共安全，根据《中华人民共和国突发事件应对法》《水库大坝安全管理条例》《生产安全事故应急条例》《电力安全事故应急处置和调查处理条例》和《水电站大坝运行安全监督管理规定》等法律、法规和规章，制定本办法。

第二条 本办法适用于按照《水电站大坝运行安全监督管理规定》有关要求纳入国家能源局监督管理范围的大坝运行安全应急管理工作（以下简称大坝应急管理）。

大坝发生突发事件，地方政府及其相关部门启动预案、开展应急响应的，电力企业应当遵从其指令和规定。

第三条 电力企业是大坝应急管理的责任主体，其主要负责人对本企业的大坝应急管理全面负责。电力企业应当按照法律法规的规定以及与地方政府有关部门划定的管理界面，

加强大坝应急管理。

第四条　国家能源局负责大坝应急管理的综合监督管理。国家能源局派出机构（以下简称派出机构）负责本辖区大坝应急管理的行业监督管理。地方政府电力管理等有关部门（以下简称地方电力管理部门）根据法律法规以及有关规定，负责本行政区域内大坝应急管理的地方管理。国家能源局大坝安全监察中心（以下简称大坝中心）对电力企业的大坝应急管理实施技术监督和指导。

第二章　突发事件预防

第五条　电力企业应当建立健全大坝安全风险分级管控机制，定期辨识评估可能影响大坝运行安全的自然灾害、事故灾难和社会安全事件等突发事件风险，落实防范管控措施。

第六条　电力企业应当按照规定，加强运行管理，做好日常监测、巡视检查和维护检修，排查治理大坝存在的工程缺陷和隐患，提升大坝本质安全水平。

第七条　电力企业应当加强大坝安全在线监控系统建设，已在国家能源局安全注册登记或者登记备案的大坝应当在本办法实施后的二年内具备安全在线监控功能。新建大坝在办理安全注册登记或者登记备案时，应当具备安全在线监控功能。

第八条　电力企业应当在大坝遭遇超标准洪水或者可能影响大坝运行安全的地震、滑坡、泥石流等自然灾害和其他突发事件后，对大坝进行专项检查。

第九条　电力企业应当及时开展病坝治理和险坝除险加固。大坝病险情形消除前，电力企业应当开展大坝运行方式安全评估论证，并根据评估论证结果修订运行规程、汛期调度运用计划和相关应急预案，采取有效措施确保病坝、险坝治理期间运行安全。

第十条　电力企业应当加强大坝防洪管理，确保大坝度汛安全。主要包括以下内容：

（一）电力企业应当建立健全防汛抗旱管理制度，设立以主要负责人为第一责任人的防汛抗旱组织机构。

（二）电力企业应当按照规定编制、报批水库汛期调度运用计划，计划批准后应当严格执行，严禁擅自超汛限水位运行。

（三）电力企业应当按照规定开展汛前、汛中、汛后大坝安全检查，对发现的隐患及时整改。较大及以上隐患和相应的整改措施应当报送地方政府防汛抗旱指挥机构、派出机构、地方电力管理部门和大坝中心，涉及环保、航运等事项的，还应当同时告知地方政府相关主管部门。

（四）电力企业应当于汛前对大坝上游库区和下游泄洪影响区的生产生活设施、建筑物和地质灾害点进行排查，对排查出的较大及以上隐患及时报告地方政府防汛抗旱指挥机构、派出机构、地方电力管理部门和大坝中心，涉及环保、航运等事项的，还应当同时告知地方政府相关主管部门。

（五）电力企业应当于汛前对泄洪建筑物闸门进行启闭试验，确保闸门及其启闭设施正常运行；应当配置独立可靠的大坝泄洪闸门启闭应急电源或者应急启闭装置，定期检查、试验和维护，确保应急电源以及启闭装置可靠。

（六）电力企业应当根据工程运行特性和大坝泄洪消能方式，辨识评估泄洪消能设施结构破坏、工程边坡垮塌、库岸边坡失稳等风险，采取工程或者非工程措施管控风险。

（七）电力企业应当严格执行汛期 24 小时值班和领导带班制度。

第十一条　电力企业应当建立水情测报系统，建立与政府相关部门、上下游水库和水电站的信息共享机制，及时获取水情信息以及气象、洪水、地震、地质灾害等预警信息。

第三章　应急准备

第十二条　电力企业应当根据现行有效的大坝应急管理有关法律法规和技术标准，建立并及时完善大坝应急管理规章制度和组织体系，健全大坝应急管理工作机制，设立以主要负责人为第一责任人的大坝应急管理机构。

第十三条　电力企业应当根据国家和行业有关技术标准，结合本企业实际，组织编制大坝运行安全应急预案（以下简称大坝专项预案）。大坝专项预案应当涵盖大坝运行全生命周期可能遭遇的各类突发事件，并与本企业的综合预案、其他专项预案，以及地方政府的相关预案衔接。大坝专项预案重点明确以下事项：

（一）根据法律法规的规定和突发事件可能造成的危害程度、影响范围等，对突发事件进行分类分级。

（二）根据突发事件的紧急程度、发展势态、可能造成的危害程度等，明确预警级别。

（三）明确预警发布、调整、解除的责任部门、权限和程序。

（四）根据突发事件可能造成的危害程度、影响范围和本企业应急资源状况、控制事态能力、应急处置权限，对应急响应进行分级。

（五）明确应急响应组织机构及其职责，应急响应程序和处置措施。

（六）明确紧急情况下的应急调度方案。

（七）确定可能的溃坝洪水淹没范围，绘制溃坝洪水淹没图。

（八）制定紧急情况下的人员撤离方案和逃生路线图，针对不同情况规划建立应急避难场所。

（九）信息报送的部门、渠道和联系方式。

第十四条　电力企业应当按照《电力企业应急预案管理办法》（国能安全〔2014〕508号）对大坝专项预案组织评审、发布实施、办理备案和修订。大坝专项预案的评审应当邀请地方政府相关部门人员参加，审核与地方政府相关预案的衔接情况。电力企业应当按照地方政府有关规定要求，将大坝专项预案向地方政府相关部门报告或备案。

电力企业应当按照规定开展大坝专项预案的宣贯培训，每年应当至少组织一次演练，并根据演练情况及时修订预案。

第十五条　电力企业应当加强应急资源保障，储备必要的应急物资和装备并妥善保管，定期开展检查，确保应急物资和装备完好。为应对突发事件可能导致的常规通信手段中断，电力企业应当于本办法实施之日起的一年内，在水电站现场配备卫星电话、北斗短报文终端等可靠的卫星通信设备。

电力企业需要外部应急支援的，应当与有关单位签订应急支援协议。

第十六条　电力企业应当组建常备专（兼）职应急抢险和专家队伍。专（兼）职应急抢险人员应当具备必要的专业知识、技能和素质，并定期组织训练。

第十七条　电力企业应当与地方政府有关部门和相关单位建立应急协调联动机制，积极参加地方政府及其相关部门、大坝所在流域管理机构组织开展的应急演练，或者与上述单位开展联合应急演练，检验评估大坝专项预案的实用性、衔接性和可操作性。

第十八条　电力企业应当加强大坝应急管理信息化建设，强化与地方政府防汛抗旱指挥机构、派出机构、地方电力管理部门和大坝中心的互联互通，及时获取、报送和共享突发事件信息。

第四章　监测预警与应急响应

第十九条　电力企业应当建立健全突发事件监测预警制度和工作机制。发生或者可能发生突发事件时，电力企业应当按照规定权限和程序及时发布预警信息，采取相应的预警行动。涉及上下游社会生产生活安全的突发事件监测预警信息，应当立即向地方政府防汛抗旱指挥机构、派出机构、地方电力管理部门和大坝中心报告。

第二十条　发生突发事件后，电力企业应当立即按照大坝专项预案启动应急响应，采

取先期处置措施，控制事态发展，防止发生次生、衍生事件。

第二十一条　发生突发事件后，电力企业应当按照防汛抗旱指挥机构的指令采取调度措施。紧急情况下，电力企业按照大坝专项预案确定的应急调度方案进行应急调度的，应当及时向防汛抗旱指挥机构补报调度措施。

第二十二条　发生突发事件后，电力企业应当加强对事件要素及其发展情况、水文气象、大坝运行性态等的监测，预判事件发展趋势以及对大坝运行安全的影响。

第二十三条　电力企业应当根据监测和预判结果，及时调整响应级别和处置措施。突发事件持续发展，可能超出大坝设防标准，或者事件危害程度超出本企业自身处置能力时，电力企业应当在开展先期处置的同时，立即报告地方政府，提请地方政府及其有关部门提供应急支援，并通报上下游相关单位。

第二十四条　在突发事件应急处置过程中，电力企业应当密切关注周边环境和事件态势变化，落实安全防护措施，必要时立即撤离人员，确保人员安全。

第五章　总结评估

第二十五条　电力企业应当在突发事件应急响应结束后，总结事件发展演变过程，分析事件发生的原因和后果，评估大坝安全状态以及后续风险。

第二十六条　电力企业应当开展突发事件应急处置评估，详细回溯事件处置全过程，分析各个响应环节和各项处置措施的效果，评估应急制度、工作体系和应急处置措施的有效性。

第二十七条　电力企业应当根据事件总结和处置评估结果制定整改措施，必要时修订大坝应急管理制度和大坝专项预案，完善大坝应急管理工作机制。

第六章　信息报送

第二十八条　电力企业应当按照有关规定建立大坝应急管理信息报送工作制度，明确信息报送的责任部门、责任人员和报送方式。

第二十九条　发生较大及以上突发事件，电力企业应当按照有关规定，在1小时内向地方政府防汛抗旱指挥机构、派出机构、地方电力管理部门和大坝中心报告。报告内容主要包括企业信息、事件概况、初判原因、损失及处置情况等。突发事件的后续发展、演变情况应当及时报告。

第三十条　较大及以上突发事件应急处置评估结束后，电力企业应当在30个工作日

内将事件总结、处置评估报告报送地方政府防汛抗旱指挥机构、派出机构、地方电力管理部门和大坝中心。

第七章　监督管理

第三十一条　派出机构和地方电力管理部门应当加强对电力企业大坝应急管理工作的监督检查，对未按照法律法规和本办法规定开展工作的电力企业，依法依规采取相应的监管、行政处罚等措施。大坝中心应当加强对电力企业大坝应急管理的技术监督和指导。

第八章　附　　则

第三十二条　本办法下列用语的含义：

（一）大坝运行安全突发事件，是指突然发生，造成或者可能造成大坝破坏、上下游人民群众生命财产损失和严重环境危害，需要采取应急处置措施予以应对的紧急事件，主要包括以下几类：

1. 自然灾害类

（1）暴雨、洪水、台风、凌汛、地震、地质灾害、泥石流、冰川活动等。

2. 事故灾难类

（2）漫坝、溃坝。

（3）上游水库（水电站）大坝溃坝或者非正常泄水。

（4）水库大体积漂浮物、失控船舶等撞击大坝或者堵塞泄洪设施。

（5）大坝结构破坏或者坝体、坝基、坝肩的缺陷隐患突然恶化。

（6）泄洪设施和相关设备不能正常运用。

（7）工程边坡或者库岸失稳。

（8）因水库调度不当或者水电站运行、维护不当导致的安全事故。

3. 社会安全类

（9）战争、恐怖袭击、人为破坏等。

4. 其他类

（10）其他突发事件。

（二）较大及以上突发事件，是指电力企业启动Ⅰ、Ⅱ、Ⅲ级应急响应的突发事件。

第三十三条　本办法自发布之日起施行，有效期五年。

（四）电网运行安全

国家能源局关于印发
《电网安全风险管控办法（试行）》的通知

国能安全〔2014〕123 号

各派出机构，各有关电力企业：

　　为了有效防范电网大面积停电风险，建立以科学防范为导向，流程管理为手段，全过程闭环监管为支撑的全面覆盖、全程管控、高效协同的电网安全风险管控机制，国家能源局制定了《电网安全风险管控办法（试行）》，现印发你们，请依照执行，执行中如有问题和建议，请及时报告国家能源局。

国家能源局

2014 年 3 月 19 日

电网安全风险管控办法（试行）

第一章　总　　则

　　第一条　为了有效防范电网大面积停电风险，建立以科学防范为导向，流程管理为手段，全过程闭环监管为支撑的全面覆盖、全程管控、高效协同的电网安全风险管控机制，制定本办法。

　　第二条　电网企业及其电力调度机构、发电企业、电力用户在电网安全风险管控中负主体责任，国家能源局及其派出机构负责电网安全风险管控工作的监督管理。

　　第三条　各有关单位应当高度重视电网安全风险管控工作，定期梳理电网安全风险，有针对性地做好风险识别、风险分级、风险监视、风险控制工作，以便及时了解、掌握和化解电网安全风险。

第二章　电网安全风险识别

　　第四条　电网企业及其电力调度机构负责组织进行风险识别，发电企业、电力用户应当配合电网企业及其电力调度机构做好风险识别工作。风险识别工作在于合理确定风险防控范围。风险识别应明确风险可能导致的后果、查找风险原因、判明故障场景。

第五条　风险可能导致的后果由各级电网企业及其电力调度机构根据电力安全事故（事件）的标准，结合本地电网的实际情况确定，可以选用电网减供负荷、停电用户的比例或对电网稳定运行和电能质量的影响程度等指标。

第六条　风险根据形成原因可以分为内在风险和外在风险。内在风险主要包括电网结构风险、设备风险（含一次设备风险和二次设备风险）；外在风险主要包括人为风险、自然风险、外力破坏风险。部分风险可以由多个原因组合而成。

第七条　故障场景可以参照《电力系统安全稳定导则》规定的三级大扰动，各电力企业可以根据实际情况将第三级大扰动中的多重故障、其他偶然因素进行细化。

第三章　电网安全风险分级

第八条　电网企业及其电力调度机构负责组织进行风险分级。风险分级在于判明风险大小，并为后续监视和控制提供依据。

第九条　风险等级主要根据风险可能导致的后果来进行划分。对于可能导致特别重大或重大电力安全事故的风险，定义为一级风险；对于可能导致较大或一般电力安全事故的风险，定义为二级风险；其他定义为三级风险。

第四章　电网安全风险监视

第十条　电网安全风险监视在于密切跟踪风险的发展变化情况。风险监视工作应当遵循"分区、分级"的原则。

第十一条　对于跨区电网风险，由国家电网公司负责监视，国家能源局负责相关工作的监督指导；对于区域内跨省电网风险，由当地区域电网企业负责监视，国家能源局当地区域派出机构负责相关工作的监督指导；对于省内电网风险，由当地电网企业负责监视，国家能源局当地派出机构负责相关工作的监督指导。

第十二条　对于三级电网安全风险，由相关电网企业自行监视；对于二级以上电网安全风险，相关电网企业应当报告国家能源局当地派出机构；对于一级电网安全风险，国家能源局当地派出机构应当上报国家能源局并抄报当地省（自治区、直辖市）人民政府。

第五章　电网安全风险控制

第十三条　电网安全风险控制在于把电网安全风险可能导致的后果限制在合理范围

内。各电力企业负责本企业范围内风险控制措施的落实，国家能源局及其派出机构负责督促指导电力企业的风险控制工作。

第十四条　电网企业应当制定风险控制方案，按照国家有关法规和技术规定、规程等的要求，综合考虑风险控制方法与途径，必要时与发电企业、电力用户等其他风险相关方进行沟通和说明，确保风险控制措施的可行性和可操作性。各风险相关方应当落实各自责任，保证风险控制所需的人力、物力、财力。

第十五条　临时控制电网安全风险的具体措施可以分为降低风险概率、减轻风险后果、提高应急处置能力等方面。降低风险概率的措施包括但不限于专项隐患排查、组织设备特巡、精心挑选作业人员、加强现场安全监督、加强设备技术监督管理。减轻风险后果的措施包括但不限于转移负荷、调整运行方式、合理安排作业时间、采取需求侧管理措施。提高应急处置能力的措施包括但不限于制定现场应急处置方案、开展反事故应急演练、提前告知用户安全风险、提前预警灾害性天气。

第十六条　降低电网安全风险的途径包括但不限于纳入电网规划和建设计划、纳入技改检修项目计划、纳入管理制度和标准、纳入日常生产工作计划、纳入培训教育计划。

第十七条　各电力企业应当对风险控制方案的实施效果进行评估，对下级单位风险控制方案的落实情况进行检查，确保风险控制措施得到有效实施。

第六章　风险管控与其他工作的衔接

第十八条　风险管控应当与电网规划相结合，通过优化电网规划，适当调整规划项目实施次序，增强网架结构，提高系统抵御风险能力。

第十九条　风险管控应当与电网建设相结合，通过严格执行设计方案，强化过程控制，提升建设施工水平，严格竣工验收，确保电网建设工程质量。

第二十条　风险管控应当与生产计划安排相结合，在安排检修计划和夏（冬）高峰、丰（枯）水期、重要保电、配合大型工程建设等特殊时期方式时,应同时考虑风险管控措施。

第二十一条　风险管控应当与物资管理相结合，通过加强设备物资采购管理，加强设备监造工作，提升输变电设备整体技术和质量水平。

第二十二条　风险管控应当与隐患排查治理相结合，通过加强日常安全隐患排查和治理工作，消除影响电力系统安全运行的重大隐患和薄弱环节，减少事故，确保电网安全。

第二十三条　风险管控应当与可靠性管理相结合，通过加强设备全寿命周期管理，分析设备的运行状况、健康水平，落实整改措施，降低电网运行的潜在风险。同时加强设备

可靠性统计工作，为风险的识别、分级提供技术支持。

第二十四条　风险管控应当与应急管理相结合，通过完善应急预案体系，建立健全应急联动机制，加强应急演练，形成多元化应急物资储备方式，控制和减少事故造成的损失。

第七章　工作实施和监督管理

第二十五条　各省级以上电网企业应按年度对所辖220千伏以上电网开展电网安全风险管控工作，并在此基础上形成本企业年度风险管控报告。报告中应包括以下内容：

（一）全面总结本企业电网安全风险管控工作开展情况；

（二）深入分析所辖电网存在的安全风险；

（三）提出有针对性的风险管控措施和建议。

各省级以上电网企业应当于当年9月30日前将本企业年度风险管控报告报国家能源局或者有关派出机构。

第二十六条　国家能源局各派出机构应当汇总形成本省（区域）年度风险管控报告，于当年10月15日前上报国家能源局。

第二十七条　对于二级以上的电网安全风险，电网企业要将风险控制方案和实施效果评估报告报担负相应风险监视监督指导职责的国家能源局或者有关派出机构。对于发电企业、电力用户等风险相关方未落实风险控制方案的，电网企业要及时报告国家能源局当地派出机构和地方政府有关部门。

第二十八条　国家能源局及其派出机构应当加强对企业上报的电网安全风险的跟踪监视，不定期开展对电网安全风险管控落实情况的监督检查或重点抽查。

第二十九条　对于未按要求报告或未及时采取管控措施而导致电力安全事故或事件的，国家能源局或者有关派出机构将依据有关法律法规对责任单位和责任人从严处理。

第八章　附　　则

第三十条　本办法由国家能源局负责解释。

第三十一条　国家能源局各派出机构及各电力企业可依据本办法制定具体的实施细则。

第三十二条　本办法中所称"以上"均包括本数。

第三十三条　本办法自公布之日起试行。

国家能源局关于印发
《电力二次系统安全管理若干规定》的通知

国能发安全规〔2022〕92 号

各省（自治区、直辖市）能源局，有关省（自治区、直辖市）及新疆生产建设兵团发展改革委、工业和信息化主管部门，北京市城市管理委员会，各派出机构，全国电力安全生产委员会企业成员单位，各有关电力企业：

为贯彻落实习近平总书记关于安全生产重要论述，进一步加强电力系统安全监管，提升电力二次系统安全管理的针对性、有效性，更好地服务电力行业安全高质量发展，国家能源局对《电力二次系统安全管理若干规定》（电监安全〔2011〕19 号）进行了修订。现将修订后的《电力二次系统安全管理若干规定》印发你们，请遵照执行。

国家能源局

2022 年 10 月 17 日

电力二次系统安全管理若干规定

第一章　总　　则

第一条　为加强电力二次系统安全管理，确保电力系统安全稳定运行，依据《中华人民共和国电力法》《中华人民共和国网络安全法》《电力监管条例》《电网调度管理条例》《关键信息基础设施安全保护条例》《电力监控系统安全防护规定》等相关法律法规、规章，制定本规定。

第二条　电网调度机构（以下简称调度机构）、电力企业及相关电力用户等各相关单位依据本规定开展电力二次系统安全管理工作。

第三条　本规定所称电力二次系统包括继电保护和安全自动装置，发电机励磁和调速系统，新能源发电控制系统，电力调度通信和调度自动化系统，直流控制保护系统，负荷控制系统，储能电站监控系统等（以下简称二次系统）；涉网二次系统是指电源及相关电力用户中与电网安全稳定运行相关的二次系统。

第四条 国家能源局及其派出机构依法对二次系统管理工作实施监督管理。

第五条 电力企业及相关电力用户是二次系统安全管理的责任主体，应当遵照国家及行业有关电力安全生产的法律法规、规章制度和技术标准，负责本单位的二次系统安全管理工作。

第六条 调度机构应加强调度管辖区域内电力企业及相关电力用户二次系统技术监督工作的指导，定期统计和汇总分析电力企业及相关电力用户技术监督工作开展情况，并将有关问题和情况及时报送国家能源局及其派出机构。调度机构按照国家相关规定负责调度管辖范围内涉网二次系统的技术监督工作。

第七条 调度机构、电力企业及相关电力用户应当配备足够的二次系统专业技术人员，具备设备运维、故障排查处置等工作能力。

第八条 调度机构应按照有关法律法规和国家能源局监管要求组织并督促二次系统专业技术培训和技术交流工作；应组织各相关单位贯彻执行国家和行业有关二次系统的标准、规程和规范；应组织制定（修订）调度管辖范围内二次系统的规程、规范和相关管理制度，并将与电力监管相关的事项报告国家能源局及其派出机构；应定期组织召开二次系统专业会议；组织开展二次系统运行统计分析工作，及时发布分析报告。

第九条 电力企业及相关电力用户应保障二次系统网络安全投入，并遵循"同步规划、同步建设、同步使用"的原则。

第十条 国家能源局及其派出机构加强对调度机构技术监督工作的监督管理，建立二次系统安全管理情况书面报告制度。省级、区域调度机构按月向国家能源局相关派出机构报告二次系统安全管理情况，国家电力调控中心和南方电网电力调控中心按季度向国家能源局报告二次系统安全管理情况，南方电网电力调控中心同时报南方能源监管局。相关二次系统安全管理情况按有关规定，在并网电厂涉网安全管理联席会议上通报。

第十一条 国家能源局及其派出机构可以依据相关规定对二次系统管理工作中的有关争议进行调解，经调解仍不能达成一致的，由国家能源局及其派出机构依照《电力监管条例》裁决。

第二章 规划建设管理

第十二条 二次系统规划设计应满足国家和行业相关技术标准和有关规定。

第十三条 二次系统规划设计应满足电网安全稳定运行和网络安全的要求。

第十四条 二次系统设备选型及配置应满足国家和行业相关技术标准，以及设备技术

规程、规范的要求。涉网二次系统规划设计、设备选型及配置还应征求调度机构意见，并满足调度机构相关技术规定及电网反事故措施的有关要求。

第十五条　电力企业及相关电力用户应按国家相关部门、调度机构要求配置网络安全专用防护产品，并报调度机构备案。

第十六条　二次系统设备应选择具备相应资质的质检机构检验合格的产品。

第十七条　二次系统安装、试验、验收应满足国家和行业相关标准、规范，及调度机构有关规程和管理制度的要求。涉网二次系统应按照有关规定进行并网安全评价，确保满足并网条件。

第十八条　二次系统项目建设完成应由项目监理单位出具相关质量评估报告，其中涉网二次系统应经调度机构确认。

第十九条　二次系统网络安全防护应满足《电力监控系统安全防护规定》要求。

第二十条　电力企业及相关电力用户的数字证书、密码产品等应满足国家相关部门、调度机构对二次系统密码应用管理的相关要求。

第三章　运行维护管理

第二十一条　电力企业及相关电力用户应按照国家、行业标准及调度机构相关规程和管理制度组织二次系统的定期检查和日常维护工作。

第二十二条　电力企业及相关电力用户各自负责所属电力通信、调度自动化及网络安全系统的运行维护工作。

第二十三条　相关电力用户应按政府有关要求和调度机构相关规程落实负荷控制、稳定控制、低频减负荷、低压减负荷等控制措施。

第二十四条　二次系统设备、装置及功能应按照相关规定投退，不得随意投入、停用或改变参数设置。属调度机构调度管辖范围的二次系统设备、装置及功能因故需要投入、退出、停用或改变参数设置的应报相应调度机构批准同意后方可进行。

第二十五条　电力企业及相关电力用户应对不满足电力系统安全稳定运行要求的二次系统及时进行更新、改造，并进行相关试验。需要进行联合调试的，调度机构负责安排相关运行方式，为联合调试创造条件。

第二十六条　已运行的二次系统（包括硬件和软件）需要改造升级的，应满足本规定关于规划设计、设备选型、网络安全防护等要求。

第二十七条　电力企业及相关电力用户所进行的影响电力系统安全及二次系统运行的

重要设备投运和重大试验工作，应严密组织，防止引发电网事故和设备事故，调度机构应提前将有关投运和试验安排通知相关单位。

第二十八条 电力企业及相关电力用户应加强二次系统网络安全监视，当发生危害网络安全的事件时应立即采取措施，影响涉网二次系统安全的应同时向调度机构报告。

第二十九条 电力企业及相关电力用户应建立二次系统安全双重预防体系，加强二次系统安全风险管控和隐患排查治理。

第三十条 电力系统发生异常与故障后，各相关单位应依据调度规程和现场运行有关规定，正确、迅速进行处理，保全现场文档，并及时向调度机构报告设备状态和处理情况。

第三十一条 各相关单位应加强沟通，互相提供有关资料，积极查找异常与事故原因，配合相关部门进行电力安全事故调查工作，并根据调查情况分别制定措施，落实整改。

第三十二条 调度机构负责组织或参与涉网二次系统的安全检查工作，参与涉网二次系统的电力安全事故调查、事故分析工作，并制定反事故措施。

第三十三条 电力二次系统网络安全专用防护产品的使用单位应督促研发单位和供应商按国家有关要求做好保密工作，防止关键技术泄露。严禁在互联网上销售、购买电力二次系统网络安全专用防护产品。

第四章 定值和参数管理

第三十四条 与电网安全稳定运行紧密相关的继电保护及安全自动装置定值由调度机构负责管理。调度机构下达限额或定值，发电企业及相关电力用户按调度机构要求整定，并报调度机构审核和备案。

其他与电网安全稳定运行相关的继电保护及安全自动装置定值由发电企业及相关电力用户自行管理，并负责整定，定值应报调度机构备案。

第三十五条 继电保护及安全自动装置整定工作原则上应由本企业专业人员具体负责；如需委托外单位，应委托具备相应专业能力的单位承担。

第三十六条 调度机构应及时将影响涉网二次系统运行和整定的系统阻抗等有关变化情况，书面通知发电企业及相关电力用户；发电企业及相关电力用户应及时校核定值和参数，在调度机构指导下及时调整二次系统的运行方式和有关定值。

第三十七条 发电企业应按调度机构要求提供系统分析用的发电机励磁系统（包括电力系统稳定器 PSS）和调速系统、新能源发电控制系统等二次设备的技术资料和实测参数，以及继电保护整定计算所需的发电机、变压器等主要设备技术规范、技术参数和实测参数

等资料。

第三十八条　发电企业的发电机励磁系统和调速系统定值和参数应报送调度机构备案。

第三十九条　发电企业的涉网试验方案、试验结果和试验报告应经调度机构确认。

第四十条　发电企业应根据电力系统网络结构变化、发电机励磁系统和调速系统等主要设备变化、相关控制系统发生重大改变，重新进行相关试验，并根据试验结论和调度机构的技术要求调整发电机励磁系统和调速系统定值参数，满足电力系统安全稳定运行要求。

第四十一条　调度机构应指导发电企业做好发电机励磁系统与调速系统等参数优化和管理工作，并配合发电企业进行相关试验工作。

第四十二条　涉网调度通信设备的数据配置、运行方式由调度机构或受其委托的通信运维单位下达，发电企业及相关电力用户应按要求执行，执行结果向相关单位报备。

第四十三条　发电企业及相关电力用户调度数据网设备的配置参数由调度机构负责管理，按调度机构下达的参数要求配置，并报调度机构备案。

第五章　附　　则

第四十四条　本规定所称相关电力用户是指农林水利、工矿企业、交通运输、公共服务等具有二次系统的大负荷用户，以及能够响应调度指令的负荷聚合商等。

第四十五条　本规定所称发电企业是电力企业的一种类别，是指并入电网运行的火力（燃煤、燃油、燃气及生物质）、水力、核能、风力、太阳能、抽水蓄能、新型储能、地热能、海洋能等发电厂（场、站）。

第四十六条　本规定所称"与电网安全稳定运行紧密相关的继电保护及安全自动装置"，是指电源及相关电力用户中主要为电网安全稳定运行服务的继电保护与安全自动装置。

第四十七条　本规定所称"其他与电网安全稳定运行相关的继电保护及安全自动装置"，是指电源及相关电力用户中主要为保护电源及相关电力用户而配置的，与电网存在配合关系的继电保护与安全自动装置。

第四十八条　国家能源局各派出机构可根据情况制定相应的实施细则。

第四十九条　电力企业及相关电力用户应按照本规定和相关实施细则及时修订相关规程和管理制度。

第五十条　本规定自发布之日起施行，有效期5年。原国家电力监管委员会《电力二次系统安全管理若干规定》（电监安全〔2011〕19号）同时废止。

国家能源局　国家安全监管总局关于印发《电网企业安全生产标准化规范及达标评级标准》的通知

国能安全〔2014〕254号

各省、自治区、直辖市及新疆生产建设兵团安全生产监督管理局，国家能源局各派出机构，国家电网公司、南方电网公司，内蒙古电力（集团）有限责任公司、陕西省地方电力（集团）有限公司，各有关单位：

为进一步加强电力安全生产监督管理、规范电网企业安全生产标准化工作，国家能源局和国家安全生产监督管理总局联合制定了《电网企业安全生产标准化规范及达标评级标准》，现予印发，请依照执行。

原国家电力监管委员会和国家安全生产监督管理总局2012年10月11日颁布的《电网企业安全生产标准化规范及达标评级标准（试行）》同时废止。

国家能源局

国家安全监管总局

2014年6月10日

电网企业安全生产标准化规范及达标评级标准

前　　言

为加强电力安全生产监督管理，落实《国务院关于进一步加强企业安全生产工作的通知》（国发〔2010〕23号），《国务院关于坚持科学发展安全发展促进安全生产形势持续稳定好转的意见》（国发〔2011〕40号），规范电网企业（本规范所指的电网企业是指从事输变电、供电业务的企业）安全生产标准化工作，国家能源局组织编修本规范。

本规范依据《企业安全生产标准化基本规范》（AQ/T 9006—2010）编制，考虑到电力发展、科技进步以及伴随新技术应用而出现的新课题，提出了电网企业安全生产标准化规

范项目，规定了电网企业安全生产目标、组织机构和职责、安全生产投入、法律法规和安全管理制度、宣传教育培训、生产设备设施、作业安全、隐患排查治理、危险源辨识及（重大）危险源监控、职业健康、应急救援管理、信息报送和事故（事件）调查处理以及绩效评定和持续改进等十三个方面的内容和要求，以适应当前电力系统发展的客观需要。

本规范由国家能源局提出。

本规范由国家能源局归口并负责解释。

本规范主要起草单位：国家能源局电力安全监管司、国家能源局河南监管办公室。

本规范参加起草单位：国家能源局山东监管办公室、河南省电机工程学会、国家电网公司、中国南方电网公司、内蒙古电力（集团）有限责任公司、陕西省地方电力（集团）有限公司、北京中安质环技术评价中心有限公司。

本规范自发布之日起有效期为五年。

1　适用范围

本规范适用于中华人民共和国境内从事输变电、供电业务的企业。

2　规范性引用文件

下列文件对本规范的应用是必不可少的，使用本规范应取下列文件的最新版本（包括所有的修订单）。

中华人民共和国特种设备安全法（国家主席令〔2013〕第 4 号）

中华人民共和国消防法（国家主席令〔2008〕第 6 号）

中华人民共和国道路交通安全法（国家主席令〔2011〕第 8 号）

中华人民共和国劳动法（国家主席令〔1994〕第 28 号）

中华人民共和国可再生能源法（国家主席令〔2009〕第 33 号）

中华人民共和国职业病防治法（国家主席令〔2011〕第 52 号）

中华人民共和国电力法（国家主席令〔1995〕第 60 号）

中华人民共和国劳动合同法（国家主席令〔2013〕第 65 号）

中华人民共和国环境保护法（国家主席令〔1989〕第 22 号）

中华人民共和国突发事件应对法（国家主席令〔2007〕第 4 号）

中华人民共和国安全生产法（国家主席令〔2002〕第 70 号）

中华人民共和国防洪法（国家主席令〔2009〕第 88 号）

中华人民共和国国务院令第 86 号　中华人民共和国防汛条例（2005 年 7 月 15 日修订）

中华人民共和国国务院令第 115 号　电网调度管理条例

中华人民共和国国务院令第 196 号　电力供应与使用条例

中华人民共和国国务院令第 239 号　电力设施保护条例（1998 年 1 月 7 日修订）

中华人民共和国国务院令第 279 号　建设工程质量管理条例

中华人民共和国国务院令第 352 号　使用有毒物品作业场所劳动保护条例

中华人民共和国国务院令第 393 号　建设工程安全生产管理条例

中华人民共和国国务院令第 421 号　企业事业单位内部治安保卫条例

中华人民共和国国务院令第 493 号　生产安全事故报告和调查处理条例

中华人民共和国国务院令第 535 号　劳动合同法实施条例

中华人民共和国国务院令第 549 号　国务院关于修改《特种设备安全监察条例》的决定（2009 年 1 月 14 日修订）

中华人民共和国国务院令第 591 号　危险化学品安全管理条例（2011 年 2 月 16 日修订）

中华人民共和国国务院令第 599 号　电力安全事故应急处置和调查处理条例

国家安全生产监督管理总局令第 1 号　劳动防护用品监督管理规定

国家安全生产监督管理总局令第 11 号　注册安全工程师管理规定

国家安全生产监督管理总局令第 16 号　安全生产事故隐患排查治理暂行规定

国家安全生产监督管理总局令第 30 号　特种作业人员安全技术培训考核管理规定

国家安全生产监督管理总局令第 36 号　建设项目安全设施"三同时"监督管理暂行办法

国家安全生产监督管理总局令第 42 号　《生产安全事故报告和调查处理条例》罚款处罚暂行规定

国家安全生产监督管理总局令第 44 号　安全生产培训管理办法

国家安全生产监督管理总局令第 47 号　工作场所职业卫生监督管理规定

国家安全生产监督管理总局令第 48 号　职业病危害项目申报办法

国家安全生产监督管理总局令第 49 号　用人单位职业健康监护监督管理办法

国家安全生产监督管理总局令第 59 号　工贸企业有限空间作业安全管理与监督暂行规定

国家安全生产监督管理总局令第 63 号　国家安全监管总局关于修改《生产经营单位

安全培训规定》等 11 件规章的决定

国家质量监督检验检疫总局令第 140 号　国家质量监督检验检疫总局关于修改《特种设备作业人员监督管理办法》的决定

中华人民共和国公安部〔1999〕第 8 号令　电力设施保护条例实施细则

国家电力监管委员会令第 1 号　电力安全生产令

国家电力监管委员会令第 2 号　电力安全生产监管办法

国家电力监管委员会令第 5 号　电力二次系统安全防护规定

国家电力监管委员会令第 15 号　电工进网作业许可证管理办法

国家电力监管委员会令第 22 号　电网运行规则（试行）

国家电力监管委员会令第 24 号　电力可靠性监督管理办法

国家电力监管委员会令第 27 号　供电监管办法

国家电力监管委员会令第 28 号　承装（修、试）电力设施许可证管理办法

国务院国有资产监督管理委员会令第 21 号　中央企业安全生产监督管理暂行办法

中华人民共和国公安部令第 61 号　机关团体、企业、事业单位消防安全管理规定

国发〔2010〕23 号　国务院关于进一步加强企业安全生产工作的通知

国发〔2011〕40 号　国务院关于坚持科学发展安全发展促进安全生产形势持续稳定好转的意见

安委办〔2010〕27 号　国务院安委会办公室关于贯彻落实国务院《通知》精神加强企业班组长安全培训工作的指导意见

安委〔2011〕4 号　国务院安委会关于深入开展安全生产标准化建设的指导意见

安委〔2012〕10 号　国务院安委会关于进一步加强安全培训工作的决定

安委办〔2012〕34 号　国务院安委会办公室关于加大推进安全生产文化建设的指导意见

安监总办〔2010〕139 号　国家安全监管总局关于进一步加强企业安全生产规范化建设严格落实企业安全生产主体责任的指导意见

人发〔2002〕87 号　关于印发《注册安全工程师执业资格制度暂行规定》和《注册安全工程师执业资格认定办法》的通知

国资发群工〔2009〕52 号　关于加强中央企业班组建设的指导意见

财企〔2012〕16 号　关于印发《企业安全生产费用提取和使用管理办法》的通知

能源电〔1993〕45 号　电力系统电瓷外绝缘防污闪技术管理规定

公治〔2014〕10号　关于贯彻执行《电力设施治安风险等级和安全防范要求》的通知

电监安全〔2006〕29号　关于进一步加强电力应急管理工作的意见

电监安全〔2006〕34号　电力二次系统安全防护总体方案

电监市场〔2006〕42号　发电厂并网运行管理规定

电监安全〔2007〕11号　关于深入推进电力企业应急管理工作的通知

电监安全〔2008〕43号　关于加强重要电力用户供电电源及自备应急电源配置监督管理的意见

电监安全〔2009〕22号　关于印发《电力突发事件应急演练导则（试行）》等文件的通知

电监安全〔2009〕61号　电力企业应急预案管理办法

办安全〔2010〕88号　重大活动电力安全保障工作规定（试行）

电监安全〔2011〕19号　关于印发《电力二次系统安全管理若干规定》的通知

电监安全〔2011〕21号　关于深入开展电力安全生产标准化工作的指导意见

电监安全〔2011〕28号　电力安全生产标准化达标评级管理办法（试行）

办安全〔2011〕83号　电力安全生产标准化达标评级实施细则（试行）

电监安全〔2012〕16号　关于加强风电安全工作的意见

电监安全〔2012〕28号　关于加强电力企业班组安全建设的指导意见

电监安全〔2013〕5号　关于印发《电力安全隐患监督管理暂行规定》的通知

电监安全〔2013〕6号　关于加强电力行业地质灾害防范工作的指导意见

国能综电安〔2013〕210号　国家能源局综合司关于电力安全生产标准化达标评级修订和补充的通知

国能安全〔2013〕427号　国家能源局关于防范电力人身伤亡事故的指导意见

国能安全〔2013〕475号　国家能源局关于印发《电力安全培训监督管理办法》的通知

国能安全〔2014〕62号　国家能源局关于印发《发电机组并网安全性评价管理办法》的通知

国能安全〔2014〕123号　国家能源局关于印发《电网安全风险管控办法（试行）》的通知

国能安全〔2014〕161号　国家能源局关于印发《防止电力生产事故的二十五项重点

要求》的通知

国能安全〔2014〕205 号　国家能源局关于印发《电力安全事件监督管理规定》的通知

国能综安全〔2014〕198 号　国家能源局综合司关于做好电力安全信息报送工作的通知

水电生字（85）第 8 号　城市电力网规划设计导则（试行）

GB 2894—2008　安全标志及其使用导则

GB 3787—2006　手持式电动工具的管理、使用、检查和维修安全技术规程

GB 4053—2009　固定式钢梯及平台安全要求　第一部分：钢直梯　第二部分：钢斜梯　第三部分：工业防护栏杆及钢平台

GB 6095—2009　安全带

GB/T 6096—2009　安全带测试方法

GB 9448—1999　焊接与切割安全

GB 12011—2009　足部防护　电绝缘鞋

GB 17622—2008　带电作业用绝缘手套

GB 18218—2009　危险化学品重大危险源辨识

GB 50034—2013　建筑照明设计标准

GB 50011—2010　建筑抗震设计规范

GB 50016—2006　建筑设计防火规范

GB 50057—2010　建筑物防雷设计规范

GB 50150—2006　电气装置安装工程电气设备交接试验标准

GB 50217—2007　电力工程电缆设计规范

GB 50293—1999　城市电力规划规范

GB 50229—2006　火力发电厂与变电站设计防火规范

GB 50545—2010　110kV ~ 750kV 架空输电线路设计规范

GB 50790—2013　±800kV 直流架空输电线路设计规范

GB 28813—2012　±800kV 直流架空输电线路运行规程

GB/T 28814—2012　±800kV 换流站运行规程编制导则

GB 50613—2010　城市配电网规划设计规范

GB 50260—2013　电力设施抗震设计规范

GBZ 158—2003　工作场所职业病危害警示标识

GBZ/T 225—2010　用人单位职业病防治指南

GB/T 14285—2006　继电保护和安全自动装置技术规程

GB/T 16178—2011　场（厂）内机动车辆安全检验技术要求

GB/T 26218—2010　污秽条件下使用的高压绝缘子的选择和尺寸确定

GB 311.1—2012　绝缘配合　第1部分：定义、原则和规则

GB 10963.2—2008　家用及类似场所用过电流保护断路器　第2部分：用于交流和直流的断路器

GB 16847—1997　保护用电流互感器暂态特性技术要求

GB 50147—2010　电气装置安装工程高压电器施工及验收规范

GB/T 20840.5—2013　互感器　第5部分：电容式电压互感器的补充技术要求

GB/T 8349—2000　金属封闭母线

GB 8958—2006　缺氧危险作业安全规程

GBZ/T 205—2007　密闭空间作业职业危害防护规范

GBZ 1—2010　工业企业设计卫生标准

GBZ 188—2007　职业健康监护技术规范

GB/T 29639—2013　生产经营单位安全生产事故应急预案编制导则

GB 26859—2011　电力安全工作规程（电力线路部分）

GB 26860—2011　电力安全工作规程（发电厂和变电所电气部分）

GB 26861—2011　电力安全工作规程（高压试验室部分）

GB 26164.1—2010　电业安全工作规程　第一部分：热力和机械

GB/T 28001—2011　职业健康安全管理体系　要求

AQ/T 9006—2010　企业安全生产标准化基本规范

AQ/T 9004—2008　企业安全文化建设导则

DL/T 548—2012　电力系统通信站过电压防护规程

DL 5027—1993　2005确认 电力设备典型消防规程

DL/T 639—1997　六氟化硫电气设备运行、试验及检修人员安全防护细则

DL/T 516—2006　电力调度自动化系统运行管理规程

DL/T 544—2012　电力通信运行管理规程

DL/T 572—2010　电力变压器运行规程

DL/T 573—2010　电力变压器检修导则

DL/T 574—2010　变压器分接开关运行维修导则

DL/T 587—2007　微机继电保护装置运行管理规程

DL/T 596—1996　电力设备预防性试验规程

DL/T 393—2010　输变电设备状态检修试验规程

DL/T 620—1997　交流电气装置的过电压保护和绝缘配合

DL/T 621—1997　交流电气装置的接地

DL/T 664—2008　带电设备红外诊断应用规范

DL/T 687—2010　微机型防止电气误操作系统通用技术条件

DL/T 722—2000　变压器油中溶解气体分析和判断导则

DL/T 724—2000　电力系统用蓄电池直流电源装置运行与维护技术规程

DL/T 741—2010　架空输电线路运行规程

DL/T 755—2001　电力系统安全稳定导则

DL/T 856—2004　电力用直流电源监控装置

DL/T 995—2006　继电保护和电网安全自动装置检验规程

DL/T 814—2002　配网自动化系统功能规范

DL/T 1040—2007　电网运行准则

DL/T 1051—2007　电力技术监督导则

DL/T 5044—2004　电力工程直流系统设计技术规程

DL/T 5136—2012　火力发电厂、变电所二次接线设计技术规程

DL/T 799.1 ～ 7—2010　电力行业劳动环境检测技术规范

YD/T 1821—2008　通信中心机房环境条件要求

JGJ 46—2013　施工现场临时用电安全技术规范

TSG Q7015—2008　起重机械定期检验规程

GA 1089—2013　电力设施治安风险等级和安全防范要求

3　术语和定义

下列术语和定义适用于本规范。

3.1　安全生产标准化

通过建立安全生产责任制、制定安全管理制度和操作规程、排查治理隐患和监控重大危险源、建立预防机制、规范生产行为，使各生产环节符合有关安全生产法律法规和标准规范的要求，人员、机器、物料、环境处于良好的生产状态，并持续改进，不断加强企业

安全生产规范化建设。

3.2 安全绩效

根据安全生产目标，在安全生产工作方面取得的可测量结果。

3.3 相关方

与企业的安全绩效相关联或受其影响的团体或个人。

3.4 资源

实施安全生产标准化所需的人员、资金、设施、材料、技术和方法等。

4 基本要求

4.1 原则

企业开展安全生产标准化工作，应遵循"安全第一、预防为主、综合治理"的方针，以隐患排查治理为基础，从岗位达标、专业达标做起，直至企业达标，建立安全生产长效机制，提高安全生产水平，减少事故发生，保障人身安全健康，保证生产经营活动的顺利进行。

4.2 建立和保持

企业安全生产标准化工作采用"策划、实施、检查、改进"动态循环的模式，依据本标准的要求，结合自身特点，建立并保持安全生产标准化系统；通过自我检查、自我纠正和自我完善，建立安全绩效持续改进的安全生产长效机制。

4.3 评定和监督

企业安全生产标准化工作实行企业自主评定、外部评审的方式。

企业应当根据达标基本条件和必备条件，对本企业评审期内开展安全生产标准化工作情况进行评定，自主评定后申请外部评审定级。

安全生产标准化评审等级分为一级、二级、三级，一级为最高。其中：一级得分率应 ≥ 90%，二级得分率应 ≥ 80%，三级得分率应 ≥ 70%。

国家能源局对评审定级进行监督管理。

4.4 达标基本条件

（一）取得电力业务许可证；

（二）评审期内未发生负有责任的人身死亡或3人以上重伤的电力人身事故、较大以上电力设备事故、电力安全事故以及对社会造成重大不良影响的事件；

（三）无其他因违反安全生产法律法规被处罚的行为。

4.5　达标必备条件

序号	项目	三级企业	二级企业	一级企业
1	目标	一年内未发生负有责任的人身死亡或3人以上重伤的电力人身事故、一般及以上电力设备事故、电力安全事故、火灾事故和负有同等及以上责任的生产性重大交通事故，以及对社会造成重大不良影响的事件	二年内未发生负有责任的人身死亡或3人以上重伤的电力人身事故、一般及以上电力设备事故、电力安全事故、火灾事故和负有同等及以上责任的生产性重大交通事故，以及对社会造成重大不良影响的事件	三年内未发生负有责任的人身死亡或3人以上重伤的电力人身事故、一般及以上电力设备事故、电力安全事故、火灾事故和负有同等及以上责任的生产性重大交通事故，以及对社会造成重大不良影响的事件
2	组织机构和职责	设置独立的安全生产监督管理机构；配备满足安全生产要求的安全监督人员	设置独立的安全生产监督管理机构；配备满足安全生产要求的安全监督人员	设置独立的安全生产监督管理机构；配备满足安全生产要求的安全监督人员；安全监督人员中至少1人具有注册安全工程师资格
3	法律法规和安全管理制度	识别并获取有效的安全生产法律法规、标准规范，建立符合本单位实际的安全生产规章制度	识别并获取有效的安全生产法律法规、标准规范，建立符合本单位实际的安全生产规章制度；安全生产规章制度中至少应包含附录A中的内容	识别、获取有效的安全生产法律法规、标准规范，建立符合本单位实际的安全生产规章制度；安全生产规章制度中至少应包含附录A中的内容；加强安全生产规章制度的动态管理，根据企业实际定期进行评估、修订、完善
4	宣传教育培训	建立全员安全生产教育培训制度，对从业人员进行安全生产教育和培训；企业主要负责人或主要安全生产管理人员按规定取得培训合格证	建立全员安全生产教育培训制度，对从业人员进行安全生产教育和培训；企业主要负责人和主要安全生产管理人员按规定取得培训合格证	建立全员安全生产教育培训制度，对从业人员进行安全生产教育和培训；企业主要负责人和安全生产管理人员按规定全部取得培训合格证；按照《企业安全文化建设导则》（AQ/T 9004—2008）的要求开展安全文化建设
5	生产设备设施			
5.1	设备设施管理	制定了设备设施规范化管理制度并贯彻实施；开展了技术监督管理、可靠性管理、运行管理、检修管理等工作	制定了设备设施规范化管理制度并贯彻实施；开展了技术监督管理、可靠性管理、运行管理、检修管理等工作；3～5年内进行一次输电网或供电企业安全评价（风险评估）	制定了设备设施规范化管理制度并贯彻实施；开展了技术监督管理、可靠性管理、运行管理、检修管理等工作；3～5年内进行一次输电网或供电企业安全评价（风险评估）
5.2	高压电网和中低压电网※	城市电网具有一定的综合供电能力，基本满足各类用电需求；主供电网（500、330、220、110、66千伏等电压等级）结构清晰，如形成网络或可靠的两级及以上辐射型多回路供电通道；城区内中低压电网主要供电区域至少有两个电源供电；制定了电网安全风险控制方案；各种新能源、分布式能源等接入系统有相关规定，可方便接入	城市电网具有较为充足的综合供电能力，可满足各类用电需求；主供电网（500、330、220、110、66千伏等电压等级）结构清晰合理、运行灵活、适应性强，如形成环网结构；正常运行方式（不含检修方式）基本满足N-1要求；城区内中低压电网具有开环运行的单环网结构且部分电网实现了配网自动化；制定了电网安全风险控制方案；各种新能源、分布式能源等接入系统有相关规定，可方便接入	城市电网具有充足的综合供电能力，满足各类用电需求；主供电网（500、330、220、110、66千伏等电压等级）结构坚强合理、安全可靠、运行灵活，具有较强的适应性，如形成双环网结构（含3～5年规划可形成双环网）；除当年新上变电站、线路外，正常（含检修）运行方式均满足N-1要求；城区内中低压电网具有开环运行的双环网结构；城市骨干电网实现了配网自动化；制定了电网安全风险控制方案。电网具有一定的电源支撑，各种新能源、分布式能源等接入系统有相关规定，可方便接入

467

续表

序号	项目	三级企业	二级企业	一级企业
5.3	电网主设备	企业主供电网（500、330、220、110、66 千伏等电压等级）在用主设备（主变压器、换流器、断路器、线路、继电保护装置及安全自动装置等）满足运行要求；输电线路可用系数 ≥ 99.5%，变压器可用系数 ≥ 99.5%；对电力设施治安风险进行了评估，落实了安全防范要求	企业主供电网（500、330、220、110、66 千伏等电压等级）在用主设备（主变压器、换流器、断路器、线路、继电保护装置及安全自动装置等）满足运行要求；无国家明令淘汰设备；输电线路可用系数 ≥ 99.90%，变压器可用系数 ≥ 99.95%；对电力设施治安风险进行了评估，落实了安全防范要求	企业主供电网（500、330、220、110、66 千伏等电压等级）在用主设备（主变压器、换流器、断路器、线路、继电保护装置及安全自动装置）满足运行要求；无国家明令淘汰设备；输电线路可用系数 ≥ 99.99%，变压器可用系数 ≥ 99.995%；对电力设施治安风险进行了评估，落实了安全防范要求
5.4	电能质量 ※	电网综合电压合格率 ≥ 97%，其中 A 类电压 ≥ 99%；城市居民电压合格率 ≥ 95%，城市居民供电可靠率 ≥ 99%；农村电压合格率、供电可靠率符合监管机构的规定；限制用户谐波电流有措施	电网综合电压合格率 ≥ 98%，其中 A 类电压 ≥ 99%；城市居民电压合格率 ≥ 95%，城市居民供电可靠率 ≥ 99.93%；农村电压合格率、农村供电可靠率符合监管机构的规定；开展用户谐波电流普测	电网综合电压合格率 ≥ 99%，其中 A 类电压 ≥ 99%；城市居民电压合格率 ≥ 95%，城市供电可靠率 ≥ 99.96%；农村电压合格率、农村供电可靠率符合监管机构的规定；开展用户谐波电流普测，变电站谐波电压、电流合格
6	作业安全	生产现场安全管理、作业行为管理、相关方管理规范；特种作业和特种设备作业人员全部持有效证件上岗	生产现场安全管理、作业行为管理、相关方管理规范；特种作业和特种设备作业人员全部持有效证件上岗	生产现场安全管理、作业行为管理、相关方管理规范；特种作业和特种设备作业人员全部持有效证件上岗
7	隐患排查治理	建立并落实隐患排查治理制度，不存在重大隐患或重大隐患按照《电力安全隐患监督管理暂行规定》的要求进行整改	建立并落实隐患排查治理制度；不存在重大隐患或重大隐患按照《电力安全隐患监督管理暂行规定》的要求进行整改	建立并落实隐患排查治理制度；不存在重大隐患或重大隐患按照《电力安全隐患监督管理暂行规定》的要求进行整改；建立健全隐患排查治理长效机制
8	职业健康	应当为从业人员创造符合国家职业卫生标准和卫生要求的环境和条件，并采取措施保障从业人员获得职业卫生保护；建立健全工作场所职业病危害因素检测及评价制度	应当为从业人员创造符合国家职业卫生标准和卫生要求的环境和条件，并采取措施保障从业人员获得职业卫生保护；建立健全工作场所职业病危害因素检测及评价制度	应当为从业人员创造符合国家职业卫生标准和卫生要求的环境和条件，并采取措施保障从业人员获得职业卫生保护；建立健全工作场所职业病危害因素检测及评价制度；按照《职业健康安全管理体系要求》（GB/T 28001—2011）建立并实施职业健康安全管理体系
9	应急救援管理	建立安全生产应急管理机构或指定专人负责安全生产应急管理工作，应急预案基本符合要求，定期开展应急演练	建立安全生产应急管理机构，制定了符合本单位实际的应急预案体系和应急预案，按照《电力企业应急预案管理办法》组织开展应急演练	建立安全生产应急管理机构，制定了符合本单位实际的应急预案体系和各级应急预案，按照《电力企业应急预案管理办法》组织开展应急演练，综合应急预案按照有关规定落实评审、备案、修订等要求
10	信息报送和事故（事件）调查处理	未发生瞒报、谎报、迟报、漏报事故（事件）和故意破坏事故（事件）现场的情况	未发生瞒报、谎报、迟报、漏报事故（事件）和故意破坏事故（事件）现场的情况	未发生瞒报、谎报、迟报、漏报事故（事件）和故意破坏事故（事件）现场的情况

注　※ 输变电企业不考核中低压电网要求及城市居民和农村居民电压合格率、供电可靠率等。

5　核心要求（评分项目）

5.1　目标（20分）

序号	项目	内容	标准分	评分标准
5.1.1	目标制定	企业应根据自身生产实际，依据"保人身、保电网、保设备"的原则，制定规划期内和年度安全生产目标。 安全生产目标应明确企业安全状况在人员、设备、作业环境、职业健康安全管理等方面的各项指标（如：不发生负有责任的3人以上重伤或人身死亡事故、不发生负有责任的一般及以上电力设备事故、电力安全事故以及火灾事故和负有同等及以上责任的重大交通事故，以及对社会造成重大不良影响的事件。作业环境有措施，职业安全健康有保障）。 目标应科学、合理，体现分级控制的原则。 安全生产目标应经企业主要负责人审批，以文件形式下达	10	①未制定规划期内和年度安全生产目标，未经企业主要负责人审批，未以文件形式下达，未体现分级控制的原则，有上述任一项，不得分。 ②指标不明确、内容不完善、不结合实际，有上述任一情况，扣5分；无具体考核指标，扣3分
5.1.2	目标的控制与落实	根据确定的安全生产目标，基层管理部门按照在生产经营中的职能，制定相应的安全指标、实施计划。 企业应按照基层单位或部门安全生产职责，将安全生产目标自上而下逐级分解，层层落实目标责任、指标，并实施企业与员工双向承诺。 遵循分级控制的原则，制定保证安全生产目标实现的控制措施，措施应明确、具体，具有可操作性	5	①未制定实施计划指标和控制措施，未将目标自上而下逐级分解，有上述任一项，不得分。 ②控制措施不明确、不具体，每处扣2分
5.1.3	目标的监督与考核	制定安全生产目标考核办法。 定期对安全生产目标实施计划的执行情况进行监督、检查与纠偏。 对安全生产目标完成情况进行评估与考核、奖惩	5	①未制定考核办法，未进行监督、检查与纠偏，未及时进行评估与考核，有上述任一项，不得分。 ②考核办法未涵盖所有部门，缺一个扣1分

5.2　组织机构和职责（100分）

序号	项目	内容	标准分	评分标准
5.2.1		组织机构和监督管理	60	
5.2.1.1	安全生产委员会	成立以主要负责人为领导的安全生产委员会，明确委员会的组成和职责，建立健全工作制度和例会制度。 企业主要负责人每季度至少主持召开一次安委会，安委会成员参加，总结分析本单位的安全生产情况，部署安全生产工作，研究解决安全生产工作中的重大问题，决策企业安全生产的重大事项	4	①未成立以企业主要负责人为领导的安全生产委员会，未按照实际情况及时调整安委会人员，企业主要负责人未定期主持召开安全生产委员会会议，有上述任一项，不得分。 ②未明确委员会职责、未建立工作制度，扣2分；会议内容不充实、无记录，每次扣1分
5.2.1.2	安全生产保障体系	建立由各管理部门和有关单位的主要负责人为骨干的全员安全生产保障体系。 明确安全生产保障体系各部门、各单位安全生产的职责范围，将安全生产管理职责具体分解到相应岗位。保障安全生产所需的人员、物资、费用等资源需要	8	①未建立安全生产保障体系，不得分。 ②安全生产保障体系不健全、职责不落实，每项扣1分

序号	项目	内容	标准分	评分标准
5.2.1.3	安全生产监督机构	根据《安全生产法》和上级要求，设置独立的安全生产监督管理机构，配备安全生产要求的安全监督人员。鼓励实行安全总监制（CSO），并由行政正职主管。企业应当加强安全监督队伍建设，人员与装备应满足监督工作的需要。安全生产监督管理机构工作人员应当逐步取得注册安全工程师资格。 明确安全生产监督管理机构职责和职权，健全安全监督人员、部门安全员、班组安全员组成的三级安全监督网。安全生产监督管理机构是企业安全生产工作的综合管理部门，对其他职能部门的安全生产管理工作进行综合协调和监督。监督执行安全生产法律、法规、规章和标准，参与本单位安全生产决策；督促和指导本单位其他机构、人员履行安全生产职责；组织实施安全生产检查，督促整改事故隐患；参与本单位生产安全事故应急预案的制定及演练，承担本单位应急管理工作；参与审查有关承包、承租单位的安全生产条件和相关资质；定期召开安全监督会议，部署安全生产监督工作	8	设置安全生产监督管理机构（此项为必备条件） ①未按要求建立安全生产监督体系，不得分。 ②安全监督体系、网络不健全，扣2分。 ③安全监督职责在落实中有不符合要求的，每项扣2分。 ④安全监督人员数量、工作经验及配备相应的设施器材不满足要求，每项（条）扣0.5分。 ⑤安全监督人员中无注册安全工程师扣3分
5.2.1.4		安全监督管理的例行工作	40	
5.2.1.4.1	安全分析会	企业应每月召开一次安全分析会。会议由企业主要负责人（或委托分管领导）主持，有关部门负责人参加，综合分析安全生产状况，及时总结事故教训及安全生产管理上存在的薄弱环节，研究采取预防事故的对策。企业主要负责人至少每季度主持一次。 新建、改建、扩建工程项目（安委会或项目部）每月、每季、半年都应召开安全分析会，分析工程安全生产状况，消除薄弱环节	6	①未按要求召开安全分析会、企业主要负责人未主持安全分析会，每次扣1分。 ②会议内容不充实，问题不落实，无记录，每次每项扣0.5分。 ③新建、改建、扩建工程项目（安委会或项目部）分析会，缺少1次扣0.5分
5.2.1.4.2	安全监督及安全网例会	企业安全监督部门负责人应定期主持召开安全监督网例会，安全网成员参加，传达安全分析会精神，分析安全生产和安全监督现状，制定对策	6	①安全监督部门负责人未定期召开安全监督网例会，缺少1次扣1分。 ②会议内容不充实，无记录，每次每项扣0.5分
5.2.1.4.3	安全日活动	企业班组应每周组织安全日活动，学习国家、上级单位、本单位有关安全生产的指示精神和规定、安全事故通报以及本岗位安全生产知识，交流安全生产工作经验，分析本岗位安全生产风险和预防措施。 企业和部门领导、管理人员每月应至少参加一次班组安全日活动，企业安全监督人员要做好安全日活动的检查	6	①班组未召开安全日活动，企业和部门领导、管理人员未参加活动，每次扣1分。 ②活动内容不充实，无记录，每项扣0.5分。 ③企业安全监督人员对安全日活动未检查或检查无评价，每项扣0.5分
5.2.1.4.4	班前、班后会	企业班组建立"一班三检"制度。 每日工作前召开班（组）前会，班（组）前会要结合当天工作任务、设备及系统运行方式做好危险点分析，布置安全措施，讲解安全注意事项，并做好记录。班（组）中开展重点部位安全生产检查（即"点检"）、作业区域安全生产巡查（即"巡检"），检查安全措施执行情况。当天工作结束后召开班（组）后会，及时总结当班（组）工作情况，分析工作中存在的问题，提出改进意见和建议，并做好记录	6	①未建立"一班三检"制度，扣0.5分；未落实"一班三检"制度，每次扣1分；未组织班（组）前、班（组）后会，不得分。 ②会议内容不充实，无记录，每项扣2分

续表

序号	项目	内容	标准分	评分标准
5.2.1.4.5	安全检查	企业应结合季节性特点和事故规律，定期或不定期组织开展安全检查。 安全检查前应编制检查提纲或"安全检查表"，对查出问题制定整改计划并监督落实，安全检查后进行总结，对整改计划实施情况要进行考核	6	①未定期或不定期组织开展安全检查，检查无提纲或"安全检查表"，不得分。 ②整改计划不落实，未按期完成整改计划，整改效果无评估、无总结、无考核，每项扣1分。
5.2.1.4.6	安全评价	企业应结合安全生产实际，定期组织开展企业安全评价（如输电网评价、城市电网评价、专业评价等）或风险评估。 企业应认真做好评价（评估）、分析、整改工作，以3～5年为周期，实现安全评价（评估）闭环动态管理	6	①未按周期开展安全评价，实施过程中存在重大疏漏，问题整改计划没有做到闭环管理，有上述任一项，不得分。 ②分析、评估、整改工作中存在缺失，每项扣0.2分
5.2.1.4.7	安全简报	企业应定期或不定期编写安全简报、通报、快报，综合安全情况，吸取事故教训。安全简报至少每月一期	2	①未建立简报制度，不得分。 ②少一期扣0.4分
5.2.1.4.8	安全生产月及其他	安全生产月以及上级部署的其他安全活动，做到有组织、有方案、有总结、有考核	2	①无组织、方案、总结、考核，不得分。 ②不完全符合要求，扣0.8分
5.2.2		安全生产责任制	40	
5.2.2.1	第一责任人职责	企业主要负责人应按照《安全生产法》及有关法律法规规定，履行安全生产第一责任人职责。 全面负责安全生产工作，并承担安全生产义务	10	①企业主要负责人未履行法定主要职责，不得分；安全生产职责不明确，每项扣2分。 ②责任制内容不符合规定，覆盖不够全面，扣1分
5.2.2.2	其他副职的职责	主管生产的负责人统筹组织生产过程中各项安全生产制度和措施的落实，完善安全生产条件，对企业安全生产工作负重要领导责任。 安全总监或主管安全生产工作的负责人协助主要负责人落实各项安全生产法律法规、标准，统筹协调和综合管理企业的安全生产工作，对企业安全生产工作负综合管理领导责任。 其他副职在自己分管工作范围内负相应的安全责任	8	①职责不健全的，发现一处扣0.4分。 ②发现有履行职责不到位现象，不得分
5.2.2.3	全员安全责任制度	制定符合企业机构设置的安全生产责任制，明确各级、各类岗位人员安全生产责任。责任制内容中应包括企业负责人及管理人员定期参与重大操作和施工现场作业监督检查。 安全责任制度应随机构、岗位变更及时修订	8	①安全责任制度不完善或与现行机构、人员不对应，不得分。 ②各单位、部门和人员责任制中未明确具体责任，每处扣1分
5.2.2.4	各部门、单位安全职责	企业应明确所属（管）各部门、单位安全职责，自上而下签订安全责任书，并做好各部门、单位安全管理责任的衔接，相互支持，做到责任无盲区、管理无死角	2	①责任制未包含所有部门、单位安全职责，不得分。 ②发现有未签订安全责任书的部门或单位，不得分；安全责任书内容不完善，每份扣0.5分

471

续表

序号	项目	内容	标准分	评分标准
5.2.2.5	市供电企业与直管、代管区（县）供电企业的安全职责	直管、代管区（县）供电企业，应当按照有关法律法规的规定签订安全生产管理责任书，明确双方安全生产管理责任。直管的可以直接下派安全总监（对于受委托代维、代管的电力设备、设施按照协议履行相关安全职责）	2	①未签订责任书，不得分。②未明确安全责任的，扣1分
5.2.2.6	电网与并网发电厂	电网企业与并网电厂应签订并网调度协议。并网调度协议应使用范本格式，并明确电网企业对发电企业以保证电网稳定、电能质量为目的的内容	2	①未签订并网调度协议，不得分。②并网调度协议不符合有关规定或未及时修订，扣1分
5.2.2.7	安全责任制度考核与追究	各级、各类岗位人员都要认真履行岗位安全生产职责，严格执行安全生产法规、规程、制度。企业应建立安全责任分级考核、奖励和追究制度，定期对各级人员安全生产职责履行情况进行检查、考核	4	①未制定制度，不得分。②未按照有关制度规定进行考核，不得分；考核执行不到位，扣2分
5.2.2.8	工会监督	企业工会依法对本企业安全生产与劳动防护进行民主监督，依法维护职工合法权益	4	工会未对本企业安全生产与劳动防护进行民主监督，不得分

5.3 安全生产投入（20分）

序号	项目	内容	标准分	评分标准
5.3.1	费用管理	制定满足安全生产需要的安全生产费用计划保障制度，严格审批程序，保证建设项目安全费用提取并专项用于安全生产，运行维护安全生产费用提取使用符合规定。建立安全费用台账，完善和改进安全生产条件。定期对执行情况进行检查	8	未制定管理制度，不得分；建设项目安全费用提取不符合相关规定，扣2分；未专项用于安全生产，不得分；运行维护安全生产费用无预算计划，扣2分；无台账或未定期检查，扣1分
5.3.2	反事故措施和劳动保护安全技术措施费用	安全技术和劳动保护措施计划应根据国家法规、行业标准，从改善劳动条件、防止伤亡、预防职业病、安全评价结果等方面编制。项目安全施工措施从作业方法、施工机具、工业卫生、作业环境等方面编制。反事故措施计划应根据国家相关技术标准规程、上级反事故措施、需要消除的重大缺陷和隐患、提高设备可靠性的技术改造及事故防范对策进行编制。反措计划应纳入检修、技改计划	4	①未制定两措费用计划，不得分。②年度费用计划未完成，且无计划调整手续，扣0.6分。③未定期检查费用实施情况，扣0.4分
5.3.3	其他安全费用	其他安全生产费用主要有以下方面：安全宣传教育培训；职业病防护和劳动保护；重大安全生产课题研究费用，"科技兴安"；特定预防事故采取的单项安全技术措施；应急预案评审、应急物资、应急演练、应急救援等应急管理；安全检测、安全评价、风险评估费用；事故隐患排查治理和重大危险源、重大隐患整改前监控费用；电力设施保护以及安全保卫费用；安全生产标准化建设实施费用；安全文化建设与维护；员工工伤保险与赔付等	4	企业未根据实际制定相关费用计划，费用计划未纳入财务年度预算，不得分

序号	项目	内容	标准分	评分标准
5.3.4	实施后的评估	费用计划制定后安排实施应做到项目、责任人、完成时间、资金、措施五落实；定期检查评估费用计划完成、实施情况，发现问题及时研究调整；计划项目完成后应组织安全技术人员进行效果评估，未达到预期目标的应制定措施，予以改进	4	①费用不足或未对执行情况进行效果评估、考核，不得分。②未达到预期效果，评估中未制定整改措施的，每项扣0.5分

5.4　法律法规和安全管理制度（100分）

序号	项目	内容	标准分	评分标准
5.4.1		法律法规与标准规范	30	
5.4.1.1	法规识别及获取	建立识别和获取适用的安全生产法律法规、标准规范的制度，明确主管部门，确定获取的渠道、方式，及时识别和获取适用有效的安全生产法律法规、标准规范、行政规章。建立企业法规库、网站或索引目录、网站，定期公布法律法规目录清单，便于随时查询、学习、索取	6	识别并获取有效的安全生产法律法规、标准规范（此项为必备条件）①未明确主管部门或没有建立制度、法规库或索引目录，不得分。②未及时识别和获取，扣3分；获取渠道或方式不明，扣1分。③未形成法律法规、标准规范清单和未定期更新，每项扣2分
5.4.1.2	法规跟踪	企业职能部门和工区（车间）应及时识别和获取本部门和工区（车间）适用有效的安全生产法律法规、标准规范，并跟踪、掌握有关法律法规、标准规范的修订情况，及时提供给企业内负责识别和获取适用的安全生产法律法规的主管部门汇总	10	①企业职能部门和工区（车间）未及时识别和获取本部门适用的安全生产法律法规、标准规范，每个扣3分。②识别和获取的法律法规、标准规范只有名称或台账，每个扣2分；发现有失效的法规、标准规范，每个扣1分；未上报，每个扣1分
5.4.1.3	法规传达	企业应将适用有效的安全生产法律法规、标准规范及其他要求及时转发或传达给从业人员	4	企业未能将适用有效的安全生产法律法规、标准规范及其他要求及时转发或传达给从业人员，每人次扣1分
5.4.1.4	法规贯彻	企业应遵守安全生产法律法规、标准规范，并将相关要求及时转化为本单位的规章制度，贯彻到各项工作中	10	企业规章制度未及时考虑相关安全生产最新的法律法规、标准规范具体要求，每处扣2分
5.4.2	企业管理规章制度	建立健全符合国家法律法规、国家及行业标准要求的各项管理制度（应体现但不仅限于附录A内容），并发放到相关工作岗位，规范从业人员的生产作业行为	10	建立符合本单位实际的安全生产规章制度（此项为必备条件）①规章制度每缺一项，扣5分；内容有不符合法规要求的，每项扣2分。②未发放到相关工作岗位，一人次不符合扣1分

序号	项目	内容	标准分	评分标准
5.4.3	标准规范规程配置	企业应配备国家及电力行业有关安全生产规程、标准、规范。 企业应根据本单位实际情况编制和配置运行规程、检修规程、设备试验、事故（事件）调查规程、系统图册、相关设备操作规程等有关安全生产规程。 企业应将有关规程发放到相关岗位	20	①配备的国家及行业有关安全生产规程、标准、规范缺项，每项扣1分。 ②未编制运行规程、检修规程、设备试验规程、系统图册、相关设备操作规程等有关安全生产规程，每项扣2分；操作规程（指导书、程序、手册）无针对性或未全面考虑岗位危险因素控制需要，每项扣1分。 ③未将有效规程发放到相关工作岗位，发现一人次扣1分
5.4.4	评估	每年对安全生产法律法规、标准规范、规章制度、操作规程的执行情况至少进行一次检查；对企业规章制度、操作规程及执行情况进行"合规性评价"，并形成记录；每年发布"可以继续执行"的有效规程制度文件，公布现行有效的规章制度及现场操作规程清单	10	①一年内未进行检查、评估，不得分。 ②"合规性评价"内容不充分，每项扣1分；无记录，扣5分。 ③"合规性评价"后一年内未及时完善，未按期发布，扣2分
5.4.5	修订	根据有效的法律法规、标准、规程、规范，结合评估情况、安全检查反馈问题、生产事故案例、绩效评定等，修订、完善规章制度、操作规程。 每3～5年对有关制度、规程进行一次全面修订。规章制度、操作规程修订、审查应履行审批手续	10	①未按期全面修订、发布，扣2分。 ②未履行审批手续，每项扣2分。 ③修订后未及时发布，每项扣1分
5.4.6	文件和档案管理	严格执行文件和档案管理制度，确保安全规章制度、规程编制、使用、评审、修订的效力。 建立主要安全生产过程、事件、活动、检查的安全记录档案（含影像、录音、电子光盘等），并加强对安全记录的有效管理。安全记录至少包括：班长日志（班组工作记录）、巡检记录、检修记录、安全事件记录、事故调查报告、安全生产通报、安全日活动、安全会议记录、纪要、安全检查记录等	20	①未按要求建立文件和档案管理制度，不得分。 ②安全记录档案内容缺项的，每项扣3分。 ③文件档案未有效管理，不能对工作活动过程追溯的，每项扣2分

5.5 宣传教育培训（90分）

序号	项目	内容	标准分	评分标准
5.5.1		企业安全宣传教育培训管理	20	
5.5.1.1	主管部门	企业应确定安全宣传教育培训主管部门，建立安全宣传教育培训管理制度，按规定及岗位需要，定期识别安全教育培训需求，制定、实施安全教育培训计划，提供相应的资源保证	12	建立全员安全生产教育培训制度（此项为必备条件） ①企业未明确安全宣传教育培训主管部门，不得分；制度内容不完整，每项扣2分。 ②无安全培训需求识别或未制定全员安全培训计划、年度培训工作计划，或缺少必要的宣传教育培训设备设施和经费，每项扣2分

序号	项目	内容	标准分	评分标准
5.5.1.2	培训档案	应做好安全教育培训记录，建立安全教育培训档案，实施分级管理，并对培训效果进行评估和改进	8	①企业未建立培训档案，不得分。 ②培训档案不健全、没有进行培训效果评估或需要改进而没有改进，每项扣2分；效果评估质量差的，每项扣1分
5.5.2	安全生产管理人员教育培训	企业的主要负责人和安全生产管理人员，必须具备与本单位所从事的生产经营活动相适应的安全生产知识和管理能力。法律法规要求必须对其安全生产知识和管理能力进行考核的，须经考核合格后方可任职。电网企业的主要负责人和安全生产管理人员应取得安全监督管理部门或国家能源局及其派出机构组织培训的培训合格证。 企业的主要负责人和安全生产管理人员的安全生产管理培训时间初次不得少于32学时，每年再培训时间不得少于12学时	10	①企业的主要负责人未按要求进行安全培训并取得合格证或未按要求接受再教育，不得分。 ②安全生产管理人员未按要求进行安全培训并取得培训合格证或未按要求接受再教育，每人次扣2分
5.5.3		操作岗位人员教育培训	50	
5.5.3.1	基本要求	企业每年应对生产岗位人员进行生产技能培训、安全教育和安全规程考试，使其熟悉有关的安全生产规章制度和安全操作规程，掌握触电急救及心肺复苏方法，并确认其能力符合岗位要求。其中，班组长的安全培训应制定专门的培训制度，定期培训并符合国家有关要求。 工作票签发人、工作负责人、工作许可人须经安全培训、考试合格并公布。 未经安全教育培训，或培训考核不合格的从业人员，不得上岗作业	20	①未对生产岗位人员进行每年一次生产技能、安全规程考试，不得分。 ②工作票签发人、工作负责人、工作许可人未经安全培训、考试合格并公布的，不得分。 ③企业操作岗位人员未经安全教育培训，或培训考核不合格而上岗作业，每人次扣2分
5.5.3.2	入厂培训	新入厂员工在上岗前必须进行厂、部门、班组三级安全教育培训，岗前培训时间不得少于24学时。危险性较大的岗位人员应熟悉与工作有关的氧气、氢气、乙炔、六氟化硫、酸、碱、油等危险介质的物理、化学特性，培训时间不得少于48学时	10	①企业三级安全教育培训分级不清、无针对性或流于形式，不得分。 ②新入厂人员上岗前未经三级安全教育培训或培训时间不满足要求，每人次扣2分
5.5.3.3	四新培训	在新工艺、新技术、新材料、新设备设施投入使用前，应对有关操作岗位人员进行专门的安全教育和培训	5	涉及新工艺、新技术、新材料、新设备设施的岗位操作人员未经专门的安全教育培训而上岗，每人次扣2分
5.5.3.4	转岗培训	生产岗位人员转岗、离岗三个月以上重新上岗者，应进行部门和班组安全生产教育培训和考试，考试合格方可上岗	5	企业对转岗、离岗三个月以上重新上岗人员，未经部门、班组安全教育培训，或未经考核合格后就允许上岗，或培训内容、考试题无针对性，每人次扣2分

序号	项目	内容	标准分	评分标准
5.5.3.5	特种作业与特种设备操作人员培训	特种作业人员和特种设备作业人员应按有关规定接受专门的安全培训，经考核合格并取得有效资格证书后，方可上岗作业。离开作业岗位达6个月以上的作业人员，应当重新进行实际操作考核，经确认合格后方可上岗作业	10	①特种作业人员和特种设备作业人员未按规定接受培训，未经考核取得资格证书，每人扣2分。 ②特种作业资格证未按相关规定年审、离开作业岗位6个月以上重新上岗的作业人员未经实际操作考核，每人次扣2分
5.5.4	其他人员教育培训	企业应对相关方人员进行安全教育培训。作业人员进入作业现场前，应由作业现场所在单位对其进行现场有关安全知识的教育培训，并经有关部门考试合格。 企业应对外来参观、学习等人员进行有关安全知识教育，告知存在的危险因素、防范措施和应急处置方法，并做好相关监护工作	5	①未对相关方人员进行安全教育培训，不得分；相关方作业人员未进行教育培训并考试进入现场，每人扣2分；培训内容无针对性或未根据作业活动特点，每处扣1分。 ②未对外来人员进行教育和告知，每人次扣1分；培训教育无针对性，每处扣1分
5.5.5	安全文化建设	企业应制定安全文化建设规划，开展安全文化建设，促进安全生产工作。企业应采取多种形式的安全文化活动，引导全体从业人员的安全态度和安全行为，逐步形成为全体员工所认同、共同遵守、带有本单位特点的安全理念、价值观和安全行为准则，实现法律和政府监管要求之上的安全自我约束，保障企业安全生产水平持续提高	5	①未按照《企业安全文化建设导则》（AQ/T 9004—2008）的要求开展安全文化建设，不得分。 ②企业未制定安全文化建设规划，扣3分。 ③安全文化建设未纳入企业工作计划，扣2分；企业安全理念不明确，扣1分；企业各部门、班组未逐级落实相应的安全文化建设实施方案并开展活动，每项扣1分

5.6 生产设备设施（680分）

序号	项目	内容	标准分	评分标准
5.6.1		生产设备设施建设	20	
5.6.1.1	"三同时"管理	企业应建立安全设施、环境保护设施、职业安全卫生设施与建设项目主体工程同时设计、同时施工、同时投入生产和使用的管理制度，并实施	10	①未建立"三同时"制度，扣5分。 ②建设项目安全设备设施、环境保护设施、职业安全卫生设施不符合"三同时"要求，每处扣5分

续表

序号	项目	内容	标准分	评分标准
5.6.1.2	建设项目管理	企业应按规定对新建、扩建、技改等项目建议书、可行性研究、初步设计、总体开工方案、开工前安全条件确认和竣工验收等阶段进行规范管理。 工程项目设计、施工、监理单位应具备相应资质。 企业应明确工程项目的管理、设计、施工和监理单位的安全生产管理职责，并签订安全生产管理协议。不得对勘察、设计、施工、工程监理等单位提出不符合建设工程安全生产法律、法规和强制性标准规定的要求，不得压缩合同约定的工期。 企业应及时办理项目规划、用地、报建等相关手续。 企业应组织工程项目管理单位、设计单位、施工单位和监理单位对工程建设过程中潜在的风险进行评估，编制施工方案。确保在工程项目实施前进行全面的安全技术交底，并实施全面质量管理。 企业工程项目管理单位应定期对施工现场进行安全检查，并确保检查发现的问题得到及时处理	10	①企业在项目建议书、可行性研究、初步设计、总体开工方案、开工前安全条件确认和竣工验收等阶段未能进行规范管理，每处扣3分。 ②设计、监理或施工单位资质不符合规定的，扣2分。 ③未明确工程项目的管理、设计、施工和监理单位的安全生产管理职责，未签订安全生产管理协议，扣2分；对勘察、设计、施工、工程监理等单位提出不符合建设工程安全生产法律、法规和强制性标准规定的要求，或压缩合同约定工期的，每项扣5分。 ④未开展项目建设风险评估、安全技术交底、全面质量管理，未对施工现场进行安全检查，每项扣5分
5.6.2	设备设施运行管理		65	
5.6.2.1	管理基础工作	企业应对生产设备设施进行规范化管理，明确设备设施运行维护责任主体、运行管理部门及其责任，保证其安全运行。代维护管理和委托维护管理应签订代维护、委托管理协议，明确双方的安全责任。 企业应完善生产设备生命周期的技术档案管理，分类建立完善主要设备台账、技术资料和图纸等资料。 组织制定并落实设备治理规划和年度治理计划。 加强设备质量管理，完善设备质量标准、缺陷管理、设备异动管理、新设备投入运行验收等制度，明确相应工作程序和流程。 保证备品、备件满足生产需求。 旧设备拆除前应进行风险评估，制定拆除计划、方案和安全措施。 每年对设备完好性进行评级（评价）或状态评估	15	制定了设备设施规范化管理制度并贯彻实施（此项为必备条件） ①企业未明确设备设施运行维护责任主体，或运行管理部门责任分界不清，不得分；代管或委托管理无协议，每项扣5分。 ②台账统计不全，扣2分。 ③无设备质量标准、缺陷管理、设备异动管理等制度，不得分。 ④设备治理规划和年度治理计划未落实，扣5分。 ⑤备品、备件不满足生产需求，资料不全，扣3分。 ⑥新投入设备未严格履行验收制度，扣2分；旧设备拆除无方案，扣2分。 ⑦未进行每年一次设备完好性评级（评价或状态评估），不得分

477

续表

序号	项目	内容	标准分	评分标准
5.6.2.2	技术监督管理	企业应建立电能质量、绝缘、电测、继电保护与安全自动装置、热工、节能、环保、化学等技术监控（督）管理网络体系和标准体系，落实各级监督部门职责和考核制度，制定年度工作计划。 组织或参加新建、改建、扩建工程的设计审查、主要设备的监造验收及安装、调试、试运行等过程中的技术监督和基建交接验收的技术监督。 组织实施大修技改项目质量技术监督。定期组织召开技术监督工作会议，总结、交流监督工作经验，通报信息，部署下阶段工作。 对所管辖设备按规定进行监测，对设备检修、维护的质量进行监督，并保存技术监督台账、报告。 制定技术改造管理办法，定期对设备运行状况进行综合与专题分析和重大项目可行性研究，组织编制项目实施的组织措施、技术措施和安全措施。 对影响和威胁电网安全的问题，督促有关单位整改	10	①未建立各项技术监督网和标准体系，未制定年度计划，不得分。 ②未制定技术监督管理制度，不得分；制定了制度但未落实，扣5分。 ③技术监督报告存在较大问题，措施制定和实施不及时，未制定技术改造管理办法，技改资料不全等，每项扣5分。 ④对所管辖设备未按规定进行监测，未对设备检修、维护的质量进行监督，未保存技术监督台账、报告，不得分；监督漏项，每项扣2分。 ⑤对影响和威胁电网安全的问题，未督促有关单位整改，每项扣2分
5.6.2.3	可靠性管理	制定可靠性管理工作规范，建立可靠性管理组织网络体系，设置可靠性管理专职（或兼职）工作岗位，可靠性专责人员参加岗位培训并取得合格证书。 建立输变电设备、配电可靠性信息管理系统，采集、统计、审核、分析、及时向有关部门报送可靠性报表，鼓励开展城市低压用户供电可靠性工作。 编制可靠性管理工作报告和技术分析报告，评价分析设备、设施及电网运行的可靠性状况，制定提高可靠性水平的具体措施并组织实施。 定期对可靠性管理工作进行总结，并开展可靠性管理成果应用	10	①未制定可靠性管理工作规范，不得分；企业可靠性管理专（兼）责人无证上岗，扣5分。 ②未建立可靠性信息管理系统或不及时报送报表，不得分。 ③可靠性管理工作报告和技术分析报告存在较大问题，扣5分；措施制定和实施不及时，扣5分。 ④未开展可靠性管理工作总结、应用工作，扣5分。 ⑤用户年综合供电可靠率（RS1）未达到99.96%，不得分
5.6.2.4	运行管理	企业应建立输变配电设备及其附属设备的运行管理制度，执行输变配电运行规程，监视设备运行工况，按照规定进行设备巡视维护、检测试验，保持设备完好。 完善设备的本质安全化功能，防止误操作措施健全，安全自动装置和继电保护正确投入。 设备正常、异常运行、试验、缺陷、故障、操作等各种记录或电子备份档案齐全。 监督运行值守人员严格执行调度命令、"两票三制"和安全工作规程等规程制度。 完善设备检修安全技术措施，做好检修许可、监护、验收等工作。 合理安排运行方式，做好事故预想，开展反事故演习	15	①未建立输变配电设备运行管理制度，或因运行监视不到位发生不安全事件，扣5分；设备巡视维护、检测不符合要求，扣2分；存在无票操作，不得分；操作票不合格，扣2分/张。 ②设备定期轮换和试验工作未执行，扣5分；执行不到位，扣2分。 ③防止误操作措施不健全，安全自动装置和继电保护未正确投入，不得分。 ④记录缺一种扣2分；记录不完整、不详实，扣1分/次。 ⑤有违反调度命令、纪律的，不得分；存在无票操作，不得分；工作票、操作票不合格，扣2分/张。 ⑥许可、监护、验收失误，不得分。 ⑦未定期组织开展反事故演习、进行事故预想，扣2分

序号	项目	内容	标准分	评分标准
5.6.2.5	检修管理	制定并执行设备检修管理制度,各种检维修计划齐全,健全设备检修管理机构,规范检修管理,大修、技改等项目应编制检修进度网络图或进度控制表。 检维修方案实行危险点分析或检修作业指导书,对重大项目实行安全组织措施、技术措施、安全措施及施工方案,执行检修过程隐患控制措施,并进行监督检查。 严格执行工作票制度,落实各项安全措施。 检修现场隔离围栏完整,安全措施落实,并应分区域管理,检修物品实行定置管理。安全设施不得随意拆除、挪用或弃之不用,检修拆除的,检修结束立即复原。 严格工艺要求和质量标准,实行检修质量控制和监督三级验收制度。 检修完毕清理现场,垃圾、废料处理及时,保护环境	15	①未制定检修管理制度,不得分;制度不完善,机构不健全,落实存在问题,扣5分。 ②检修作业文件无危险点分析或作业指导书编制不完整或者内容简单,扣2分;设备无检修、试验记录,扣5分;检查周期不符合要求,扣2分。 ③无票作业,不得分;工作票不合格,扣2分/张。 ④安全措施没有落实,扣2分/项。 ⑤检修现场隔离和定置管理不到位,扣3分/处。 ⑥检修质量控制和监督三级验收制度执行不到位,扣10分;验收资料不完整,扣5分。 ⑦检修现场清理不及时,扣5分
5.6.3		新设备验收及旧设备拆除、报废	15	
5.6.3.1	设备全寿命期管理	设备的设计、制造、安装、使用、检测、维修、改造、拆除和报废,应符合有关法律法规、标准规范的要求	5	抽查新设备的设计、制造、安装、使用、检测、维修、改造、拆除环节台账、图纸、记录、监造等资料,发现不符合有关法律法规、标准规范要求的,每处扣1分
5.6.3.2	验收报废制度	企业应执行生产设备设施到货验收和报废管理制度,应使用质量合格、符合设计要求的生产设备设施	5	①企业未建立生产设备设施到货验收管理制度,不得分;未履行到货检查、验收不全,每次扣1分。 ②未执行生产设备设施报废管理制度、报废拆除程序不全,每次扣1分
5.6.3.3	设备拆除	拆除的生产设备设施应按规定进行处置。拆除的生产设备设施涉及危险物品的,须制定危险物品处置方案和应急措施,并严格按规定组织实施	5	①拆除的生产设备设施涉及危险物品而未制定处置方案和应急措施,或方案和措施无针对性,扣5分。 ②未按方案实施,扣5分。 ③拆除的生产设备设施的处置不符合规定,每次扣1分
5.6.4		电力设施保护管理	40	

序号	项目	内容	标准分	评分标准
5.6.4.1	管理制度	开展电力设施治安风险评估，制定电力设施安全保护制度，会同有关部门及沿电力线路各单位，建立群众护线机制。 重要生产场所实行分区管理，严格执行重要生产现场准入制度。加强出入人员、车辆和物品的安全检查，防止发生外力破坏、盗窃、恐怖袭击等事件。 加强安保器材、防暴装置发放、使用和维护管理	10	①未开展电力设施治安风险评估，扣6分；未制定电力设施安全保卫制度，不得分。 ②安全保卫制度有缺失，重要生产场所未分区管理，未严格执行重要生产现场准入制度，安保物资管理有缺陷，每项扣2分
5.6.4.2	保护措施	企业应加强对电力设施的保护工作，对危害电力设施安全的行为，应采取适当措施，予以制止。在依法划定的电力设施保护区内种植的或自然生长的可能危及电力设施安全的树木、竹子，电力企业应依法予以修剪或砍伐。 开展保护电力设施的宣传教育工作，健全保护区内的警示标志。 加大电力设施保护费用投入，加固、修缮重要线路防护体，按照需求配置、更新安保器材和防暴装置。 依据电力设施治安风险等级和安全防范要求，落实防范措施。在重要电力设施内部及周界安装视频监控、高压脉冲电网、远红外报警等技防系统，可以根据需要将重点部位视频监控系统配合公安机关接入保安监控系统	10	①未开展保护电力设施的宣传教育工作，不得分。 ②保护区内的警示标志缺一处，扣2分。 ③人防、技防管理工作有缺失，电力设施现场保护措施不足，未按要求安装技防、监控系统等，每项扣2分。 ④未确定电力设施治安风险等级和落实安全防范要求，每项扣4分
5.6.4.3	保卫方式	对重要电力设施、生产场所采用专职或兼职安保人员进行现场值守，并巡视检查，实施群众护线责任制。 重要保电时段，根据安全运行影响程度，应按有关规定对重要的电力设施和生产场所采取警企联防等保卫方式	10	①被上级有关部门检查出存在安全保卫问题，不得分。 ②未按规定实施安保方式的，扣4分。 ③安保工作存在漏洞的，扣4分
5.6.4.4	处置与报告	重要输变电设备、设施遭受外力破坏构成重大安全隐患或造成电力安全事故、事件的，电力企业应当及时进行处置，向公安部门报案，并向当地政府有关部门和能源监管机构报告	10	未及时处置并报告，不得分
5.6.5※	电网安全		200	
5.6.5.1	电网风险管控	企业应当高度重视电网安全风险管控工作，定期梳理电网安全风险，有针对性地做好风险识别、风险分级、风险监视、风险控制工作，制定电网风险管控方案，掌握和化解电网安全风险	10	①未定期梳理电网安全风险，未进行风险识别、风险分级，未制定电网风险管控方案，未实施风险监视、风险控制工作，不得分。 ②风险识别不到位、风险分级错误、制定的电网风险管控方案有缺陷，每项扣2分

序号	项目	内容	标准分	评分标准
5.6.5.2	电网规划	企业应制定本地区电网规划，并对规划进行滚动修订。规划主要内容应符合国家有关要求和国家标准、行业标准等要求，符合地区、城市电力网建设改造的实际及地区、城市发展的需要和要求，规划内容应包括电力一次、二次系统、电源、通信系统等。 应根据经济、技术条件制定本单位《区域（城市）电网规划导则》或《区域（城市）电网规划实施细则》	20	①电网规划内容有不符合要求的，扣4分；未制定电网规划，不得分。 ②未定期修订电网规划，扣6分。 ③未制定本单位《区域（城市）电网规划导则》或《区域（城市）电网规划实施细则》，扣6分
5.6.5.3	调度管理	企业应对并（联）网过程进行规范管理，确保电网、设备安全运行。调度范围应划分明确，有依据和附图说明。电网与县级、用户等电网互联应签订互联电网协议，应明确调度与监控的对象、监控的内容。 调度规程和继电保护运行、检修规程应齐全，并提供给属该级调度的对象，调度规程上报有关部门备案。 系统一次主接线、厂站（所）一次主接线及设备参数齐全并符合实际。电网主系统、配电干线系统模拟图板（或电子图）应与一次接线图一致，设备运行状态、地线标志明显。 城市电网应定期进行安全性评价，调度自动化、继电保护、通信应定期进行专业评价，并网设备参数、设备性能全部备案。与并网发电厂签订并网调度协议，依据并网安全性评价，监控发电机组运行。 调度部门应制定年、月、日调度计划和检修计划，年、月计划报行政主管部门备案；对并网运行电厂开展"两个细则"（发电厂并网运行管理细则和辅助服务管理细则）考核工作。 调度规程、继电保护和安全自动装置规程齐全。调度员下达操作命令应符合要求，录音设备良好、管理严格。负荷管理、计划控制符合上级要求，事故拉闸顺序和低频减负荷顺序经过当地政府有关部门批准。 调度设备、安全自动远动装置应满足调度自动化要求。接入电网运行的电力二次系统应当符合《电力二次系统安全防护规定》和《电力二次系统安全管理若干规定》等。 系统薄弱环节应有保证安全、避免大面积停电的临时措施。应具有完善的电网大面积停电事故应急预案、电网黑启动预案、应急机制和反事故措施，并定期开展各种应急预案演练	40	①调度范围划分无依据和附图说明，电网与县级、用户等电网互联未签订互联电网协议，每项扣4分。 ②调度规程或继电保护运行、检修规程不全，扣4分；未提供给属该级调度的对象，扣4分；调度规程未上报有关部门备案，扣2分。 ③系统一次主接线、厂站（所）一次主接线及设备参数不全、不符合实际，扣2分；电网主系统、配电干线系统模拟图板（或电子图）与一次接线图不一致，不能显示设备运行状态、地线标志，扣4分。 ④调度自动化、继电保护、通信未定期进行专业评价，扣6分；允许未进行并网安全性评价的电厂并网商业运行，扣8分。 ⑤调度计划和检修计划未备案，扣2分；对电厂无考核，扣2分。 ⑥事故拉闸顺序和低频减负荷顺序未经过当地政府有关部门批准，扣4分；命令不符合要求、录音设备不良，每项扣2分。 ⑦调度设备、安全自动远动装置不满足调度自动化要求，扣4分；未配备二次防护系统，扣20分；不符合规定的，扣4分。 ⑧系统存在薄弱环节且无保证安全、避免大面积停电的临时措施或措施不当，不得分。 ⑨未开展电网大面积停电应急演练扣6分

续表

序号	项目	内容	标准分	评分标准
5.6.5.4	高压电网	主电网接线结构合理，主要供电设备及元件应有足够的备用容量。220 千伏（或主供网电压等级）电网应形成环网或可靠的两级及以下辐射型多回路供电通道；分层分区合理，各分区间联络线及事故支援具备足够能力；应有较大的抗扰动能力，任意 $N-1$ 或大负荷突变不影响正常供电；电网间联络线正常输送容量处于合理水平，联络线断开各自系统稳定。 系统最大短路电流应控制在允许范围，超过标准的电网应采取控制措施。母线保护配置、整定、试验完好，投入运行。 各级电压等级容载比符合规划设计要求，无限制用户增容的地段或区域。 无功电力配置容量应满足有关标准要求，并能实现自动投退、实施无功系统优化分布	30	①主供电网（330、220、110、66 千伏等电压等级）未形成环网结构，不得分。 ②电网接线不合理、主供电源变电站只有一台变压器，每站扣 2 分；220 千伏高压网出现 $N-1$ 影响负荷及电压调整，扣 6 分。 ③系统短路电流超过设备运行标准，且无措施，不得分。 ④主供电网变压器容载比低于规划设计标准，扣 10 分。 ⑤母线保护配置、整定、检验存在缺陷，不得分。 ⑥无功电力不能分层控制，容量不足，不能自动投退，扣 10 分
5.6.5.5	电压管理	电网电压等级和变压层次应当符合规划并简化，运行中电压偏移应及时调整，不应超过规定标准。 变电站及用户端的电压监测点 A、B、C、D 类设置及电压合格率应符合国家有关规定	10	供电综合电压合格率 ≥ 99%，其中 A 类电压 ≥ 99%（此项为必备条件） ①监测点未按照要求设置，扣 6 分；根据运行情况，城市、农村不符合监管规定，每项扣 4 分。 ②电压偏移超限未及时采取措施，扣 4 分
5.6.5.6	谐波管理	凡能产生谐波电流使系统电压波形畸变的用电设备，应采取措施限制注入电网的谐波电流达到国家规定标准	10	（此项为必备条件） ①未普测谐波源，不得分。 ②对新报装谐波源客户验收时未核查谐波或无治理措施，每户扣 1 分。 ③对已查出的不符合要求的谐波源客户无治理措施，每户扣 2 分
5.6.5.7	调度通信	企业应配置与电网运行相适应的电力通信系统，调度至被调主要厂站或有数据传输的厂站，应建立至少 2 个及以上独立的通信路由或不同通信方式的通道；通信站直流电源可靠，并实现设备和动力环境的监视。 通信设备、电路及光缆线路的运行状况良好，电源系统正常；通信站防雷、防静电、防尘措施完善、合理	20	①主要厂站或有数据传输的厂站仅有 1 个独立的通信路由或一种通信方式的厂站，一个扣 4 分；保证一种通信方式也有困难的，扣 10 分。 ②通信设备、电路、光缆线路、交直流电源的运行状况及环境存在问题，扣 4 分

序号	项目	内容	标准分	评分标准
5.6.5.8	中低压网	中低压配电网应根据高压变电站布点、负荷密度和运行管理的需要分区独立配置，明确供电范围，每个区域至少有两个及以上不同方向的电源供电，各区不应交错重叠。 中压架空配电网应采用环网布置、开环运行的结构，主干线和较大的支线应按规定装设分段开关，相邻变电站（所）及同一变电站（所）馈出的相邻线路之间应装设联络开关，逐步实现配网自动化。低压采用辐射式线路供电。 在高层建筑群地区、人口密集繁华地区、街道狭窄、绿化带、林带及架空线难以保证安全距离等情况下，可采用绝缘导线或电缆供电。 中压电缆网的结构形式应采用单环或双环环网布置开环运行的电缆网络，电缆线路的分支应根据需要和可能建设环网开闭箱（室）或分支箱（室）。 线路（架空和电缆）的正常负荷应控制在安全电流的2/3以下。中低压配电网应有较大的适应性，应按长期规划一次选定导线截面。 10～20千伏网络的供电半径应满足电压损失允许值、负荷密度、供电可靠性等指标要求，并留有一定裕度	30	①根据每个项目执行情况，对执行不到位的，每项扣2分；有交错供电，或分区仅有一个电源，不得分；线路过负荷，每条扣2分；线路供电半径超过规定且末端电压不满足要求，每条扣2分。 ②城区内中低压电网不具有环网结构，不得分；除专用线外存在无手拉手辐射线路，一条扣2分；未实现配网自动化，扣20分
5.6.5.9	过电压防护	线路和设备过电压保护应符合规程规定。保护用避雷器、接地装置应按规定进行预试。 35、20、10千伏小电流接地系统中性点不接地的变电站若存在危及设备安全的过电压，应采取措施。应根据电容电流的大小采取相应的中性点接地方式，如采用装设消弧线圈、接地变压器等措施	10	①线路和设备过电压保护不符合规程规定的，每处扣2分；避雷器、接地装置未进行预试，不得分。 ②未测电容电流，不得分；未根据电容电流的大小采取相应的中性点接地方式，不得分
5.6.5.10	重要电力用户安全管理	供电企业要根据地方政府确定的重要电力用户的行业范围及用电负荷性质，提出重要电力用户名单，经地方政府有关部门批准后，报能源监管机构备案。每年更新一次。 供电企业应按照要求为重要电力用户配置符合其重要等级的供电电源。 重要电力用户供电电源的切换时间和切换方式要满足重要电力用户允许中断供电时间的要求。 供电企业要掌握重要电力用户自备应急电源的配置和使用情况，建立健全基础档案数据库及一次接线图和设备资料，督促重要电力用户在自备应急电源与电网电源之间装设可靠的电气或机械闭锁装置，防止倒送电。同时，供电企业要指导重要电力用户排查治理安全用电隐患，安全使用自备应急电源。 供电企业应建立重大活动电力安全保障工作常态机制，使重大活动电力安全保障工作制度化和规范化；制定重大活动保电方案和应急预案并实施，及时处置突发事件，确保安全运行。 电力企业应协助重要电力用户开展用电安全检查，检查中发现隐患应及时通知用户整改，并报告相关监管部门	20	①重要电力用户名单不全或未经政府有关部门批准并报能源监管机构备案的，不得分。 ②重要电力用户供电电源条件不符合重要电力用户等级要求，且未下发整改、督促通知给用户和政府相关部门，每户扣2分。 ③未掌握重要电力用户自备应急电源的配置和使用情况，自备应急电源与电网电源之间未装设可靠的电气或机械闭锁装置，防止客户向系统反送电措施不明确、客户图纸、资料不全，均不得分。 ④未制定重大活动保电方案或未协助重要电力用户开展用电检查，不得分

续表

序号	项目	内容	标准分	评分标准
5.6.6		设备设施安全	160	
5.6.6.1	电气一次设备及系统	输配电线路、电缆线路（含绝缘导线）导线及其所属配件等零部件状态、防舞动及防倒杆（塔）断线等措施良好；杆塔、电缆支架、隧道（沟、槽）通风、防火设施良好；绝缘子防污级别等于或高于现场实际污秽等级，状态良好；避雷线、避雷器及其接地引下线、接地电阻符合规程要求；无影响正常运行的缺陷；在线检测指示正确。 变压器和高压并联电抗器的分接开关接触良好，有载开关及操动机构状况良好，有载开关的油与本体油之间无渗漏问题；冷却系统（如潜油泵风扇等）无影响正常运行的缺陷；套管及本体、散热器、储油柜等部位无渗漏油问题。防火设施健全，定期检验。 高低压配电装置的系统接线和运行方式正常，断路器状态标识清晰、遮断容量足够、母线及架构完好，绝缘符合要求，隔离开关、断路器、电力电缆等设备无影响正常运行的缺陷；防误闭锁装置可靠；互感器、耦合电容器、避雷器和穿墙套管无影响运行的缺陷；过电压保护装置和接地装置运行正常。 无功补偿装置运行正常。 所有一次设备绝缘监督指标合格	30	①存在影响电气一次设备安全稳定运行的重大缺陷或隐患，每项扣6分；未进行分析并制定措施，不得分；措施无针对性，扣6分。 ②一次设备绝缘监督指标不合格，每台每项扣4分。 ③输电线路无防舞动、防污闪、防雷击措施，扣10分。 ④电缆隧道通风不良或防火设施不健全，且未采取措施，扣10分。 ⑤变压器和高压并联电抗器本体、套管、散热器、储油柜等部位有渗漏油，每台每处扣4分。 ⑥输配电线路设备、高低压配电装置设备存在未按规定及时处理的缺陷，每项扣4分。 ⑦存在使用国家明令淘汰设备的，不得分
5.6.6.2※	电气二次设备及系统	继电保护及安全自动装置的配置符合要求，运行工况正常，定值应符合整定通知单要求，并定期进行检验。故障录波器运行正常，需定期测试技术参数的保护按规定进行测试，测试数据和信号指示齐全正确。二次回路接线正确、保护屏压板和把手的标志正确规范，投运前试验正常，仪器、仪表符合技术监督要求。新建二次设备系统图纸与设备实际相符并经过审核，确认无误。 系统稳定装置（相角测量、负荷联切、远方跳闸等）应符合电网实际要求，依据运行方式和调度命令投入，确保系统稳定。 直流系统设备可靠性符合运行要求，蓄电池设备安全可靠。不同的蓄电池组充电设备相互独立，性能符合要求。直流系统各级熔断器和空气小开关的参数有专人管理，动作有选择性，备件齐全。 电气二次设备及系统管理应遵守《电力二次系统安全管理若干规定》	30	①存在影响安全运行的缺陷和隐患，每处扣6分。 ②二次回路、二次设备存在未及时消除的缺陷，每项扣2分；新建二次设备系统图纸与设备实际不符，未经过审核确认，每处扣2分；试验仪器、仪表校验过期，每块扣2分；二次回路未按规定进行检查，接线不正确每处扣2分。 ③继电保护装置及安全自动装置未按规定检验，项目不全，标识指示、信号指示不全，各扣4分。 ④系统的稳定装置未按要求投入，扣4分。 ⑤故障录波器运行不正常或未投入运行，扣4分。 ⑥未定期测试保护的技术参数，扣4分。 ⑦直流系统各级熔断器和空气小开关的定值没有专人管理，备件不齐全，级差配合不满足动作有选择性要求，扣10分。 ⑧发现二次设备及系统管理问题，每处扣2分。 ⑨存在使用国家明令淘汰设备的，不得分

序号	项目	内容	标准分	评分标准
5.6.6.3※		特种设备与危险化学品管理	30	
5.6.6.3.1	起重机械	设备产品合格证、使用登记证等使用资料齐全，并按规定进行年检。钢丝绳、各类吊索具、滑轮、护罩、吊钩、紧固装置完好。制动器、各类行程限位、限量开关与联锁保护装置完好可靠。急停开关、缓冲器和终端止挡器等停车保护装置使用有效。各种信号装置与照明设施符合要求。接地连接可靠，电气设备完好。各类防护罩、盖、栏、护板等完备可靠。露天作业起重机的防雨罩、夹轨器或锚定装置使用有效（见附录E）	6	①产品合格证、使用登记证等资料不全或未按规定进行年检，不得分。②各种安全装置和信号装置存在缺陷，每发现一处扣4分
5.6.6.3.2	压力容器	本体完好，连接元件无异常振动、摩擦、松动，安全附件、显示装置、报警装置、联锁装置完好，检验、调试、更换记录齐全，运行和使用符合相关规定，无超压、超温、超载等现象。工业气瓶储存仓库状态良好，安全标志完善，气瓶存放位置、间距、标志及存放量符合要求，各种护具及消防器材齐全可靠。气瓶在检验期内使用，外观无缺陷及腐蚀，漆色及标志正确、明显，安全附件齐全、完好。气瓶使用时的防倾倒措施可靠，工作场地存放量符合规定，与明火的间距符合规定	6	压力容器安全装置、工业气瓶存在严重缺陷，不得分；其他每发现一项一般问题扣2分
5.6.6.3.3	厂内专用机动车辆	动力系统运转平稳，无漏电、漏水、漏油，灯光电气完好，仪表、照明、信号及各附属安全装置性能良好，轮胎无损伤，制动距离符合要求，定期进行检验	4	未定期进行检验，不得分；每发现一项不符合扣2分
5.6.6.3.4	锅炉设备	锅炉使用单位应当按照安全技术规范的要求，产品合格证、登记使用证、定期检验合格证齐全。锅炉本体及承压部件、汽水管道、压力表、安全阀、压力管道等安全设施配件应定期检测试验合格，自动补水装置可靠，压力容器满足运行工况要求	4	每发现一项不符合扣2分
5.6.6.3.5	电梯	电梯使用单位应当设置特种设备安全管理机构或者配备专（兼）职安全管理人员，与取得许可的安装、改造、维修单位或者电梯制造单位签订维护协议。定期检测并取得安全使用合格证。专职管理和操作人员应取得电梯使用操作合格证，在电梯内张贴安全乘梯须知，安装应急电话或警铃	4	①未与有合法资质的单位签订维护协议的，不得分。②未定期检测取得安全使用合格证，不得分。③管理和操作人员未取得电梯使用操作合格证的，每人扣2分
5.6.6.3.6	有害气体和危险化学品	制定并落实有害气体和危险化学品的储存、使用、回收管理制度。库房应符合安全标准的要求，制定有应急预案。危险化学品按危险性进行分类、分区、分库储存。库内有隔热、降温、通风等措施，消防设施齐全，消防通道畅通。电气设施采用相应等级的防爆电器。有效处理废弃物品或包装容器。六氟化硫室外断路器发生爆炸或严重漏气等故障时，值班抢修人员应穿戴防毒面具和防护服，从上风侧接近设备，室内设备必须先行通风15分钟，待含氧量和六氟化硫浓度符合标准后方可进入。变电站防止小动物用"鼠药"应建立采购、发放、使用专人管理制度和记录，告知有关人员"鼠药"危害，防止流失及职工中毒	6	①未制定危险化学品管理制度的，不得分。②未执行六氟化硫设备防护制度的，扣4分；库房存在不符合安全标准要求的，扣4分。③变电站防止小动物用"鼠药"采购、发放、使用未建立专人管理制度和记录，扣4分

序号	项目	内容	标准分	评分标准
5.6.6.4※		信息安全及二次系统防护设备	20	
5.6.6.4.1	总体方案	电力二次系统安全防护满足《电力二次系统安全防护总体方案》要求，具有数据网络安全防护实施方案和网络安全隔离措施，分区合理、隔离措施完备、可靠。 路由器、交换机、服务器、邮件系统、目录系统、数据库、域名系统、安全设备、密码设备、密钥参数、交换机端口、IP 地址、用户账号、服务端口等网络资源统一管理。 网络节点具有备份恢复能力，能够有效防范病毒和黑客的攻击所引起的网络拥塞、系统崩溃和数据丢失	8	发现问题，每处扣 4 分
5.6.6.4.2	测试认证	安全区的定义应正确，一区和二区之间应实现逻辑隔离，有连接的生产控制大区和管理信息大区间应安装单向横向隔离装置，并且该装置应经过国家权威机构的测试和安全认证	4	发现问题不得分
5.6.6.4.3	硬件要求	生产控制大区内部的系统配置应符合规定要求，硬件应满足要求，本级与相联的电力调度数据网之间应安装纵向加密认证装置或硬件防火墙	4	发现问题不得分
5.6.6.4.4	管理制度	应建立电力二次系统安全防护管理制度、权限密码制度、门禁管理和机房人员登记制度。 系统应经过上级认定，并定期对系统进行评估	4	发现问题不得分
5.6.6.5	手持电动工器具管理	企业应建立电气安全用具、手持电动工具、移动式电动机具台账，统一编号，专人专柜对号保管，定期试验。使用人员掌握使用方法并在有效期内正确使用。 企业购置的电气安全用具、手持电动工具、移动式电动机具经国家有关部门试验鉴定合格。 现场使用的电气安全用具、手持电动工具、移动式电动机具等设备满足附录 E 要求。 按作业环境要求选用手持电动工具。使用 I 类手持电动工具应配有漏电保护装置，接地连接可靠。绝缘电阻值符合要求，并有定期测量记录。电源线必须用护管软线，长度不超过 6 米，无接头及破损。电动工具的防护罩、盖及手柄完好无松动，电动工具的开关灵敏、可靠无破损，规格与负载匹配	10	①台账、编号存在问题，每项扣 1 分；未进行定期试验，每台扣 2 分；使用人员使用方法不当，每人次扣 2 分。 ②企业购置的电气安全用具、手持电动工具、移动式电动机具存在未经国家有关部门试验鉴定合格，每件扣 2 分。 ③现场使用的电气安全用具、手持电动工具、移动式电动机具等设备的接地、绝缘、电源线、护盖、手柄等不满足安全要求，发现一项扣 2 分
5.6.6.6	车辆运输设备	定期对机动车辆、机械传输装置（如张力放线机等）进行检测和检验，保证机械、车况良好。吊车、斗臂车、叉车等的起重机械部分符合起重作业安全要求。 制订通勤车辆（大客车）遇山区滑坡、泥石流、冰雪、铁路道口等特殊情况的应对措施，并对大客车、事故抢修车、倒闸操作车辆、公务车辆等实行跟踪监护。 制定交通安全管理制度，完善厂区交通安全设施。 加强驾驶人员培训，严格驾驶行为管理	20	①未制定制度，不得分；交通安全设施不齐全，每处扣 10 分。 ②驾驶人员培训或管理不到位，扣 10 分；无证驾驶，不得分。 ③机动车辆或起重机械部分的检验、检测不到位，存在安全隐患，每项扣 10 分。 ④通勤车辆、抢修车辆、操作车辆、公务车辆等未实行跟踪监护，每辆扣 5 分

序号	项目	内容	标准分	评分标准
5.6.6.7	消防设备设施	企业应建立健全消防安全组织机构，根据需要设立群众义务消防队或者义务消防员，负责防火和灭火工作。完善消防安全规章制度，落实消防安全生产责任制，开展消防培训和演习。 　　调度大楼、变电站、生产厂房及仓库备有必要的消防设备、报警装置，并建立消防设备设施台账，定期进行检查和试验，保证合格。 　　存放易燃易爆物品库房、建筑设施的防火等级符合要求。 　　充油式变压器、电容器和电抗器应按规定设防火墙、排油槽、挡油墙，按规定配备消防器材和专用灭火装置且运行正常。 　　电缆和电缆构筑物安全可靠，电缆隧道、电缆沟排水设施完好，电缆封堵及照明符合要求，电缆主隧道及沟、井、夹层电缆主通道分段阻燃措施符合要求，特别重要电缆应采取耐火隔离措施或更换阻燃电缆。电缆夹层、竖井、沟等区域应配备电缆监控装置以及防火门（墙）等设施。 　　现场电缆敷设符合安全要求，操作直流、主保护、直流油泵等重要电缆采取分槽盒、分层、分沟敷设及阻燃等特殊防火措施。 　　其他通信机房、计算机室、蓄电池间、档案室等重点防护部位应采用专业消防器材防护。 　　作业人员应熟悉消防器材性能、布置和使用方法，现场动火有人监护，且防火措施落实	20	①未建立组织机构、规章制度不完整、责任制未落实、未定期开展消防培训或演习，每项扣4分。 ②消防器材未建立台账、配备不全、未定期检查或试验不到位，扣10分。 ③存放易燃易爆物品库房、建筑设施的防火等级不符合要求，不得分。 ④主变压器防火设施不完善，灭火装置未检验、未投入运行，一台扣2分。 ⑤电缆和电缆用构筑物等设施不符合要求，每处扣1分。 ⑥现场电缆敷设不符合防火安全要求，每处扣2分。 ⑦现场动火防火措施落实不到位，扣10分
5.6.7		电气设备风险控制	160	
5.6.7.1	输配电线路风险控制	企业应制定倒杆、断线反事故措施和现场处置方案，执行上级反事故措施。 　　加强恶劣气象条件发生后的特别巡视和大负荷期间的夜间巡视。 　　及时处理线路缺陷，尽量缩短线路带缺陷运行时间，短时间不能处理的缺陷或隐患应加强监视、巡视。 　　监督和观测铁塔、金具、导地线等设备腐蚀程度，腐蚀严重、强度下降严重的及时处理或更换。 　　可能引起误碰线路的区段，悬挂警示、限高标志。 　　开展群防群治，防止线路器材被盗和外力破坏。 　　对于重要的直线型交叉跨越铁路、高速公路、江河、110千伏及以上线路应采用差异化设计复核和改造	20	①未制定倒杆、断线反事故措施及现场处置方案，未执行上级反事故措施，均不得分。 ②发生电网企业负有主要责任的倒杆、断线的，不得分。 ③发生线路器材被盗或外力破坏造成安全事故、事件，每次扣4分。 ④缺陷未及时处理，发现一处扣2分。 ⑤可能引起误碰的线路区段未悬挂警示、限高标志，每处扣2分。 ⑥未采用差异化设计复核的重要直线型交叉跨越，每处扣2分

序号	项目	内容	标准分	评分标准
5.6.7.2※	变压器、互感器损坏风险控制	制定并落实变压器、互感器设备反事故技术措施，或执行上级反措。加强变压器设备选型、订货、验收、投运全过程管理，220千伏及以上电压等级的变压器应按规定赴厂监造和验收。加强油质管理，对变压器油要加强质量控制。变压器安装的在线监测装置应完好。在近端发生短路后，应做低电压短路阻抗测试或用频响法测试绕组变形，并与原始记录比较。冷却装置电源定期切换，事故排油设施符合规定。加强变压器绕组温度和上层油温温升的监测检查，每年至少用红外线成像仪测温一次。变压器油色谱分析合格，220千伏及以上油中含水量应合格，330千伏及以上油中含气量应合格。 主变压器分接开关自动调整应灵活、准确。 换流站闸流管、换流阀串应定期检查试验，冷却水系统运行可靠，交、直流滤波器、平波电抗器符合设计要求。 气体绝缘电流互感器安装后应进行老炼试验、耐压试验	20	①未制定变压器、互感器设备反事故技术措施，不得分；制定不完善或落实不到位，扣10分。 ②变压器设备选型、订货、监造、试验、验收、投运等过程管理不到位，每项扣2分。 ③变压器主要试验项目如油的色谱分析、线圈变形、操作波等不全或存在质量问题，不得分。 ④变压器安装的在线监测装置存在缺陷，扣2分。 ⑤在近端发生短路后，未做相应试验，不得分。 ⑥冷却装置电源未定期切换，扣4分。 ⑦事故排油设施不符合规定，扣6分
5.6.7.3※	高压断路器损坏风险控制	制定并落实高压断路器反事故技术措施，或执行上级反措。交接验收必须严格执行国家和电力行业标准，完善高压断路器防误闭锁功能，液压、气体操作机构压力异常时严禁进行操作。 断路器分合闸操作后，应根据机械指示、带电显示、触头状态核查。断口外绝缘应符合规定，否则应采用防污涂料等措施。 做好气体管理、运行及设备的气体微水监测和漏气异常情况分析，包括六氟化硫压力表和密度继电器的定期校验。 定期或系统容量增大时应核定断路器安装地点短路时断路器遮断容量应足够。 加强对隔离开关转动部件、接触部件、操作机构、机械及电气闭锁装置的检查和润滑，并进行操作试验；定期用红外线测温仪测量隔离开关接触部分的温度。 定期清扫气动机构防尘罩、空气过滤器，排放储气罐内积水，定期检查液压机构回路有无渗漏油现象，发现缺陷应及时处理	20	①发生有责任的高压开关损坏事故，不得分；遮断容量不够，不得分。 ②未制定高压开关设备反事故技术措施或主要试验项目不合格，不得分；制度不完善或落实不到位，扣10分。 ③高压开关设备防误闭锁功能不完善，每项扣6分；防误闭锁功能不完善造成事故，不得分。 ④未对隔离开关进行操作试验、检查和润滑，每项扣4分。 ⑤气体管理、运行及设备的气体监测和异常情况分析不到位，扣6分。 ⑥未定期测量接头温度，扣10分
5.6.7.4※	GIS、HGIS组合电器损坏风险控制	断路器和隔离开关间应有完善的电气（机械）防误闭锁，且性能保持完好。每个封闭压力系统均装有密度继电器或压力表，并指示正确，定期校验，压力降低时报警信号正确并闭锁操动机构，封闭压力系统年漏气率小于0.5%	20	防误闭锁不完好或主要试验项目不合格，不得分；年漏气率超过标准，不得分

序号	项目	内容	标准分	评分标准
5.6.7.5	接地网事故风险控制	接地网接地电阻应符合规程规定，运行 10 年以上的接地网应开挖检查腐蚀情况。 设备设施的接地引下线设计、施工符合要求，有关生产设备与接地网连接牢固。 接地装置的焊接质量、接地试验应符合规定，各种设备与主接地网的连接可靠，扩建接地网与原接地网间应为多点连接。 根据地区短路容量的变化，应校核接地装置（包括设备接地引下线）的热稳定容量，并根据短路容量的变化及接地装置的腐蚀程度对接地装置进行改造。 按预防性试验规程规定进行接地装置引下线的导通检测工作，根据历次测量结果进行分析比较。 对于土壤高电阻率地区的接地网，在接地电阻难以满足要求时，应有完善的均压及隔离措施。 变压器中性点有两根与主接地网不同地点连接的接地引下线，每根接地引下线均应符合热稳定要求。 重要设备及设备架构等应有两根与主接地网不同地点连接的接地引下线，且每根接地引下线均应符合热稳定要求	10	①接地网接地电阻不符合规程规定，运行 10 年以上未开挖检查的，不得分。 ②设备设施的接地引下线设计、施工不符合要求，生产设备与接地网连接不牢固，扣 4 分。 ③接地装置的焊接质量、接地试验不符合规定，连接存在问题，扣 4 分。 ④未对接地装置进行校核或改造，扣 4 分。 ⑤接地装置引下线的导通检测工作和分析不满足规程要求，扣 4 分。 ⑥接地网电阻超标，未按标准采取均压及隔离措施，扣 2 分。 ⑦变压器中性点未采取两根引下线接地或不符合热稳定的要求，扣 4 分。 ⑧重要设备及设备架构等未采取两根引下线接地，或不符合热稳定的要求，扣 4 分
5.6.7.6	污闪风险控制	制定并落实防污闪技术措施、管理规定和实施要求。 定期对输变电设备外绝缘表面进行盐密测量、污秽调查和运行巡视，根据情况变化及时采取防污闪措施。 运行设备外绝缘爬距原则上应与污秽分级相适应，不满足的应采取补救措施。合成绝缘子应定期检测其憎水性并定期换下一定比例的合成绝缘子做全面性能试验。玻璃绝缘子自爆率符合要求，运行中自爆应及时更换。 瓷质绝缘子应坚持适时的、保证质量的清扫，落实"清扫责任制"和"质量检查制"	10	①发生污闪事件，引起电网不安全运行，不得分。 ②未制定并严格落实防污闪技术措施、管理规定和实施要求，扣 6 分。 ③运行设备外绝缘爬距未与污秽分级相适应而又未采取措施，玻璃绝缘子自爆未及时更换，每项扣 4 分。 ④未进行定期清扫，扣 6 分
5.6.7.7※	继电保护故障风险控制	贯彻落实继电保护反事故技术措施、技术规程、整定规程、技术管理规定等。 220 千伏及以上母线、主变、线路继电保护应实现双重化配置（220 千伏终端负荷变电站母线保护除外）。保持继电保护软件版本的正确性。 新安装的或设备回路有较大变动的装置，投运前必须用一次电流及工作电压检验和判断方向、距离、差动保护的相位关系、电流回路的极性关系、互感器的变比。所有保护装置和二次回路检验工作结束后，必须经传动试验后，检查恢复接线与核对定值，方可投入运行。差动保护还必须进行带负荷检查差电流和回路的正确性。 差动保护用电流互感器必须做 10% 误差曲线校验，以保证差动保护正确动作	20	①未落实继电保护反事故技术措施、技术规程、整定规程、管理规定，每项扣 4 分。 ②220 千伏及以上继电保护装置未实现双重化，有缺陷的软件版本未及时更新，每项扣 2 分。 ③出现误碰、误接线、误整定，不得分。 ④继电保护装置和安全自动装置误动、拒动，不得分；未用一次电流及工作电压校验保护装置相位、极性、回路的，每套保护扣 2 分。 ⑤差动保护用电流互感器未做 10% 误差曲线校验，每套保护扣 2 分

续表

序号	项目	内容	标准分	评分标准
5.6.7.8※	直流电源及二次回路风险控制	蓄电池容量应足够，定期充放电检验蓄电池容量，保障足够容量，满足220千伏及以上电压等级继电保护双重化要求，充电屏应按规定配置，输出直流电流电压质量合格，制定反事故措施。 继电保护所使用的二次电缆应采用屏蔽电缆，屏蔽电缆的屏蔽层应两端接地。保护接地应通过铜排接地网，落实反事故措施，提高继电保护装置抗干扰能力。新投入或经更改的电压、电流回路应按规定检查二次回路接线的正确性，电压互感器应进行定相，各保护盘电压回路定相正确。 电力二次系统管理应遵守《电力二次系统安全管理若干规定》	20	①充电屏未按规定配置、输出直流电流电压质量不合格的，每组扣10分。 ②继电保护二次电缆未全部使用屏蔽电缆，屏蔽层接地存在缺陷，无铜排接地网，存在上述情况，扣10分。 ③未按规定检查新投或经更改的二次回路接线正确性的，每处扣10分。 ④蓄电池未进行定期充放电试验或经试验容量不足额定容量80%的，不得分；不能满足220千伏及以上电压等级继电保护双重化要求的，不得分。 ⑤电力二次系统管理违反《电力二次系统安全管理若干规定》，不得分
5.6.7.9	大面积停电风险控制	非环网供电系统，同杆架设线路输送负荷避免达到电网（供电区）负荷的10%～20%，枢纽变电站负荷（含母线专供负荷）避免达到电网（供电区）负荷的10%～20%。加强重载输变电设备、重要输送通道特巡特维。直流多落点地区，应避免多回直流同时闭锁故障的发生。 制定并落实防止继电保护、安全自动装置误动作措施。 操作人员严格执行五制（操作票制、模拟演习制、重复命令制、操作监护制、操作后检查制），防止误操作事故发生。 考虑电网震荡损失负荷，应安装适当的解列装置，在事故情况下分区运行。 单线单变压器及重载输变电设备应有治理和改造计划	20	①同杆架设线路输送负荷、枢纽变电站负荷（含母线专供负荷）超过电网负荷的20%，未合理配备远切装置、未加强调度管理或制定有效运行维护措施的，每项扣10分；无重载输变电设备、重要输送通道特巡特维记录，扣6分；直流多落点地区，发生多回直流同时闭锁故障，扣10分。 ②未制定防止继电保护、安全自动装置误动作措施的，扣6分。 ③查评期内有误操作事故的，不得分；未执行操作"五制"的，扣10分。 ④单线单变压器及重载输变电设备无治理和改造计划，扣10分
5.6.8		设备设施防灾救灾	20	
5.6.8.1	管理制度	健全防灾减灾规章制度，落实责任制。完善防灾减灾工作机制，研究解决影响防震减灾工作的突出问题。明确重要电力设施范围。电力规划要充分考虑自然灾害的影响，实施差异化设计。定期评估运行和在建电力设施。 根据本地区灾害特点，建立健全电力抗灾预警系统，形成与气象、防汛、地质灾害预防等有关部门的信息沟通和应急联动机制。强化自然灾害的应急管理，加强防灾减灾宣传教育和培训，完善应急预案	5	①未建立防灾减灾规章制度，未进行宣传教育和培训，有上述任一项，不得分；重要电力设施范围不明确，扣2分。 ②防灾减灾的责任制不落实，每项扣2分

序号	项目	内容	标准分	评分标准
5.6.8.2	监测检查	定期组织开展减灾安全检查，及时消除可能影响企业安全生产的地震、滑坡、泥石流等地质危害因素，检查防汛、防台风、暴雨等自然灾害应急物资和应急预案。 定期进行主要建（构）筑物观测和分析，并适时开展电力设备（设施）、建（构）筑物抗震性能普查和鉴定	10	①未定期组织开展抗震减灾安全检查，未及时消除已发现问题，有上述任一项，不得分。 ②未定期进行厂区主要建（构）筑物观测和分析，并适时开展抗震性能普查和鉴定工作，扣5分。
5.6.8.3	设防措施	电力设施抗灾能力建设纳入建设程序，按照差异化设计要求，提高地震易发区和超标洪水多发区的电力设施设防标准。 有针对性地对电力设施进行抗震加固和改造，落实主变压器（电抗器）、蓄电池及有关设备的抗震技术措施。 汛期应健全值班制度，加强重点部位巡查，发现险情立即报告上级并采取抢护措施。 完善输变电设备防（台）风、防汛设施，永久性防汛设施处于良好状态，完善抢修队伍组织建设。 电力设施建设应尽量避开自然灾害易发区、煤矿塌陷区，确需在灾害易发地区建设的要研究落实相应防护措施。加强电力设施抵御自然灾害紧急自动处置技术系统研究，将紧急自动处置技术纳入安全运行控制系统，提高应对破坏性灾害的能力	5	①设防标准不满足要求，未落实抗震和防汛措施，不得分；主变、蓄电池等未采取抗震措施，一处扣1分。 ②汛期未建立值班制度，未加强重点部位巡查，设备防台风、防汛设施不能发挥作用，或未配备抢修队伍及相应的救灾抢险物资，发现上述任一处扣2分。 ③电力设施建设未避开自然灾害易发区，未落实抗灾技术防护措施，不得分

注　※ 输变电企业不考核中低压电网要求及城市居民和农村居民电压合格率、供电可靠率等。

5.7　作业安全（220分）

序号	项目	内容	标准分	评分标准
5.7.1		生产现场管理和过程控制管理	50	
5.7.1.1※		生产现场管理	20	
5.7.1.1.1	建（构）筑物	企业应加强生产现场安全管理，建（构）筑物布局合理，易燃易爆设施、危险品库房与办公楼、宿舍楼等距离符合安全要求。 建（构）筑物结构完好，无异常变形和裂纹、风化、下塌现象，门窗结构完整。 化妆板、外墙装修不存在脱落伤人等缺陷和隐患，屋顶、通道等场地符合设计载荷要求。 生产厂房内外保持清洁完整，无积水、油、杂物，门口、通道、楼梯、平台等处无杂物阻塞。 防雷建筑物及区域的防雷装置应符合有关要求，并按规定定期检测	5	①建（构）筑物布局不合理，安全距离不符合安全要求，扣5分。 ②建（构）筑物结构存在缺陷，扣2分。 ③化妆板、外墙装修存在脱落伤人等缺陷和隐患，屋顶、通道等场地不符合设计载荷要求，扣2分。 ④生产厂房内外清洁存在问题，有积水、油、杂物，门口、通道、楼梯、平台等处有杂物，每处扣2分。 ⑤防雷建筑物及区域的防雷装置未定检或不符合防雷要求，每处扣2分

序号	项目	内容	标准分	评分标准
5.7.1.1.2	安全设施	楼板、升降口、吊装孔、坑池、沟等处的栏杆、盖板、护板等齐全，符合国家标准及现场安全要求。 梯台的结构和材质良好，护圈和踢脚板等防护功能齐全，符合国家安全生产要求。 转动设备防护罩或防护电气设备遮栏应齐全、完整，变电站设备区与生活区、工作准备区应按规定隔离。 电气设备金属外壳接地装置齐全、完好。 高压电气设备及试验、检修、施工现场应按规定设遮拦或围栏，应悬挂醒目安全警示牌	5	①安全设施不符合安全要求，变电站设备区与生活区、工作准备区未有效隔离，每处扣 2 分。 ②梯台的结构和材质，护圈和踢脚板等防护功能不符合国家安全生产要求，每处扣 2 分。 ③转动设备防护罩或设备遮栏、警示牌等防护设备存在问题，每处扣 2 分。 ④电气设备金属外壳接地装置存在问题，每处扣 2 分。 ⑤未按规定设置遮拦或围栏并悬挂安全警示牌，每处扣 1 分
5.7.1.1.3	现场照明	生产厂房内外工作场所正常照明应保证足够亮度，仪表盘、楼梯、通道以及机械转动部分等地方光亮充足，符合照明设计标准。 变电站控制室、高压室、室内设备区及继电保护室、楼梯、通道等场所正常照明、应急照明符合照明设计标准。 应急指示灯标志应齐全，符合有关规定	5	①生产厂房内外工作场所和仪表盘、楼梯、通道以及机械转动部分和高温表面等地方亮度不足，每处扣 1 分。 ②变电站控制室、高压室、室内设备区及继电保护室、楼梯、通道等场所现场照明不正常，每处扣 2 分。 ③现场、应急照明及指示灯标志不齐全，每处扣 1 分
5.7.1.1.4	电源箱	电源箱、柜、板符合作业环境要求，编号、识别标记齐全醒目，箱、柜、板内外整洁、完好，无杂物、无积水，有足够的操作空间，符合安全规程要求，箱、柜、门完好，开关外壳、消弧罩齐全，引入、引出电缆孔洞封堵严密，室外电源箱防雨设施良好。 导线敷设符合规定，内部器件安装及配线工艺符合安全要求，漏电保护装置配置合理、动作可靠，各路配线负荷标志清晰，熔丝（片）容量符合规程要求，无铜丝、铝线等其他物质代替熔丝现象。 保护接地、接零系统连接正确、牢固可靠，符合安全要求，插座相线、中性线布置符合规定，接线端子标志清楚，保护装置齐全，与负荷匹配合理，外露带电部分屏护完好。 临时用电接线应经过允许，使用绝缘良好、并与负荷匹配的护套软管，敷设符合安全要求，装有总开关控制和漏电保护装置，每分路应装设与负荷匹配的熔断器，临时用电设备接地可靠，严禁在有爆炸和火灾危险场所设临时线路，不得在刀闸或开关上口使用插头、开关	5	发现问题每项扣 1 分

续表

序号	项目	内容	标准分	评分标准
5.7.1.2	过程控制管理	企业应加强生产过程的控制，对生产过程及物料、设备设施、器材、通道、作业环境等存在的隐患，应进行分析和控制，并定期评估。 企业应对动火作业、受限、缺氧空间内作业、临时用电作业、高处作业等危险性较高的作业活动实施作业许可管理，严格履行审批手续，作业许可证应包含危害因素分析和安全措施等内容。 企业进行爆破、吊装等危险作业时应当安排专人进行现场安全管理，确保安全规程的遵守和安全措施的落实。 电力系统带电作业、全部停电和部分停电作业、临时抢修作业（检修、试验、测量等）应遵守《电力安全工作规程》中使用工作票、操作票的规定进行。每项作业都应进行危险点分析，实施风险控制，制定安全措施或作业指导书（表单）。 建立现场作业风险控制制度，实施开工前风险预控、作业过程中风险动态监控、作业结束进行风险控制总结	30	①企业未对生产作业过程及物料、设备设施、器材、通道、作业环境等存在的隐患进行分析和控制，分析和控制无针对性，未定期评估，每处扣5分。 ②对危险性较高的动火、缺氧、高处等作业没有实施作业许可制度，每次扣10分；许可手续不完备，每次扣5分。 ③爆破、吊装等危险作业时没有专人进行现场安全管理，安全措施不落实，每次扣5分。 ④作业许可证（工作票）没有包含危害因素分析，每次扣5分。 ⑤作业许可证中的危害因素分析不到位或安全措施无针对性，每次扣3分。 ⑥未建立现场作业风险控制制度，实施作业前、过程中、作业结束没有采取全过程的风险控制，发现每次扣5分。 ⑦电气带电作业、部分停电和全部停电等作业未执行工作票、操作票，每次扣10分
5.7.2		作业行为管理	70	
5.7.2.1	持证上岗管理	应健全和完善各个岗位安全生产上岗条件、考核办法，并实施岗位达标评估。 应健全特种作业和特种设备作业资格证有效期监督管理制度、档案、台账。 应每年公布一次工作票签发人、负责人、许可人及有权单独巡视电气设备人员名单，并下发至班组、站	5	未建立安全上岗条件或未实施岗位达标，扣3分；其他项发现问题不得分
5.7.2.2	不安全行为识别	企业应加强生产作业行为的安全管理，对作业行为隐患、设备设施使用隐患、工艺技术隐患等进行分析并采取控制措施。 定期组织安全管理、技术人员、作业人员等进行不安全行为的识别和梳理，建立不安全行为资料库进行风险分析、登记汇总，并采取措施	10	①未对作业行为隐患、设备设施使用隐患、工艺技术隐患进行分析并采取切实可行的控制措施，不得分。 ②未对本单位不安全行为识别和梳理，不得分；未建立不安全行为资料库，未进行风险分析、登记汇总并采取措施，每项扣2分

序号	项目	内容	标准分	评分标准
5.7.2.3	不安全行为控制	现场运行操作、检修、试验人员应严格执行调度命令、电气设备现场操作的录音或录像制度，严格执行调度命令票、操作票制度等"两票三制"、带电作业操作规程、继电保护现场安全规程。 建立重要操作领导到现场制度、安全监督专职人员现场监督和巡查制度等，并建立领导到现场监督记录。企业主要负责人、领导班子成员和生产经营管理人员要认真执行重要操作到现场的规定，立足现场安全管理，加强对重点部位、关键环节的检查巡视，及时发现和解决问题，并据实做好交接记录。 严格执行安全工作规程和现场工作安全技术措施，对现场作业行为隐患、设备设施使用隐患、技术隐患进行危险分析及全过程风险控制。 现场作业组织科学、分工明确，作业人员精神状态良好，能承担相应工作的劳动负荷。企业应定期进行作业人员岗位适应性识别	20	①未进行作业人员岗位适应性识别的，扣10分；现场发现作业人员精神状态不良或能力不足，每人扣3分。 ②发现"两票三制"有差错，每处扣2分；未按规定录音或录像，每次扣2分。 ③发现现场安全技术措施中，未对现场作业行为隐患、设备设施使用隐患、技术隐患进行危险分析并采取全过程风险控制措施，每次扣3分。 ④重要操作领导到现场制度、安全监督专职人员现场监督和巡查制度，缺一项扣5分。 ⑤发现现场监督记录有问题，每处扣1分。 ⑥作业行为不规范，每次违章行为扣3分
5.7.2.4		特种作业与特种设备操作	35	
5.7.2.4.1	管理	企业应健全特种作业和特种设备作业管理和现场监护制度。 特种设备和特种作业机具购置、使用前应按照《特种设备安全监察条例》的规定，进行检验和申报许可证。 使用中的特种设备和特种作业设备、机具应定期检查设备状况及维护、检测使用期的有效性，到期前通知设备管理单位申请定期检验	5	①企业未建立特种作业和特种设备作业管理或现场监护制度，不得分。 ②未进行检验或申报许可证，不得分。 ③定期检查、维护、检测不到位，每项扣1分
5.7.2.4.2	高处作业	企业应建立高处作业安全管理规定（含脚手架验收和使用管理规定），有关作业人员须持证上岗。 高处作业使用的脚手架应由取得相应资质的专业人员进行搭设，特殊情况或者使用场所有规定的脚手架应专门设计。 现场搭设的脚手架和使用的登高用具应符合附录C要求。 作业中正确使用合格的安全带，立体交叉作业和使用脚手架等登高作业有动火防护措施和防止落物伤人、落物损坏设备等安全防护措施，用于跨越输电线路的金属脚手架应可靠接地，防止触电	5	①未制定相关规定，不得分；作业人员无证上岗，不得分。 ②搭设的脚手架或使用的登高用具不符合要求，扣5分； ③安全带的使用或相应安全防护措施不到位，每项扣3分
5.7.2.4.3	吊装、爆破作业	企业应制定起重作业管理制度，进行爆破、吊装等危险作业时，应当安排专人进行现场安全管理，确保安全规程的遵守和安全措施的落实。 指挥人员、操作人员持证上岗，严格执行起重设备操作规程。 做好起重设备维修保养（附录D），维修保养单位具备相应资质。 在带电设备区起吊、爆破或重大物件起吊、爆破应制定安全方案并有专人指挥，落实安全措施，防止触电和损坏运行电气设备	5	①未制定相关规定，不得分；安全技术档案和设备台账不齐全，扣3分；作业人员无证上岗，不得分。 ②维修保养单位资质和维修工作存在明显问题，不得分。 ③没有专人进行现场安全管理或现场管理不到位，每次扣5分；不遵守安全规程和安全措施，每次扣2分

续表

序号	项目	内容	标准分	评分标准
5.7.2.4.4	焊接作业	电焊机使用管理、检查试验制度完善，检查维护责任落实，编号统一、清晰。 电焊机性能良好，符合安全要求，接线端子屏蔽罩齐全，电焊机接线规范，电源线、焊接电缆与焊机连接处有可靠屏护。金属外壳有可靠的接地（零），一、二次绕组及绕组与外壳间绝缘良好，一次线长度不超过 2～3 米，且不得拖地或跨越通道使用。二次线接头不超过三个，连接良好。焊钳夹紧力好，绝缘可靠，隔热层完好。 焊接作业应使用动火工作票，现场的防火措施足够，作业人员应持证上岗，按规定正确佩戴个人防护用品。在有限空间作业必须设有防止金属熔渣飞溅、掉落引起火灾的措施以及防止烫伤、触电、爆炸等措施	5	①未制定相关规定，不得分；制度内容不全，责任落实不到位，每项扣1分。 ②电焊机存在缺陷，接线不合格，不得分。 ③作业人员无证上岗，不得分；焊接作业现场防火措施不到位，作业人员未按规定正确佩戴个人防护用品，不得分
5.7.2.4.5※	有限空间作业	有限空间作业（如电缆隧道、电缆沟、窨井、变压器壳内等作业）要制定管理制度，实行专人监护，并落实防火及逃生等措施。 进入有限空间危险场所作业要先测定氧气、有害气体等气体浓度，符合安全要求方可进入。 在有限空间内作业时要进行通风换气，并保证对有害气体浓度测定次数或连续检测，严禁向内部输送氧气，符合安全要求和消防规定方可工作。 在金属容器内工作必须使用符合安全电压要求的电气工具，装设符合要求的漏电保护器，漏电保护器、电源连接器和控制箱等应放在容器外面	5	①有限空间作业无制度，不得分；现场作业无专人监护，防火及逃生等措施落实不到位，不得分。 ②进入有限空间危险场所作业前未进行气体浓度测试，不得分；通风和气体浓度监测不合格，不得分。 ③在金属容器内工作，电气工具和用具使用不符合安全要求，不得分；进行焊接工作，安全措施设置不合格，不得分
5.7.2.4.6※	空调制冷	中央空调设计符合国家标准和规范，设备产品合格证、登记使用证齐全、年检合格，安装、维修、维护人员应具有专业资格。 集中空调通风系统日常运行时空调机房应保持清洁、干燥；冷却(加热)盘管不得出现积尘、霉斑；凝结水盘不得出现漏水、腐蚀、积垢、积尘、霉斑，排水应通畅；冷却塔内部保持清洁，做好过滤、缓蚀、阻垢、杀菌、灭（除）藻等日常性水处理工作；风管管体保持完好无损，风管内不得有垃圾及其他排泄物；检修品能正常开启和使用；各种风品及周边区域不得出现积尘、潮湿、霉斑或滴水现象；加湿、除湿设备不得出现积垢、积尘和霉斑。每年检测不少于一次	5	①设备产品合格证、登记使用证不全，维护单位无相应资质，运维人员无资格证，未每年检测一次，存在上述任一项均不得分。 ②日常维护不到位，每项扣1分
5.7.2.4.7※	防爆安全	现场承压设备经过定期检验合格，安全附件齐全、完好，材质符合安全要求，承压能力满足系统运行工况。 蓄电池室、油罐室、油处理室等重点场所使用防爆型照明和通风设备，配备必要的防爆工具。 在易爆场所或设备设施及系统上作业，要严格履行工作许可手续，保持与运行系统的有效隔离，并落实防爆安全措施	5	①设备设施和系统存在缺陷，作业工具不符合要求，不得分。 ②承压设备未进行定期检验，安全附件存在问题，不得分。 ③蓄电池室、油罐室、油处理室等重点场所未使用防爆型照明和通风设备，或未配备必要的防爆工具，不得分。 ④在易爆场所或设备设施及系统上作业，未履行工作许可手续，安全措施落实不到位，不得分

序号	项目	内容	标准分	评分标准
5.7.3		安全工器具及警示标志	30	
5.7.3.1	管理制度	企业应建立安全工器具（安全帽、绝缘杆、绝缘靴、绝缘手套、安全带、安全网、绝缘板、接地线等）及警示标志（各种固定、临时警告牌）管理制度，按照国家标准和有关规定，实行采购、发放、试验、使用、报废全过程控制，安全工器具合格有效、适用，管理标准化	10	业未建立安全工器具及警示标志管理制度，不得分；管理制度内容未涵盖管理全过程，扣5分；发现不合格安全工器具，每件扣2分
5.7.3.2	作业场所警示标志	根据作业场所的实际情况和有关规定，在有设备设施检维修、施工、吊装等作业场所设置明显的安全警戒区域和警示标志，进行危险提示、警示，告知应急措施等。在检维修现场的坑、井、洼、沟、陡坡等场所设置围栏和警示标志	10	①存在危险因素的作业场所和设备设施上未设置明显的安全警戒区域和警示标志，每处扣2分。②安全警示标志设置不规范，每处扣2分
5.7.3.3	设备设施警示标志	企业应在设备设施上设置固定的设备名称、编号和必要的警示标志。变电站设备、电力线路应采用双重编号，设置相应的相别、色标	10	①设备设施无名称、编号和必要的警示标志，每处扣2分；设置不规范，每处扣1分。②未采用双重编号、无相别、无色标，每处扣1分；设置不规范，每处扣1分
5.7.4		相关方管理	60	
5.7.4.1	管理制度	企业应制定并执行承包商、供应商、发包、出租及临时工等相关方管理制度，归口管理部门对其资格预审、选择、服务前准备、作业过程、提供的产品、技术服务、表现评估、续用等进行管理	10	未建立管理制度，不得分；管理过程不全或不规范，每项扣1分
5.7.4.2	相关方档案	企业应建立合格相关方的名录和档案，根据服务作业行为定期识别服务行为风险，并采取有效的控制措施。临时性劳动用工录用应签订用工合同，上岗前应进行安全培训并考试合格。对于临时到现场的外来人员、参加劳动的管理人员、电气工作人员等，应保存安全知识、安全工作规程的培训、考试或告知记录	20	①未建立合格相关方的名录和档案，扣20分。②未针对性地识别服务行为风险并采取行之有效的控制措施，每次扣3分。③相关方作业人员的违章行为，每次扣2分。④临时性劳动用工录用未签订用工合同，上岗前未进行安全培训并考试合格，每人次扣2分。⑤未对临时到现场的外来人员进行安全培训，未告知安全事项并记录，每次扣2分
5.7.4.3	统一管理	企业应对进入同一作业区的相关方人员、临时工、临时参加现场工作的所有人员进行统一安全管理，包括对临时工的日常考核、事故统计等	15	①对进入同一作业区的相关方未进行统一安全管理，每次扣2分。②未要求相关方在作业前进行危险有害因素辨识并采取有效的措施，每次扣3分

序号	项目	内容	标准分	评分标准
5.7.4.4	相关方协议	不得将项目委托给不具备相应资质或条件的相关方。 进入电网作业的人员应取得能源监管机构颁发的进网作业电工许可证，其他作业人员应当按照国家规定取得相关有效证件。 企业和承包、承租、供应、临时工等相关方的项目协议应明确规定双方的安全生产责任和义务	15	①将项目委托给不具备相应资质或条件的相关方，不得分。 ②有关作业人员未取得国家相关有效证件的，每发现一人次扣2分。 ③未与相关方明确安全生产责任和义务，每次扣3分。 ④通过与相关方的协议规避应承担的安全生产责任和义务，扣10分
5.7.5	变更管理	企业应建立并执行变更管理制度，对机构、人员、工艺、技术、设备设施、作业过程及环境等永久性或暂时性的变化进行有计划的分级控制。重要（大）的变更实施应履行审批及验收程序，并对变更过程及变更所产生的隐患进行分析和控制	10	①未对机构、人员、工艺、技术、设备设施、作业过程及环境等永久性或暂时性的变化建立制度，未进行分级控制，不得分。 ②重要（大）变更未履行审批、验收程序，每次扣2分。 ③重要（大）变更未进行隐患分析、控制，每次扣2分

注 ※输变电企业不考核中低压电网要求及城市居民和农村居民电压合格率、供电可靠率等。

5.8 隐患排查治理（100分）

序号	项目	内容	标准分	评分标准
5.8.1	隐患管理制度	建立隐患排查治理制度，符合有关安全隐患管理规定的要求，界定隐患分级、分类标准，明确"查找—评估—报告—治理（控制）—验收—销号"的闭环管理流程。 每季、每年对本单位事故隐患排查治理情况进行统计分析评估，确定隐患等级，登记建档，及时采取有效的治理措施。统计分析材料以及重大隐患按要求及时报送能源监管机构和安全监管部门，报表应当由主要负责人签字。 生产经营单位应当建立事故隐患报告和举报奖励制度，对发现、排除和举报事故隐患的人员，应当给予表彰和奖励。 将生产经营项目、场所、设备发包、出租的，应当与承包、承租单位签订安全生产管理协议，并在协议中明确各方对事故隐患排查、治理和防控的管理职责	10	建立并落实隐患排查治理制度（此项为必备条件） ①未定期进行统计分析评估，未按要求及时报送能源监管机构和安全监管部门，统计分析表未由主要负责人签字，有一项不符合扣2分。 ②与承包、承租单位签订的安全管理协议未明确隐患排查治理和防控职责的，扣5分

续表

序号	项目	内容	标准分	评分标准
5.8.2	隐患排查	制定隐患排查治理方案，明确排查的目的、范围和排查方法，落实责任人。排查方案应依据有关安全生产法律法规要求、设计规范、管理标准、技术标准、企业安全生产目标等制定，并应包含人的不安全行为、物的不安全状态及管理的欠缺等三个方面。 　　法律法规、标准规范发生变更或有新的公布，企业操作条件或工艺改变，开展新建、改建、扩建项目建设，相关方进入、撤出或改变，对事故、事件或其他信息有新的认识，组织机构发生大的调整，都应及时组织隐患排查	10	①未制定隐患排查治理方案，每次扣5分；方案不符合有关要求，扣1分；检查时无检查表，每次扣2分；漏查一般隐患，每项扣1分；漏查重大隐患，每项扣5分；未包含人、物、管理三方面的任一方面，扣2分。 ②检查内容未定期更新，每次扣1分；各级各类检查表未结合实际情况，有一项不符合，扣1分。 ③发生变化后未及时组织隐患排查，每次扣2分；每个漏查的隐患扣1分
5.8.3		隐患排查范围和方法	20	
5.8.3.1	排查范围	隐患排查要做到全员、全过程、全方位，涵盖与生产经营相关的场所、环境、人员、设备设施和各个环节	10	隐患排查范围不全面，每处扣2分
5.8.3.2	排查方法	企业应根据安全生产的需要和特点，采用与安全检查相结合的综合排查、专业排查、季节性排查、节假日排查、日常排查等安全检查方式进行隐患排查	10	①未根据实际需要开展相关排查，每次扣3分。 ②未书面明确排查方式，每次扣2分。 ③针对带电、高空、吊装、有毒有害、有限空间等危险性较高的作业未开展隐患排查，每次扣2分。 ④对排查出来的隐患未组织人员评估、确定等级，每次扣2分
5.8.4		隐患治理	50	
5.8.4.1	隐患控制	企业应根据隐患排查的结果制定隐患治理方案，一般隐患由各单位及时进行治理。短时间内无法消除的隐患要制定整改措施、确定责任人、落实资金、明确时限和编制预案，做到安全措施到位、安全保障到位、强制执行到位、责任落实到位。 　　重大安全隐患在治理前要采取有效控制措施、制定相应应急预案，并按有关规定及时上报。 　　生产经营单位对承包、承租单位的事故隐患排查治理负有统一协调和监督管理的职责	20	①一般隐患未能及时治理，每个扣5分。 ②排查出的重大隐患未进行针对性的原因分析，未制定隐患治理方案，每次扣2分；未按期治理，不得分。 ③对承包、承租单位的事故隐患排查治理未监督管理，每个隐患扣5分
5.8.4.2	治理方案	重大隐患治理方案应包括目标和任务、方法和措施、经费和物资、机构和人员、时限和要求、措施及预案	10	①重大隐患治理方案内容不全，缺失一项扣2分。 ②重大隐患治理前未采取有效的临时控制措施，未制定可行的应急预案，不得分

续表

序号	项目	内容	标准分	评分标准
5.8.4.3	治理措施	隐患治理措施包括：工程技术措施、管理措施、教育措施、防护措施和应急措施。 　　企业应加强隐患排查治理过程中的监督检查，对重大隐患实行挂牌督办。 　　从业人员发现事故隐患或者其他不安全因素，应当立即向现场安全生产管理人员或者本单位负责人报告，接到报告的人员应当及时处理	10	①隐患治理措施不切合实际或不可操作，每条扣5分。 ②企业未进行治理过程监督检查，扣5分；重大隐患未实施挂牌督办，不得分。 ③从业人员发现事故隐患，向管理人员报告后，未采取措施或治理，每项扣5分
5.8.4.4	治理后评估	隐患治理完成后，应对治理情况进行验证和效果评估，并将验证结果和评估记录及时归档	10	①隐患治理完成后未经验证和效果评估，每个扣2分。 ②验证及效果评估与现实情况不相符或不满足要求，每个扣2分
5.8.5	预测预警	企业应根据生产经营状况及隐患排查治理情况，研究运用定量的安全生产预测预警技术，建立完善企业安全生产预警机制、安全生产动态监控及预警预报体系，每月进行一次安全生产风险分析，发现事故征兆要立即发布预警信息，落实防范和应急处置措施	10	①未开展定量的安全生产预测预警技术研究或应用，扣5分。 ②未进行每月安全生产风险分析，不得分。 ③未对隐患排查治理进行分析，扣2分；未对安全生产状况及发展趋势预报，扣2分

5.9　危险源辨识及（重大）危险源监控（30分）

序号	项目	内容	标准分	评分标准
5.9.1	管理制度	企业应建立健全（重大）危险源安全管理制度和危险化学品管理制度，制定（重大）危险源安全管理技术措施，建立危险、有害因素辨识和风险预控管理制度，对危险点、危险源进行分级、分类管理，做好统计、分析和登记造册，并及时更新。 　　企业基层单位应根据岗位特点和工作内容，制定企业危险点分析和控制管理办法，全面分析工作中的危险点和危险源	10	①未建立管理制度，未对危险点、危险源进行分级、分类管理，未进行统计、分析和登记造册，有上述任一项，不得分；未及时更新，扣1分。 ②企业未制定危险点分析和控制管理办法，扣5分
5.9.2	危险源辨识	企业应组织对生产系统和作业活动中的各种危险、有害因素进行辨识，并对可能产生的风险进行评估。 　　企业应对使用新材料、新工艺、新设备以及设备、系统技术改造可能产生的风险及后果进行危害辨识。 　　企业应依据有关标准每两年对本单位的危险设施或场所进行危险、有害因素辨识和风险评估，重大危险源按规定进行安全评价	10	①未进行危险、有害因素辨识，重大危险源未按规定进行安全评价并备案，有上述任一项，不得分。 ②辨识和评估工作有缺失，每项扣1分

续表

序号	项目	内容	标准分	评分标准
5.9.3	登记建档及备案	对辨识出的危险源进行监测，建立预测、预警机制。 对辨识出的危险源进行风险分析和评估，根据风险评估结果制定并落实相应的控制措施。 采用技术手段和管理方式消除和降低风险。 对确认的重大危险源及时登记建档，并按规定备案	5	①未建立预测、预警机制，未进行风险评估，未制定、落实控制措施，有上述任一项，不得分。 ②有一项不符合扣 1 分，扣完为止。 ③重大危险源未及时登记建档或未备案，扣 3 分；登记不全，缺一项扣 2 分
5.9.4※	重大危险源监控管理	依据国家有关标准，在对本单位重大危险源进行安全普查、评估和分级的基础上，设置明显的安全警示标志。 根据有关规定对重大危险源进行定期检测，制定、落实相应的安全管理措施和技术措施。 企业应健全重大危险源报告制度，并向本单位从业人员和相关单位告知重大危险源信息	5	①未建立重大危险源管理制度和危险化学品管理制度，未对重大危险源进行安全评估，有上述任一项，不得分。 ②不符合危险化学品管理和重大危险源监控的要求，每项扣 2 分

注 ※ 输变电企业不考核中低压电网要求及城市居民和农村居民电压合格率、供电可靠率等。

5.10 职业健康（60分）

序号	项目	内容	标准分	评分标准
5.10.1		职业健康管理	40	
5.10.1.1	管理制度	企业应按照法律法规、标准规范的要求，为从业人员提供符合职业健康要求的工作环境和条件，配备与职业健康保护相适应的设施、工具，建立职业健康管理制度。企业应安排职业危害相关岗位人员在上岗前、转（下）岗后、在岗期间定期进行职业健康检查	5	①工作环境和条件不符合法律法规、标准规范的要求，未配备与职业健康保护相适应的设施、工具，每处扣 2 分。 ②未建立职业健康管理制度，扣 5 分；未对职业危害相关岗位人员进行健康检查，不得分；漏检 1 人扣 1 分。 ③未按照《职业健康安全管理体系 要求》（GB/T 28001—2011）建立并实施职业健康安全管理体系，不得分
5.10.1.2	防护用品	依据企业工作范围制定职工安全防护用品发放项目和标准。 健全职工安全防护用品的采购、验收、管理、发放、过期回收和损坏更换等制度，落实管理人员职责，经常监督检查职工安全防护用品正确使用情况（如电焊粉尘、微波辐射、六氟化硫气体收集和充装等防护用品的使用）	5	①未建立标准或管理制度，不得分。 ②发现职工安全防护用品漏配或使用不当，每人扣 1 分
5.10.1.3	职业危害场所检测	依据国家有关规定，企业应定期对存在职业危害因素的作业场所进行危害因素检测（如高温、粉尘、噪声、工频电磁场、微波辐射等），并监控使其保持在国家规定允许范围内，在检测点设置标识牌予以告知，并将检测结果存入档案	10	①存在职业危害的作业场所未按要求定期进行检测，每处扣 2 分。 ②检测点未设置告知标识牌或告知内容不正确，每处扣 1 分。 ③未将检测结果存入档案，扣 2 分

续表

序号	项目	内容	标准分	评分标准
5.10.1.4	报警装置	对可能发生急性职业危害的有毒、有害工作场所（如室内六氟化硫断路器室），应设置报警装置。电缆隧道、窨井、有限空间等作业前应检测氧气含量，制定应急预案，配置现场急救用品、设备，设置应急撤离通道和必要的泄险区	10	可能发生急性职业危害的工作场所，未设置报警装置，未制定针对性及可操作性强的现场处置方案，未配置现场急救用品、设备，每个工作点扣2分
5.10.1.5	防护器具	正压式呼吸器等各种防护器具应定点存放在安全、便于取用的地方，并由专人负责保管，定期校验和维护	5	防护器具存放地点不正确，没有专人保管，未定期校验和维护，每个点或每项扣1分
5.10.1.6	急救用品	企业应对现场急救用品、设备和防护用品、器具进行经常性的检维修，定期检测其性能，确保其处于正常状态	5	现场急救用品、设备和防护用品过期、丧失性能，未定期检维修、检测，每处扣1分
5.10.2		职业危害告知与警示	15	
5.10.2.1	危害告知	企业与从业人员订立劳动合同时，应将工作过程中可能产生的职业危害及其后果和防护措施如实文字告知从业人员，并在劳动合同或附件中写明	5	企业与从业人员订立劳动合同（含附件）时，未如实文字告知工作过程中可能产生的职业危害及其后果和防护措施，每人次扣2分
5.10.2.2	宣传教育	企业应采用有效的方式对从业人员及相关方进行宣传，使其了解生产过程中的职业危害、预防和应急处理措施，降低或消除危害后果	5	①未采取有效方式（公告、标识、教育培训等）进行宣传，扣3分。②从业人员不了解生产过程中的职业危害、预防和应急处理措施，每人次扣2分
5.10.2.3	危害警示	对存在严重职业危害的作业岗位，应按照GBZ 158—2003的要求设置警示标识和警示说明。警示说明应载明职业危害的种类、后果、预防和应急救治措施	5	①存在严重职业危害的作业岗位，未按照要求设置警示标识和警示说明，每岗位扣2分。②警示说明内容缺项、有误，每项扣1分
5.10.3※	危害申报	企业应按规定，及时、如实向当地主管部门申报生产过程存在的职业病危害因素及职业病（如电焊工的尘肺病等），并依法接受其监督	5	①未如实向当地主管部门申报生产过程存在的职业病危害因素及职业病，不得分。②申报不全，每处扣2分

注　※ 输变电企业不考核中低压电网要求及城市居民和农村居民电压合格率、供电可靠率等。

5.11　应急救援管理（40分）

序号	项目	内容	标准分	评分标准
5.11.1	应急机构	企业应建立健全行政领导负责制的应急领导、监督、保证体系，健全事故应急救援制度，成立应急领导小组以及相应工作机构，明确应急工作职责和分工，并指定专人负责安全生产应急管理工作。完善上下级电网统一的应急指挥平台体系	5	建立安全生产应急管理机构或指定专人负责安全生产应急管理工作（此项为必备条件）①事故应急救援制度有缺失，每项扣1分，最多扣3分。②未建立上下级电网统一的应急指挥平台，扣2分

序号	项目	内容	标准分	评分标准
5.11.2	应急队伍	加强专兼职应急抢险救援队伍和专家队伍建设，落实各级应急救援的职责，并定期进行训练。 完善企业与当地政府应急支援衔接机制，必要时可与当地驻军、医院、消防队伍签订应急支援协议	5	①应急队伍和救援人员不满足应急救援需要，不得分。 ②应急工作队伍、人员未进行训练，发现1人扣1分。 ③应取得必要的应急支援而未取得，扣2分
5.11.3	应急预案	结合自身安全生产和应急管理工作实际情况，按照《电力企业综合应急预案编制导则（试行）》《电力企业专项应急预案编制导则（试行）》和《电力企业现场处置方案编制导则（试行）》要求或上级预案，制定完善本单位应急预案（参照附录B）体系。 应急预案应根据有关规定报能源监管机构和安全生产监督管理部门备案，并通报有关应急单位。建立电网调度上下级安全运行预案报备制度。 应急预案应建立定期评审制度，根据评审结果和实际情况进行修订和完善。应急预案应当每三年至少修订一次，预案修订结果应详细记录	10	①未制定本单位应急预案且未执行上级单位预案，不得分。 ②对照附录B，应有的应急预案未编制或预案操作性不强，存在重大缺漏，每项扣5分。 ③未按规定组织企业应急预案评审，扣5分；未按规定报有关单位备案，不得分。 ④未及时根据评审结果或实际情况变化对应急预案进行修订和完善，扣2分
5.11.4	应急设施、装备、物资	企业应按规定建立应急设施、配备应急装备、储备应急物资，并进行经常性的检查、维护、保养，确保其完好、可靠	5	①未按照标准、规范、预案要求建立应急设施、配备应急装备、储备应急物资，每项扣2分。 ②应急设施、装备或物资账、卡、物不符，扣1分；不完好、不可靠，每项扣1分
5.11.5	应急培训	每年至少组织一次应急预案培训。 企业应定期开展企业领导和管理人员应急管理能力培训以及重点岗位员工应急知识和技能培训	5	①未组织每年至少一次应急预案培训，不得分。 ②企业领导、管理人员、重点岗位员工培训工作有缺失，每项扣1分，最多扣3分
5.11.6	应急演练	企业应制定年度应急预案演练计划。根据本单位事故预防重点，每年至少组织一次专项应急预案演练，每半年至少组织一次现场处置方案演练，且5年内要完成本企业所有预案及处置方案的演练。 按照《电力突发事件应急演练导则》要求，开展桌面和实战演练（包括实战演练的程序性和检验性演练），并适时开展联合应急演练，并对演练效果进行评估。根据评估结果，修订完善应急预案，改进应急管理	5	①未制定演练计划，一年内未进行一次专项预案演练，不得分；半年内未进行一次现场处置方案演练，扣2分；演练未评估，扣1分；评估后应改进而未改进，扣1分；未开展人员逃生演练，扣2分。 ②计划内容和演练工作有缺失，缺少演练记录，每项扣1分
5.11.7	应急响应与事故救援	按突发事件分级标准确定应急响应原则和标准。针对不同级别的响应，做好应急启动、应急指挥、应急处置和现场救援、应急资源调配等应急响应工作。 当突发事件得以控制，可能导致次生、衍生事故的隐患消除，应急指挥部可批准应急结束。 明确应急结束后，要做好突发事件后果的影响消除、生产秩序恢复、污染物处理、善后理赔、应急能力评估、对应急预案的评价和改进等后期处置工作	5	①未确定应急响应分级原则和标准，不得分。 ②发生突发事件后，未按要求进行应急响应和救援，或因响应和救援原因受到上级通报批评的，不得分

5.12　信息报送和事故（事件）调查处理（20分）

序号	项目	内容	标准分	评分标准
5.12.1	信息报送	建立电力安全生产和电力安全突发事件等电力安全信息管理制度，明确信息报送部门、人员和24小时联系方式。 按规定向能源监管机构和有关单位报送电力安全信息如电力安全事故、电力安全事件、隐患排查治理信息等，电力安全信息报送应做到准确、及时和完整。 按规定向能源监管机构和有关单位报送需要备案的相关规范性文件（如本单位制定的电力安全事件管理办法、电力突发事件应急预案等）	5	①未建立电力安全信息管理制度，未按规定报送电力安全信息和相关文件，有上述任一项，不得分。 ②未落实信息报送责任人，信息报送工作有缺失，每项扣2分。 ③应备案的文件无备案，发现一项扣1分
5.12.2	事故（事件）报告	企业发生事故（事件）后，应按规定及时向能源监管机构、政府有关部门、上级单位报告，并妥善保护事故现场及有关证据，必要时向相关单位和人员通报	5	未发生瞒报、谎报、迟报、漏报事故（事件）和故意破坏现场的情况（此项为必备条件） 在安全管理制度中未体现规范报告事故（事件）的内容，不得分
5.12.3	事故（事件）调查处理	企业发生事故（事件）后，应按规定成立事故（事件）调查组，明确其职责与权限，进行事故（事件）调查或配合上级部门的事故（事件）调查。 事故（事件）调查应查明事故（事件）发生的时间、经过、原因、人员伤亡情况及直接经济损失等。 事故（事件）调查应根据有关证据、资料，分析事故（事件）的直接、间接原因和事故（事件）责任，提出整改措施和处理建议，编制事故（事件）调查报告	10	①发生事故（事件）后未按规定要求成立事故（事件）调查组，扣5分。 ②事故（事件）调查组职责不明确，扣10分；未履行调查职责，扣5分。 ③事故（事件）调查情况不全，每缺一项内容扣2分。 ④事故（事件）调查报告内容不全，每缺一项内容扣2分。 ⑤事故（事件）分析不科学、不客观，性质定性不准确，处理建议不合理，整改措施落实不到位，每个方面扣2分

5.13　绩效评定和持续改进（20分）

序号	项目	内容	标准分	评分标准
5.13.1	建立机制	建立安全生产标准化绩效评定的管理制度，明确对安全生产目标完成情况、现场安全状况与标准化规范的符合情况、安全管理实施计划的落实情况的测量评估的方法、组织、周期、过程、报告与分析等要求，测量评估应得出可量化的绩效指标。 制定本企业的安全绩效考评实施细则，并认真贯彻执行	5	①未建立安全生产标准化绩效评定的管理制度，未制定本企业的安全绩效考评实施细则，有上述一项，不得分。 ②管理制度内容有缺失，每项扣1分，最多扣2分

续表

序号	项目	内容	标准分	评分标准
5.13.2	绩效评定	企业应每年至少一次对本单位安全生产标准化的实施情况进行评定，验证各项安全生产制度措施的适宜性、充分性和有效性，检查安全生产工作目标、指标的完成情况。 企业主要负责人应对绩效评定工作全面负责。评定工作应形成正式文件，并将结果向所有部门、所属单位和从业人员通报，作为其年度考评的重要依据。 企业发生死亡事故后应重新进行评定	10	①每年评定少于一次，扣1分；无评定报告，扣5分。 ②主要负责人未组织和参与，扣10分。 ③评定报告未形成正式文件，扣1分；评定中缺少元素内容或其支撑性材料不全，每个扣1分。 ④未对前次评定中提出的纠正措施的落实效果进行评价，扣2分。 ⑤未通报，扣5分；抽查发现有关部门和人员对相关内容不清楚，每人次扣1分。 ⑥未纳入年度考评，扣10分。 ⑦评定结果未纳入年度考评，每少一项扣1分。 ⑧年度考评每少一个部门、单位、人员，扣1分；年度考评结果未落实到部门、单位、人员，每项扣1分。 ⑨发生死亡事故后或生产工艺发生重大变化后未及时重新进行安全生产标准化系统评定，扣10分
5.13.3	持续改进	企业应根据安全生产标准化的评定结果和安全生产预警指数系统所反映的趋势，对安全生产目标、指标、规章制度、操作规程等进行修改完善，持续改进，不断提高安全绩效。 对责任履行、系统运行、检查监控、隐患整改、考评考核等方面评估和分析出的问题，由安全生产委员会或安全生产领导机构讨论提出纠正、预防的管理方案，并纳入下一周期的安全生产工作实施计划当中。 企业对绩效评价提出的改进措施，要认真进行落实，保证绩效改进落实到位	5	①未进行安全生产标准化系统持续改进，不得分。 ②未制定完善安全生产标准化工作计划和措施，扣1分。 ③修订完善的记录与安全生产标准化系统评定结果不一致，每处扣1分

注　当被评企业不涉及本标准中的某些要素时为删除项，该项实得分按零分计，同时扣除该项标准中的应得分值。

6　评审用表

6.1　电网企业安全生产标准化达标评级总分表

序号	项目	标准分/项	删除分/项	应得分/项	实得分	得分率（%）
5.1	目标	20/3				
5.2	组织机构和职责	100/19				
5.3	安全生产投入	20/4				
5.4	法律法规和安全管理制度	100/9				
5.5	宣传教育培训	90/10				
5.6	生产设备设施	680/51				
5.7	作业安全	220/23				
5.8	隐患排查治理	100/9				
5.9	危险源辨识及（重大）危险源监控	30/4				
5.10	职业健康	60/10				
5.11	应急救援管理	40/7				
5.12	信息报送和事故（事件）调查处理	20/3				
5.13	绩效评定和持续改进	20/3				
总计		1500/155				

6.2　电网企业安全生产标准化达标评级明细表

序号	项目	标准分/项	删除分/项	应得分/项	实得分	得分率（%）
5.1	目标	20/3				
5.1.1	目标制定	10				
5.1.2	目标的控制与落实	5				
5.1.3	目标的监督与考核	5				
5.2	组织机构和职责	100/19				
5.2.1	组织机构和监督管理	60/11				
5.2.2	安全责任制	40/8				
5.3	安全生产投入	20/4				
5.3.1	费用管理	8				
5.3.2	反事故措施和劳动保护安全技术措施费用	4				
5.3.3	其他安全费用	4				
5.3.4	实施后的评估	4				
5.4	法律法规和安全管理制度	100/9				
5.4.1	法律法规与标准规范	30/4				
5.4.2	企业管理规章制度	10				
5.4.3	标准规范规程配置	20				
5.4.4	评估	10				
5.4.5	修订	10				
5.4.6	文件和档案管理	20				
5.5	宣传教育培训	90/10				
5.5.1	企业安全宣传教育培训管理	20/2				
5.5.2	安全生产管理人员教育培训	10				

序号	项目	标准分/项	删除分/项	应得分/项	实得分	得分率(%)
5.5.3	操作岗位人员教育培训	50/5				
5.5.4	其他人员教育培训	5				
5.5.5	安全文化建设	5				
5.6	生产设备设施	680/51				
5.6.1	生产设备设施建设	20/2				
5.6.2	设备设施运行管理	65/5				
5.6.3	新设备验收及旧设备拆除、报废	15/3				
5.6.4	电力设施保护管理	40/4				
5.6.5	电网安全	200/10				
5.6.6	设备设施安全	160/15				
5.6.7	电气设备风险控制	160/9				
5.6.8	设备设施防灾救灾	20/3				
5.7	作业安全	220/23				
5.7.1	生产现场管理和过程控制管理	50/5				
5.7.2	作业行为管理	70/10				
5.7.3	安全工器具及警示标志	30/3				
5.7.4	相关方管理	60/4				
5.7.5	变更管理	10				
5.8	隐患排查治理	100/9				
5.8.1	隐患管理制度	10				
5.8.2	隐患排查	10				
5.8.3	隐患排查范围和方法	20/2				
5.8.4	隐患治理	50/4				
5.8.5	预测预警	10				
5.9	危险源辨识及（重大）危险源监控	30/4				
5.9.1	管理制度	10				
5.9.2	危险源辨识	10				
5.9.3	登记建档及备案	5				
5.9.4	重大危险源监控管理	5				
5.10	职业健康	60/10				
5.10.1	职业健康管理	40/6				
5.10.2	职业危害告知与警示	15/3				
5.10.3	危害申报	5				
5.11	应急救援管理	40/7				
5.11.1	应急机构	5				
5.11.2	应急队伍	5				
5.11.3	应急预案	10				
5.11.4	应急设施、装备、物资	5				
5.11.5	应急培训	5				
5.11.6	应急演练	5				
5.11.7	应急响应与事故救援	5				
5.12	信息报送和事故（事件）调查处理	20/3				
5.12.1	信息报送	5				

序号	项目	标准分／项	删除分／项	应得分／项	实得分	得分率（％）
5.12.2	事故（事件）报告	5				
5.12.3	事故（事件）调查处理	10				
5.13	绩效评定和持续改进	20/3				
5.13.1	建立机制	5				
5.13.2	绩效评定	10				
5.13.3	持续改进	5				
总计		1500/155				

注　删除项即不存在的标准项，删除分即删除项的标准分。
应得分 = 标准分 − 删除项分；实得分 = 实查项分；得分率 = 实得分／应得分 ×100%。

6.3　电网企业安全生产标准化达标评级核心要素发现问题及扣分项评分结果

项目	发现问题	应得分	扣分	实得分	整改建议	是否主要问题（√）

6.4　电网企业安全生产标准化达标评级评审记录（样表）

5.1　目标（20分）

序号	项目	内容	标准分	评分标准	查评情况说明	实得分
5.1.1	目标制定	企业应根据自身生产实际，依据"保人身、保电网、保设备"的原则，制定规划期内和年度安全生产目标。 　　安全生产目标应明确企业安全状况在人员、设备、作业环境、职业健康安全管理等方面的各项指标（如：不发生负有责任的3人以上重伤或人身死亡事故、不发生负有责任的一般及以上电力设备事故、电力安全事故以及火灾事故和负有同等及以上责任的重大交通事故，以及对社会造成重大不良影响的事件。作业环境有措施，职业安全健康有保障）。 　　目标应科学、合理，体现分级控制的原则。 　　安全生产目标应经企业主要负责人审批，以文件形式下达	10	①未制定规划期内和年度安全生产目标，未经企业主要负责人审批，未以文件形式下达，未体现分级控制的原则，有上述任一项，不得分。 ②指标不明确、内容不完善、不结合实际，有上述任一情况扣5分；无具体考核指标，扣3分		

续表

序号	项目	内容	标准分	评分标准	查评情况说明	实得分
5.1.2	目标的控制与落实	根据确定的安全生产目标，基层管理部门按照在生产经营中的职能，制定相应的安全指标、实施计划。 企业应按照基层单位或部门安全生产职责，将安全生产目标自上而下逐级分解，层层落实目标责任、指标，并实施企业与员工双向承诺。 遵循分级控制的原则，制定保证安全生产目标实现的控制措施，措施应明确、具体，具有可操作性	5	①未制定实施计划指标和控制措施，未将目标自上而下逐级分解，有上述任一项，不得分。 ②控制措施不明确、不具体，每处扣2分		
5.1.3	目标的监督与考核	制定安全生产目标考核办法。 定期对安全生产目标实施计划的执行情况进行监督、检查与纠偏。 对安全生产目标完成情况进行评估与考核、奖惩	5	①未制定考核办法，未进行监督、检查与纠偏，未及时进行评估与考核，有上述任一项，不得分。 ②考核办法未涵盖所有部门，缺一个扣1分		

6.5 评审员现场评审到位记录表

评审员姓名：   评审证号：   注册评审机构：

时间（月/日）	查评地点	查评项目	查评设备、文件说明	被查人签字	陪同人签字

注　1.查评地点：填写某变电站、某部门、某班组或某线路几号杆塔等；
　　2.查评项目：填写序号、项目；
　　3.查评设备、文件说明：填写查评的具有代表性的设备及部件，具有代表性的文件、报告、资料，并附带时间记录的照片；
　　4.被查人：指设备主管人，文件、报告、资料管理人；
　　5.陪同人：指陪同评审员的引导人。

附录A

（规范性附录）

电力企业规章制度内容

A1　安全生产职责（责任制）

A2　安全生产费用

A3　文件和档案管理

A4　安全生产检查及隐患排查与治理

A5　两票三制

A6　安全教育培训

A7　特种设备及特种设备作业人员、特种作业人员、带电作业人员管理

A8　生产设备、设施运行、检修管理及作业环境安全管理

A9　建设项目安全设施"三同时"管理

A10　危险化学品和重大危险源管理

A11　特殊危险作业管理（特种作业、特种设备作业及带电作业管理）

A12　消防安全管理

A13　相关方及临时用工管理

A14　职业健康管理

A15　劳动防护用品及特殊防护用品管理

A16　安全工器具管理

A17　应急管理

A18　交通安全管理

A19　作业不安全行为及反违章管理

A20　安全生产奖惩

A21　安全监督及安全事故事件管理

A22　技术监督管理

A23　反事故措施及劳动保护安全技术措施管理

附录B

（规范性附录）

电网企业应急预案及典型现场处置方案目录

B1 电网企业综合应急预案

B2 电网企业专项应急预案

B2.1 自然灾害类

B2.1.1 防台、防汛、防强对流天气应急预案

B2.1.2 防雨雪冰冻应急预案

B2.1.3 防大雾应急预案

B2.1.4 防地震灾害应急预案

B2.1.5 防地质灾害应急预案

B2.1.6 防森林火灾应急预案

B2.2 事故灾难类

B2.2.1 人身事故应急预案

B2.2.2 电网事故应急预案

B2.2.3 电网黑启动应急预案

B2.2.4 电力设备事故应急预案

B2.2.5 大型施工机械事故应急预案

B2.2.6 电力网络信息系统安全事故应急预案

B2.2.7 火灾事故应急预案

B2.2.8 交通事故应急预案

B2.2.9 环境污染事故应急预案

B2.3 公共卫生事件类

B2.3.1 传染病疫情事件应急预案

B2.3.2 群体性不明原因疾病事件应急预案

B2.3.3 食物中毒事件应急预案

B2.4 社会安全事件类

B2.4.1 群体性突发社会安全事件应急预案

B2.4.2 突发新闻媒体事件应急预案

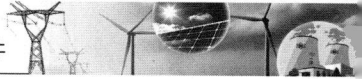

B3　电力企业典型现场处置方案

B3.1　人身事故类

B3.1.1　高处坠落伤亡事故处置方案

B3.1.2　机械伤害伤亡事故处置方案

B3.1.3　物体打击伤亡事故处置方案

B3.1.4　触电伤亡事故处置方案

B3.1.5　火灾伤亡事故处置方案

B3.1.6　灼烫伤亡事故处置方案

B3.1.7　化学危险品中毒伤亡事故处置方案

B3.2　电网事故类

B3.2.1　重要输电通道及线路故障处理处置方案

B3.2.2　重要变电站、换流站、发电厂全停事故处置方案

B3.2.3　重要电力用户停电事件处置方案

B3.2.4　电网解列事故处置方案

B3.2.5　电网非同期振荡事故处置方案

B3.2.6　电网低频事故处置方案

B3.2.7　电网应对缺煤引发机组大范围停运事件处置方案

B3.3　设备事故类

B3.3.1　变电站主变压器故障处置方案

B3.3.2　变电站母线故障处置方案

B3.3.3　输电线路倒塔断线事故处置方案

B3.4　电力网络与信息系统安全类

B3.4.1　电力二次系统安全防护处置方案

B3.4.2　电网调度自动化系统故障处置方案

B3.4.3　电网调度通信系统故障处置方案

B3.5　火灾事故类

B3.5.1　变压器火灾事故处置方案

B3.5.2　电缆火灾事故处置方案

B3.5.3　重要生产场所火灾事故处置方案

附录C

（规范性附录）

脚手架和登高用具

C1　脚手架

C1.1　脚手架（含依靠的支持物）整体固定牢固，无倾倒、塌落危险。

C1.2　脚手架无单板、浮板、探头板。

C1.3　组件合格。

C1.4　脚手架工作面的外侧设1.2m高的栏杆并在其下部加设18cm高的护板。

C1.5　附近有电气线路及设备时，应符合安规的安全距离，并采取可靠的防护措施。

C1.6　脚手架上不能乱拉电线，木竹脚手架应加绝缘子，金属管脚手架应另设木横担。

C1.7　施工脚手架上如堆放材料，其质量不应超过计算载重。

C1.8　设有工作人员上下的梯子。

C1.9　用起重装置起吊重物时，不准把起重装置同脚手架的结构相连接。

C1.10　悬吊式脚手架是否符合安规的特殊规定。

C1.11　大型脚手架应有专门设计，并经单位主管生产的领导（总工程师）批准。

C1.12　有分级验收合格的书面材料。

C2　脚手架组件

C2.1　木、竹制构件无腐蚀、折裂、无枯节，无严重的化学或机械损伤。

C2.2　金属组件无裂纹、无严重锈蚀、无严重变形，螺纹部分完好。

C2.3　木竹制脚手板厚度不小于4cm（斜道板及跳板为5cm），竹脚手板组装牢固。

C2.4　金属管不得弯曲、压扁或者有裂缝。

C2.5　有脚手架搭设工作领导人出具的书面证明方可使用。

C3　安全网

C3.1　由取得生产许可证书的厂家生产，并有生产许可证书复印件和产品合格证。

C3.2　网绳、边绳、筋绳无断股、散股及严重磨损，连接部分牢固。

C3.3　网体无严重变形。

C3.4　试验绳按规定进行试验合格，不超期使用。

C4　梯子、高凳

C4.1　木、竹制构件连接牢固无腐蚀、变形（禁止使用钉子）。

C4.2　金属组件无严重锈蚀，无严重变形，连接牢固可靠。绝缘梯子应定期检验。

C4.3　防滑装置（金属尖角、橡胶套）齐全可靠。

C4.4　梯阶的距离不应大于 40cm。

C4.5　人字梯铰链牢固，限制开度拉链齐全。

C5　移动式（车式）平台

C5.1　平台四周有护栏，高度为 1.2m。

C5.2　升降机构牢固完好，升降灵活。

C5.3　电气部分绝缘电阻合格，采取了可靠的防止漏电保护。

C5.4　液压操动机构完好，无缺陷。

C5.5　对电气及机械部分定期检查，有检查记录，缺陷能够及时消除。

C5.6　在检查周期内使用。

C6　安全带

C6.1　组件完整，无短缺，无破损。

C6.2　绳索、编织带无脆裂、断股或扭结。

C6.3　皮革配件完好、无伤残。

C6.4　金属配件无裂纹、焊接无缺陷、无严重锈蚀。

C6.5　挂钩的钩舌咬口平整不错位，保险装置完整可靠。

C6.6　活动卡子的活动灵活，表面滚花良好，与边框间距符合要求。

C6.7　铆钉无明显偏位，表面平整。

C6.8　定期检查合格，有记录，未超期使用。

C6.9　是按照 2009 年标准制造的产品，有明确的报废周期。

C6.10　配备的防坠器应制动可靠。

C7　脚扣

C7.1　金属母材及焊缝无任何裂纹及可目测到的变形。

C7.2　橡胶防滑条（套）完好、无破损。

C7.3　皮带完好，无霉变、裂缝或严重变形。

C7.4　定期检查并有记录。

C7.5　小爪连接牢固，活动灵活。

C8　升降板

C8.1　踏脚板木质无腐蚀、劈裂等。

C8.2 绳索无断股、松散。

C8.3 绳索同踏板固定牢固。

C8.4 金属组件无损伤及变形。

C8.5 定期检查并有记录，未超期使用。

附录D

（规范性附录）

起重机械

D1 电梯

D1.1 层门、轿箱门的机械或电气联锁装置功能正常、可靠。

D1.2 自动平层功能良好，不出现反向自平。

D1.3 层站呼唤按钮、指层灯完好，功能正常。

D1.4 安全防护装置功能正常。

D1.5 电气设备有可靠的接地（零）保护。

D1.6 电梯井道灯（每 10m 1 个）正常。

D1.7 载人电梯的通信设施或紧急呼救装置齐全有效。

D1.8 定期经地方专业检测部门检验合格。

D2 桥式、门式起重机

D2.1 各种应有的保险装置、闭锁装置功能正常，不得随意解除。

D2.2 刹车及控制系统灵活可靠。

D2.3 转动部分及易发生挤绞伤部分防护罩（遮栏）完整、牢固。

D2.4 车轮踏面和轮缘无明显的磨损和伤痕。

D2.5 轨道终端的行程开关和缓冲器完好。

D2.6 室外设备应有可靠的防风措施。

D2.7 电气设备金属外壳及金属结构应有可靠的接地（零）。

D2.8 电气设备保护装置及开关设备完好。

D2.9 司机室装有空调，空调功率满足需要。

D2.10 司机室铺有绝缘垫，配有灭火器。

D2.11 警铃完好，有效。

D2.12 室外设备的电气装置有防雨设施。电气装置定期经专业检测部门检验合格，记录及资料齐全，在检验周期内使用。

D3 自行式起重机、斗臂车、带电作业车

D3.1 各种应有的保护装置、闭锁装置功能正常，不得随意解除。

D3.2 刹车及控制系统灵活可靠。

D3.3 转动部分及易发生挤绞伤部分防护罩（遮栏）完整、牢固。

D3.4 电气设备金属外壳及金属结构应有可靠的接地（零）。

D3.5 电气设备保护装置及开关设备完好。斗臂车、带电作业车应定期检验绝缘性能。

D3.6 悬臂起重的起重特性曲线表应准确清晰。

D3.7 液压系统无严重渗漏。

D3.8 定期经专业检测部门检验合格，记录及资料齐全，在检验周期内使用。

D4 各式电动葫芦、电动卷扬机、垂直升降机

D4.1 有统一、清晰的编号。

D4.2 起升限位器动作灵敏可靠，上极限位置距离卷筒 ≥ 50cm。

D4.3 制动器及控制系统功能可靠，动作灵敏。

D4.4 按钮连锁装置功能可靠（即同时按相反按钮，按钮失效）。

D4.5 轨道上的止挡器完好。

D4.6 车轮踏面和轮缘无明显的磨损痕迹。

D4.7 电气设备系统绝缘电阻 ≥ 0.5MΩ，有定期测量记录，未超期使用。

D4.8 电气设备有可靠的保护接地（零）。

D4.9 卷扬机固定牢固，钢丝绳与其他物体无明显摩擦痕迹。

D4.10 电动葫芦的盘绳器齐全、有效。

D4.11 额定起重负荷标志清晰。

D4.12 定期机械检验合格，记录齐全，未超期使用。

D5 起重机械吊钩

D5.1 吊钩不得有裂纹。

D5.2 危险断面磨损不超过原高度的 10%。

D5.3 扭转变形不得超过 10°。

D5.4 危险断面及吊钩颈部不得产生塑性变形。

D5.5 片式吊钩的衬套、销子（心轴）、小孔、耳环以及其他坚固件无严重磨损，表

面不得有裂纹和变形。衬套磨损不超过 50%，销子磨损不得超过名义直径的 3% ~ 5%。

D5.6 吊钩不得补焊、钻孔。

D5.7 吊钩上应装有防脱钩装置。

D6 起重机械钢丝绳

D6.1 钢丝绳无扭结、无灼伤或明显的散股，无严重磨损、锈蚀，无断股，断丝数不超过标准。

D6.2 润滑良好。

D6.3 定期检查和进行静拉力试验。

D6.4 使用中的钢丝绳禁止与电焊机的导线或其他电线相接触。

D6.5 通过滑轮或卷筒的钢丝绳不得有接头。

D7 起重机械钢丝绳索具、钢丝绳连接、绳端固定

D7.1 采用编结的方法连接时，编结长度符合规程规定。双头绳索结合段不应小于钢丝绳直径的 20 倍，最短不应小于 30cm，并试验合格。

D7.2 用卡子固定的钢丝绳（绳端），卡子数符合规程规定，并不得少于 3 个，压板应压在长绳侧。

D7.3 电动葫芦若采用双钢丝绳起吊，固定在卷筒护套上的一端，采用楔铁固定时，应使用生产厂家专用楔铁。

D7.4 在各式起重机卷筒上固定的钢丝绳，当吊钩在最低位置时，卷筒上最少应有 5 圈。

D8 滑轮及滑轮组

D8.1 轮缘不得有裂纹，无严重磨损。

D8.2 滑轮直径与钢丝绳直径匹配。

D8.3 滑轮组轴不得弯曲、变形。

D8.4 轮槽直径应为绳径的 1.07 ~ 1.1 倍。

D8.5 轮槽平整不得有磨损钢丝绳的缺陷。

D8.6 应有防止钢丝绳跳出轮槽的装置。

D8.7 铸造滑轮轮槽不均匀磨损不得超过 3mm。

D8.8 铸造滑轮轮槽壁厚磨损不得超过原壁厚的 20%。

D8.9 铸造滑轮轮槽底部直径减少量不得超过钢丝绳直径的 50%。

D9 卷筒

D9.1 卷筒的直径应不小于钢丝绳直径的 20 倍。

D9.2 卷筒的固定不得随意改动。

D9.3   不得有裂纹。

D9.4   筒壁厚度磨损不得超过原壁厚的 20%。

D10   手动小型起重设备

D10.1   各类工具必须具备

D10.1.1   有统一、清晰的编号。

D10.1.2   定期检验合格，有记录，未超期使用。

D10.2   各式千斤顶

D10.2.1   千斤顶底座平整、坚固、完整。

D10.2.2   螺纹、齿条及其承力部件无明显磨损或裂纹等缺陷。

D10.3   手动葫芦（倒链）

D10.3.1   铭牌上制造厂家、制造年月清楚，额定负荷标志清晰。

D10.3.2   无负荷上升运转时有棘爪声，下降时制动正常。

D10.3.3   吊钩无裂纹、无明显变形或损伤，原有的防脱钩卡子完好。

D10.3.4   环链无裂纹、无明显变形、节距伸长或直径磨损。

D10.4   手动卷扬机和绞磨

D10.4.1   制动和逆止安全装置功能正常，部件无明显损伤。

D10.4.2   架构及连接部分牢固、无严重缺陷。

D10.5   液压工具

D10.5.1   液压缸部分不应有渗漏。

D10.5.2   使用人员熟悉工具性能，有防止因用力过大造成设备损坏、伤人的措施。

附录E

（规范性附录）

电气安全用具及电动工器具

E1   电气安全用具

E1.1   属于经过电力安全工器具质量监督检验检测中心试验鉴定的合格产品。

E1.2   有统一、清晰的编号。

E1.3   有试验合格标签和试验记录，未超过有效期使用。

E1.4   绝缘部分的表面无裂纹、破损或污渍。

E1.5 绝缘手套卷曲不漏气，无机械损伤。

E1.6 携带型短路接地线导线、线卡及导线护套符合标准要求，固定螺丝无松动现象。

E1.7 携带型短路接地线的编号应明显，并注明适用的电压等级。

E1.8 携带型短路接地线的保管应对号入座。

E1.9 现场放置的工器具中不应有报废品。

E1.10 验电器的自检功能正常。

E2 手持电动工具

E2.1 有统一、清晰的编号。

E2.2 外壳及手柄无裂纹或破损。

E2.3 电源线使用多股铜芯橡皮护套软电缆或护套软线。

Ⅰ类工具：单相的采用三芯，三相的采用四芯电缆。

E2.4 保护接地（零）连接正确（使用绿/黄双色或黑色线芯）、牢固可靠。

E2.5 电缆线完好无破损。

E2.6 插头符合安全要求，完好无破损。

E2.7 开关动作正常、灵活、无破损。

E2.8 机械防护装置良好。

E2.9 转动部分灵活可靠。

E2.10 连接部分牢固可靠。

E2.11 抛光机等转速标志明显或对使用的砂轮要求清楚、明显。

E2.12 绝缘电阻符合要求，有定期测量记录，未超期使用。

每半年测量一次绝缘电阻：Ⅰ类工具大于 $2M\Omega$；Ⅱ类工具大于 $7M\Omega$；Ⅲ类工具大于 $1M\Omega$。

E3 移动式电动机具

E3.1 电气部分绝缘电阻符合要求，有定期测量记录，未超期使用（不低于 $0.5M\Omega$。额定电压 1000V 以上的机具，应使用 1000V 绝缘电阻表）。

E3.2 电源线使用多股铜芯橡皮护套电缆或护套软线，且单相设备采用三芯电缆，三相设备使用四芯电缆。

E3.3 软电缆或软线完好、无破损。

E3.4 保护接地（零）线连接正确、牢固。

E3.5 开关动作正常、灵活、无破损。

E3.6 机械防护装置完好。

（五）电力行业网络与信息安全

国家能源局关于印发
《电力行业网络安全管理办法》的通知

国能发安全规〔2022〕100号

各省（自治区、直辖市）能源局，有关省（自治区、直辖市）及新疆生产建设兵团发展改革委、工业和信息化主管部门，北京市城市管理委，各派出机构，全国电力安全生产委员会各企业成员单位，有关电力企业：

为深入贯彻习近平总书记关于网络强国的重要思想，加强电力行业网络安全监督管理，规范电力行业网络安全工作，国家能源局对《电力行业网络与信息安全管理办法》（国能安全〔2014〕317号）进行了修订。现将修订后的《电力行业网络安全管理办法》印发你们，请遵照执行。

国家能源局

2022年11月16日

电力行业网络安全管理办法

第一章　总　　则

第一条　为加强电力行业网络安全监督管理，规范电力行业网络安全工作，根据《中华人民共和国网络安全法》《中华人民共和国密码法》《中华人民共和国数据安全法》《中华人民共和国个人信息保护法》《中华人民共和国计算机信息系统安全保护条例》《关键信息基础设施安全保护条例》及国家有关规定，制定本办法。

第二条　电力行业网络安全工作的目标是建立健全网络安全保障体系和工作责任体系，提高网络安全防护能力，保障电力系统安全稳定运行和电力可靠供应。

第三条　电力企业在中华人民共和国境内建设、运营、维护和使用网络（除核安全外），以及网络安全的监督管理，适用本办法。

本办法所称网络是指由计算机或者其他信息终端及相关设备组成的按照一定的规则和程序对信息进行收集、存储、传输、交换、处理的系统，包括电力监控系统、管理信息系

统及通信网络设施。

本办法不适用于涉及国家秘密的网络。涉及国家秘密的网络应当按照国家保密工作部门有关涉密信息系统管理规定和技术标准，结合网络实际情况进行管理。

第四条　电力行业网络安全工作坚持"积极防御、综合防范"的方针，遵循"依法管理、分工负责，统筹规划、突出重点"的原则。

第二章　监督管理职责

第五条　国家能源局及其派出机构、负有电力行业网络安全监督管理职责的地方能源主管部门（以下简称行业部门）在各自职责范围内依法依规履行电力行业网络安全监督管理职责。

第六条　电力行业网络安全监督管理工作主要包括以下内容：

（一）组织落实国家关于网络安全的方针、政策和重大部署，并与电力生产安全监督管理工作相衔接；

（二）组织制定电力行业网络安全等级保护、关键信息基础设施安全保护、电力监控系统安全防护、网络安全监测预警和信息通报、网络安全事件应急处置等方面的政策规定及技术规范，并监督实施；

（三）组织认定电力行业关键信息基础设施，制定关键信息基础设施安全规划，建立关键信息基础设施网络安全监测预警制度，组织开展关键信息基础设施网络安全检查检测，指导关键信息基础设施运营者做好网络安全事件应对处置；

（四）组织或参与网络安全事件的调查与处理；

（五）督促电力企业落实网络安全责任、保障网络安全经费、开展网络安全防护能力建设等工作；

（六）组织开展电力行业网络安全信息通报等工作；

（七）指导督促电力企业做好网络安全宣传教育工作；

（八）推动网络安全仿真验证环境（靶场）建设，组织建立网络安全监督管理技术支撑体系；

（九）电力行业网络安全监督管理的其他事项。

第七条　电力调度机构负责直接调度范围内的下一级电力调度机构、集控中心、变电站（换流站）、发电厂（站）等各类机构涉网部分的电力监控系统安全防护的技术监督。主要包括以下内容：

（一）自行组织或委托电力监控系统安全防护评估机构开展调度范围内电力监控系统的自评估工作，配合开展电力监控系统的检查评估工作，负责统一指挥调度范围内的电力监控系统安全应急处理，参与电力监控系统的网络安全事件调查和分析工作；

（二）组织并督促各相关单位开展电力监控系统安全防护技术培训和交流工作，贯彻执行国家和行业有关电力监控系统安全防护的标准、规程和规范；

（三）负责对电力监控系统专用安全产品开展监督管理，制定电力监控系统专用安全产品管理办法并监督实施；

（四）将并网电厂涉网部分电力监控系统网络安全运行状态纳入监测；

（五）每年 11 月 1 日前将技术监督工作开展情况报送行业部门。

第三章　电力企业责任义务

第八条　电力企业是本单位网络安全的责任主体，负责本单位的网络安全工作。

第九条　电力企业主要负责人是本单位网络安全的第一责任人。电力企业应当建立健全网络安全管理、评价考核制度体系，成立工作领导机构，明确责任部门，设立专职岗位，定义岗位职责，明确人员分工和技能要求，建立健全网络安全责任制。

电力行业关键信息基础设施运营者的主要负责人对关键信息基础设施安全保护负总责，要明确一名领导班子成员（非公有制经济组织运营者明确一名核心经营管理团队成员）作为首席网络安全官，专职管理或分管关键信息基础设施安全保护工作；为每个关键信息基础设施明确一名安全管理责任人；设立专门安全管理机构，确定关键岗位及人员，并对机构负责人和关键岗位人员进行安全背景审查。

第十条　电力企业应当依法依规开展关键信息基础设施信息报送工作，关键信息基础设施发生较大变化，可能影响其认定结果的，关键信息基础设施运营者发生合并、分立、解散等情况的，应当及时将相关情况报告行业部门。

第十一条　电力企业应当按照国家网络安全等级保护制度、关键信息基础设施安全保护制度、数据安全制度、网络安全审查工作机制和电力监控系统安全防护规定的要求，对本单位的网络进行安全保护，并将网络安全纳入安全生产管理体系。

第十二条　电力企业应当选用符合国家有关规定、满足网络安全要求的网络产品和服务，开展网络安全建设或改建工作。接入生产控制大区的涉网安全产品需经电力调度机构同意。

第十三条　电力行业关键信息基础设施运营者应当优先采购安全可信的网络产品和服

务，并按照有关要求开展风险预判工作，评估投入使用后可能对关键信息基础设施安全、电力生产安全和国家安全的影响，形成评估报告。影响或者可能影响国家安全的，应当按照国家网络安全规定通过安全审查。

第十四条　电力企业规划设计网络时，应当明确安全保护需求，保证安全措施同步规划、同步建设、同步使用，设计合理的总体安全方案并经专业技术人员评审通过，制定安全实施计划，负责网络安全建设工程的实施。网络上线前，电力企业应当委托网络安全服务机构开展第三方安全测试。

第十五条　电力企业应当按照国家有关规定开展电力监控系统安全防护评估、网络安全等级保护测评、关键信息基础设施网络安全检测和风险评估、商用密码应用安全性评估和网络安全审查等工作，未达到要求的应当及时进行整改。

第十六条　电力企业不得委托在近3年内被行业部门通报有不良行为或被相关部门通报整改的网络安全服务机构。

第十七条　电力企业应当按照国家有关规定开展网络安全风险评估工作，建立健全网络安全风险评估的自评估和检查评估制度，完善网络安全风险管理机制。发现风险隐患可能对电力行业网络安全产生较大影响的，应当向行业部门报告。

第十八条　电力企业应当依据国家和行业相关标准、规程和规范开展网络安全技术监督工作，可委托网络安全服务机构协助开展。

第十九条　电力企业应当建立健全网络产品安全漏洞信息接收渠道并保持畅通，发现或者获知存在安全漏洞后，应当立即评估安全漏洞的影响范围及程度，及时对安全漏洞进行验证并完成修补。

第二十条　电力企业应当建立健全本单位网络安全监测预警和信息通报机制，及时掌握本单位网络安全运行状况、安全态势，及时处置网络安全威胁与隐患，定期向行业部门报告有关情况。

电力行业关键信息基础设施运营者应当建立7×24小时值班值守制度，建设网络安全态势感知平台，并与行业部门、公安机关等有关平台对接。

第二十一条　电力企业应当按照电力行业网络安全事件应急预案，制修订本单位网络安全事件应急预案，每年至少开展一次应急演练。制修订电力监控系统专项网络安全事件应急预案并定期组织演练。定期组织开展网络攻防演习，检验安全防护和应急处置能力。

第二十二条　电力企业应当在国家重要活动、会议期间结合实际制定网络安全保障专项工作方案和应急预案，成立保障组织机构，明确目标任务，细化措施要求，组织预案演

练，确保重要信息系统、电力监控系统安全稳定运行。

第二十三条 电力企业发生网络安全事件后，应当立即启动网络安全事件应急预案，对网络安全事件进行调查和评估，采取技术措施和其他必要措施，消除安全隐患，防止危害扩大，注意保护现场，并按照规定向有关主管部门报告。

第二十四条 电力企业应当按照国家有关规定，建立健全容灾备份制度，对重要系统和重要数据进行有效备份。

第二十五条 电力企业应当建立健全全流程数据安全管理和个人信息保护制度，按照国家和行业重要数据目录及数据分类分级保护相关要求，确定本单位的重要数据具体目录，对列入目录的数据进行重点保护。

第二十六条 电力企业应当建立网络安全资金保障制度，安排网络安全专项预算，确保网络安全投入不低于信息化总投入的5%。

第二十七条 电力企业应当加强网络安全从业人员考核和管理，建立与网络安全工作特点相适应的人才培养机制，做好全员网络安全宣传教育，提高网络安全意识。从业人员应当定期接受相应的政策规范和专业技能培训，并经培训合格后上岗。

第二十八条 电力企业应当督促电力监控系统专用安全产品研发单位和供应商按照国家有关要求做好保密工作，防止关键技术泄露。严禁在互联网上销售、购买电力监控系统专用安全产品。

第二十九条 电力企业应当于每年11月1日前，将当年网络安全工作的专项总结报行业部门。总结内容应当包括但不限于网络安全工作开展情况、网络安全等级保护情况、电力监控系统安全防护评估情况、数据安全情况、安全监测预警情况、风险隐患治理情况、网络安全事件应对处置情况、应急预案及演练情况、网络产品和服务采购情况、下一年度工作计划等。

电力行业关键信息基础设施运营者应当于每年11月1日前，将当年关键信息基础设施安全保护工作的专项总结报行业部门。总结内容应当包括但不限于关键信息基础设施的运行情况、认定报送情况、安全监测预警情况、网络安全检测和风险评估情况、网络安全事件应对处置情况、应急预案及演练情况、网络产品和服务采购情况、密码使用情况、下一年度安全保护计划等。

第四章 监督检查

第三十条 行业部门在各自职责范围内依法依规对电力企业网络安全工作进行监督检

查，定期组织开展电力行业关键信息基础设施网络安全检查检测。

第三十一条　行业部门进行监督检查和事件调查时，可以采取下列措施：

（一）进入电力企业进行检查；

（二）询问相关单位的工作人员，要求其对有关检查事项作出说明；

（三）查阅、复制与检查事项有关的文件、资料，对可能被转移、隐匿、损毁的文件、资料予以封存；

（四）对检查中发现的问题，责令其当场改正或者限期改正。

第三十二条　行业部门在履行网络安全监督管理职责中，发现网络存在较大安全风险或者发生安全事件的，可以按照规定的权限和程序对该电力企业法定代表人或者主要负责人进行约谈，情节严重的依据国家有关法律、法规予以处理。

行业部门可就网络安全缺陷、漏洞等风险，网络攻击、恶意软件等威胁，网络安全事件开展行业通报，电力企业应当及时排查并采取风险防范措施。

第三十三条　行业部门工作人员必须对在履行监督管理职责中知悉的国家秘密、工作秘密、商业秘密、重要数据、个人信息和隐私严格保密，不得泄露、出售或者非法向他人提供。

第五章　附　　则

第三十四条　本办法由国家能源局负责解释。

第三十五条　本办法自发布之日起施行，有效期5年。《电力行业网络与信息安全管理办法》（国能安全〔2014〕317号）同时废止。

国家能源局关于加强电力行业网络安全工作的指导意见

国能发安全〔2018〕72号

各省、自治区、直辖市、新疆生产建设兵团发展改革委（能源局）、经信委（工信委），国家能源局各派出监管机构，全国电力安全生产委员会各企业成员单位：

为深入贯彻党的十九大精神，全面落实习近平总书记关于网络强国战略的重要论述，按照《中华人民共和国网络安全法》《电力监管条例》及相关法律法规要求，健全电力行业网络安全责任体系，完善网络安全监督管理体制机制，加强关键信息基础设施安全保护，提升电力监控系统安全防护水平，强化网络安全防护体系，提高自主创新及安全可控能力，防范和遏制重大网络安全事件，保障电力系统安全稳定运行和电力可靠供应，提出以下意见。

一、落实企业网络安全主体责任

（一）建立健全网络安全责任制。电力企业是网络安全责任主体，企业各级党委（党组）对本单位、本部门网络安全工作负主体责任，企业主要负责人是网络安全第一责任人。将网络安全纳入企业安全生产管理体系，按照谁主管谁负责、谁运营谁负责、谁使用谁负责的原则，落实网络安全主体责任，厘清界面，强化考核，严格责任追究，确保网络安全责任全覆盖。

（二）健全企业网络安全组织体系。落实网络安全保护责任，设立专门网络安全管理及监督机构，设置相应岗位，加快各级网络安全专业人员配备；重点企业、机构建立首席网络安全官制度。

二、完善网络安全监督管理体制机制

（三）健全网络安全监督管理体系。按照谁主管谁负责的原则，国家能源局依法依规履行电力行业网络安全监督管理职责，地方各级人民政府有关部门按照法律、行政法规和国务院的规定，切实履行网络安全属地监督管理职责。国家能源局各派出监管机构根据授权开展网络安全监督管理工作。

（四）依法履行网络安全监督管理职能。制定、修订电力行业网络安全监督管理规定，强化电力行业网络安全标准化能力建设，建立电力行业网络安全联席会议制度，协调推进电力行业网络安全监督管理工作。

（五）强化网络安全协同监督管理。国家能源局及其派出监管机构加强与国家网络安

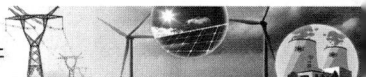

全主管部门、地方各级人民政府有关部门的沟通，形成工作合力，协同开展网络安全检查等工作，加大违法违规行为的处置力度。

（六）加强网络安全技术监督。发挥电力行业网络安全技术服务机构作用，开展电力行业网络安全技术监督工作。加强电力调度机构对并网电厂涉网部分电力监控系统安全防护技术监督，强化电网和发电企业内部网络安全技术监督。

三、加强全方位网络安全管理

（七）履行网络安全等级保护义务。按照国家等级保护制度要求，修订行业等级保护制度，加强等级保护专业力量建设，深化网络安全等级保护定级备案、安全建设、等级测评、安全整改、监督检查全过程管理工作。

（八）规范网络安全风险评估。加快完善自评估为主、第三方检查评估为辅的网络安全风险评估工作机制，及时开展检测评估，其中关键信息基础设施每年至少开展一次评估。规范评估流程、控制评估风险，整改安全隐患，完善安全措施。

（九）加强全业务、全过程网络安全管理。加强发、输、变、配、用、调度等电力全业务网络安全管理，严格落实"三同步"原则，加强漏洞和隐患源头及动态治理，加强日常运维及安全防护管理，落实全生命周期安全管理措施，保障电力系统网络安全。加强供应链安全管理，强化供应商资质审查、能力评估。保障网络安全资金投入。

（十）加强全员网络安全管理。建立健全全员网络安全管理制度，开展网络安全负责人、关键岗位人员安全背景审查，企业应建立网络安全关键岗位专业技术人员持证上岗制度，有关从业人员应先培训后上岗。加强对产品和服务供应商现场人员的网络安全管理。

四、强化关键信息基础设施安全保护

（十一）落实关键信息基础设施重点保护要求。研究制定电力行业关键信息基础设施认定规则、保护规划及标准规范，开展关键信息基础设施认定工作，实行重点保护。加强关键信息基础设施网络安全监测预警体系建设，提升关键信息基础设施应急响应和恢复能力。

（十二）推进行业网络安全审查。逐步完善电力行业网络产品和服务安全审查制度，明确审查范围，确立审查要点，规范审查流程。有序开展电力行业网络产品和服务安全审查工作。

（十三）进一步完善电力监控系统安全防护体系。按照"安全分区、网络专用、横向隔离、纵向认证"的原则，进一步完善结构安全、本体安全和基础设施安全，逐步推广安全免疫。结合电力生产安全新形势和安全保障需求，及时修订电力监控系统安全防护相关配套方案。

强化新能源和中小电力企业等电网末梢的网络安全防护能力，推进配电、用电涉控部分的网络安全防护建设。

五、加强行业网络安全基础设施建设

（十四）加快密码基础设施建设。在重要业务、重要领域实施密码保护，完善电力行业密码支撑体系，实现电力行业密码基础设施一体化管理。健全电力行业密码检测手段，开展密码应用安全性评估。深化商用密码在电力行业中的应用，促进密码技术与电力应用融合发展。

（十五）建设网络安全仿真验证环境。适应电力行业网络安全研究、测试、演练等应用需求，整合现有资源，建立覆盖发、输、变、配、用、调度全环节的网络安全仿真验证环境，开展重大网络安全事件模拟验证、漏洞挖掘、攻防演练、业务培训等工作。建设行业网络安全重点实验室。

（十六）建立行业网络安全信息资源共享机制。整合行业漏洞挖掘与研究资源，开展漏洞分析、安全加固研究，建立行业漏洞库，完善与国家信息安全漏洞共享平台的沟通、协调和通报机制，加强漏洞预警能力建设，引导企业及时开展漏洞消缺工作，提升企业处置安全漏洞能力。

（十七）强化网络安全检测与服务。强化安全检测机构能力建设，严格执行国家及行业网络安全检测标准，鼓励自主研发检测工具，丰富安全检测技术手段。完善行业网络安全服务体系，开展网络安全认证、检测、风险评估等安全服务。

六、加强电力企业数据安全保护

（十八）加强企业数据安全保障。健全数据安全保护机制，明确数据安全责任主体，强化重要数据的识别、分类和保护，加强关键系统、核心数据容灾备份设施建设。加强重要数据出境管理。加强大数据安全保障能力建设。

（十九）加强个人信息、用户信息保护。强化业务系统个人信息、用户信息保护能力，防止个人信息、用户信息泄露，建立完善个人信息安全事件投诉、举报和责任追究机制。

七、提高网络安全态势感知、预警及应急处置能力

（二十）推进网络安全态势感知、预警能力建设。建立行业、企业网络安全态势感预警平台，加强电力监控系统、重要管理信息系统、互联网出口的全面监测，加强网络安全信息的汇集、研判建立健全网络安全信息共享和通报机制，健全完善政企联动、上下协同的通报预警机制。

（二十一）加强网络安全应急处置能力建设。建立电力行业网络安全应急指挥平台，完善网络安全应急预案。加强网络安全应急队伍、应急资源库建设，组织开展实战型网络安全应急演练，提升网络安全事件应急快速响应能力。

（二十二）健全重大活动网络安全保障机制。建立分级网络安全保障机制，统筹行业资源，强化协调指挥。针对国家重大活动，制定保障工作方案，落实保障措施。

八、支持网络安全自主创新与安全可控

（二十三）坚持关键领域安全可控。推动电力专用安全防护设备升级换代，加快推进专用系统与装备、通用软硬件产品安全可控替代及应用。坚持新能源、配电网及负荷管理等领域智能终端、智能单元安全可控。加强安全可控产品的研制与应用，鼓励开展前沿性技术应用研究。

（二十四）加速推进核心技术攻关与应用。加强体系化技术布局，完善制度、市场环境，推进电力系统网络安全核心技术突破。重点在电力系统关键系统、重大装备、防护体系、专用芯片、密码应用、攻防对抗和检测技术等领域，加强自主创新与应用突破。支持电力专用芯片研发和使用。

（二十五）做好新技术、新业务网络安全保障。关注能源生产经营、消费等领域发展带来的网络安全问题，加强对"大云物移智"等新技术，以及微电网、充电基础设施、车联网、"互联网+"等新业务的网络安全风险研究，为行业发展提供网络安全保障。

九、积极推动电力行业网络安全产业健康发展

（二十六）优化网络安全产业生态。以行业内重点网络安全企业为主导，打造产学研用协同创新发展平台，构建电力行业网络安全产业联盟。推进网络安全技术成果的市场化应用。引导社会资本设立行业网络安全产业发展基金。

（二十七）引导网络安全产业健康发展。做好行业网络安全产业体系建设，通过统筹规划、精准投资、综合评价等措施，在技术、产业、政策上共同发力，释放产业发展主体活力，引导网络安全产业健康发展。

十、推进网络安全军民融合深度发展

（二十八）推进网络安全军民融合深度发展。加强统筹协调、密切协作配合，推动军地信息融合共享，建立较为完善的网络安全联防联控机制。拓宽渠道，促进技术、人才、资源等要素双向流动转化。鼓励电力企业、网络安全产业单位加强"军转民""民参军"，促进军地协同技术创新。

十一、加强网络安全人才队伍建设

（二十九）加强网络安全人才队伍建设。加强行业网络安全政策宣贯、知识普及，定期开展电力行业网络安全交流。加大网络安全人才培养投入，加强从业人员技能培训，探索企业、高校、科研院所、军队共建产学研用结合的人才培养机制，建立电力行业网络安全专家库。完备网络安全岗位设置，完善人才激励机制。

十二、拓展网络安全国际合作

（三十）拓展网络安全国际合作。构建网络安全常态化国际交流合作机制，推动电力行业网络安全国际交流，拓展网络安全对诉合作平台。加强在预警防范、应急响应、技术创新、标准规范、信息共享等方面合作，组织开展国际网络空间安全重大问题研究，积极参与有关国际标准、规则制定工作。

国家能源局

2018 年 9 月 13 日

国家能源局关于印发
《电力行业网络安全等级保护管理办法》的通知

国能发安全规〔2022〕101号

各省（自治区、直辖市）能源局，有关省（自治区、直辖市）及新疆生产建设兵团发展改革委、工业和信息化主管部门，北京市城市管理委，各派出机构，全国电力安全生产委员会各企业成员单位，有关电力企业：

为深入贯彻习近平总书记关于网络强国的重要思想，规范电力行业网络安全等级保护管理，提高电力行业网络安全保障能力和水平，国家能源局对《电力行业信息安全等级保护管理办法》（国能安全〔2014〕318号）进行了修订。现将修订后的《电力行业网络安全等级保护管理办法》印发你们，请遵照执行。

国家能源局

2022年11月16日

电力行业网络安全等级保护管理办法

第一章　总　　则

第一条　为规范电力行业网络安全等级保护管理，提高电力行业网络安全保障能力和水平，维护国家安全、社会稳定和公共利益，根据《中华人民共和国网络安全法》《中华人民共和国密码法》《中华人民共和国计算机信息系统安全保护条例》《关键信息基础设施安全保护条例》《信息安全等级保护管理办法》等法律法规和规范性文件，制定本办法。

第二条　电力企业在中华人民共和国境内建设、运营、维护、使用网络（除核安全外），开展网络安全等级保护工作，适用本办法。

本办法所称网络是指由计算机或者其他信息终端及相关设备组成的按照一定的规则和程序对信息进行收集、存储、传输、交换、处理的系统，包括电力监控系统、管理信息系统及通信网络设施。

本办法不适用于涉及国家秘密的网络。涉及国家秘密的网络应当按照国家保密工作部门有关涉密信息系统分级保护的管理规定和技术标准，结合网络实际情况进行管理。

第三条 国家能源局根据国家网络安全等级保护政策法规和技术标准要求，结合行业实际，组织制定适用于电力行业的网络安全等级保护管理规范和技术标准，对电力行业网络安全等级保护工作的实施进行指导和监督管理。国家能源局各派出机构根据国家能源局授权，对本辖区电力企业网络安全等级保护工作的实施进行监督管理。

电力企业依照国家和电力行业相关法律法规和规范性文件，履行网络安全等级保护的义务和责任。

第二章　等级划分与保护

第四条 根据电力行业网络在国家安全、经济建设、社会生活中的重要程度，以及一旦遭到破坏、丧失功能或者数据被篡改、泄露、丢失、损毁后，对国家安全、社会秩序、公共利益以及公民、法人和其他组织的合法权益的危害程度等因素，电力行业网络划分为五个安全保护等级：

第一级，受到破坏后，会对相关公民、法人和其他组织的合法权益造成一般损害，但不危害国家安全、社会秩序和公共利益。

第二级，受到破坏后，会对相关公民、法人和其他组织的合法权益造成严重损害或特别严重损害，或者对社会秩序和公共利益造成危害，但不危害国家安全。

第三级，受到破坏后，会对社会秩序和公共利益造成严重危害，或者对国家安全造成危害。

第四级，受到破坏后，会对社会秩序和公共利益造成特别严重危害，或者对国家安全造成严重危害。

第五级，受到破坏后，会对国家安全造成特别严重危害。

第五条 电力行业网络安全等级保护坚持分等级保护、突出重点、积极防御、综合防范的原则。

第三章　等级保护的实施与管理

第六条 国家能源局根据《信息安全技术　网络安全等级保护定级指南》（GB/T 22240）等国家标准规范，结合电力行业网络特点，制定电力行业网络安全等级保护定级指南，指导电力行业网络安全等级保护定级工作。

第七条 电力企业应当在网络规划设计阶段，依据《信息安全技术　网络安全等级保

护定级指南》（GB/T 22240）等国家标准规范和电力行业网络安全等级保护定级指南，确定定级对象（网络）及其安全保护等级，并在网络功能、服务范围、服务对象和处理的数据等发生重大变化时，及时申请变更其安全保护等级。

对拟定为第二级及以上的网络，电力企业应当组织网络安全专家进行定级评审。其中，拟定为第四级及以上的网络，还应当由国家能源局统一组织国家网络安全等级保护专家进行定级评审。

第八条　全国电力安全生产委员会企业成员单位汇总集团总部拟定为第二级及以上网络的定级结果和专家评审意见，报国家能源局审核。各区域（省）内的电力企业汇总本单位拟定为第二级及以上网络的定级结果，报国家能源局派出机构审核。

第九条　电力企业办理网络安全等级保护定级审核手续时，应当提交《电力行业网络安全等级保护定级审核表》（详见附件），含各定级对象的定级报告及专家评审意见。

国家能源局或其派出机构应当在收到审核材料之日起 30 日内反馈审核意见。

第十条　电力企业应当在收到国家能源局或其派出机构审核意见后，按照有关规定向公安机关备案并按照第八条规定的定级审核权限向国家能源局或其派出机构报告定级备案结果。

第十一条　电力企业应当采购、使用符合国家法律法规和有关标准规范要求且满足网络安全等级保护需求的网络产品和服务。

对于电力监控系统，应当按照电力监控系统安全防护有关要求，采购和使用电力专用横向单向安全隔离装置、电力专用纵向加密认证装置或者加密认证网关等设备设施；在设备选型及配置时，禁止选用经国家能源局通报存在漏洞和风险的系统及设备，对已经投入运行的系统及设备应及时整改并加强运行管理和安全防护。

采购网络产品和服务，影响或可能影响国家安全的，应当按照国家网络安全规定通过安全审查。

第十二条　电力企业在网络规划、建设、运营过程中，应当遵循同步规划、同步建设、同步使用的原则，并按照该网络的安全保护等级要求，建设网络安全设备设施，制定并落实安全管理制度，健全网络安全防护体系。

第十三条　网络建设完成后，电力企业应当依据国家和行业有关标准或规范要求，定期对网络安全等级保护状况开展网络安全等级保护测评。第二级网络应当每两年进行一次等级保护测评，第三级及以上网络应当每年进行一次等级保护测评。新建的第三级及以上网络应当在通过等级保护测评后投入运行。

电力监控系统网络安全等级保护测评工作应当与电力监控系统安全防护评估、关键信

息基础设施网络安全检测评估、商用密码应用安全性评估工作相衔接，避免重复测评。

电力企业应当定期对网络安全状况、安全保护制度及措施的落实情况进行自查。第二级电力监控系统应当每两年至少进行一次自查，第三级及以上网络应当每年至少进行一次自查。

电力企业应当对自查和等级保护测评中发现的安全风险隐患，制定整改方案，并开展安全建设整改。

电力企业应当要求网络安全等级保护测评机构（以下简称测评机构）组织专家对第三级及以上网络的等级保护测评报告进行评审，并随测评报告提交专家评审意见。

第十四条 电力企业应当按照第八条规定的定级审核权限，每年向国家能源局或其派出机构报告网络安全等级保护工作情况，包括网络安全等级保护定级备案、等级保护测评、安全建设整改、安全自查等情况。

第十五条 国家能源局及其派出机构结合关键信息基础设施网络安全检查，定期组织对运营有第三级及以上网络的电力企业开展抽查。开展网络安全检查时应当加强协同配合和信息沟通，避免不必要的检查和交叉重复检查。

检查事项主要包括：

（一）网络安全等级保护定级工作开展情况，包括定级评审、审核、备案及根据网络安全需求变化调整定级等情况；

（二）电力企业网络安全管理制度、措施的落实情况；

（三）电力企业对网络安全状况的自查情况；

（四）网络安全等级保护测评工作开展情况；

（五）网络安全产品使用情况；

（六）网络安全建设整改情况；

（七）备案材料与电力企业及其网络的符合情况；

（八）其他应当进行监督检查的事项。

第十六条 电力企业应当接受国家能源局及其派出机构的安全监督、检查、指导，根据需要如实提供下列有关网络安全等级保护的信息资料及数据文件：

（一）网络安全等级保护定级备案事项变更情况；

（二）网络安全组织、人员、岗位职责的变动情况；

（三）网络安全管理制度、措施变更情况；

（四）网络运行状况记录；

（五）电力企业对网络安全状况的自查记录；

（六）测评机构出具的网络安全等级保护测评报告；

（七）网络安全产品使用的变更情况；

（八）网络安全事件应急预案，网络安全事件应急处置结果报告；

（九）网络数据容灾备份情况；

（十）网络安全建设、整改结果报告；

（十一）其他需要提供的材料。

第十七条　针对网络安全检查发现的问题，电力企业应当按照网络安全等级保护管理规范和技术标准组织整改。必要时，国家能源局及其派出机构可对整改情况进行抽查。

第十八条　电力企业选择测评机构进行网络安全等级保护测评时，应当遵循以下要求：

（一）测评机构应当获得由国家认证认可委员会批准的认证机构发放的《网络安全等级测评与检测评估机构服务认证证书》（以下简称测评机构服务认证证书）；

（二）从事电力监控系统网络安全等级保护测评的机构应当熟悉电力监控系统网络安全管理和技术防护要求，具备相应的服务能力和经验。从事电力监控系统第二级网络等级保护测评的机构应当具备近2年内30套以上工业控制系统等级保护测评或风险评估服务经验；从事电力监控系统第三级网络等级保护测评的机构应当具备近3年内50套以上电力监控系统等级保护测评或安全防护评估服务经验；从事电力监控系统第四级及以上网络等级保护测评的机构应当具备近5年内90套以上电力监控系统等级保护测评或安全防护评估服务经验；

（三）对属于电力行业关键信息基础设施的网络，选择测评机构时应当保证其安全可信，必要时可要求测评机构及其主要负责人、技术骨干提供无犯罪记录证明等材料；

（四）不得委托近3年内被国家能源局通报有本办法规定不良行为，或被认证机构通报取消或暂停使用测评机构服务认证证书，或被国家网络安全等级保护工作主管部门、行业协会通报暂停开展等级保护测评业务并处于整改期内的测评机构；

（五）电力企业应当采取签署保密协议、开展安全保密培训和现场监督等措施，加强对测评机构、测评人员和测评过程的安全保密管理，避免发生失泄密事件。

第十九条　国家能源局及其派出机构在开展电力企业网络安全检查工作时，可同步对测评机构开展的测评工作情况进行监督检查。

第二十条　国家能源局鼓励电力企业按照国家有关要求开展测评机构建设、申请测评机构服务认证，支持电力企业参与制定电力行业网络安全等级保护技术标准。

第四章 网络安全等级保护的密码管理

第二十一条 电力企业采用密码进行等级保护的,应当遵照《中华人民共和国密码法》等有关法律法规和国家密码管理部门制定的网络安全等级保护密码技术标准执行。

第二十二条 电力企业网络安全等级保护中密码的配备、使用和管理等,应当严格执行国家密码管理的有关规定。运用密码技术进行网络安全等级保护建设与整改时,应当采用商用密码检测、认证机构检测认证合格的商用密码产品和服务。涉及商用密码进口的,还应当符合国家商用密码进口许可有关要求。

第二十三条 电力企业应当按照有关法律法规要求,开展商用密码应用安全性评估工作。

第二十四条 各级密码管理部门对网络安全等级保护工作中密码配备、使用和管理的情况进行检查和安全性评估时,相关电力企业应当积极配合。对于检查和安全性评估发现的问题,应当按照要求及时整改。

第五章 法律责任

第二十五条 电力企业违反国家相关规定及本办法规定,由国家能源局及其派出机构按照职责分工责令其限期改正;逾期不改正的,给予警告,并向其上级部门通报情况,建议对其直接负责的主管人员和其他直接责任人员予以处理,造成严重损害的,由公安机关、密码管理部门依照有关法律、法规予以处理。

第二十六条 有关部门及其工作人员在履行监督管理职责中,玩忽职守、滥用职权、徇私舞弊的,依法给予行政处分;构成犯罪的,依法追究刑事责任。

第二十七条 测评机构违反有关法律法规和规范性文件要求,发生以下不良行为时,国家能源局可向国家有关部门、认证机构、行业协会等提出限期整改、取消/暂停使用测评机构服务认证证书等建议,并向电力企业通报相关风险信息:

(一)提供不客观、不公正的等级保护测评服务,出具虚假或不符合实际情况的测评报告,影响等级保护测评的质量和效果;

(二)泄露、出售或者非法向他人提供在服务中知悉的国家秘密、工作秘密、商业秘密、重要数据、个人信息和隐私,非法使用或擅自发布、披露在服务中收集掌握的数据信息和系统漏洞、恶意代码、网络入侵攻击等网络安全信息;

(三)由于测评机构从业人员的因素,导致发生网络安全事件;

（四）未向公安机关报备，测评机构从业人员擅自参加境外组织的网络安全竞赛等活动；

（五）其他危害或可能危害电力生产安全或网络安全的行为。

第六章　附　　则

第二十八条　本办法自发布之日起施行，有效期5年。《电力行业信息安全等级保护管理办法》（国能安全〔2014〕318号）同时废止。

附件：电力行业网络安全等级保护定级审核表

附件：

电力行业网络安全等级保护定级审核表

填表日期：　　年　月　日

一、单位信息					
单位名称					
单位地址					
联系人		职务		联系电话	

二、网络安全等级保护定级情况		
定级对象名称	定级对象概况	拟定级结果（SAG）

三、本单位网络安全管理部门审核意见

部门：（公章）

日期：　　年　月　日

四、行业主管/监管部门审核意见

审核部门：（公章）

日期：　　年　月　日

注　1.拟定级结果需填写拟定业务信息安全保护等级和系统服务安全保护等级；
　　2.每个定级对象需单独提交定级报告（包含网络概况、定级分析、定级结果）及专家评审意见。

（六）电力应急

国家能源局关于印发
《电力安全隐患治理监督管理规定》的通知

国能发安全规〔2022〕116号

各省（自治区、直辖市）能源局，有关省（自治区、直辖市）及新疆生产建设兵团发展改革委、工业和信息化主管部门，北京市城市管理委，各派出机构，大坝中心，全国电力安委会各企业成员单位：

为强化电力安全隐患排查治理和监督管理有关工作，有效防范遏制电力事故事件发生，国家能源局对《电力安全隐患监督管理暂行规定》（电监安全〔2013〕5号）进行了修订，形成《电力安全隐患治理监督管理规定》。现印发你们，请遵照执行。

国家能源局

2022 年 12 月 29 日

电力安全隐患治理监督管理规定

第一章　总　　则

第一条　为贯彻落实"安全第一、预防为主、综合治理"方针，规范电力安全隐患（以下简称隐患）排查治理工作，建立隐患监督管理长效机制，防范电力事故和电力安全事件发生，依据《中华人民共和国安全生产法》《电力监管条例》等相关法律法规和电力行业相关规定，制定本规定。

第二条　本规定所称隐患是指电力企业（含电力建设施工企业）违反安全生产法律、法规、规章、标准、规程和安全生产管理制度的规定，或者因其他因素在电力生产和建设施工过程中产生的可能导致电力事故和电力安全事件的人的不安全行为、设备设施的不安全状态、不良的工作环境以及安全管理方面的缺失。核安全隐患除外。

第三条　电力企业负隐患排查治理主体责任，按照本规定开展隐患排查治理工作。国家能源局及其派出机构、地方电力管理部门依据相关法律法规和相关规定负隐患监督管理责任，在职责范围内按照本规定对电力企业隐患排查治理工作开展相关监督管理。

第四条 国家能源局及其派出机构、地方电力管理部门依法对重大隐患进行督办。重大隐患判定标准由国家能源局负责制定。其他隐患判定由电力企业负责。

第二章 隐患排查治理

第五条 电力企业主要负责人是本单位隐患排查治理的第一责任人，对隐患排查治理工作全面负责，组织建立并落实隐患排查治理制度机制，督促、检查本单位隐患排查治理工作，及时消除隐患。

第六条 电力企业应当建立包括下列内容的隐患排查治理制度：

（一）主要负责人、分管负责人、部门和岗位人员隐患排查治理工作要求、职责范围、防控责任；

（二）隐患排查事项、具体内容和排查周期；

（三）重大隐患以外的其他隐患判定标准；

（四）隐患的治理流程；

（五）重大隐患治理结果评估；

（六）隐患排查治理能力培训；

（七）资金、人员和设备设施保障；

（八）应当纳入的其他内容。

第七条 电力企业应当定期组织安全生产管理人员、专业技术人员和其他相关人员根据《防止电力生产事故的二十五项重点要求》《防止电力建设工程施工安全事故三十项重点要求》等电力安全生产相关法规、标准、规程排查本单位的隐患，对排查出的隐患应当进行登记。

登记信息应当包括排查对象、时间、人员、隐患级别、隐患具体描述等内容，经隐患排查工作责任人审核确认后妥善保存。

第八条 电力企业应当建立重大隐患即时报告制度，发现重大隐患立即向国家能源局派出机构、地方电力管理部门报告，涉及水电站大坝安全的重大隐患应同时报送国家能源局大坝安全监察中心。涉及消防、环保、防洪、航运和灌溉等重大隐患，电力企业要同时报告地方人民政府有关部门。重大隐患信息报告应包括：隐患名称、隐患现状及其产生的原因、隐患危害程度和治理难易程度分析、隐患的治理计划等（详见附件）。

第九条 隐患涉及相邻地区、单位或者社会公众安全的，电力企业应及时通知相邻地区、单位，并报告地方人民政府有关部门，现场进行必要的隔离并设置安全警示标志。

第十条　电力企业要建立隐患管理台账，制定切实可行的治理方案，落实治理责任、治理资金、治理措施和治理期限，限期将隐患整改到位。在隐患治理过程中，应当加强监测，采取有效的预防措施，确保安全，必要时应制定应急预案，开展应急演练。

隐患治理工作涉及其他单位的，电力企业应协调相关单位及时治理，存在困难的应报告国家能源局及其派出机构、地方电力管理部门协调解决。

第十一条　在重大隐患排除前或者排除过程中无法保证安全的，电力企业应当停产停业，或者停止运行存在重大隐患的设备设施，撤离人员，并及时向国家能源局派出机构、地方电力管理部门报告。

第十二条　重大隐患治理工作结束后，电力企业应当组织对隐患的治理情况进行评估。电力企业委托第三方机构提供隐患排查治理服务的，隐患排查治理的责任仍由本单位承担。

第十三条　对国家能源局及其派出机构、地方电力管理部门检查发现并责令停产停业治理的重大隐患，生产经营单位完成治理并经评估后，符合安全生产条件和检查单位要求的，方可恢复生产经营和使用。

第十四条　电力企业应如实记录隐患排查治理情况，通过职工大会或者职工代表大会、信息公示栏等方式向本单位从业人员通报。重大隐患排查治理情况应当及时向职工大会或者职工代表大会报告。

第十五条　鼓励电力企业建立隐患排查治理激励约束制度，对发现、报告和消除隐患的有功人员，给予奖励或者表彰；对排查治理不力的人员予以相应处理。

第十六条　电力企业应当定期对本单位隐患排查治理情况进行统计分析，相关情况及时向国家能源局派出机构、地方电力管理部门报送。

第三章　监督管理

第十七条　对发现的重大隐患，国家能源局派出机构、地方电力管理部门应于10个工作日内将隐患情况（详见附件）逐级报送至国家能源局。

国家能源局派出机构、地方电力管理部门应依照法律法规和相关规定对重大隐患治理进行督办，国家能源局认为有必要的，可直接督办。督办可采用督办通知单的方式，内容主要包括：督办名称、督办事项、整改和过程防控要求、办理期限、督办解除程序和方式。

第十八条　任何单位或者个人发现隐患或者隐患排查治理违法行为，均有权向国家能源局及其派出机构、地方电力管理部门报告或者举报。

第十九条　国家能源局派出机构、地方电力管理部门应加强信息化建设，定期统计分

析电力企业隐患排查治理情况，并将重大隐患纳入相关信息系统管理。

第二十条 国家能源局及其派出机构、地方电力管理部门对检查中发现的隐患，应当责令立即治理；重大隐患排除前或者排除过程中无法保证安全的，应当责令从危险区域内撤出作业人员，责令暂时停产停业，或者停止使用相关设备设施。

第二十一条 电力企业有下列情形之一的，由国家能源局及其派出机构、地方电力管理部门依照法律法规和相关规定进行处罚，并将涉及的违法违规行为纳入信用记录，实施失信惩戒；构成犯罪的，转相关部门追究刑事责任。

（一）电力企业未将隐患排查治理情况如实记录或者未向从业人员通报的；

（二）电力企业主要负责人未履行隐患排查治理相应职责的；

（三）未建立隐患排查治理制度或者重大隐患排查治理情况未按照规定报告、未采取措施消除隐患的；

（四）其他违反隐患排查治理相关规定应予处罚的情形。

第四章 附　　则

第二十二条 本规定自2023年2月1日起施行，有效期5年。《电力安全隐患监督管理暂行规定》（电监安全〔2013〕5号）同时废止。

附件：重大电力安全隐患信息报告单

附件：

重大电力安全隐患信息报告单

填报单位（签章）：　　　　　　　填报时间：　　年　月　日

隐患名称：		
隐患所属单位：		
隐患评估时间：　　年　月　日		
安全第一责任人：		电话：
治理负责人：		电话：
隐患现状：		
隐患产生的原因：		
隐患危害程度和治理难易程度分析：		
防控措施：		
治理措施：		
隐患治理计划：		
应急预案简述：		

注　信息报告单内容以简要叙述为主，文字超过本表内容的，可单独附页说明。

国家能源局关于印发
《重大活动电力安全保障工作规定》的通知

国能发安全〔2020〕18号

各省（自治区、直辖市）和新疆生产建设兵团能源局，有关省（自治区、直辖市）发展改革委、经信委（工信委、工信厅），北京市城管委，各派出机构，全国电力安委会企业成员单位，有关单位：

为深入贯彻落实习近平新时代中国特色社会主义思想，进一步规范重大活动电力安全保障工作，强化监督管理，确保重大活动供用电安全，国家能源局组织修订了《重大活动电力安全保障工作规定》。现印发给你们，请遵照执行。

国家能源局

2020年3月12日

重大活动电力安全保障工作规定

第一章 总 则

第一条 为规范重大活动电力安全保障工作，加强电力安全保障工作的监督管理，保证供用电安全，依据《安全生产法》《网络安全法》《电力监管条例》等法律法规和国家有关规定，制定本规定。

重大活动承办方、电力管理部门、派出机构、电力企业（含经营配电网的企业）、重点用户应当依照本规定做好重大活动电力安全保障工作。

第二条 本规定所称重大活动，是指由省级以上人民政府组织或认定的、具有重大影响和特定规模的政治、经济、科技、文化、体育等活动。

第三条 重大活动电力安全保障工作启动的依据包括：

（一）国务院安委会及党中央、国务院有关部门工作部署要求；

（二）重大活动主办方、承办方的正式通知；

（三）省级以上人民政府发布的社会公告；

（四）省级以上人民政府相关部门、电力企业等获取的信息，并被确认有必要开展电力安全保障工作的情形。

第四条　重大活动电力安全保障工作的总体目标是：确保重大活动期间电力系统安全稳定运行，确保重点用户供用电安全，杜绝造成严重社会影响的停电事件发生。

第五条　重大活动电力安全保障应当遵循超前部署、规范管理、各负其责、相互协作的工作原则。

第六条　重大活动电力安全保障工作分为准备、实施、总结三个阶段。

准备阶段，主要包括保障工作组织机构建立、保障工作方案制定、安全评估和隐患治理、网络安全保障、电力设施安全保卫和反恐怖防范、配套电力工程建设和用电设施改造、合理调整电力设备检修计划、应急准备，以及检查、督查等工作。

实施阶段，主要包括落实保障工作方案、人员到岗到位、重要电力设施及用电设施、关键信息基础设施的巡视检查和现场保障、突发事件应急处置、信息报告、值班值守等工作。

总结阶段，主要包括保障工作评估总结、经验交流、表彰奖励等工作。

第七条　重大活动电力安全保障工作中应当严格执行保密制度，防止涉密资料和敏感信息外泄。

第八条　重大活动承办方、电力管理部门、派出机构、电力企业、重点用户等相关单位应当相互沟通，密切配合，建立重大活动电力安全保障工作机制，共同做好电力安全保障工作。

第二章　工作职责

第九条　重大活动承办方对电力安全保障工作的协作事项包括：

（一）及时向电力管理部门、派出机构、电力企业、重点用户通知重大活动时间、地点、内容等；

（二）协调电力企业和重点用户落实电力安全保障任务，做好供用电衔接，支持配套电力工程建设；

（三）支持、配合保电督查检查。

第十条　电力管理部门重大活动电力安全保障工作主要职责是：

（一）贯彻落实重大活动电力安全保障工作的决策部署；

（二）建立重大活动电力安全保障管理机制，组织、指导、监督检查电力企业、重点用户电力安全保障工作；

（三）协调重大活动期间电网调度运行管理，协调重大活动承办方、政府有关部门解决电力安全保障工作相关重大问题；

（四）制定电力安全保障工作方案。

第十一条 派出机构重大活动电力安全保障工作主要职责是：

（一）贯彻落实重大活动电力安全保障工作的决策部署；

（二）监督检查相关电力企业开展重大活动电力安全保障工作；

（三）建立重大活动电力安全保障网源协调机制；

（四）制定电力安全保障监管工作方案。

第十二条 电力企业重大活动电力安全保障工作主要职责是：

（一）贯彻落实各级政府和有关部门关于重大活动电力安全保障工作的决策部署；

（二）提出本单位重大活动电力安全保障工作的目标和要求，制定本单位保障工作方案并组织实施；

（三）开展安全评估和隐患治理、网络安全保障、电力设施安全保卫和反恐怖防范等工作；

（四）建立重大活动电力安全保障应急体系和应急机制，制定完善应急预案，开展应急培训和演练，及时处置电力突发事件；

（五）协助重点用户开展用电安全检查，指导重点用户进行隐患整改，开展重点用户供电服务工作；

（六）及时向重大活动承办方、电力管理部门、派出机构报送电力安全保障工作情况；

（七）加强涉及重点用户的发、输、变、配电设施运行维护，保障重点用户可靠供电。

第十三条 重点用户重大活动电力安全保障工作主要职责是：

（一）贯彻落实各级政府和有关部门关于重大活动电力安全保障工作的决策部署，配合开展督查检查；

（二）制定执行重大活动用电安全管理制度，制定电力安全保障工作方案并组织实施；

（三）及时开展用电安全检查和安全评估，对用电设施安全隐患进行排查治理并进行必要的用电设施改造；

（四）结合重大活动情况，确定重要负荷范围，提前配置满足重要负荷需求的不间断电源和应急发电设备，保障不间断电源完好可靠；

（五）建立重大活动电力安全保障应急机制，制定停电事件应急预案，开展应急培训和演练，及时处置涉及用电安全的突发事件；

（六）及时向重大活动承办方、电力管理部门报告电力安全保障工作中出现的重大问题。

第三章　风险评估与隐患治理

第十四条　电力企业、重点用户要建立重大活动电力供应和使用过程中的风险管控和隐患排查治理双重预防机制。重大活动前，对影响电力安全保障的重点设备、场所、环节开展评估，有针对性地做好风险识别、分级、监视、控制工作，保证风险管控和隐患排查治理所需的人力、物力、财力，对发现的问题及时处理。

第十五条　电网企业开展重大活动保障风险评估包括：电网运行评估、设备运行评估、网络安全评估、电力设施保卫和反恐怖防范风险评估、应急能力评估和用户侧安全评估等方面的情况。

第十六条　发电企业开展重大活动保障风险评估包括：设备运行评估、燃料物资保障能力评估、危险源安全状况评估、网络安全评估、电力设施保卫和反恐怖防范风险评估、应急能力评估和水电站大坝安全风险评估等方面的情况。

第十七条　重点用户开展重大活动保障风险评估包括：用电设施的运行状况、定期试验、重要负荷、电气运行人员配置，以及应急预案、应急演练、备品备件、自备应急电源配置等方面的情况。

第十八条　电力企业、重点用户是风险管控和隐患治理工作的责任主体，应当结合风险评估和隐患排查工作，严格管控安全风险，全面治理安全隐患。

电网企业发现重点用户存在安全隐患，应及时告知用户并提出整改建议。电力安全保障实施阶段前无法完成整改的，重点用户应当制定防范措施，做好应急准备。

第十九条　电力企业、重点用户应当将重大活动风险评估和隐患整改情况向有关部门报告。

第四章　网络安全保障

第二十条　电力企业应严格落实网络安全管理制度和责任，加强关键信息基础设施保护，结合实际制定网络安全保障专项工作方案和应急预案，成立保障组织机构，明确目标任务，细化措施要求，组织预案演练，做好宣贯动员，防范网络安全重大风险，防止发生重大网络安全事件，确保重要信息系统、电力监控系统安全稳定运行。

第二十一条　电力企业应严格落实专项工作方案，全面开展网络安全隐患排查整改、风险评估和资产清查。针对已知风险隐患及时整改，对于系统薄弱环节和短期内不具备整

改条件的网络安全隐患，制定专项防控措施，检查应急预案的有效性，提高应急处置能力。

（一）电力企业应严格落实"安全分区、网络专用、横向隔离、纵向认证"的总体防护原则，全面加强网络边界防护，杜绝违规外联行为，确保网络边界和入口安全防护措施可靠有效。

（二）电力企业应全面防范网络安全风险，做好系统和主机加固。清查互联网资产，防范数据被窃取，清理废弃设备，加强在运老旧系统安全监控和风险防控。

（三）电力企业应综合考虑业务需求与安全风险，采取必要措施保障网络安全。落实基础设施物理安全防护，重要保障时段，加强重要场所人员管控，防范社会工程学攻击。

（四）电力企业应严格管控重要信息系统、电力监控系统检修维护行为，合理安排检修计划，加强现场运维人员和检修工作的管理，维护过程中加强监护。

第二十二条　电力企业应加强网络安全值班和实时监测。采用自建队伍或者采购第三方服务等方式，明确应急支撑队伍以及职责任务、响应时限等要求。发现网络攻击后，及时分析研判，做好信息报告，制定具体有效的应急措施，快速进行阻断处置，确保关键业务连续稳定运行。

第二十三条　电力调度机构应切实加强对调管发电厂特别是新能源发电厂涉网部分电力监控系统安全防护的技术监督，明确保障工作要求，加强沟通协作，督促电厂加强现场人员管理，认真排查整改安全隐患，杜绝网络违规外联等行为。

第二十四条　重点用户设备系统与电力企业电力监控系统相连接的，重点用户应采取可靠的网络安全防护措施。

第五章　电力设施安全保卫

第二十五条　电力企业应当建立电力设施安全保卫长效机制，综合采取人防、物防、技防措施，防止外力破坏、盗窃、恐怖袭击等因素影响重大活动电力安全保障工作。

第二十六条　电力企业应当在地方政府指导下与公安、当地群众建立联动机制，根据重大活动的时段安排和重要电力设施对重大活动可靠供电的影响程度，确定重要电力设施的保卫方式。

（一）警企联防。电力企业在发电厂、变电站、电力调度中心等相关电力设施、生产场所周边设置固定、流动岗位，由公安人员与本单位安全保卫人员联合站岗值勤；在重要输电线路沿线，由公安人员、企业专业护线人员、沿线群众按照事先制定的保卫方案进行现场值守和巡视检查。

（二）专群联防。电力企业在发电厂、变电站、电力调度中心等相关电力设施、生产场所周边设置固定、流动岗位，由本单位安全保卫人员站岗值勤；在重要输电线路沿线，由本单位专业护线人员、沿线群众按照事先制定的保卫方案进行现场值守和巡视检查。

（三）企业自防。电力企业组织本单位生产操作、安全保卫等人员，按照事先制定的保卫方案，对相关电力设施、生产场所进行现场值守和巡视检查。

第二十七条　电力企业应按照公安等有关部门的要求，开展电力设施反恐怖防范工作，在重大活动举办前向公安等有关部门报告反恐怖防范措施落实情况，遇有重大情况及时向公安等有关部门报告。

第二十八条　电力企业应当按照重大活动电力设施安全保卫工作的需要，配置、使用、维护安保器材和防暴装置。

第二十九条　电力企业应当在重要电力设施内部及周界安装视频监控等技防系统，并保证技防系统投入使用后的设备可靠性及数据准确性。

第三十条　重要电力生产场所应当实行分区管理和现场准入制度，对出入人员、车辆和物品进行安全检查。

第六章　配套电力工程建设

第三十一条　电力企业、重点用户应根据重大活动电力安全保障需求，依据产权范围，组织建设配套电力工程。重大活动承办方、电力管理部门、电力企业应为用户外电源建设等工程提供必要的支持和便利。

第三十二条　电力企业、重点用户要切实履行安全生产主体责任，采取可靠措施，确保配套电力工程质量和施工安全，保证工程按期投入使用。

第三十三条　电力企业、重点用户应当及时组织完成新投产设备的电气传动试验、大负荷试验等工作，并对新设备运行情况进行重点监测。

第七章　用电安全管理

第三十四条　重大活动承办方选择活动主办场所、相关服务场所时，应当优先选择具备以下条件的场所：

（一）具备双回路及以上供电电源且自备应急电源容量满足重要负荷用电要求；

（二）符合重要电力用户供电电源及自备应急电源配置方面的国家、行业标准要求；

（三）用电安全制度健全，运行管理规范，设备设施维护保养完好。

对不具备上述条件的场所，重大活动承办方、电力管理部门、派出机构应当协调相关单位，采取改造用电设施、建设临时电力工程、租赁应急电源等方式，提高供电可靠性。

第三十五条 重大活动承办方、电力管理部门应组织电力企业与活动主办场所的管理单位、用电设施的运行维护单位等相关方协商一致，明确重大活动供用电安全责任。对于产权不清晰的电力设施，由电力管理部门协调明确重大活动期间的责任归属。

第三十六条 电力企业应当开展重点用户供用电服务，提出安全用电建议，做好缺陷隐患告知工作，指导重点用户进行安全隐患整改，协助重点用户制定停电事件应急预案。

第三十七条 重点用户应当掌握所属用电设施的基本情况，建立并及时更新变（配）电设备清册、电气接线图、设备定期试验报告、二次设备整定参数等技术资料，以备电力安全保障工作需要。

第三十八条 重点用户应当根据电力安全保障工作需要，制定重大活动期间用电设施运行巡检专项方案、自备应急电源运行方式优化方案、安全保卫专项措施、应急处置专项方案等，对相关人员应进行专项培训，保证用电设施安全运行。

第三十九条 重点用户应当根据重大活动保障工作需要，储备必要的用电设施备品、备件和应急物资，为应急发电装备接入提前预留设备接口。

第四十条 重点用户应当定期开展对所属用电设施专项隐患排查、试验检查，并进行大负荷试验，落实重要负荷的保障措施，及时消除安全隐患。

第四十一条 重点用户电气运行维护人员数量应当满足用电设施运行维护需要，电气运行维护人员应当按照国家和行业规定持证上岗。

第八章 电力应急处置

第四十二条 电力企业、重点用户应当根据活动需要开展联合演练，及时完善相关应急预案，提高突发事件处置能力。

第四十三条 电力企业应当配置应急队伍及装备，足额储备应急物资，并在重大活动电力安全保障实施阶段前落实到位。

第四十四条 电力企业应当开展监测预警工作，及时掌握气象信息、自然灾害情况，研判电网负荷变化趋势，适时发布电力预警信息。

第四十五条 重大活动期间，电网企业原则上安排相关电网保持全接线、全保护运行方式，不安排设备计划检修和调试。

第四十六条 电力企业、重点用户应当实时监视、监测电力系统和用电设施运行状态，

严格按照电力安全保障工作方案规定开展重要电力设施、用电设施特巡检查，及时消除设备缺陷。

第四十七条　重大活动电力安全保障实施阶段，电力管理部门、派出机构、电力企业、重点用户应当严格执行 24 小时值班制度。

第四十八条　电力企业应当按照要求指定专人负责，及时、完整地报送电力安全保障工作信息，主要包括：

（一）电力系统运行情况；

（二）发电、输电、供电设备故障情况；

（三）重点用户可靠供电情况，供电服务开展情况；

（四）电力设施安全保卫和反恐怖防范工作情况；

（五）网络安全情况；

（六）自然灾害对电力系统的影响情况；

（七）需要报告的其他情况。

第四十九条　突发停电事件发生后，电力企业、重点用户应当按照预案及时启动应急响应，采取有效措施恢复供电，并将有关情况及时向电力管理部门及派出机构报告。

电力管理部门应协调相关政府部门为电力企业的突发事件应急处置和应急救援工作提供交通、通信等方面的支援。

第五十条　电力企业、重点用户发生重要电力设施破坏、恐怖袭击、网络安全等突发事件后，电力企业、重点用户应立即进行先期处置，并向电力管理部门和地方政府相关部门，以及派出机构报告。

第九章　监督管理

第五十一条　国家能源局负责重大活动电力安全保障工作的指导和监督。对于常规性、延续时间较短的活动，可视情况委托有关单位监督管理。

第五十二条　电力管理部门、派出机构应当对电力企业重大活动电力安全保障工作进行监督管理，督促电力企业对存在的问题进行整改。电力管理部门应对重点用户重大活动电力安全保障工作组织开展检查并督促问题的整改。

对于未定期开展用电设备设施运行维护及检测试验、存在安全隐患的电力企业、重点用户，派出机构和电力管理部门应督促其整改。对于未按要求整改的电力企业，派出机构应依法依规进行处罚；对于拒不整改的用户，电力管理部门应依法依规进行处理，并视情

况提请活动主办方取消其承办活动的资格。

第五十三条　电力管理部门和派出机构应当编制重大活动电力安全保障突发事件应急预案，主要内容包括：各部门职责、应急处置程序、应急保障措施等。

电力管理部门和派出机构应当对本单位工作人员开展应急管理培训。

第五十四条　电力管理部门应当与举办地政府有关部门沟通协调，通报电力安全保障工作情况，协调解决电力设施安全保卫和反恐怖防范、发电燃料供应、重点用户用电安全等方面遇到的问题。

第十章　附　　则

第五十五条　本规定下列用词的含义：

（一）"重点用户"，是指重大活动主办场所、服务场所相关用户，以及可能对重大活动造成严重影响的其他用电单位。

（二）"重要电力设施"，是指与重大活动电力安全保障相关的发电厂、变电站（换流站）、输（配）电线路、配电室、电力调度中心、电力应急指挥中心等电力设施或场所。

（三）"配套电力工程"，是指与重大活动电力安全保障工作相关的永久性或临时性新建、改建、扩建电力工程。

第五十六条　省级人民政府电力管理部门可会同派出机构依据本规定，制定辖区重大活动电力安全保障实施办法。

第五十七条　本规定自印发之日起施行，有效期五年。原电监会《关于印发〈重大活动电力安全保障工作规定（试行）〉的通知》（办安全〔2010〕88号）同时废止。

国家能源局关于印发
《电力企业应急能力建设评估管理办法》的通知

国能发安全〔2020〕66 号

各省（自治区、直辖市）能源局，有关省（自治区、直辖市）及新疆生产建设兵团发展改革委、经信委（工信委、工信厅），北京市城管委，各派出机构，全国电力安委会企业成员单位，各有关单位：

为深入贯彻落实习近平总书记关于应急管理的重要论述，积极推进电力应急管理体系和能力现代化，全面加强电力行业应急能力建设，进一步规范电力企业应急能力建设评估工作，国家能源局组织编制了《电力企业应急能力建设评估管理办法》。现印发给你们，请遵照执行。

国家能源局

2020 年 12 月 1 日

电力企业应急能力建设评估管理办法

第一章 总 则

第一条 为加强电力应急管理制度化、规范化和标准化建设，提高电力突发事件应对能力，依据《中华人民共和国安全生产法》《中华人民共和国突发事件应对法》《电力安全事故应急处置和调查处理条例》等法律、行政法规，制定本办法。

第二条 电力企业应急能力建设评估（以下简称应急能力建设评估）是指以电力企业为评估主体，以应急能力建设和提升为目标，对突发事件综合应对能力进行评估，查找应急能力存在的问题和不足，指导电力企业建设完善应急体系的过程。

第三条 本办法原则上适用于省级及以上区域发电集团公司、300 兆瓦及以上火力发电企业、50 兆瓦及以上水力发电企业，各省（自治区、直辖市）电力（电网）公司、各市（地、州、盟）供电公司以及电力建设企业。其他类型电力企业可参照本办法自行开展评估。

第四条　应急能力建设评估工作遵循行业指导、企业自主、分类量化、持续改进的原则。对涉及国家机密的，应当严格按照国家保密规定进行管理。

第五条　国家能源局负责组织制修订应急能力建设评估标准规范，对应急能力建设评估工作进行监督和指导。国家能源局派出机构、地方电力管理部门负责对辖区内应急能力建设评估工作进行监督和指导。电力企业应当制定完善应急能力建设评估规章制度，明确管理部门、职责和目标考核要求，保障工作有效落实。

第六条　电力企业应当滚动开展应急能力建设评估工作，原则上评估周期不超过5年。电力企业应急预案修订涉及应急组织体系与职责、应急处置程序、主要处置措施、事件分级标准等重要内容的，或重要应急资源发生重大变化时应当及时开展评估。

第二章　评估内容和方法

第七条　应急能力建设评估内容参照最新有效的《电网企业应急能力建设评估规范》《发电企业应急能力建设评估规范》《电力建设企业应急能力建设评估规范》。

第八条　应急能力建设评估应当以应急预案和应急体制、机制、法制为核心，围绕预防与应急准备、监测与预警、应急处置与救援、事后恢复与重建四个方面开展。

第九条　预防与应急准备方面包括法规制度、规划实施、组织体系、预案体系、培训演练、应急队伍、指挥中心等。监测与预警方面包括事件监测、预警管理等。应急处置与救援方面包括先期处置、应急指挥、现场救援、信息报送和发布、舆情应对等。事后恢复与重建方面包括后期处置、处置评估、恢复重建等。

第十条　应急能力建设评估应当以静态评估和动态评估相结合的方法进行。静态评估应当对电力企业应急管理相关制度文件、物资装备等体系建设方面相关资料进行评估，主要方式包括检查资料、现场勘查等。动态评估应当重点考察电力企业应急管理第一责任人及相关人员对本岗位职责、应急基本常识、国家相关法律法规等的掌握程度，主要方式包括访谈、考问、考试、演练等。

第三章　评估组织

第十一条　电力企业应当在评估前制定评估工作方案。评估工作方案的内容至少应当包括评估内容、评估组专家信息、评估期间日程安排、电力企业参与评估及配合人员安排等。

第十二条　电力企业可自行或委托第三方机构组建评估工作组，工作组由不少于5名

评估人员（含1名组长）组成。评估工作组中应当至少包含1名电力安全应急专家库中的专家，且选用专家须为非被评估单位人员。

第十三条　评估工作应当严格依据评分标准对各项指标进行评分，逐级汇总并转化为得分率。评估工作组应当对评估结果的真实性负责。

第十四条　评估结果应当根据评估得分率确定，分为合格、不合格。评估得分率在80%以上的为合格，得分率在80%以下的为不合格。

第十五条　评估工作结束后，电力企业应当及时组织编制应急能力建设评估报告。评估结果为合格的，电力企业应当在30日内将评估报告直接报送国家能源局派出机构和地方电力管理部门；评估结果为不合格的，电力企业应当根据专家组意见进行整改并重新组织评估，合格后再将评估报告和整改计划一并报送国家能源局派出机构和地方电力管理部门。

第四章　评估结果应用

第十六条　全国电力安委会企业成员单位、国家能源局派出机构、地方电力管理部门应当于每年1月底前，将本系统、本地区上一年度应急能力建设评估工作情况报送国家能源局。

第十七条　国家能源局研究推进应急能力评估信息化平台建设、应用及数据共享工作。国家能源局派出机构、地方电力管理部门根据评估工作情况，可以选择应急能力评估得分率较高的电力企业推广交流经验，促进提高应急能力建设水平。

第十八条　电力企业应当总结评估工作经验，发现问题及时整改，强化闭环管理，完善制度体系，将应急能力建设评估与安全生产标准化、风险分级管控和隐患排查治理等有机结合，不断强化电力安全生产与应急管理工作。

第五章　监督管理

第十九条　国家能源局派出机构、地方电力管理部门应当将应急能力建设评估情况纳入安全生产监管范围，重点对评估结果不合格的电力企业应急能力建设工作加强监督管理。根据电力应急管理工作需要，可将其他电力企业纳入本办法适用范围。

第二十条　国家能源局及其派出机构、地方电力管理部门应当不定期对应急能力建设评估报告进行抽查与复核。经抽查与复核发现评估报告与实际不符，应急能力未达到有关规定的要求，相关电力企业应当限期改正或者重新评估，并在30日内提交整

改报告。

第二十一条　国家能源局及其派出机构、地方电力管理部门对评估报告弄虚作假、评估工作不按规定开展的电力企业，应当采取约谈、通报等方式督促整改；情节严重的，应当按照相关规定给予处理。

第六章　附　　则

第二十二条　本办法由国家能源局负责解释。

第二十三条　本办法自 2021 年 1 月 1 日起施行。

国家能源局关于印发
《电力企业应急预案管理办法》的通知

国能安全〔2014〕508号

各派出机构，大坝中心，国家电网公司，南方电网公司，华能、大唐、华电、国电、中电投集团公司，中电建、中能建集团公司，各有关电力企业：

为做好电力企业应急预案管理工作，现将国家能源局修订后的《电力企业应急预案管理办法》印发给你们，请遵照执行。

国家能源局

2014年11月27日

电力企业应急预案管理办法

第一章　总　　则

第一条　为规范电力企业应急预案管理工作，完善电力企业应急预案体系，增强电力企业应急预案的科学性、针对性、实效性和可操作性，依据《中华人民共和国突发事件应对法》《电力安全事故应急处置和调查处理条例》《电力安全生产监督管理办法》《突发事件应急预案管理办法》《生产经营单位生产安全事故应急预案编制导则》等法律、法规、规章和标准，制定本办法。

第二条　本办法适用于电力企业应急预案的编制、评审、发布、备案、培训、演练和修订等工作。

第三条　电力企业应急预案管理工作应当遵循分类管理、分级负责、条块结合、网厂协调的原则。对涉及国家机密的应急预案，应当严格按照国家保密规定进行管理。

第四条　国家能源局负责对电力企业应急预案管理工作进行监督和指导。国家能源局派出机构在授权范围内，负责对辖区内电力企业应急预案管理工作进行监督和指导。

涉及跨区域的电力企业应急预案管理的监督指导工作，由国家能源局协调确定；同一区域内涉及跨省的电力企业应急预案管理的监督指导工作，由区域监管局负责。

第五条　电力企业是应急预案管理工作的责任主体，应当按照本办法的规定，建立健全应急预案管理制度，完善应急预案体系，规范开展应急预案的编制、评审、发布、备案、培训、演练、修订等工作，保障应急预案的有效实施。

第二章　预案编制

第六条　电力企业应当依据有关法律、法规、规章、标准和规范性文件要求，结合本单位实际情况，编制相关应急预案，并按照"横向到边，纵向到底"的原则建立覆盖全面、上下衔接的应急预案体系。

第七条　电力企业应急预案体系主要由综合应急预案、专项应急预案和现场处置方案构成。

第八条　电力企业应当根据本单位的组织结构、管理模式、生产规模、风险种类、应急能力及周边环境等，组织编制综合应急预案。

综合应急预案是应急预案体系的总纲，主要从总体上阐述突发事件的应急工作原则，包括应急预案体系、风险分析、应急组织机构及职责、预警及信息报告、应急响应、保障措施等内容。

第九条　电力企业应当针对本单位可能发生的自然灾害类、事故灾难类、公共卫生事件类和社会安全事件类等各类突发事件，组织编制相应的专项应急预案。

专项应急预案是电力企业为应对某一类或某几类突发事件，或者针对重要生产设施、重大危险源、重大活动等内容而制定的应急预案。专项应急预案主要包括事件类型和危害程度分析、应急指挥机构及职责、信息报告、应急响应程序和处置措施等内容。

第十条　电力企业应当根据风险评估情况、岗位操作规程以及风险防控措施，组织本单位现场作业人员及相关专业人员共同编制现场处置方案。

现场处置方案是电力企业根据不同突发事件类别，针对具体的场所、装置或设施所制定的应急处置措施，主要包括事件特征、应急组织及职责、应急处置和注意事项等内容。

第十一条　电力企业应当成立以主要负责人（或分管负责人）为组长，相关部门人员参加的应急预案编制工作组，明确工作职责和任务分工，制定工作计划，组织开展应急预案编制工作。应急预案编制工作组成员中的安全管理人员应当持有国家能源局颁发的电力安全培训合格证。

开展本单位应急预案编制工作前，电力企业应当组织对应急预案编制工作组成员进行

培训，明确应急预案编制步骤、编制要素以及编制注意事项等内容。

第十二条　电力企业编制应急预案应当在开展风险评估和应急能力评估的基础上进行。

（一）风险评估。电力企业应对本单位存在的危险因素、可能发生的突发事件类型及后果进行分析，评估突发事件的危害程度和影响范围，提出风险防控措施。

（二）应急能力评估。电力企业应在全面调查和客观分析本单位应急队伍、装备、物资等情况以及可利用社会应急资源的基础上开展应急能力评估，并依据评估结果，完善应急保障措施。

第十三条　电力企业编制的应急预案应当符合下列基本要求：

（一）应急组织和人员的职责分工明确，并有具体的落实措施；

（二）有明确、具体的突发事件预防措施和应急程序，并与其应急能力相适应；

（三）有明确的应急保障措施，并能满足本单位的应急工作要求；

（四）预案基本要素齐全、完整，预案附件提供的信息准确；

（五）相关应急预案之间以及与所涉及的其他单位或政府有关部门的应急预案在内容上应相互衔接。

第十四条　电力企业可结合本单位具体情况，以应急实用手册或应急处置卡的形式，图文并茂地说明预案中的应急组织机构及职责、响应程序、处置措施、现场急救及逃生知识等内容。

第十五条　预案编制完成后，电力企业应当在应急预案评审前组织预案涉及的相关部门或人员对预案进行桌面演练，以检验预案的可操作性，并记录在案。

第三章　预案评审

第十六条　电力企业应当组织本单位应急预案评审工作，组建评审专家组，涉及网厂协调和社会联动的应急预案的评审，可邀请政府相关部门、国家能源局及其派出机构和其他相关单位人员参加。

第十七条　应急预案评审结果应当形成评审意见，评审专家应当按照"谁评审、谁签字、谁负责"的原则在评审意见上签字。电力企业应当按照评审专家组意见对应急预案进行修订完善。

评审意见应当记录、存档。

第十八条　预案评审应当注重电力企业应急预案的实用性、基本要素的完整性、预防措施的针对性、组织体系的科学性、响应程序的操作性、应急保障措施的可行性、应急预案的衔接性等内容。

第十九条　电力企业应急预案经评审合格后，由电力企业主要负责人签署印发。

第四章　预案备案

第二十条　电力企业应当按照以下规定将应急预案报国家能源局或其派出机构备案：

（一）中央电力企业（集团公司或总部）向国家能源局备案。

中国南方电网有限责任公司同时向当地国家能源局区域派出机构备案。

其他电力企业向所在地国家能源局派出机构备案。

（二）需要备案的应急预案包括：综合应急预案，自然灾害类、事故灾难类相关专项应急预案。

第二十一条　电力企业报备应急预案时，应先通过预案报备管理系统进行网上申请，经国家能源局或其派出机构网上审查并准予备案登记后，将有关材料刻盘送至国家能源局或其派出机构备案。

第二十二条　国家能源局及其派出机构应当指导、督促检查电力企业做好应急预案备案工作，并对电力企业应急预案的备案情况和备案内容提出审查意见。对于符合备案要求的电力企业应急预案，应当出具《电力企业应急预案备案登记表》，并建立预案库登记管理；对于不符合备案要求的电力企业应急预案，应当要求企业完善后重新备案。

第五章　预案培训

第二十三条　电力企业应当组织开展应急预案培训工作，确保所有从业人员熟悉本单位应急预案、具备基本的应急技能、掌握本岗位事故防范措施和应急处置程序。应急预案教育培训情况应当记录在案。

第二十四条　电力企业应当将应急预案的培训纳入本单位安全生产培训工作计划，每年至少组织一次预案培训，并进行考核。培训的主要内容应当包括：本单位的应急预案体系构成、应急组织机构及职责、应急资源保障情况以及针对不同类型突发事件的预防和处置措施等。

第二十五条　对需要公众广泛参与的非涉密应急预案，电力企业应当配合有关政府部门做好宣传工作。

第六章　预案演练

第二十六条　电力企业应当建立应急预案演练制度，根据实际情况采取灵活多样的演练形式，组织开展人员广泛参与、处置联动性强、节约高效的应急预案演练。

第二十七条　电力企业应当对应急预案演练进行整体规划，并制定具体的应急预案演练计划。

第二十八条　电力企业根据本单位的风险防控重点，每年应当至少组织一次专项应急预案演练，每半年应当至少组织一次现场处置方案演练。

第二十九条　电力企业在开展应急预案演练前，应当制定演练方案，明确演练目的、演练范围、演练步骤和保障措施等，保证演练效果和演练安全。

第三十条　电力企业在开展应急预案演练后，应当对演练效果进行评估，并针对演练过程中发现的问题对相关应急预案提出修订意见。评估和修订意见应当有书面记录。

第七章　预案修订

第三十一条　电力企业编制的应急预案应当每三年至少修订一次，预案修订结果应当详细记录。

第三十二条　有下列情形之一的，电力企业应当及时对应急预案进行相应修订：

（一）企业生产规模发生较大变化或进行重大技术改造的；

（二）企业隶属关系发生变化的；

（三）周围环境发生变化、形成重大危险源的；

（四）应急指挥体系、主要负责人、相关部门人员或职责已经调整的；

（五）依据的法律、法规和标准发生变化的；

（六）应急预案演练、实施或应急预案评估报告提出整改要求的；

（七）国家能源局及其派出机构或有关部门提出要求的。

第三十三条　应急预案修订涉及应急组织体系与职责、应急处置程序、主要处置措施、事件分级标准等重要内容的，修订工作应当参照本办法规定的预案编制、评审与发布、备案程序组织进行。仅涉及其他内容的，修订程序可根据情况适当简化。

第八章　监督管理

第三十四条　对于在电力企业应急预案编制和管理工作中做出显著成绩的单位和人

员，国家能源局及其派出机构可以给予表彰和奖励。

第三十五条 电力企业未按照本办法规定实施应急预案管理有关工作的，国家能源局及其派出机构应责令其限期整改；造成后果的将依据有关规定追究其责任。

第三十六条 国家能源局及其派出机构可不定期督查和重点抽查电力企业应急预案编制和评审情况。对评审过程存在不规范行为的，应当责令其改正；发现弄虚作假的，则撤销备案。

第九章 附   则

第三十七条 本办法中所称电力企业是指以从事发电、输电、供电生产和电力建设等为主营业务的企业。

第三十八条 核电站涉及核事件的应急预案管理工作不适用于本办法。

第三十九条 本办法自发布之日起施行。原国家电力监管委员会《电力企业应急预案管理办法》同时废止。

国家能源局综合司关于印发
《电力企业应急预案评审与备案细则》的通知

国能综安全〔2014〕953 号

各派出机构，大坝中心，国家电网公司，南方电网公司，华能、大唐、华电、国电、中电投集团公司，中电建、中能建集团公司，各有关电力企业：

为进一步做好电力企业应急预案评审和备案工作，国家能源局制订了《电力企业应急预案评审与备案细则》，现印发给你们，请遵照执行。

国家能源局综合司

2014 年 12 月 3 日

电力企业应急预案评审和备案细则

第一章　总　　则

第一条　为进一步贯彻落实《电力企业应急预案管理办法》，加强和规范电力企业应急预案评审和备案管理工作，结合电力企业实际，制定本细则。

第二条　本细则适用于电力企业综合应急预案，自然灾害类专项应急预案，事故灾害类专项应急预案的评审和备案工作。

公共卫生事件类、社会安全事件类专项应急预案以及电力企业现场处置方案的评审工作可参照本细则执行。

国家能源局及其派出机构可根据实际情况，要求电力企业针对特定的风险编制相关应急预案并按本细则的规定进行评审和备案。

第二章　评　　审

第三条　电力企业应急预案编制修订完成后，应当按照本细则规定及时组织开展应急预案评审工作，以确保应急预案的合法性、完整性、针对性、实用性、科学性、操作性和衔接性。

第四条 应急预案评审之前，电力企业应当组织相关人员对专项应急预案进行桌面演练，以检验预案的可操作性。如有需要，电力企业也可对多个应急预案组织开展联合桌面演练。演练应当记录、存档。

第五条 评审工作由编制应急预案的电力企业或其上级单位组织。组织应急预案评审的单位应组建评审专家组，对应急预案的形式、要素进行评审。评审工作可邀请预案涉及的有关政府部门、国家能源局及其派出机构和相关单位人员参加。

电力企业也可根据本单位实际情况，委托第三方机构组织评审工作。

第六条 评审专家组由电力应急专家库的专家组成，参加评审的专家人数不应少于 2 人。国家能源局及其派出机构负责组建全国和区域电力应急专家库，并负责电力应急专家的聘任、应急专业培训等工作。

第七条 评审专家应履行以下职责：

（一）严格按照电力企业应急预案管理的有关法律法规规定进行评审，不得擅自改变评审方法和评审标准。

（二）坚持独立、客观、公平、公正、诚实、守信原则，提供的评审意见要准确可靠，并对评审意见承担责任。

（三）不得利用评审活动之便或利用评审专家的特殊身份和影响力，为本人或本项目以外的其他项目谋取不正当的利益。

（四）不得擅自向任何单位和个人泄露与评审工作有关的情况和所评审单位的商业秘密等。

（五）与所评审预案的电力企业有利益关系或在评审前参与所评预案咨询、论证的，应当回避。

第八条 应急预案评审前，电力企业应落实参加评审的人员，将本单位编写的应急预案及有关资料提前 7 日送达相关人员。

第九条 电力企业应急预案评审包括形式评审和要素评审。

（一）形式评审。依据有关行业规范，对应急预案的层次结构、内容格式、语言文字、附件项目以及编制程序等内容进行审查，重点审查应急预案的规范性和编制程序（见附表 1）。

（二）要素评审。依据有关行业规范，从合法性、完整性、针对性、实用性、科学性、操作性和衔接性等方面对应急预案进行评审。为细化评审，采用列表方式分别对应急预案的要素进行评审。评审时，将应急预案的要素内容与评审表（见附表 2 ~ 附表 4）中所列要素的内容进行对照，判断是否符合有关要求，指出存在问题及不足。

第十条　应急预案评审采用符合、基本符合、不符合三种意见进行判定。判定为基本符合和不符合的项目，评审专家应给出具体修改意见或建议。

评审专家组所有成员应按照"谁评审、谁签字、谁负责"的原则，对每个预案的评审意见（见附表5）分别进行签字确认。

第十一条　电力企业应急预案评审应当形成评审会议记录，至少应包括以下内容：

（一）应急预案名称。

（二）评审地点、时间、参会人员信息。

（三）专家组书面评审意见（附"评审表"）。

（四）参会人员（签名）。

第十二条　专家组会议评审意见要求重新组织评审的，电力企业应当按要求修订后重新组织评审。

第十三条　电力企业应急预案经评审合格后，由电力企业主要负责人签署印发。

第三章　备　　案

第十四条　电力企业应在应急预案正式签署印发后20个工作日内，将本单位相关应急预案按以下规定进行备案：

（一）中央电力企业（集团公司或总部）向国家能源局备案。

中国南方电网有限责任公司同时向当地国家能源局区域派出机构备案。

（二）国家能源局派出机构监管范围内地调以上调度的发电企业向所在地派出机构备案。

国家能源局派出机构监管范围内地（市）级以上的供电企业向所在地派出机构备案。

国家能源局派出机构监管范围内工期两年以上的电力建设工程，其电力建设单位向所在地派出机构备案。

（三）政府其他有关部门对应急预案有备案要求的，同时报备。

第十五条　国家能源局建立应急预案互联网报备管理系统。电力企业进行应急预案备案时，应先登录预案报备管理系统进行网上申请，填写应急预案备案申请表（见附表6），并提交以下材料：

（1）本单位应急预案目录。

（2）应急预案形式评审表（附表1）、应急预案评审意见表（附表5）的扫描件。

（3）应急预案发布相关文件的扫描件。

第十六条　国家能源局及其派出机构通过应急预案互联网报备管理系统对电力企业提

交的申请按下列规定办理：

（一）申请材料不齐全或者不符合要求的，应当在 10 个工作日内一次性告知申请单位需要补正的全部内容。

（二）申请材料齐全，符合要求或者按照要求全部补齐的，自收到申请材料或者全部补齐材料之日起即为受理。

第十七条 国家能源局及其派出机构应当自受理电力企业应急预案备案申请之日起，对申请材料进行备案审查，并于 15 个工作日内提出审查意见，决定是否准予备案登记。

对于予以备案登记的，应当通知申请单位，并说明需要报送的应急预案；对于不予备案登记的，应当要求企业完善后重新备案。

第十八条 电力企业接到予以备案登记的通知后，应及时将以下材料刻盘并送至国家能源局或其派出机构：

（一）应急预案备案申请表。

（二）应急预案目录。

（三）应急预案形式评审表的扫描件。

（四）专家评审意见的扫描件。

（五）应急预案发布相关文件的扫描件。

（六）需要报送的应急预案的电子文档。

第十九条 国家能源局及其派出机构将电力企业应急预案报备材料存档，并出具《电力企业应急预案登记表》（见附表 7），同时在应急预案互联网报备管理系统上录入登记信息。

办理备案登记及审查不得收取任何费用。

第二十条 《电力企业应急预案备案登记表》由备案部门和电力企业分别存档。

第二十一条 电力企业每三年至少对本单位应急预案进行一次修订。修订时，涉及应急指挥体系与职责、应急处置程序、主要处置措施、事件分级标准等关键要素的，修订工作应参照《电力企业应急预案管理办法》以及本细则规定的预案编制、评审与发布、备案程序组织进行。仅涉及一般要素的，修订程序可根据情况适当简化。

第四章　附　　则

第二十二条 本细则下列用语的含义：

（一）关键要素，是指应急预案构成要素中必须规范的内容。这些要素涉及电力企业

应急管理的关键环节，具体包括危险源辨识与风险分析、组织机构及职责、信息报告与处置和应急响应程序与处置技术等要素。

（二）一般要素，是指应急预案构成要素中可简写或省略的内容。这些要素不涉及电力企业应急管理的关键环节，具体包括应急预案中的编制目的、编制依据、工作原则、单位概况等要素。

第二十三条　《电力企业应急预案备案申请表》和《电力企业应急预案备案登记表》由国家能源局统一制定。

第二十四条　本细则自发布之日起施行。

附表1　电力企业应急预案形式评审表

评审项目	评审内容及要求	评审意见		
		符合	基本符合	不符合
封　面	应急预案编号、应急预案版本号、生产经营单位名称、应急预案名称、编制单位名称、颁布日期等内容			
批准页	1. 对应急预案实施提出具体要求。 2. 发布单位主要负责人签字或单位盖章			
目　录	1. 页码标注准确（预案简单时目录可省略）。 2. 层次清晰，编号和标题编排合理			
正　文	1. 文字通顺、语言精练、通俗易懂。 2. 结构层次清晰，内容格式规范。 3. 图表、文字清楚，编排合理（名称、顺序、大小等）。 4. 无错别字，同类文字的字体、字号统一			
附　件	1. 附件项目齐全，编排有序合理。 2. 多个附件应标明附件的对应序号。 3. 需要时，附件可以独立装订			
编制过程	1. 成立应急预案编制工作组。 2. 全面分析本单位危险因素，确定可能发生的事故类型及危害程度。 3. 针对危险源和事故危害程度，制定相应的防范措施。 4. 客观评价本单位应急能力，掌握可利用的社会应急资源情况。 5. 制定相关专项预案和现场处置方案，建立应急预案体系。 6. 充分征求相关部门和单位意见，并对意见及采纳情况进行记录。 7. 必要时与相关专业应急救援单位签订应急救援协议。 8. 应急预案评审前的桌面演练记录。 9. 重新修订后评审的，一并注明			

评审专家签字：

附表2 电力企业综合应急预案要素评审表

评审项目		评审内容及要求	评审意见		
			符合	基本符合	不符合
总　则	编制目的	目的明确，简明精要			
	编制依据	1．引用的法规标准合法有效。 2．明确相衔接的上级预案，不得越级引用应急预案			
	适用范围*	范围明确，适用的事故类型和响应级别合理			
	应急预案体系*	1．能够清晰表述本单位及所属单位应急预案组成和衔接关系（推荐使用框图形式）。 2．能够覆盖本单位及所属单位可能发生的事故类型			
	应急工作原则	1．符合国家有关规定和要求。 2．结合本单位应急工作实际			
事故风险描述*		简述生产经营单位存在或可能发生的事故风险种类、发生的可能性以及严重程度及影响范围等			
组织机构及职责*	应急组织机构	能够清晰描述本单位的应急组织形式及组成单位或人员（推荐使用结构图的形式）			
	指挥机构职责	1．应急组织机构构成部门职责明确。 2．各应急工作小组设置合理，工作任务及职责明确			
预警及信息报告*	预警*	明确预警的条件、方式、方法和信息发布的程序			
	信息报告*	1．明确 24 小时应急值守电话、事故信息接收、通报程序和责任人。 2．明确事故发生后向上级主管部门或单位报告事故信息的流程、内容、时限和责任人。 3．明确事故发生后向本单位以外的有关部门或单位通报事故信息的方法、程序和责任人			
应急响应	响应分级*	1．分级清晰，且与上级应急预案响应分级衔接。 2．能够体现事故紧急和危害程度。 3．明确分级响应的基本原则			
	响应程序*	1．立足于控制事态发展，减少事故损失。 2．明确救援过程中各专项应急功能的实施程序。 3．明确扩大应急的基本条件及原则			
	处置措施*	1．可能发生的事故风险、事故危害程度和影响范围，明确了相应的应急处置措施。 2．明确了处置原则和具体要求			
	应急结束	1．明确了应急响应结束的基本条件。 2．明确应急响应结束的要求			
信息公开		1．明确了向有关新闻媒体、社会公众通报事故信息的部门、负责人。 2．明确向有关新闻媒体、社会公众通报事故信息的程序。 3．明确向有关新闻媒体、社会公众通报事故信息的通报原则			
后期处置		1．明确事故发生后，污染物处理、生产恢复、善后赔偿等内容。 2．明确应急救援评估等内容			

评审项目		评审内容及要求	评审意见		
			符合	基本符合	不符合
保障措施*		1．明确相关单位或人员的通信方式，提供备用方案，确保应急期间信息通畅。 2．明确各类应急资源，包括专业应急救援队伍、兼职应急队伍的组织机构以及联系方式。 3．明确应急装备、设施和器材及其存放位置清单，以及保证其有效性的措施。 4．明确应急工作经费保障方案			
应急预案管理	应急预案培训*	1．明确本单位开展应急管理培训的计划和方式方法。 2．如果应急预案涉及周边社区和居民，应明确相应的应急宣传教育工作			
	应急预案演练*	不同类型应急预案演练的形式、范围、频次、内容以及演练评估、总结等要求			
	应急预案修订	1．明确应急预案修订的基本要求。 2．明确应急预案定期评审的要求			
	应急预案备案	1．明确本预案应报备的有关部门（上级主管部门及地方政府有关部门）和有关抄送单位。 2．符合国家关于预案备案的相关要求			
	应急预案实施	明确应急预案实施的具体时间、负责制定与解释的部门			
注："＊"代表应急预案的关键要素					

评审专家签字：

附表3　电力企业专项应急预案要素评审表

评审项目		评审内容及要求	评审意见		
			符合	基本符合	不符合
事故风险分析*		针对可能的事故风险，分析事故发生的可能性以及严重程度、影响范围等			
组织机构及职责*	应急组织体系*	1．能够清晰描述本单位的应急组织体系（推荐使用图表）。 2．明确应急组织成员日常及应急状态下的工作职责			
	指挥机构及职责*	1．清晰表述本单位应急指挥体系。 2．应急指挥部门职责明确。 3．各应急救援小组设置合理，应急工作明确			
处置程序*		1．明确事故及事故险情信息报告程序和内容，报告方式和责任人等内容。 2．根据事故响应级别，具体描述了事故接警报告和记录、应急指挥机构启动、应急指挥、资源调配、应急救援、扩大应急等应急响应程序			
处置措施*		1．针对事故种类制定相应的应急处置措施。 2．符合实际，科学合理。 3．程序清晰，简单易行			
注："＊"代表应急预案的关键要素。如果专项应急预案作为综合应急预案的附件，综合应急预案已经明确的要素，专项应急预案可省略					

评审专家签字：

附表4　电力企业应急预案附件要素评审表

评审项目	评审内容及要求	评审意见		
		符合	基本符合	不符合
有关部门、机构或人员的联系方式	1. 列出应急工作需要联系的部门、机构或人员的多种联系方式，并保证准确有效。 2. 发生变化时，及时更新			
应急物资装备的名录或清单	以表格形式列出主要物资和装备名称、型号、性能、数量、存放地点、运输和使用条件、管理责任人和联系电话等			
规范化格式文本	给出信息接报、处理、上报等规范化格式文本，要求规范、清晰、简洁			
关键的路线、标识和图纸	1. 警报系统分布及覆盖范围。 2. 重要防护目标、危险源一览表、分布图。 3. 应急救援指挥位置及救援队伍行动路线。 4. 疏散路线、重要地点等标识。 5. 相关平面布置图纸、救援力量分布图等			
有关协议或备忘录	列出与相关应急救援部门签订的应急支援协议或备忘录			
注：附件根据应急工作需要而设置，部分项目可省略				

评审专家签字：

附表5　电力企业应急预案评审意见表

单位名称：

应急预案名称	
应急预案编制人员	
应急预案评审专家	

修改意见及建议（版面不够可转背页）：

××年××月××日，××公司在××（地点）召开了××应急预案专家评审会议。

评审专家组参照《电力企业应急预案评审与备案细则》，从合法性、完整性、针对性、实用性、科学性、操作性和衔接性等方面，对应急预案的层次结构、语言文字、要素内容、附件项目等进行了系统的审查，并查看了应急预案桌面演练的记录，形成如下评审意见：

一、×××
二、×××
三、×××

评审专家组一致认为，×××。

评审专家组（签字）：

　　　　　　　　　　　　　　　　　　　　年　　月　　日

备注	

附表6 电力企业应急预案备案申请表

单位名称		法定代表人	
联系人		联系电话	
单位地址		邮政编码	
传 真		电子邮箱	

应急预案编制、评审基本信息	应急预案编写人员： 编制日期： 年 月 日
	应急预案评审前桌面演练情况（需说明演练参与人员、日期等）：
	应急预案评审人员： 评审日期： 年 月 日
	根据评审意见，我单位对应急预案进行了修订完善，并于 年 月 日由 签署印发。

根据《电力企业应急预案管理办法》《电力企业应急预案评审与备案细则》，现将我单位编制的：

等预案报上，请予备案。

（单位盖章）
年 月 日

附表7 电力企业应急预案备案登记表

备案编号：

单位名称			
单位地址		邮政编码	
法定代表人		经办人	
联系电话		传　真	

你单位上报的：

经形式审查符合要求，准予备案。

（盖　章）
年　　月　　日

注　应急预案备案编号由"NY"加县级及以上行政区划代码（6位）、年份（4位）和流水序号（3位）组成。

国家能源局关于印发
《国家能源局重大突发事件应急响应工作制度》的通知

国能安全〔2014〕470 号

各司，各直属事业单位，各派出机构：

为有效应对能源行业发生的重大突发事件，加强和完善国家能源局重大突发事件应急响应机制，现将《国家能源局重大突发事件应急响应工作制度》印发你们，请依照执行。

国家能源局

2014 年 10 月 22 日

国家能源局
重大突发事件应急响应工作制度

为有效应对能源行业发生的重大突发事件（以下简称事件），控制、减轻和消除因事件造成的损害和社会负面影响，依照《中华人民共和国突发事件应对法》《生产安全事故报告和调查处理条例》《电力安全事故应急处置和调查处理条例》《国家突发公共事件总体应急预案》《国家大面积停电应急预案》《国务院总值班室值班工作制度》《国务院办公厅关于印发国家能源局主要职责内设机构和人员编制规定的通知》和《国家能源局值班工作细则》，特制定本制度。

一、事件分类和分级标准

按照事件发生的原因和现象分为能源安全事件和有社会影响事件两类。

（一）能源安全事件

包含因自然灾害、人为因素、设备自身故障等原因引发的电力事故（含电力安全事件，下同）、非电力能源安全事件和综合类能源安全事件。

1.电力事故：电力事故是指在电力生产运行和建设过程中发生的电力人身伤亡事故、电力安全事故、发电设备或者输变电设备损坏造成直接经济损失的事故。

电力安全事件是指未构成电力安全事故，但影响电力（热力）正常供应，或对电力系统安全稳定运行构成威胁，可能引发电力安全事故或造成较大社会影响的事件。

按照《生产安全事故报告和调查处理条例》《电力安全事故应急处置和调查处理条例》中等级划分标准，电力事故中特别重大事故定为 1 级事件，重大事故定为 2 级事件，较大事故定为 3 级事件。一般事故和《电力安全事件监督管理规定》第六条中规定的电力安全事件定为 4 级事件。

2. 非电力能源安全事件：指除电力以外其他能源行业（煤炭、油气等）涉及安全的事件。非电力能源安全事件的等级由国家有关应急处置牵头部门确定。

3. 综合类能源安全事件：指电力事故和非电力能源安全事件同时发生的事件。综合类能源安全事件原则上依照电力事故划分事件等级。

4. 核事件：指与核电厂核安全相关的事件。核事件原则上按照国际原子能机构《国际核事故分级标准》划分事件等级。

（二）有社会影响事件

指由能源安全事件或其他情况引发，通过舆情监测反馈，涉及国家能源局（以下简称能源局）及派出机构、各地能源管理部门和能源企业，产生负面消息或谣言并通过媒体传播，影响不断放大的事件。

有社会影响事件按照影响程度和范围，分为重大和一般两个等级。

二、应急响应工作原则

（一）预防为主。坚持预防与应急处置相结合，建立完善工作制度，组织开展应急演练，提高人员应急能力；加强监测预警和舆情监测，提前做好事件防范准备工作。

（二）职责明确。领导机构和相关人员工作职责明确，事件发生后相关人员应及时到岗到位，按照职责分工开展应急响应工作。

（三）快速响应。及时、准确掌握事件信息，快速研判事件性质和级别，第一时间启动应急响应。

（四）有效控制。采取有效措施将事件造成的损害和影响控制在一定范围内，避免事态失控造成事件升级和恶化。

三、领导机构及职责

能源局局长全面领导事件应急响应工作，其他相关单位和人员按职责分工开展工作。

（一）领导机构

在事件发生并启动应急响应后，成立能源局重大突发事件应急响应工作领导小组（以下简称领导小组），贯彻落实能源局局长的指示和要求，负责应急响应工作的具体组织和领导。

领导小组组长：分管副局长

领导小组副组长：监管总监、总工程师、综合司司长、安全司司长、其他相关业务司司长

领导小组成员单位：各相关业务司

领导小组下设值班室，以及舆情监视、新闻外联、技术分析、现场勘查处置和后勤保障五个工作组。

因自然灾害引发的事件，由能源局防灾救灾应急工作小组（以下简称工作小组，能源局常设机构）负责应急处置工作，工作小组办公室设在安全司。应急响应启动后，相关工作组的设置和职责与领导小组一致。

领导小组和工作小组统称领导机构。

（二）工作职责

1. 能源局局长及领导机构成员

（1）能源局局长：全面领导事件应急响应工作，宣布启动和结束应急响应处置工作，确定是否向国务院及有关部门报告，并审定相关报告材料。

启动应急响应处置工作时，领导机构设总负责人、新闻发言人、技术负责人、协调人和安全负责人，工作职责如下：

（2）总负责人：由分管副局长担任，承担组织应急响应职责，负责向局长报告，联系相关中央企业应急指挥机构负责人，负责应急响应工作中的重大决策。

（3）新闻发言人：由能源局新闻发言人担任，负责新闻相关事务协调及新闻发布的统一口径，直接领导新闻外联工作组。

（4）技术负责人：由总工程师担任，负责事件的技术分析和处置方案建议，负责与现场应急指挥机构负责人的联系，直接领导技术分析工作组。

（5）协调人：由综合司司长或其指定的负责人担任，负责领导机构与局领导及相关单位的联系与协调工作，直接领导值班室、舆情监视和后勤保障工作组。

（6）安全负责人：对于电力事故，由安全司司长担任；对于非电力能源安全事件和综合类能源安全事件，由领导机构确定。负责对事件进行应急响应、现场勘查处置和初步调查，直接领导现场勘查处置工作组。

2. 值班室和各工作组职责

值班室：由综合司负责。保持各方信息渠道畅通，及时准确传递信息，得到事件信息后进行初步分类，并按照事件类别、性质分别报送综合司和相关业务司负责人。

舆情监视工作组：由综合司牵头，会同信息中心、能源局派出机构（以下简称派出机构）负责，组长由综合司司长担任。负责定期对各媒体（电视、平面、网络等）进行全方位扫描，向有关派出机构了解、搜集或核实相关信息，对舆情类的有社会影响事件进行预判并报值班室，做好应急响应启动后的舆论跟踪并保持与新闻外联工作组的联系。

新闻外联工作组：由综合司负责，组长由综合司分管副司长担任。负责联系新闻媒体，定位舆论事件源头，起草新闻宣传稿件并报新闻发言人，组织媒体交流和新闻发布会。

现场勘查处置工作组：

（1）电力事故：安全司牵头负责，组长由安全司副司长担任，局相关部门和单位、有关派出机构协助。负责电力事故现场勘查处置工作，确保全面掌握现场情况并报安全负责人。

（2）非电力能源安全事件：按照国家有关应急处置牵头部门意见，由领导机构确定牵头司和组长人选，配合做好相关工作。

（3）综合类能源安全事件：由领导机构确定牵头司和组长人选，局相关部门和单位、有关派出机构和地方能源管理部门协助，负责综合类能源安全事件现场勘查处置工作，确保全面掌握现场情况并报安全负责人。

技术分析工作组：

（1）电力事故：安全司牵头负责，组长由安全司副司长担任，局相关部门和单位、有关派出机构协助。负责分析事故原因，撰写分析报告，提出处置方案并报技术负责人。必要时，可邀请相关专家参加。

（2）非电力能源安全事件：按照国家有关应急处置牵头部门意见，由领导机构确定牵头司和组长人选，配合做好相关工作。必要时，可邀请相关专家参加。

（3）综合类能源安全事件：由领导机构确定牵头司和组长人选，局各相关部门单位、派出机构和地方能源管理部门协助，负责分析综合类能源安全事件原因，撰写分析报告，提出处置方案并报技术负责人。必要时，可邀请相关专家参加。

后勤保障工作组：由综合司和局机关服务中心负责，组长由综合司副司长担任。负责统一调配后勤人员、车辆、应急设备等，为应急响应工作提供后勤保障。

四、应急响应和处置

分为信息源、应急响应和应急处置三部分。

（一）信息源和预警

1. 信息源

包括预警信息发布单位（国务院应急办、水利部、国家气象局、国家地震局、公安部等）、派出机构、各地能源管理部门、全国电力安委会成员单位、地方电力工程参建单位、大坝安全监察中心（以下简称大坝中心）和信息中心等。信息中心和派出机构同时负责日常舆情监视工作。

2. 预警

值班室接到预警信息发布单位的相关预警信息后，立即向综合司司长和相关业务司司长报告，两司司长商讨后，按照相关业务司、分管副局长、局长的顺序逐级报告。局长决定是否启动相关应急预案，是否由综合司向国务院及其他有关部门报告。

（二）应急响应启动条件

对于2级及以上事件（含综合类能源安全事件，下同）、有重大社会影响事件，以及局长认为有必要开展应急响应工作的事件，应当启动应急响应。对于其他等级的事件，应当及时跟踪，做好记录，按程序报相关负责人妥善处置。

对于发生其他事件，且国务院专项应急处置机构已启动应急处置工作并要求能源行业开展应急响应工作的，能源局应启动应急响应。

对于涉及能源行业的大规模群体性集会、上访等事件，以及其他对社会稳定造成重大影响的事件，其应急响应处置工作制度另行制定。

（三）应急响应联动制度

1. 电力事故和综合类能源安全事件

（1）值班室接到事件报告后，立即向安全司司长和综合司司长报告，两司司长对事件进行商讨，初步判定事件的性质和级别；

（2）对于2级以下事件，由安全司和值班室进行事件跟踪；对于2级及以上事件，按照安全司司长、分管副局长、局长的顺序逐级报告；

（3）局长决定是否启动应急响应并成立领导机构，是否启动国家大面积停电应急预案，是否由综合司向国务院及其他有关部门报告；

（4）应急响应启动并成立领导机构后，相关单位成员立即赶赴能源局应急中心集中，进行事件会商，启动应急处置程序，并将有关工作情况及时向局长报告。必要时，由局长组织领导机构成员进行会商。

2. 非电力能源安全事件

（1）值班室接到事件报告后，对事件进行初步分类并立即向综合司司长和相关业务司司长报告，由相关业务司司长初步判定事件的性质和级别并决定是否向有关领导报告，需要报告的，由相关业务司司长向有关局领导报告；

（2）各相关业务司按照国家有关应急处置牵头部门意见，报请局领导后，按照局领导批示配合开展工作。

3. 有社会影响事件

（1）信息中心、派出机构等舆情监测单位发现与能源行业相关的有社会影响事件后，在规定时限内向值班室报告。

（2）值班室接到报告后，立即向综合司司长报告，由综合司司长对事件性质和类别做出判断。

（3）对于有一般社会影响事件，由值班室进行事件跟踪；对于有重大社会影响事件，按照综合司司长、分管副局长、局长的顺序逐级报告。

（4）局长决定是否启动应急响应并成立领导机构，是否启动相关应急预案，是否由综合司向国务院及其他有关部门报告。

（5）应急响应启动并成立领导机构后，相关单位成员立即赶赴能源局应急中心集中，进行事件会商，启动应急处置程序，并将有关工作情况及时向局长报告。必要时，由局长组织领导机构成员进行事件会商。

图 1 为应急响应联动制度示意图。

核应急响应联动制度由核电司按照《国家核应急预案》要求另行制定。

（四）应急处置流程

应急响应启动后，应急处置流程分为能源安全事件和有社会影响事件两类。其中，核应急处置方案由核电司按照《国家核应急预案》要求另行制定。

1. 电力事故和综合类能源安全事件

（1）应急响应启动后，协调人负责值班室、舆情监视和后勤保障工作，经请示总负责人同意后安排有关领导赴现场指导应急处置工作。

（2）牵头业务司负责联系总负责人、协调人、安全负责人、技术负责人，并建立与气象部门、交通部门等相关单位的联系，及时汇总研判信息，值班室配合做好相关联系工作。

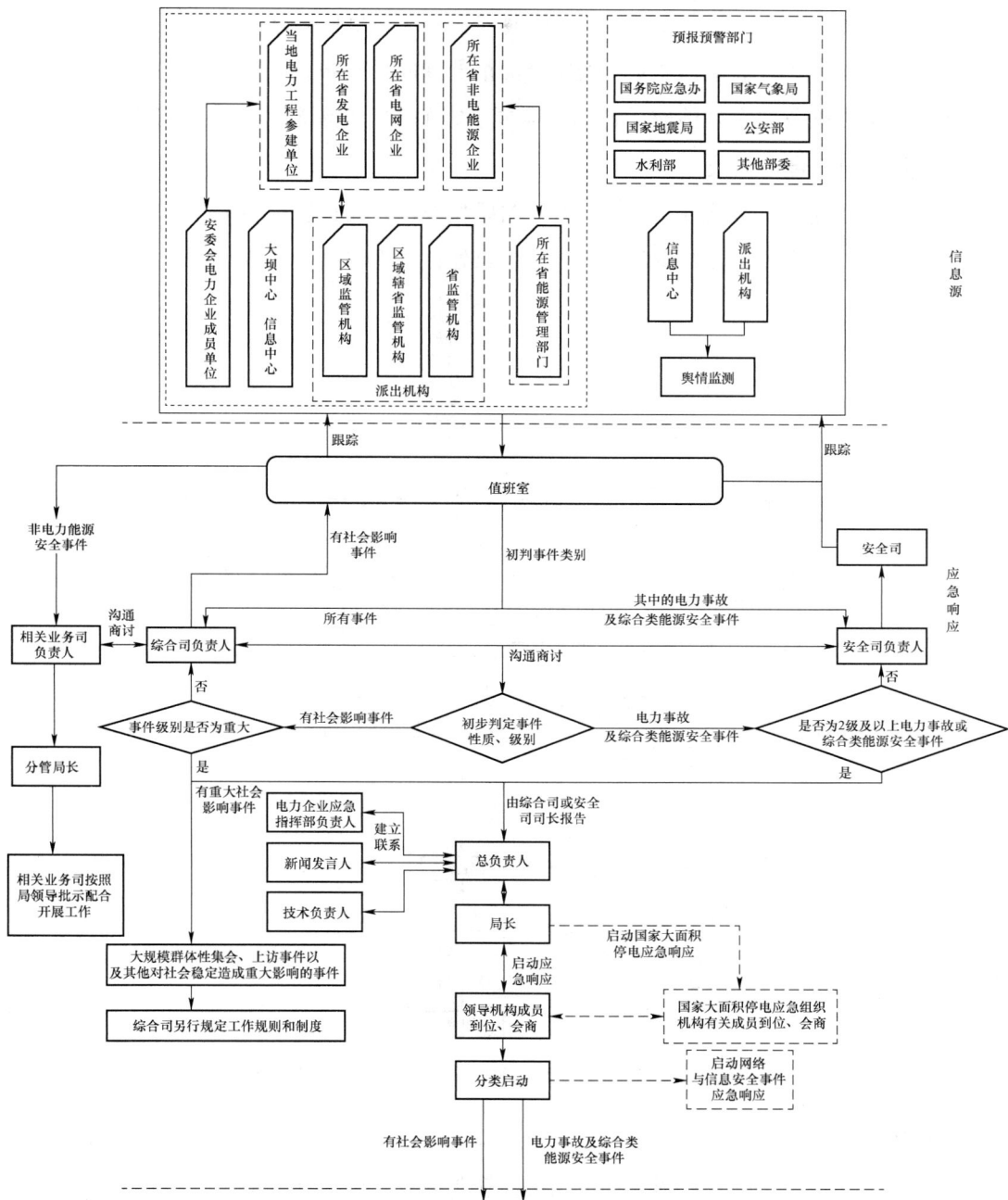

图 1　应急响应联动制度示意图

（3）安全负责人、技术负责人分别负责现场勘查处置和技术分析工作，及时互通信息。成立现场指挥部的，由现场勘查处置工作组负责协调沟通与现场指挥部的工作，并将有关信息及时报送安全负责人和值班室。

（4）新闻发言人负责新闻外联工作，适时向公众发布事件信息。

（5）总负责人及时掌握事件应急处置全面情况并向局长报告。局长决定是否将事件应急处置情况报告国务院及其他有关部门，需要上报的，上报材料由牵头业务司负责起草，经局长审定后由综合司上报。

（6）应急处置工作完成后，由总负责人向局长报告，局长宣布结束应急响应。

图2为电力事故和综合类能源安全事件应急处置流程图：

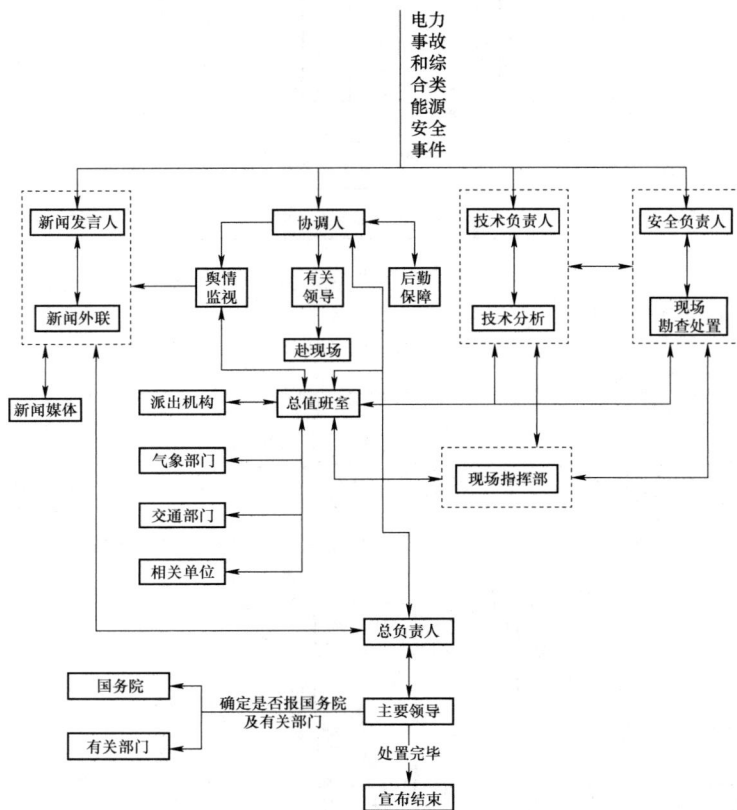

图2　电力事故和综合类能源安全事件应急处置流程图

2. 有社会影响事件

（1）应急响应启动后，协调人负责舆情监视和后勤保障工作。综合司负责联系总负责人、协调人、新闻发言人以及相关派出机构和有关企业，及时汇总研判相关信息。

（2）新闻发言人负责新闻外联工作，并适时向公众发布事件信息。

（3）局长决定是否将事件应急处置情况报告国务院及其他有关部门，需要上报的，上报材料由综合司负责起草，经局长审定后由综合司上报。

（4）应急处置工作完成后，由总负责人向局长报告，局长宣布结束应急响应。

图 3 为有社会影响事件应急处置流程图：

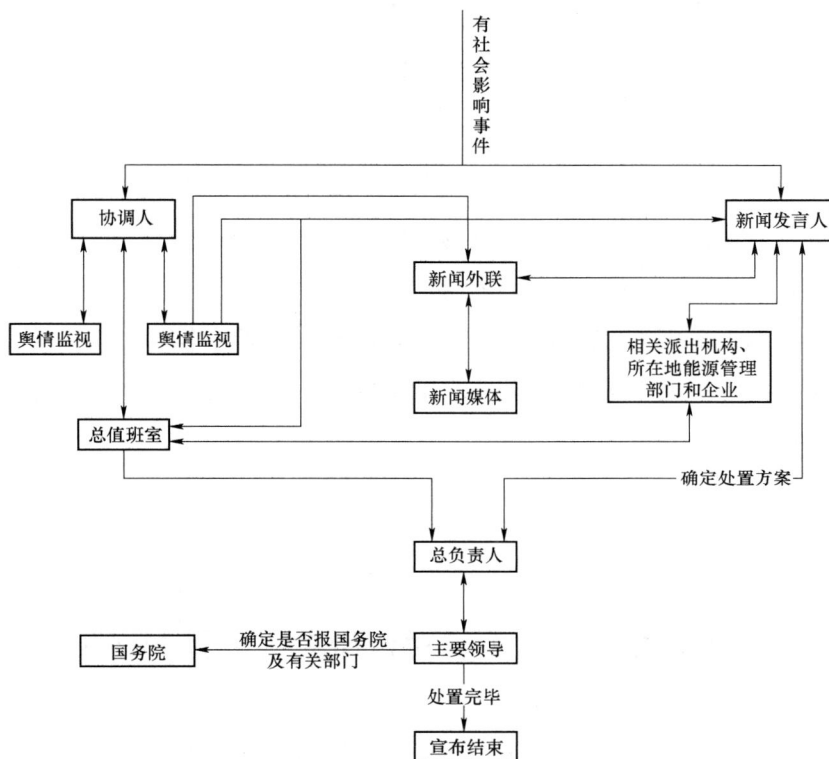

图 3 有社会影响事件应急处置流程图

五、应急响应工作要求

（一）对于 1 级事件，领导机构组长应当立即赴现场，根据事态发展和工作需要，确定局长或其他领导是否赴现场；对于 2 级事件，领导机构副组长应当立即赴现场；其他重大事件，由局长确定赴现场人选。

（二）值班室接到事件信息报告后，应当立即按本制度规定程序报告。

（三）应急响应启动后，应当在规定时限内将相关信息报国务院总值班室和国家安监总局值班室；有社会影响事件应急响应启动后由领导机构决定报送国务院总值班室的时间。

（四）因特殊情况中间环节负责人无法联系时，允许越级上报。

（五）应急响应启动后，对于能源安全事件应当尽快向有关媒体通报事件的相关情况；对于有社会影响事件，应当全面了解掌握情况，及时发布新闻通稿，加强舆论引导。

国家能源局印发
《关于电力系统防范应对台风灾害的指导意见》的通知

国能发安全〔2019〕62号

各省、自治区、直辖市及新疆生产建设兵团发展改革委（能源局）经信委（工信委、工信厅），北京市城管委，国家能源局各派出监管机构，全国电力安委会企业成员单位，各有关单位：

为深入贯彻习近平新时代中国特色社会主义思想，落实习近平总书记防灾减灾救灾理念，进一步加强电力系统防范应对台风灾害工作，最大程度降低台风灾害影响，国家能源局制定了《关于电力系统防范应对台风灾害的指导意见》。现印发给你们，请遵照执行。

国家能源局

2019年7月9日

关于电力系统防范应对台风灾害的指导意见

为深入贯彻党中央、国务院关于提升防灾减灾救灾能力的部署要求，全面提升电力系统防范应对合风灾害能力，最大程度降低台风灾害影响，全力保障电力供应，现提出以下指导意见。

一、总体要求

（一）指导思想

以习近平新时代中国特色社会主义思想为指导，落实习近平总书记"两个坚持、三个转变"的防灾减灾救灾理念，以"平时预、灾前防、灾中守、灾后抢、事后评"为主线，最大程度降低台风灾害对电网安全稳定运行和电力可靠供应造成的影响。

（二）基本原则

以防为主，综合减灾。坚持固本强基，因地制宜提高设防标准打造坚强局部电网。针对电网、电源、用户综合采取管理和技术措施，最大程度降低电力系统受台风灾害影响。

严守底线，科学救灾。坚持以人为本，守住人身安全底线，确保主网安全运行。充分运用科技手段，提高灾情勘察、应急指挥、抢修复电水平，按照轻重缓急快速有序抢修复电。

压实责任，协同联动。坚持地方政府主导，压实电力企业和电力用户主体责任，强化

地方电力管理部门和派出能源监管机构的组织协调和工作监督，各负其责，协同联动，形成工作合力。

（三）工作目标

杜绝电力人身伤亡责任事故，杜绝水电站垮坝漫坝事故；避免电力设施大规模因灾损毁事件；减小大规模、长时间停电造成的社会不良影响，最大程度减少台风灾害损失。台风影响结束后，在保障安全的前提下，尽快恢复电力供应；地方政府电力管理部门要根据实际情况制定恢复供电时限目标。

二、提升电力系统抗灾能力

（一）优化电力规划

电力管理部门要充分考虑台风多发地区电网抵御极端自然灾害需要，合理规划电网网架，形成大电网联络支撑、抗灾保障电源分层分区运行的坚强电网，提高电力系统抗灾能力。要推动电力规划与城乡总体规划相协调，在电力设施选址、路径规划等方面综合考虑，减少台风情况下周边环境对电力设施的影响。

（二）提高电力系统防台相关标准

电力管理部门要充分考虑我国台风灾害情况，适当提高电力规划规范和电力设施建设的设防标准。电力企业要落实有关标准要求及时修订完善架空输配电线路、变电（换流）站、发电厂等企业标准和规范，因地制宜提高沿海强风区电力设施设防标准和气象重现期。

（三）建设坚强局部电网

电力企业要按照差异化建设原则，综合采取网架结构优化、重要线路电缆化、重要变电站户内化等措施，强化台风多发区城市中心区域电网基础网架，保障灾害发生时重要城市中心区域、重要电力用户的供电安全。

（四）强化抗灾保障电源支撑

电力管理部门要优化电源布局，建设具有孤岛运行或黑启动能力的抗灾保障电源，推动"源、网、荷"协同发展，在极端台风灾害情况下，为重要厂站和负荷提供电力供应。

（五）提高用户配电设施抗灾能力

电力管理部门要督促重要电力用户落实自备电源配置等相关要求，提升灾害应急能力；制定完善用户配电设施建设和验收标准，避免在台风多发区域新建地下或半地下配电设施，督促用户对有水浸风险的已建配电设施采取整改措施，确保不发生水浸停运。重要电力用户应按照有关标准配置供电电源和自备应急电源并开展预试定检等工作。电网企业要及时提示重要电力用户供用电风险隐患并提供整改指导。

（六）科学开展防台抗灾能力技术改造

电网企业要及时评估台风对设备设施的影响，结合实际进行线路、低洼变电站、电缆沟等加固改造，优先对涉核等重点保障线路开展改造。发电企业要做好设备设施防风能力改造，系统提升发电厂对外全停情况下的自保能力；作为区域重要保障电源的电厂要开展黑启动、FCB（快切快投）功能及送出线路加固改造，为电网提供可靠的电源支撑。

（七）加强电力设施周边环境治理

地方政府电力管理部门要建立完善政府主导、企业为主体、全社会配合的电力设施周边环境治理长效机制；严格落实国家电力设施保护法律法规，及时整治清除线路保护区内及变电站周边可能影响电力设施安全的树障、违章建筑、易漂浮物等隐患。电力企业要排查可能危及电力设施安全的树木、建筑物、构筑物、临时设施等情况，并将排查结果及时报告当地政府电力管理部门，协同政府部门开展整治。

三、提升灾害应急能力

（一）提升防台综合协调能力

地方政府电力管理部门和国家能源局派出机构要加强应急机制建设，完善应急组织机构，优化应急工作流程，构建应急信息共享平台，建立完善政府有关部门、电力企业、重要电力用户以及相关单位的应急联动机制，持续提升电力防台综合协调能力。

（二）提升应急保障能力

电力管理部门、国家能源局派出机构、电力企业和重要电力用户要不断加强应急队伍、基地、物资装备、指挥平台等方面建设开展应急预案培训和演练，研究制定救灾相关定额标准，保障应急准备和处置资金投入。

（三）提高防灾科技水平

电力管理部门和国家能源局派出机构要积极鼓励支持企业开展科技创新，提升台风灾害防御应对能力。电力企业要积极开展气象数据相关研究，强化灾情预判能力；充分运用先进技术和装备，提升灾情勘察能力；充分利用现代科技手段，提升灾害防范应对决策水平和应急处置能力；基于灾害情景提高装备机械化、智能化水平，提升抢修复电能力。

四、灾前科学落实防御措施

（一）做好电网运行风险管控

电网企业要全面分析台风对电网运行可能带来的风险并落实管控措施，优化电网运行方式，保持相关区域电网全接线运行，统筹电力电量平衡，留足事故备用；因电网安全风险对电力用户和其他单位可能造成影响时，要履行告知义务，并及时向地方政府电力管理

部门和国家能源局派出机构报告。

（二）落实发电设施防台措施

发电企业要全面辨识风险点，开展防台风隐患排查整治，保障全厂主设备、重要辅助设备和机组备用电源的正常运行。核电站要优先考虑和确保核安全，做好厂内核应急电源等的运行维护，保证外部主辅电源全失等情况下自身运行安全。火电厂要保障燃料储运和机组运行安全。风电场要对高风险风机进行重点监测和防护。光伏电站要做好设备紧固、防水等工作。水电站要加强大坝监控和巡查确保泄洪设施可靠，必要时提前预留库容，严禁水库超汛限运行。

（三）落实施工现场防台措施

基建、大修技改等工程要落实防台风安全管理措施，及时停止户外、地下等危险场所作业，撤离或转移施工人员至安全区域，做好施工机械保护，对临时构筑物、建筑设施、脚手架、基础设施采取防台风应急加固措施，消除安全隐患。

（四）加强用电安全管理

地方政府电力管理部门要督促公共场所用电设施产权主体单位落实防范措施，避免台风影响期间发生触电等涉电衍生灾害。电力用户要做好用电安全隐患排查治理，采取提前断电等合理避险措施电网企业要加强对重要电力用户和防洪排涝类等重点用户的用电安全技术指导和支持。

（五）及时开展预警和响应

电力企业要做好台风影响研判，按照应急预案及时开展紧急清障、临时加固等预警行动，适时启动应急响应。可能发生大面积停电时，要将有关信息报地方政府电力管理部门和国家能源局派出机构。地方政府电力管理部门应对接报信息组织研判，必要时按照大面积停电应急预案开展预警行动，及时提请本地区政府组织有关部门和单位做好电力中断的应急准备。

五、灾中严守安全底线

（一）保障电网安全稳定

台风影响期间，电网企业调度机构要科学调度电源出力，优化主网架潮流分布，迅速采取措施限制事态发展，快速精准处置设备停运和电网停电事件，确保主网安全稳定运行。发电企业要最大限度保全电厂设备运行，严格执行调度机构指令，有序恢复设备正常运行；孤网运行的发电厂要按照调度机构要求全力维持系统正常运行。

（二）保证人身安全

电力企业要加强人身安全管理，严禁违章指挥和冒险作业，台风影响期间避免户外作

业，确需在台风眼平静期开展作业的，要采取有效安全管控措施，切实保障人员安全。

（三）加强值班值守

电力管理部门、国家能源局派出机构和电力企业、重要电力用户要加强值班值守，确保应急指挥决策到位和应急处置指令畅通。电网企业要根据响应级别，恢复无人值班站有人值班，派驻专业技术人员进驻重要变电站，适时启动备用调度。

六、灾后快速有序抢修复电

（一）安全高效开展抢修复电

电力企业要及时摸清受损情况，投入充足的应急队伍、物资和装备，快速有序开展抢修复电工作；优先恢复重要厂站、重要电力用户和供电通道。要针对台风灾后抢修作业点多面广、时间紧、现场作业环境复杂等特点，严格落实电力安全工作规程和两票等制度，采取有效安全风险管控措施，做到安全抢修。

（二）加强抢修工作指导协调

地方政府电力管理部门和国家能源局派出机构要加强对抢修复电工作的指导支持，必要时协调物资、队伍、专家等方面支援。地方政府电力管理部门要提请政府协调公安、交通、通信等单位为电力抢修复电工作提供资源支援，加强抢修现场治安管理。发生大面积停电时，要按照大面积停电应急预案开展处置。

（三）做好信息报送和发布

电力企业要及时掌握电网、设备、用户等受影响情况，按要求报电力管理部门和国家能源局派出机构。电网企业要及时发布抢修复电信息。

七、开展后评估与责任监督

（一）系统开展总结评估

地方政府电力管理部门、国家能源局派出机构、电力企业和重要电力用户要在台风灾害应急处置结束后组织开展总结评估工作，从电力规划、系统运行、设备管理、工程施工、应急处置、电源配置等方面总结经验、查找问题、整改落实，持续提升电力系统防范应对台风灾害能力。

（二）严格责任追溯追究

电力管理部门和国家能源局派出机构要强化对台风防范应对工作的监督管理，因设备质量、施工质量、验收把关等问题造成不良后果的，要追根溯源、严肃查处；对由于管理责任造成灾害影响扩大或抢修复电延误的单位和个人，依法依规追究责任。

国家能源局印发《关于电力系统防范应对低温雨雪冰冻灾害的指导意见》的通知

国能发安全〔2019〕80号

各省、自治区、直辖市及新疆生产建设兵团发展改革委（能源局）、经信委（工信委、工信厅），北京市城管委，国家能源局各派出监管机构，全国电力安委会企业成员单位，各有关单位：

为贯彻落实习近平总书记防灾减灾救灾的重要论述精神，进一步加强电力系统防范应对低温雨雪冰冻灾害工作，最大程度降低冰灾影响，国家能源局制定了《关于电力系统防范应对低温雨雪冰冻灾害的指导意见》。现印发给你们，请遵照执行。

国家能源局

2019 年 11 月 20 日

关于电力系统防范应对低温雨雪冰冻灾害的指导意见

为贯彻落实习近平总书记关于防灾减灾救灾的重要论述精神，进一步加强电力系统防范应对低温雨雪冰冻灾害（以下简称冰灾）工作，全面提升电力系统防范应对冰灾能力，有效防范因冰灾导致大面积、长时间停电风险，最大程度降低冰灾对电力系统安全稳定运行的影响，保障电力可靠供应，制定本指导意见。

一、完善防冰抗冰管理体制机制

按照统一指挥、分工负责、预防为主、保障重点的原则，建立健全政府指导、部门协作、企业为主、用户配合的电力防冰抗冰工作组织体系。地方电力管理部门统筹协调，国家能源局派出机构加强指导，电力企业承担主体责任。各方细化分工，明确责任，形成工作合力，共同提升电力系统防冰抗冰工作效能。

二、优化防冰抗冰电力规划

要合理规划输电网架，新建重要线路和重要变电站尽量避开重、中冰区及覆冰后人员装备不易到达地区，重要输电线路应避免通过既有密集通道；输电线路跨越铁路、高速公路、重要输电通道的跨越点宜避开重、中冰区和易舞动区。要优化抗冰保障电源布局，重

587

要负荷中心电网适当配置应对冰灾大面积停电的应急保安电源，确保特殊情况下"孤网运行"和"黑启动"能力。

三、合理提高抗冰设防标准

要收集线路走廊相关区域的微气象、微地形资料，结合对历次冰灾影响区域分析，滚动修订冰区、舞动区域分布图。要建立健全电力系统防冰抗冰设计及相关标准体系，规范指导抗冰工作；对冰区、舞动区域中重要线路等设备设施，因地制宜提高抗冰设防标准。

四、加强设备设施抗冰建设和改造

对新建设备设施，电力企业要严格落实设防标准要求，高质量完成建设任务，依据冰区等级和设备设施重要程度，合理配置覆冰监测、融（除）冰等装置。对在运设备设施，电力企业要突出重要线路、线路重点区段、重要电力通信光缆等，结合当地冰情特点，开展差异化技术改造。相关单位要做好建设和差异化改造相关协调工作，保证项目顺利实施。

五、加强设备设施保护和运行维护

电力企业要组织排查可能危及电力设施安全的树竹、建（构）筑物、临时设施等，并配合地方电力管理部门及时整治；要加强冰灾易发地区重要电厂、输电线路、重要枢纽变电站（换流站）、电力通信网（光缆）等设备设施防雨雪冰冻的日常运行维护和隐患排查治理，强化覆冰监测装置、融冰装置等抗冰装备检修维护。重要电力用户要按相关标准规定配置自备应急电源并做好运行维护，及时排查整治隐患，确保能随时投入使用。

六、强化防冰抗冰预案管理

电力企业要综合考虑设备设施覆冰可能造成的线路舞动、绝缘子闪络、倒塔（杆）断线、风机覆冰等风险，科学编制防冰抗冰应急预案。采取不同形式开展防冰抗冰应急演练，做到岗位、人员、过程全覆盖。强化应急演练评估总结，针对演练暴露问题提出整改措施，并及时修订完善预案，提高应急预案和演练的科学性、可行性。

七、加强抗冰抢险队伍建设

电力企业要建立具有抗冰专业特长、能够承担重大抗冰抢险任务的电力应急队伍；采取多种措施开展冰灾相关规章制度、技术标准和融（除）冰技术等教育培训，提高抗冰队伍处置冰灾能力。地方电力管理部门、电力企业要加强防冰抗冰专家队伍建设，积极发挥专家应急会商、辅助决策等作用。相关单位要发挥军地抢险救灾协调联动机制作用，提升社会综合抗冰救援能力。

八、加强抗冰物资装备保障

相关单位要做好融（除）冰、应急发电等特种装备和后勤保障装备等应急物资的配备、

储存和管理，建立健全抗冰应急物资装备的生产、调拨、配送等工作机制，提高应急物资供应和装备保障能力。建立健全冰灾期间应急通信保障体系，加强通信基站应急电源配置和维护，保障灾害应急期间通信畅通。

九、加强防冰抗冰科技支撑

要积极开展新型融（除）冰、防舞动等装置研制，开发新型防冰材料，强化装备的机械化、自动化、智能化，提升本质安全水平。加强卫星遥感、雷达、直升机、无人机巡检等技术研究和应用，提高精细化预报和智能预警水平。充分运用大数据、云计算、泛在电力物联网等技术，提升抗冰抢险电力应急指挥决策科技支撑水平。

十、做好冰情监测预警

电力企业要加强在线监测和人工观冰，视情提高冰情监测频次，及时掌握电力设备设施冰情发展趋势；加强发电用煤、油、天然气等燃料及环保设施消耗材料供应监测。地方电力管理部门、国家能源局派出机构要跟踪关注与电力系统运行相关的低温、雨雪、冰冻等气象信息，加强冰情信息分析研判；预判低温雨雪冰冻天气可能造成灾害影响时，及时发布冰情预警信息。

十一、做好冰灾防范准备

电力企业预判低温雨雪冰冻天气可能造成大面积停电等事故事件时，要将有关情况及时报告地方电力管理部门和国家能源局派出机构，并视情况告知重要电力用户，及时部署落实各项防范准备工作。严格电网调度管理，合理安排电网运行方式，做好事故预想，从应急队伍、物资装备、融（除）冰装置、自备应急电源、有序用电等方面做好准备，落实保障及防范措施。地方电力管理部门要提请地方政府积极做好公共秩序维护，以及供水、供气、供热、通信、交通等应急准备。

十二、科学组织融冰除冰

电网企业要跟踪研判冰情发展趋势，综合分析重要输电线路、枢纽变电站等设备设施覆冰情况，评估冰情对电力安全的影响，按照轻重缓急原则组织融冰除冰工作，力保主网架结构完整。发电企业要根据设备设施覆冰情况及时启动融冰除冰，保证重要设备设施安全。

十三、强化抗冰应急措施

覆冰对电力系统运行和用户供电造成影响时，相关单位要加强协作，开展会商，统筹做好抗冰应急工作。电网企业要动态调整运行方式，控制停电范围，尽快恢复重要输变电设备、电力主干网架运行。发电企业要做好发电机组并网运行管理，按照电力调度指令确

保安全稳定运行。重要电力用户要及时启用自备电源，合理安排用电。

十四、协同高效抢修复电

地方电力管理部门要协调气象、交通、通信、油气、林业等部门为电力应急抢修提供支援；加强道路运输、交通秩序协调管理，为抗冰抢险保供电车辆开通绿色通道。电力企业要迅速组织抢险救灾力量，全力抢修受损设备设施，优先恢复重要电力用户、重点地区的电力供应；在不具备抢修条件时，及时调集应急发电装备，全力保障灾区居民基本用电。严格落实现场安全措施，做到抢险不冒险，保证抢修人员安全。

十五、统筹做好信息发布

地方电力管理部门、国家能源局派出机构要动态掌握电力设备设施、电力用户受灾及供电恢复情况，按照及时准确、公开透明、客观统一的要求，通过多种途径主动发布停电信息和应对处置工作情况。要加强舆情监测，及时回应社会关切。

十六、深入开展灾后评估

冰灾结束后，要从电力规划、设防标准、建设施工、系统运行、设备设施质量和管理、应急处置、电源配置、融（除）冰装置配备等方面，全面系统开展冰灾处置评估工作，总结经验教训，分析查找问题，落实整改措施，持续提升电力系统防范应对冰灾能力。

国家能源局综合司关于贯彻落实国务院安委会8号文件精神　进一步加强电力事故应急处置工作的通知

国能综安全〔2014〕469号

各派出机构，国家电网公司，南方电网公司，华能、大唐、华电、国电、中电投集团公司，各有关电力企业：

为贯彻落实《国务院安委会关于进一步加强生产安全事故应急处置工作的通知》（安委〔2013〕8号）精神，进一步明确责任和规范开展电力事故应急处置工作，增强应急处置能力，防范和减少因应急处置不当导致电力事故扩大，现将有关事项通知如下：

一、高度重视，严格落实电力事故应急处置责任

派出机构、电力企业要深入学习贯彻中央领导同志关于加强安全生产和应急管理工作的重要批示指示精神，始终把人民群众生命安全放在电力应急工作的首位，要深刻吸取以往重特大事故教训，牢固树立"以人为本、安全第一、生命至上"理念，坚持"属地为主、条块结合、精心组织、科学施救"原则，以对党和人民高度负责的精神，紧紧围绕预防和减轻电力事故中人身伤亡的应急救援重点，深入扎实地开展电力事故应急处置工作。

电力企业是安全生产责任主体，要建立健全应急管理机制，加强应急预案体系建设，按照标准规范及时编制和修订应急预案，严格应急预案的评审和备案制度；保证应急资金落实到位、专款专用，做好应急物资储备，加强专兼职救援队伍建设；要完善应急预案和现场处置措施，明确并落实生产现场工作负责人、班组长和调度人员在遇到险情时直接处置权；加强从业人员应急教育培训，组织开展演练，重点针对一线人员开展急救互救、先期处置等关键环节的现场演练，不断提高应急处置能力。

国家能源局及派出机构要进一步加强自身机构和监管队伍建设，指导电力事故应急处置工作，加强对电力企业应急管理工作的监督检查，依照国家有关规定，认真组织或参与电力事故调查处理。配合地方政府制定和实施应急处置方案，协调电力企业做好电力应急保障工作。

二、突出现场，规范做好电力事故应急处置工作

（一）做好先期处置工作。发生电力事故或险情后，发电厂、变电站运行值班人员

应按照有关规定，迅速采取措施限制事故的发展，消除事故根源并解除对人身和设备安全的威胁，防止电力系统稳定破坏或瓦解。生产现场人员在发现危及人身、电网和设备安全的紧急情况时，有权停止作业或者在采取可能的紧急措施后撤离作业场所。生产现场工作负责人、班组长和调度人员在紧急情况下可以立即下达停工撤人命令，组织现场人员及时、有序撤离到安全地点，减少人员伤亡。应急处置过程中，电力企业要尽快隔离危险场所，控制事故范围，在保证安全的前提下组织抢救遇险人员，杜绝盲目施救，防止事态扩大。

（二）及时报告事故信息。电力企业要依法依规，及时、如实向当地安全生产监管监察部门、国家能源局或其派出机构和其他相关负有安全生产监督管理职责的部门报告电力事故情况，不得瞒报、谎报、迟报、漏报。

（三）做好事故现场应急处置。电力企业要及时启动响应，组织应急队伍，发挥专业优势，积极协助配合当地政府制定和实施应急处置方案。救援过程中，要严格执行电力系统操作规程和电力安全工作规程，在保证救援人员安全的前提下，开展应急处置，并采取措施防止发生次生衍生灾害。派出机构接到电力事故报告后要及时上报，并对事故情况进行研判，必要时安排有关人员赶赴现场，根据地方政府及有关部门的应急救援指令或有关企业请求，及时协调政府和社会有关资源，以及电力企业应急救援队伍、装备、物资等资源，指导企业做好电力生产恢复准备。

（四）做好应急处置后续工作。派出机构、电力企业要按照有关规定协助地方政府及有关部门发布事故应急处置工作信息，引导媒体客观、公正、及时报道事故信息。电力企业要配合当地政府妥善安置和慰问受影响人员，开展善后工作，尽快消除事故影响，恢复正常生产秩序。

三、完善制度，保障电力事故应急处置工作有效实施

（一）建立电力事故应急处置分级指导制度。电力事故发生后，国家能源局及派出机构可根据事故等级派有关人员赶赴事故现场指导应急处置工作。对于重特大电力事故以及造成全国性重大社会影响的电力事故，由国家能源局对应急处置工作进行指导；对于重大、较大、一般电力事故和造成辖区内重大社会影响的电力事故，由事故发生地国家能源局派出机构对应急处置工作进行指导。

（二）落实电力事故应急总结和评估制度。电力事故应急处置工作结束后，有关派出机构、电力企业要全面总结和评估应急处置及相关防范工作，并及时修改完善相关应急管

理制度和应急预案。

（三）严格执行奖惩制度。派出机构、电力企业要落实电力事故应急处置奖励与责任追究制度。对电力事故应急处置工作中表现突出的单位和个人给予奖励；对影响和妨碍事故应急处置工作的有关单位和人员，视情节和危害后果要依法依规追究责任。

国家能源局综合司

2014 年 6 月 12 日

593

（七）电力建设工程施工安全和工程质量监管

国家能源局综合司关于加强电网改造施工安全管理保障电网安全稳定运行的通知

国能综安全〔2016〕249 号

国家电网公司、南方电网公司、内蒙古电力公司：

近期，电网企业在电网改造施工中连续发生两起人身死亡事故。3 月 30 日，广东浩盛建设工程公司在广东省梅州市梅县供电公司 110 千伏白渡供电所进行配电变压器改造施工过程中，施工人员发生触电事故，造成 1 人死亡。4 月 1 日，冀北电力有限公司检修人员在唐山 220 千伏罗屯变电站 113-2 刀闸检修工作过程中，打开 -2 刀闸 A 相线路侧引线连接板时，失去地线保护，发生感应触电，造成 1 人死亡。以上事故暴露出当前部分电网企业安全生产主体责任落实不到位，在电网改造施工和生产检修中存在安全风险管控不到位、安全措施不得力的情况，安全防范工作存在疏漏。

随着全国配电网升级改造工作的全面铺开，加之电网企业春季生产检修等各项工作任务的集中开展，电网改造施工工作任务繁重，工作时间集中，极易发生安全事故。为深刻吸取事故教训，加强电网改造施工安全管理，有效防范和坚决遏制各类电力事故（事件）发生，保障电网安全稳定运行，现提出以下工作要求：

一、落实安全生产主体责任，全面加强电网改造施工安全管理。各电网企业要深刻认识安全生产面临的严峻形势，时刻保持警醒的意识，逐级逐层落实安全生产责任，加强安全生产基础能力建设，做到"五落实五到位"。各电网企业要认真落实《安全生产法》《电力安全生产监督管理办法》（国家发展改革委第 21 号令）等法律法规和国家能源局关于电力安全生产工作的各项要求，全面加强配电网改造升级、生产检修等工作的安全管理，对安全生产的每个环节都要做到精心组织、严格落实，保障改造工作的顺利开展和电网安全稳定运行。

二、加强统筹协调，合理安排改造计划和检修工作任务。各电网企业要加强配电网改造建设和生产检修等各项工作的统筹协调，科学安排工作计划和检修任务，研究制定合理可行、安全可靠的时间进度表，按要求配备安全管理人员和安全生产设备设施，避免因"赶时间、抢进度"忽略应有的安全生产措施和必备的手续，进而引发人身伤亡事故，影响改造施工工作进展和电力可靠供应。

三、完善安全风险管控体系，加强外包项目安全管理。各电网企业要落实《国家能源局关于加强电力企业安全风险预控体系建设的指导意见》（国能安全〔2015〕1号）要求，不断总结本单位安全风险管控系统建设经验，完善危害辨识、风险评估、风险控制和持续改进等各项安全风险闭环管理措施。要切实加强外包项目安全管理，将劳务分包、临时用工等人员纳入正式员工安全管理范畴，加强安全教育及培训，经考试合格后方可上岗。

四、严格执行安全作业规程，加强改造施工现场安全监督管理。各电网企业要严格执行"两票三制"和安全作业规程等规章制度，杜绝各类违章行为。要严格落实监护责任制度，加强作业现场的人员管理，确保作业现场的全过程、全方位安全监督，不留死角。作业中应重点关注以下环节：

（一）加强现场危险点分析与控制措施的落实，明确作业现场的带电部分和危险区域。

（二）加强复杂、交叉作业工作现场的安全管理工作。

（三）加强临近带电设备或有发生感应触电可能的工作现场的安全管理工作。

（四）加强安全工器具的管理，必须符合国家和电力行业标准。

五、落实信息报送规定，及时、准确报送事故（事件）信息。各电网企业要严格执行电力安全生产信息报送制度，发生电力事故和电力安全事件时，要按规定及时、准确、完整地进行事故（事件）信息报告。

国家能源局综合司

2016年4月18日

国家能源局关于印发《电力建设工程质量监督管理暂行规定》的通知

国能发安规〔2023〕43 号

为加强对电力建设工程质量的监督管理，保证电力建设工程质量，我们制定了《电力建设工程质量监督管理暂行规定》。现印发你们，请遵照执行。

国家能源局

2023 年 5 月 31 日

电力建设工程质量监督管理暂行规定

第一章　总　　则

第一条　为加强对电力建设工程质量的监督管理，保证电力建设工程质量，根据《中华人民共和国建筑法》《建设工程质量管理条例》等有关法律法规，制定本规定。

第二条　凡从事电力建设工程的新建、扩建、改建等有关活动及实施对电力建设工程质量监督管理的，必须遵守本规定。

本规定所称电力建设工程，是指经有关行政机关审批、核准或备案，以生产、输送电能或提升电力系统调节能力为主要目的，建成后接入公用电网运行的发电、电网和新型储能电站建设工程。

第三条　电力行业实行电力建设工程质量监督管理制度。

国家能源局负责全国电力建设工程质量的监督管理，组织拟订电力建设工程质量监督管理政策措施并监督实施，由电力安全监管司归口。国家能源局派出机构依职责承担所辖区域内电力建设工程质量的监督管理。电力可靠性管理和工程质量监督中心（以下简称可靠性和质监中心）根据国家能源局委托，承担研究拟订电力建设工程质量监督政策措施及实施相关具体工作的职责，负责电力建设工程质量监督信息统计、核查、发布等工作。

县级以上地方人民政府电力管理部门依职责负责本行政区域内的电力建设工程质量的监督管理。

地方各级人民政府有关部门应在电力建设工程项目审批、核准或备案文件中告知建设单位按国家有关规定办理工程质量监督手续。

第四条 国家能源局向社会公布电力建设工程质量监督机构（以下简称电力质监机构）名录和监督范围。电力建设工程质量监督专业人员（以下简称质监专业人员）应具备相应的专业技术能力。

电力建设工程质量监督管理，由政府电力管理部门委托电力质监机构具体实施。电力质监机构负责对电力建设工程建设、勘察、设计、施工、监理等单位（以下简称工程参建各方）的质量行为和工程实体质量进行监督。电力质监机构对电力建设工程质量监督结果负责，其对电力建设工程的质量监督不替代工程参建各方的质量管理职能和责任。

第五条 电力质监机构按照依法依规、严谨务实、清正廉洁、优质高效的原则，独立、规范、公正、公开实施质量监督。

第六条 电力建设工程质量监督工作应加强"互联网+"等信息技术应用和技术创新，不断提升质量监督工作效能。

第七条 电力质监机构不得向工程参建各方收取质量监督费用。

第二章 工程参建各方的质量责任和义务

第八条 工程参建各方依法对电力建设工程质量负责。建设单位对工程质量承担首要责任。工程参建各方要推进质量管理标准化，提高项目管理水平，保证电力建设工程质量。

第九条 电力建设工程实行质量终身责任制。工程开工建设前，工程参建各方法定代表人应签署授权书，明确本单位在该工程的项目负责人。项目负责人应签署工程质量终身责任承诺书，对设计使用年限内的工程质量承担相应终身责任。

第十条 工程参建各方应支持配合电力质监机构对工程质量的监督检查，及时提供有关工程质量的文件和资料，并保证真实、准确、齐全。对于质量监督发现的问题，建设单位负责组织工程参建各方完成整改，并对整改结果负责。

第三章 质量监督实施

第十一条 电力质监机构依据国家能源局发布的电力建设工程质量监督检查大纲（以下简称质监大纲）和有关规定实施质量监督工作。

第十二条 电力质监机构对电力建设工程的质量监督，根据工程类别、规模、建设周期等特点，按以下原则分类实施。

（一）规模以上电力建设工程，按照质监大纲规定程序及内容进行质量监督。

（二）规模以下且装机容量 6 兆瓦及以上发电建设工程、规模以下且功率 5 兆瓦及以上新型储能电站建设工程，采取抽查和并网前阶段性检查相结合的方式进行质量监督。

（三）规模以下且 35 千伏及以上电网建设工程，采取抽查方式进行质量监督。

（四）装机容量 6 兆瓦以下发电建设工程，经能源主管部门以备案（核准）等方式明确的分布式、分散式发电建设工程，35 千伏以下电网建设工程，抢险救灾及其他临时性电力建设工程，功率 5 兆瓦以下新型储能电站建设工程，不需进行质量监督。

第十三条 电力质监机构依照下列程序对电力建设工程进行质量监督。

（一）第十二条第（一）、（二）类电力建设工程质量监督程序：

工程开工前，建设单位应向电力质监机构提交工程质量监督注册申请。对符合规定条件的申请，电力质监机构应予受理，并于 7 个工作日内完成质量监督注册、出具质量监督计划，第十二条第（二）类电力建设工程的质量监督计划中应明确抽查安排。

工程建设过程中，建设单位应根据质量监督计划和工程进度，提前 10 个工作日提交阶段性质量监督申请，电力质监机构应及时开展阶段性质量监督检查、出具整改意见书，建设单位应按整改意见书要求及时组织完成整改工作。

工程并网前阶段性质量监督检查后，对符合要求的工程，电力质监机构应于 7 个工作日内向建设单位出具并网意见书。工程各阶段质量监督检查结束后，对符合要求的工程，电力质监机构应于 20 个工作日内向建设单位出具质量监督报告。对于第十二条第（一）类电力建设工程，电力质监机构还应按信息报送有关规定将质量监督报告报相关单位。

（二）第十二条第（三）类电力建设工程质量监督程序：

建设单位应在批次工程建设计划发布 1 个月内，集中提交批次工程质量监督注册申请，对符合规定条件的申请，电力质监机构应予受理，并于 7 个工作日内完成质量监督注册、出具质量监督计划，质量监督计划中应明确抽查项目比例。

电力质监机构应按质量监督计划组织开展抽查、出具整改意见书，建设单位应按整改意见书要求及时组织完成整改工作。

批次工程质量监督检查结束后，对符合要求的批次工程，电力质监机构应于 20 个工作日内向建设单位出具质量监督报告。

第十四条 电力质监机构开展质量监督工作时，有权采取下列措施：

（一）要求被检查单位提供有关工程质量的文件和资料。

（二）进入被检查单位的施工现场进行检查。

（三）发现工程参建各方质量行为和工程实体质量问题，出具整改意见书，责令改正；发现存在涉及结构安全和使用功能的严重质量缺陷、工程质量管理失控时，有权责令暂停施工或局部暂停施工；对发现质量隐患的工程有权责令建设单位委托第三方检验检测机构进行检测，检测结果不合格的，责令整改。

第十五条 电力质监机构选派质量监督组开展现场监督工作时，组长或带队人员应由电力质监机构专职人员担任。

质量监督组现场出具的整改意见书须经质量监督组全体成员和建设单位项目负责人共同签字确认。如建设单位对整改意见书有异议的，可于收到整改意见书之日起 5 个工作日内向电力质监机构提出复查申请，电力质监机构应于收到申请之日起 10 个工作日内出具复查意见。

第四章　质量监督管理

第十六条 国家能源局、省级人民政府电力管理部门依职责对电力质监机构进行考核，有关考核办法另行制定。

电力质监机构要认真履行工程质量监督职责，国家能源局派出机构、可靠性和质监中心及地方政府电力管理部门要加强对电力质监机构的监督指导。

电力质监机构要加强能力建设，确保具备与质量监督工作相适应的条件和水平。电力质监机构举办单位要保障电力质监机构正常运转。

第十七条 电力质监机构在工程质量监督过程中，发现存在涉及结构安全和使用功能的严重质量缺陷、工程质量管理失控时，应按信息报送有关规定及时报告。

第十八条 电力质监机构发现参建各方违反《建设工程质量管理条例》相关规定的，向委托其实施质量监督的行政机关进行报告，由委托行政机关对相关企业实施行政处罚。

电力调度机构为未按规定取得质量监督并网意见书的电力建设工程办理并网的，由国家能源局及其派出机构责令改正。

第十九条 电力建设工程发生工程质量事故的，按照"尽职免责、失职追责"的原则，依法依规对相关责任单位、责任人进行处理。

第二十条 电力建设工程质量监督管理应建立信用承诺制度。建设单位应在提交质量监督注册申请时以书面方式向电力质监机构作出遵守质量监督管理相关规定的信用承诺，工程其他参建各方应在合同中向建设单位作出遵守质量监督管理相关规定的信用承诺。

第二十一条 本规定第十八条、第十九条、第二十条中涉及的违法违规行为纳入信用

记录，依法依规实施失信惩戒。

第二十二条　电力质监机构要建立质监专业人员廉洁自律承诺制度。在每项电力建设工程质量监督工作结束后，国家能源局通过电力建设工程质量监督信息系统，就电力质监机构及质监专业人员廉洁质监情况书面回访建设单位并存档留底，对违反廉洁规定的电力质监机构和质监专业人员，依法依规进行处理。

第二十三条　任何单位和个人对电力建设工程的质量事故、质量缺陷都有权检举、控告、投诉。

第五章　附　　则

第二十四条　本规定所称规模以上电力建设工程是指单机容量 300 兆瓦及以上火电建设工程、核电建设工程（不含核岛）、装机容量 300 兆瓦及以上水电建设工程、装机容量 150 兆瓦及以上海上风电建设工程、装机容量 50 兆瓦及以上陆上风电建设工程、装机容量 50 兆瓦及以上光伏发电建设工程、太阳能热发电建设工程、单机容量 15 兆瓦及以上农林生物质发电建设工程、110 千伏及以上电网建设工程、功率 100 兆瓦及以上新型储能电站建设工程。

第二十五条　军事电力建设工程，核电站核岛建设工程，装机容量 50 兆瓦以下小型水电建设工程，农村水电站及其配套电网建设工程，企业自备电厂建设工程，用户电力设施建设工程（含用户侧新型储能电站建设工程，即在用户所在场地建设，与用户电力设施共同接入电网系统、关口计量点物理位置相同或相近的新型储能电站工程），余热（余压、余气）发电、垃圾焚烧发电、工业园区热电联产等兼具电力属性的市政和综合利用工程等不适用本规定。需接入公用电网运行的以上建设工程，按其行业规定或由地方政府有关部门委托相应质监机构进行质量监督。

第二十六条　本规定由国家能源局负责解释，自发布之日起施行，有效期 5 年。

国家能源局关于印发进一步加强电力建设
工程质量监督管理工作意见的通知

国能发安全〔2018〕21号

各省（自治区、直辖市）、新疆生产建设兵团发展改革委（能源局）、经信委（工信委），北京市城市管理委员会，各派出能源监管机构，中国电力企业联合会，水电水利规划设计总院，全国电力安委会各企业成员单位，各电力建设工程质量监督机构，各有关单位：

为深入学习贯彻党的十九大精神，严格落实《建设工程质量管理条例》《中共中央国务院关于开展质量提升行动的指导意见》（中发〔2017〕24号）、《国家发展改革委 国家能源局关于推进电力安全生产领域改革发展的实施意见》（发改能源规〔2017〕1986号）等规定，我局制定了《关于进一步加强电力建设工程质量监督管理工作的意见》，现印发你们，请遵照执行。工作中的重大问题，请及时向国家能源局报告。

国家能源局

2018年2月14日

关于进一步加强电力建设工程质量监督管理工作的意见

为深入学习贯彻党的十九大精神，严格落实《建设工程质量管理条例》《中共中央国务院关于开展质量提升行动的指导意见》（中发〔2017〕24号）、《国家发展改革委 国家能源局关于推进电力安全生产领域改革发展的实施意见》（发改能源规〔2017〕1986号）等规定，现就进一步加强电力建设工程质量监督管理工作提出如下意见。

一、国家能源局依法依规对全国电力建设工程质量实施统一监督管理。贯彻执行国家关于电力建设工程质量监督管理的法律法规和方针政策，不断完善电力建设工程质量监督管理规章制度和标准规范体系，组织、指导和协调全国电力建设工程质量监督管理工作，组织开展全国电力建设工程质量监督管理巡查督查和专项检查，监督指导地方政府电力管理等有关部门和各派出能源监管机构的电力建设工程质量监督管理工作。

国家能源局电力安全监管司归口全国电力建设工程质量监督管理工作，其他有关司和单位依其职责做好相关工作。国家能源局各派出能源监管机构按照国家能源局授权承担所

辖区域内除核安全外的电力建设工程质量安全的监督管理，对电力建设工程质量监督机构（以下简称质监机构）进行业务监督指导，依法组织或参与电力事故调查处理。

二、地方各级政府电力管理等有关部门依法依规履行地方电力建设工程质量监督管理责任，按照国家能源局有关规定，继续做好可再生能源发电工程的质量监督管理，并积极配合派出能源监管机构，做好其他电力建设工程质量监督管理相关工作；对质监机构进行业务监督指导。

三、国家能源局电力可靠性管理和工程质量监督中心（以下简称可靠性和质监中心）受国家能源局委托，研究拟定电力建设工程质量监督政策措施、规章制度及监督检查大纲并组织实施相关工作，协调解决质量监督工作存在的突出问题；对质监机构进行业务监督指导；参与涉及电力建设工程质量重大争议处理、重大事故调查及相关专项检查；负责全国电力建设工程质量监督信息管理等工作。

四、电力工程质量监督总站更名为电力工程质量监督站；水电工程质量监督总站和国家可再生能源发电工程质量监督总站合并，更名为可再生能源发电工程质量监督站。

质监机构要继续按照国家能源局现行文件规定的业务范围开展工程质量监督，其中各电力建设工程质量监督中心站（以下简称中心站）可开展可再生能源发电工程质量监督。根据工作需要，各监督站、中心站可设立项目站。

质监机构要规范设置，持续加强机构建设和队伍建设，制定本机构各项工作管理制度，配备专职工作人员，配置必要的检测仪器和设备，建立与质量监督任务相适应的组织体系和保障体系；要充分发挥专家和第三方检测机构作用，严禁工程建设项目参建单位人员作为质监机构专家或工作人员参加本项目的质量监督。

质监机构对各级政府部门审批、核准、备案的电力建设工程按照职责分工同步开展质量监督，要加强对有关电力建设工程质量的法律、法规和强制性标准执行情况的监督检查；要按照依法依规、严谨务实、清正廉洁、优质高效的原则，独立、规范、公正、公开开展工作。

质监机构要认真履职，采取措施确保工作不断、秩序不乱、队伍不散、质量不降。凡因机构职能弱化、履职不力等造成工程质量事故或重大质量隐患的，将依法依规严肃追究责任。

五、质量监督不代替建设、监理、设计、施工等单位的质量管理工作。未经审批、核准、备案的电力建设工程，质监机构不得受理其质量监督注册申请。未通过质监机构监督检查的电力工程，不得投入运行。

六、质监机构要按规定将年度和阶段性质监工作计划等信息，及时向地方政府电力管

理等有关部门、国家能源局电力安全监管司、各派出能源监管机构、可靠性和质监中心报送。报送信息的内容、程序及时限等要求另行发文规定。

各监督站、中心站要及时将主要负责人名单、项目站设置情况及工作联系方式报告所在地省级政府电力管理等有关部门、派出能源监管机构、可靠性和质监中心。

七、各企业要进一步健全电力建设工程质量管控体系，明确具体部门负责工程质量监督对口联系；要全面落实各参建单位的工程质量责任，特别要强化建设单位的首要责任和勘察、设计、施工单位的主体责任，并充分发挥监理单位作用；要按照国家法律法规和标准规范要求，加强施工现场管理，落实工程质量管控措施，坚决遏制重特大质量事故发生。

各企业要主动接受各级政府电力管理等有关部门、派出能源监管机构、质监机构开展的质量监督管理和专项检查等活动。

八、地方政府电力管理等有关部门和派出能源监管机构要按照国家有关规定，统筹项目核准备案、市场准入、行政执法等环节力量，进一步强化电力建设工程质量监督管理，加强对质监机构的监督指导。对发现的问题责令限期整改，对整改不到位或存在重大质量隐患的电力建设工程，依法采取停止施工、停止供电等强制措施，并给予上限经济处罚。

九、各有关单位要认真落实本意见要求，确保各项工作落实到位。国家能源局将适时对执行情况开展督查。

国家能源局综合司关于加强和规范电力建设工程质量监督信息报送工作的通知

国能综通安全〔2018〕72号

各省、自治区、直辖市、新疆生产建设兵团发展改革委（能源局），经信委（工信委），北京市城市管理委员会，各派出能源监管机构中国电力企业联合会，水电水利规划设计总院，全国电力安委会各企业成员单位，各电力建设工程质量监督机构，各有关单位：

为落实《国家能源局关于印发进一步加强电力建设工程质量监督管理工作意见的通知》（国能发安全〔2018〕21号）要求，规范电力建设工程质量监督信息报送工作，现将有关事项通知如下。

一、总体要求

国家能源局电力安全监管司归口全国电力建设工程质量监督管理工作。电力可靠性管理和工程质量监督中心（以下简称可靠性和质监中心）负责全国电力建设工程质量监督信息管理，组织开展相关信息统计、核查、分析、发布等工作。

各电力建设工程质量监督机构（以下简称质监机构）要按照本通知要求，及时向省级地方政府电力管理等有关部门、国家能源局派出监管机构、可靠性和质监中心及电力安全监管司报送电力建设工程质量监督相关信息；要加强机构建设和队伍建设，确保报送的信息及时、准确和完整。

二、报送内容

电力建设工程质量监督信息包括阶段性（月度、季度、年度）工作信息和工程质量监督报告等。

（一）阶段性工作信息

1. 月度工作信息应包括项目建设概况、质监节点（阶段）、发现问题数量（质量行为类和实体质量类）、整改闭环情况及下月监检计划等（报送格式见附件1～附件3）。

2. 季度、年度工作信息应包括季度工作总结和年度工作总结，及下一阶段工作计划（报送格式见附件4、附件5）。其中，工作总结主要内容应包括质监机构开展的重点工作、发现的主要质量问题以及整改处理情况、经验做法、机构及人才队伍建设、质监情况统计、存在的问题、工作建议等。工作计划应包括质监机构阶段性检查计划安排、下一步工作思路和工作重点等。

（二）工程质量监督报告

工程质量监督报告应包括工程建设概况、参建单位、质量监督检查结论、工程竣工验收是否符合规定、历次抽查发现的质量问题和整改处理情况等。

三、报送程序、时限、形式

（一）报送程序

1. 阶段性工作信息。质监机构应将阶段性工作信息分别报送至项目所在地省级政府电力管理等有关部门、国家能源局派出监管机构以及可靠性和质监中心。

2. 工程质量监督报告。对于国务院或国务院投资主管部门审批核准的电力建设工程，质监机构应报送至项目所在地省级政府电力管理等有关部门、国家能源局派出监管机构以及可靠性和质监中心；对于地方政府投资主管部门审批、核准、备案的电力建设工程，质监机构应报送至项目所在地省级政府电力管理等有关部门和国家能源局派出监管机构。

（二）报送时限

1. 月度工作信息于次月7日前报送；季度工作信息于下一季度首月10日前报送；年度工作信息于次年1月15日前报送。

2. 工程质量监督报告于建设管理单位将工程投运移交生产签证书报质监机构备案后30日内报送。

（三）报送形式

阶段性工作信息使用书面材料和电子文档两种报送形式，其中电子文档发送至有关单位指定的电子邮箱或信息报送系统，书面材料加盖单位公章后报送；工程质量监督报告加盖公章后扫描并以光盘形式报送。

自2018年5月1日开始，向可靠性和质监中心报送的阶段性工作信息，可通过可靠性和质监中心门户网站电力建设工程质量监督信息报送系统报送，不再报送书面材料。地方政府电力管理等有关部门、国家能源局各派出监管机构应指定报送渠道、对接人员及联系方式，确保信息报送工作顺畅。

四、其他

（一）质监机构要按照报送程序、时限等要求，落实好信息报送和档案管理工作；要加强所属项目站、分站的信息报送工作，统一规范信息管理；要落实质监信息填报责任人，填报的信息经质监机构主要负责人审核批准后方可报送。

（二）月度工作信息报送实行零报告制度。质监机构应按本通知要求统计报送月度质量监督工作信息。

（三）质监机构在质量监督检查过程中，发现有严重违反质量管理程序的行为或涉及主体结构安全和主要使用功能的重大质量问题，应于 3 日内向项目所在地省级政府电力管理等有关部门、国家能源局派出监管机构、国家能源局可靠性和质监中心及电力安全监管司报告，特别紧急的应随时报告。

（四）国家能源局将信息报送情况列为质监机构的年度考核内容，并将适时对各质监机构信息报送情况进行督查。对未按要求及时报送质监信息的单位，国家能源局将予以通报。

附件：1. 月度工作信息报表（电源工程）

2. 月度工作信息报表（交流电网工程）

3. 月度工作信息报表（直流电网工程）

4. ×××站季度工作信息

5. ×××站年度工作信息

国家能源局综合司

2018 年 4 月 28 日

附件1：

月度工作信息总报表（电源工程）
（××××年××月）

填报质监机构：××（盖章）　　审批人：×××　　填报人：×××　　联系方式：座机/手机　　时间：××××年××月××日

序号	工程类别	工程名称	机组台数（台）	单机容量（kV）	总容量（MW）	建设地点	建设单位	核准（备案）时间	注册时间（年月）	开工时间（年月）	计划竣工时间（年月）	目前监检节点（阶段）	本月监检次数	当月派专家（人·工作日）	当月发现问题数量		当月整改闭环数	次月是否监检	预计下次监检时间	监检节点（阶段）	质监机构
															质量行为类	实体质量类					

填报说明：① 工程类别在"火电工程，水电工程（50MW及以上），核电工程，风电工程（项目总容量48MW及以上），光伏发电工程（项目总容量30MWp及以上），生物质发电工程（市政工程除外）"中选择；② 多台机组容量不一致时，仅填写总容量；③ 建设地点填写"省名加地级市名"，例河北石家庄，黑龙江齐齐哈尔；④ 核准（备案）时间是指在政府的核准（备案）时间，月报表中填写"核准"时间，"开工时间""计划竣工时间""注册时间"请填写年－月，例2018年03月，可直接输入2018－3；⑤ 当月"整改闭环数"栏，如不是在监检的，只填写整改闭环数量，"本月监检次数""当月派专家""当月发现问题数"都为零；⑥ 质监机构：例中心站填写为"山东中心站"，项目站（或分站）填写为"济南站"；⑦ 审批人：为秘书长或副站长以上领导；填报人：质监机构指定专职的填报人员；⑧ 联系方式：区号－办公电话/手机；⑨ 此表需统计所有在本质监机构申请注册的在建工程。

附件 2：

月度工作信息报表（交流电网工程）

（××××年××月）

填报质监机构：××（盖章）　　审批人：×××　　填报人：×××　　联系方式：座机/手机　　时间：××××年×××月×××日

序号	电压等级	工程名称	主变压器台数（台）	单台容量（MVA）	总容量（MVA）	线路回数（回）	总长度（km）	建设地点	建设单位	核准（备案）时间	注册时间（年月）	开工时间（年月）	计划竣工时间（年月）	目前监检节点（阶段）	本月监检次数	当月派专家（人·工作日）	当月发现问题数量 行为类	当月发现问题数量 实体类	当月整改闭环数	次月是否监检	预计下次监检时间	预计监检地点	监检节点（阶段）	质监机构

填报说明：① 此表统计电压等级为 66kV 及以上的电网工程，66kV 以下也需按要求开展好质监工作；② 容量栏填写变电容量；③ 建设地点填写"省名加地级市名"，如果跨地级市应填写两个地级市名称；④ 核准（备案）时间是指在政府的核准（备案）时间，月报表中填写"核准（备案）时间"，涉及多个地级市时，需要填写"省名加地级市名"；⑤ 预计监检地点与 2018-3；⑤ 预计监检地点与"省名加地级市名"；⑥ "当月整改闭环数"栏，如不是在监检当月整改闭环的，只填写整改闭环数量，"本月监检次数" "当月派专家" "当月发现问题数" 都为零；⑦ 质监机构：例中心站填写为"山东中心站"；项目站（或分站）填写为"济南站"；⑧ 审批人：质监机构指定专职的填报人员；⑨ 联系方式：区号－办公电话/手机；⑩ 此表需统计所有在本质监机构申请注册的在建工程。例 2018 年 03 月，可直接输入 2018-3；⑤ 预计监检次数写"本月监检次数"。填报人：为秘书长或副站长以上领导。

附件3：

月度工作信息报表（直流电网工程）

（××××年××月）

填报质监机构：××（盖章）　　审批人：×××　　填报人：×××　　联系方式：座机/手机　　时间：××××年××月××日

序号	工程名称	电压等级（kV）	线路标段	输送容量（MW）	总长度（km）	建设地点	建设单位	核准（备案）时间（年月）	注册时间（年月）	开工时间（年月）	计划竣工时间（年月）	目前监检节点（阶段）	本月监检次数	当月派专家（人·工作日）	当月发现问题数量		当月整改闭环数	次月是否监检	预计下次监检时间	预计监检地点	监检节点（阶段）	质监机构
															行为类	实体类						

填报说明：① 建设地点填写"省名加地级市名"，如果跨地级市时写两境地级市名称；② 核准（备案）时间是指在政府的核准（备案）时间，月报表中填写"核准（备案）"时间；如果跨地级市时，涉及多个地级市名，"省名加地级市"都要填写；③ 预计监检地点写"省名加地级市"，例2018年03月，可直接输入2018-3；④ "当月整改闭环数"栏，如不是在监检当月整改闭环的，只填写监检次数"当月派专家""当月发现问题数"都为零；⑤ 质监机构：例中心站填写"山东中心站"，项目站（或分站）填写为"济南站"；⑥ 审批人：为秘书长或副站长以上领导；填报人：质监机构指定专职的填报人员；⑦ 联系方式：区号-办公电话/手机；⑧ 此表需统计所有在本质监机构申请申报注册的在建工程。

附件 4:

×××站季度工作信息
(××××年第×季度)

×× 站(盖章)　　审批人:×××　　时间:××××年××月××日

一、本季度工作总结

(一)重点工作

(主要开展的重要质监工作、组织形式等)

(二)发现的主要质量问题以及整改、处理情况

(主要质量问题应包括:① 严重违反质量管理程序的行为;② 涉及主体结构安全、主要使用功能的质量问题;③ 下达停工整改通知的其他重大质量问题等。应对上述问题及最终处理情况进行描述,并列明所涉及的参建单位、设备厂商等信息)

(三)质监工作经验做法

(四)质量监督机构及人才队伍建设情况

[如机构注册、机构或人员调整、管理制度、增(减)设项目站、人才培训等]

二、本季度监检情况统计

(一)电网工程

电压等级	检查项目数	容量(交流 MVA,直流 MW)	线路(km)	检查次数	已派专家(人·工作日)	发现问题数		已整改闭环数量
						质量行为类	实体质量类	
交流特高压								
750kV								
500kV								
220(330)kV								
110(66)kV								
直流特高压								
±660kV								
±500kV								
…								
合计								

（二）电源工程

工程类别	检查项目数	机组数（台）	容量（MW）	检查次数	已派专家（人·工作日）	发现问题数		已整改闭环数量
						质量行为类	实体质量类	
火电								
核电（核岛除外）								
水电（50MW及以上）								
风电（项目总容量48MW及以上）								
光伏（项目总容量30MWp及以上）								
生物质发电（市政工程除外）								
合计								

三、本年度累计监检情况统计

（一）电网工程

电压等级	检查项目数	容量（交流MVA，直流MW）	线路（km）	检查次数	已派专家（人·工作日）	发现问题数		已整改闭环数量
						质量行为类	实体质量类	
交流特高压								
750kV								
500kV								
220（330）kV								
110（66）kV								
直流特高压								
±660kV								
±500kV								
…								
合计								

（二）电源工程

工程类别	检查项目数	机组数（台）	容量（MW）	检查次数	已派专家（人·工作日）	发现问题数		已整改闭环数量
						质量行为类	实体质量类	
火电								
核电（核岛除外）								
水电（50MW及以上）								

续表

工程类别	检查项目数	机组数（台）	容量（MW）	检查次数	已派专家（人·工作日）	发现问题数		已整改闭环数量
						质量行为类	实体质量类	
风电（项目总容量48MW及以上）								
光伏（项目总容量30MWp及以上）								
生物质发电（市政工程除外）								
合计								

四、下一季度监检计划

（一）电网工程

序号	工程名称	监检节点	计划时间	地点（地级市）

（二）电源工程

序号	工程名称	监检节点	计划时间	地点（地级市）

五、存在的问题及解决措施建议

六、工作建议

附件 5：

×××站年度工作信息

（××××年）

×× 站（盖章）　　　　审批人：×××　　　　时间：201× 年 ×× 月 ×× 日

一、年度质监工作开展

（一）重点工程质监情况

（国务院或国务院投资主管部门审批、核准的电力建设项目和重大试验示范项目和质监机构当年的重点工程等）

（二）发现的主要质量问题以及整改处理情况

（主要质量问题应包括：①严重违反质量管理程序的行为；②涉及主体结构安全、主要使用功能的质量问题；③需下达停工整改通知的重大质量问题等。应对上述问题及最终处理情况进行描述，并列明所涉及的参建单位、设备厂商等信息）

（三）质监工作经验做法

（四）质量监督机构及人才队伍建设情况

［如机构注册、机构或人员调整、管理制度、增（减）设项目站、人才培训等］

二、本年度监检情况统计

（一）电网工程

电压等级	检查项目数	容量（交流 MVA，直流 MW）	线路（km）	检查次数	已派专家（人·工作日）	发现问题数		已整改闭环数量
						质量行为类	实体质量类	
交流特高压								
750kV								
500kV								
220（330）kV								
110（66）kV								
直流特高压								
±660kV								
±500kV								
...								
合计								

（二）电源工程

工程类别	检查项目数	机组数（台）	容量（MW）	检查次数	已派专家（人·工作日）	发现问题数		已整改闭环数量
						质量行为类	实体质量类	
火电								
核电（核岛除外）								
水电（50MW 及以上）								
风电（项目总容量48MW 及以上）								
光伏（项目总容量30MWp 及以上）								
生物质发电（市政工程除外）								
合计								

三、下一年度工作思路和工作重点

（一）人才培训

（二）重点工作

（三）其他

四、下一年度监检计划

（一）电网工程

电压等级	检查项目数	容量（交流 MVA，直流 MW）	线路（km）	检查次数	计划派专家（人·工作日）
交流特高压					
750kV					
500kV					
220（330）kV					
110（66）kV					
直流特高压					
±660kV					
±500kV					
…					
合计					

（二）电源工程

工程类别	检查项目数	机组数（台）	容量（MW）	检查次数	计划派专家（人·工作日）
火电					
核电（核岛除外）					
水电（50MW 及以上）					
风电（项目总容量 48MW 及以上）					
光伏（项目总容量 30MWp 及以上）					
生物质发电（市政工程除外）					
合计					

五、存在的问题及解决措施建议

六、工作建议

国家能源局关于印发水电等六类电力建设工程质量监督检查大纲的通知

国能发安全规〔2021〕30号

各省（自治区、直辖市）能源局，有关省（自治区、直辖市）及新疆生产建设兵团发展改革委、经信委（工信委），北京市城市管理委，各派出机构，各电力质监机构，全国电力安委会各企业成员单位：

为加强电力建设工程质量监督管理，保证建设工程质量，国家能源局组织编制了《水电建设工程质量监督检查大纲》《海上风力发电建设工程质量监督检查大纲（试行）》《核电常规岛建设工程质量监督检查大纲》《生物质发电建设工程质量监督检查大纲》《太阳能热发电建设工程质量监督检查大纲》《输变电建设工程质量监督检查大纲（增补本）》。现印发你们，请遵照执行。

　　附件：1. 水电建设工程质量监督检查大纲（略）

　　　　　2. 海上风力发电建设工程质量监督检查大纲（试行）（略）

　　　　　3. 核电常规岛建设工程质量监督检查大纲（略）

　　　　　4. 生物质发电建设工程质量监督检查大纲（略）

　　　　　5. 太阳能热发电建设工程质量监督检查大纲（略）

　　　　　6. 输变电建设工程质量监督检查大纲（增补本）（略）

国家能源局

2021 年 6 月 20 日

国家能源局关于修订印发火力发电、输变电、陆上风力发电、光伏发电建设工程质量监督检查大纲的通知

国能发安全规〔2023〕41 号

各省（自治区、直辖市）能源局，有关省（自治区、直辖市）及新疆生产建设兵团发展改革委、工业和信息化主管部门，北京市城市管理委，各派出机构，各电力质监机构，全国电力安委会各企业成员单位：

为加强电力建设工程质量监督管理，保证建设工程质量，我局对《火力发电建设工程质量监督检查大纲》《输变电建设工程质量监督检查大纲》《陆上风力发电建设工程质量监督检查大纲》《光伏发电建设工程质量监督检查大纲》进行了修订。现印发你们，请按照执行。

国家能源局

2023 年 5 月 8 日

附件：1.火力发电建设工程质量监督检查大纲（略）

2.输变电建设工程质量监督检查大纲（略）

3.陆上风力发电建设工程质量监督检查大纲（略）

4.光伏发电建设工程质量监督检查大纲（略）

第五部分

国家能源局政策性文件

国家发展改革委办公厅　国家能源局综合司关于加强煤电机组非计划停运和出力受阻常态化监督管理工作的通知

发改办能源〔2022〕42 号

各省、自治区、直辖市及新疆生产建设兵团发展改革委、经信委（工信委、工信厅、工信局、经信厅）、能源局，北京市城市管理委员会，国家能源局各派出机构，有关中央企业：

为贯彻党中央、国务院关于能源保供的决策部署，全力做好电力保供支持经济社会发展，保障人民群众温暖过冬，2021 年 10 月 18 日，国家发展改革委印发了《关于加强发电机组停运管理的通知》，对推动非计划停运机组启动并网等工作提出了明确要求。为有效解决燃煤发电机组非计划停运和出力受阻问题，现就有关事项通知如下。

一、高度重视提升煤电机组有效出力的重大意义

2021 年 11 月，国务院召开今冬明春保暖保供工作电视电话会议，明确要求全力解决发电企业煤电机组出力受阻问题，确保冬季高峰时段可比条件下发电能力高于 2020 年同期水平。当前我国电力装机容量相对充足，正常情况下能够满足高峰期电力需求，但若煤电机组非计划停运和出力受阻规模大幅增加，将严重削弱有效供电能力，扩大电力供应缺口，增加地区能源安全供应风险，并对全国能源安全保供构成威胁。各地相关部门、监管机构和能源企业要进一步提高重视程度，增强大局意识，严格落实责任，在前期已开展工作的基础上，着眼长效机制建设，加强统筹、突出重点，全力提升高峰时段煤电机组发电能力，确保能源安全稳定供应。

二、切实加强煤电机组启停规范化管理

发电企业要加大安全投入，加强设备管理，从运行、维护、检修、技术监督等方面提高设备可靠性，避免因设备缺陷或故障造成煤电机组非计划停运或者出力受阻。要加强煤炭精细化管理，合理安排煤炭掺烧，确保高峰时段顶峰出力。要加强技术管理，分析评估非计划停运和带病运行煤电机组的消缺需求，及时安排检修，完成消缺工作，提升健康水平。

三、优化煤电机组检修安排

电网企业要掌握煤电机组非计划停运和出力受阻情况，监测运行状态，评估发电能力，统筹电力供应和设备检修需求，按照"应修必修"的原则，有序安排煤电机组计划检修。

对于存在缺陷的运行机组，充分利用负荷低谷时段进行消缺。发电企业要合理确定检修工期，强化全过程管控，确保检修作业安全，检修后健康、可用。能源保供等特殊时期，可建立地方相关部门、国家能源局派出机构、电网企业、发电企业会商机制，评估决策煤电机组的停运检修。

四、保障运行安全

电网企业要加强运行监控，严格按照《电力系统安全稳定导则》要求留足备用，严禁超供电能力、稳定极限和设备能力运行，在保证备用容量情况下，优化运行方式，提高负荷率，尽量避免多台煤电机组同时深度调峰。发电企业要落实安全责任，强化安全风险分级管控和隐患排查治理双重预防机制，及时发现、报告、消除各类隐患，出现危及人身和设备安全的紧急情况，要及时停机处理。

五、完善成本疏导机制

改革完善煤电价格市场化形成机制，研究建立顶峰发电机组容量电价机制，利用价格信号激励发电企业顶峰出力。各相关部门要落实燃煤发电上网电价市场化改革政策，在国家规定范围内扩大市场交易价格浮动幅度，有效疏导成本压力，提高积极性。

六、保证电煤供应

各地经济运行、能源主管等相关部门要督促指导煤炭企业在确保安全生产的前提下，全力增加煤炭供应。指导煤炭企业和发电企业签订中长期电煤供应合同，增加长协煤比例，保证合同兑现率，加强电煤合同签约履约情况监管，稳定电煤供应。发电企业应当针对煤电机组的设计煤种，科学匹配相应的煤炭供应方，缓解因煤质不匹配导致的出力受阻和设备故障停运风险，必要时，地方相关部门予以协调。

七、加强信息报送

建立常态化信息报送机制，电网企业负责收集统调煤电机组非计划停运时间、原因、并网时间，出力受阻时长、容量、原因以及检修计划安排和执行情况等信息，按月报送各地经济运行、能源主管部门和国家能源局派出机构，国家电网、南方电网、内蒙古电力公司直接报送国家发展改革委经济运行调节局和国家能源局电力安全监管司。能源保供等特殊时期，按照政府部门要求，信息报送可采取周报或日报。发电企业和电网企业要对信息真实性和完整性负责，各省级经济运行、能源主管部门会同国家能源局派出机构对信息报送情况进行核查。

八、强化监管考核

国家能源局各派出机构要督促电网企业严格执行发电厂并网运行管理和辅助服务管理

细则要求，对非计划停运和日内发电能力与日前上报值相差较大的煤电机组，依法依规加强考核，在能源保供等特殊时期，从严从重考核。对于日前上报值与机组额定值相差较大的煤电机组，应重点关注，评估指导。对于供热煤电机组，会同各省级经济运行、能源主管部门在保证供热负荷的情况下，合理确定发电能力上限和下限，减少供热受阻容量。

九、明确奖惩措施

各省级经济运行、能源主管部门和国家能源局派出机构要加强对煤电机组非计划停运和出力受阻情况监督核查，对于原因不属实、不遵守调度纪律、信息迟报谎报瞒报等情况，一经发现要立即约谈、通报有关企业。造成严重影响的，要报省级人民政府和国家发展改革委、国家能源局。涉及中央企业的，国家发展改革委、国家能源局将及时转交国务院国资委，在年度业绩考核方面予以扣分、降级甚至"一票否决"，涉及地方国有企业的，请各地参照执行。对履行保供社会责任并作出突出贡献的企业，将在机组运行考核、财政金融、电煤资源及运力协调等方面予以优先支持。

国家发展改革委办公厅

国家能源局综合司

2022 年 1 月 20 日

国家能源局关于印发
《燃煤发电厂贮灰场安全评估导则》的通知

国能安全〔2016〕234号

各派出机构，华能、大唐、华电、国电、国家电投集团公司，各发电企业：

为进一步加强燃煤发电厂贮灰场安全监督管理，预防贮灰场安全事故，原国家电监会于2013年印发了《燃煤发电厂贮灰场安全监督管理规定》（电监安全〔2013〕3号），其第十九条规定"发电企业应对运行及闭库后的贮灰场定期组织开展安全评估，并将安全评估报告报所在地电力监管机构。不具备安全评估能力的发电企业，可委托具备相应能力的单位开展安全评估工作。安全评估原则上每三年进行一次"。

目前，贮灰场安全评估已经成为及时排查和消除贮灰场生产安全事故隐患的有效手段。但是，由于贮灰场评估工作没有统一的标准，加之评估人员能力水平参差不齐，导致发电厂贮灰场安全评估工作良莠不齐。为了提高燃煤发电厂贮灰场安全评估工作的科学性、客观性、公正性、严谨性，我局组织编制了《燃煤发电厂贮灰场安全评估导则》，现印发你们，请依照执行。

国家能源局
2016年9月1日

燃煤发电厂贮灰场安全评估导则

前 言

为了加强电力安全监督管理，规范燃煤发电厂贮灰场安全评估工作，提高贮灰场运行安全水平，国家能源局认真总结燃煤发电厂湿式和干式贮灰场安全评估经验，依据有关规章制度和标准规范，充分吸收各派出机构、有关电力企业和科研机构意见，组织东北能源监管局、辽宁省安全科学研究院等单位编制了《燃煤发电厂贮灰场安全评估导则》。

本导则主要起草人：电力安全监管司黄学农、苑舜、毕湘薇、吴茂林、李然；东北能

源监管局戴俊良、吴大明、代方涛、黄显颐、苗冬子、周敬国;辽宁省安全科学研究院赵小兵、于立友、张新法、齐磊、郝崑、李蓉华、郭洋、郝银贵、白彩军、孙明伟、王新、马伟良、季超俦、刘绍中、何文安、李春雷、李月、吕亚萍、杨有兴和陈会军。

1　总则

1.0.1　为规范燃煤发电厂贮灰场安全评估工作，提高贮灰场运行安全水平，依据《电力安全生产监督管理办法》（国家发展和改革委员会令第 21 号）等规章制度和标准规范，制定本导则。

1.0.2　本导则适用于运行及闭库后的燃煤发电厂湿式贮灰场和干式贮灰场安全评估工作。

2　规范性引用文件

本导则引用了下列文件中的条款。凡是不注日期的引用文件，其有效版本适用于本导则。

GB 18599　一般工业固体废物贮存、处置场污染控制标准

GB 50660　大中型火力发电厂设计规范

GB/T 50297　电力工程基本术语标准

DL/T 5339　火力发电厂水工设计规范

DL/T 5045　火力发电厂灰渣筑坝设计规范

DL/T 5488　火力发电厂干式贮灰场设计规程

AQ 8001　安全评价通则

电监安全〔2013〕3 号 燃煤发电厂贮灰场安全监督管理规定

3　术语和定义

3.0.1　湿式贮灰场

用以贮存水力除灰沉积灰渣及除灰水的场地，简称湿灰场。

3.0.2　干式贮灰场

用以贮存干灰渣及脱硫副产品等的堆放场，简称干灰场。

3.0.3　灰坝

山谷灰场中用以贮灰挡水的水工建筑物。

3.0.4　灰堤

平原灰场及滩涂灰场中用以贮灰场挡水的水（海）工建筑物。

3.0.5　干滩长度

垂直坝轴线的断面上，灰场水面与灰面的交点至灰面与上游坝坡交点间的水平距离。

3.0.6　限制干滩长度

在运行中为了限制浸润线高度、保证坝体安全而经常维持的干滩长度。

3.0.7　限制贮灰标高

各期设计坝顶标高所允许的最高贮灰标高。

3.0.8　坝顶超高

限制贮灰标高至灰坝坝顶之间的高度。

3.0.9　坝顶安全加高

灰场在限制贮灰标高条件下蓄洪水位至灰坝坝顶之间的高度。

3.0.10　灰渣永久边坡

初期挡灰坝（堤）顶标高以上由灰渣经碾压堆筑而成的属于整个干灰场坝体组成部分的非临时边坡。

4　评估单位和时限

4.1　评估单位

4.1.1　发电企业是贮灰场安全生产责任主体，应当对贮灰场定期组织开展安全评估工作。

4.1.2　具备安全评估能力的发电企业，即能够组织注册安全工程师（不少于 1 人）、高级职称水工结构专业技术人员（不少于 2 人）、贮灰场相关专业专家（不少于 2 人）进行安全评估的，可自行组织 贮灰场安全评估。

4.1.3　不具备安全评估能力的发电企业，应当委托具备相应能力的安全评估机构开展安全评估工作。

4.2　评估时限

4.2.1　贮灰场安全评估原则上每三年进行一次。

4.2.2　遇到以下情形之一时，应当开展专项安全评估：

1）加筑子坝后；

2）遭遇特大洪水、破坏性地震等自然灾害；

3）贮灰场发生安全事故后；

4）其他影响贮灰场安全运行的异常情况。

5　评估程序

5.1　建立评估组织

5.1.1　成立贮灰场安全评估小组，明确评估负责人和评估组成人员。

5.1.2　按照评估项目明确分工。

5.2　收集资料

5.2.1　座谈咨询，了解安全管理和运行情况，收集相关文件资料。

5.2.2　调阅档案，收集贮灰场设计、施工、监理等文件及图纸资料。

5.2.3　现场调查，通过实地考察和必要的检测，了解贮灰场现状。

5.3　确定评估项目

5.3.1　按照贮灰场工程特点，确定评估单元。

5.3.2　按照评估单元分解评估项目，落实评估内容和评估标准。

5.4　开展查评活动

5.4.1　按照各评估单元的评估项目进行资料对比分析查评。

5.4.2　对坝体抗滑稳定等做必要的验算。

5.4.3　统计查评结果。

5.5　安全等级评定

根据各评估单元的定量和定性评估结果，对照评定标准确定贮灰场的安全等级。

5.6　评估报告编制

5.6.1　评估报告应当客观、真实和完整。

5.6.2　评估报告应当包括项目概况、评估单元评定、安全等级确定、评估结论及事故隐患整改建议。

5.7　评估报告评审

5.7.1　发电企业应当及时组织评估报告的评审，评审组由相应专业 3 人以上单数专家组成。

5.7.2　评估单位应当按照评审意见对报告进行修改，形成正式报告，存档备查。

6 评估要求

6.0.1 根据燃煤发电厂贮灰场类型的不同，贮灰场安全评估分为湿式贮灰场安全评估和干式贮灰场安全评估。

6.0.2 贮灰场安全评估包括安全管理、运行管理、防洪度汛、排水设施、坝体结构和渗流防治六个评估单元，具体评估项目分别见《燃煤发电厂湿式贮灰场安全评估表》（附录 A）和《燃煤发电厂干式贮灰场安全评估表》（附录 B）。

6.0.3 应当以被评估项目的具体情况为基础，以本导则规定的安全评估表为依据，科学、合理地开展燃煤发电厂贮灰场安全评估工作。

6.0.4 贮灰场安全评估表中的无关项应当从标准分值中扣除。

6.0.5 贮灰场安全评估表各单元的标准分均为 100 分，采用每个评估单元相对得分率来衡量贮灰场的安全性，评估单元相对得分率 =（∑评估子单元实得分 / ∑评估子单元应得分）×100%。

7 安全等级确定

7.1 贮灰场安全等级划分

贮灰场安全等级分为正常灰场、病态灰场、险情灰场。

7.2 贮灰场安全等级评定

7.2.1 具备下列条件，评定为正常灰场：

1）防洪能力：按照灰坝设计级别所规定的洪水标准，运行贮灰标高不超过限制贮灰标高，有足够的防洪容积和安全加高。

2）排水设施：排水系统（含排洪系统）设施，符合设计标准要求，运行工况正常。

3）坝体结构：坝体结构完整、沉降稳定、未发现裂缝和滑移现象，抗滑稳定安全系数满足规范要求。

4）渗流防治：排渗设施有效，渗透水量平稳、水质清澈，没有影响坝体渗透稳定的状况。防渗设施完好，没有造成地下水位抬高和地下水水质污染。

5）得分率：各评估单元得分率均在 80% 及以上。

7.2.2 存在下列情况之一，评定为病态灰场：

1）防洪能力：安全加高不满足设计洪水标准要求。

2）排水设施：排水建筑物出现裂缝、钢筋腐蚀、管接头漏泥状况。

3）坝体结构：坝体整体外坡陡于设计值，坝坡冲刷严重形成冲沟，坝体抗滑稳定安全系数不小于 0.95 倍规范允许值。

4）渗流防治：坝体浸润线位置过高，有高位出溢点，坡面出现湿片。渗透水对地下水位抬高和地下水水质造成一定影响。

5）得分率：各评估单元得分率均在 70% 及以上。

7.2.3 存在下列情况之一，评定为险情灰场：

1）防洪能力：无安全加高或防洪容积不满足设计洪水标准要求。

2）排水设施：排水系统存在局部堵塞、排水不畅的情况，存在大范围破损状况，严重影响排水系统安全运行，甚至丧失排水能力的情况。

3）坝体结构：坝体出现裂缝、坍塌、浅层滑坡现象。坝体抗滑稳定安全系数小于 0.95 倍规范允许值。

4）渗流防治：坝坡存在大面积渗流，或出现管涌流土现象，形成渗流破坏。渗透水对地下水位抬高和地下水水质造成严重影响。

5）得分率：任一评估单元得分率小于 70%。

8 评估报告编制

8.1 概述

8.1.1 评估目的：主要表述贮灰场安全评估所要达到的预先设想的行为目标和结果。

8.1.2 评估依据：主要包括法律法规、规章及规范性文件、国家标准及行业标准等。

8.1.3 评估范围：主要明确评估项目的界限、范围，即评估单位在评估项目中所承担的责任界限。

8.2 评估项目概况

8.2.1 发电企业基本情况：主要包括发电企业的地理位置、机组容量、建设和投产时间，隶属管理及资产关系，安全生产管理部门设置及人员配备，近几年安全生产基本情况，历次贮灰场安全评估概述及提出问题整改情况等。

8.2.2 贮灰场场址及周边情况：主要包括贮灰场位置、距电厂距离，灰场形状、灰场类型，下游及周边情况等。

8.2.3 设计基本资料：主要包括贮灰场容积，设计年灰渣量，贮灰场设计标准，工程地质，工程水文等。

8.2.4 运行基本资料：主要包括贮灰场已贮存容量，剩余容量，实际年灰渣量，灰渣综合利用情况，预计剩余年限等。

8.2.5 防洪度汛状况：主要包括洪水标准和洪水量，防洪容积和安全加高，调洪演算。坝顶标高、坝前灰面标高、水面标高、干滩长度等实测资料。

8.2.6 坝体结构状况：主要包括初期坝情况，如坝型、坝高、边坡、筑坝材料、初期坝典型断面图等，子坝布置、坝型、坝高、边坡、筑坝材料、子坝加高平面布置图与断面图等，坝体材料物理力学参数、坝体抗滑稳定验算结果、滑弧位置图等坝体抗滑稳定验算。

8.2.7 渗流防治状况：主要包括排渗设施情况、坝体实测浸润线、坝体计算浸润线，坝体渗流部位、渗水量和水质，防渗设施情况，对地下水的影响等。

8.2.8 排水（排洪）设施状况：主要包括排水（排洪）设施布置、排水（排洪）能力、结构构件现状等。

8.2.9 运行管理情况：主要包括运行管理人员、巡视检查、坝体监测、坝前放灰、除灰管路、运灰道路、灰水回收、灰渣泵房、扬灰控制、水质监测、环保罚款、贮灰场管理站等。

8.2.10 安全管理情况：主要包括安全管理机构、安全管理制度、安全培训教育、安全资金投入、工伤保险、职业病危害防治、事故应急救援、安全警示标志、设计施工和监理单位的资质、档案管理、相关方管理等。

8.3 评估单元评定

按照贮灰场安全评估表对评估单元逐项进行定性、定量分析，计算各评估单元的相对得分率。

8.4 安全等级确定

根据贮灰场安全评估表各评估单元定性、定量的评定结果，确定安全等级。

8.5 事故隐患整改建议

8.5.1 评估报告中的事故隐患应当具体、明确。

8.5.2 评估单位应当针对贮灰场安全评估中的事故隐患提出整改建议。

8.6 评估报告附件

安全评估报告附件主要包括：

1）发电企业营业执照；

2）安全管理机构设置文件；

3）主要负责人和安全管理人员资格证书；

4）从业人员安全培训记录；

5）近半年工伤保险缴纳单；

6）贮灰场平面布置图；

7）贮灰场坝体剖面图；

8）贮灰场排水系统图；

9）贮灰场坝体监测设施布置图等。

9 评估报告格式

9.1 评估报告格式

1）封面（参见附录 C）；

2）著录项（参见附录 D、附录 E）；

3）前言；

4）目录；

5）正文；

6）附件、附图等。

9.2 字号和字体

正文的章、节标题分别采用三号黑体、楷体字，项目标题采用四号黑体字；内容的文字表述部分采用四号宋体字，表格表述部分可选择采用五号或者六号宋体字，数字均采用 Times New Roman 字体；附件的图表可选用复印件，附件的标题和项目标题分别采用三号和四号黑体字，内容的文字和表格表述采用的字体同正文。

9.3 封装

安全评估报告正式文本装订后，用评估单位的公章对贮灰场安全评估报告封页。

附录 A 燃煤发电厂湿式贮灰场安全评估表

序号	查评项目	查评内容及要求	标准分值	评分标准	查评结果	实际得分
1	安全管理		100			
1.1	安全管理机构	应当明确贮灰场安全管理机构，配置专职安全生产管理人员	10	安全管理机构不明确，扣标准分的30%~50%；未设专职安全生产管理人员，扣标准分的 50%		
1.2	安全管理制度	应当制定、落实各种安全生产管理制度，主要包括安全生产责任制、安全检查制度、生产安全事故监督管理制度、设备安全管理制度、重大隐患整改制度、职业病危害防治制度及其相关的安全管理制度等	10	制度不健全，扣标准分的30%~50%；制度落实情况差，扣标准分的 30%~50%		
1.3	安全培训	企业主要负责人和安全管理人员应当具有安全生产知识和管理能力，取得安全生产知识和管理能力考核合格证。贮灰场作业人员应当经本单位安全培训、考核合格，且合格率达到100%	15	企业主要负责人没有取得安全生产知识和管理能力考核合格证，扣标准分的50%；贮灰场安全生产管理人员没有取得安全生产知识和管理能力考核合格证，扣标准分的50%；贮灰场从业人员培训，合格率未达到100%，不得分		
1.4	安全资金投入	应当按照《企业安全生产费用提取和使用管理办法》的规定，提取安全技术措施专项经费，并专门用于安全生产	10	未提取安全资金，不得分；安全资金未完全用于安全生产，扣标准分的 30%~50%		
1.5	工伤保险	应当制定职工工伤管理制度；按照当地规定，为从业人员缴纳工伤保险费	5	未制定职工工伤管理制度，不得分；未为从业人员缴纳工伤保险，不得分；缴纳标准达不到当地规定，扣标准分的20%~40%		
1.6	职业病危害防治	应当制定职业病危害防治管理制度；制定和落实职业病防治的具体措施；按照规定为从业人员配备符合国家或行业标准的个体防护设施和用品	5	未制定职业病危害防治管理制度，不得分；无防尘的具体措施，不得分；防治措施不完善，扣标准分的20%~40%；个体防护设施和用品配备不全，扣标准分的20%~40%		
1.7	事故应急救援	应当建立事故应急救援组织，制定防洪、垮（溃）坝等事故的应急预案，并定期组织演练与评估	15	未建立事故应急组织，不得分；未制定应急预案，不得分；未组织评估与演练，扣标准分的20%~50%		
1.8	安全警示标志	贮灰场应当设置明显、齐全、清晰、规范的安全警示标志	5	未设置安全警示标志，不得分；安全警示标志不明显、不齐全、不清晰或不规范，每处扣标准分的20%		
1.9	设计、施工和监理单位的资质	承担贮灰场设计、施工、监理单位应当符合国家规定的从业范围许可	10	其中一个单位不符合国家规定的从业范围许可，扣标准分的30%		

续表

序号	查评项目	查评内容及要求	标准分值	评分标准	查评结果	实际得分
1.10	档案管理	贮灰场技术文件（包括勘测报告、初步设计、施工图、竣工图等）归档资料应当齐全完整	10	缺一项技术文件或资料，扣标准分的20%		
1.11	相关方管理	委托他方承担贮灰场运行管理具体工作的，双方应当签订安全协议，明确双方责任。委托方应当负责对被委托方进行管理和指导，不得以包代管	5	未建立相关方安全管理制度，不得分；未签订安全协议，不得分；未对相关方进行安全管理，扣标准分的50%；对被委托方管理不到位的，每发现一处问题扣标准分的20～30%		
2	运行管理		100			
2.1	运行管理人员	应当配备具有专业技术的贮灰场运行管理人员，制定贮灰场运行管理制度及岗位责任制	10	未配备专业运行管理人员，扣标准分的20%～40%；未制定运行管理制度或岗位责任制分别扣标准分的30%		
2.2	巡视检查	应当按照贮灰场巡视检查制度，对贮灰场坝体、除灰管路及排水设施等进行经常性检查，做好巡视记录、缺陷登记和处理记录	10	未按照灰场巡视检查制度进行巡视检查，不得分；无巡视检查记录，扣标准分的50%；缺陷登记及处理不完善，扣标准分的20%～50%		
2.3	坝前放灰	贮灰场放灰点应当合理布置、及时切换，或采取相应措施，保证坝前均匀放灰；不应当在贮灰场尾部长时间单独放灰	20	坝前放灰不均匀，扣标准分的20%～30%；贮灰场尾部长时间单独放灰，扣标准分的20%～50%		
2.4	除灰管路	除灰管路、伸缩节、管接头、支墩等设施应当完好；除灰管路沿线应当无泄漏、无堵塞、无冲刷坝坡现象	10	设施有缺陷，每处扣标准分的10%；除灰管路有泄漏、堵塞，每处扣标准分的10%；有冲刷坝坡现象，扣标准分的30%～50%		
2.5	灰水回收系统	灰水回收泵房及相关设施齐全、完好，运行正常，运行记录完整，灰水实现全部回收	10	设施不齐全、有缺陷，扣标准分的20%～30%；无记录或运行记录不完整，扣标准分的10%～20%；没有实现灰水全部回收，扣标准分的20%～50%		
2.6	灰渣泵房	灰渣泵房运行正常、运行管理记录齐全，实现安全文明生产	10	运行设备有缺陷、无运行记录、安全文明生产状况较差，分别扣标准分的10%～20%		
2.7	扬灰控制	应当具备有效的扬灰控制措施，应用效果良好	20	无扬灰控制措施，不得分；扬灰控制效果差，扣标准分的20%～50%		
2.8	环保罚款	近三年财务成本账中无环保罚款事件	5	发生因贮灰场环境污染罚款的不得分		
2.9	贮灰场管理站	应当设置贮灰场管理站，站内应当配备必要的生产、生活设施	5	无贮灰场管理站，不得分；生产、生活设施不齐全，扣标准分的30%～50%		
3	防洪度汛		100			
3.1	防洪标准	防洪标准应当符合现行《火力发电厂水工设计规范》	20	不符合规范要求，不得分		
3.2	防洪容积和安全加高	运行贮灰标高不超过限制贮灰标高，有足够的防洪容积和安全加高	30	贮灰标高超过限制贮灰标高，扣标准分的50%～60%；贮灰标高超过限制贮灰标高，安全加高不满足要求，扣标准分的60%～70%；贮灰标高超过限制贮灰标高，防洪容积不满足要求，不得分		

续表

序号	查评项目	查评内容及要求	标准分值	评分标准	查评结果	实际得分
3.3	防洪措施	防洪措施齐全并落实。汛前应当进行安全检查和防洪维护。汛期应当加强巡视，对出现的水毁项目及时处理	10	未制定防汛措施，不得分；防汛措施落实不到位，扣标准分的 20%～30%；汛前未进行检查和维护、未对出现的水毁项目及时处理，扣标准分的 30%～50%		
3.4	上坝道路	上坝道路应当平坦、畅通，满足巡视抢险要求	15	道路不满足要求，扣标准分的 10%～30%		
3.5	坝上照明设施	坝上照明设施应当满足夜间作业和抢修要求	10	坝上照明设施不满足要求，扣标准分的 10%～30%		
3.6	通信设施	通信设施应当完好，通信畅通。	5	通信不畅通，扣标准分的 10%～30%		
3.7	防汛器材、设备	防汛器材、设备配备应当满足要求	10	防汛器材、设备不能正常投入使用或数量不能满足要求，分别扣标准分的 10%～30%		
4	排水设施		100			
4.1	排水建筑物	排水竖井、排水斜槽、排水管、消力池、排洪沟等建筑物应当结构完好，运行正常	40	排水建筑物出现裂缝、钢筋腐蚀、管接头漏泥等，扣标准分的 30%；排水系统排水不畅，扣标准分的 40%；排水系统堵塞或坍塌，丧失排水能力，不得分		
4.2	排水能力	排水系统（含排洪系统）排水能力应当满足要求，排水连续通畅	30	排水建筑物的进水口标高不连续，扣标准分的 40%；排洪范围内盖板或孔口塞开启不满足排洪能力要求，扣标准分的 20%		
4.3	排水设施部件	孔口塞、预制叠梁、盖板等排水设施部件应当齐全、完好，可适时调整水位	20	排水设施部件不齐全，不能适时调整水位，扣标准分的 10%～20%		
4.4	通往排水系统进水口的道路或船只	通往排水系统进水口的道路或船只，应当满足运行要求	10	无通往排水系统进水口的道路或船只，不得分		
5	坝体结构		100			
5.1	坝体状况	坝体（包括初期坝、副坝、子坝）轮廓尺寸应当满足设计要求、结构完整、沉降稳定；坝体应当无裂缝、冲刷和滑移现象	40	坝体轮廓尺寸不满足设计要求，扣标准分的 20%；坝体因冲刷严重形成冲沟，扣标准分的 30%；坝体有裂缝、坍塌、浅层滑坡现象，扣标准分的 50%；坝体出现严重裂缝、坍塌、滑坡现象，危及坝体安全，不得分		
5.2	坝体抗滑稳定	坝体抗滑稳定安全系数应当满足规范要求；坝体抗震安全运行条件应当满足要求	40	坝体抗滑稳定安全系数不小于 0.95 倍规范允许值，扣标准分的 50%～60%；坝体抗滑稳定安全系数不小于 0.90 倍规范允许值，扣标准分的 60%～70%；坝体抗滑稳定安全系数小于 0.90 倍规范允许值，不得分；坝体抗震安全运行条件不满足要求，扣标准分的 30%		
5.3	变位监测	观测基准点、变位观测点应当齐全完好；应当定期进行变位监测、分析	10	变位监测设施不齐全，扣标准分的 20%～50%；未定期监测、分析，扣标准分的 20%～50%		
5.4	贮灰场内取灰	贮灰场内取灰应当制定取灰方案，并按照规定取灰	10	未制定取灰方案，不得分；取灰坑危及坝体安全，不得分；未按照规定在贮灰场内取灰，扣标准分的 20%～40%		

续表

序号	查评项目	查评内容及要求	标准分值	评分标准	查评结果	实际得分
6	渗流防治		100			
6.1	干滩长度	运行干滩长度应当符合设计要求；坝前干滩长度范围内无稳定水面	20	运行干滩长度不符合设计要求，扣标准分的30%～50%；坝前干滩长度范围内存在稳定水面，扣标准分的30%		
6.2	坝体渗流	坝下游坡面无渗流溢出点或湿片；坝脚渗流水量平稳、水质清澈	30	下游坡面有高位溢出点，出现局部湿片，扣标准分的40%；坝坡有大面积渗流，扣标准分的50%；坝坡出现管涌、流土，形成渗流破坏，不得分		
6.3	坝基及坝肩渗流	坝基及坝肩渗流水量平稳、水质清澈	10	坝基及坝肩出现管涌、流土，形成渗流破坏，不得分		
6.4	排渗系统	排渗系统（包括排渗管、排渗体）运行正常，渗透水清澈	10	排渗系统淤堵，排渗能力降低，扣标准分的20%～50%		
6.5	浸润线监测	浸润线监测设施齐全、完好；定期开展浸润线监测，并根据监测结果绘制浸润线	10	监测设施不齐全、不完好，扣标准分的40%；未定期监测，扣标准分的30%；未绘制浸润线，扣标准分的30%		
6.6	对地下水影响	灰场排水及渗透水应当定期进行水质监测，防止对地下水的影响	20	未进行水质化验，不得分；水质化验有一项不合格，扣标准分的10%～20%		

附录 B　燃煤发电厂干式贮灰场安全评估表

序号	查评项目	查评内容及要求	标准分值	评分标准	查评结果	实际得分
1	安全管理		100			
1.1	安全管理机构	应当明确贮灰场安全管理机构，配置贮灰场专职安全生产管理人员	10	安全管理机构不明确，扣标准分的30%～50%；未设专职安全生产管理人员，扣标准分的50%		
1.2	安全管理制度	应当制定、落实各种安全生产管理制度，主要包括安全生产责任制、安全检查制度、生产安全事故监督管理制度、设备安全管理制度、重大隐患整改制度、职业病危害防治制度及其相关的安全管理制度等	10	制度不健全，扣标准分的30～50%；制度落实情况差，扣标准分的30～50%		
1.3	安全培训	企业主要负责人和安全管理人员应当具有安全生产知识和管理能力，取得安全生产知识和管理能力考核合格证。贮灰场作业人员应当经本单位安全培训、考核合格，且合格率达到100%	15	企业主要负责人没有取得安全生产知识和管理能力考核合格证，扣标准分的50%；贮灰场安全生产管理人员没有取得安全生产知识和管理能力考核合格证，扣标准分的50%；从业人员安全培训合格率未达到100%，不得分		
1.4	安全资金投入	应当按照《企业安全生产费用提取和使用管理办法》的规定，提取安全技术措施专项经费，并专门用于安全生产	10	未提取安全资金，不得分；安全资金未完全用于安全生产，扣标准分的30%～50%		
1.5	工伤保险	应当制定职工工伤管理制度；按照当地规定，为从业人员缴纳工伤保险费	5	未制定职工工伤管理制度，不得分；未为从业人员缴纳工伤保险费，不得分；缴纳标准达不到当地规定，扣标准分的20%～40%		

序号	查评项目	查评内容及要求	标准分值	评分标准	查评结果	实际得分
1.6	职业病危害防治	应当制定职业病危害防治管理制度；制定和落实职业病防治的具体措施；按照规定为从业人员配备符合国家或行业标准的个体防护设施和用品	5	未制定职业病危害防治管理制度，不得分；无防尘的具体措施，不得分；防治措施不完善，扣标准分的 20%~40%；个体防护设施和用品配备不全，扣标准分的 20%~40%		
1.7	事故应急救援	应当建立事故应急救援组织，制定防洪、垮（溃）坝等事故的应急预案，并定期组织演练与评估	15	未建立事故应急组织，不得分；未制定应急预案，不得分；未组织演练与评估，扣标准分的 20%~50%		
1.8	安全警示标志	贮灰场应当设置明显、齐全、清晰、规范的安全警示标志	5	未设置安全警示标志，不得分；安全警示标志不明显、不齐全、不清晰或不规范，每处扣标准分的 20%		
1.9	设计、施工和监理单位的资质	承担贮灰场设计、施工、监理单位应当符合国家规定的从业范围许可	10	其中一个单位不符合国家规定的从业范围许可，扣标准分的 30%		
1.10	档案管理	贮灰场技术文件（包括勘测报告、初步设计、施工图、竣工图等）的归档资料应当齐全完整	10	缺一项技术文件或资料，扣标准分的 20%		
1.11	相关方管理	委托他方承担贮灰场运行管理具体工作的，双方应当签订安全协议，明确双方责任。委托方应当负责对被委托方进行管理和指导，不得以包代管	5	未建立相关方安全管理制度，不得分；未签订安全协议，不得分；未对相关方进行安全管理，扣标准分的 50%；对被委托方管理不到位的，每发现一处问题扣标准分的 20~30%		
2	运行管理		100			
2.1	运行管理人员	应当配备具有专业技术的贮灰场运行管理人员，制定贮灰场运行管理制度和岗位责任制	10	未配备专业运行管理人员，扣标准分的 20%~40%；未制定运行管理制度或岗位责任制，扣标准分的 30%		
2.2	巡视检查	应当按照贮灰场巡视检查制度，对灰坝坡体、排洪设施、运灰道路等进行经常性巡视检查，做好巡视记录、缺陷登记和处理记录	10	未按照贮灰场巡视检查制度进行巡视检查，不得分；无巡视检查记录，扣标准分的 50%；缺陷登记及处理不完善，扣标准分的 20%~50%		
2.3	堆灰作业	应当制定完善的堆灰方案，进行分区、分块堆灰，并对每一堆灰区条带按照次序铺灰碾压。堆灰作业不应当影响坝体安全、破坏碾压好的灰面	15	未制定堆灰方案，不得分；堆灰方式、坡向坡度影响排水设施，扣标准分的 30%~50%；堆灰作业影响碾压好的灰面，扣标准分的 10%~20%		
2.4	碾压质量检测	对碾压灰渣的干容重、含水量、喷洒质量、设备完好率、灰场绿化、水电供应以及灰场所有设施的安全等进行检测和检查，建立必要的运行管理档案	10	未进行检测和检查，不得分；检测内容不全面，扣标准分的 30%~50%；未建立运行管理档案，扣标准分的 20%		
2.5	运灰道路	应当布设合理的运灰路径，并保持道路畅通、路面清洁。电厂至灰场道路应当为不低于三级的厂外道路，灰场内运灰干线应当为不低于四级的厂外道路，灰场内宜修建炉底渣或泥结石临时道路	10	运灰路线不合理，扣标准分的 10%~30%；运灰路面不畅通、不清洁，扣标准分的 10%~40%；运灰道路未达到级别的，每项扣 10%		

序号	查评项目	查评内容及要求	标准分值	评分标准	查评结果	实际得分
2.6	运灰设备	采用的运灰车辆应当为专用封闭式自卸车，进入灰场应当低速行驶，并按照规定路线行驶、转弯和掉头，避免人为扰动；灰场应当有保持运灰车辆清洁的有效措施 当采用管带、气力管道、水路等运输方式时，应当采用封闭设施	10	运灰设备未采用封闭措施，扣标准分的30%~50%；运灰车辆不按规定行使，扣标准分的10%~20%；运灰车辆不清洁，扣标准分的10%~30%		
2.7	运行机具	应当配备灰场正常运行必需的整平、碾压、喷洒的施工运行机具，并采取有效措施保证机具的完好率	10	未按照规定配备整平、碾压、喷洒等的施工机具，扣标准分的20%~60%；缺乏保证机具完好率的有效措施，分别扣标准分的10%~40%		
2.8	扬灰控制	应当具备有效的扬灰控制措施，应用效果良好。其中，喷洒系统应当保证水源、水量及供水管路可靠，喷洒方式有效	10	无扬灰控制措施，不得分；扬灰控制效果差，扣标准分的20%~50%		
2.9	环保罚款	近三年财务成本账中无环保罚款事件	5	发生因贮灰场环境污染被罚款的不得分		
2.10	贮灰场管理站	应当设置贮灰场管理站，可包括办公室、机械设备库、冲洗间、配电间、运灰车库及其他必要的生产、生活设施	10	无贮灰场管理站，不得分；缺少必要的生产、生活设施，扣标准分的30%~50%		
3	防洪度汛		100			
3.1	防洪标准	防洪标准应当符合现行《火力发电厂干式贮灰场设计规程》	20	不符合规范要求，不得分		
3.2	防洪容积和安全加高	应当具有足够的防洪容积和安全加高	30	无安全加高或防洪容积不满足设计洪水标准要求，不得分；安全加高不满足设计洪水标准要求，扣标准分的70%		
3.3	防洪措施	应当有齐全的防洪措施和落实。汛前应当进行安全检查和防洪维护。汛期应当加强巡视，对出现的水毁项目及时处理	10	未制定防汛措施，不得分；防汛措施落实不到位，扣标准分的20%~30%；汛前未进行检查和维护、未对出现的水毁项目及时处理，扣标准分的30%~50%		
3.4	截洪设施	灰场设置的拦洪坝应当符合现行《火力发电厂干式贮灰场设计规程》，拦洪坝排水系统不应当影响灰场安全。灰场设置的截洪沟宜按照重现期10年的洪水标准设计，截洪沟的排水系统应当可靠	10	设置的截洪设施不符合设计洪水标准，不得分；截洪设施不完整，扣标准分的30%~50%		
3.5	上坝道路	上坝道路应当平坦、畅通，满足巡视抢险要求	10	道路不满足要求，扣标准分的10%~30%		
3.6	坝上照明设施	坝上照明设施应当满足夜间作业和抢修要求	5	坝上照明设施不满足要求，扣标准分的10%~30%		
3.7	通信设施	通信设施应当完好，通信畅通	5	通信不畅通，扣标准分的10%~30%		
3.8	防汛设施、物资	防汛器材、设备的配备应当满足要求	10	防汛器材、设备不能正常投入使用或数量不能满足要求，分别扣标准分的10%~30%		
4	排水设施		100			

续表

序号	查评项目	查评内容及要求	标准分值	评分标准	查评结果	实际得分
4.1	排水建筑物	排水竖井、排水斜槽、排水卧管、集水池、消力池、排洪沟等建筑物应当结构完好，运行正常	40	排水建筑物出现裂缝、钢筋腐蚀、管接头漏泥等，扣标准分的30%；排水系统排水不畅，扣标准分的40%；排水系统堵塞或坍塌，丧失排水能力，不得分		
4.2	排水能力	排水系统（含排洪系统）排水能力应当满足要求，排水连续通畅	30	排水建筑物的进水口标高不连续，扣标准分的40%；排洪范围内盖板或孔口塞开启不满足排洪能力要求，扣标准分的20%		
4.3	排水设施部件	孔口塞、预制叠梁、盖板等排水设施部件应当齐全、完好，可适时调整水位	20	排水设施部件不齐全，不能适时调整水位，扣标准分的10%~20%		
4.4	通往排水系统进水口的道路	通往排水系统进水口的道路，应当满足运行要求	10	无通往排水系统进水口的道路，不得分		
5	坝体结构		100			
5.1	坝体状况	坝体轮廓尺寸应当满足设计要求、结构完整、沉降稳定；坝体应当无裂缝、冲刷和滑移现象	40	坝体轮廓尺寸不满足设计要求，扣标准分的20%；坝坡因冲刷严重形成冲沟，扣标准分的30%；坝体有裂缝、坍塌、浅层滑坡现象，扣标准分的50%；坝体出现严重裂缝、坍塌、滑坡现象，危及坝体安全，不得分		
5.2	灰渣永久边坡防护	由灰渣碾压形成的永久边坡应当及时护坡，并设置纵向和横向排水沟，与坝肩、坡脚处的排水沟形成沟网	10	未及时护坡，扣标准分的30%~50%；未设置纵向和横向排水沟，扣标准分的30%~50%		
5.3	坝体抗滑稳定	坝体抗滑稳定安全系数应当满足规范要求；坝体抗震安全运行条件应当满足要求	30	坝体抗滑稳定安全系数不小于0.95倍规范允许值，扣标准分的50%~60%；坝体抗滑稳定安全系数不小于0.90倍规范允许值，扣标准分的60%~70%；坝体抗滑稳定安全系数小于0.90倍规范允许值，不得分；坝体抗震安全运行条件不满足要求，扣标准分的30%		
5.4	变位监测	观测基准点、变位观测点应当齐全完好，定期监测、分析	10	观测设施不齐全，扣标准分的20%~50%；未定期监测、分析，扣标准分的20%~50%		
5.5	贮灰场内取灰	贮灰场内取灰应当制定取灰方案，并按照规定取灰	10	未制定取灰方案，不得分；取灰坑危及坝体安全，不得分；未按照规定在贮灰场内取灰，扣标准分的20%~40%		
6	渗流防治		100			
6.1	灰场底部防渗	贮灰场区域地基土为粘性土层，其渗透系数不大于 $1.0×10^{-7}$ cm/s，厚度不小于 1.5m，可满足干灰场防渗要求。否则，可采用人工防渗层。当地质条件适宜时可采用垂直防渗措施	30	未按照贮灰场工程环境影响报告书要求构筑防渗层，不得分；防渗体破坏未及时修复的，扣标准分的20%~60%		
6.2	初期坝防渗	初期坝内坡应当设置与灰场底部防渗相适应的防渗层	20	未按照贮灰场工程环境影响报告书要求构筑防渗层，不得分；防渗体破坏未及时修复，扣标准分的20%~60%		

续表

序号	查评项目	查评内容及要求	标准分值	评分标准	查评结果	实际得分
6.3	排渗设施	山谷灰场应当设置排渗设施，以有效排除灰场底部的渗水	15	未按照要求设置，不得分；排渗设施排渗不畅，扣标准分的20%～50%		
6.4	坝下渗流	坝基和坝脚渗流水量平稳、水质清澈	15	坝基和坝脚渗流水量不平稳、水质浑浊，扣标准分的20%～50%		
6.5	对地下水影响	灰场排水及渗透水应当定期进行水质监测，防止对地下水的影响	20	未进行水质化验，不得分；水质化验有一项不合格，扣标准分的10%～20%		

附录C　封面样式

发电企业名称（二号宋体加粗）

评估项目名称（二号宋体加粗）

安全评估报告（一号黑体加粗）

评估单位名称（二号宋体加粗）

评估报告完成时间（三号宋体加粗）

639

附录D　著录项首页样式

发电企业名称（三号宋体加粗）

评估项目名称（三号宋体加粗）

安全评估报告（二号宋体加粗）

法定代表人：（四号宋体）

评估项目负责人：（四号宋体）

评估报告完成日期（小四号宋体加粗）

（评估单位公章）

附录 **E**　著录项次页样式

安全评估人员表（三号宋体加粗）

人　员	姓　名	职称或资格证书号	签　字
项目负责人			
项目组成员			
报告编制人			
报告审核人			

（表中字体四号宋体加粗）

安全评估技术专家（三号宋体加粗）

姓　名	专　业	职　称	签　字

（表中字体四号宋体加粗）

关于做好保障性安居工程电力
供应与服务工作的若干意见

电监供电〔2012〕48号

电监会各派出机构，各省（自治区、直辖市）住房城乡建设厅（委）、新疆生产建设兵团建设局，国家电网公司、南方电网公司、有关地方电网企业：

为贯彻落实《国务院办公厅关于保障性安居工程建设和管理的指导意见》（国办发〔2011〕45号）有关要求，确保保障性安居工程电力供应，加快报装接电速度，降低建设费用，提高服务水平，经商国家电网公司、中国南方电网公司等电网企业，就做好保障性安居工程电力供应与服务工作，提出如下意见：

一、高度重视保障性安居工程电力供应与服务工作

保障性安居工程包括廉租住房、公共租赁住房、经济适用住房、限价商品住房建设和各类棚户区改造等。大力推进保障性安居工程是党中央、国务院促进经济发展和改善民生的重大举措。做好保障性安居工程电力供应与服务工作，推动供电基础设施建设，提升保障性安居工程电力供应与服务水平，对于加快保障性安居工程建设进度，完善保障性住房配套设施，改善中低收入家庭居住环境，促进社会和谐稳定，具有十分重要的意义。各级电力监管机构、住房城乡建设（住房保障）部门和电力企业要进一步树立大局意识，充分认识此项工作的重要性，密切协作，全力做好保障性安居工程电力供应与服务工作。

二、明确工作目标和原则

（一）总体目标

确保保障性安居工程电力设施建设工程质量，确保保障性安居工程及时装表接电，提高供电企业对保障性安居工程电力供应与服务水平。

（二）基本原则

质量第一。要把电力设施建设工程质量放到首位，依据国家、行业技术标准和规程严格把关，确保工程设计合理、节约成本、质量可靠。

确保进度。要进一步优化业扩报装流程，提高业务办理效率，合理缩短电力设施建设周期，确保及时装表接电。

提升服务。要不断完善保障性安居工程用电全过程服务，建立健全保障性住房优质服

务常态机制。

三、明确工作任务和要求

（一）做好保障性安居工程电力规划及相关基础性工作

各地住房城乡建设（住房保障）部门要及时把当地保障性安居工程建设规划、年度建设计划和项目清单向供电企业通报，协助解决电力设施建设工程涉及的通道、房屋及民事补偿等问题。供电企业要据此早筹划、早安排，提前规划电源建设，完善电力配套工程，在确保安全可靠的前提下，优先满足保障性安居工程用电需求。

（二）确保保障性安居工程电力设施建设施工质量

保障性安居工程配套的电力设施建设，要严格履行项目招投标制度，择优选择工程设计、施工、监理和设备供应单位。严禁使用不合格产品。供电企业要加强业扩报装方案答复、设计审查、中间检查、竣工检验和装表接电等关键环节的管理，明确责任，严格把关。电力监管机构要加强承装修试企业资质管理，对于无证施工以及越级施工等行为严加查处。

（三）加快保障性安居工程建设报装接电速度

开辟保障性安居工程用电报装接电绿色通道，建立项目专人负责制，在保障性安居工程项目建设单位提供立项批复、用地预审手续后，供电企业要积极介入工程项目建设，提供必要指导和服务；项目取得建设工程规划许可证或提供有关政府部门必要证明材料后，尽快办理用电手续，指定专人全程跟踪负责。

供电企业办理施工用电和正式用电报装应满足以下要求：

供电企业提供供电方案的期限：自受理用户用电申请之日起，低压供电用户不超过7个工作日；高压单电源供电用户工程不超过15个工作日；高压双电源供电用户工程不超过30个工作日。

受电工程设计文件审核期限：自受理之日起，低压工程不超过8个工作日，高压工程不超过20个工作日；审核后的受电工程设计文件和有关资料如有变更，供电企业复核的期限应当符合：自受理客户设计文件复核申请之日起，低压供电用户不超过5个工作日；高压供电用户不超过15个工作日。

受电工程启动中间检查期限：自接到用户申请之日起，低压工程不超过3个工作日，高压供电不超过5个工作日。

受电工程启动竣工检验期限：自接到用户受电装置竣工报告和检验申请之日起，低压工程不超过5个工作日，高压工程不超过7个工作日。

装表接电期限：自受电工程检验合格并办结相关手续之日起，不超过5个工作日。

执行居民住宅小区电力建设配套费政策的地区，供电企业要加快有关招投标工作，在资料齐全具备招投标条件后，相关施工和设备招标时限不得超过 45 个工作日。

（四）规范保障性安居工程电力建设的收费标准，让利于民

实施配电设施工程建设配套费的地区，可根据收费标准情况予以一定优惠，具体优惠政策由各省（区、市）结合实际确定；未实施配电设施工程建设配套费的地区，各施工单位应按照保本微利原则收取费用并接受审计部门的审计。供电设施施工单位要严格执行政府批准的工程收费项目和标准，在确保工程质量前提下，合理控制工程造价。各地可结合实际情况，推动制定保障性安居工程小区供电配套工程费政策，科学测算，合理确定收费标准和使用原则，努力降低保障性安居工程建设成本。

对集中建设的保障性安居工程，鼓励由供电企业投资建设配套的供配电设施。

（五）加强保障性住房电力信息公开

供电企业要按照电监会《供电企业信息公开实施办法（试行）》（电监办〔2009〕56 号）和《居民用电服务质量监管专项行动有关指标》（电监供电〔2011〕45 号）的有关要求，通过有效渠道向社会和用户公开保障性住房用电政策、办事程序、收费标准和服务举措，主动向工程项目建设单位公开项目业扩报装的实施进度以及项目联系人。

（六）加强保障性住房电力供应的后期维护等服务

实行"一户一表"：保障性安居工程住房电力供应实现"一户一表"；严格计量管理：应安装经法定检验机构校验合格的电能计量装置，对用户提出有异议的计量装置，在受理校验申请后，及时安排检验，保证计量装置的准确性。严格收费标准：严格执行国家规定的电费电价标准，不得随意分摊电费；拓展缴费渠道：根据保障性住房建设规划布局，设立缴费网点，积极推行网站、POS 机、充值卡、自助服务终端等新型缴费方式，为保障性住房用户提供方便、快捷的交费服务；严格履行停限电告知义务：规范告知方式、时间和内容，计划检修要提前 7 天、临时检修停电要提前 24 小时公告。对居民欠费停电的，在缴清电费后要及时恢复供电；做好有序用电：准确预测负荷缺口，合理编制有序用电方案和应急预案措施，优先保障居民生活用电；严格执行政府批准的有序用电方案，充分利用负荷控制等手段，做到限电不拉路，不得随意拉限居民生活用电；加快抢修速度：供电企业应当建立完善的报修服务制度，公开报修电话，24 小时受理供电故障报修。抢修工作人员到达现场抢修的时限，城区范围不超过 45 分钟，农村地区不超过 90 分钟，边远、交通不便地区不超过 2 小时。因天气、交通等特殊原因无法在规定时限内到达现场的，应当向用户做出解释。

四、明确工作机制和措施

（一）建立保障性安居工程电力供应与服务常态沟通机制。各省（区、市）住房城乡建设（住房保障）部门、电力监管机构、供电企业要建立常态沟通机制，定期召开工作联席会议，及时协调和解决配套电力设施工程建设中遇到的重大事项和难点问题，共同做好保障性安居工程电力供应与服务工作。

（二）建立保障性安居工程电力服务基础信息统计制度。供电企业要完善本地区保障性安居工程电力服务档案，建立保障性安居工程用电专用信息台账。要掌握本地区保障性安居工程项目数量、报装接电项目等情况，包括报装接电项目个数、户数、面积、报装容量、配电设施优惠金额以及方案提供、设计审核、中间检查、竣工检验、装表接电等时限情况。

（三）建立保障性安居工程电力供应与服务满意度调查制度。供电企业要发挥业扩回访和满意度评价制度，实现服务质量闭环管控机制；电力监管机构要主动听取政府有关部门和项目建设单位意见，通过发放满意度调查问卷等多种形式，了解相关各方对各级供电企业工作的满意程度，对于满意度不高的供电企业要督促供电企业努力提高服务水平。

（四）畅通保障性安居工程投诉举报渠道。建立12398电力监管热线与95598供电服务热线的协调工作机制，及时发现保障性安居工程电力供应服务过程中的问题和薄弱环节，加强监管与督促整改。完善12398投诉举报满意率统计分析闭环管控机制，切实维护用户的合法权益与合理诉求。

（五）加大保障性安居工程供电服务的监管力度。电监会各派出机构要严格履行电力监管工作职责，联合政府有关部门对保障性安居工程电力供应与服务工作情况开展定期或不定期检查。对在检查中发现的问题，要责令限期整改并向社会公开披露，对拒不整改或严重违规行为，应按规定程序予以行政处罚。

电监会各派出机构要会同当地住房城乡建设（住房保障）部门和电网企业，根据本意见要求，因地制宜，联合制定具体落实工作方案和实施细则，建立健全组织保障和考核机制，确保各项工作要求和工作措施落到实处。

国家电力监管委员会

中华人民共和国住房和城乡建设部

2012 年 9 月 8 日

国家能源局综合司　国家矿山安全监察局综合司
关于进一步加强煤矿供用电安全工作的通知

国能综通安全〔2021〕110号

各省（自治区、直辖市）能源局，有关省（自治区、直辖市）及新疆生产建设兵团发展改革委、经信委（工信厅、经信厅），北京市城市管理委员会，各产煤省、自治区、直辖市及新疆生产建设兵团煤矿安全监管部门、煤炭行业管理部门，国家矿山安全监察局各省级局，各派出机构，有关电力企业，煤矿企业，有关单位：

为深入贯彻落实党中央、国务院决策部署，进一步加强煤矿供用电安全管理，保障煤矿生产用电安全可靠，现就有关事项通知如下：

一、高度重视煤矿供用电安全工作

（一）提高思想认识。煤炭在保障国家能源安全方面发挥着重要作用，是国民经济平稳运行和人民群众生活用能的重要保障。各单位要切实提高政治站位，坚持"人民至上、生命至上"，增强工作自觉性和主动性，以高度的责任感和使命感全面加强煤矿供用电安全管理工作，确保煤矿供用电安全可靠。

（二）落实安全责任。煤矿企业、供电企业是煤矿供用电安全的责任主体，要进一步建立完善工作机制，落实安全生产各项管理措施。地方电力管理部门、煤矿安全监管部门、国家能源局派出机构要按照各自职能履行安全管理责任。各单位要按照"党政同责、一岗双责、失职追责"的要求，履行好各自职责，层层压紧压实责任，坚决守牢煤矿供用电安全底线。

二、推进煤矿供用电规划与建设

（三）推动煤矿供用电统一规划。地方电力管理部门要会同煤矿安全监管部门组织电力企业、煤矿企业加快煤矿供用电电网的统一规划，积极推动将煤矿供电网规划列入城乡建设总体规划。

（四）加强供电设施建设改造。地方电力管理部门要会同煤矿安全监管部门推进煤矿双电源供电的建设与改造，协调解决煤矿自供区电网与电力主网联系薄弱、结构不够合理等问题，推广应用防灾减灾设计，采用专线供电防范其他用户的故障影响煤矿的安全生产。各有关企业要充分发挥各方优势，多渠道筹措资金建设、改造煤矿供用电设施。

三、加强煤矿供用电安全管理

（五）规范供电安全管理。电力企业应当进一步加强安全管理工作，不断夯实供电安全管理基础。严格按照有关法律法规，规范供用电合同，把合法煤矿企业列为重要用户用电单位并报政府有关部门认定，不得将煤矿用户列入有序用电序位表。严格执行煤矿用户停送电管理制度，定期开展煤矿供电状况用电检查服务。严禁不具备向重要用户供电能力的农村电网向煤矿企业供电。

（六）加强跨行政区供电协同监管。地方电力管理部门和煤矿安全监管监察部门应当加强对跨行政区域向煤矿供电的电力企业协同监管，避免管理真空。

（七）强化用电安全管理及培训。煤矿企业要建立健全安全生产各项规章制度，落实安全生产责任制和矿井停送电制度。强化职工培训教育，提高电工作业人员素质。建立培训档案，严格考核，不合格不准上岗，并按照应急预案的要求落实岗位职责。

（八）严格执行供电电源配置要求。向矿井供电的供电电源应当采取双电源供电方式，采用两路电源同时运行互为备用的运行方式，当一路电源出现故障时，另一路电源应满足全部供电要求。宜按照国家有关规定和标准配置容量达到保安负荷 120% 的应急备用电源，提升煤矿的应急处置能力。

（九）加强自供区电网改造和设备运维。煤矿企业要持续加强对自供区电网和矿区用电系统的技术改造，逐步推进生产性负荷与非生产性负荷分离改造。要加强设备的运行维护管理，内部电气设备应当按照设备类型定期进行电气预防性试验，配齐安全工器具并按照相关规定定期进行试验。

（十）提升煤矿供用电装备水平。煤矿企业必须使用符合《煤矿安全规程》防爆要求的电气设备，严格按照国家现行《禁止井工煤矿使用的设备及工艺目录》，淘汰落后设备，推广新技术、新产品，明确隐患报送单位、治理单位、闭环管理机制、处罚机制等。

四、严格落实煤矿供用电应急措施

（十一）完善供用电应急体系。地方电力管理部门、电力企业和煤矿企业应当制定和完善相互衔接的供用电应急预案，建立应急联动协调机制，定期开展应急预案联合演练，提高应对突发事故的能力。供用电应急预案应当具备较强的针对性，预案内容完善、事故处理措施得当、事故设想全面。

（十二）提升应急响应能力。煤矿企业应当按照国家相关规定和标准，做好自备应急电源维护保养，定期开展带负荷试验，保障自备应急电源快速响应能力。严格落实停电应急措施，一旦停电必须迅速撤出人员，按规定检查合格后，方可恢复供电。

（十三）加强煤矿供用电设施保护。地方电力管理部门和电力企业应当按照《电力设施保护条例》的要求，进一步加强煤矿用户供用电设施保护，及时协调解决线路走廊安全隐患，会同公安等部门加大对盗窃破坏电力设施的打击力度。煤矿企业应加强对产权范围内电力设施的保护，积极推广应用电力设施安全防护的新技术和新成果，提高整体防控水平。各单位要加强与地方政府执法部门的联系与配合，采取联合执法等措施，减少外力破坏。

五、加大煤矿供用电安全监管监察力度

（十四）严禁向非法煤矿供电。地方煤矿安全监管部门应当明确关闭矿井的停供电具体操作程序和执法主体。电力企业应当在政府的统一部署和领导下，配合政府有关部门对公告关闭矿井采取停止供电措施，严防关闭退出矿井非法组织生产。地方电力管理部门、煤矿安全监管部门、国家能源局派出机构要结合各自职责加大执法力度，对违法转供电、向非法煤矿供电、向公告关闭矿井煤矿供电的，要严肃追究相关部门和企业责任。

（十五）加大安全监管监察力度。地方电力管理部门、煤矿安全监管监察部门和国家能源局派出机构应当严格履行各自监管监察职责，加强对煤矿企业供用电安全现场检查，严格安全监管监察执法，完善安全供用电和停送电管理制度，确保供电电源及应急电源按要求配置到位。对在停电停风等异常情况下不按规定撤人，继续违章指挥、强令冒险作业等行为，要予以严肃查处。

请地方电力管理部门、各省级煤矿安全监管部门、国家能源局派出机构及时将通知转发到辖区内各基层电力企业、煤矿企业，并监督执行。煤矿供用电管理工作中，涉及安全生产相关情况应及时按程序向国家能源局、国家矿山安全监察局报告。

国家能源局综合司

国家矿山安全监察局综合司

2021 年 11 月 15 日

国家能源局综合司关于加强
电化学储能电站安全管理的通知

国能综通安全〔2022〕37号

全国电力安全生产委员会各企业成员单位，有关电力企业：

为深入贯彻习近平总书记重要指示批示精神，认真落实党中央、国务院关于安全生产的重大决策部署，进一步加强电化学储能电站安全管理。现就有关事项通知如下。

一、高度重视电化学储能电站安全管理

（一）提高思想认识。随着能源转型的不断深入，电化学储能电站已成为电力系统稳定运行的重要组织部分。各单位要深入贯彻落实总体国家安全观和"四个革命、一个合作"能源安全新战略，统筹发展和安全，坚持"人民至上、生命至上"，以高度的责任感和使命感加强电化学储能电站安全管理工作，坚决遏制电化学储能电站安全事故发生。

（二）落实主体责任。业主（项目法人）是电化学储能电站安全运行的责任主体，要将纳入备案管理的接入10千伏及以上电压等级公用电网的电化学储能电站安全管理纳入企业安全管理体系，健全安全生产保证体系和监督体系，落实全员安全生产责任制，健全风险分级管控和隐患排查治理双重预防机制，依法承担安全责任。其他电化学储能电站也要按照相关规定加强安全管理。

二、加强电化学储能电站规划设计安全管理

（三）加强风险评估。在电化学储能电站项目规划过程中，要坚持底线思维，加强安全风险评估与论证，合理确定电化学储能电站选址、布局和安全设施建设。要保障安全生产投入，确保安全设施与主体工程同时设计、同时施工、同时投入运行和使用。

（四）加强设计审查。应当委托具备相应资质的设计单位开展设计工作，并组织开展设计审查。设计文件应符合有关法律法规、国家（行业）标准，安全设施的配置应满足工程施工和运行维护安全需求。要按照档案管理规定保存好全过程的档案资料。

三、做好电化学储能电站设备选型

（五）严格设备把关。坚持质量第一，选用的设备及系统应当符合有关法律法规、国家（行业）标准要求，并通过具备储能专业检测检验资质的机构检验合格。要根据相关技术要求，优选安全、可靠、环保的产品。

（六）加强到货抽检。开展电化学储能电站的电池及其管理系统等到货抽检应当委托具备储能专业检测检验资质的机构。抽检选样要满足批次和产品一致性抽样要求。抽检结果应当满足国家（行业）标准安全性能技术要求。

四、严格电化学储能电站施工验收

（七）加强施工管理。电化学储能电站建设应当依法委托具备相应资质等级的施工单位。要按照有关法律法规、国家（行业）标准保障电站安全建设投入，规范安全生产费用提取和使用。要加强施工现场管理，对重点部位、重点环节加强监控，定期组织开展施工现场消防安全检查。

（八）严格施工验收。电化学储能电站投产前，要组织开展工程竣工验收，应当按照国家相关规定办理工程质量监督手续，通过电站消防验收。

五、严格电化学储能电站并网验收

（九）做好并网准备。开展电化学储能电站并网检测应当委托具备储能专业检测检验资质的机构。并网验收前，要完成电站主要设备及系统的型式试验、整站调试试验和并网检测。

（十）加强并网验收。电网企业要积极配合开展电化学储能电站的并网和验收工作，对不符合国家（行业）并网技术标准要求的电站，杜绝"带病并网"。应当优化调度运行方案，在并网调度协议中明确电站安全调度区间，并严格执行。

六、加强电化学储能电站运行维护安全管理

（十一）明确委托责任。在委托运维单位进行电化学储能电站运行维护时，应当明确双方的安全责任，并监督运维单位严格执行运行维护相关的各项法律法规与国家（行业）标准，履行相关安全职责。

（十二）强化日常管理。将电化学储能电站的运行维护纳入企业安全生产日常管理，严格落实安全管理规定。要制定电站运行检修和安全操作规程，定期开展主要设备设施及系统的检查，开展电池系统健康状态的评估和检查。

（十三）规范信息报送。积极配合参与电化学储能电站安全监测信息平台建设，按照有关规定报送电池安全性能、电站安全运行状态、隐患排查治理、风险管控和事故事件等安全生产信息，提升电站信息化管理水平。

（十四）加强人员培训。定期组织电化学储能电站从业人员开展教育培训，不断提升业务技能，确保熟悉电站电池热失控、火灾特性，掌握消防设施及器材操作规程和应急处置流程。电站控制室、电池室等重点部位的工作人员应当通过专业技能培训和考核，具备

消防设施及器材操作能力。

（十五）加强退役管理。应当按照电化学储能电站设计寿命、安全运行状况以及有关国家（行业）标准，规范电站、电池的退役管理。

七、提升电化学储能电站应急消防处置能力

（十六）落实消防责任。明确电化学储能电站消防安全责任人和消防安全管理人，履行消防安全管理职责，定期进行防火检查、防火巡查和消防设备维护保养，确保消防设施处于正常工作状态。

（十七）开展应急演练。结合电化学储能电站事故特点，组织编制应急专项预案和现场处置方案，配备专业应急处置人员和满足电站事故处置需求的应急救援装备，定期组织开展电解液泄漏处置、电池热失控、火灾等应急演练。

（十八）建立联动机制。加强沟通协调，主动向本地区人民政府应急管理部门、消防救援机构报备电化学储能电站应急预案，做好应急准备，与本地区人民政府有关部门建立消防救援联动机制。

请各电力企业高度重视，加强电化学储能电站安全管理。本通知执行过程中，如有问题和建议，请及时反馈国家能源局电力安全监管司。

国家能源局综合司

2022 年 4 月 26 日

国家发展改革委办公厅　国家能源局综合司关于进一步加强电力安全风险分级管控和隐患排查治理工作的通知

发改办能源〔2021〕641号

各省、自治区、直辖市、新疆生产建设兵团发展改革委、能源局，有关省、自治区、直辖市经信委、工信委、工信厅，北京市城管委，国家能源局各派出机构，有关电力企业：

为进一步强化电力安全风险分级管控和隐患排查治理双重预防机制建设，科学、规范开展电力安全风险分级管控和隐患排查治理工作，现就有关事项通知如下。

一、进一步落实风险分级管控和隐患排查治理工作责任

各单位要坚持以习近平总书记关于安全生产的重要论述为指导，进一步提高政治站位，坚持统筹发展和安全，切实加强组织领导，扎实深入开展风险分级管控和隐患排查治理工作。电力企业承担风险分级管控和隐患排查治理工作主体责任，要进一步增强风险管控工作的自觉性、主动性，完善和落实"从根本上消除事故隐患"的责任链条，推进双重预防机制建设覆盖至一线班组人员。电力企业主要负责人要认真落实安全生产第一责任人责任，统筹部署，周密安排。有关中央企业要充分发挥安全生产工作的模范带头作用，切实担负起防范化解重大电力安全风险的政治责任。各地方电力管理部门、国家能源局各派出机构要结合职责，加强监督指导，协调解决问题，与电力企业、有关单位形成风险分级管控和隐患排查治理工作的合力。

二、进一步明确电力安全风险和隐患分级

为推动风险管控工作标准化、规范化，请各企业在电力安全风险管控"季会周报"工作中，对于电力安全风险，主要考虑风险造成危害的可能性和危害严重程度两方面因素进行分级。风险分为特别重大、重大、较大、一般、较小五级，宜采用专业的风险评价方法确定具体级别。对于电力安全隐患，主要依据可能造成的后果进行分级，可能造成特别重大电力事故、重大电力事故、较大电力事故、一般电力事故、电力安全事件的隐患分别认定为特别重大、重大、较大、一般、较小隐患。

三、进一步强化风险隐患挂牌督办力度

按照风险、隐患等级越高，督办力度越大的原则，加强对重大以上等级电力安全风险、隐患的挂牌督办。对排查发现的特别重大风险、特别重大隐患，由风险、隐患所属企业的集

团总部主要负责人以及国家能源局相关派出机构和省级政府电力管理部门主要负责人挂牌治理，国家发展改革委、国家能源局进行督办；对排查发现的重大风险、重大隐患，由风险、隐患所属企业的集团总部分管安全生产的负责人挂牌治理，国家能源局派出机构和省级政府电力管理部门联合督办，国家发展改革委、国家能源局认为有必要的，可以提级督办。

四、进一步加大重特大风险隐患通报上报力度

国家能源局派出机构和省级政府电力管理部门要加大风险隐患通报、上报力度。对排查发现的特别重大风险、特别重大隐患，国家能源局派出机构和省级政府电力管理部门要于5个工作日内将风险、隐患情况报送至所在省（自治区、直辖市）党委；对排查发现的重大风险、重大隐患，国家能源局派出机构和省级政府电力管理部门要于10个工作日内将风险、隐患情况报送至所在省（自治区、直辖市）政府。根据风险管控和隐患排查治理需要，国家能源局派出机构和省级政府电力管理部门要将特别重大、重大级别的风险隐患情况通报、抄报至相关单位。

五、进一步加大安全生产经费投入

重特大隐患治理逾期的企业，要在一个月内按照隐患演化为事故造成的直接经济损失，设立隐患治理专项资金，用于重特大隐患治理工作；发生电力安全生产责任事故的企业，要在事故调查报告批复后15个工作日内设立事故整改安全专项资金，用于增加企业安全生产经费投入，提升企业安全生产水平。确实经营困难，无力设立专项资金的企业，由企业控股方或实际控制人予以资金方面的支持。相关资金的使用要严格按照财务制度执行，并将使用情况定期向所在地的国家能源局派出机构和省级政府电力管理部门报告。

六、进一步加大追责问责工作力度

国家能源局派出机构和省级政府电力管理部门要严格监管执法，对未建立风险分级管控和隐患排查治理制度，未制定事故隐患治理方案，重特大风险隐患不报、迟报、谎报，拒不落实管控和治理措施等违法违规行为，要按照安全生产法等法律法规进行处罚，必要时将有关线索移交司法机关处理。对发生事故的电力企业，要全面倒查风险管控工作存在的问题，采取约谈主要负责人、行政处罚、联合惩戒等综合措施，对事故相关单位严肃问责。对于存在重大级别以上风险不管控、重大级别以上隐患不治理、问题拒不整改等情形的企业，要依据安全生产法等实施顶格处罚。

国家发展改革委办公厅

国家能源局综合司

2021 年 8 月 16 日

国家能源局综合司关于进一步强化隐患
排查治理和风险管控　保障电力系统
安全稳定运行的紧急通知

国能综通安全〔2018〕62号

各省、自治区、直辖市、新疆生产建设兵团发展改革委（能源局）、经信委（工信委），各派出能源监管机构，全国电力安委会各企业成员单位：

2018年4月7日，国家电网公司±800千伏天山换流站极 I 高端 Y/D–B 相换流变突发故障，引发设备着火，造成部分设备烧损。同日，大量海藻涌入海南昌江核电厂海水取水系统并堵住鼓型滤网，导致循环水泵跳闸，1、2号核电机组相继停运。两起事故（事件）再次给电力安全生产工作敲响了警钟，为杜绝类似事故（事件）再次发生，保障电力系统安全稳定运行，现就有关事项紧急通知如下。

一、进一步落实电力企业安全生产主体责任。各电力企业要按照"党政同责、一岗双责、失职追责"的要求，进一步健全完善安全生产责任落实机制，特别要夯实基层电力企业安全基础，提高安全意识，强化责任意识，严格执行各项规程规范和管理制度，确保各项安全要求和措施落实到位。

二、全面开展隐患排查治理工作。各电力企业要加强在建工程施工安全和电力设备设施运行维护管理，开展隐患排查。要重点排查发、输、变电设备，加强巡视维护，及早发现设备异常缺陷并进行处理；开展火灾隐患排查，重点排查大型电力设施、重点部位、易燃易爆危险品设备设施防火措施落实情况以及消防设施配置运行情况；加强电力二次系统安全管理，避免因二次设备拒动、误动导致事故（事件）范围扩大。

三、全面提升安全风险管控能力。各电力企业要完善安全风险管控闭环机制，针对系统、设备和作业过程存在的风险，采取切实措施，努力降低或消除安全风险；从规划、建设、技改等方面全方位开展工作，不断完善电网结构、提升设备可靠性，坚决防止因安全风险管控不到位导致电网大面积停电。

四、加强电力应急管理。各电力企业要进一步加强事故（事件）预想，加强与地方政府有关部门的沟通衔接，建立健全有针对性的事故（事件）应急救援社会联动机制，完善各级各类事故（事件）应急处置预案特别是电气火灾隐患应急预案。及时组织开展应急演

练特别是电气火灾专项应急演练，提高应急能力和水平，确保突发事件应急处置快速、有序，防止事故（事件）扩大。进一步规范信息报送，及时按程序报告事故（事件）信息。

五、探索建立大电网故障主动防御体系。有关电力企业要针对长距离、大容量直流输电通道故障对送、受端电网带来的严重影响，通过技术进步，进一步提高特高压交直流混联电网运行安全水平。增强系统动态无功支撑水平，提高电网有功调节能力；合理配置系统安全稳定控制装置，科学制定控制策略和处置预案，不断提高大电网故障主动防御能力。

六、强化电力安全监管。国家能源局各派出监管机构要会同地方政府电力管理等有关部门，督促电力企业落实安全生产主体责任，强化安全意识，深入开展隐患排查治理工作，及时落实安全风险管控措施，确保电力建设工程施工安全、电力系统安全稳定运行和电力可靠供应。

国家能源局综合司

2018 年 4 月 16 日

国家能源局综合司关于印发《重大电力安全隐患判定标准（试行）》的通知

国能综通安全〔2022〕123号

各省（自治区、直辖市）能源局，有关省（自治区、直辖市）及新疆生产建设兵团发展改革委、工业和信息化主管部门，北京市城市管理委，各派出机构，全国电力安委会各企业成员单位：

为强化重大电力安全隐患排查治理和监督管理有关工作，依据《中华人民共和国安全生产法》《电力安全隐患治理监督管理规定》等有关规定，国家能源局制定了《重大电力安全隐患判定标准（试行）》。现印发你们，请遵照执行。

国家能源局综合司

2022年12月29日

重大电力安全隐患判定标准（试行）

第一条 为准确认定、及时消除重大电力安全隐患（以下简称重大隐患），有效防范和遏制重特大生产安全事故，根据《中华人民共和国安全生产法》《电力安全隐患治理监督管理规定》以及有关法律法规、规章、政策文件和强制性标准的相关规定，制定本判定标准。

第二条 本判定标准适用于判定国家能源局电力安全监督管理范围内的重大隐患。危险化学品、消防（火灾）、特种设备等有关行业领域对重大事故隐患判定标准另有规定的，适用其规定。

第三条 本判定标准所指电力设备设施范围为330千伏及以上电网设备设施，单机容量300兆瓦及以上的燃煤发电机组和水力发电机组、单套容量200兆瓦及以上的燃气发电机组、核电常规岛及核电厂配套输变电设施、容量300兆瓦及以上风力发电场和光伏发电站；所指施工作业工程为《电力建设工程施工安全管理导则》（NB/T 10096—2018）规定的超过一定规模的危险性较大的分部分项工程。特殊情形在具体条款中另行规定。

第四条 有下列情形之一的,应判定为重大隐患:

(一)电网安全稳定控制系统以及直流控制保护系统参数、策略、定值计算和设定不正确;直流控保、直流配套安全稳定控制装置未按双重化配置。

(二)特高压架空线路杆塔基础出现较大沉陷、严重开裂或显著上拔,塔身出现严重弯曲形变,导地线出现严重损伤、断股和腐蚀。

(三)特高压变压器(换流变)乙炔、总烃等特征气体明显增高,内部存在严重局部放电,绝缘电阻和介损试验数据严重超标。

(四)燃煤锅炉烟风道、除尘器、脱硝催化剂装置、渣仓、粉仓料斗(含灰斗)、输煤栈桥等重点设备设施的钢结构、支吊架、承重焊接部位总体强度不满足结构强度要求。

(五)电力监控系统横向边界未部署专用隔离装置,或者调度数据网纵向边界未部署电力专用纵向加密认证装置,或生产控制大区非法外联。

(六)《水电站大坝工程隐患治理监督管理办法》中规定的大坝特别重大、重大工程隐患;燃煤发电厂贮灰场大坝未开展安全评估,贮灰场安全等级评定为险态灰场。

(七)建设单位将建设项目发包给不具备安全生产条件或相应资质施工企业,所属工程专项施工方案未按规定开展编、审、批或专家论证,开展爆破、吊装、有限空间等危险作业未履行施工作业许可审批手续或无人监护。

第五条 对其他严重违反电力安全生产法律法规、规章、政策文件和强制性标准,或可能导致群死群伤或造成重大经济损失或造成严重社会影响的隐患,有关单位可参照重大隐患监督管理。

第六条 本判定标准由国家能源局负责解释。

国家能源局关于加强电力工程质量监督工作的通知

国能安全〔2014〕206号

各派出机构，中电联，国家电网公司，南方电网公司，华能、大唐、华电、国电、中电投集团公司，中国核工业集团公司，中国电建、中国能建集团公司，各有关单位：

工程质量监督是工程建设质量管理的基本制度，也是政府部门实施行业管理的重要手段。多年来，依照《建设工程质量管理条例》等法律法规，在各级政府主管部门、质监机构和电力企业共同努力下，电力工程质量监督工作成效显著，保障了电力工程建设质量和电力系统安全稳定运行。

随着政府机构改革的深化与推进，为了更好地履行监管职责，国家能源局决定进一步完善电力工程质量监督管理体系，规范监督行为，形成"国家能源局归口管理、派出机构属地监管、质监机构独立监督、电力企业积极支持"的工作机制。为做好工作衔接，现就近期有关工作要求通知如下：

一、明确电力工程质量监督机构职责

电力工程质量监督机构要严格执行国家有关法律法规和规章制度，认真履行职责，依法开展质监工作。当前，原有电力工程质量监督管理体系保持不变，中国电力企业联合会和各省（直辖市、自治区）中心站、华能中心站、核电中心站要继续履行电力工程质量监督总站、中心站职责。各单位要创造条件，保证质监工作正常开展。凡因机构弱化或工作不到位造成质量安全事故的，要依法依规追究相关单位责任。

二、加强电力工程质量监督管理

国家能源局负责全国电力工程质量监督的归口管理，指导质监总站工作。总站受国家能源局委托承担电力工程质量监督技术性、服务性工作，拟定相关规章制度并督促落实，指导各中心站业务工作，负责国家试验示范工程和跨区重大电力工程项目的质量监督，参与电力工程竣工验收和重大质量事故的调查处理，完成国家能源局交办的其他任务。

国家能源局派出机构负责所辖区域内的电力工程质量监督管理，指导中心站工作。能源监管机构要加强质监计划管理，确保质监工作不缺项、不漏项；要结合实情，适时开展监督检查，协调解决工作中存在的突出问题。质监机构年度与阶段性工作计划、受理的质监工程项目情况以及拟出具的电力工程质监报告均应及时报备能源监管机构。

三、确保电力工程质量监督工作全面覆盖

各单位要严格执行电力工程质量监督管理的规范要求，按照"独立、规范、公正、公开"的原则，依法依规监督电力工程质量。

质监机构要强化监督执法，提高服务意识，确保监督范围内申请的电力工程项目质量监督百分之百全覆盖；各电力企业要进一步提高工作自觉性，国家核准的电力工程项目，要同步申请质量监督并主动做好相关配合工作，确保质量监督百分之百全覆盖。

质监工作结束后，质监机构要按规定出具质监报告并加盖质监机构印章；未按规定核准的电力工程项目，质监机构不得接受其质监申请。

四、加强电力工程质量监督信息管理

电力工程质量监督实施月报告制度，质监机构要定期向能源监管机构报告当月工程申请受理、工程进度、监督检查、整改落实等情况。总站要加强信息系统建设，尽快实现电力工程质量监督信息管理自动化。自发文之日起，凡国家能源主管部门核准（审批）的电力工程项目，由工程建设单位向总站提出质量监督注册申请；各省（自治区、直辖市）能源主管部门核准（审批）的电力工程项目，由工程建设单位向当地中心站提出质量监督注册申请，并由中心站定期报备总站。

各派出机构要按照本通知精神，结合实际，制定具体方案和措施，指导本地区电力工程质量监督工作顺利开展。各单位对相关工作的意见和建议，请告我局电力安全监管司。

国家能源局

2014 年 5 月 10 日

国家能源局关于印发《防止电力建设工程施工安全事故三十项重点要求》的通知

国能发安全〔2022〕55 号

为切实做好电力建设工程施工安全监管，有效防范电力建设工程施工安全事故，国家能源局组织电力行业有关单位、协会及专家，根据近十五年来电力建设施工领域各类事故的案例分析以及经验教训，结合已颁布的标准规范，提炼出在电力建设施工中需要重点关注的一些措施和要求，形成了《防止电力建设工程施工安全事故三十项重点要求》（参照行业习惯称谓，以下简称《施工反措》），现予以印发，并提出以下工作要求。

一、各电力企业要加强领导，认真组织，将《施工反措》作为安全生产管理、施工现场安全管控的主要内容，切实保证有关要求在电力建设施工中落实到位，有效防范事故的发生。

二、各电力企业要结合工作实际，采取多种方式，做好《施工反措》的宣传培训工作，"以案为鉴、警钟长鸣"，确保各项反事故措施入脑入心。

三、地方政府各级电力管理部门、各派出机构要加强监督管理，督促指导电力企业落实《施工反措》有关要求。

附件：《防止电力建设工程施工安全事故三十项重点要求》（略）

国家能源局综合司

2022 年 6 月 18 日

国家能源局关于印发《防止电力生产事故的二十五项重点要求（2023 版）》的通知

国能发安全〔2023〕22 号

各省（自治区、直辖市）能源局，有关省（自治区、直辖市）及新疆生产建设兵团发展改革委，北京市城市管理委，各派出机构，全国电力安委会企业成员单位，各有关单位：

为切实做好电力安全监管工作，有效防范电力生产事故，国家能源局组织电力行业有关单位及部分专家，根据近年来电力生产事故的经验教训，以及电力行业的发展趋势，结合已颁布的标准规范，对 2014 年印发的《防止电力生产事故的二十五项重点要求》（国能安全〔2014〕161 号）进行了修订，形成了新版本的《防止电力生产事故的二十五项重点要求》（以下简称《二十五项反措（2023 版）》），现予以印发，并提出以下工作要求。

一、各电力企业要加强领导，认真组织，确保《二十五项反措（2023 版）》的有关要求在规划设计、安装调试、运行维护、更新改造等阶段落实到位，有效防范电力生产事故的发生。

二、各电力企业要结合工作实际，采取多种方式，做好《二十五项反措（2023 版）》的宣传培训工作，确保各项要求入脑入心。

三、地方政府各级电力管理部门、各派出机构要加强监督管理，督促、指导电力企业落实《二十五项反措（2023 版）》的有关要求。

国家能源局

2023 年 3 月 9 日

附件：防止电力生产事故的二十五项重点要求（2023 版）（略）

国家能源局关于进一步加强海上风电项目
安全风险防控相关工作的通知

国能发安全〔2022〕97 号

天津市、河北省、辽宁省、上海市、江苏省、浙江省、福建省、山东省、广东省、广西壮族自治区、海南省发展改革委、能源局，华北、东北、华东、南方能源监管局，山东、浙江、江苏、福建能源监管办，全国电力安委会有关企业成员单位：

为贯彻落实《国务院安委会办公室　自然资源部　交通运输部　国务院国资委　国家能源局关于加强海上风电项目安全风险防控工作的意见》（安委办〔2022〕9 号，以下简称《意见》），促进海上风电安全可持续发展，现就电力行业加强海上风电项目安全风险防控有关事项通知如下。

一、严格落实企业主体责任

（一）海上风电项目的业主单位是安全生产责任主体，应履行以下责任：

1. 依法依规办理项目核准、许可等相关手续。

2. 建立健全安全生产组织管理、投入保障、风险管控、隐患排查治理、应急处置等机制。

3. 加强对海上风电项目参建及运维单位的组织、协调和监督，并加强与海事、应急、能源等有关部门以及国家能源局有关派出机构的衔接。

4. 对勘察、设计、施工、安装调试、监理、运维、船舶运营等单位的资质进行审核，与相关单位签订安全生产协议，督促其落实各项安全保障措施。

5. 主要负责人和安全生产管理人员应具备与海上风电建设施工、运行维护相适应的安全生产知识和管理能力。

6. 法律法规规定的其他安全生产责任。

（二）海上风电项目的勘察、设计、设备制造、施工、安装调试、监理、监造、运维、船舶运营等单位，依法依规承担相应的安全生产责任。

（三）电网企业应落实电网安全生产主体责任，加强海上风电项目的接入、运行监测等涉网安全管理，保障电网运行安全。

二、加强施工安全管理

（四）海上风电项目的施工单位，应当在作业前取得施工所在地海事机构的许可，并

按要求做好安全保障。

（五）海上风电作业人员，应按规定持有《海上设施工作人员海上交通安全技能培训合格证明》或相应等效的培训合格证，参加内部安全教育及培训，确保出海前熟悉作业区域的气象海况、工况条件和安全要求等。

（六）海上风电项目的各参建单位，应建立出海人员动态管理台账，业主单位应当建立总台账，对出海作业各类人员（船员、海上风电作业人员、临时性出海人员）进行动态管理。

（七）海上风电项目的安全设施，必须与主体工程同时设计、同时施工、同时投入生产和使用。

（八）海上风电项目的参建单位，应加强地质勘测工作，重点防范因地质勘测不准确造成溜桩、穿刺等导致作业船舶或海上设施失稳。

（九）海上风电项目的施工单位，应科学制定施工方案，根据作业需要应开展船舶稳性、系泊、强度、压载作业、插拔桩、船舶载荷工况、风浪载荷等相关计算。

（十）海上风电项目的施工单位，应加强重点作业管理，沉桩作业应落实防溜桩工作措施，吊装作业应明确吊装系数，确保起重机、起吊点、吊梁、索具合格，海缆敷设作业应落实警戒及防止走锚措施。

（十一）海上风电项目的施工单位，应明确船机设备管理的责任部门或责任人，建立相应的管理制度，保证船机设备的适用性。

（十二）海上风电项目的施工、运输单位，应建立船舶值守制度，施工过程中船机抛锚期间，应当安排船员值守瞭望，避免船机走锚发生安全事故。

（十三）海上风电项目施工单位，应加强天气和海浪预报管理，根据气象、海浪预报信息，合理安排海上作业窗口期，保障施工安全风险可控。加强与政府相关部门的衔接，按照政府部门发布的各类海上气象预警，及时启动相应的应急预案。

（十四）海上风电项目的业主单位，应按照国家和行业有关规定，科学确定项目合理工期并严格组织实施，严禁擅自压缩合同约定的工期。

（十五）海上风电项目的业主单位，应加强工程质量管控，按规定办理电力建设工程质量监督注册手续。相关电力建设工程质量监督机构应按照国家能源局发布的质量监督检查大纲的要求，认真开展质量监督工作。

三、加强运维安全管理

（十六）海上风电项目的业主单位和运维单位，应根据场站规模、海洋水文气象特点，

编制综合安全管理、人员安全管理、设备设施安全管理、船舶安全管理等各类安全规章制度。

（十七）海上风电运维人员，应当参加海上交通安全技能培训，取得相关培训证明，确保掌握海上救生消防基本知识，熟悉作业区域的气象海况、工况条件和安全要求。

（十八）海上风电项目的业主单位和运维单位，应加强海上运维交通工具的管理，严格船舶调度，明确允许出海和必须返航的气象、水文条件。

（十九）海上风电机组、海缆、升压站等相关一次设备、二次设备经验收合格后方可投运，并定期进行巡视和维护。发现安全隐患，应及时整改，问题严重的应当停产整顿。

（二十）海上风电项目的业主单位和运维单位，应在海上风机基础、升压站、海缆等设备、区域处设置符合国家及行业要求的安全监测仪器，监测不均匀沉降、倾斜、应力应变、腐蚀老化等参数，发现异常情况及时处理。

（二十一）海上风电项目的业主单位和运维单位，应加强动火作业管理，严格执行动火作业审批制度；应按照国家、行业有关规定在海上升压站、风电机组机舱和塔架等海上设备设施内配备消防设备、设施。

（二十二）海上风电项目的业主单位和运维单位，应在海上升压站、风电机组、船舶内配备符合国家、行业相关标准规范要求的逃生与救生设备，定期进行检验检测，并组织培训和演练。

（二十三）海上风电项目的业主单位和运维单位，应依法依规明确电力设施保护范围，采取有效措施确保电力设施安全，必要时应利用信息化手段进行自动监视监测。

（二十四）海上风电项目的业主单位，应与地方政府以及渔业、海事等主管部门建立协调联动机制，做好海上风电场区渔船、运输船只的安全管理，有效防范设备和人身伤亡事故的发生。

四、加强涉网安全管理

（二十五）海上风电场设备的参数选择、涉网保护和自动装置的配置和整定等，应与所接入电网相协调，性能应满足电力系统安全稳定运行要求。

（二十六）海上风电场应具备一次调频能力、快速调压能力，且满足相关标准要求。

（二十七）海上风电场的风电机组及无功补偿设备的电压和频率耐受能力原则上应与同步发电机组的电压和频率耐受能力一致。

（二十八）新能源并网发电比重较高地区的海上风电场应根据接入电网的需求，提供必要的惯量与短路容量支撑。

（二十九）海上风电场应按国家、行业标准要求开展并网测试与仿真模型准确性评价

工作，确保模型参数准确性。当海上风电场发生容量变更、设备改造、软件升级、参数修改和控制逻辑变更等影响并网测试和仿真建模结果的，应重新测试和评价。

（三十）海上风电场应按照电力监控系统安全防护等相关规定开展电力监控系统安全防护工作。

（三十一）海上风电场应严格执行电力调度机构的调度指令。未经调度机构同意，不得擅自改变电力调度管辖范围内设备的状态。发生风电机组大面积脱网时，应立即向电力调度机构报告，未经允许不得擅自并网。

五、加强应急管理

（三十二）海上风电项目的业主单位，应建立海上风电项目应急管理体系，组织施工、运维单位针对海上突发事件的性质、特点制定各类安全事故应急预案，加强培训并定期组织演练。

（三十三）海上风电项目的业主单位，应与地方政府及有关部门建立协调联动机制，确保应急工作有效实施。施工、运维单位宜与相邻施工、运维单位签订应急救援互助协议，提高应急处置效率。

（三十四）海上风电项目的施工、运维单位，应加强应急队伍建设和应急物资装备的配备及管理。

（三十五）发生突发事件时，海上风电项目的业主单位应及时启动应急响应，按照相关规定向海事、应急、能源以及国家能源局派出机构等有关部门报告，并配合做好应急救援、事故调查等工作。

六、加强监督管理

（三十六）地方各级能源管理部门和国家能源局有关派出机构要严格按照《意见》要求，落实海上风电安全监督管理职责，并加强与海事、应急等相关部门的协调联动，形成工作合力，不断提升海上风电项目的安全生产水平。

国家能源局

2022 年 11 月 4 日

国家能源局派出机构电力安全监管工作考核办法

国能发安全〔2021〕8号

第一条 为做好国家能源局派出机构年度电力安全监管考核工作，根据《中共中央国务院关于推进安全生产领域改革发展的意见》（中发〔2020〕32号）《国家发展改革委国家能源局关于推进电力安全生产领域改革发展的实施意见（发改能源规〔2017〕1986号）》，参照《国务院安全生产委员会成员单位安全生产工作考核办法》（安委〔2020〕4号）等有关规定，制定本办法。

第二条 国家能源局负责对派出机构电力安全监管工作完成情况进行考核，由电力安全监管司组织实施，每年开展一次，派出机构不再参加各省级安委会的考核。坚持日常督促与年终考核相结合，开展相关工作。

第三条 考核工作坚持客观公正、科学合理、公开透明、注重实效的原则，突出工作重点，关注工作过程，强化责任落实。

第四条 主要考核内容包括：

（一）贯彻落实党中央、国务院关于电力安全生产有关决策部署以及安全生产法律法规和标准规定，规范监管执法行为，推进依法治理的情况。

（二）贯彻落实国家能源局电力安全监管年度重点工作计划、专项工作完成情况。

（三）履行电力安全监管工作职责，落实监管责任的情况。

（四）督促指导辖区内电力企业加强安全风险管控，健全隐患排查治理工作的情况。

（五）督促指导辖区内电力企业加强安全生产基础工作，开展安全生产宣传和教育培训，提高科技和信息化水平，营造和谐守规电力安全文化长效机制建设情况。

（六）辖区内发生电力生产安全事故事件情况。

第五条 根据本办法和电力安全监管年度重点工作目标任务，电力安全监管司牵头组织拟定年度考核细则。

第六条 考核采取评分制，对照年度考核细则进行评分。

第七条 落实党中央、国务院以及国家能源局工作部署，健全安全生产体制机制法制，创新工作方式方法，推动电力安全生产工作取得突破性进展，组织事故救援和抢险救灾等工作取得显著成绩的，可给予适当加分。

第八条　没有保质保量按时完成年度重点工作任务，责任不落实，安全风险管控、隐患排查治理工作不到位的，给予适当减分。

第九条　考核方式分为自查自评、集中考核、综合评定三个环节。派出机构年初报送上一年度安全生产工作自评报告，电力安全监管司将会同有关部门组成若干考核组，视情况对国家能源局派出机构进行集中考核，综合评定国家能源局派出机构电力安全监管工作开展情况。

第十条　考核结果分3个等级，分别为：合格（80—100分）、基本合格（60—79分）、不合格（60分以下）。

第十一条　考核结果经国家能源局局长办公会审议，与国家能源局年度安全考核自查情况一并报国务院安委会，并向各派出机构通报，同时抄送应急管理部、各省级安委会及局机关党委（人事司）。

第十二条　建立安全生产绩效与履职评定、职务晋升、奖励惩处挂钩制度，落实安全生产"一票否决"制。对考核结果为不合格的派出机构，责令其在考核结果通报后一个月内，制定整改措施，向国家能源局书面报告。对考核结果为优秀的，在履职评定、职务晋升、激励奖励方面予以适当倾斜。

第十三条　本办法由国家能源局负责解释，自印发之日起施行。

国家能源局综合司关于印发《大面积停电事件省级应急预案编制指南》的通知

国能综安全〔2016〕490 号

各省、自治区、直辖市人民政府办公厅，国家能源局各派出机构：

为深入贯彻落实《国家大面积停电事件应急预案》和《国家发展改革委办公厅关于做好国家大面积停电事件应急预案贯彻落实工作的通知》，指导省级人民政府开展大面积停电事件应急预案的制修订工作，我局编制了《大面积停电事件省级应急预案编制指南》，现印送你们，供工作参考。

国家能源局综合司

2016 年 8 月 5 日

附件

大面积停电事件省级应急预案编制指南

国家能源局电力安全监管司

2016 年 8 月

<h1>前　　言</h1>

为加强各省、自治区、直辖市大面积停电事件应急预案编制工作的指导，规范其编制程序、框架内容和基本要素，高效有序处置大面积停电事件，参照《中华人民共和国突发事件应对法》《国务院有关部门和单位制定和修订突发公共事件应急预案框架指南》《国家突发公共事件总体应急预案》《国家大面积停电事件应急预案》《国务院办公厅突发事件应急预案管理办法》《生产安全事故应急预案管理办法》等法律法规和相关文件制定本指南。

本指南适用于各省、自治区、直辖市人民政府开展应急预案编制工作，各市县级人民政府和各相关单位编制本级或本单位大面积停电事件应急预案可参照本指南。

本指南由编制工作指南和预案框架指南两部分构成。编制工作指南部分主要对预案定位、预案体系结构以及预案编制过程中的重点提出指导性要求；预案框架指南部分主要对预案的内容提出指导性参考。

<h2>第一部分　编制工作指南</h2>

1　预案编制原则

1.1　大面积停电事件省级应急预案（以下简称省级预案）是为省、自治区、直辖市（以下简称省级）人民政府制定的针对大面积停电事件的专项应急预案，是大面积停电事件应对中涉及的多个部门职责的制度安排与工作方案，应由省级人民政府电力运行主管部门牵头制定。

1.2　预案编制应当依据国家相关法律法规和本辖区突发事件应急管理相关法规和制度，并紧密结合本辖区实际情况。

省级预案框架各部分内容所涉及的法律法规制度依据见附录一。

1.3　省级预案重点明确在发生大面积停电事件时的组织指挥机制、信息报告要求、分级响应标准及响应行动、队伍物资保障及调用程序、市县级政府职责等，重点规范省级层面应对行动，同时体现对市县级预案的指导性。省级预案与其他省级专项预案的衔接界面由省级综合预案规定；省级预案涉及市县级层面的应对及处置行动由市县级相关专项预案规定；省级预案涉及的跨部门响应与保障行动由相关协同联动机制规定。

省级预案的体系框架图见附录二。

1.4　省级预案应当与《国家大面积停电事件应急预案》在应对原则、指挥机制、预警机制、事件分级、响应分级、响应行动以及保障措施等方面进行衔接。

2　编制工作组织机构

2.1　由省级人民政府电力运行主管部门牵头成立应急预案编制工作组织（以下简称编制组织），编制组织负责人应由省级人民政府电力运行主管部门有关工作责任人担任。编制组织的典型构成见附录三。

2.2　编制组织成员构成应当注重全面性和专业性，吸收相关政府部门应急管理人员、相关应急指挥机构管理人员、应急管理领域专业人员和相关行业专业人员参与，必要时组织专门培训。

2.3　编制组织应当注重工作的延续性，充分发挥编制组织成员在大面积停电事件应急处置指挥和省级预案持续优化完善工作中的作用。

3　编制准备

3.1　风险源评估

预案编制前应当对可能引发大面积停电事件的风险源进行全面评估。风险源评估应当基于全面的样本资料收集，包括本辖区十年以上的相关历史事件、国内外代表性案例以及对未来一段时间本辖区自然、社会、经济演变的预期，形成风险源事件样本库。风险源评估应当采用科学有效的事件分解和模式归类方法，形成预案情景构建工作的基础。

3.2　社会风险影响分析

预案编制前应当进行大面积停电事件社会风险影响分析，形成应急响应和保障的决策依据，提出控制风险、治理隐患和防范次生衍生灾害的措施和极端情况下应急处置与资源保障的需求。

社会风险影响分析宜采用情景构建的科学方法，对大面积停电事件造成的对城市秩序、交通运输、公共安全、通信保障、医疗卫生、物资供应、燃料供应等领域的影响情景进行构建。

3.3　应急资源调查

3.3.1　从大面积停电事件发生时供电保障的角度出发，对电力企业应急资源，重要电力用户应急资源，其他应急与保障机制，相关部门、组织及机构的备用电源，应急燃料储备情况，应急队伍，物资装备，应急场所等状况进行全面调查。必要时，依据电网结构和地域特性，对合作区域内可用的电力应急资源进行调查，为制定应急响应

措施提供依据。

3.3.2 从大面积停电事件发生时民生与社会安全保障的角度出发，对通讯、交通、公共安全、民政、卫生、医疗、市政、军队、武警等相关部门和单位以及社会化应急组织的应急资源情况进行调查，必要时对合作区域内可用的社会应急资源情况进行调查，为制定协同联动机制提供依据。

4 隐患治理与预案要素的先期完善

4.1 对于在风险分析中发现的易发、高发风险源隐患，应当进行事前治理。有整改条件的由编制组织提请省级安全生产监督管理部门督促相关单位进行整改，没有整改条件的应在预案中特别列明，并在预案中对监测预警、应急处置措施等手段和程序上予以强化。

4.2 对于在影响分析中发现的社会影响敏感因素，应当在预案编制过程中强化相关单位的专业处置力量，完善预案中相应的响应与处置措施，同时将上述因素作为确定响应级别与响应升级的重要依据。

4.3 对于在应急资源调查中发现的应急资源明显不足的情况，应当按照相关规范标准要求及时配备。应急资源与保障措施协同联动机制不到位的，应及时组织相关部门和单位会商并建立完善机制。地方人民政府应当积极推进全社会共同参与的应急资源调用机制建设。

5 编制过程要点

5.1 预案中规定的程序、机制与措施都应当有法可依、有据可查，编制过程中可充分借鉴和体现本辖区应急管理历史工作经验和成果。

5.2 预案编制中应当采用标准化的文字与流程图，规定监测预警、应急组织指挥机构召集、信息共享与报送、响应启动、响应级别调整等行动。

5.3 预案编制中宜采用情景构建方法，保证预案内容与实际情况相符，提高预案的针对性和可操作性。

5.4 预案内容应当体现统一指挥、分工负责的工作原则，对指挥权设定、分级组织指挥以及现场工作组、现场指挥机构的权利责任划分应当严谨清晰。

5.5 省级预案应当与相关预案做好衔接，涉及其他单位职责的，应当书面征求相关单位意见。必要时，向地方立法机构和社会公开征求意见。

6　审批和发布

省级预案的审批、发布、备案及修订更新工作按照《突发事件应急预案管理办法》《国家发展改革委办公厅关于做好大面积停电事件应急预案贯彻落实工作的通知》等文件执行。

<h1 style="text-align:center">第二部分　预案框架指南</h1>

1　总则

1.1　编制目的

建立健全涉及本省、自治区、直辖市（以下简称本省）的大面积停电事件应对工作机制，提高应对效率，最大程度减少人员伤亡和财产损失，维护本辖区安全和社会稳定。

1.2　编制依据

国家相关法律法规和政策文件，一般包括：《中华人民共和国突发事件应对法》《中华人民共和国安全生产法》《中华人民共和国电力法》《生产安全事故报告和调查处理条例》《电力安全事故应急处置和调查处理条例》《电网调度管理条例》《国家突发公共事件总体应急预案》《国家大面积停电事件应急预案》。

省级人民政府颁发的相关法规和政策文件：如某省（自治区、直辖市）突发事件应对条例、某省（自治区、直辖市）突发事件总体应急预案、某省（自治区、直辖市）突发事件预警信息发布管理办法等。

1.3　适用范围

明确省级预案的适用行政辖区。

省级预案是应对由于本辖区内外自然灾害、电力安全事故和外力破坏等原因造成的本辖区内电网大量减供负荷，对本辖区安全、社会稳定以及人民群众生产生活造成影响和威胁的停电事件的工作方案。

按照突发事件省级综合预案明确本省级预案与省内其他相关预案关系。

1.4　工作原则

遵从国家大面积停电事件应急处置工作原则，同时突出本省应急处置工作特点。

1.5　事件分级

事件分级原则上按照《国家大面积停电事件应急预案》规定的标准执行，分为特别重

大、重大、较大和一般四级，具体内容结合本省实际，与本省无关的标准可以不列入。

2 组织指挥体系及职责

2.1 省级层面组织指挥机构

明确本省大面积停电事件应对指导协调和组织管理工作的负责单位。

明确省级层面应对大面积停电事件的应急组织指挥机构（以下简称应急组织指挥机构）及其召集机制、成员组成、职责分工，日常管理工作机制。成员和职责可以附件形式附后。明确必要时派出应急工作组指导市县开展大面积停电事件应急处置工作的机制。

依照"统一领导"，"属地为主"的工作原则，明确当成立国家大面积停电事件应急指挥部时，由国家大面积停电事件应急指挥部统一领导、组织和指挥大面积停电事件应对工作，（本辖区）应急组织指挥机构应衔接上一层级指挥体系并做好辖区内事件应对的领导、组织和指挥工作。

省级层面组织指挥机构构成体系见附录四。

2.2 市县层面组织指挥机构

明确市县级指挥、协调本行政区域内大面积停电事件应对工作的负责单位。

明确市县级大面积停电事件应急组织指挥机构及其召集机制。

2.3 电力企业

明确电力企业应对大面积停电事件的应急指挥机构。

明确电力企业应急指挥机构与应急组织指挥机构之间的关系与界面。

2.4 专家组

制定专家组召集机制。明确专家组的专业领域构成，专家组对应急组织指挥机构的决策支持流程。

3 风险分析和监测预警

3.1 风险分析

3.1.1 风险源分析

3.1.1.1 从本辖区气象、地质、水文、植被等自然环境因素方面，分析可能引发大面积停电事件的环境危险因素。

3.1.1.2 从本辖区电网结构、设备特性等方面分析可能引发大面积停电事件的电网危险因素。

3.1.1.3 从系统分析和历史经验角度，发现可能引发本辖区大面积停电事件的辖区外电网、自然和社会环境危险因素。

3.1.2 社会风险影响分析

结合本辖区人口、政治、经济发展特点，对大面积停电引发的社会面风险因素进行分析。可以基于本辖区历史灾害样本数据进行社会影响情景构建。

3.2 监测

明确本辖区内需要监测的重点对象。以早发现、早报告、早处置的原则，建立监测信息的管理方法和机制。

适当考虑发生在本辖区外、有可能对本辖区造成重大影响事件的信息收集与传报。

除从上述专业渠道获取监测信息外，预案监测体系还应支持从舆情监测、互联网感知、民众报告等多种渠道获得预警信息的方式，并对民众报告的接报方式进行公示。

3.3 预警

3.3.1 预警信息发布

明确规范省级大面积停电事件预警职责、预警程序、预警调整及解除等具体内容。重点明确电网企业大面积停电事件预警信息上报电力运行主管部门和国家能源局派出机构的程序、内容和相关渠道，明确电力运行主管部门后续研判、报告、审批和预警信息发布的程序。明确预警信息的发布平台、渠道以及发布形式。

明确向国家能源局的上报程序和对市县及其他相关部门的通报程序。

3.3.2 预警行动

一般应采取的预警行动措施包括：

（1）应急准备措施。

电力企业的应急准备措施，重要电力用户的应急准备措施，受影响区域人民政府应启动的应急联动机制及其他应急准备措施。

（2）舆论监测与引导措施。

舆论监测方法与系统，舆情指标体系，舆论引导的依据、方法与渠道。

设置舆情指标越限时应采取的响应行动。

3.3.3 预警解除

当判断不可能发生突发大面积停电事件或者危险已经消除时，按照"谁发布、谁解除"的原则，适时终止相关措施。

4　信息报告

依据国家大面积停电事件应急预案信息报告程序，明确大面积停电事件发生后，相关电力企业的信息报告规范与程序。

明确地方人民政府（电力运行主管部门）和能源局派出机构接到大面积停电事件报告后应采取的向上信息报告和向下信息通报的规范与程序。

对市县级人民政府接到大面积停电事件信息后应采取的信息研判与报告措施提出指导性要求。

5　应急响应

5.1　响应分级

参照国家大面积停电事件应急预案响应分级，依据本省实际情况制定响应分级标准及必要时应采取的响应升级机制。

明确与响应级别对应的各单位应急处置基本任务清单以及与情景构建对应的各单位应急处置动态任务清单。

包含对于尚未达到一般大面积停电事件标准，但对社会产生较大影响的其他停电事件，省级或事发地人民政府的应急响应启动程序。

可以定义为避免应急响应不足或响应过度对应急响应级别进行调整的程序。

5.2　省级层面应对

5.2.1　省级应急组织指挥机构应对

明确初判发生重大以上大面积停电事件时，省级应急组织指挥机构应该开展的主要工作，主要包括：贯彻落实国务院指示精神，组织进行客观事态评估，组织专家研判，视情况进行现场指挥与协调，配合国务院工作组及上级指挥机构的工作，舆情管理，处置评估等。

5.2.2　省级应急工作组应对

明确省级应急工作组派出后应该采取的主要工作，主要包括：贯彻落实本省政府应急处置工作要求，收集汇总事件信息，指导当地应急指挥机构处置应对工作，协调实施跨市县合作机制等。

5.2.3　现场指挥部应对

明确现场指挥部的成立机制、工作职责，以及对参与现场处置的单位和个人的工作要求。明确现场指挥部的组织结构与指挥权限的设定、行政命令权与应急指挥权的界限划分。

5.3　工作机制和响应措施

5.3.1　工作机制

明确全面支撑应急响应措施的工作机制，如：应急组织指挥机构各成员单位间的信息共享机制；应急资源调配决策机制；现场应急指挥与协调机制；通信保障与应急联动机制；地市间跨区域大面积停电事件应急合作机制。

5.3.2　响应措施

明确大面积停电事件发生后各相关单位的响应措施和需要进行协调联动的工作机制，明确响应牵头部门，必要时列明各单位响应措施的任务清单，一般包括：

（1）抢修电网并恢复运行。明确以电力企业为主责的抢修电网并恢复运行的响应要求。

（2）防范次生衍生事故。明确以重要电力用户为主责的防范次生衍生事故的响应措施。

（3）保障民生。明确与消防、市政、供水、燃气、物资、卫生、教育、采暖等基本民生事务保障相关的一系列响应措施，响应牵头部门。

（4）维护社会稳定。明确与应急指挥体系，政府重要机构，人员密集区域，市场经济秩序，安全生产重要场所等安全与稳定保障相关的一系列响应措施，响应牵头部门。

（5）加强信息发布。明确信息发布的主要内容、方式、手段，如召开新闻发布会向社会公众发布停电信息的工作程序。

（6）组织事态评估。明确应急组织指挥机构对大面积停电事件影响范围、影响程度、发展趋势及恢复进度进行评估的组织形式和工作流程。

5.4　响应终止

满足响应终止条件时，由启动响应的地方人民政府终止应急响应。响应终止的必要条件参照《国家大面积停电事件应急预案》，可以结合本省情况按照上调响应级别的原则进行调整。

6　后期处置

6.1　处置评估

明确应急处置结束后，省级人民政府总结评估、吸取教训和改进工作的程序。明确鼓励开展第三方评估的相关要求。

6.2　事故调查

按照《电力安全事故应急处置和调查处理条例》规定成立事故调查组，查明事件原因、性质、影响范围、经济损失等情况，提出防范、整改措施和处理处置建议。

6.3 善后处置

明确应急响应结束后，事发地人民政府开展善后处置的内容和程序，如保险机构理赔工作要求；因灾受损单位灾后评估及损失申报流程。

6.4 恢复重建

明确对大面积停电事件应急响应中止后，对受损电网和设备进行恢复重建的组织、规划和实施流程。

7 应急保障

7.1 应急队伍保障

明确本辖区各类电力应急救援队伍体系建设和能力建设的基本要求。电力应急救援队伍体系包括：电力企业专业和兼职救援队伍，各相关行业协同救援队伍，军队、武警、公安消防等专业保障力量，社会志愿者队伍等。

7.2 物资装备保障

对电力企业应急装备及物资储备工作提出要求。

对县级以上人民政府加强应急救援装备物资及生产生活物资的紧急生产、储备调拨和紧急配送工作，保障支援大面积停电事件应对工作需要提出指导性要求。

对鼓励支持社会化应急物资装备储备提出指导性要求。

7.3 通信、交通和运输保障

明确本辖区的应急通信保障体系和交通运输保障体系建设工作要求，确定牵头部门。

7.4 技术保障

明确电力企业在大面积停电事件应急关键技术研究、装备研发、应急技术标准制定、应急能力评估、应急信息化平台建设等方面的工作要求。

明确气象、国土资源、水利等部门为电力日常监测预警及电力应急抢险提供技术保障的要求。

7.5 应急电源保障

明确说明本辖区加强电网"黑启动"能力建设工作要求。描述辖区内应急电源保障机制和地方人民政府督导检查机制。

7.6 医疗卫生保障

明确大面积停电应急处置过程中，对保障伤员紧急救护、卫生防疫等工作提出要求。

7.7　资金保障

明确地方人民政府以及各相关电力企业对大面积停电事件应对的资金保障规定和要求。

8　附则

8.1　预案编制与审批

说明预案的编制部门以及预案的审批及发布记录。

8.2　预案修订与更新

明确定期评审与更新制度、备案制度、评审与更新方式方法和主办机构等。

8.3　预案实施

说明预案的生效实施时间节点。

8.4　演练与培训

说明预案实施后的演练与培训计划。

9　附录

9.1　省级大面积停电事件分级说明。

9.2　应急指挥机构成员工作职责或各小组职责。

9.3　《大面积停电事件省级应急预案操作手册》, 规定更加详细的行动流程、联系方式、资源清单、报告格式、路线图等, 作为省级预案附录。

操作手册内容一般包含:

（1）大面积停电事件监控信息汇总流程。

（2）大面积停电事件公众报告接报流程。

（3）大面积停电事件预警信息初判、报告、审批、发布与解除流程及信息报告格式文书。

（4）大面积停电事件组织指挥机构召集、集中、联络流程与路线图。

（5）应急人力资源清单、应急设备设施资源清单、应急抢险物资清单。

（6）大面积停电事件响应信息报告流程及信息格式文书。

（7）事件分级（如前文未列明）判定流程。

（8）事件响应分级（如前文未列明）与调整流程。

第三部分　附　　录

附录一：大面积停电事件省级应急预案框架涉及法律法规制度依据

预案框架章节	法律法规制度	对应内容
总则	《国家大面积停电事件应急预案》 《突发事件应对法》 《突发事件应急预案管理办法》 《生产安全事故应急预案管理办法》	事件定义 事件分级 适用范围和工作原则
组织指挥体系及职责	《突发事件应对法》 《中央编办关于国家能源局派出机构设置的通知》 省级突发事件应对条例、省级突发事件总体应急预案	省级应急组织指挥机构设置 市县级应急组织指挥机构设置
	《电力安全事故应急处置和调查处理条例》 《电网调度管理条例》 《电力企业应急预案管理办法》	电力企业应急指挥机构设置
	《突发事件应对法》 《国家突发事件总体应急预案》	专家组
监测预警和信息报告	《电力安全事故应急处置和调查处理条例》	电力设施及监测预警
	《突发事件应对法》 各省关于突发事件预警信息发布的管理办法	预警发布
	《关于加强重要电力用户供电电源及自备应急电源配置监督管理的意见》 《重大活动电力安全保障工作规定（试行）》	预警行动
信息报告	《突发事件应对法》 《电力安全事故应急处置和调查处理条例》 《国家能源局综合司关于做好电力安全信息报送工作的通知》 各省关于突发事件信息报送的管理办法	信息报送
应急响应	《电力安全事故应急处置和调查处理条例》 《电网调度管理条例》	电力企业响应
	《重要电力用户供电电源及自备应急电源配置技术规范》	重要电力用户响应
	《突发事件应对法》 省级突发事件应对条例、省级突发事件总体应急预案、省级各部门专项预案、省/市/县级跨部门协同联动机制	社会响应 协同联动 保障机制
后期处置	《突发事件应对法》 《电力安全事故应急处置和调查处理条例》 《关于加强电力系统抗灾能力建设的若干意见》	善后处置，事故调查，灾后重建
保障措施	《国务院关于全面加强应急管理工作的意见》 《国务院办公厅转发安全监管总局等部门关于加强企业应急管理工作的意见》 《关于加强基层应急队伍建设的意见》	应急队伍建设
	《关于进一步加强电力应急管理工作的意见》 《关于深入推进电力企业应急管理工作的通知》 《关于加强电力应急体系建设的指导意见》	电力应急队伍建设

预案框架章节	法律法规制度	对应内容
保障措施	《军队参加抢险救灾条例》 《消防法》	军队、武警、公安参加应急处置
	《突发事件应对法》	社会救援力量组织与建设
	《国家通信保障应急预案》 《国家突发公共事件总体应急预案》 《关于全面推进公务用车制度改革的指导意见》	通信、交通与运输保障
	《电力系统安全稳定导则》	技术保障
	《突发事件应对法》	资金保障
附则	《突发事件应急预案管理办法》 《生产安全事故应急预案管理办法》	宣传、培训、演练、修订、备案与发布

附录二：大面积停电事件省级应急预案体系框架图

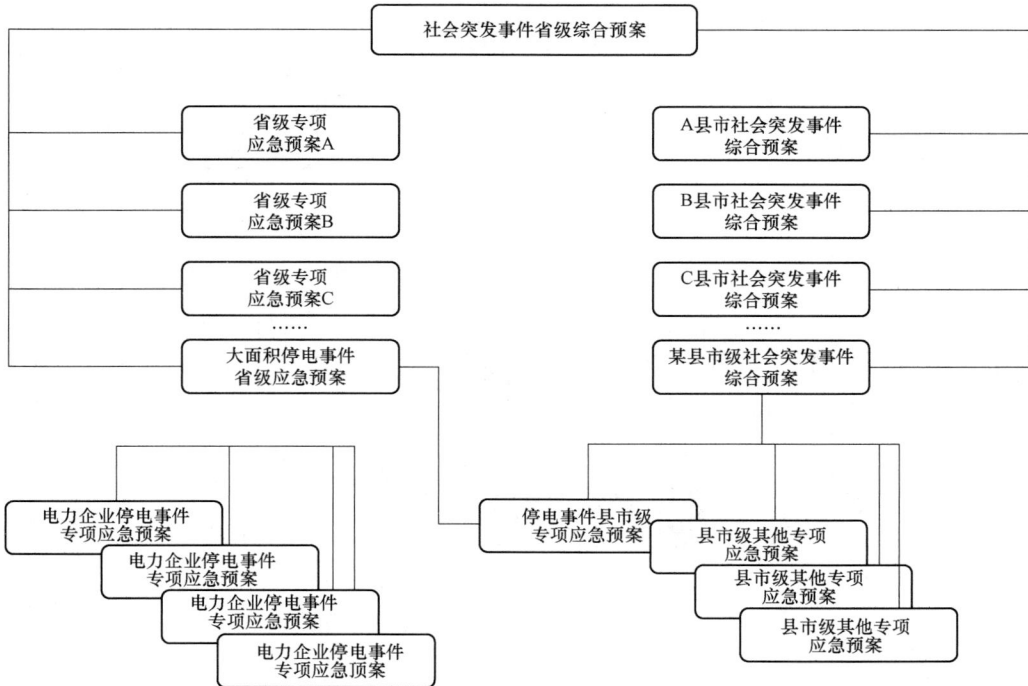

681

附录三：预案编制组织的典型构成

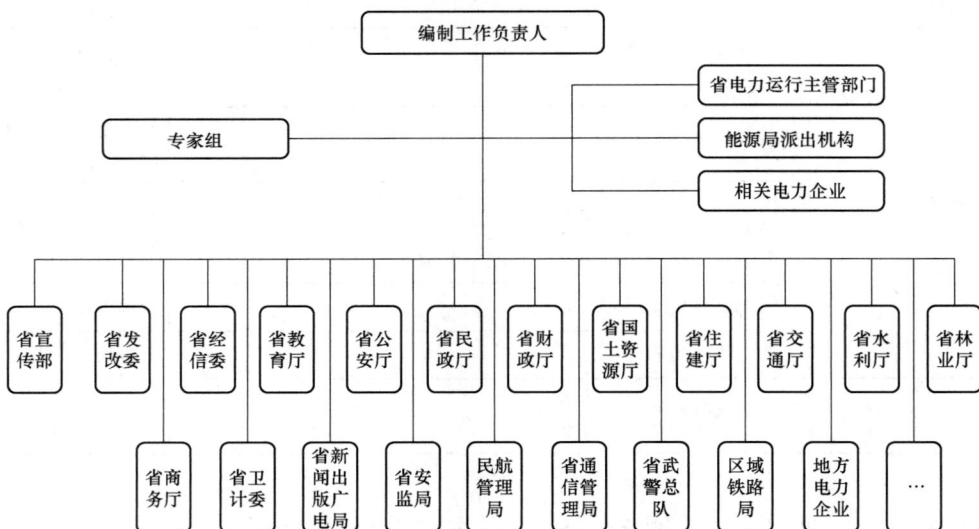

编制工作负责人

- 省电力运行主管部门
- 能源局派出机构
- 相关电力企业

专家组

省宣传部 | 省发改委 | 省经信委 | 省教育厅 | 省公安厅 | 省民政厅 | 省财政厅 | 省国土资源厅 | 省住建厅 | 省交通厅 | 省水利厅 | 省林业厅

省商务厅 | 省卫计委 | 省新闻出版广电局 | 省安监局 | 民航管理局 | 省通信管理局 | 省武警总队 | 区域铁路局 | 地方电力企业 | …

附录四：省级层面组织指挥机构构成体系

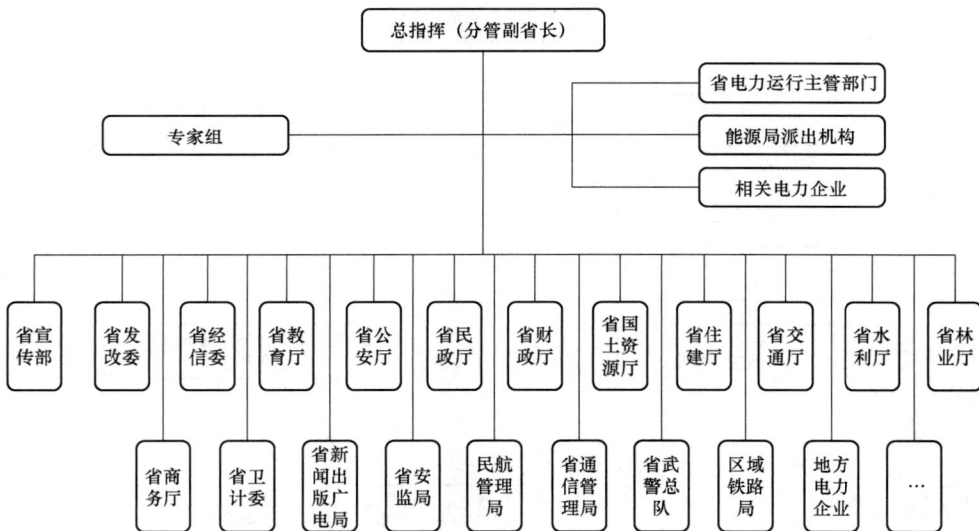

总指挥（分管副省长）

- 省电力运行主管部门
- 能源局派出机构
- 相关电力企业

专家组

省宣传部 | 省发改委 | 省经信委 | 省教育厅 | 省公安厅 | 省民政厅 | 省财政厅 | 省国土资源厅 | 省住建厅 | 省交通厅 | 省水利厅 | 省林业厅

省商务厅 | 省卫计委 | 省新闻出版广电局 | 省安监局 | 民航管理局 | 省通信管理局 | 省武警总队 | 区域铁路局 | 地方电力企业 | …

应急管理部 国家能源局关于进一步加强大面积停电事件应急能力建设的通知

应急〔2019〕111号

各省、自治区、直辖市及新疆生产建设兵团应急管理厅（局）、发展改革委（能源局）、经信委（工信委、工信厅），北京市城管委，各派出能源监管机构，全国电力安委会企业成员单位，各有关单位：

为深入贯彻习近平总书记关于安全生产、防灾减灾救灾、应急救援等应急管理重要论述精神，认真落实党中央、国务院有关工作部署，进一步提升大面积停电事件风险防范能力，建立健全大面积停电事件应对工作机制，强化应急准备，提高应对效率，现就有关事项通知如下。

一、进一步加强风险管控和隐患治理

要牢固树立安全发展理念，全面组织开展突发事件风险管控和隐患排查治理，建立完善重大风险和隐患数据库。各电力企业要进一步强化主体责任意识，针对发电、输电、变电、配电、用电等各个环节，组织专门力量对企业重要设备设施、网络安全、重点部位及外部灾害风险等深入进行风险评估和隐患排查，查找薄弱环节和存在的隐患。对识别出可能导致大面积停电的风险和排查出的隐患，要建立台账，逐一明确防范管控措施，列出整改时间表和路线图，逐步降低风险、消除隐患，实现识别、评估、管控等动态管理。电力管理部门、派出能源监管机构会同本级应急管理部门督促指导各相关单位开展风险隐患排查治理，摸清本行政区域底数。地方各级电力管理部门于每年年底前将可能引发大面积停电事件的重大风险隐患逐级报至国家能源局，抄送派出能源监管机构和同级应急管理部门。

二、进一步加强应急预案体系建设

根据有关法律法规和体制机制变化的新要求，以及安全风险和应急资源变化的新情况，国家能源局牵头《国家大面积停电事件应急预案》完善工作，地方各级电力管理部门、各电力企业要抓紧开展相关应急预案制修订工作，确保全面覆盖、不留空白。省、市、县级大面积停电事件应急预案制修订工作要按照《电力行业应急能力建设行动计划（2018—2020年）》要求于2019年12月底前完成，并报上级电力管理部门备案，抄送派出能源监

管机构和同级应急管理部门。确实存在困难的，要报上级电力管理部门同意后，于 2020 年底前完成。各级应急管理部门要加强指导大面积停电事件应急预案制修订工作，做好应急预案统筹衔接。

大面积停电事件应急预案制修订，要强化巨灾风险防范意识，充分考虑各类突发事件可能导致的严重后果，着力完善预警信息发布、应急指挥、处置联动、舆情引导、应急资源保障等应急工作机制，落实各方应急处置责任，确保科学高效、有力有序应对大面积停电事件。各级电力管理部门会同本级应急管理部门建立健全应急响应工作手册、应急响应行动方案、应急处置卡等大面积停电事件应急预案支撑性文件体系，将应急预案各项措施任务落到实处。

三、进一步强化应急演练

国家能源局、应急管理部会同有关方面，指导开展大面积停电应急示范演练。地方各级电力管理部门、应急管理部门要严格执行《生产安全事故应急条例》《国务院办公厅关于印发突发事件应急预案管理办法的通知》及《生产安全事故应急预案管理办法》等制度规定要求，结合本地实际，组织开展人员广泛参与、处置联动性强、形式多样、节约高效的大面积停电事件应急演练，于每年 12 月底前将当年演练开展情况和下一年度演练工作计划报上级电力管理部门，抄送派出能源监管机构和应急管理部门。各电力企业要严格落实法律法规和有关文件规定，适时开展应急演练，特别是现场处置方面应急演练，做到实战化、基层化、常态化、全员化。要针对演练中暴露出的问题，及时进行整改，必要时修订预案，完善应急准备。派出能源监管机构要加强工作协调和技术支持，配合地方政府完成电力应急管理工作任务。

四、进一步强化应急保障能力

国家能源局、应急管理部推进建立国家级电力应急培训演练基地，组建国家级电力应急抢修救援队伍，建立国家级电力应急专家库，建立能源系统电力应急指挥中心。

国家先期依托国家电网公司、南方电网公司在四川、山东、广东等省建设国家级电力应急基地，在福建等省建设电力应急信息化应用试点示范基地，视情在重点林区建设国家级电力应急基地，依托有关电力企业在负荷密集型城市、密集输电通道、高库大坝、森林草原防灭火重点区域等重点区域和关键部位，建设具有不同专业特长、能够承担极端条件下电力设备设施抢修、电力恢复等任务的专业应急力量，先期依托中国电力建设集团有限公司、中国能源建设集团有限公司在四川、安徽等地开展国家级电力应急救援

队伍建设试点，建立健全调用工作机制。地方各级电力管理部门根据本行政区域大面积停电事件应对工作需要，优化力量布局，加强电力抢险救援队伍建设。努力推进应急技术支撑体系建设，依托有关院校、咨询机构、电力企业开展电力应急政策和规范研究，组建由电力安全应急工作专业技术人员组成的电力应急专家库，指导开展电力应急处置工作。

派出能源监管机构要强化电力企业应急工作的监管，坚决防范大面积停电事件发生。各电力企业要加强系统恢复能力建设，完善电力系统黑启动方案，强化发电机组孤网运行能力，推进电网灾变模式下调度支持决策系统、主动配电网多电源协调控制、源网荷储协同恢复等技术的研究应用。各级应急管理部门协调推动电力抢险救援、居民基本生活保障、次生衍生事故防范应对等应急能力建设，提高社会面应对大面积停电事件工作水平。

各级电力管理部门、应急管理部门、电力企业要加强应急指挥平台建设并实现互联互通、业务协同，完善应急指挥平台智能辅助决策、实时态势感知等功能，提高应急处置效率。

五、进一步提升应急基础能力

各级电力管理部门要按照"重点突出、差异建设、技术先进、经济合理"的原则，提高电网设施设防标准，完善规划、布局，逐步建设坚强局部电网，有序推进重要城市和灾害多发地区关键电力基础设施抗风险能力建设。加强具有配电网经营权的配售电公司及微电网、局域电网管理公司等新型业态组织应急管理问题研究，探索适合新型业态发展需要的电力应急管理机制和措施。各级电力管理部门要研究提出重要用户名录，按程序报本级人民政府批准后，指导重要用户按照相关标准规范要求加强电源配置，优化极端情况下供电保障方式。国家能源局加强重要用户供电电源及自备应急电源配置等级标准规范研究，会同有关方面明确林区电力线路走廊与邻近树木规划原则。

六、进一步健全完善应急协调联动机制

各级应急管理部门、电力管理部门和各电力企业要健全信息通报机制，建立高效畅通的信息传输渠道，及时快速通报灾害事故信息和应急工作信息；建立健全应急处置协同联动机制，明确灾害事故预警预报、会商分析研判、应急资源共享、应急力量调度等衔接协调内容和程序。各级应急管理部门要将大面积停电事件应急联动需求纳入军地抢险救灾协调联动机制，根据需要协调部队相关方面支援大面积停电事件应急处置工作。

　　各级应急管理部门、电力管理部门、派出能源监管机构、电力企业要按照职责分工，认真落实本通知有关要求，加强沟通，密切配合，相互支持，形成合力，建立健全高效运行的工作机制。本通知贯彻落实情况，请于 2020 年 6 月底前报送应急管理部、国家能源局。

应急管理部

国家能源局

2019 年 10 月 28 日

国家能源局综合司关于印发《电力安全事故应急演练导则》的通知

国能综通安全〔2022〕124 号

各省（自治区、直辖市）能源局，有关省（自治区、直辖市）及新疆生产建设兵团发展改革委、工业和信息化主管部门，北京市城市管理委，各派出机构，全国电力安委会各企业成员单位：

为深入贯彻党中央、国务院关于安全生产和应急工作决策部署，有效落实《安全生产法》《生产安全事故应急条例》《电力安全事故应急处置和调查处理条例》等法律法规，进一步推动电力安全事故应急演练规范化开展，参照《生产安全事故应急演练基本规范》等标准规范，我局组织制定了《电力安全事故应急演练导则》，现印送你们，供工作参考。

国家能源局综合司

2022 年 12 月 29 日

电力安全事故应急演练导则

1　总则

为指导和规范电力安全事故应急演练的组织与开展，提高应急演练的实效性和科学性，依据《安全生产法》《突发事件应对法》《生产安全事故应急条例》《电力安全事故应急处置和调查处理条例》《生产安全事故应急演练基本规范》《生产安全事故应急演练评估规范》等有关法律法规和标准规范制定本导则。

1.1　适用范围

本导则对《电力安全事故应急处置和调查处理条例》所定义的电力安全事故（电力生产或者电网运行过程中发生的影响电力系统安全稳定运行或者影响电力正常供应的事故，包括热电厂发生的影响热力正常供应的事故）应急演练（以下简称应急演练）作出一般性规定，适用于各级政府及有关部门、国家能源局派出机构、有关电力企业、电力用户组织开展的应急演练活动。其他类型电力事故事件的应急演练可参考。

1.2 应急演练分类

应急演练按照演练内容分为综合演练和单项演练，按照演练形式分为实战演练和桌面演练，按照目的与作用分为检验性演练、示范性演练和研究性演练，不同分类标准的演练可相互组合。

1.3 应急演练工作原则

应急演练应遵循以下原则：

（1）遵守国家相关法律法规、标准及有关规定；

（2）结合电力安全风险及电力安全事故的特点，依据应急预案组织开展；

（3）以提高指挥协调能力、应急处置能力和应急准备能力为主要目标；

（4）保证参演人员、设备设施及演练场所安全，并遵守相关保密规定。

1.4 应急演练基本流程

应急演练实施基本流程包括计划、准备、实施、评估总结、持续改进五个阶段。

2 应急演练计划

2.1 需求分析

全面分析和评估电力安全事故应急预案、应急职责、应急处置工作流程和指挥调度程序、应急技能和应急装备、物资的实际情况，提出需通过应急演练解决的问题，有针对性地确定应急演练目标，提出应急演练的初步内容和主要科目。

2.2 明确任务

确定应急演练的事故情景类型、等级、发生地域，演练方式，参演单位，应急演练各阶段主要任务，应急演练实施的拟定日期。

2.3 制订计划

根据需求分析及任务安排，组织人员编制演练计划文本。

3 应急演练准备

3.1 成立演练组织机构

综合演练成立以应急预案发布单位主要负责人（或分管负责人）为组长,相关部门（单位）人员参加的应急演练领导小组。应急演练领导小组下设策划与导调组、保障组、评估

组、宣传组（可根据应急演练的类型、规模等实际需要选择性成立其他小组），并明确各小组演练工作职责、分工。

单项演练由演练组织单位结合演练的类型、规模等实际需要选择性成立领导小组。

3.1.1　领导小组

（1）负责应急演练筹备和实施过程中的组织领导工作；

（2）审批应急演练工作方案和经费使用；

（3）审批应急演练总结评估报告；

（4）决定应急演练的其他重要事项。

3.1.2　策划与导调组

（1）负责编制应急演练工作方案、演练执行方案和演练观摩手册；

（2）负责演练活动筹备、事故场景布置；

（3）负责演练进程控制、参与人员调度以及与相关单位、工作组的联络和协调；

（4）负责提供信息发布的内容；

（5）负责针对应急演练实施中可能面临的风险进行评估，并审核应急演练安全保障方案。

3.1.3　保障组

（1）负责应急演练安全保障方案制订与执行；

（2）负责所需物资的准备，以及应急演练结束后物资清理归库；

（3）负责提供应急演练技术支持，主要包括应急演练所涉及的调度通信等；

（4）负责应急演练的后勤保障；

（5）负责演练人员管理及经费使用管理。

3.1.4　评估组

（1）负责编制应急演练评估方案；

（2）跟踪和记录应急演练进展情况，发现应急演练中存在的问题并做好过程评估；

（3）演练结束后，及时向演练单位或演练领导小组及其他相关专业组提出评估意见、建议，并撰写演练评估报告。

3.1.5　宣传组

（1）负责编制演练宣传方案；

（2）负责整理演练信息、组织新闻媒体并开展新闻发布。

3.2　编写演练文件

对于综合演练，应编写演练文件；对于单项演练，可根据实际选择编制需要的演练文件。

3.2.1　应急演练工作方案

工作方案主要内容包括：

（1）应急演练目的及要求、时间与地点；

（2）事故情景设置，对演练过程中应采取的预警、应急响应、决策与指挥、处置与救援、保障与恢复、信息发布等应急行动与应对措施的预先设定和描述；

（3）参演单位、参与人员，以及对应任务和职责；

（4）技术支撑及保障条件，参演单位联系方式；

（5）评估内容、准则和方法，总结与评估工作的安排。

3.2.2　应急演练执行方案

演练执行方案一般可分为应急演练脚本和演练控制方案两类：

（1）应急演练脚本是指应急演练工作方案的具体操作手册，帮助参演人员掌握演练进程和各自需演练的步骤。一般采用表格形式，描述应急演练每个步骤的时刻及时长、对应的情景内容、处置行动及责任人员、指令与报告对白、适时选用的技术设备、视频画面与字幕、解说词等。应急演练脚本主要适用于示范性演练；

（2）演练控制方案是指演练策划导调或控制人员的具体操作手册，帮助策划导调或控制人员控制演练发展、掌握演练进程以及操作演练展示。一般采用表格形式，按照演练实施步骤或顺序描述应急演练每个步骤的计划时刻及时长、对应的情景和演练内容、触发的背景信息、处置行动及责任人员、需要发布的指令、适时选用的技术设备、视频画面与字幕展示安排、组织步骤等。演练控制方案主要适用于设备丰富、技术复杂的演练，可根据实际需求增加、减少演练控制方案中相关要素。

3.2.3　评估方案

根据需要编写演练评估方案，主要包括：

（1）应急演练目的和目标、情景描述，应急行动与应对措施简介；

（2）应急演练准备、应急演练方案、应急演练组织与实施、应急演练效果等；

（3）应急演练目的实现程度的评判指标；

（4）主要步骤及任务分工；

（5）演练评估项目（一般采用表格形式）。

3.2.4　保障方案

主要包括：

（1）可能发生的意外情况、应急处置措施及责任部门；

（2）应急演练的安全设施与装备；

（3）应急演练非正常中止条件与程序；

（4）安全注意事项。

3.2.5　观摩手册

根据演练规模和观摩需要，可编制演练观摩手册。演练观摩手册通常包括应急演练时间、地点、情景描述、主要环节及演练内容、安全注意事项。

3.2.6　宣传方案

编制演练宣传方案，主要包括宣传目标、宣传方式、传播途径、主要任务及分工、技术支持。

3.3　落实保障措施

3.3.1　组织保障

落实演练总指挥、现场指挥、策划导调、宣传、保障、评估、演练参与部门（单位）和人员等，必要时考虑替补人员。

3.3.2　资金与物资保障

明确演练工作经费及承担单位，明确各参演单位所准备的演练物资和器材。

3.3.3　技术保障

落实演练场地设置和演练实施有关技术条件，既满足演练活动需要，又尽量避免影响企业和公众正常生产、生活；落实演练情景模型制作；采用多种公用或专用通信系统，保证演练通信信息畅通；落实应急电源保障等。

3.3.4　安全保障

采取必要的安全防护措施，进行必要的系统（设备）安全隔离，确保所有参演人员、观摩人员、现场群众生命财产安全及运行系统安全。

3.3.5　宣传保障

根据演练需要，对涉及演练单位、人员及社会公众进行演练预告，宣传电力应急相关知识。

3.4　其他准备事项

根据需要准备应急演练有关活动安排，进行相关应急预案培训，必要时可进行预演。

4 应急演练实施

4.1 现场检查

确认演练所需的工具、设备、设施、技术资料以及参演人员等要素到位。对应急演练安全设备、设施进行检查确认，确保安全保障方案可行，所有设备、设施完好，电力、通信系统正常。

4.2 演练简介

应急演练正式开始前，应对参演人员进行情况说明，使其了解应急演练规则、场景及主要内容、岗位职责、演练过程中可能存在的风险点及危险有害因素和注意事项。

4.3 启动

应急演练总指挥负责演练实施过程的指挥控制，条件具备后，由总指挥宣布演练开始。

4.4 执行

实战演练或桌面演练主要参照以下步骤执行，可根据需要选择部分环节开展。

4.4.1 实战演练执行

按照应急演练工作方案和演练执行方案，政府及有关部门、国家能源局派出机构、电力企业、电力用户、社会救援力量等所有参演单位和人员有序推进各个场景。

演练策划与导调组对应急演练实施全过程指挥控制，按照应急演练执行方案向参演单位和人员发出信息指令，传递相关信息，控制演练进程。

应急演练过程中，策划与导调组人员（以下简称导调人员）应随时掌握应急演练进展情况，并向领导小组组长报告应急演练中出现的各种问题。

各参演单位和人员，根据导调信息和指令，依据应急演练工作方案规定流程，按照发生真实事故时的应急处置程序，采取相应的应急处置行动；参演人员按照应急演练方案要求，作出信息反馈。

演练评估组跟踪参演单位和人员的响应情况，进行评估并做好记录。

实战演练一般包括以下内容：

（1）监测与风险分析。

参与单位模拟开展针对电力设施、设备和燃料供应等监测行动，并与气象等部门开展信息共享活动，对可能的风险后果和灾情发展走向进行分析评估。

（2）预警信息发布及应急准备。

相关单位对事态进行科学研判，必要时发布预警信息，参演单位做好各项应急准备工

作。根据预案要求，可由预警发布单位及时调整或宣布解除预警。

（3）启动响应。

按照电力安全事故严重程度，相关单位启动应急响应并开展应急指挥或应对处置。

（4）信息报告。

相关单位按《电力安全事故应急处置和调查处理条例》及有关文件规定开展事故信息报告。

（5）电力抢修与恢复运行。

电力企业采取合理安排运行方式、恢复电力设备运行、组织力量抢修受损设备设施、提供电力支援、做好机组并网准备等系列抢修与恢复运行的相关模拟动作或实战活动。重要电力用户或其他可能受到影响的单位模拟开展启动自备应急电源等行动。

（6）城市生命线、社会治安等保障。

相关参演单位模拟开展关于重点单位保障、交通、通信、供排水等各个方面的救援、救助、保障、调度和恢复等任务和活动，模拟做好受灾群众临时安置、商业运营、物资供应、金融、医疗、教育、广播电视等社会民生系统的各项保障任务和应对行动。公安等有关部门模拟开展对涉及国家安全和公共安全的重点地点和单位的安全保卫工作，维护应急处置救援现场的秩序，必要时对事故可能波及范围内的相关人员进行疏散、转移和安置。

（7）信息发布。

必要时开展面向社会公众的信息发布和舆情引导工作，包括做好社会提示、开展舆情收集、回应社会关切、澄清不实信息等。

4.4.2 桌面演练执行

演练导调人员按照应急预案或应急演练方案发出信息指令后，参演单位和人员依据接收到的信息，回答问题或模拟推演的形式，完成应急处置活动。通常按照四个环节循环往复进行：

（1）注入信息：导调人员通过多媒体文件、沙盘、消息单、实时通讯、VR/AR等多种形式向参演单位和人员展示应急演练场景，展现电力安全事故发生发展情况；

（2）提出问题：在每个演练场景中，由导调人员在场景展现完毕后根据应急演练方案提出一个或多个问题；

（3）分析决策：根据导调人员提出的问题或所展现的应急决策处置任务及场景信息，参演单位和人员开展思考讨论，形成处置决策意见；

（4）表达结果：在组内讨论结束后，各组代表按要求提交或口头阐述本组的分析决策

结果，或者通过模拟操作与动作展示应急处置活动。

各组决策结果表达结束后，导调人员可对演练情况进行简要讲解，接着注入新的信息。

4.5 演练结束

完成演练内容后，参演人员进行人数清点和讲评，演练总指挥宣布演练结束。

4.6 其他事项

4.6.1 演练解说

在演练实施过程中，演练导调人员进行解说。内容包括演练背景描述、进程讲解、案例介绍、环境渲染等。

4.6.2 演练记录

演练实施过程中，安排专人采用文字、图片和声像记录演练过程，其中文字记录内容主要包括：

（1）演练开始和结束时间；

（2）现场实际执行情况；

（3）演练人员表现；

（4）出现的特殊或意外情况及其处置；

（5）参演人员签字记录。

4.6.3 演练中止

在应急演练实施过程中，出现特殊或意外情况，经应急演练领导小组评估认为短时间内不能妥善处理或解决时，应急演练总指挥按照事先规定的程序和指令中断应急演练，并立即组织应对特殊或意外情况，并可由应急演练领导小组视情况决定是否恢复演练。

5 评估总结

5.1 评估

按照 AQ/T 9009—2015《生产安全事故应急演练评估规范》中 7.1、7.2、7.3、7.4 或其更新条款要求的演练点评、参演人员自评、评估组评估、编制演练评估报告等进行演练评估，撰写评估报告。

5.2 总结

5.2.1 撰写演练总结报告

应急演练结束后，演练组织单位宜撰写总结报告，可包括以下内容：

（1）应急演练工作的概况；

（2）应急演练工作的经验和教训；

（3）应急管理工作的建议。

5.2.2　演练资料归档

应急演练活动结束后，将应急演练方案、应急演练评估报告、应急演练总结报告等文字资料，以及记录演练实施过程的相关图片、视频、音频等资料归档保存；对主管部门要求备案的应急演练，演练组织单位将相关资料报主管部门备案。

6　持续改进

6.1　预案修订

根据演练评估报告中对应急预案的改进建议，由应急预案编制单位按程序对预案进行修订完善。

6.2　应急管理工作改进

（1）应急演练结束后，各演练参演单位应根据应急演练评估总结提出的相关问题和建议，对本单位的电力应急管理工作（包括应急演练工作）进行持续改进；

（2）各参演单位应督促本单位相关责任部门和人员，制定整改计划，明确整改目标，制定整改措施，落实整改资金，并跟踪督查整改情况。

附录：定义和术语

附录

定义和术语

下列定义和术语适用于本导则。

1　事故情景

针对可能导致电力安全事故的风险而预先设定的事故状况（包括事故发生的时间、地点、特征、波及范围及变化趋势等）。

2　应急预案

针对可能发生的事故，为最大程度减少事故损害而预先制定的应急准备工作方案。

3 综合演练

针对应急预案中多项或全部应急响应功能开展的演练活动。

4 单项演练

针对应急预案中某一项应急响应功能开展的演练活动。

5 实战演练

针对事故情景，选择（或模拟）事故应急处置涉及的电力设备、设施、装置或场所，利用各类应急器材、装备、物资，通过决策行动、实际操作，完成真实应急响应的过程。

6 桌面演练

针对事故情景，利用图纸、沙盘、流程图、计算机模拟、视频会议等辅助手段，进行交互式讨论和推演的应急演练活动。

7 检验性演练

为检验应急预案的可行性、应急准备的充分性、应急机制的协调性及相关人员的应急处置能力而组织的演练。

8 示范性演练

为检验和展示综合应急救援能力，按照应急预案开展的具有较强指导宣教意义的规范性演练。

9 研究性演练

为探讨和解决事故应急处置的重点、难点问题，试验新方案、新技术、新装备等而组织的演练。

10 应急演练评估

围绕演练目标和要求，对参演人员表现、演练活动准备及其组织实施过程作出客观评价，并编写演练评估报告的过程。

国家能源局关于印发《电力企业应急能力建设评估管理办法》的通知

国能发安全〔2020〕66号

各省（自治区、直辖市）能源局，有关省（自治区、直辖市）及新疆生产建设兵团发展改革委、经信委（工信委、工信厅），北京市城管委，各派出机构，全国电力安委会企业成员单位，各有关单位：

为深入贯彻落实习近平总书记关于应急管理的重要论述，积极推进电力应急管理体系和能力现代化，全面加强电力行业应急能力建设，进一步规范电力企业应急能力建设评估工作，国家能源局组织编制了《电力企业应急能力建设评估管理办法》。现印发给你们，请遵照执行。

国家能源局

2020年12月1日

电力企业应急能力建设评估管理办法

第一章 总 则

第一条 为加强电力应急管理制度化、规范化和标准化建设，提高电力突发事件应对能力，依据《中华人民共和国安全生产法》《中华人民共和国突发事件应对法》《电力安全事故应急处置和调查处理条例》等法律、行政法规，制定本办法。

第二条 电力企业应急能力建设评估（以下简称"应急能力建设评估"）是指以电力企业为评估主体，以应急能力建设和提升为目标，对突发事件综合应对能力进行评估，查找应急能力存在的问题和不足，指导电力企业建设完善应急体系的过程。

第三条 本办法原则上适用于省级及以上区域发电集团公司、300兆瓦及以上火力发

电企业、50 兆瓦及以上水力发电企业,各省（自治区、直辖市）电力（电网）公司、各市（地、州、盟）供电公司以及电力建设企业。其他类型电力企业可参照本办法自行开展评估。

第四条 应急能力建设评估工作遵循行业指导、企业自主、分类量化、持续改进的原则。对涉及国家机密的,应当严格按照国家保密规定进行管理。

第五条 国家能源局负责组织制修订应急能力建设评估标准规范,对应急能力建设评估工作进行监督和指导。国家能源局派出机构、地方电力管理部门负责对辖区内应急能力建设评估工作进行监督和指导。电力企业应当制定完善应急能力建设评估规章制度,明确管理部门、职责和目标考核要求,保障工作有效落实。

第六条 电力企业应当滚动开展应急能力建设评估工作,原则上评估周期不超过 5 年。电力企业应急预案修订涉及应急组织体系与职责、应急处置程序、主要处置措施、事件分级标准等重要内容的,或重要应急资源发生重大变化时应当及时开展评估。

第二章　评估内容和方法

第七条 应急能力建设评估内容参照最新有效的《电网企业应急能力建设评估规范》《发电企业应急能力建设评估规范》《电力建设企业应急能力建设评估规范》。

第八条 应急能力建设评估应当以应急预案和应急体制、机制、法制为核心,围绕预防与应急准备、监测与预警、应急处置与救援、事后恢复与重建四个方面开展。

第九条 预防与应急准备方面包括法规制度、规划实施、组织体系、预案体系、培训演练、应急队伍、指挥中心等。监测与预警方面包括事件监测、预警管理等。应急处置与救援方面包括先期处置、应急指挥、现场救援、信息报送和发布、舆情应对等。事后恢复与重建方面包括后期处置、处置评估、恢复重建等。

第十条 应急能力建设评估应当以静态评估和动态评估相结合的方法进行。静态评估应当对电力企业应急管理相关制度文件、物资装备等体系建设方面相关资料进行评估,主要方式包括检查资料、现场勘查等。动态评估应当重点考察电力企业应急管理第一责任人及相关人员对本岗位职责、应急基本常识、国家相关法律法规等的掌握程度,主要方式包括访谈、考问、考试、演练等。

第三章　评估组织

第十一条 电力企业应当在评估前制定评估工作方案。评估工作方案的内容至少应当包括评估内容、评估组专家信息、评估期间日程安排、电力企业参与评估及配合人员安排等。

第十二条　电力企业可自行或委托第三方机构组建评估工作组，工作组由不少于 5 名评估人员（含 1 名组长）组成。评估工作组中应当至少包含 1 名电力安全应急专家库中的专家，且选用专家须为非被评估单位人员。

第十三条　评估工作应当严格依据评分标准对各项指标进行评分，逐级汇总并转化为得分率。评估工作组应当对评估结果的真实性负责。

第十四条　评估结果应当根据评估得分率确定，分为合格、不合格。评估得分率在 80% 以上的为合格，得分率在 80% 以下的为不合格。

第十五条　评估工作结束后，电力企业应当及时组织编制应急能力建设评估报告。评估结果为合格的，电力企业应当在 30 日内将评估报告直接报送国家能源局派出机构和地方电力管理部门；评估结果为不合格的，电力企业应当根据专家组意见进行整改并重新组织评估，合格后再将评估报告和整改计划一并报送国家能源局派出机构和地方电力管理部门。

第四章　评估结果应用

第十六条　全国电力安委会企业成员单位、国家能源局派出机构、地方电力管理部门应当于每年 1 月底前，将本系统、本地区上一年度应急能力建设评估工作情况报送国家能源局。

第十七条　国家能源局研究推进应急能力评估信息化平台建设、应用及数据共享工作。国家能源局派出机构、地方电力管理部门根据评估工作情况，可以选择应急能力评估得分率较高的电力企业推广交流经验，促进提高应急能力建设水平。

第十八条　电力企业应当总结评估工作经验，发现问题及时整改，强化闭环管理，完善制度体系，将应急能力建设评估与安全生产标准化、风险分级管控和隐患排查治理等有机结合，不断强化电力安全生产与应急管理工作。

第五章　监督管理

第十九条　国家能源局派出机构、地方电力管理部门应当将应急能力建设评估情况纳入安全生产监管范围，重点对评估结果不合格的电力企业应急能力建设工作加强监督管理。根据电力应急管理工作需要，可将其他电力企业纳入本办法适用范围。

第二十条　国家能源局及其派出机构、地方电力管理部门应当不定期对应急能力建设评估报告进行抽查与复核。经抽查与复核发现评估报告与实际不符，应急能力未达到有关

规定的要求，相关电力企业应当限期改正或者重新评估，并在 30 日内提交整改报告。

第二十一条　国家能源局及其派出机构、地方电力管理部门对评估报告弄虚作假、评估工作不按规定开展的电力企业，应当采取约谈、通报等方式督促整改；情节严重的，应当按照相关规定给予处理。

第六章　附　　则

第二十二条　本办法由国家能源局负责解释。

第二十三条　本办法自 2021 年 1 月 1 日起施行。

国家能源局综合司关于进一步加强电力行业地质和地震灾害防范应对工作的通知

国能综通安全〔2022〕42 号

全国电力安全生产委员会各企业成员单位，有关电力企业：

为深入贯彻习近平总书记关于防灾减灾救灾重要指示精神，积极践行"两个坚持、三个转变"防灾减灾救灾理念，进一步提升电力行业防范应对地质和地震灾害能力，最大程度减轻灾害风险，降低灾害对电力系统的影响，全力保障电力系统安全稳定运行和电力可靠供应，现就有关事项通知如下。

一、加强组织管理，健全制度体系

（一）完善组织体系。电力企业（指以发电、输电、供电和电力建设为主营业务的企业）要将灾害防范应对工作纳入安全生产日常管理工作之中，加强地质和地震灾害防范应对工作的组织领导，健全组织机构，明确工作职责，形成分工明确、职责清晰的工作组织体系，科学有序做好企业灾害防范工作。

（二）健全制度机制。电力企业要建立以防为主、防抗救相结合的新型灾害防范应对制度机制，明确灾情防范应对全链条程序规范，细化监测预警、隐患排查、信息报送、联防联控、应急处突、指挥协调、会商研判、力量调派、物资调拨、教育培训、资金保障、科技支撑、物资储备等各环节工作机制，提升防范应对地质和地震灾害能力。

二、强化建设工程管理，切实提高防灾能力

（三）严格建设工程前期论证。电力企业要按照国家地质灾害防治和防震减灾有关法律法规规范性文件要求以及国家建设工程核准有关规定，依据国家及地方政府发布的地质灾害防治规划、抗震设防要求以及国家和行业有关标准，开展电力工程建设前期工作，科学论证项目选址，尽量避开地质灾害易发区、地震高烈度设防地区和地震重点监视防御区（以下统称为灾害重点防范区）。

（四）适当提高灾害重点防范区设防标准。对确实需要在灾害重点防范区内建设的电力工程，应当在充分论证的基础上，采取差异化措施，进一步优化电力设施设计，适当提高重要电力设施设防标准。减少同一灾害重点防范区内重要输电通道的数量，对于同一方向的重要输电通道要尽可能分散走廊。

（五）加强建设工程防灾措施。对于存在地质灾害风险以及可能引发地质灾害的电力建设工程，应当加强地质勘察并建设灾害防治工程，灾害防治工程的设计、施工和验收应当与主体工程的设计、施工、验收同时进行，必要时同步设置永久监测措施。电力企业应当将灾害防治工程资金纳入项目预算内，并监督施工单位按规定足额使用。对于施工方案变更后产生地质灾害风险的，电力企业应当组织电力建设工程勘察（测）、设计、施工、监理等参建单位（以下统称为工程参建方）进行充分的论证，必要时委托专业评估机构提出防治措施。鼓励在电力建设工程中采用隔震减震等技术，提高抗震性能。

（六）做好施工现场和营地的灾害规避。电力企业应优化施工方案，防止和减少施工造成地表环境变化引发的灾害风险隐患。施工单位要严格按照设计方案和施工组织设计进行施工，不得随意更改设计和擅自扩大施工范围，严防施工诱发次生地质灾害；对施工营地选址布置方案要进行风险分析和评估，生活办公营地应当选择在地形平坦开阔区域，避开灾害多发区。电力企业要定期对工程施工营地的灾害风险防范工作进行监督检查，督促施工单位开展灾害风险辨识，最大限度降低风险。

三、定期开展排查工作，加强风险隐患整治

（七）定期开展灾害风险隐患排查。电力企业要结合生产实际，定期组织专业人员对电力设施和电力建设工程及周边进行地质灾害风险辨识和抗震减灾安全检查，全面排查灾害风险隐患，建立风险隐患底数台账，实行清单化管理。发现严重地质和地震灾害风险隐患或地质灾害监测数据发生突变，以及附近地区发生地震等重大自然灾害后，相关单位要对电力设施或电力建设工程进行全面的灾害风险隐患排查分析，及时采取防范治理措施。

（八）加强风险隐患整治工作。对于地质或地震灾害风险隐患，相关责任单位要立即进行整治。对于重大以上风险隐患，要进行专门勘察分析，提出治理方案，及时完成整治，并严格落实挂牌督办机制。对短期内难以完成整治的重大以上风险隐患，要采取针对性防治措施，加强跟踪监测，确保人身和设备安全，分批分类推动除险整治工作。对非防范工作责任范围内且对电力设施和建设工程项目构成威胁的风险隐患，相关电力企业要及时向地方政府报告，并配合地方政府开展整治工作。要重视流域梯级水电站地质灾害风险的防范，加强大坝及近坝库岸边坡的除险加固，强化大坝安全监测管理，防止地质或地震灾害引发漫坝、溃坝风险。对出现地质灾害前兆、可能造成人员伤亡及重大经济损失的区域，应当立即划定灾害警戒区，加强观察警戒，指定疏散路线及临时安置场所等。

四、加强灾害监测预警，畅通信息传递渠道

（九）加强灾害监测预警工作。电力企业要结合地质灾害风险隐患点分布情况，科学

开展监测工作。对于已经发现的风险隐患点，按照国家有关防治监测规定，合理布设监测点，定期进行监测，并及时汇总、分析、上报监测信息。要重点强化汛期以及恶劣天气发生期间的监测预警工作，增加监测频次，及时发现新增风险隐患，划定危险区域，设置警示标识；安排专人值守，加强巡视检查，强化重点区域监测预警，研判灾害前兆，及时发出预警信息，并采取有效防范措施。要充分发挥专业机构作用，紧紧依靠当地群众，共同做好群测群防工作，发现险情及时向有关部门报告。

（十）健全完善监测预警机制。电力企业要加强与地方政府自然资源、气象、水利、地震、应急等部门的联系沟通，明确地质和地震灾害监测预警工作程序，畅通灾害预警信息和应急信息传递渠道，落实责任单位和人员，及时接收、传递监测预警信息，并按照要求上传有关监测信息。在接到有关部门发布的地质或地震灾害预警信息，或者对本单位监测信息研判后认为可能发生地质灾害时，要立即通知灾害可能影响到的有关单位，并及时有序组织人员安全转移。

五、完善灾害应急体系，提高应急响应能力

（十一）完善灾害应急体系。电力企业要将地质和地震灾害防范应急管理纳入本单位应急体系，建立快速反应、处置有效的应急响应机制。重大电力建设工程和灾害重点防范区内的电力建设工程，电力企业要组织成立各工程参建方参加的灾害应急工作指挥协调小组，统一开展应急救援、抢修恢复等工作，及时传递应急响应信息。

（十二）加强应急预案编制和演练。健全完善各项应急预案和保障方案，保证各项预案之间上下贯通、左右衔接，并根据地质条件变化情况及时修订。专项应急预案要按照有关规定报国家能源局派出机构和地方政府有关部门备案。定期组织应急演练，对演练效果进行评估，及时完善应急预案，地质灾害应急演练应在每年汛期来临前开展。对于灾害重点防范区内的重要电力设施和电力建设工程，相关单位应开展功能性演练和实战性演练，具备条件的还应开展联合演练。对于灾害可能威胁到人身安全的情况，还应编制人员避险逃生方案，定期组织全部相关人员开展避险逃生演练。

（十三）及时开展应急抢险救援。地质或地震灾害发生后，电力企业要及时做出应急响应，开展先期电力应急抢险救援工作，并按规定在地方政府或其建立的抢险救灾领导机构统一指挥协调下，及时调集应急救援队伍和抢险物资等力量资源，开展应急值班、设备抢修、灾情调查、险情分析、次生灾害防范等应急工作。要按照电力安全信息报送有关规定，及时向地方电力管理部门和国家能源局派出机构报送险情和灾情信息。

（十四）加强应急物资储备和队伍基地建设。根据灾害重点防范区分布情况，积极推动电力应急物资储备库和物资装备体系建设，优化储备布局和方式，合理确定储备品种和规模，完善跨地区、跨单位的电力应急物资装备生产、储备、调拨、紧急配送机制。加强电力应急救援队伍建设，强化地质和地震灾害应对专业技能，重点提升在生命搜救、装备使用、专业协同等方面的能力。鼓励有条件的企业建立电力应急基地，充分发挥基地对电力应急工作的强大支撑作用。

六、加强科技支撑和教育培训，不断提高专业能力

（十五）不断完善科技支撑机制。电力企业要统筹协调灾害防范应对科技资源和力量，充分发挥专家学者的技术支撑作用，加强地质和地震灾害防范应对人才培养，探索建立科技支撑长效机制。进一步完善产学研协同创新机制和技术标准体系，推动相关科研成果的集成转化、示范和推广应用。

（十六）提高灾害防范应对科技水平。要不断探索推进"互联网+"、大数据、物联网、云计算、人工智能、区块链、卫星遥感、无人机等现代科技手段融入地质和地震灾害防范应对体系，建立相应规模的灾害监测自动化预警系统，提高灾情信息获取、模拟仿真、预报预测、风险评估、隐患排查、应急抢险、通信保障等各方面能力。

（十七）积极开展灾害教育培训。积极组织开展地质和地震灾害识灾防灾、灾情报告、避险自救等知识的宣传普及，以提升相关人员防范意识和自我保护能力为重点，提高防灾宣传教育培训工作的实效性和针对性。灾害重点防范区内的电力企业要定期组织全体人员重点开展灾害防范应对和临灾避险技能培训。

国家能源局综合司

2022年4月29日

国家能源局关于进一步明确电力建设工程质量监督机构业务工作的通知

国能函安全〔2020〕39号

各派出机构，全国电力安委会各企业成员单位，水电水利规划设计总院，中国电力企业联合会，各电力建设工程质量监督机构，各有关单位：

为进一步完善电力建设工程质量监督体系，保证电力工程质量，我局对各电力建设工程质量监督机构（以下简称电力质监机构）业务范围进行了优化调整，有关事项通知如下。

一、电力质监机构业务范围

建立"专业质监站＋质监中心站"的电力质监机构体系。国家能源局电力可靠性管理和工程质量监督中心（以下简称可靠性和质监中心）受国家能源局委托，负责全国电力质监机构业务指导和监督工作。

（一）专业质监站

1. 电力工程质量监督站。设在中国电力企业联合会，负责国家电力试验示范工程、跨区域电网工程质监工作，兜底负责全国火电工程、农林生物质发电工程、太阳能热发电工程质监工作（内蒙古区域和中国华能投资的工程除外）。

2. 可再生能源发电工程质量监督站。设在水电水利规划设计总院，负责国务院或国务院投资主管部门审批、核准的水电工程质监工作，兜底负责全国水电工程质监工作，兜底负责风力、光伏发电工程和电源、电网侧储能电站质监工作（内蒙古区域和中国华能投资的工程除外），可承担农林生物质、太阳能热发电工程质监工作。

3. 核电中心站更名为核电常规岛工程质量监督站。设在中国核工业集团有限公司，负责全国核电（核岛除外）工程质监工作。

（二）质监中心站

1. 南方电力建设工程质量监督中心站。设在中国南方电网有限责任公司，负责南方电网区域内跨省电网工程质监工作。

2. 省电力建设工程质量监督中心站。设在国家电网有限公司各省级电力公司和中国南方电网有限责任公司各省级电力公司，负责辖区内电网工程质监工作，可承担火力发电工程和风力、光伏、农林生物质、太阳能热发电等可再生能源工程质监工作。

3. 内蒙古电力建设工程质量监督中心站。设在内蒙古电力（集团）有限责任公司，负责蒙西区域内电网工程和内蒙古区域内电源工程质监工作（水电、核电工程和中国华能投资的工程除外）。

4. 华能电力建设工程质量监督中心站。设在中国华能集团有限公司，负责中国华能投资的电源工程质监工作（水电、核电工程除外）。

5. 贵州水电工程质量监督站。设在中国电建集团贵阳勘测设计研究院有限公司，受贵州省能源局委托，负责贵州省能源局审批、核准或备案的水电等工程质监工作。

二、有关要求

（一）各电力质监机构应加强能力建设，保证质监工作的正常开展，不得拒绝本机构业务范围内符合质监条件的电力建设工程质监申请，不得将质监工作委托给其他质监机构实施，开展质监工作不得收取质监费用。未经核准（审批、备案）的电力建设工程，电力质监机构不得受理其质监申请。未通过电力质监机构监督检查的电力建设工程，不得投入运行。

（二）2020年7月1日至2020年12月31日为过渡期。过渡期内，对于实施质监工作确有困难的电力建设工程，专业质监站可申请并经可靠性和质监中心审核同意后，由原业务范围确定的质监中心站实施质监工作。过渡期后，各电力质监机构严格按本通知明确的业务范围实施质监工作。

（三）本通知自2020年7月1日起执行，已完成质监注册的电力建设工程仍由受理质监注册的原电力质监机构负责质监工作。

（四）2020年7月1日前，各电力质监机构将举办单位名称和本单位名称、主要负责人、法定代表人、当前业务范围、专职质监管理人员数量等信息书面报送国家能源局电力安全监管司。

国家能源局

2020年6月15日